（第 2 卷）

全球移动卫星通信应用

Global Mobile Satellite Communications Applications

［南非］　斯托伊奇·季莫夫·伊尔切夫（Stojče Dimov Ilčev）　著

孙宝升　等译

国防工业出版社

·北京·

著作权合同登记　图字:01-2022-4583 号

图书在版编目(CIP)数据

全球移动卫星通信应用.第2卷/(南非)斯托伊奇·季莫夫·伊尔切夫著;孙宝升等译.—北京:国防工业出版社,2023.12
书名原文:Global Mobile Satellite Communications Applications:
For Maritime,Land and Aeronautical Applications Volume 2
ISBN 978-7-118-13100-0

Ⅰ.①全… Ⅱ.①斯… ②孙… Ⅲ.①卫星通信系统
-研究 Ⅳ.①V474.2

中国国家版本馆 CIP 数据核字(2023)第 246433 号

Translation from English language edition:
Global Mobile Satellite Communications Applications:For Maritime,
Land and Aeronautical Applications Volume 2
by Stojče Dimov Ilčev
Copyright © Springer International Publishing AG,2018
This edition has been translated and published under licence from Springer
International Publishing
All Rights Reserved

※

*国防工业出版社*出版发行
(北京市海淀区紫竹院南路 23 号　邮政编码 100048)
北京虎彩文化传播有限公司印刷
新华书店经销
*
开本 710×1000　1/16　印张 38¾　字数 756 千字
2023 年 12 月第 1 版第 1 次印刷　印数 1—1000 册　定价 298.00 元

(本书如有印装错误,我社负责调换)

国防书店:(010)88540777　　书店传真:(010)88540776
发行业务:(010)88540717　　发行传真:(010)88540762

前 言

目前,本书共出版了两卷,旨在方便读者了解当前全球移动卫星通信的发展趋势、系统概念和网络架构,并以易于理解的技术信息、特性、图标、图形、示例和数学公式对相关内容进行解释说明。

全球移动卫星通信海上、陆地和航空通信导航监视应用是现代运输行业的新技术,它提高了海陆空运输团队的商业、遇险通信和资产跟踪性能。现代全球移动卫星通信基础设施对所有运输公司、船只、陆地车辆和飞机的运输管理及商业业务都非常重要。同样,新型移动宽带、多媒体通信、信息技术、通信导航监视以及全球导航卫星系统也需要全球移动卫星通信新技术。

本书第二卷命名为"全球移动卫星通信应用",主要由以下七章组成:

第1章:地球静止轨道全球移动卫星通信系统——国际海事卫星系统(Inmarsat)。本章系统介绍了国际海事卫星系统的组成、运行模式,以及海事卫星在海上、陆地和航空安全领域的应用模式及相关标准。其中,本书作者2000年提出的航空遇险和安全系统(GADSS)比国际民航组织提出的相关建议早16年。

第2章:非地球静止轨道全球移动卫星通信系统。本章重点介绍了现有国际上大型低、中地球轨道移动卫星通信系统,如全球星(Globalstar)和铱星(Iridium)等低轨移动卫星通信系统,以及O3b中地球轨道移动卫星通信系统。

第3章:全球广播卫星系统(GBSS)。本章主要介绍了新型基于卫星信道回传的数字视频广播业务(DVB‐RCS)的功能实现和工作模式,及其在海上、陆地和航空通信导航监视中的应用。

第4章:全球移动卫星搜救系统(Cospas‐Sarsat)。本章系统介绍了移动卫星系统在应急搜救中的应用,同时介绍了经由低、中、高地球轨道搜救卫星系统支持移动应用的应急卫星信标。

第5章:全球移动卫星遇险系统(GMSDS)。本章主要介绍了已有移动卫星在海上、陆地和空中应急救援中的应用,并构想了整合商业和军事卫星通信导航监视功能,为应急救援同时提高全球卫星通信和定位服务质量。

第6章:全球卫星增强系统(GSAS)。本章系统梳理了集成通信导航监视功能的定位和导航卫星系统,并介绍了欧洲静止轨道卫星导航增强服务系统

(EGNOS)、日本多功能传输卫星系统(MSAT)、美国广域增强系统(WAAS)、俄罗斯差分校正与监测系统(SDCM)、中国(鑫诺)卫星导航增强系统(SNAS)、印度全球定位和增强导航系统(GAGAN)等现有和规划中的区域卫星增强系统。其中,本书作者提出的新型非洲卫星增强系统(ASAS)对非洲和中东地区非常重要,可用于强化对船舶、陆地车辆和飞机的交通控制和管理,改善海上、地面和空中的安全与安保。

第7章:平流层平台系统(SPS)。本章主要介绍了在开发中的平流层无线通信平台,它使用一组平流层飞机和飞艇,配备转发器和大型天线系统,为船只、陆地车辆和飞机提供更高效费比的通信导航监视服务。

斯托伊奇·季莫夫·伊尔切夫

南非德班

第一卷序言

　　全球移动卫星通信主要阐述了用于海洋、陆地和航空的特定移动卫星通信规程和技术。移动地球站(如船只、陆地车辆和飞机)与地面电信用户之间的通信,通常借助空间段(卫星星座)、陆地地球站、陆上电信网络或其他线路提供商实现。

　　本书对现代航海、陆地(公路和铁路)和航空运输事业非常重要。在新世纪里,全球移动卫星通信提供了更高效的商贸往来,其中首先关注的是运输安全和安保问题,其次是商业通信。从出版发行和技术角度来看,当前国际图书市场上缺乏合适的移动卫星通信使用手册,本书系统阐释了全球移动卫星通信的基本原理、组成部分及全球移动个人卫星通信业务,具有极高的推广应用价值。

　　本书探讨了全球移动卫星通信重点技术和热门话题,适用于船舶、车辆和飞机上的用户以及参与海上建设的技术人员,也适用于卫星电话个人用户。其中包括海运、陆运和空运场景,以及其他有助于提高贸易效率的使用需求,这类需求需要对通信、导航和监视功能进行定制开发、统一设计,以用于安保和商业服务。此外,全球移动卫星通信对现代运输调度的高效管理,以及商业物流运输与跟踪都非常重要。

　　总的来说,本书可作为广泛意义上的指导手册或指南,其潜在受众将包括具有不同技术教育背景和知识水平的读者,如全球移动卫星通信专业技术人员、产品经理,参加全球海上遇险安全系统课程的学生、教员,以及移动地球站操作员、管理员,军官和学员等。同样,本书在图书馆、大学和研究机构中也将有重要的地位。

　　如今,移动卫星系统相关图书已成为许多海事、运输和航空大学,电信和电气工程学院,现代运输公司,全球移动卫星通信制造商、供应商、运营商及其管理人员的重要读物。与全球移动卫星通信系统相关联的人,都必须对这一系统技术和传输模式有所了解。本书编写过程中,作者参考引用了许多专家、机构的专业知识以及互联网信息,这些都在本书后面参考文献中列出。

　　本书作者是海上无线电通信领域专家,自 1969 年以来,曾在使用莫尔斯

MF/HF 无线电报和 MF/HF/VHF 无线电话的远洋货船上担任无线电官员，后在国际海事卫星系统船站担任站长和电子/全球海上遇险安全系统操作员，具有超过 15 年的全球移动卫星通信研究积累和工作实践经验。作者的博士论文、硕士论文及其他许多文章都是无线电通信导航、全球移动卫星通信领域的。

书中使用的基本技术指标信息，大部分来自以下文献：

- "Global Mobile Satellite Communications, for Maritime, Land and Aeronautical Applications", 1st Edition published by Springer in 2005 and "Global Aeronautical CNS", published by AIAA in 2013, both written by S.D. Ilcev.
- "Mobile Satellite Communication Networks", written by R. Sheriff and Y. F. Hu; and "Satellite Communications Systems", written by G. Maral and M. Bousquet. Both books were published by Wiley in 2001 and 1994, respectively.
- "Mobile Satellite Communications—Principles & Trends", written by Madhavendra Richharia and published by Addison-Wesley in 2001.
- "Mobile Antenna Systems Handbook", written by K. Fujimoto and J.R. James; "Mobile Satellite Communications", written by S. Ohmori, H. Wakana and S. Kawase; and "Low Earth Orbital Satellites for Personal Communication Networks", written by A. Jamalipour. All three books were published by Artech House, in 1994, 1998 and 1998, respectively.
- "Satellite Communications: Principles and Applications" and "Electronic Aids to Navigation: Position Fixing". Both books written by L. Tetley and D. Calcutt were published by Edward Arnold, in 1994 and 1991, respectively.
- "An Introduction to Satellite Communications", written by D.I. Dalgleish; and "Satellite Communication Systems" edited by B. Evans. Both books were published by IEE, in 1991 and 1993, respectively.
- "Never Beyond Reach", edited by B. Gallagher and published by Inmarsat, in 1989.
- "Спутниковая связь на море", written by L. Novik, I. Morozov and V. Solovev; and "Международная спутниковая система морской связи—Инмарсат", written by V. Zhilin. Both books were published by Sudostroenie, Leningrad, in 1987 and 1988, respectively.
- "Telekomunikacije satelitima", written by R. Galić, Školska Knjiga, Zagreb, 1983.
- "Radio Wave Propagation Information for Predictions for Earth-to-Space Path Communications", edited by C. Wilson and D. Rogers, ITU, Geneva.

本书编写过程中，引用了时下最新的卫星通信系统和技术。书稿经过系统化处理，内容丰富、用语规范，阐述了卫星研制、系统集成、移动卫星通信系统和服务所有术语，新型发射系统、所有类型卫星轨道星座和航天器设计，传输模式和接入流程，包括 IP 网络、移动天线系统和传播的完整介绍，以及国际海事卫星系统、全球卫星搜救系统、大型低地球轨道卫星系统、小型低地球轨道卫星系统、导航和跟踪系统,还包括即将推出的通信、导航和监视增强移动卫星系统、平流层通信系统。

此外,本书还介绍了全球移动卫星通信的新概念和创新,如国际海事卫星BGAN、Fleet 和 Swift Broadband,用于海洋和航空应用的 Global Xpress,新型铱星地球低轨移动应用,创新型海上 O3b 地球中轨和移动 DVB – RCS 地球静止轨道用户端。书中还探讨了现代 VSAT 广播应用以及全球移动卫星通信系统与 IP 个人可视电话/移动可视电话的集成。终于,我们期待已久的历史性时刻即将来临,让我们用移动终端说:"你好,能看到我吗? 完毕"。

译者序

目前，全球多个国家和航天组织建设、管理、运营着多个全球移动卫星通信系统。这些系统主要用于海洋、陆地和航空领域移动卫星通信，在人们的日常工作和生活中发挥着重要的作用。伊尔切夫教授编写的《全球移动卫星通信应用》系统地介绍了全球主要移动卫星系统的基本组成、功能、性能和使用方式，方便感兴趣的人们了解和选择使用。

该书首先介绍了 Inmarsat 地球静止轨道全球移动卫星通信系统和 Globalstar 等中低轨全球移动卫星通信系统，然后依据服务业务分别介绍了全球广播卫星系统、Cospas – Sarsat 全球移动卫星通信系统、全球移动卫星遇险系统、全球卫星增强系统，最后介绍了平流层平台系统。

本书作者是南非德班理工大学空间科学技术研究中心主任、教授，博士毕业后几十年一直从事无线电通信工作，曾经担任过卫星地球站的操作员，在研究机构和大学开展卫星通信技术研究和教学工作，出版了 4 部有关通信导航监视的专著，设计出了多个卫星应用系统，具有扎实的卫星通信理论基础和丰富的实际工作经验。

该书内容覆盖面广、文字通俗易懂、实用性强，在国际卫星通信领域具有较高知名度，是国际移动卫星移动通信应用领域难得的学科读物，适合从事移动卫星通信工作的工程技术人员参考。

《全球移动卫星通信应用》中文版由孙宝升同志为主翻译完成。满莉、刘天敏、刘强、吕非超、鲁静、何方舟共同参与了翻译工作，满莉、刘天敏对书稿进行了校对。仇梦跃、闻铭、李静艳及北京空间信息中继传输技术研究中心的主管领导、机关同志也对翻译工作给予了许多指导帮助，在此一并表示衷心感谢。

由于译者水平有限，翻译中难免存在不妥和错误之处，恳请读者批评指正。

译者
2022 年 9 月

作 者 简 介

斯托伊奇·季莫夫·伊尔切夫教授是南非德班理工大学(DUT)太空研究与通信导航监视研究生院的院长。伊尔切夫教授在科托尔的黑山大学学习本科课程,专业是海事无线电工程和航海科学,然后转到克罗地亚里耶卡大学的海事电子和通信专业,随后在马其顿科普里大学和塞尔维亚贝尔格莱德大学学习研究生课程。伊尔切夫教授获有理学学士、电气工程硕士以及理学博士学位。他还获得了GMDSS的一级无线电操作维修员证书(莫尔斯)和商船船长执照。自1969年起,伊尔切夫曾在不同的地方工作过,包括不同的商船、卫星地球站、巴尔海岸电台(黑山)、朱古塞尼亚航运公司、航海学校和科托尔海事学院(黑山)。自2000年起,他在IS海洋无线电和通信导航监视系统公司从事海上、陆地和航空应用通信导航监视方面的研究和项目。他已经写了4部关于海上、陆地、航空应用通信导航监视工程和系统的著作,在这一领域还有许多项目和发明,包括DVB-RCS和平流层平台。

致　谢

首先,我要对我的导师艾哈迈德·卡西姆·巴瓦(Ahmed Cassim Bawa)教授表达诚挚的感谢和崇高的敬意。艾哈迈德·卡西姆·巴瓦曾任南非德班理工大学的副校长、校长,对我的空间科学研究以及研究生学业给予了巨大的支持和鼓励。同时,特别感谢南非德班理工大学研究生院的西布西索·莫约(Sibusiso Moyo)教授以及空间科学技术研究中心所有工作人员,正是你们的无私奉献和支援,本书才得以出版。

作为德班理工大学空间科学技术研究中心主任、教授和研究生导师,我的代表性研究成果是非洲卫星增强系统(ASAS),该设计应用惠及非洲、中东等多个国家和地区。同时,本人在无线电、卫星通信导航监视(CNS)、数字视频广播 - 卫星返回信道(DVB - RCS)、移动平台(或生物)的全球无线电和卫星跟踪、卫星数据采集与监控系统(SCADA)、平流层平台系统(SPS)、空间太阳能(SSP)等多个领域颇有建树。2000 年成功研发了全球航空遇险安全系统(GADSS)。在此,特别感谢德班理工大学的出版赞助和鼎力支持。

德班理工大学始终致力于学术研究,且成绩斐然。每天超过 24000 名学生走进校园,见证了该校教学研究和团队建设的底蕴。作为高等教育前沿代表,德班理工大学在技术培训和学术能力等方面享有盛誉,学校最大特点是以研究为导向,以实践为驱动,通过将研究成果转化为商业应用,持续驱动机构研究投入。学校将在现有优势的基础上,为创建一个更具创新精神、更有活力的大学而努力。如若在空间研究领域有深造意向,可访问该校网页(www. dut. ac. za/space_science),里面将详细介绍培养计划、研究项目及对应人员联系方式。

由衷感谢相关机构和组织印发的各类指南、说明和手册,这些解决了我在学习、研究过程中遇到的各类问题。相关机构和组织,包括国际海事组织(IMO)、国际民航组织(ICAO)、国际电信联盟(ITU)、国际航空运输协会(IATA)、航空无线电公司(ARINC)、世界气象组织(WMO)、欧空局(ESA)、国际航空电信协会(SITA)、欧洲电信研究所(ETSI)、韩国电子通信研究院(ETRI)、国际通信卫星组织(Intelsat)、国际宇宙通信组织(Intersputnik)、欧洲通信卫星公司(Eutelsat)、俄罗斯航天局、欧洲航空安全组织、Inmarsat 公司、国际卫星搜救组织、

Iridium公司、Globalstar 公司、Orbcomm 公司、Gonets 公司、Sea Launch 公司,以及其他各类监管机构和运营商。

特别感谢与我在航运业并肩奋斗的朋友菲利克斯·莫拉·卡米诺(Felix Mora Camino)教授及其德班理工大学的研究生。特别感谢本书出版商(Springer)以及相关工作人员的支持和理解,尤其是应用科学高级编辑玛丽·E.詹姆斯(Mary E. James)女士,其助手佐伊·肯尼迪(Zoe Kennedy)女士、丽贝卡·R.海托维茨(Rebecca R. Hytowitz)女士,以及布莱恩·哈尔姆(Brian Halm)先生。

最后,我要对我深爱的妻子(Svetlana M. Ilčeva)和家人表示最衷心的感谢。感谢你们在我撰写手稿期间给予的帮助和理解,特别是生活在黑山的家人:儿子(Marijan)和他的妻子(Vanja)以及他们的孩子(Daria、Martin),女儿(Tatjana)、女婿(Boško)及其孩子(Anja、Stefan),继女(Olga)及其丈夫(Boris),继孙女(Bažena)和继子(Lev),还有妹妹(Prof. Tatjana Ilčeva)和在塞尔维亚贝尔格莱德的侄女(Ivana),以及在保加利亚索非亚的表兄(Valentin Boyadziev)和他的家人。

目　　录

第1章

地球静止轨道全球移动卫星通信系统——国际海事卫星系统

1.1 国际海事卫星(Inmarsat)系统和结构

国际海事卫星组织成立于1979年,是在国际海事组织(IMO)和联合国授意下成立的一个非营利性国际组织,其宗旨是建立一个用于船舶管理和航行安全的海事卫星通信网络。该组织于1982年开始运营和维护由9颗地球静止轨道卫星组成的星座、大量移动终端、地面站和地面网络组成的系统。该公司在设计、建设和运营全球移动卫星通信网络方面拥有超过32年的经验。

国际海事卫星组织通过其广布全球80多个国家的约260个合作伙伴(其中包括世界上最大的电信公司)之间的协作,可为地球表面98%以上(极地地区除外)的陆地、海洋或空中,提供可靠的语音、视频和数据通信服务。国际海事卫星还可单独为没有地面电信网的国家和地区提供通信服务。

国际海事卫星组织的目标是建立一个独立自主的机构,改善海上通信条件、保障生命安全。在开始为公路、铁路、飞机和便携式用户提供服务时,改名为国际移动卫星组织(IMSO),首字母缩略词"Inmarsat"仍保留了下来。在1999年国际海事卫星组织转为私营公司时,业务被分成两部分:其中大部分转为商业公司,即国际海事卫星有限公司;一小部分转为管理机构,即国际移动卫星组织。2005年,Apax Partners和Permira公司购买了该公司的股份,同年该公司首次在伦敦证券交易所上市。据披露,2008年3月,美国对冲基金Harbinger Capital拥有该公司28%的股份。2009年7月,国际海事卫星组织完成了对SkyWave公司(现在名称为Orbcomm公司)19%股份的收购,从SkyWave公司购买了全球通信业务。2009年4月15日,国际海事卫星组织完成了对卫星通信提供商Stratos的收购,并因其全球宽带局域网(BGAN)业务,获得了2010年MacRobert奖。

国际海事卫星组织是世界上第一个非政府全球移动卫星通信(GMSC)国际运营商,可为海洋、陆地、航空及其他移动或半固定用户提供多种成熟的现代通信业务。国际海事卫星组织的卫星由该组织位于伦敦的总部负责控制,此地也是 Inmarsat 风险投资公司和 Inmarsat 政府间协调机构(IGO)所在地。该机构负责指导国际海事卫星提供的海上公共服务,其中包括国际海事组织(IMO)的全球海上遇险安全系统(全球海上遇险与安全系统)、国际民用航空组织(ICAO)的空中交通控制(ATC)/通信导航监视(CNS)系统。这些规划都基于新型 Inmarsat – 5(I – 5)卫星系统,从该系统开始,国际海事卫星支持 Ka 频段业务,即 GlobalXpress(GX),用于互联网接入、语音、视频、移动多媒体和许多其他高级应用。

1.2　Inmarsat 空间段

在 Inmarsat 运行的第一个十年里,空间段是从美国通信卫星公司租用了三颗 Marisat 卫星 F1、F2 和 F3,从欧洲航天局(ESA)租用了两颗 Marecs 卫星 A 和 B2,从国际通信卫星组织租用了三颗国际通信卫星 V – MCS A、B 和 D。这些卫星最初配置在三个海洋区域:大西洋区域(AOR)、印度洋区域(IOR)和太平洋区域(POR)。每个区域都有一颗工作卫星和至少一颗在轨备用卫星。这个卫星星座被称为第一代国际海事卫星网络。国际海事卫星组织不负责测控(TT&C),但业务由位于伦敦的国际海事卫星网络控制中心管理。

1.2.1　第二代和第三代 Inmarsat 星座

Inmarsat 系统第二代和第三代空间段,分别由 4 颗地球静止轨道 Inmarsat – 2 号卫星和 Inmarsat – 3 号卫星组成,如表 1.1 所列,它们都是在 1998—1999 年期间部署的。上述系统的四个全球波束覆盖了除两极以外的整个地球表面,几乎将地面有线和蜂窝网络的覆盖范围扩大到了地球上任何地方。由此,来自国际海事卫星系统移动通信站的电话可以直传到其上空的卫星上,卫星再将电话传回到陆上地球站(LES),然后经由地面网关,将电话和信息传送到地面公共电话网(TTN)和综合业务数字网(ISDN)。

表 1.1　第二/三代 Inmarsat 海域覆盖范围和卫星经度

卫星状态	大西洋(西部和东部)、印度洋和太平洋地区			
	大西洋 – 西 (AOR – W)	大西洋 – 东 (AOR – E)	印度洋 (IOR)	太平洋 (POR)
第一工作轨位	Inmarsat – 2 F4	Inmarsat – 3 F2	Inmarsat – 3 F1	Inmarsat – 3 F3
	54°W	15.5°W	63.9°E	178.1°E

续表

卫星状态	大西洋(西部和东部)、印度洋和太平洋地区			
	大西洋 – 西 (AOR – W)	大西洋 – 东 (AOR – E)	印度洋 (IOR)	太平洋 (POR)
第二工作轨位	Inmarsat – 3 F4	—	—	—
	54°W	—	—	—
备用轨位	Inmarsat – 2 F2	—	Inmarsat – 2 F3	Inmarsat – 2 F1
	55°W	—	65°E	179°E

　　Inmarsat – 3 相对于前两代卫星的一个主要进步是,能够形成大量的点波束和大范围全球波束。点波束将能量集中在需求大的区域,同时能够为更小、更简单的用户终端提供标准服务。

　　第二代和第三代 Inmarsat 地球静止轨道星座情况在《国际海事卫星组织海上通信手册》(2002 年第 4 期)中列出。表中给出了其卫星的第一工作轨位,在出现故障时,将按如下规则进行替换:大西洋 – 西区域替换为西经 98°星;大西洋 – 东区域替换为东经 25°星;太平洋区域替换为东经 179°星;印度洋区域(对 Inmarsat – A、B、C 和 M 站型)替换为东经 109°星;印度洋区域(对 Inmarsat – C、mini – M 站型和船用电话)替换为东经 25°星。Inmarsat 将其地球覆盖范围建立在一个由 4 颗主要地球静止轨道卫星组成的星座上,分别覆盖四个交叠的海洋区域,如图 1.1 所示。

　　卫星的覆盖区域可定义为能够与卫星进行视距通信的地球表面(海洋、陆地或空中)区域。如果海事卫星的移动通信终端位于某一特定卫星覆盖区域内的任何地方,并且移动通信终端的天线指向该卫星,就有可能通过该卫星与相同覆盖区内指向该卫星的地球站进行通信。

　　图 1.2 显示了 4 颗 Inmarsat – 3 卫星在地球表面的覆盖区域。Inmarsat – 4 卫星替代 Inmarsat – 3 卫星后,对覆盖区域内所有移动用户的服务增强了。需要指出,其覆盖范围限制在大约南北纬 75°之间。

　　此外,在大西洋西区域(AOR – W),通过 Inmarsat – 4 卫星提供传统服务。当 Inmarsat – 4 启用美洲上空的业务,其在大西洋西部覆盖区的传统通信服务切换到 Inmarsat – 3 卫星上,会导致该区域点波束覆盖范围减小。为此,Inmarsat 尽了最大的商业努力,扩大 Inmarsat – 3 卫星点波束覆盖范围,使其超过最初设计的覆盖能力。Inmarsat – 4 卫星在三个海洋区域的全球窄点波束覆盖,如图 1.3 所示。窄点波束的大小不一,一般有几百千米宽。表 1.2 给出了第四代 Inmarsat 的性能特点。

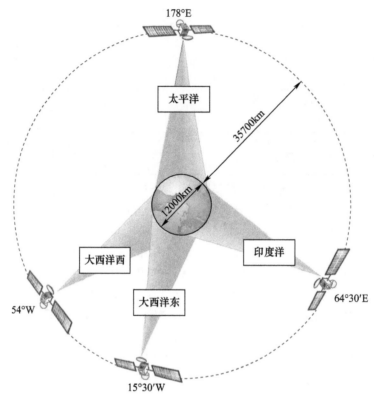

图 1.1　Inmarsat 地球静止轨道卫星分布视图（图片来源：Inmarsat）

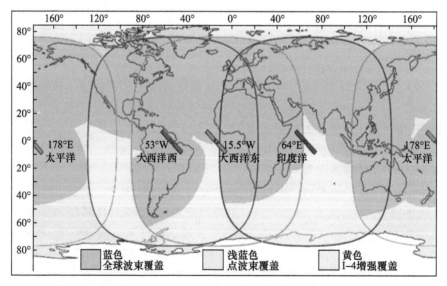

图 1.2　后四颗 Inmarsat-3 卫星海洋覆盖区域（图片来源：Inmarsat）

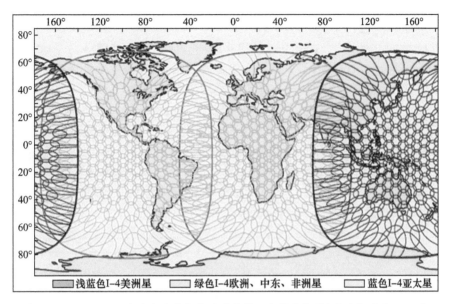

图1.3 Inmarsat-4全球点波束数字移动宽带业务覆盖范围(图片来源:Inmarsat)

表1.2 四代Inmarsat卫星性能对比

海事卫星	Inmarsat-2	Inmarsat-3	Inmarsat-4	Inmarsat-5
卫星频带数量	4-L/C 频段	5-L/C 频段	2+1-L/C 频段	4-Ka 频段
覆盖/频段	1个全球波束	7个宽波束 1个全球波束	228个窄波束 19个宽波束 1个全球波束	89个宽波束 6个可控点波束
移动链路 EIRP/dBW	39	49	67	77
信道数	4 信道 (4.5~7.3MHz)	46 信道(0.9~ 2.2MHz)	558 信道 (EOL)(200kHz)	72 信道(前向) 72 信道(返向)
S/C 干重/kg	700	1000	3340	6100
太阳阵长度/m	14.5	20.7	45	33.8
语音(4.8kb/s)	250	1000	18000	
M4(64kb/s)	N/A	200	2250	
PMC(384kb/s)	N/A	N/A	558	

　　Inmarsat-4卫星在覆盖区域内主要提供海事业务,如exD和D+标准业务、IsatData Pro、IsatM2M、Inmarsat-C、Inmarsat-M、FleetPhone、Fleet 77/55/33、

FleetBroadband;陆地业务,如 BGAN、IsatPhone、LandPhone 和 mini－M;航空业务,覆盖传统航空标准(Inmarsat－C、Inmarsat－I、Inmarsat－M、Inmarsat－mini－M 和 Inmarsat－H/H＋)、Swift64S 和 WiftBroadband。由于地球移动卫星通信业务的绝大部分需求位于海事卫星星座覆盖区域内,因此该系统被认为是全球覆盖的。每颗卫星除了覆盖整个半球的"全球"卫星波束之外,还最多可生成七个点波束,用于增加高需求地区的通信容量。三颗 Inmarsat－4 卫星的点波束为船舶、车辆、飞机、移动式和半固定式移动终端提供移动卫星通信服务。

图 1.4 显示了 2009 年 2 月 24 日卫星定点位置调整后,Inmarsat－4 卫星全球网络的覆盖范围。与卫星覆盖的地理位置相对应,把三颗 Inmarsat－4 卫星分别称为 Inmarsat－4 美洲星、Inmarsat－4 EMEA(欧洲、中东、非洲)星和 Inmarsat－4 亚太星。它们的定点位置分别是西经 98°、东经 25°和东经 143.5°。

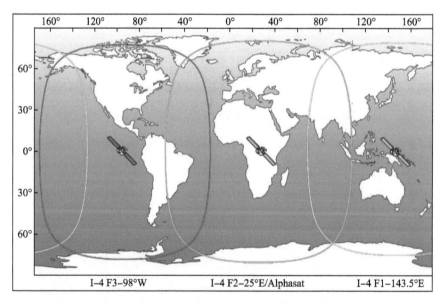

图 1.4　Inmarsat－4 卫星和 Alphasat 对全球移动卫星通信的全球覆盖(图片来源:Inmarsat)

国际海事卫星网络利用自己的地球静止轨道卫星星座,提供全球卫星移动通信服务。正如国际海事卫星组织公约第 3 条所述:"Inmarsat 旨在改善海上移动通信,尽其所能改善航空、陆地通信以及内陆水域的卫星移动通信,提高遇险及人命安全全球卫星移动通信能力和海上、陆地(公路和铁路)、空中运输管理效率,改善移动交通业务通信及其他移动公共通信服务,提高无线电测定能力。"

相对于其前几代卫星,Inmarsat－4 卫星的一个主要优势是在形成一个大的全球波束的同时,能够形成大量的点波束。点波束覆盖将功率集中在高需求的区域,从而能够为更小、更简单、功耗更低的机动站提供标准服务。

被称为 Global Xpress(GX)的第五代国际海事卫星(Inmarsat – 5)对地覆盖如图 1.5 所示。Inmarsat – 5(I – 5)卫星星座提供无缝的全球和点波束覆盖,为海事、陆地、航空、政府和其他部门的宽带用户提供高达 50Mb/s 的通信速度。Inmarsat – 5 F1 星覆盖欧洲、中东、非洲(IOR),通过意大利富基诺的关口站提供服务。该关口站由希腊电信组织(OTE)建设,由国际海事卫星组织的合作伙伴希腊 Telespazio 和 Nemea 管理。Inmarsat – 5 F2 星覆盖大西洋和北美地区,国际海事卫星组织的合作伙伴 Telesat 公司和 Encompass Digital Media 公司负责管理相应的关口站,这些站点分别位于加拿大 Winnipeg 和美国 Minnesota Lino Lakes。Inmarsat – 5 F3 星的关口站位于新西兰北岛奥克兰附近的 Warkworth,由 Telecom 公司负责建设和管理。

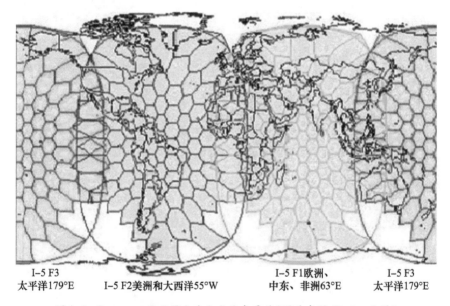

| I-5 F3
太平洋179°E | I-5 F2美洲和大西洋55°W | I-5 F1欧洲、
中东、非洲63°E | I-5 F3
太平洋179°E |

图 1.5 Inmarsat – 5 卫星全球和点波束覆盖(图片来源:Boeing 公司)

1.2.1.1 第二代国际海事卫星(Inmarsat – 2)

国际海事卫星组织在 1990—1992 年间共发射了四颗第二代国际海事卫星 Inmarsat – 2,其容量相当于大约 250 个 Inmarsat – A 卫星的语音电路。这四颗 Inmarsat – 2 卫星是由以英国航空航天组织(现为 Matra Marconi 航天公司)航天与通信部为首的国际财团按照国际海事卫星组织规范建造的。

Inmarsat – 2 卫星基于欧洲之星(Eurostar)三轴稳定卫星平台设计,寿命为

10 年,如图 1.6(a)所示。每颗卫星发射时的重量为 1300kg,初始在轨质量为 800kg,可用功率为 1200W。每个通信有效载荷有两个卫星转发器,转发频率分别为 6.4GHz/1.5GHz(C 至 L 频段)和 1.6GHz/3.6GHz(L 至 C 频段),通过 L 频段与机动站建立链路。在全球覆盖范围内,L 频段 EIRP 大于 39dBW、G/T 值约为 −6dB/K。每颗卫星的全球波束大约覆盖地球表面的三分之一。

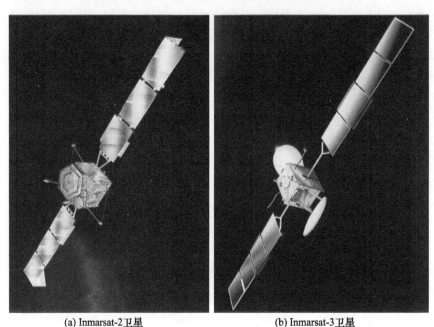

(a) Inmarsat-2卫星　　　　　　　　(b) Inmarsat-3卫星

图 1.6　逐步淘汰的 Inmarsat −2 和 Inmarsat −3 卫星(图片来源:Inmarsat)

1.2.1.2　第三代国际海事卫星(Inmarsat −3)

总部位于美国的 Lockheed Martin 航天公司为 Inmarsat −3 建造了新的航天器平台,该平台基于 GE4000 航天系列,高 2.5m,以推力锥为中心,径向包络为 3.2m。Matra Marconi 航天公司建造了通信有效载荷——天线系统、转发器和其他通信电子设备。有效载荷和太阳能阵列安装在卫星的南北面板上。L 频段接收(Rx)和发射(Tx)天线由杯形单元阵列馈电,安装在东西面板上。此外,导航天线安装在对地面板上。

Inmarsat −3 卫星的巨大优势是能够将能量集中覆盖到流量需求大的区域。每个卫星可以最多形成七个点波束和 1 个全球波束,可根据流量需求状况选择点波束的数量。此外,这些卫星可以将 L 频段的部分频率重复用于不相邻的点波束,从而使卫星的容量成倍增加。每颗卫星在发射时的重量约为 2066kg,而 Inmarsat −2 卫星的重量为 1300kg。Inmarsat −3 卫星的 EIRP 高达 48dBW,这是一个衡量卫星集中在其服务区域信号强度的指标。Inmarsat – 3 F1 卫星的技术参数见表1.2 和表1.3。

Inmarsat – 3 卫星上的主要有效载荷是 C 频段和 L 频段通信转发器,通过转发器将上行信号转换到下行链路的频段上,如图1.6(b)所示。上行信号被卫星重新转播给所覆盖的海域和点波束内的用户。导航转发器是 Inmarsat – 3 型卫星上的辅助载荷,它为通信、导航和监视提供全球卫星增强系统(GSAS)业务。L1 频段的 1.57542GHz 和 C 频段的 3.6GHz 两个频率用于校正电离层延迟。用 L1 频率向用户广播全球卫星增强系统信号。为了检查卫星接收数据的完整性,广播给移动用户的数据信息通过 C 频段下行链路传回控制站。为确保导航信号不会干扰 GPS 或 GLONASS 信号,6.4GHz 到 L 频段的转发器功率必须是受限的。

表 1.3 Inmarsat – 3 卫星在轨参数

基本情况		发射重量:2066kg
所有者/管理者:国际海事卫星组织		展开尺寸:2m×7m×20m
现状:运行		电功率:2.8kW
轨道位置:东经64°		固态功放功率:C 频段 1@15W;L 频段 1@490W
高度:约36000km		
轨道类型:倾斜地球静止轨道		通信有效载荷
倾角:±2.7°		频带:
卫星数量:1 颗运行和 1 颗备用		(a)通信:L 频段(业务链路)1.6GHz/1.5GHz;C 频段(馈电链路)6.4GHz/3.6GHz
点波束数量:5		(b)导航:L1 频段 1.5GHz;C 频段 6.4GHz/3.6GHz
覆盖范围:印度洋		
其他信息:太平洋、大西洋 – 西和大西洋 – 东各有 1 颗运行星和 1～2 颗 Inmarsat – 2 或 Inmarsat – 3 备用卫星		多址方式:TDM/TDMA
		调制方式:BPSK、O – QPSK、FEC
		转发器类型:L – C/C – L 和 L1 – C
航天器		转发器数量:1 个 L 频段和 1 个 C 频段
卫星名称:Inmarsat – 3 F1		信道比特率:600b/s～24kb/s
发射日期:1996 年 4 月 4 日		信道容量:约2000 个语音电路
运载火箭:Atlas IIA		通道带宽:L – C/C – L 34MHz;导航 2.2MHz;L – L 1MHz;C – C 9MHz
典型用户:海上、陆地和航空		
成本/租赁信息:无		通道极化:L 频段 RHCP;C 频段 LHCP 和 RHCP
主要承包商:Lockheed Martin 公司		EIRP:L 频段全球波束 44dBW、点波束 48dBW;C 频段 27.5dBW
其他承包商:Matra Marcni		

续表

卫星类型:GE 4000 航天系列	G/T:L 频段全球波束 -6.5dB/K、点波束 -2.5dB/K
稳定性:3 轴	
设计寿命:13 年	
轨道质量:860kg	

1.2.1.3 第四代国际海事卫星(Inmarsat -4)

针对移动通信用户对高速互联网接入和多媒体传输日益增长的需求,国际海事卫星组织建造了第四代海事卫星,作为新型移动宽带网络网关。国际海事卫星组织与欧洲 Astrium 公司签定了一份价值7 亿美元的合同,建造三颗支持宽带全球区域网(BGAN)的 Inmarsat -4 卫星,如图 1.7(a)所示。宽带全球区域网是全球区域网(GAN)的升级网络,于 2004 年推出,可在全球范围内以高达432kb/s 的速度拓展互联网和内部网的视频点播、视频会议、传真、电子邮件、电话和局域网接入业务,并与第三代蜂窝移动通信系统(3G)兼容。

(a) Inmarsat-4卫星　　　　　(b) Inmarsat-5卫星

图 1.7　Inmarsat -4 和最新的 Inmarsat -5 卫星(图片来源:Inmarsat)

F1 卫星于 2005 年 3 月 11 日发射、F2 卫星于 2005 年 11 月 8 日发射、F3 卫星根据印度洋和大西洋区域的业务情况于 2007 年发射(太平洋区域)。与原有的 Inmarsat - M4 卫星相比,这三颗卫星都拥有先进的技术,可将服务成本降低75%。它们的能力比上一代强大 100 倍,宽带全球区域网提供的容量至少是原有网络的 10 倍。宽带全球区域网是海上宽带(称为 FleetBroadband)和航空宽带(称为 SwiftBroadband)设计的基础。

卫星总体上是在英国建造的,卫星平台在 Stevenage 组装,有效载荷在 Portsmouth 组装。这两个部分加上美国制造的天线和德国制造的太阳能阵列,最终在法国总装。国际海事卫星的全球移动卫星通信使用 Inmarsat-4 卫星,在国际移动卫星组织指导下,充分满足国际海事组织和国际民航组织的需求,得到了商业航海、航空遇险安全业务的信任。

随着 2013 年 7 月欧洲地球静止轨道卫星 Alphasat 卫星的发射,Inmarsat 成为技术最为先进的商业通信卫星运营商。这颗卫星有伦敦双层巴士那么大,发射时总重量超过 6.6t,是欧洲有史以来最大的通信卫星。Alphasat 卫星是 Inmarsat-4 开创性升级版本,在三颗 Inmarsat-4 卫星建立了世界上第一个全球 3G 网络后,该系列卫星在 2010 年被授予享有盛誉的皇家工程学院 MacRobert 创新奖。Inmarsat-4 卫星预计会一直支持 L 频段业务,直至 2020 年左右。

1.2.1.4　第五代国际海事卫星(Inmarsat-5)

国际海事卫星组织与美国 Boeing 公司签订了合同,建造一个新的 Inmarsat-5 (I-5)卫星星座,作为一个耗资 12 亿美元(包括发射费用)的全球无线宽带网络的一部分,该网络被称为 Inmarsat-5 Global Xpress(GX)。Boeing 公司已经基于其 702HP 卫星平台建造了三颗 Inmarsat-5(I-5)卫星——F1、F2 和 F3,如图 1.7(b)所示。

第四颗 Inmarsat-5 卫星 F4 计划于 2016 年下半年发射,因此,2017 年是国际海事卫星组织看到其在 Global Xpress 的投资开始有回报的一年。Inmarsat-5 卫星使用极高的 Ka 频段无线电频谱,这是全球卫星系统商业运营商以前从未使用过的频段,开辟了新的领域。其通过 3 个陆地地球站形成了全球点波束覆盖,如图 1.8 所示。每颗 Inmarsat-5 卫星携带具有 89 个 Ka 频段波束的有效载荷,能够在全球范围内调整容量。这使国际海事卫星组织在卫星的 15 年寿命期内,能够适应不断变化的用户使用模式。新的国际海事卫星 Global Xpress 网络利用 Ka 频段的额外可用带宽,在移动用户终端 60cm 天线口径、晴空条件下,可为用户提供 50/60Mb/s 的下载速率和 5/10Mb/s 的上传速率,如图 1.9 所示。图 1.10 显示了移动用户 60cm 碟形天线条件下,Global Xpress 返向链路可用度。

Inmarsat-5 卫星独立于 Inmarsat-4L 频段卫星运行,为广域的移动和固定用户提供补充通信服务,Global Xpress 在全球海上、陆地和航空领域的宽带应用,如图 1.11 所示。国际海事卫星组织的 Global Xpress 系统可服务于政府和海军、陆军、空军,其应用场景如图 1.12 所示。

新卫星将加入 Inmarsat 由 11 颗在轨地球静止轨道卫星组成的星座中,该星

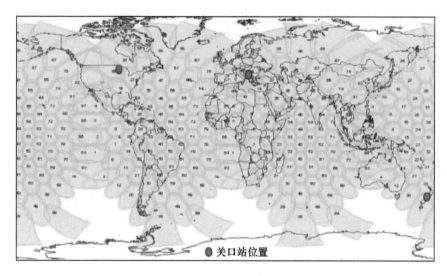

图 1.8　Inmarsat－5 卫星全球点波束覆盖(图片来源:Inmarsat)

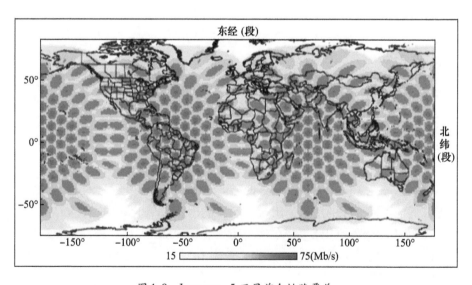

图 1.9　Inmarsat－5 卫星前向链路覆盖
(用户终端 60cm 碟形天线条件下,图片来源:Inmarsat)

座将通过已有全球服务提供商,为民用和军用提供广域的语音、数据和视频服务。

　　Inmarsat－5 卫星在开始在轨服务时,发射功率的设计值为 15kW,在 15 年设计寿命结束时,发射功率设计值约为 13.8kW。为保证高功率,每个 Inmarsat－5 卫

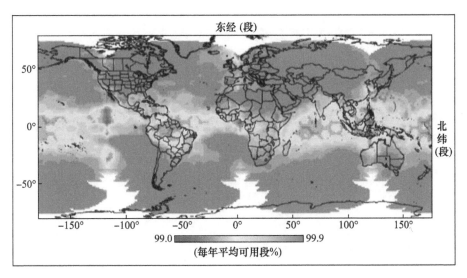

图 1.10　Inmarsat - 5 卫星返向链路覆盖
（用户终端 60cm 碟形天线条件下,图片来源:Inmarsat）

图 1.11　国际海事卫星组织 Inmarsat - 5 Global Xpress 移动宽带（图片来源:Inmarsat）

星的两个太阳能帆板都采用了 5 个超三结砷化镓太阳能电池板。

　　Boeing702HP（高功率）有效载荷携带氙离子推进系统（XIPS）,用于所有在轨机动。在轨工作的 Inmarsat - 5 卫星将提供一系列全方位的全球移动卫星服务,包括为远海船只、陆地车辆提供移动宽带通信服务,为空中乘客提供高分辨

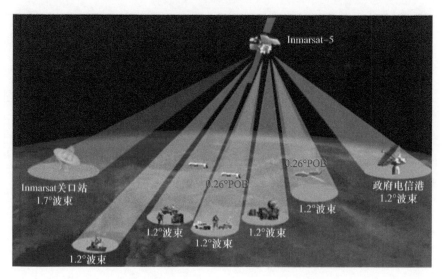

图 1.12　国际海事卫星组织 Inmarsat - 5 Global Xpress 政府宽带(图片来源:Inmarsat)

率语音、数据和视频(VDV)服务。2016 年在轨的 3 颗 Inmarsat - 4 卫星、1 颗 Alphasat 卫星和 3 颗 Inmarsat - 5 卫星如图 1.13 所示。最后一颗 Inmarsat - 5 F4 星于 2017 年 5 月发射。作为合同的一部分,Inmarsat 还与 Boeing 公司建立了经销合作关系,从而为美国政府内部的关键用户提供服务。利用 Boeing 公司为政府服务的经验,Inmarsat - 5 卫星为美国政府及其盟国提供一系列安全的陆海空语音和高速通信服务。

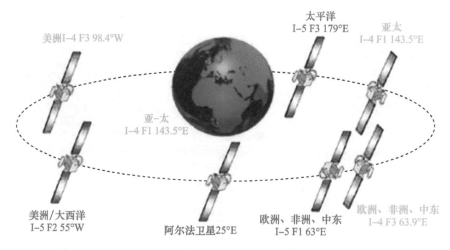

图 1.13　Inmarsat - 5 和 Inmarsat - 4 卫星全球覆盖(图片来源:Ilcev)

Global Xpress Inmarsat – 5 卫星使用 Ka 频段,其传输性能受到降雨和其他传播条件的影响。这些影响因素与频率有关,也与通信站当地的环境有关,包括降雨率和降雨量、海拔高度和大气成分。

影响移动卫星通信的另一个重要因素是卫星相对通信站的仰角。在过去的 20 年里,国际电信联盟(ITU)、欧洲航空航天局(ESA)、美国国家航空航天局(NASA)和世界上其他相关机构都对传播问题进行了广泛的研究。国际电联开发了评估传播效应的详细方法,并在实际系统中得到证明。在使用 Ka 频段时,必须认识到雨衰是影响 Ka 频段卫星星座系统可用性的主要因素。然而,这个问题对于航空卫星通信来说并不重要。

应对雨衰的主要方法有自适应编码调制(ACM)、用户天线尺寸和卫星功率产生的链路余量,以及卫星上的前向链路自动电平控制(ALC)。对于 Global Xpress 系统,在 60cm 用户天线、晴空条件下,上述方法的组合可为用户链路提供 15dB 的余量。对于 1m 天线,用户链路余量接近 20dB。由于在卫星上使用自动电平控制,下行馈电链路在晴空条件下余量约为 20dB、上行链路接近 25dB。

1.2.2　Inmarsat 移动卫星通信链路预算

链路预算分析是空间系统设计的基础。链路预算是为了分析传输链路中的关键因素并优化性能参数,例如发射功率、传输码速率,以确保可以实现给定的服务质量目标。

海事卫星通信链路预算的模型出自国际海事卫星组织,机动站(MES)到地球静止轨道卫星链路的频率是 1.64GHz、陆地地球站(LES)到地球静止轨道卫星链路的频率是 6.42GHz;地球静止轨道卫星到陆地地球站链路的频率是 4.2GHz、地球静止轨道卫星到机动站链路的频率是 1.5GHz。如表 1.4 所列。

机动站被认为是国际海事卫星的任一移动地球站,其 G/T 值为 – 4dB/K。计算上、下行链路 C/N_0 的方法相当标准,如下式:

$$C/N_0 = EIRP - FSL - L_f + G/T - K$$

其中:FSL 为自由空间损耗;L_f 为接收天线指向损耗;K 为对数形式的玻尔兹曼常数(– 228.6dBW/Hz/K)。航天器上的互调如下:7.5MHz(68.8dBHz)带宽转发器中的总互调噪声为 24dBW。24 – 68.8 = – 44.8dBW/Hz(互调噪声密度),这样,载波/互调噪声比$(C/N_0)_{IM}$ = 18dBW – (– 44.8)dBW/Hz = 62.8dBHz。所需的(C/N_0)必须为 52.5dBHz。

表 1.4　海事移动链路预算

参数	MES – GEO	LES – GEO
MES/LES 载波 EIRP/dBW	36	58
5°仰角 1.6GHz/6.42GHz 时大气和自由空间损耗/dB	189.4	201.3
卫星接收机 G/T 值/dBK	−13.0	−14.0
上行链路 C/N_0/dBHz	62.2	17.3
卫星 EIRP/dBW	16.0	33.0
互调噪声功率比/dB	15.0	9.0
转发器带宽(7.5MHz)/dBHz	68.8	68.8
卫星 EIRP/载波/dBW	−5.0	18.0
卫星 C/N_0/dBHz	62.8	62.8
参数	GEO – LES	GEO – MES
地球静止轨道卫星载波 EIRP/dBW	−5.0	18.0
5°仰角 4.2GHz/1.5GHz 时大气和自由空间损耗/dB	197.6	188.9
LES/SES 接收机 G/T 值/dBK	32.0	−4.0
下行 C/N_0/dBHz	58.0	53.7
卫星链路 C/N_0(上行/互调/下行)/dBHz	55.7	53.1
系统间干扰 C/I_0/dBHz	64.4	61.8
总 C/N_0/dBHz	55.2	52.6
要求的 C/N_0/dBHz	52.5	52.5
余量/dB	2.7	0.1

1.3　Inmarsat 地面段和网络

地面段是由陆地地球站(LES)、网络协调站(NCS)和网络操作中心(NOC)组成的网络,陆地地球站由其运营商负责管理。地面段和网络的主要部分是移动用户或包括机载站(AES)的机动站。每一个陆地地球站都在卫星网络和地面电信网(TTN)之间提供传输链路,可通过国际海事卫星网络同时处理往来于机动站的多种类型电话业务。

1.3.1　Inmarsat 机动站

机动站(MES)是一种安装在移动平台上的射频设备,如船载站(SES)、车载站(VES)和机载站(AES),也可以是便携站(TES)和个人地球站(PES)。机动站可以安装在固定位置,类似农村和偏远地区的公共付费电话,也可以作为监控和数据采集终端。Inmarsat 不生产这类设备,但允许制造商按照国际海事卫星组织和其他国际机构,如国际海事组织(IMO)、国际民航组织(ICAO)和国际电工委员会(IEC),规定的标准生产。因此,只有通过认证的机动站,才可以通过Inmarsat 空间和地面段进行通信。所有类型的机动站都可提供不同的通信服务,包括移动用户对地面固定用户、地面固定用户对移动用户,以及移动用户间。在 Inmarsat 操作手册、海事无线电和卫星服务清单、国际电联船舶站清单、国际航空运输协会和航空无线电公司机载站清单中,列出了机动站名录、业务类型、接入码及其注册国家。

1.3.2　Inmarsat 陆地地球站

陆地地球站(LES)是全球移动卫星通信系统中一个功能强大的陆基接收和发射站。由于陆地地球站的基础设施是固定的,因此它可以提供固定卫星业务,但不是固定卫星业务系统(FSS)的一部分。更准确地说,虽然每一个陆地地球站有固定的位置、可以提供固定卫星服务业务,但它们是移动卫星业务(MSS)网络的一部分。一些陆地地球站,如 Goonhilly 站,为固定卫星业务提供了大量的固定链路,海事卫星的移动卫星通信网为 Inmarsat – A、B/M、mini – M、D + 和航空移动通信终端提供的服务,只是整个陆地地球站提供业务的一小部分。国际海事卫星地面网中的每个陆地地球站都由一个国际海事卫星组织的签约方管理运营,负责向所有类型的机动站提供一系列业务。在全球 30 个国家有超过 40个海事卫星陆地地球站,但一般位于北半球。只要在同一海域内,机动站运营商和岸上用户可以自由选择最适合的陆地地球站。对每个带有天线控制和信令设备的国际海事卫星陆地地球站而言,其基本要求是能够与所有的机动站进行可靠通信,其组成框图如图 1.14 所示。

有两种主要类型的国际海事卫星陆地地球站(LES):一种是用于海上和陆地移动通信的海岸地球站(CES),为船载站和车载站提供所有标准的业务;另一种是用于航空移动通信的地面地球站(GES),为机载站提供所有标准的业务。国际海事卫星操作手册、海事无线电和卫星服务清单、国际电联海岸关口站清单、国际航空运输协会和航空无线电公司手册中列出了海事陆地地球站名录、服务类型、接入码、所在国家及所对应的服务海域。在技术层面上,典型的海事移动卫星通信陆地地球站主要由三部分组成:天线系统(左)、通信射频设备(在馈电和信令设备之间)、天线控制和信令设备(右),如图 1.14 所示。

(1) 天线系统。典型的海事卫星陆地地球站天线是卡塞格林结构,带有一

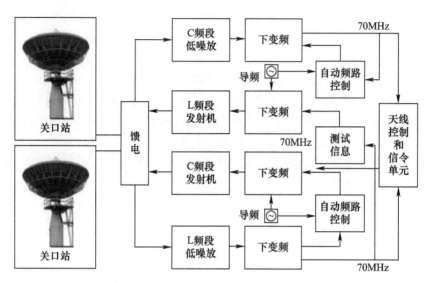

图 1.14　海事卫星陆地地球站典型组成框图(图片来源:Dalgeish)

个直径约为 14m 的碟形反射器。为了维护期间能连续工作,每个陆地地球站至少有一个工作天线和一个备用天线。有些站有两个以上的天线,这取决于地球站对应的海域和提供的业务。天线在往返卫星的 L 频段和 C 频段均可工作,增益分别为 39.5dBi 和 50.5dBi。天线在工作状态下能够承受 87km/h 风速,90°收拢状态下能够承受 193km/h 风速。抛物面天线可在方位 ±135°、仰角 0°~90°范围内转动。天线跟踪既可由程序自动控制,也可由操作员手动设置。标准差为 0.01°的天线跟踪精度、1°/s 的重新定向速度是这种碟形天线的典型技术参数。射频和基带处理硬件因陆地地球站设计与需求不同而异。换句话说,单个天线可以用于同时发射、接收 L 频段以及 C 频段信号,为避免相对复杂的馈电系统,也可以把 L 频段天线和 C 频段天线独立开来(组合或分离输出、输入的 L 频段和 C 频段信号),但是这种优点必须与采购和安装第二个天线增加的成本进行权衡。

(2)通信射频设备。该设备放置海事陆地地球站机房内,为了能响应网络协调站(NCS)的频率分配请求、监控移动卫星通信 L 频段链路状态,同时为了在卫星与陆地地球站间形成闭环,验证信号性能,也为了验证 C 频段到 L 频段自动频率控制(AFC)效果,设备发送和接收必须都在 L 频段上。自动频率控制系统提供发射和接收两个方向的控制,这样设计更为简易经济。为了能够在没有机动站配合的情况下,仍可进行陆地地球站的完整测试,每个陆地地球站都有一个单独的测试终端。国际海事卫星系统需要自动频率控制系统校正多普勒频移

（由地球静止轨道的倾角引起），以及卫星和陆地地球站的频率误差。在没有自动频率控制情况下，上述两项导致的总频率偏差可能超过 50kHz，与窄带频率调制（NBFM）信道之间的间隔相当，这足以导致系统失效。自动频率控制将卫星转发的导频信号与本地振荡器的参考频率进行比较，并用差值信号控制与上、下变频器相连的本地振荡器射频频率，从而将射频偏差降至数百赫兹。在 C 频段发射并在 L 频段接收的导频用于控制上变频器，修正工作载波的频率，以补偿陆地地球站到机动站方向上的多普勒频移和星地频率误差。与此类似，在 L 频段发射并在 C 频段接收的导频控制下变频器，并校正机动站到陆地地球站方向的多普勒频移和星地频率误差。除了机动站上、下变频器频率不稳定和卫星、机动站间相对运动引起的多普勒频移外，所有射频误差均已校正。

（3）天线控制和信令设备。天线控制和信令设备是陆地地球站的一部分，其主要目的是识别由机动站发送的呼叫请求，建立、释放通信链路。因此，这需要通过卫星和地面路径响应和启动带内和带外信令。天线控制和信令设备的任务还有：识别遇险呼叫（通常来自船载站、机载站），必要时为其抢占信道；检查机动站是否在授权用户名单上，并禁止来自或去往未经授权机动站的呼叫（遇险呼叫除外）；在地面电话网电路与陆地地球站（LES）调制解调器之间切换语音电路；在地面电话网信道和时分调制/时分复用（TDM/TDMA）时隙之间切换电传（Tlx）电路；根据网络协调站制定的信道分配计划，确定调频信道单元使用的发射/接收频率；分配时分复用/时分多址的时隙；收集账单、国际账户（中转电话）、业务流量分析管理以及维护方面的统计数据。

天线控制和信令设备模块也包括除射频和中频设备之外的陆地地球站通信设备。这些设备可能是调制器和解调器、数据和语音通道、移动地球站射频分配单元、线路控制子系统、系统控制处理器等。

由陆地地球站提供的移动卫星通信业务取决于所选陆地地球站的复杂程度。例如，一个典型的陆地地球站可以为位于海域附近的机动站提供广泛的业务，如包括传真/寻呼的双向语音、全数据速率的电传、视频、全球广域网/互联网和移动紧急服务（遇险、紧急、安全和医疗援助呼叫）。通过使用高速数据双工复接器，可将多个通信信道复用到单个卫星链路上，例如使用海事卫星的高速数据双工复接器将六个通信信道复用到单个卫星信道上，如图 1.15 所示。

海岸地球站（CES）一词是陆地地球站（LES）的通用名称，它既用在国际海事卫星组织海上移动卫星通信（MMSC）中，也用在陆地移动卫星通信（LMSC）中，其应用场景如图 1.16 所示。由此可以看出，世界上许多国际海事卫星的海岸地球站可以为船载站、车载站、便携站提供通信服务。

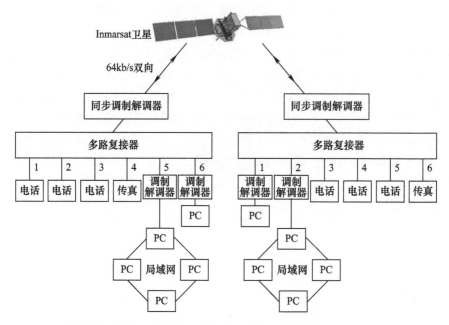

图 1.15 将 6 个信道复用到单个卫星接入(图片来源:Dalgeish)

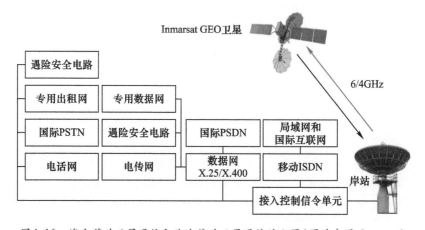

图 1.16 海上移动卫星通信和陆地移动卫星通信的配置(图片来源:Inmarsat)

1.3.2.1 海事卫星海岸地球站的海上和陆地应用

(1) CES – A。1982 年 2 月开始,是海上移动卫星通信(MMSC)的骨干岸站,现已废弃。

(2) CES – B/M 和 Fleet。这类岸站支持 Inmarsat – B 和 M 终端,也包括 FleetBroadband 和 FleetOne。Inmarsat – B 数字系统于 1994 年引入,而 Inmarsat – M

系统于 1993 年开始使用,补充 Inmarsat – A。后来发展了舰队标准,包括 Aero – M 和其他航空标准。

（3）CES – mini – M。国际海事卫星的 mini – M 站于 1997 年 1 月投入使用,其业务与 Inmarsat – M 站相同,但更小、更轻、更紧凑,可在 Inmarsat – 3 卫星的点波束下工作。一些 mini – M 岸站也可以支持航空 mini – M 业务。

（4）CES – C 和 mini – C。CES – C 型终端于 1991 年推出,是对 Inmarsat – A 型站功能的补充升级。通过安装部署在轮船、渔船、游艇、补给船、陆地车辆、小型飞机以及偏远农村的各类机动站,为监控和数据采集系统提供低成本的双向全球数据通信。

（5）CES – D/D + 。被废弃的海事卫星 CES – D/D + 标准支持甚小机动站、监控和数据采集系统（SCADA）,具有单向（D）和双向（D + ）数据消息传递能力,适用于所有移动应用。其换代产品是 IsatM2M 和 IsatData Pro。

（6）CES FleetOne。这种特殊标准旨在满足季节性用户偶尔离开甚高频或全球移动通信系统覆盖区域时的低速数传需求。

（7）CES Fleet Xpress。通过国际海事卫星的 Global Xpress Ka 频段技术实现高速数据传输,将海上通信能力提升到一个更高的水平。

1.3.2.2　海事卫星地面地球站的航空应用

地面地球站（GES）是移动航空业务中的固定卫星站,能够通过地球静止轨道卫星与飞机通信。每个地面地球站由一个 10m 碟形传输天线、射频系统、天线控制和信令设备单元组成,是国际海事卫星航空移动卫星通信（AMSC）系统的组成部分,可以与各种语音和数据终端兼容。

地面地球站采用数字语音编码和解码单元（编解码器）将地对空的语音信号进行数字编码,以实现高效、无差错的传输。编解码器也用于将空对地的数字编码转换回清晰易懂的语音,语音传输质量比甚高频（VHF）更好。

地面地球站数据通信通过与公共和私有数据网络接口实现,如图 1.17 所示。在这里,接口要符合 CCITTX. 25 和 X. 75 标准。这两个标准定义了分组数据的参数,并兼容 ISO – 8208 数据通信标准。这意味着该系统可以应用于飞机与地面电信网计算机或数据库之间的计算机链接。全球有许多国际海事卫星的地面地球站,它们现在运行并支持所有的航空标准,包括新的 Aero – HSD 和 Swift64 机载站。

要获得海事卫星航空服务,用户必须与国际海事卫星服务提供商和地面地球站运营商进行联系。因此,许多地面地球站运营商组成了集团,如 ARINC、SITA、Avicom Japan、Satellite Aircom、Skyphone 和 Skyways Alliance,他们在全球范围内提供航空通信服务。

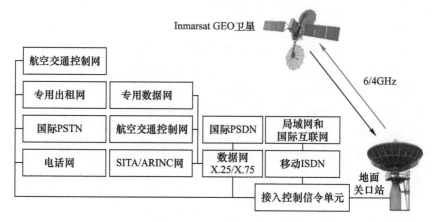

图 1.17　航空移动卫星通信中的地面地球站结构框图(图片来源:Inmarsat)

1.3.3　Inmarsat 地面网络

国际海事卫星地面网络的海上配置通过每一颗覆盖海洋区域 Inmarsat – 4 卫星(共 3 ~4 颗),建立船对地移动卫星通信呼叫信道及岸地对船的呼叫信道。该网络配置同样也可用于任何机动站,例如航空或陆地(公路和铁路)应用,包含军事用途,建立机动站与地面间的呼叫信道。

每个机动站总是被调谐到公共信令信道,以等待请求信道分配指令,即便在没有信息传输的空闲状态时也是如此。同时,为接收信道分配情况,每个陆地地球站也监测公共信令信道。公共信令信道也被称为 TDM0,是所有信息传输的发起者。国际海事卫星地面网络可配置接入地面电信网,作为连接固定用户的网关,其场景如图 1.18 所示。

1.3.3.1　网络协调站

国际海事卫星系统有 4 个网络协调站,每个海洋区域 1 个,用于监测和控制该区域内的移动卫星通信业务量。一些陆地地球站兼顾网络协调站的功能,当需要区分时,将具有网络协调站功能或备用网络协调站功能的陆地地球站称为双功能站。

网络协调站既具有监视和控制功能,也具有在机动站和陆地地球站之间建立呼叫的功能,如图 1.18 所示。该图概括地显示了网络协调站如何响应机动站(船载站)对通信信道的请求,分配信道给机动站和陆地地球站(海岸地球站)。机动站和陆地地球站(海岸地球站)必须都配置到这个分配的信道上才能进行通话。

作为网络协调站或备用网络协调站的陆地地球站,应满足国际海事卫星标准陆地地球站的所有技术要求,以与一般陆地地球站相同的方式处理自己的呼

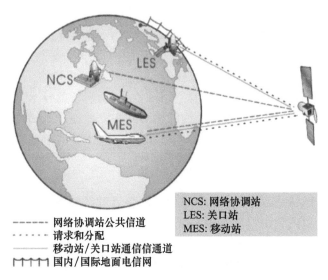

　　NCS: 网络协调站
　　LES: 关口站
　　MES: 移动站

- - - - - 网络协调站公共信道
· · · · · 请求和分配
——— 移动站/关口站通信信通道
ΓΗΗΗ 国内/国际地面电信网

图 1.18　国际海事卫星地面网络(图片来源:Inmarsat)

叫。此外,网络协调站作为海事卫星地面网络组成之一,还需具备以下功能:

　　(1) 在指定信道上持续工作,该信道被称为通用信令信道,通常使用 6GHz L 频段,新的 Global Xpress 使用 Ka 频段;

　　(2) 接收来自所有陆地地球站的电报配置消息,并将其通过通用信令信道转发给各机动站;

　　(3) 接收来自海事地面网络内所有陆地地球站的电话和高速数据信道分配请求,并在公共时分复用信道上进行电话和高速数据信道分配;

　　(4) 维护在用电话和高速数据信道列表,该列表指示哪些信道正在使用,以及每个信道对应的陆地地球站和机动站;

　　(5) 确定被呼叫的机动站是否正忙于另一个呼叫;

　　(6) 当有紧急呼救请求时,清除船只或飞机正在进行的通话;

　　(7) 保存通道请求、信令通道和电话信道的历史记录,用于海事卫星地面网络的分析。

　　此外,为便于测量卫星的 C 频段和 L 频段射频信号,网络协调站还要能改变国际海事卫星的 6GHz 通用时分复用通道的备份状态、应答机载波发射功率。为了实现这些功能,机动站需要自动或手动完成与网络协调站公共信道的同步,并登录进入其所在海洋区域的网络协调站。

1.3.3.2　网络控制中心

海事卫星网络控制中心(NCC)位于伦敦国际海事卫星组织总部大楼。负责监测、协调和控制所有卫星(有效载荷和天线)的运行状态,并通过全球地面电信网在4个海域网络控制中心之间共享整个网络运行状态和数据信息,见图1.18。网络控制中心可以通过一个或所有的网络协调站发送系统信息,向网络协调站所在海洋区域的机动站发送国际海事卫星相关消息。网络控制中心还通过位于不同国家的测控站控制空间段性能;识别新的技术方案,并在整个系统内组织实施;控制当前和新入网的机动站和陆地地球站;并提供网内所有机动站、陆地地球站、网络协调站以及整个国际海事卫星系统的工作状况信息。

1.3.3.3 卫星控制中心

正如网络控制中心对移动卫星通信的服务管理至关重要一样,位于伦敦海事卫星组织大厦内的卫星控制中心(SCC)对航天器管理、位保和测控也至关重要,如图1.18所示。所有进出卫星控制中心的数据都通过全球地面电信网或跟踪站进行路由,如果需要,这些跟踪站还提供对这些数据的备份能力。陆地地球站的测控终端有 VHF 频段、C 频段和 L 频段,用于控制所有4个海洋区域的海事卫星。9 颗国际海事卫星的状态数据由位于 Fucino(意大利)、北京(中国)、Lake Cowichan/Pennant Point(加拿大)的 4 个测控站提供给卫星控制中心,在挪威的 Eik 还有一个备用站。

卫星控制中心提供如下测控服务:航天器子系统和有效载荷的运行状态监视,如转发器信号、解码器和变频器状态、所有设备及星体表面温度、所有电气功能、卫星空间姿态和燃料情况、处理解码器和接收信标遥测。卫星控制中心在卫星发射过程中提供所有参数的监控。

1.3.3.4 救援协调中心

顾名思义,救援协调中心用于协助海上和航空遇险情况下的搜索救援,如图1.18所示。大量的移动卫星通信链路提供了遇险船只、飞机与救援机构之间的端到端连接。由于遇险警报和自动信号系统具有很高的优先级,这种直接连接通常在几秒钟内就能迅速建立起来。当救援协调中心通过任一陆地地球站、用户终端站或任务控制中心接收到遇险警报(SOS 或 MAYDAY)时,它将向搜救单位和遇险区域内的其他船舶(如果遇险在海上)转发警报的细节。

这种转发的救援信息应该包括遇险船只或飞机识别信息、位置以及在救援行动中使用的其他相关信息。最初接收遇险警报的救援协调中心(称为第一救援协调中心更为合适),负责所有后续搜救的进一步协调。

这一最初的责任也可能会转移到另一个救援协调中心,接续中心可能更有能力协调救援工作。救援协调中心通常还参与后续搜救协调通信,例如指定的现场指挥官、遇险事件区域内搜索船只或直升机之间的通信。

1.3.3.5　地面电信网络

地面电信网络的运营商通常是国际海事卫星组织的签约方,可以是美国电话电报公司(PTT)、任何政府或私营的地面电信网,提供陆上固定电话和电传服务。地面电信网运营商在其陆上基础设施内提供与海事卫星地面网(IGN)的接口,提供语音、传真、电传、低/中/高速数据和视频服务,其国际海事卫星移动网络(IMN)如图 1.19 所示。作为 L 频段海事移动网输入端口的一部分,每个海岸地球站(CES)或地面地球站(GES)都与地面电信网有电话、传真、低/中/高速数据、电传网络接口,为航空、个人、军事、海洋、陆地和近海应用提供服务。

新的国际海事卫星高速数据传输业务能够连接到地面电信网和其他基础设施,如综合业务数字网(ISDN)、分组交换数据网(PSDN)、公共交换电话网(PSTN)、租用线路、数据网(X.25、X.75 和 X.400)、专用数据网、空中交通控制(ATC)网、国际航空电信协会/航空无线电公司(SITA/ARINC)网络。

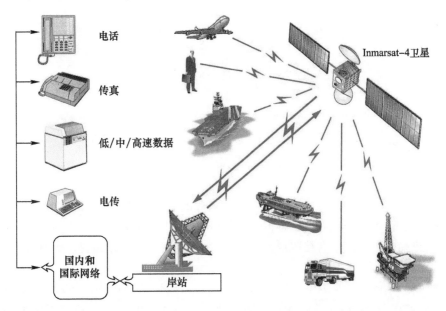

图 1.19　国际海事卫星 L 频段全球移动卫星通信网络(图片来源:ALRS)

此外,现有的 L 频段国际海事卫星利用移动宽带提供数字信号传输,例如 Inmarsat‐4 卫星提供用于海事的 FleetBroadband、用于航空的 SwiftBroadband。而 Inmarsat‐5 卫星可以为所有移动业务提供 Ku 频段 Global Xpress 服务。

通过 Inmarsat‐5 卫星,新的甚小口径天线地球站(VSAT)提供 Ka 频段国际海事卫星宽带业务,如图 1.20 所示。第三章介绍的新型全球移动广播卫星系统

（GMBSS），重点描述了现代移动 VSAT 网络、设备和数字视频广播 – 卫星返回信道（DVB – RCS）技术。

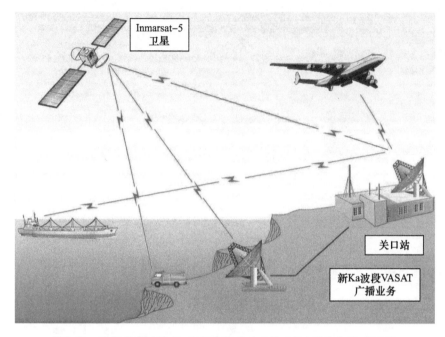

图 1.20　国际海事卫星 Ka 频段全球移动通信网络（图片来源：ALRS）

1.4　Inmarsat 机动站及其应用

　　机动站是由天线、收发机及外围器件组成的电子设备，通常安装在移动或海上平台上，也可以安装在偏远地区、农村地区的室内或室外场所。在一些特殊条件下，机动站可以只包含接收或发送终端，其他设备根据机动站提供的业务定制或选择。

　　所有 Inmarsat – 4 卫星机动站都工作在 1 ~ 2GHz 范围内的 L 频段。机动站发射频率在 1626. 5 ~ 1645. 5MHz 之间、接收频率在 1530. 0 ~ 1545. 0MHz 之间，通过全球分布的大约 40 个陆地地球站（LES）形成了四个国际海事卫星覆盖区域。

　　Inmarsat – 5 卫星星座利用 12 ~ 18GHz 的 Ku 频段提供新型 Global Xpress 通信业务；而其他卫星运营商使用 26. 5 ~ 40GHz 的 Ka 频段为机动站提供通信业务。

　　最初，国际海事卫星机动站为远洋船舶、巡洋舰、内河船舶、渔船、游艇和海洋钻井平台提供海上通信服务。后来,使用与海事类似的技术,把国际海事卫星标准引入了陆地和航空通信应用。

1.4.1　Inmarsat 海事网络和船载站

国际海事卫星网络为海上移动卫星通信(MMSC)、陆上移动卫星通信(LM-SC)、可搬移卫星通信(TMSC)和个人移动卫星通信(PMSC),例如世界任何地方的远洋船舶、陆地车辆(公路和铁路)、可移动终端和个人终端,提供双向语音、传真、可变速率数据和视频业务,其网络如图 1.21 所示。这个网络中包括船载站(SES)、车载站(VES)、移动站(TES)和个人站(PES)。

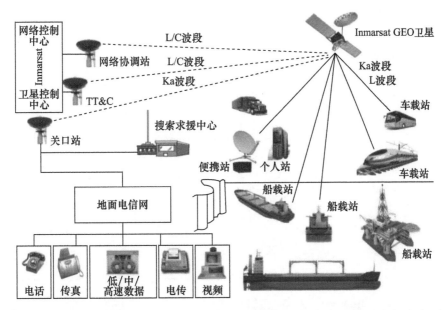

图 1.21　Inmarsat 海上、陆上、可搬移、个人移动卫星通信网络基础设施(图片来源:Ilcev)

海上移动卫星通信网络是国际海事卫星组织在海运业发展下开发的,符合国际海事组织提出的《海上生命安全标准和建议》(SOLAS)。

船载站于 1976 年首次应用于军事领域,1981 年用于商业航运业,与国际海事组织的建议和标准要求一致。现代船载站由甲板上设备(ADE)——天线系统,以及舱内设备(BDE)——带有外围设备的射频单元组成。因为大型远洋船舶上有足够的空间,所以这些设备通常都很大。也就是说,船载站是安装在船上或海上平台上,由天线和带有外围设备的收发机组成的电子设备。最初,国际海事卫星组织仅利用 Inmarsat - A 型站开展海事移动通信业务,并因此创造了一个缩略词:INMARSAT(INternational MARitime SATellite)组织。

1991 年,Inmarsat 开发了仅用于低速数据传输的 Standard - C 型站,1993 年引入了新的 B 型和 M 型数字标准。Inmarsat - B 型船载站标准被认为是高度成功的 Inmarsat - A 型站的升级版。与 Inmarsat - A 相比,该标准优化了卫星功率和带宽的使用,从而实现了更低成本、高质量和高可靠性。Inmarsat 后续又相继开发了以下标准:mini - C、D、D + ,mini - M,GAN,BGAN,Fleet 33/55/77。Fleet-broadband 是最近开发的被称为 Global Xpress 的 Ka 频段系统。

如上所述,船舶海事业务是 Inmarsat 开发的第一个移动卫星通信业务,后续拓展到陆地(公路和铁路)和航空应用。Inmarsat 已经为民用和军用船舶、渔船和海上钻井平台制定了若干船载站标准,这些标准和配套的设备如图 1.22 所示。

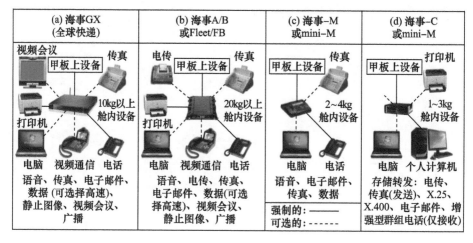

图 1.22　典型海事船载站标准配置(图片来源:Ilcev)

1.4.1.1　Inmarsat – A 型船载站

Inmarsat - A 型站是海事卫星组织船载站和移动站的第一个模拟标准,1982 年推出,2007 年 12 月 21 日停止运行。

Inmarsat - A 型船载站以不同的数据速率提供双向直拨电话(高质量语音)、传真、电传和电子邮件,其在甲板上和舱内的设备配置如图 1.22 所示。

Inmarsat - A 型船载站标准支持 9.6kb/s 和 64kb/s 速率的双向文件传输、宽带静态和压缩视频图像传输、高质量 15kHz 音频和视频会议。它可以连接一系列选项与增值业务接口,如数据调制解调器以及用于从驾驶室、无线电室和客舱转接语音、传真和数据的自动交换机。它可以通过服务器连接局域网和互联网,该服务器通过中高速数据接口,支持船上远程办公,并提供各种数字增强无线通信、加密和其他中间件。

通过 RJ45 接口,中速数据传输需要调制解调器、个人电脑和通信软件;而高速数据需要在调制解调器处增加数字编码器和调制器,通过个人电脑传输,其接口包括 CCITT V. 35、RS－422 和综合业务数字网型 CCITT V. 36;对于传真数据,有必要连接一个由船载站制造商推荐的传真机。

1. 4. 1. 2　Inmarsat－B 型和 B/HSD 型船载站

1993 年推出的 Inmarsat－B 型船载站数字标准,被认为是非常成功的 Inmarsat－A 型船载站模拟系统的升级版本,其应用场景如图 1. 22(b)所示。

Nera Saturm Bm MK2 Inmarsat－B 型站的功能框图如图 1. 23 所示。这种船载站通过局域网与加密设备、广播设备及支持高效带宽卫星传输(BEST)业务的 CN17 网关连接。船载 GPS 可以连接到舱内国家海洋电子协会(NMEA)0183 端口,通过 Inmarsat－B 型站下载差分全球定位信息,即使船舶在陆基差分全球定位站的范围之外也能进行精确导航。该站还提供船舶发动机监控、重要的医疗和海上援助、导航和危险天气告警,还可选择通过传真、数据设备或电传传输天气预报。

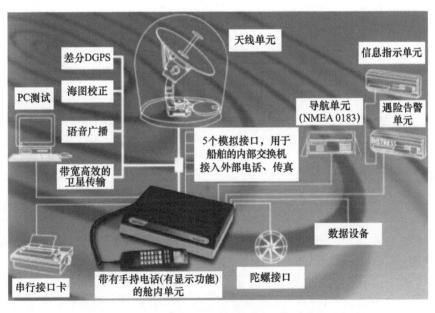

图 1. 23　Inmarsat－B 型标准船载站结构框图(图片来源:Nera 公司)

重要的是,Inmarsat Nera Saturn Bm 标准可以持续提供来自岸上的医疗和海事援助、遇险警报和告警、导航图校正、音频广播和其他信息。除了标准中的可视手持电话外,还有五个可连接电话和传真机的模拟端口。这些分布式管理任务端口中的任何一个都可以用来连接船上的自动交换分机和卫星终端。

50Baud 的电传设备也是一种选择。

与 Inmarsat – A 相比,该标准优化了卫星功率和带宽应用,从而成本更低、质量和可靠性更高。它可以为设施完备的移动办公室提供所有通信业务,如16.0kb/s 的直拨高质量语音、电传、14.4kb/s 的第 3 类传真、9.6~56/64kb/s 的高速数据、视频会议和互联网接入。

Inmarsat – B/HSD 业务适用于高速文件传输、视频存储转发、基于个人电脑的高质量视频会议和音频传输、宽带网络以及结合语音、传真和数据的多路复用通道等应用。这种机动站可以通过综合业务数字网承载的岸基局域网,与全球范围内的地面电信网用户连接,并为广播公司提供专用的音频传输电路。

国际海事组织已认证 Inmarsat – A/B 站型满足其全球海上遇险安全系统任务的要求,可以为世界上几乎所有可航行的海洋水域提供安全通信保障。Inmarsat – B 型站的呼叫通过 Inmarsat – 3 卫星的全球或点波束发送到每个海洋区域的海岸地球站,再通过海岸地球站传送到地面电信网和救援协调中心。自2014 年 9 月 30 日起,国际海事卫星组织停止了新 Inmarsat – B 站型入网,2016年 12 月 30 日停止为 Inmarsat – B 站型服务。替代 Inmarsat – B 型站的是一种新型骨干船载站型 Inmarsat – FB(FleetBroadband)。

1.4.1.3　Inmarsat – M 型船载站

Inmarsat – M 系统设计于 1993 年,为船载站、车载站和搬移站提供高性价比的数字移动卫星通信。这是世界上第一部便携式移动卫星电话,可通过公文包大小的终端进行 4.8kb/s 语音、第 3 类传真和 2.4kb/s 数据通信。Inmarsat – M型船载站提供实时的语音、数据(X.25 和 X.400)、互联网和电子邮件服务。对于中速率数据传输,该站型的电子设备单元中有一个内置的数据调制解调器。该系统提供了群呼功能:同时向某一群用户或按照他们的地理位置传输消息。但这种群呼功能不满足全球海上遇险安全系统的要求。

Inmarsat – M 型站包括一个 70cm 带天线罩的相控阵天线、主电子单元、可视手持电话、标准的个人电脑、打印机、遇险按钮和电源单元,如图 1.22(c)所示。该站型的所有控制通过软件从手持电话、主电子单元或个人电脑上的显示菜单中选择命令来完成,同时也可以通过手持电话或个人电脑键盘输入命令和文本完成。

2014 年 9 月 30 日停止 Inmarsat – M 型站(海上、陆地和航空)入网,2016 年12 月 30 日终止对 Inmarsat – M 站型提供服务。建议使用船载 Inmarsat – FB、陆上 Inmarsat BGAN 两种站型替代 Inmarsat – M 型站的业务。

1.4.1.4　Inmarsat Mini – M 型船载站

自从 1997 年 1 月 Inmarsat mini – M 站型提供服务以来,它已被证明是许多移动通信市场的宠儿。大约 100000 个海上、陆地和航空 mini – M 终端联合运行,为许多原来通信质量差或根本没有通信的地方提供通信链路。mini－M 几乎可以在世界任何地方提供高性价比和可靠的移动卫星通信业务。通过利用用户识别卡(SIM 卡)的点波束卫星技术,mini－M 终端是当时所有国际海事卫星最小、最轻和最节能的语音终端之一。作为曾经国际海事卫星语音通信设备系列中性价比最高的设备,Inmarsat mini－M 多年来为公司和船员提供了可靠的通话能力,因此该标准在全球海事和其他移动行业取得了巨大成功。

Inmarsat mini－M 标准巩固了海事移动电话作为世界上销售量最大的移动卫星电话的地位。其设计可以提供便携、海上、陆地车辆、飞机应用以及国际海事卫星付费电话等多种服务形式。它使用具备错误检测/纠正能力的 4.8kb/s 声码速率,可提供高级多频带激励(AMBE)语音、传真、数据和电子邮件服务。

Mini－M 型船载站对应 Inmarsat－3 型卫星的全球和点波束业务,如图 1.22(c)所示。该站型可以通过电池或 AC/DC 适配器/充电器工作,可以保证移动电话始终处于开机状态,这对保障海上安全非常重要。Thrane & Thrane Copsat 全球海事遇险安全系统 Inmarsat C/mini－M 型双模式站如图 1.24 所示。这种集成的船载站符合 Inmarsat CN 114 规范和海洋生命安全公约/全球海事遇险安全系统要求,其设计是综合商业、安全和救援多方面考虑的最佳方案之一。在遇险情况下,除了通过电传发出标准－C 的警报外,该系统也可以向救援协调中心发起电话呼叫,以提高搜救工作效率。此外,Capsat 双模站可以选择性地连接到个人电脑、远程报警/增强型群组呼叫(EGC)打印机、传真机、集成 GPS、国家海洋电子协会(NMEA)端口、黑盒等。为确保紧急呼救信号既能被看到也能被听到,Inmarsat mini－M 和 Inmarsat－C 手持电话双模支架上的指示,具有闪烁的遇险指示器和音频警报两种功能。当按下红色按钮时,远程报警/增强型群组呼叫(EGC)打印机可以选择接口启动一个遇险报警,同时也可以获得所有传入信息的打印输出。

最新、最小的 mini－M 型站主要面向企业和远程客户。其特点是包含 SIM 卡,这样大量用户在使用国际海事 mini－M 移动服务时,不必考虑复杂的计费。此外,由于存储在用户识别卡上的信息、用户身份和账单细节都是加密的,很难复制,还可以保护用户免受欺诈。

此外,如果 SIM 卡丢失或被盗,可以很快注销和更换,而不需要重新编程。这类终端也有用于陆地车辆、海洋船舶和边远地区通话的站型,后者配备有一个 80cm 的碟形天线。它们具有陀螺稳定天线平台和海事舱内单元,非常适合船舶,如沿海/远海作业的渔船、海上石油钻井平台和游艇。同样,陆地车辆站型的天线也很容易安装在汽车、卡车和火车的顶部。mini－M 终端利用大天线的链路余量,非常适合半固定或固定站点以及公共付费电话。

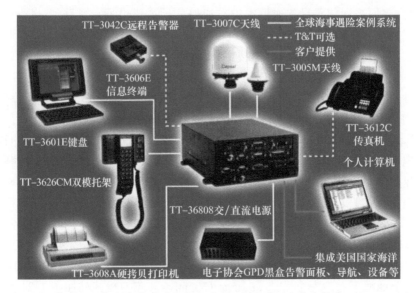

图 1.24　海事 Copsat 全球海事遇险安全系统双模船载站(图片来源:radioscanner)

　　由于近期的发展,自 2015 年 12 月 31 日起,海事卫星系统不再接受新 Inmarsat mini – M 站(海上、陆地和航空)入网,自 2016 年 12 月 31 日起,不再为 Inmarsat mini – M 站型提供服务。作为一种替代服务,由船载 Inmarsat – FB 站型提供海事卫星 SwiftBroadband 服务,Inmarsat BGAN 站型为车载站使用。

1.4.1.5　Inmarsat – C 和 mini – C 船载站

　　Inmarsat – C 和 mini – C 型站是一种用于双向分组数据传输的最小卫星终端,适用于所有移动、半固定和可移动平台,能够以 600b/s 的信息速率在 L 频段上传输双向数据和电传信息,而传真和电子邮件信息只能通过海岸地球站由船向岸方向传输,其必备和可选设备的配置,如图 1.22(d) 所示。

　　Inmarsat – C 是 Inmarsat 于 1988 年开发的第二个站型,最初专用于商业通信、商船以及军事舰队的海上遇险救援。典型的 Inmarsat – C 型船载站甲板上装配小型紧凑的全向天线,简易且重量轻,适用于所有类型的舰船、游艇、渔船和海上平台,如图 1.25(a)所示。甲板上可以是单一的 Inmarsat – C 船载站全向天线,也可以是 Inmarsat – C/GPS 合一的全向天线。舱内设备可以是单一 Inmarsat – C 收发机,也可以是一个与内置 GPS 接收机相结合的 Inmarsat – C 收发机。收发机安装在船上的无线电船舱或驾驶舱内,与信息单元、打印机和带有信号盒的遇险按钮相连。一些终端装配内置的信息处理和显示单元,还有一些终端带有标准的 RS – 232 端口,可以连接用户个人电脑或其他数据处理设备。

　　Inmarsat – C 和 mini – C 卫星终端可用于全球海上遇险安全系统、远程识别与跟踪(LRIT)、船舶监测系统(VMS)、船舶安全评估(SSA)、全球船舶跟踪(GST)、监控和数据采集(M2M)。这两类终端的电力通过船舶的主电源供给，在紧急情况下也可以通过带有可充电单元的电池来满足。这些船载终端还可以配置为仅接收海岸地球站的岸上办公室多地址消息，即上文所述的群呼增强(EGC)。适用于所有船舶的是集成 Capsat 全球海上遇险安全系统的 Thrane&Thrane SES – C 和 mini – M 双模船站，如图 1. 24 所示。

2002 年推出了 Inmarsat mini – C，该设备中集成了双通道 GPS 接收机和体积最小的海事卫星通信收发机，总重量为 1. 1kg，15cm 大小，如图 1. 25(b)所示。可提供数据、电子邮件、位置报告/轮询、传真、电传、X. 25、船间通信、监控和数据采集等。

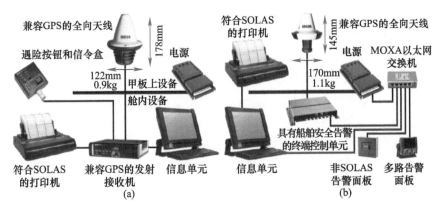

图 1. 25　Inmarsat – C 和 mini – C 终端(图片来源：Ilcev)

1. 4. 1. 6　Inmarsat – D/D + 和 Inmarsat – IDP 船载站

1997 年，Inmarsat 推出 Inmarsat – D/D + 型站。Inmarsat – D 型站提供全球单向(单工)数据通信，Inmarsat – D + 型站提供全球双向(双工)数据通信，其所用设备比个人光盘播放器还小，Inmarsat – D + 型站第一代、第二代和第三代站分别如图 1. 26 所示。这些装置集成了标准 D + 收发机、美国的 GPS 或俄罗斯的 GLONASS 接收机以及两类导航接收机天线。它非常适合所有移动目标的跟踪、追踪、短数据传送、监控和数据采集。此外，它还可以用于单点对多点信息广播，金融数据广播是其典型应用，如汇率和股票交易价格、信用卡列表和灾难警报。用户可以接收语音、数字、字母数字信息，以及清晰的数据。

这些终端可以存储和显示至少 40 条信息，每条信息最多 128 个字符，还可以传输从 GPS/GLONASS 获得的位置、速度和时间(PVT)信息。Inmarsat – D/D + 标准提供了向一组机动站用户发送消息的服务功能，要求这些用户需各自进行单独的寻呼身份认证(PID)，以及群寻呼认证。移动地球站终端对群组呼叫，不返

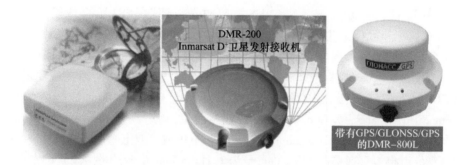

图 1.26　Inmarsat－D＋第一、第二和第三代(图片来源:SkyWave)

回确认信息;但是,所有消息都必须通过端到端应用程序来控制。发送到机动站
的所有消息都将被编号,以便用户能够识别消息是否完整。重复的消息将以相
同的消息编号发送,以允许重复的呼叫指示。Inmarsat－D＋标准能够从移动用
户向基站发送:①确认突发;②短突发数据(SBD);③长突发数据(LBD)。

　　自开发了新的海事卫星 IsatData Pro 和 IsatM2M 标准以后,Inmarsat 从 2015
年 12 月 31 日起,不再接受新的 Inmarsat－D＋型站入网,2016 年 12 月 31 日以
后,不再为这类站型提供服务。作为替代方案,Inmarsat 使用新一代的 IsatData
Pro 和 IsatM2M 终端提供类似的远程信息服务。

　　本书作者作为德班理工大学(DUT)空间科学中心(SSC)/国家科学研究中
心(CNS)主任,开发了类似于大范围识别跟踪系统(LRIT)的全球船舶跟踪系统
(GST)。但是,与大范围识别跟踪系统不同,全球船舶跟踪系统使用 Inmarsat－
C/mini－C/D＋和新的 IsatData Pro 站型,可以在全球范围内实时确定和跟踪失
踪和被盗的船只,还增强了船舶的碰撞规避功能。

　　如上所述,Inmarsat－D＋的下一代是最近由国际海事组织开发的 IsatData
Pro(IDP)和 IsatM2M。这两个站型都是完全程控和密封的,使用集成 GPS 或
GLONASS 数据的全球双向 Inmarsat Isat 卫星业务,几乎可以在全球范围内远程
管理固定和移动资产。这两个站型无论是用于远洋船舶、渔船、集装箱、浮标、车
辆,还是机器对机器(M2M)监控与数据采集系统,以及石油和天然气勘探,都提
供了更好的资产可视性、更好的管理手段、更高的生产效率、更低的运营成本和
更好的合规性。

　　(1)IsatData Pro。这类站型提供机器到机器的全球双向分组数据通信业
务,使公司能够跟踪和监控其固定或移动资产,提高业务运营的可视性,提高效
率,增加资产、货物和司机的安全性,同时降低运营成本。它发送 6400B,接收
10000B,所用时长在 15 ~ 60s 之间,具体时长取决于消息大小。

　　(2)IsatM2M。这类站型提供全球低数据速率消息存储转发业务,用于跟

踪、监视和控制运营。它支持如运输车辆安全、工业设备监视和海上贸易跟踪等重点应用,用户能够监控管理其固定或移动资产。它的传输速度在发射方向为10.5B 或 25.5B,在接收方向为100B,所用时长在 30～60s 之间。

卫星运营商 Orbcomm 公司收购了生产海事卫星终端的制造商 SkyWave 公司及其产品,并在该公司旗下生产两个提供海上跟踪能力的海事卫星终端。第一个终端是 Inmarsat – IDP – 690,属于 IDP 600 系列,是为海上和低仰角应用制造的船舶跟踪设备,如图 1.27(a)所示。图 1.27(b)所示的是第二个终端 IDP – 800,专用于监控移动房屋、集装箱、船只等,通过 GPS 或 GLONASS 提供的位置、速度、时间数据,实现完全程序方式跟踪卫星。

Inmarsat – IDP 终端使用串行接口和公共通信协议,方便与外部控制器、移动显示终端或个人电脑相连接。Inmarsat – IDP 终端可以连接到笔记本电脑或台式电脑上,如果驾驶舱空间不足,可以连接到信息终端 TT – 3606C 和 Capsat 打印机 TT – 3608F,两种设备是由 Cobham 公司收购的原 Thrane&Thrane(T&T)公司生产的,如图 1.28 所示。紧凑型的信息终端和 Capsat 打印机是专为移动应用设计的,可以用于小型船舶、渔船、卡车和火车,还可用于航空和便携式航空箱。

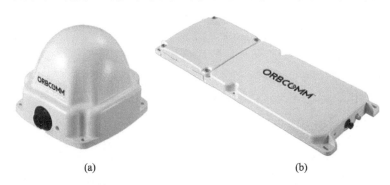

(a)　　　　　　　　　　　　　(b)

图 1.27　海事卫星系统的新一代 Inmarsat – IDP 终端(图片来源:Orbcomm 公司)

(a)　　　　　　　　　　　　　(b)

图 1.28　信息终端和 Capsat 打印机(图片来源:Thrane&Thrane 公司)

1.4.1.7　Inmarsat-C 增强型群呼叫接收机

增强型群呼叫(EGC)信息接收,之前使用已停止运行的 Inmarsat-A 接收机,目前仍使用 Inmarsat-B 接收机。它既可以内置于电子设备中,也可以作为一个单独的单元,通过中频接口对外连接。在这些情况下,群呼叫接收机使用现有天线,低噪声放大器和双工器。最简易的接收机可以是带有全向天线的标准-C 船站的一个组成部分。它可以专用于接收群呼叫信息、遇险警报和其他海上安全信息。一个只有基本群呼叫功能的接收机由解码器、解调器、处理器和内置打印机组成,它可以使用 Inmarsat-C 型船载站天线,安装在船驾驶舱内。群呼叫接收机使用简单的电话型键盘,操作极其简单。基本操作是选择要接收的消息类型,如天气信息、导航信息。可以取消选择所有船舶(ALL SHIPS)信息,如安全网和舰队网传来的遇险警报和其他海事安全信息。

1.4.1.8　海事 Fleet 33/55/77 船载站

舰队标准和业务范围是 Inmarsat mini-M 和 GAN 标准的升级,为远洋、沿海船只和钻井平台提供语音、传真、数据和视频综合业务。舰队标准提供高速移动综合业务数字网络(ISDN)和基于 IP 的高性价比移动分组数据业务(MPDS),并提供功能强大的连接,包括互联网/电子邮件接入、天气更新、视频会议和高级语音遇险安全系统。Fleet 77 符合国际海事组织关于全球海上遇险安全系统规范,并为所有业务提供全球覆盖,而 Fleet 55 和 Fleet 33 在国际海事卫星系统的点波束内工作,只为低速语音传输提供全球覆盖。舰队家族的两个最新成员,Fleet 55 和 Fleet 33,具有天线尺寸小和成本低的优点。

本章将介绍 Fleet33/55/77 系列站型和 FleetOne,新推出的 FleetBroadband (FB)和舰载 Global Xpress 在本书的第一卷第 7 章中介绍。

Inmarsat F77 于 2002 年推出,Fleet33 和 Fleet55 均于 2003 年 4 月推出。Inmarsat Fleet77 将保留全球海上遇险安全系统的语音遇险业务至 2020 年底,但建议用户最好在 FleetBroadband 500 上开展数据业务。目前尚未宣布 Fleet77 数据业务的终止时间。

Fleet77 提供了高质量的海事移动卫星通信,而 2003 年推出的 F55 和 F33 为较小的船只提供语音、电子邮件、安全的互联网和内部网接入,以及高质量的传真、海洋气象图等业务,其甲板上设备配置如图 1.29 所示。表 1.5 对三种舰队系列站型提供的业务进行了比较。

(1) Fleet77。Inmarsat F77 提供全球海事网络覆盖,基于移动综合业务数据网(ISDN)或移动分组数据业务(MPDS),为世界任何地方的远洋船舶、渔船和海上钻井平台提供新型国际海事卫星服务。得益于覆盖范围扩大,Inmarsat F77 能够保证远海作业的各种船只通过可靠、高质量的海事移动卫星进行通信,将船只变成了"海上办公室"。

表 1.5　三种 Fleet 站型的业务比较

业务	覆盖范围	语音	数据—电话交换	数据—包模式	传真	全球海上遇险与安全系统	天线尺寸
F77	全球各类业务	全球数字	64ISDN 欧洲标准	MPDS 标准	2.4K/9.6K（可选）G4 64K	IMO 语音	75～90cm（直径）
F55	全球电话、数据和传真业务	全球数字	64ISDN 欧洲标准	MPDS 标准	9.6K（可选）G4 64K	不适用	50～60cm（直径）
F33	全球电话、数据和传真业务	全球数字	64ISDN 欧洲标准	MPDS 数据可变 2003	9.6K 传真9.6K 数据可变	不适用	30～40cm（直径）

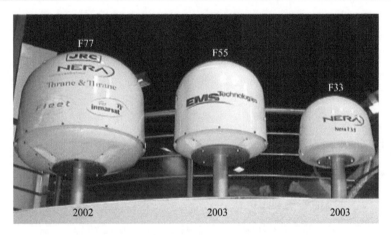

图 1.29　Inmarsat Fleet 系列站型(图片来源:Inmarsat)

F77/55 型站由舱内收发机(TT－3038C)、甲板稳定平台上的右旋定向天线(TT－3008)、电话(TT－3622B 和 TT－3620F)及配套支架组成,如图 1.30 所示。图示的其他设备还包括:使用移动分组数据业务网(MPDS,该网络以 Mb/s 为单位对发送和接收的数据收费)的局域网网络/电子邮件接入设备、大文件和照片传输设备、IP 视频会议/视频电话(VCoIP/VPoIP);通过移动综合业务数字网(ISDN)连接的可视电话、保密电话(STE)、Group－4 传真、RJ11 模块插孔低速语音线路/无绳电话录音机、mini－M 电话、交换机和 Group－3 传真。另外,F33 与 F55 的船载站配置相似。

海员们可以从 Inmarsat F77 站型得到更多的安全措施,如内置预置选项和语音优先级。这一站型的标志性特点是可中断非必要和低优先级的常规移动卫

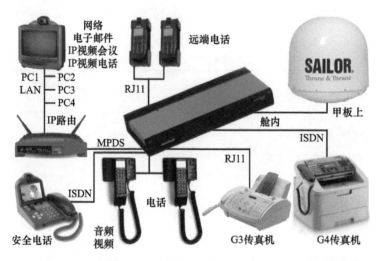

图 1.30　船载 F77/55 全球移动卫星通信套件（图片来源：T&T 公司）

星通信，确保安全或紧急呼叫能够立即接通，搜救队伍能够与相关船只无缝联系。它始终以分级的方式工作：遇险呼叫将抢占所有其他移动卫星通信；紧急呼叫会抢占安全呼叫和常规呼叫，安全呼叫会抢占常规呼叫。这一模式是 1994 年 Achille Lauro 号船失事后，国际海事组织为强化全球遇险安全系统建立的。

　　船上的每个人都能从 Inmarsat F77 数字系统提供的世界各地安全语音业务中受益。F77 上多功能预付费 SIM 卡能够为普通船员提供电话服务，这种通信方案将社交电话移出驾驶室，允许船员在更私密空间与家人通话。除了标准语音业务（4.8K AMBE），F77 还提供高质量的 3.1kHz 音频通道。舰队 F77 业务允许船队主管根据不同的工作需要，选择移动综合业务数字网或移动分组数据业务两种通信方法中的一种或两种，使船上获得广泛的业务支持，如远程船舶管理、技术支持、测量和船舶操作、远程医疗和教育、互联网/内部网/电子商务和银行、遥测和监控、电子图表、天气路由、数字图像传输和其他技术支持。

　　（2）Fleet55。F55 的优势包括在 4 个国际海事卫星海洋覆盖区域的数字语音，在 Inmarsat - 3 卫星点波束覆盖范围内有两种不同的业务：64kb/s 移动综合业务数字网以及移动分组数据业务。移动综合业务数字网提供高质量语音、Group - 4 传真和高速语音频带数据，移动分组数据业务承载"始终在线"IP，其按发送和接收的数据量收费，而不是按在线时长收费。这种新站型对较小数据量或交互式数据非常有吸引力。F55 是为需要较小天线、低成本舱内设备和硬件安装的船只设计的。它提供点波束数据和全球语音覆盖，是大中型船只（如商船或巡逻艇）的理想选择。与 F77 类似，F55 也附加有 SIM 卡功能，F77/55 站如图 1.30 所示。

（3）Fleet33。F33 的甲板上和舱内设备如图 1.31（a）所示，它允许用户选择以下两个移动卫星通信信道中的一个或两个：点波束内的综合数据业务或移动分组数据业务。这两种通信形式有一些本质的差别，适合不同类型的业务需要。目前，F33 在点波束内提供的综合数据业务以 9.6kb/s 的速率传输数据流，最适合传真和批量数据传输，如通过电子邮件传输文件。2004 年，移动分组数据业务按计划引进 F33。它提供永远在线服务，即根据发送和接收的数据量收费，而不是根据在线时长收费，这对于电子邮件和网页浏览来说是十分理想的。类似 mini - M 站小而轻的天线，使供货和安装更加便利。该站型与前两种站型一样，具有附加的 SIM 卡功能。

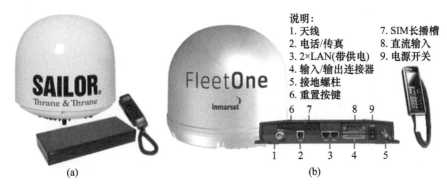

说明：
1. 天线
2. 电话/传真
3. 2×LAN(带供电)
4. 输入/输出连接器
5. 接地螺柱
6. 重置按键
7. SIM长播槽
8. 直流输入
9. 电源开关

图 1.31　F33 和 FleetOne 套件（图片来源：Cobham）

1.4.1.9　海事 FleetOne 船载站

FleetOne 的推出使游艇和渔船能够享受到以前只有大型船只才能有的宽带服务，其甲板上和舱内设备如图 1.31（b）所示。在航海度假或远海垂钓的旅行中，新的 FleetOne 提供高达 100kb/s 的数据链路、语音线路、短信和高性价比的互联网接入。FleetOne 还支持国际海事卫星系统独有的"SOS"安全业务，通过应急路由，可以直接与海上救援协调中心联系。这意味着，通过一个电话，船只就可以向海事救援协调中心报告自己船舶的位置和遇险情况，通过与搜救服务部门通话，了解援助进展情况。上述业务是全球性的服务，但仅在指定的地理区域（覆盖地图上的绿色区域）收取特定费用。

1.4.2　Inmarsat 陆基移动车载站

车载站（VES）是为在公路和铁路上行驶的车辆设计。车载天线通常放置在车顶上，根据全向或定向辐射不同，通常分别具有低或中等增益。射频设备通常安装在驾驶室附近，以便操作控制。车载站标准在技术上与船载站相似，唯一区别是使用车载站的术语进行命名。由于行驶车辆的空间更小,车载站天线系统、车舱内装置(BHD)或射频单元都更小、更紧凑。正规的海事卫星车载站标准有VES - M、VES mini - M、VES - C、VES mini - C、VES - D 和 VES - IDP/M2M。此外,公路车辆也可以安装 Fleet 系列和 GlobalXpress 的车载站设备,但需要安装适合车顶空气动力学的天线。

1.4.3　Inmarsat 航空网络和机载站

Inmarsat 航空网络为几乎世界任何地方的商用飞机、直升机、可移动站和个人站提供移动卫星通信业务,包括双向语音、传真、可变速率数据和视频,如图 1.32 所示。该网络由国际海事卫星组织和航空业开发,符合国际民航组织(ICAO)在国际航空运输协会(IATA)帮助下提出的航空移动卫星通信系统标准和建议(SARP)。

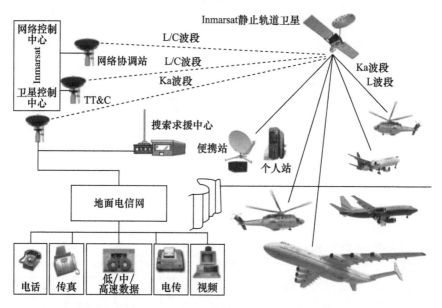

图 1.32　国际海事卫星航空、便携、个人移动卫星通信网络基础设施(图片来源:Ilcev)

因为本书第一卷第七章已经介绍了 SwiftBroadband 和机载 GlobalXpress 的新发展,本章将介绍国际海事卫星组织此前推出的航空移动通信服务方式。

机载站是一种机载卫星移动站,能够通过国际海事卫星网络与地面地球站通信,再经过地面电信网访问地面用户、机场管理者和其他机载站。国际海事卫星组织已经为民用、军用飞机和直升机安装机载站制定了标准,如图 1.33 所示,最新版的 GlobalXpress 如图 1.33(a)所示。机载站以 L 频段(1.6GHz/1.5GHz)

接收并处理来自卫星的射频信号,将格式化数据进行射频调制后发向卫星。机载站与机载设备,如飞机上的双工电话、传真、数据和视频设备的接口,均符合民航组织行业标准,如 ARINC 741 以及国际海事卫星标准。在这种情况下,国际海事卫星组织不关心包装的内容,系统接入只要求符合用户定义手册要求。事实上,ARINC 741 仅定义国际海事卫星系统的物理层,即机载站的 X741 标准,其中包括驾驶舱上方单元(ACU)和驾驶舱内单元(BCU)装置。

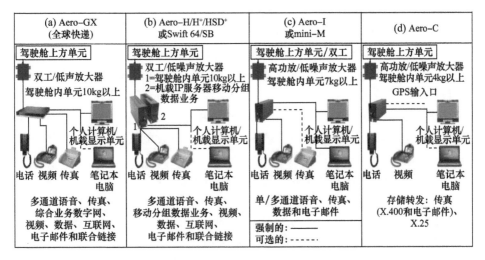

图 1.33　典型航空机载站标准配置(图片来源:Ilcev)

国际海事卫星航空系统得到了民用航空界的支持,包括 ARINC 航空公司、SITA 航空公司等。按照这些标准设计和制造的机载站,可以在世界范围内不受任何限制地工作,并且可以安装在长途航班上。这预示着海洋上航空交通管控的一场革命,飞行员和地面管控人员可根据需要随时交谈,飞机在整个飞行过程中可定期自动报告准确的位置。

地面管控人员第一次准确地知道飞机在哪里,并且可以快速与它们取得联系,在飞行中灵活地发布新的航线,以适应环境变化。在未来几年,预计由此节省的燃料将有数百万美元。在航空业,飞机停运意味着金钱的流失。如果装有国际海事卫星系统的客机在飞行中出现故障,其机组人员可以在着陆前几个小时告诉目的地工作人员,以便提前组织相应的人力资源快速解决问题,使飞机尽快再次飞行,投入创收。如果故障具有安全隐患,航空公司的调度办公室也拥有飞行安全所需的所有数据,可与空中交通控制协作,解决安全问题。

1.4.3.1　Inmarsat – H/H + /HSD + 机载站

第一个 Inmarsat Aero – H 移动卫星通信业务,可在海事卫星全球波束覆盖的任何地方,同时提供双向数字语音、4.8kb/s 的 Group-3 传真和 10.5kb/s 的实时分组模式数据传输。它的开发是为了满足飞行机组人员、客舱乘务人员和乘客对社交、飞行、管理和安全的通信需求。

Aero-H+ 是 Aero-H 业务的升级,它使用更高功率的 Inmarsat-3 点波束、或支持与 Aero-H 业务相同的全球波束。当使用电路模式数据支持用户定义的协议时,Aero-H+ 可与国际上 X.25/PSTN/PSDN 网络接口,并与 ISO 8208 互联网标准兼容。该站型标准完全符合国际民航组织的要求,支持海洋和遥远空域的通信导航监视/空中交通管理(CNS/ATM),并支持空中交通控制系统/空中交通管理网络(ATC/STN)的安全航空移动卫星通信和自动位置报告,包括全球范围内的整体运行管理、飞机通信寻址报告系统/空中通信类型(ACARS/AIRCOM)消息。该单元还采用飞行员/空管员语音和数据链卫星通信,以及基于卫星的自动辅助监视系统(ADS)。H+ 的其他应用还包括飞机发动机和机体工作情况实时监控和报告、维护和燃料请求、天气和飞行计划更新、航行通告(NOTAM)、单点对多点数据广播、餐饮信息和机组人员调度。

最新的 Inmarsat Aero-HSD+ 或 Swift64 可提供 64kb/s 的双向移动综合业务数字网和移动分组数据业务,如 Thrane&Thrane TT-5000HSD+ 机载站,它支持与综合业务数字网相兼容的所有类型通信,以及 TCP/IP 互联网连接,如图 1.34 所示。这种机载站包括可控高增益天线、双工器/低噪声放大器、多功能控制和显示单元(作为具有导航和语音拨号功能的飞行管理系统的一部分)、高速单元(作为基于 Swift64 业务的附加高速通道)、全功能手持和支架电话、卫星数据单元、高功率放大器、笔记本电脑或个人计算机、传真和可视电话,其外围设备如图 1.33(b)所示。安装在飞机上的设备必须兼容国际海事卫星系统的移动卫星通信标准,以便使用国际海事卫星 Areo-H/H+/HSD+ 业务。事实上,可用业务的范围取决于所选设备的类型。

1.4.3.2 Inmarsat Aero-I 机载站

Aero-I 标准利用 Inmarsat 3 卫星的较高功率,使用中等增益终端,通过更小、更便宜的机载站,在点波束覆盖范围内接收多通道语音、传真和电路模式数据。Aero-I 标准可以在全球范围内的全球波束下提供分组数据业务,包括飞机通信寻址报告系统/数据链和航空电信网。

该标准是支持安全、飞行操作、管理、机组人员以及乘客语音和数据通信的良好解决方案。它非常适合短程和中程飞机,适合安装的飞机类型也很多,如商用客机、货运飞机、公司专用飞机和军用运输机。装机设备尺寸、重量和成本的降低,意味着 Aero-I 对一些宽体飞机运营商也非常有吸引力。

在装配新编解码器机载设备时,制造商也有机会更新以前的设计,在性能相

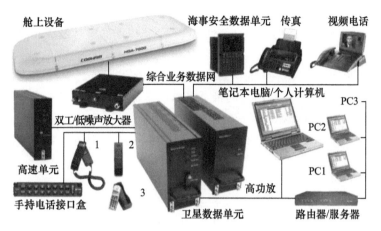

图 1.34　Aero – H/H + /HSD + 系统(图片来源:Cobham)

同或改进的条件下,允许再次压减 Aero – I 机载设备的尺寸和重量,其配置如图 1.33(c)所示。最新的 Inmarsat Aero – I 机载站是 Thrane&Thrane TT – 5000 Aero – I,如图 1.35 所示。

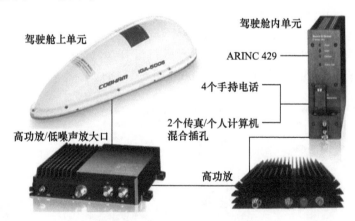

图 1.35　Aero – I 机载站(图片来源:T&T 公司)

　　Aero – I 提供以下业务:①点波束内驾驶舱和乘客的语音、传真、个人计算机数据和电子邮件;②全球波束中的 600b/s ~ 4.8kb/s 的分组 ISO 8208 数据通信和紧急(告警/遇险)语音通信;③每个机载站从 1 ~ 7 个多频道工作,集成在飞行娱乐系统中提供地基信息源在线接入的分组数据和航空移动卫星业务。Aero – I 还采纳国际民航组织对航空移动业务标准的修订建议,可在通信导航监视/空中交通管理中进行应用拓展。机组人员和空管中心也可以利用国际海事卫星航空系统的其他成熟功能,包括通过短拨号代码把安全语音接入到主要的空中交通控制中心。

Inmarsat - 3 点波束的功率余量使 Aero - I 比以前的机载站更小、更轻、更便宜,并使用更小的 6dB 增益免疫遗传算法(IGA)天线,相比而言 Aero - H 业务需要 12dB 增益天线。Aero - I 的第二个重要进步是采用了最先进的语音编解码技术,传输相同质量的语音使用的带宽是以前带宽的一半。与 Aero - H 业务中使用的 9.6kb/s 编解码相比,Aero - I 使用了新的 4.8kb/s 语音编解码。使用不到一半的卫星资源传送相同或更好的语音,使国际海事卫星能够以较低的成本向用户提供移动通信服务。

1.4.3.3 Inmarsat Aero mini - M 机载站

mini - M 机载站为小型公务飞机和专用航空用户提供语音、传真和数据通信服务。Aero mini - M 利用 Inmarsat 3 卫星的点波束能力,基于海上移动卫星通信技术,以飞机能承载的轻型设备,提供单一通道业务,如电话、传真和个人电脑数据,如图 1.33(c)所示。

mini - M 需要在外部安装一个与 Aero - I 兼容的免疫遗传算法(IGA)天线。对小型飞机,mini - M 不支持进行空中交通管理;如前所述,这项业务可由 Aero - I 和 Aero - H 来完成。如果需要,Aero mini - M 可通过公共交换电话网(PSTN)提供单独的电话通道,为具有 SIM 卡功能的传真或个人电脑提供电路模式数据,并在需要时使用 STU - III 技术进行语音加密。最新的 Inmarsat Aero mini - M 终端是 Thrane&Thrane TT - 3000(图 1.36(a))。

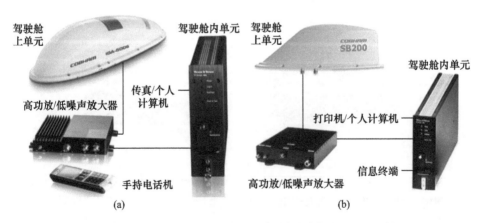

图 1.36　Aero mini - M 和 Aero - C 系统(图片来源:T&T 公司)

1.4.3.4 Inmarsat Aero - C 机载站

Inmarsat Aero - C 标准在 1991 年开始海事应用。Aero - C 版本的低速率数据传输通过 X.25/PSTN、电传网络接口,以 600b/s 的速率存储和转发文本或数据消息、单向传真/电子邮件、轮询和数据报告等非安全相关的移动卫星通信业务。Aero - C 的开发是为了满足高可靠性的航空移动卫星通信,没有设想在国际民航组织的通信导航监视/空中交通管理系统中应用,是用于自动识别系统(AIS)的一个非常好的方案。它特别适用于在特定区域或偏远地区运营的小型商用或军用飞机、军用直升机,它们不需要整套的电话和数据服务。该标准的其他潜在应用是天气和飞行计划预报、维护和燃料请求、位置报告、商业和航空公司通信、途中和目的地天气更新。Aero - C 站包括 1 个天线、1 个双工器和 1 个带有 GPS 功能的收发机。GPS 也使用 Aero - C 天线。该站型具有亚声速自动多普勒频移补偿功能,可处理多达 32000 个字符的信息。收发机需要与驾驶舱内基于文本的数据终端设备和/或笔记本电脑互连,如图 1.33(d)所示。也可选择把打印机连接到系统进行打印输出。最新的 Inmarsat Aero - C 站是 Thrane&Thrane TT - 3024A,如图 1.36(b)所示。

Aero - C 符合或优于国际海事卫星组织关于 Inmarsat - C 航空系统的所有下列规范以及所有相关的 GPS 系统规范:

(1) 天线:集成 Inmarsat - C/GPS 的全向天线,右旋圆极化。

(2) G/T 值:优于 - 23dB/K(5°仰角时)。

(3) EIRP:优于 12dBW(5°仰角时)。

(4) 发射射频/接收射频:1626.5 ~ 1646.5MHz/1530.0 ~ 1545.0MHz(Inmarsat - C)、1575.42MHz(GPS)。

(5) 信道间隔和调制:5kHz/1200 符号/s;BPSK。

(6) 相位模糊消解:唯一词。

(7) 编码:R 1/2K = 7 卷积码,交织码符号 RX。

(8) 数据速率/接收帧长度:600(b/s)/8.64s。

(9) 发射信令接入模式:时隙 ALOHA。

(10) 发送消息信道:时分多址(TDMA)和频分多址(FDMA)、交织码符号。

(11) 位置报告:内置 5 通道 GPS 接收,具有经度/纬度/速度/轨迹计算。

(12) 位置精度:96m(C/A 码、球面误差概率)(SEP - SPS)。

(13) 初始稳定:15min,最大多普勒频移校正、GPS 历书更新。

(14) 固态存储:256kB 内存。

(15) 机载消息数据接口:RS422/423 接口,速率 110 ~ 9600b/s;Centronics 并行接口。

(16) 导航接口:RS422/423 V.10(与机载导航系统接口)。

(17) 滚转和俯仰:相对水平飞行至少 ±25°。

(18) 高度/空速:海拔 16.764km/最少 1148km/h 全多普勒补偿。

（19）空速加速度:不小于±1*g*。

（20）转弯速率:在最大飞行速度下、-1 转向(-3°/s),载频可保持同步。

（21）天线阻力:0.55kg@10668m、速度289m/s。

（22）环境温度:电子组件,工作温度 -20℃ ~55℃;LNA/HPA 组件、刀片天线,工作温度 -55℃ ~70℃运行。

（23）相对湿度:电子组件、LNA/HPA 组件,95% 非冷凝。

（24）振动:DO -160C sect 8 cat;B、M、N 分别代表固定翼、涡喷和直升机。

（25）冲击和碰撞安全:DO -160Csect.7。

（26）直流电源:浮动 10.5 ~32V 直流,9.5W 接收、8W 发射。

最后,Aero -C 是提供全球航空遇险安全系统(GADSS)与 Cospas - Sarsat、Aero -HF 和 Aero -VHF 系统集成的最佳方案。

1.4.3.5　Inmarsat Aero -L 机载站

Inmarsat Aero -L 移动卫星通信业务为商用或军用飞机和直升机提供600/1200b/s 的实时双向数据通信能力,并通过 X.25/PSTN/PSDN 接口与地面电信网连接。这项业务的开发是为了满足飞机运营商对机组人员、乘组人员和乘客的通信需求。

该机载终端完全符合国际民航组织的要求,并符合 ISO 8208 互联网标准,支持提供安全、通信导航监视/航空交通管理、用于空管的全球自动位置报告/轮询、运营管理、汽车/航空通信信息的分组交换数字网业务。因此,该系统采用飞行员/地面控制人员语音和数据链路卫星移动通信,并包含一个基于卫星的航空辅助监视系统,它由低增益天线、航空电子设备和数据终端组成,类似于 Aero -C(图 1.33(d))。Aero -L 提供的业务如下:飞机发动机和机体实时监控报告、维护和燃料加注请求、天气和飞行计划预报、航行通告、单点对多点数据广播、餐饮信息和机组人员调度。

1.4.3.6　Inmarsat Swift64(Aero -M4) 机载站

Swift64 高速数据传输是国际海事卫星全球网络(GAN)业务的航空应用。继海事舰队高速数据业务(Inmarsat Fleet HSD Service)之后,国际海事卫星组织推出了一个被称为 Swift64 的 64kb/s 移动综合业务数字网和移动分组数据业务,如图 1.33(b)所示。该站型兼容移动综合业务数字网的所有通信类型,以及TCP/IP 互联网连接。

Swift64 移动业务基于 Inmarsat 陆基业务技术发展而来,旨在满足飞机乘客、公务机用户和驾驶舱的需求,大量利用公务喷气式飞机上已有的 Inmarsat Aero -H/H +/HSD +装置。Inmarsat Aero -H/H +/HSD + 和 Swift64 这两种业务都通过 Inmarsat -3 卫星的全球和点波束传输。Inmarsat Swift64 为航空界提供全球网络覆盖,基于移动综合业务数字网或移动分组数据业务提供新的 Inmarsat 业务。Swift64 的优势是在扩展的覆盖范围内提供可靠的航空移动卫星通信,使在远海飞行的飞机变成"空中办公室",图 1.37 展示的是一个典型的 Cobham (Thrane&Thrane)Swift64 站。该站包括 Aero – HSD 收发机、高增益天线、一个放置手机和其他外围设备的支架,天线是放置在舱外稳定平台上的右旋圆极化定向天线。图 1.37 中的其他设备还可完成局域网/电子邮件接入、大文件传输和照片传输、基于移动分组数据业务网络的视频会议/视频电话(该网络以 MG/s 为单位,对移动电话发送和接收的数据收费)、视频电话、安全电话(STE)、通过移动综合业务数字网和低速语音有线/无线电话的录音机和 Groupe – 4 传真、通过 RJ11 模块插孔的交换台和 Groupe – 3 传真。

　　Swift64 的性能是基于 I – 3 卫星星座链路能力的。为了满足对宽带航空移动卫星通信系统日益增长的需求,国际海事卫星组织开发了第四代系统,于 2004 年投入使用。通过这种方式,Inmarsat I – 4 卫星将与目前正在开发的第二代蜂窝通用分组无线业务(GPRS,最大数据速率 172kb/s)、第三代通用移动电信系统(UMTS,提供大于 384kb/s 的速率)并行向全球提供移动数据服务。

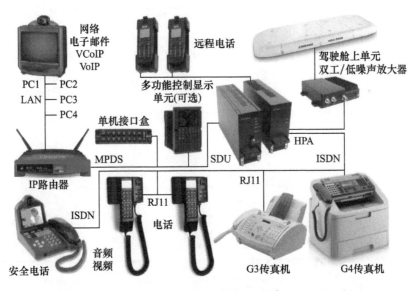

图 1.37　Aero – HSD Swift64 机载站(图片来源:T&T 公司)

　　(1) Swift64 综合业务数字网。双向 56/64kb/s 移动综合业务数字网可以代替 64kb/s 无限制数字信息(UDI)信道、多通道航空电子设备、Aero – H/H +/ HSD + 和 Swift 终端在点波束下提供的海事卫星航空业务,按使用分钟数计费。这项业务全时提供了一个能够承载恒定数据流的高容量信道。在这种情况下,理想的应用包括下载大文件,如压缩视频或图片,这需要在长时间内占用所有可用带宽,以及对速度要求较高的卫星新闻业务。

这种航空移动卫星通信业务提供了与地面综合业务数字网兼容电路和系统的有效无差错直连,允许机载局域网方便地集成到地面专用网络中。典型的综合业务数字网应用包括大型文件传输(如音频、图片、照片和视频剪辑)、语音/G4 传真、安全电话(STE)、33.4kb/s 的个人电脑调制解调数据。换句话说,高速数据通道支持实时图像传输、现场视频会议、局域网/广域网连接和使用电子邮件功能浏览互联网/网页。

(2) Swift64 移动分组数据业务。移动分组数据业务 64kb/s 链路通过按信息位计费和持续连接向互联网提供完整的移动 TCP/IP 业务。移动分组数据业务将每个文件分割成小的 IP 数据包,加上地址,然后与其他用户共享一个信道,以突发形式发送。在接收/交付时,数据包被重新组装恢复成原始文件。这些应用包括电子邮件、对公司局域网和内部网的安全访问、Web 访问、数据库查询、电子商务交易和中小型文件传输。机载用户只为通过链路传输的数据量付费,因此连接可以保持"始终开启"状态,而无需额外付费。

其他功能应用包含 STU－Ⅲ和其他安全功能选项,如使用 L2TP 协议创建虚拟专用网络的"安全通道"。新型基于 Inmarsat 航空系统向飞机传输,采用高性价比 64kb/s 传输通道,无论是电路模式还是分组模式,都可以接入地面电信网。

因此,Swift64 的综合业务数字网接入,提供了与地面综合业务数字网兼容电路和系统的高效、无差错直连,这很方便地将机载平台集成到地面专用网络中,而 Swift64 移动分组数据业务允许无限的互联网连接和高效、高性价比地访问公司内部网和全球电子商务。

1.5　Inmarsat 全球移动商业卫星通信业务

随着商务应用在远洋船舶、客运列车、小型和大型飞机以及远离通信覆盖地区的逐年扩展,其对移动卫星通信区域覆盖与功能多样性需求日趋强烈。

一个笔记本大小的卫星单元,就能满足偏远地区办公需求。对于热爱大海、但讨厌与世隔绝的乘客来说,配备国际海事卫星设施的船只将提供舱内电话、快速互联网接入、新闻公告和视频会议。

国际海事卫星的通信、导航和监视系统(CNS)是管理海洋运输、公路运输、铁路运输、内河运输以及航空运输的关键因素。它将提高各地运输行业的能力和安全性。事实上,经理们需要随时知道他们的船只、车辆或飞机在哪里,并提高在海上、地面或空中运行的安全性。也就是说,他们要能够准确地知道货物何时被搁置在什么位置。

1.5.1　Inmarsat 传输标准

Fleet 和 Swift 海事卫星标准是从 mini – M 系统和全球区域网络(GAN)系统建设经验中发展而来的。后来开发的宽带全球区域网络(BGAN)标准是其升级版本。语音业务与 4.8kb/s 的 mini – M 高级多频带激励(AMBE)语声速率相同,高速数据与 GAN 电路交换 64kb/s 信道相关业务以及制定的 Inmarsat 分组数据业务(IPDS)相同。异步数据业务也通过该信道提供,与 Group – 3 传真相同,速率为 2.4kb/s。

(1) 移动综合业务数字网。综合业务数字网移动业务是国际电联电信部(ITU – T),以前称为 CCITT,属于数字公共电信网络的一种业务。它有两个系统功能:基本速率(2B + D)为单个用户和局域网数据链路提供 2 个 64kb/s(B)数据信道和 1 个 16kb/s(D)信令信道,或为广播业务提供高质量的音频输入;典型速率(Prime Rate)为高带宽业务(如视频会议和大容量按需局域网桥/路由器链路)提供多达 30 个 64kb/s(B)数据信道和 1 个 64kb/s(D)信令信道。

由于 Inmarsat – B 业务的传输速度仅为 64kb/s,因此它通常与基本速率综合业务数字网业务一起使用,但也可以以典型速率与在单个 B 通道上运行的业务(如视频会议)一起使用。两个独立的 Inmarsat – B 高速数据设备,有可能通过终端适配器同时使用一个综合业务数字网通道,这个适配器比 2B + D 设备便宜。64kb/s 数据业务,支持使用综合业务数字网协议(如 V. 120 或 X. 75)终端之间的应用。它将支持任何综合业务数字网移动业务 64kb/s 的数据流,如视频会议、局域网路由、文件传输、广播级音频传输和安全电话。该业务主要通过 RJ – 45 连接器访问,因此最多可将 8 个综合业务数字网设备连接到机动站上。适用于数据文件传输、电子邮件或互联网访问的点对点协议(PPP)调制解调器数据业务,可通过 RS – 232、USB 或红外端口接入。使用 Inmarsat 移动综合业务数字网,客户要在移动设备和卫星之间使用专用线路或信道。该信道提供高达 64kb/s 的带宽。按分配专用信道的时长收费。

一个综合业务数字网的呼叫联通通常不超过 5s,这是使用移动卫星通信系统时需要考虑的因素。由于综合业务数字网全球扩展、性价比的提高,曾经只有大公司才能使用的业务,现在小企业也很容易使用。使用综合业务数字网的拨号功能,使任何数量的局域网都能够快速方便地连接起来。移动综合业务数字网提供的其他业务,包括视频会议和广播音频。随着 Inmarsat 移动综合业务数字网的推出,在偏远农村地区工作的人,一样可以享受市区办公室的所有先进信息技术和办公条件。

（2）移动分组数据业务。当在网络上使用计算机/个人电脑时,信息不会一直在网络上双向传输。事实上,它是通过突发方式发送/接收的,在两个突发之间有间隙。这是因为大多数应用使用所谓的查询/响应机制,其信息突发包含带有所需信息的"查询发送"和作为接收信息确认的"接收确认"。这些突发信息简单地称为数据包。由于这是在互联网上传输数据的方法,因此被称为互联网协议（IP）。发送的每个数据包都包含发送方和接收方的互联网地址。因为一条消息被分成许多数据包,所以每个数据包都可以通过不同的路由在互联网上发送。数据包到达的顺序可能与发送的顺序不同。IP仅负责寻址,而另一种被称为传输控制协议（TCP）的,将每个数据包恢复到正确的顺序。

Inmarsat移动分组数据业务是通过国际海事卫星网络提供分组数据传输,为用户提供更有效灵活的数据传输模式。船载站的接收和发送都在64kb/s的卫星信道上。这些信道的分配取决于传输流量状况。个人终端可以随时发送和接收数据,但在空闲期,当用户列清单、阅读网页或输入电子邮件时,这些通道可以免费供其他船载站使用。这时只发送短时间的保持脉冲,让系统知道船只的状态。

移动分组数据业务只按用户发送和接收的数据量收费,而不是按应用时长或在网时长收费。数据以这样一种方式打包,允许它与其他应用共享信道发送,或者用户的数据在同一颗卫星的点波束中传输。因为每个信道的带宽是固定的,所以用户连接越多,可用带宽就越少,因此速度也就越慢。也就是说,这种运行是基于"尽力而为"或未定义比特率（UBR）的方式。未来,Inmarsat系统将寻求提供更多的恒定比特率（CBR）业务,保证用户的最低服务水平。

支持移动分组数据业务的终端变成了一个简单的连接到互联网的设备。当使用移动分组数据业务时,岸站运营商实际上也作为互联网服务的提供商。从这个意义上说,移动IP是许多应用的最佳方案,如网页浏览、交互式电子邮件、数据库查询、网页邮件、IP/局域网连接、内部网访问。在某些应用中,速度或传输容量可能与特定的数据大小无关。

Inmarsat IP网络可以配置为通过一种类型的网络路由某种地址的数据包,通过另一种类型的网络路由其他地址的数据包。用户应该意识到,由互联网的本质属性决定,任何使用公共网络访问的应用程序都不一定是安全的。建议用户对自己的信息加密,在传输高度机密信息时,专用网络访问是最佳方案。

可以通过Inmarsat Mobile IP访问建立的虚拟专用网络（VPN）,该网络使用隧道协议和安全程序来维护隐私。使用虚拟专用网络包括在接入公共网络发送数据之前对数据进行加密,在接收端解密。加强的安全级别不仅加密数据,还对源和目的网络地址进行加密。

1.5.2　Inmarsat 海事系统结构和工作模式

Inmarsat 海事移动卫星通信系统可以为世界任何地方航行的所有类型船舶提供双向语音、传真、数据和视频服务。

1.5.2.1　Inmarsat 船载数据传输业务

1991 年,使用经过认证的 EB Saturn 3S - 90 Inmasat - A 型船载站,海事卫星系统开始提供船到岸单向 56kb/s 或 64kb/s 按需分配业务。1992 年,通过配备高速数据设备 HSD/A64,双工高速数据或 Inmarsat - A64 按需分配业务开始运行,可支持多种 Inmarsat 业务体制,如高速数据文件传输、视频高速存储转发、高质量音频广播、Inmarsat - A64 多路复用信道、A64 多媒体通信。

(1) Inmarsat - A 数据业务。通过 Inmarsat - A 网络发送和接收数据,需要一台个人电脑,通过外部调制解调器连接到 Inmarsat - A 船载站的电话端口上,如图 1.38(a)所示。当一个船载站有一对标识(ID)号时,建议将一台带有相应软件的电脑连接到第二个 ID 上。可以通过 Inmarsat - A 系统,以 9.6kb/s 的速度进行可靠数据通信,通过对调制解调器和终端进行快速优化设置,可以实现更快的速度。Inmarsat - B 不需要调制解调器,可以直接连接到个人计算机上。

(2) Inmarsat - C 数据业务。如前所述,Inmarsat - C 标准网络提供独有的存储转发数据模式和 600b/s 的信息传输服务。除了通过传统的电传或传真方式传递信息外,还可以通过不同的数据业务传递信息,如图 1.38(b)所示。许多岸站可以通过认购开通用户所需的大部分业务,但船载站需配置使用特殊的接入码(SAC)或两位数的接入码,以开通响应服务。

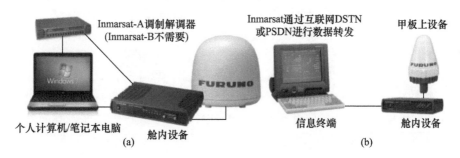

图 1.38　Inmarsat - A 和 C 数据业务终端(图片提供:Ilcev)

1.5.2.2　Inmarsat - B 船载高速数据广播业务

如上所述,Inmarsat - A 和 Inmarsat - B 船载站都提供 56kb/s 或 64kb/s 的高速数据业务。这些系统支持以下三种场景和六种模式:远程态势呈现,可以为最偏远的地方提供帮助,省去专家的开销,可以支持诸如海上船舶发动机维修等;

远程医疗,通过船上的 Inmarsat – B 高速数据进行,使用交互式视听和数据通信,快速访问和共享远程医疗专业知识;远程教育,可以支持对船上、平台上、偏远农村地区以及郊区的工作人员进行培训,包括不同的维护和应急程序。由此节省的成本非常可观。

(1)高速数据文件传输。该业务使个人电脑上的文件能够以 56kb/s 或 64kb/s 的速度从一个位置(船载站或可搬移站)传输到另一个位置(如总部),如图 1.39(a)所示。即它非常适合发送大量数据的用户,如地震勘测船、油气勘探平台、邮轮。

图 1.39　Inmarsat – B 高速数据文件传输和多路复用终端(图片来源:Ilcev)

(2)高速数据多路复用。1 个 64kb/s 高速数据通道可用于承载多达 6 路的电话、传真和海事安全数据电路复用或业务组合。也就是说,船载站通过多路复用器连接到电脑、传真和电话上,见图 1.39(b)。这种多通道能力也适用于大型船舶、地震勘测人员和石油/天然气勘探公司。这种应用还吸引银行和其他在偏远地区有大量员工工作的公司,因为在这些地方很难获得电话线路。同时,也可使国家政府部门在发生灾难时,快速扩展其网络或恢复其通信基础设施。毫无疑问,邮轮对这项服务的需求最大,这可使它们降低通信成本、增加客运利润。

(3)高速数据存储转发视频。借助先进的视频编解码技术,可以以 56kb/s 或 64kb/s 的速率数字化、压缩和发送视频材料,获得几乎全动态的视频,其船载站配置如图 1.40(a)所示。存储转发技术还可以确保接收到的资料没有错误,因为数据传输使用错误检测和重复传输机制。这种视频压缩技术,允许新闻和体育报道从游艇、地震/勘探船、战争或灾区现场以及其他偏远地区传输。航运和保险公司可以在碰撞、火灾或搁浅等事故发生后,传输视频资料。

(4)高速数据音频广播。采用符合国际标准的音频信号编码(数字化和压缩),可为音频输入、音乐或演讲提供不同程度的压缩。广播公司可以使用 7.5kHz/15kHz 音频编解码器,从现场或公海直接向演播室提供广播报道。64kb/s 的高速数据船载站有单工或双工两种工作模式,提供双向广播语音,船载站配置如图 1.40(b)所示。

（5）高速数据视频会议。该业务使用移动平台、农村地区或远程办公室中的视频会议终端和视频电话，进行面对面的对话、交换文档并讨论相关内容，船载站配置如图 1.41(a) 所示。船上或岸上的海事企业，可以使用 Inmarsat - B，以 56kb/s 或 64kb/s 的速度在全球所有位置进行远程视频广播。

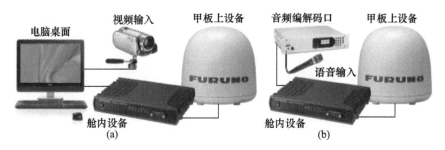

图 1.40　Inmarsat - B HSD 视频和音频系统(图片来源:Ilcev)

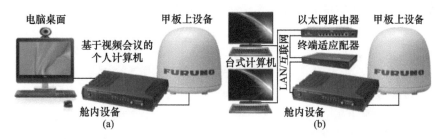

图 1.41　Inmarsat - B HSD 视频会议和局域网终端(图片来源:Ilcev)

（6）高速数据个人电脑和局域网接入。可以将船上局域网与航运公司中心办公区或其他地方的局域网连接起来，船载站配置如图 1.41(b) 所示。用 56kb/s 或 64kb/s 的高速数据通道将个人计算机互连，可为船上、巡洋舰上和遥远酒店的局域网用户提供服务。它也可以使用透明协议，如 TCP/IP，连接不同的网络。

1.5.2.3　Inmarsat Fleet 船载传输业务

新的 Inmarsat Fleet33/55/77、FleetBroadband 和最新的 GlobalXpress 站型，可以提供432kb/s 的标准 IP 业务和256kb/s 的流式 IP 业务，具体业务如下:

（1）Inmarsat"IP 电话亭"。通过连接到 Inmarsat - FB 船载站终端适配器和以太网路由器，为远洋船舶、渔船、渡船(尤其是游轮)上的船员和乘客部署"IP 电话亭"，其场景如图 1.42(a) 所示。在整个航程中，船员和乘客可以像去港口网吧一样上网。此外，航行中的远洋船舶也可以设立咖啡网吧，船员和乘客可以使用他们自己的笔记本电脑或平板电脑自由上网。渡轮或游轮上也可以在船员和乘客船舱接入互联网。系统可以为使用该业务的互联网电话提供性价比非常高的 IP 语音功能。

图 1.42　Inmarsat‑FB IP 电话亭和互联网 WiFi（图片来源：Ilcev）

（2）Inmarsat IP 互联网无线网络（WiFi）。部署互联网 WiFi 的任何船只通过终端适配器和无线网络路由器连接到 Inmarsat‑FB 船载站，可以提供类似的业务，其场景如图 1.42（b）所示。船员和乘客可以使用自己具有 WiFi 的笔记本电脑和平板电脑进行商务或娱乐。为了满足乘客的差异化需求，邮轮上的任何位置，船舱、上层甲板等都提供无线互联网接入。

（3）Inmarsat 全球移动通信（GSM）。通过与 Inmarsat‑FB 船载站相连的 Vobal S3 GSM 基站，提供 GSM 服务，船上的船员和乘客能够使用他们的 G2、G3 或 G4 平板电脑或智能手机与任意船只通话，如图 1.43（a）所示。这种方式允许海员和乘客通过个人 GSM 手机与陆地、海上保持联系。该方式通过船载移动基站来扩大手机覆盖范围，基站通过海事卫星星座将船舶与公共网络相连。

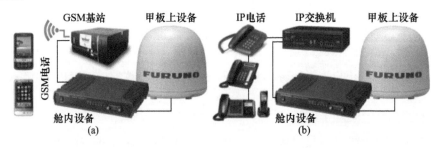

图 1.43　Inmarsat‑FB GSM 和 PABX 网络（图片来源：Ilcev）

（4）Inmarsat IP 专用交换机（PBX）。IP 专用子交换机（称专用自动子交换机更为恰当）是船上的一种应用，海员可以通过电话分机与陆地上的办公室通电话，其体系结构如图 1.43（b）所示。事实上，船上办公室的电话已成为陆上地面电话网络的一部分。如前所述，IP 电话或 VoIP，为船岸办公室之间的语音通信提供了更高性价比的方案。一些较新的船舶有了数字增强无线电通信（DECT）系统，但船舶不能在已经拥有相应频率使用权的港口使用电话。

1.5.2.4　Inmarsat 船载宽带业务

2000 年,本书作者提出了新型宽带海事通信业务(BMCS),该业务是 2008 年 InmarsatFleetBroadband(FB)业务的前身。在接下来的一年里,作者又在海事卫星宽带通信中提出了航空宽带和改进的宽带海事通信业务方案。该系统提供了多种业务,例如基于 IP 连接的最快语音/数据/视频(VDVoIP)、网络个人计算机、网络电视,可以提供几乎最先进的船载办公室功能配置,具有互联网、虚拟专用网络和超高速数据功能,超高速数据业务集成了蓝牙、无线网络、多路复用器、以太网路由器等。

宽带海事通信业务是基于全球星系统的 Seatel 天线制造商开发的 WaveCall 4003 海事移动卫星通信方案设计的,旨在为北欧、地中海、北美、南美覆盖范围提供高速宽带服务。

这次由本书作者修改的宽带结构被命名为海事宽带(Maritime Broadband),如图 1.44 所示。甲板上设备包括天线罩、三轴稳定天线平台、带跟踪系统的反射面天线(跟踪系统由陀螺罗盘通过天线控制设备控制)。甲板上设备通过单根同轴电缆连接到舱内设备单元,通过串行输入/输出(I/O)、使用随机存取存储器(RAM)软件进行远程天线控制。此外,舱内设备单元与以太网路由器和终端适配器相连,再通过 RJ – 11 连接到电话机上。

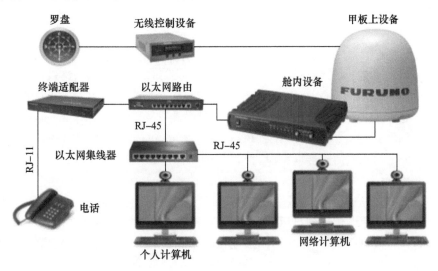

图 1.44　海事宽带(图片来源:Ilcev)

海事宽带的其他性能特征还包括从以太网路由器直接连接到用户的个人计算机、笔记本电脑,或者通过以太网集线器、RJ – 45 连接器连接到网络或 PC LAN 系统的特殊接口。个人计算机或笔记本电脑的网络、路由器和舱内设备单元,通过 WiFi、蓝牙、专用自动交换机、视频音频设备、GSM 基站等,连接不同的外围设备。该移动宽带系统的主要目标是为船舶和乘客提供网络电视(IPTV)、网络计算机(IPPC)、虚拟专用网(VPN)和基于 IP 的音频/数据/视频(VDVoIP)服务。此外,海事宽带也是通信导航监视系统(CNS)和 GPS/GLONASS 增强服务的最佳解决方案。

1.5.3　Inmarsat 陆地系统结构和工作模式

在全球范围内,数以百万计的汽车、卡车、公共汽车、火车和其他陆地车辆,可以使用驾驶室内的通信设备与其基地、所有者、代理商、家人和朋友进行通信、处理紧急情况,例如货物损坏、发动机故障、碰撞和道路救援。无论什么时候、他们的车队在哪里,运输公司都可以找到他们,并与他们保持联系。同样,公共汽车和铁路公司可以随时与他们的车辆保持联系,列车人员和乘客也可以打电话。

另外,语音和信息服务确保运输公司、调度员与他们的驾驶员和随车人员一直保持联系。建筑公司、大规模农场主,还有其他一些人,都面临着一个类似的问题:如何用最便利、最安全的手段,跟踪他们昂贵的移动资产——车队?无论车队车辆在什么地方,移动终端都可以将其地理位置和其他数据发送给调度员。

每辆车的位置和运动情况,可以通过安装地图软件的笔记本电脑或个人计算机进行监控。调度员和驾驶员之间的双向消息传递,支持随时随地进行状态报告。紧急情况下的遇险报警和道路救援,是陆地移动卫星通信网络进行运输安全控制的增值服务。此外,当车辆处于地面蜂窝移动覆盖范围内时,双模语音和数据服务使得可以使用地面蜂窝系统。事实上,驾驶员可以使用与 Inmarsat – M、mini – M 语音,或新的 Fleet/FB 和 BGAN 相结合的 Inmarsat – C 终端——这种具有高性价比的数据信息传输手段,报告车辆的速度、位置和时间(VPT)状态,如图 1.45 所示。

车队中的每辆车都可以配备带有外部天线的车载语音和数据卫星终端、用于数据消息和短电子邮件显示的大屏幕、带有小型打印机的传真设备、用于车辆定位的 GPS/GLONASS 接收机,以及连接外部系统(例如车载 PC——笔记本电脑和导航系统)的可选连接点。在各大洲运营的长途卡车和国际旅游巴士都配备卫星语音设备,可以为地面蜂窝移动覆盖范围以外的卡车司机和公共汽车乘客提供电话服务。

1.5.3.1　车辆资产跟踪和车队管理

在当今的长途陆路运输行业中,从发送到交付,商用车辆的车队管理和货

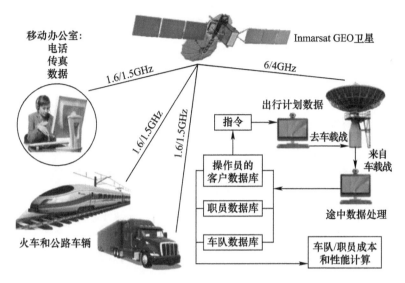

图 1.45　车辆管理和途中数据处理(图片来源:Ilcev)

物的主动监控非常关键。车队经理越来越依赖国际海事卫星组织的资产跟踪和车队监控方式。使用驾驶室安装的终端,利用车辆上传感器提供数据,保持卡车平稳运行,保证托运人充分了解其货物的状况,在紧急情况下帮助司机。

海事卫星几乎覆盖全球,除了客户车队或资产定位,还能提供全球范围的监控和资产跟踪。客户可以选择性价比最高的业务和技术方式,如 Inmarsat-C 和 mini-C、袖珍 IsatData、IsatM2M Pro、笔记本电脑大小的 BGAN 终端和 Inmarsat Fleet33。这些终端都集成有 GPS,可以由车辆电源、充电电池供电,也可以由太阳能电池供电。

这些终端可按需为驾驶员提供数据或语音通信,具体业务取决于所选择的终端类型。这些终端集成了一些特殊传感器,采集油耗、里程、车门控制、温度控制、货物装载和卸载状态等,提供车队管理使用。移动资产的其他跟踪方式将在下文中介绍。所有这些设备,都可作为车载站或作为便携式终端,并可提供以下业务:基于 GPS/GLONASS 系统的位置报告业务,提供可靠精确的位置、速度和方位;通过轮询/自动方式采集车辆/货物传感器数据,跟踪车辆资产、发动机诊断;群组和双向消息传递;移动中的电子邮件/传真、互联网/局域网和公司数据访问。

1.5.3.2　车辆交通控制

本书作者提出的欧洲静止轨道导航增强系统(EGNOS)和基于 GPS/GLO-

NASS 的非洲卫星增强系统(ASAS),类似于美国 OmniTRACS 地球静止轨道系统,为所有运输系统提供了道路运输卫星通信和导航手段。该业务提供的管控规则最大限度地减少了交通堵塞,其体系结构如图1.46 所示。

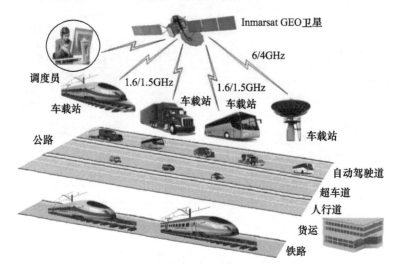

图 1.46　规则和交通管制(图片来源:Ilcev)

例如,如果所有车辆都安装了导航卫星接收机,如 GPS/GLONASS,以及数据收发机,如 Inmarsat – C、IsatData Pro、BGAN 或任何 Fleet 标准,它们的位置就可以自动传到特定交通控制中心。这些信息可以用来通过多种方式来控制道路交通,向通过某段道路的驾驶员收费,限制进入拥堵的道路,或者通知驾驶员拥堵情况并建议替代的路线。

欧洲静止轨道导航增强系统下一个移动卫星通信关键技术是个人手持终端,类似于手机,它使用卫星导航来规避市中心交通堵塞,在一个陌生的城市里找到最近的免费停车位、商业大楼,甚至最近的披萨店。

1.5.4　Inmarsat 航空系统结构和工作模式

国际海事卫星航空移动卫星通信(AMSC)系统,可以为几乎所有类型飞机提供双向语音、传真、数据和视频服务。国际海事卫星组织在国际民航组织、国际航空运输协会和航空业的支持下开发了这项业务,为航空移动卫星通信的应用制定了标准,符合国际民航组织开发的航空移动卫星业务(AMSS)标准。应当指出,海事卫星的技术规范也对国际民航组织标准建议(SARP)的发展作出了重大贡献。因此,根据这些机载标准设计和制造的设备,如飞机通信寻址与报告系统(ACARS),在世界范围内不受任何限制地运行,除非这些限制是由国家无线电许可机构要求的。海事卫星的航空移动卫星业务由以下两个基本要素组成。

（1）海事卫星空间段由分布在 4 个海域的 Inmarsat – 3 卫星星座组成,星座由网络控制中心和卫星控制中心管控,与海事卫星地面网络设施相连,海事卫星和航空移动卫星通信/用户业务相结合的网络如图 1.47 所示。

（2）地面段由位于 4 个海域的机载站(AES)和地面地球站(GES)组成。机载站配备一个机载天线和终端,能够通过卫星与地面地球站通信,并接入地面电信网。

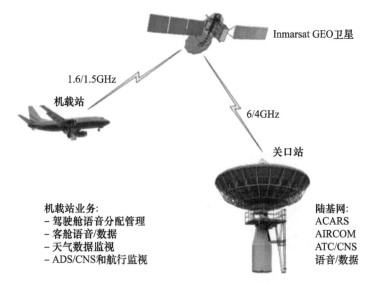

图 1.47　航空移动卫星通信网络(图片来源:Ilcev)

1.5.4.1　航空机载应用和业务

Inmarsat 航空系统提供了许多应用,可以支持 3 种类型的机载用户,也可以使用一些海事系统。

（1）驾驶舱机组人员业务。驾驶舱机组人员业务包括用于空中交通服务、飞行操作和其他航空目的的卫星通信,这种通信既可以从空中发起,也可以从地面发起。

海事卫星或航空移动卫星通信,可以在其高频频率范围之外,更高效地开展许多空中交通服务和操作。当需要时,由机组人员发起或自动启动,它们包括:

① 通过国际海事卫星网络的直接双向数据链路,在飞行员和空中交通管理员之间传递信息,如变更许可、交通信息和飞行高度变更请求。

② 基于卫星分组模式数据系统,使用自动辅助监视系统(ADSS)进行位置报告。这是一种监控应用,空中交通控制要求飞机定期报告特定数据。

可从国际海事卫星或基于航空移动卫星通信系统用户业务中获取支持的飞行操作包括:

① 当超出甚高频无线电范围时,使用卫星分组数据模式进行飞机通信寻址和报告系统/航空通信(ACARS/AIRCOM)数据传输。

② 通过卫星使用分组数据模式进行飞机系统监控(发动机、机体、系统健康)。

③ 通过数据、传真或语音进行航行中飞行计划、天气情况的预报。

④ 使用电路或分组数据模式传输航行通告、乘员简报、电子邮件和文件。

⑤ 通过卫星电话与本公司运营人员或工程师直接进行语音联系,寻求应急帮助。

Inmarsat 航空系统支持仅驾驶舱使用的特殊形式的空 – 地呼叫方式,用于访问专用网络,如空中交通管制中心或航空公司运营中心。飞行员使用一个特殊的短号码,而不是拨一个很长的电话号码(即使设备有存储所有长号码的内存),通过空中交通控制网络将呼叫传送到所要联系的中心。飞行员也可以利用一个类似的系统,使用 Inmarsat 短代码与空中交通控制中心直接通话,或转接公共电信网。

其他航行过程中的应用,可能还包括机组人员处理不适乘客的医疗建议、与乘客服务相关的信息,如航班下一段飞行的特殊膳食要求或抵达时残疾乘客所需的设施。

(2)乘务人员业务。乘务人员应用主要侧重于航空公司管理通信,使用分组模式和语音电路,可以是空中或地面发起,具体业务如乘员简报、飞行文件、医疗建议、排班安排、餐饮管理、免税销售清单。

(3)乘客业务。可能的客舱或乘客应用包括所有电话信号(标准语音、拨号音、振铃音等)。专为航空公司开发的、用信用卡和预付卡激活的手持电话;壁挂式付费电话,类似于城市公用电话,也可以安装在机舱通道内。

(4)机载通信办公室。附加的海事卫星设备,通常安装在一些机载办公室中或走廊上,类似于地面办公室,可以提供电话、个人计算机和传真机,个人计算机连接到地面网络和数据库,可以提供酒店和租车预订、下一个航班确认和/或预订、图文电视新闻、目的地信息、飞机上购物。

1.5.4.2 Inmarsat 机载宽带业务

2000 年,本书的作者通过 Springer 公司出版了第一本书《全球海洋、陆地和航空移动卫星通信应用程序》。书中介绍了新移动宽带的设计,并首次讲解了基于海事卫星系统的海事宽带,还介绍了航空宽带方案。七年后,国际海事卫星组织把新系统命名为 FleetBroadband 和 SwiftBroadband。

自 1979 年成立以来,国际海事卫星组织一直通过其地球静止轨道卫星星座提供海洋、陆地和航空通信业务。如前所述,海事卫星航空业务在第二代和第三代卫星上引入,如 Aero – H、H + 、I、L、Mini – M 和 Aero – C,这些被称为"典型业务"。

第一个航空通信业务 Aero – H 于 1991 年推出,已成为世界上许多航空公司和私人飞机驾驶舱数据传输事实上的标准,也因此使海事卫星在可靠性和长寿命方面收获了极高的声誉。随后,推出了 Aero – I、Aero Mini – M、Aero – L 和 Aero – C 标准。随着 2002 年 Swift64 的加入,第一个高速数据业务加入到产品系列中,并证明对于需要通过综合业务数字网建立数据链路的商业和军队用户来说,是一个非常受欢迎的方案。

本书作者在 2000 年提出的航空宽带除了舱外天线和舱内收发设备外,其他与海事宽带相同,其配置如图 1.48 所示。事实上,卫星通信系统航空宽带的所有其他设备、工作模式和业务都与海事宽带相同。即个人计算机或笔记本电脑网络、路由器和舱内单元通过 WiFi、蓝牙、专用自动交换分机(PABX)、视频和音频设备、GSM 基站等连接不同的外围设备。该移动宽带系统的主要目标是为飞机机长、机组人员和乘客提供网络电视、网络计算机、虚拟专用网和基于 IP 的声音、数据、视频。此外,航空宽带将是通信导航监视系统和增强 GPS/GLONASS 进行航空应用的最佳方案。

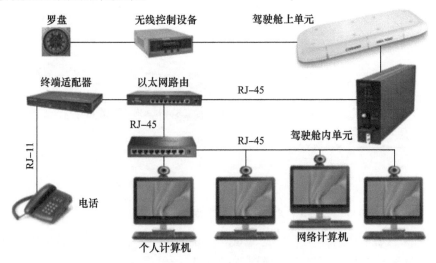

图 1.48　航空宽带(图片来源:Ilcev)

1.5.4.3 各代机载宽带业务的比较

借助 SwiftBroadband 标准,海事卫星正在引入一种基于 IP 的高速数据业务,与传统的电路交换卫星业务相比,它可以以更低的成本实现更高的数据传输容量。它于 2008 年设计,以满足所有航空领域的带宽需求。通过一副天线向包括驾驶舱、客舱在内的整架飞机提供高质量的语音、数据和视频通信服务。

本书的第一卷介绍了 SwiftBroadband,现在介绍它与以前国际海事卫星航空标准,如 Swift64 和经典航空站型相比较的一些特点。它允许多用户同时访问高等级应用,且通过使用压缩和经由地面地球站的多个卫星数据信道,可以进一步提高数据速率。

图 1.49 是与三代海事卫星机载站(经典航空站型、Swift64 和 SwiftBroad-band)对应的地面地球站终端对比图。例如,像 Aero – HSD + 这样的经典航空站型,快速数据传输速率高达 64kb/s,可选的双通道数据传输速率为 128kb/s。而 Aero Swift64 每个通道也可提供 64kb/s 的数据速率,把 4 个 Swift64 通道进行绑定,总传输容量将高达 256kb/s。

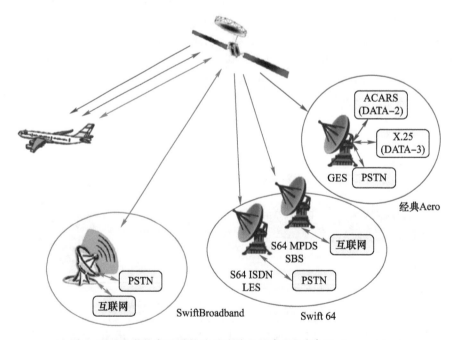

图 1.49　三代航空卫星的地面地球站业务(图片来源:Inmarsat)

国际海事卫星的第三个标准 SwiftBroadband 与 ARINC 781 标准一致,使用高增益天线能够提供多达 4 个通道,每个通道的数据速率 432kb/s。使用动态 IP 流,FleetBroadband(FB)提供 8kb/s、16kb/s、32kb/s、64kb/s、128kb/s 速率;提供的高数据速率(HDR)达 700kb/s,甚至达 1Mb/s;使用 X – stream 全通道流媒体可提供 250kb/s 的数据速率。

一般来说,FleetBroadband(FB)标准支持抢占和数据流 IP 两种之一以及电路交换,以保证后向兼容。它支持驾驶舱和客舱所有关键业务,包括飞行中的电话、基于 IP 的语音/数据/视频(VDVoIP)、文本消息、电子邮件、互联网和虚拟专网(VPN)访问,以及飞行计划、天气和图表更新。它还为各种应用和飞行娱乐方式提供了一个平台。

这个标准由三颗 Inmarsat – 4(I – 4)卫星组成的星座实现。前两颗卫星于 2005 年发射,第三颗是 2008 年发射的。Inmarsat – 4 卫星旨在提供更宽的频带,并比前几代卫星更有效地使用 L 频段频率资源。这是通过使用非常窄的点波束来实现的,这种点波束允许可用的频谱有效地重复使用,并可动态地将频率资源分配给最需要的区域,即该网络以类似于地面全球移动通信(GSM)网络的方式运行。每颗 Inmarsat – 4 卫星的传输能力是其前一代的 16 倍。

SwiftBroadband(SB)标准基于通用移动通信系统(UMTS)的卫星业务,通过第四代海事卫星提供。图 1.50 中的时间线显示了国际海事卫星航空服务的发展史。SwiftBroadband 与早期电路交换业务(如 Swift 64)之间的主要区别在于,它提供了"始终在线"的后台服务,并且提供了更宽的频带。

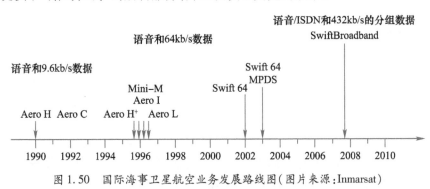

图 1.50　国际海事卫星航空业务发展路线图(图片来源:Inmarsat)

根据所用机载天线增益的不同,SwiftBroadband 标准的海事卫星终端分为三种不同等级:6 级安装使用高增益天线(HGA),7 级安装使用智能天线(IGA),15 级(SB200)安装使用栅格阵列(LGA)全向天线。SwiftBroadband 在新型 Inmarsat – 4 卫星星座下工作,提供南北纬 75°以内的近全球覆盖。Inmarsat – 4 卫星星座的配置几乎与赤道上第一代国际海事卫星的 3 颗卫星组合相同。

1.5.4.4　SwiftBroadband 应用性能

为了进一步提高末端用户的应用性能,可以对应用进行优化,以最大限度地发挥海事 SwiftBroadband 收发机的功能。航空商业卫星应用已经通过提高终端用户可用带宽的利用率,使用户更充分利用 SwiftBroadband。

　　SwiftBroadband IP 连接,可以用作各种宽带和广播移动卫星应用的骨干链路,类似于地面宽带和广播链路。当考虑应用性能和使用成本时,必须注意通过海事卫星星座的移动通信连通性和地面电信连通性之间的差别。在卫星链路上实施相关的 IP 压缩和加速时,建议正确配置所使用的模式,否则最终用户体验将受到技术局限的影响。

　　下面介绍了一些最常见的应用方式以及实现以下业务的一些主要考虑,在这些应用中 SwiftBroadband 设备既可以嵌入飞机(驾驶舱、座椅靠背等),也可以乘客自带。

　　(1) 电子邮件。后台 IP 业务是通过 Inmarsat 卫星发送和接收电子邮件的理想选择。它减少了不必要的电子邮件复制,并通过仅下载电子邮件头来最大限度地减少流量。

　　(2) 互联网接入。后台 IP 业务最适合使用 FleetBroadband 设施进行互联网浏览。传输时延将使海事卫星的网络浏览速度比地面慢。如果可能,建议将互联网内容缓存在飞机的服务器上。

　　(3) 虚拟专用网。IP 适用于虚拟专用网连接,用于生成后台流量,保持连接处于激活状态。由于时延,有时需要调整虚拟专用网连接的超时值。如果飞机上的多个用户正在访问同一个虚拟专用网服务器,建议在飞机上配置本地虚拟专用网服务器,以降低通过卫星链路重复发送的流量成本。

　　(4) 文件传输协议。后台文件传输协议(FTP)需要针对通过 FleetBroadband 收发机发送和接收的文件进行优化。进行文件压缩可以显著降低文件传输的成本。

　　(5) 语音。电话呼叫可以通过 SwiftBroadband 中的原始语音业务,也可以通过 IP 语音,IP 语音既可以采用专用 VoIP,也可以在乘客的计算机上使用第三方 VoIP 软件。原始语音业务提供高质量、高效带宽语音服务。为保证多个用户服务质量的一致性,对 VoIP 业务需要使用流文本方式。

　　(6) 传真。传真既可以使用 SwiftBroadband 中的语音业务发送,也可以基于 IP 传真发送。语音电路传真方式需要传统的传真机,IP 传真方式需要笔记本电脑/扫描仪/打印机来发送或接收纸质传真。

　　(7) 视频会议。SwiftBroadband 设备适用于大多数可以使用 IP 连接的视频会议设备。为保证视频会议的质量,建议使用合适的数据流方式。

　　(8) 综合飞行娱乐。SwiftBroadband 收发器可用作飞行娱乐系统前端与地面之间的通信链路。为了确保最高性价比,建议将尽可能多的内容存储在飞机服务器上,仅将实时关键信息和更新内容通过卫星链路传输到飞机。

（9）飞机上使用全球移动通信系统（GSM）/全球分组无线电业务（GPRS）/手机。SwiftBroadband 是手机/GSM 在飞机上使用的主要手段，该方式由 Aero-Mobile 和 OnAir 开发，用于数据和语音传输。这些方式允许乘客使用自己的设备打电话、发短信、发电子邮件。根据飞机上手机的使用情况，在某些类型飞机，如中程或长途航空航班，用它替代传统的电话业务可能性价比更高。

未来几年，Inmarsat 计划进一步加强 SwiftBroadband 业务。目前，正在升级 SwiftBroadband 终端上的安全系统，该公司正在研究升级后网络的效果，以便能够在旋翼平台上使用 SwiftBroadband 业务。

要在飞机上运行 SwiftBroadband，需要以下设备：

（1）SwiftBroadband 航空电子设备，业务接入的卫星调制解调器；

（2）机载天线，它能够连接 SwiftBroadband 和相关设备，如双工器、LNA、高功率放大器和电缆等；

（3）与 SwiftBroadband 业务提供商之间的协议，该提供商负责业务提供和带宽计费。

1.6　Inmarsat 专用、个人和控制网络

Inmarsat 移动卫星运营商还为专用和个人应用提供两项重要业务，适用于所有移动站型。

1.6.1　基于移动分组数据业务的虚拟专用网络

虚拟专用网旨在通过 Inmarsat 卫星网络，在另一个（不安全的）网络之上提供一个安全的隧道。通过在网络上层运行"虚拟"网络，使得数据流能够安全地通过互联网发送。当在移动分组数据业务模式下使用时，它确保数据从连接到移动分组数据业务终端的设备一直到基于公司网络的虚拟专用网络服务器都是安全的。因为微软操作系统支持虚拟专用网协议和技术，所以虚拟专用网的使用越来越普遍。另外，还有许多其他公司为微软和其他软件平台提供虚拟专用网技术。

大多数公司现在都支持虚拟专用网技术，这样员工就可以在离开办公室时安全地访问公司网络。虚拟专用网允许访问整个局域网，而不仅仅是电子邮件。远程移动设备(个人电脑上的客户端软件)的配置主要由他们所连接的虚拟专用网服务器完成。公司信息技术部门为远程或移动的设备/用户创建配置文件，通过下载到设备或在第一次连接时用户软件请求来完成配置。在客户端软件请求进行配置的情况下，第一次建立连接时可能需要一些用户验证。移动分组数

据业务标准提供了与互联网的直接连接,就像通过标准的互联网服务提供商进行拨号连接一样。不需要进行额外的或特殊的配置来启用移动分组数据业务虚拟专用网络。如果无法建立标准的虚拟专用网连接,请联系相应的陆地地球站工作人员,确认您所在地对虚拟专用网连接是否有限制。虚拟专用网可能以下面一种或两种方式进行配置。

(1)点对点虚拟专用网络。点对点虚拟专用网络方式,通常用于连接两个移动站点或某个远程站点到总部。远程站点可能有一个或多个连接在局域网上的个人计算机、打印机和其他设备,这种方式的网络连接如图 1.51 所示。点对点虚拟专用网由一个支持虚拟专用网的路由器建立,该路由器连接到总部的虚拟专用网服务器,为移动或任何远程局域网到海港、机场或公司网络之间的所有信息传输提供虚拟专用网通道。

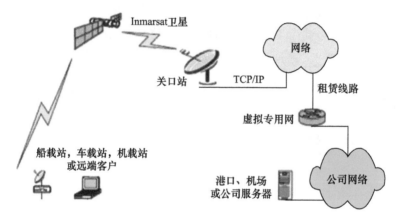

图 1.51　点对点虚拟专用网(图片来源:Inmarsat)

显然,这种方式非常适合远程局域网与公司总部的连接。市场上有许多硬件,最常用的是 Cisco 路由器。上述应用场景中,公司总部需要一个 CiscoVPN 集线器,例如 Cisco2600 系列(具有 VPN 功能)或 CiscoPIX 系列,它们与防火墙/VPN 服务器连接在一起。在远程站点,可以使用 Cisco1700 之类的路由器。

(2)客户端到服务器的虚拟专用网络。客户端到服务器的虚拟专用网络,用于将客户端分别连接到同一公司的中心区、港口或机场服务器,如图 1.52 所示。它可以用于单个移动或远程客户,但它需要为每个客户端配备一个路由器。因此,更常见的是在客户端笔记本电脑上使用一些虚拟专用网络客户端软件。

常用的虚拟专用网络客户端软件有:

① Cisco 安全客户端,将远程用户连接到 Cisco 虚拟专用网络服务器;

② 检查点虚拟专用网络客户端,将远程用户连接到具有虚拟专用网络功能

的检查点防火墙；

③ Microsoft Windows，能够连接多个虚拟专用网络服务器。

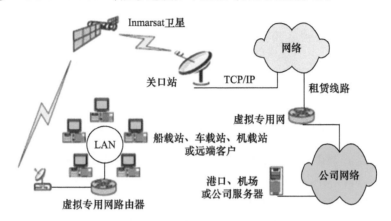

图 1.52 客户端到服务器虚拟专用网（图片来源：Inmarsat）

1.6.2 虚拟专用网客户端软件

客户端软件的选择，在很大程度上取决于公司网络的现有基础。公司现有的防火墙，如果可升级支持虚拟专用网连接，就可以使用相应的客户端软件。

虚拟专用网主要使用以下两个标准：

（1）点对点隧道协议（PPTP）。该协议由 Ascend、3com、Telematics、US Robtics 和 Microsoft 几个公司联合设计。它是一种封装方法，使其他网络协议能够通过 TCP/IP 网络传输。后来又增加了加密隧道数据的能力，使该协议成为建立虚拟专用网络的规范。该规范允许多种加密和身份验证方法，但大多数系统使用微软的方法，这些方法都有一些限制，具体取决于使用的版本。微软点对点隧道协议的最初版本依靠用户的域密码来创建加密密钥。由于该域密码通常少于 10 个字符，生成的加密密钥不如从更长的字符串中随机创建的密钥安全。

微软虚拟专用网的后续版本缓解了其中的一些问题，但在某种程度上仍然是后向兼容的，客户端可以要求旧的安全方法，这可能会导致数据加密效率较低。

（2）IP 安全协议（IPSec）。该协议是一个不断发展的互联网标准，可以将 IP 数据包签名和加密。IP 数据包由报头和有效数据组成，两者都可以为攻击者提供潜在的有用信息。IP 安全协议提供了对有效数据加密和签名，以及对报头签名的机制，因此源地址和目的地址是可以信任的。它也可以用于隧道模式，在对整个数据包（报头和数据）加密后，将整个 IP 数据包封装在另一个数据包中。

它经常用于通过网络地址转换传输数据包的情况，在数据包通过时网络地址转换会更改其报头。

1.7　特殊的 Inmarsat 移动应用

本节将介绍 Inmarsat 移动收发机与视频、GPS、监控数据采集系统的各种集成和应用。

1.7.1　SwiftBroadband 和 Scotty 视频编码器集成

Scotty 公司基于 Inmarsat 卫星提供的视频通信平台被称为"Scotty 计算机系统"(SCS)，可以为所有移动设备提供特殊业务，这些业务专门针对超视距的音频、视频、个人电脑/笔记本电脑、专用自动交换分机接口、综合业务数字网以及卫星通信、监控数据的传输，其网络如图 1.53 所示。Scotty 计算机系统通过安装在船只和飞机上的 Scotty 视频解码器提供完整数据包。该系统设计用于多个超视距移动应用，如视频通信、视频监控和车队跟踪。

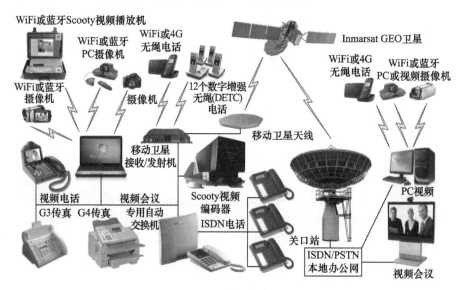

图 1.53　Inmarsat 宽带收发机和视频编码器(图片来源：Ilcev)

安装在移动平台上的 Scotty 系统，包括 1 个提供日夜高分辨率视频信号的万向节、1 个以 H.264 数据流编码(最多可有四个视频输入)进行视频传输的 Scotty 计算机系统，以及 1 个控制和显示所接收地面视频的操作控制台。其可以通过蓝牙、无线网络和数字增强无绳电话(DECT)连接到耳机或内部通话系统,此外,还可以与军用加密设备相连。

　　Scotty 计算机系统采用易于使用的软件音频/视频切换矩阵和音频混合器,支持单独的外部 NTSC 或 PAL 复合视频输入、音频输入以及外部音频和复合视频输出。这使得外部视频和音频源使用非常简单,并且可以在视频会话期间进行视频源的热切换。例如,Scotty 移动卫星应用可以将机组人员、乘客的内部通信系统与音频系统相连。该系统支持多个视频监视器,可以供多个操作员或战术分析师一起使用。此时,内置的视频录制功能可使现场操作员能够从任何信息源或正在进行的视频通信中录制高分辨率(MPEG – 4 格式,高达 62.5Mb/s 1080p 分辨率)视频和音频,并将文件转发或保存到可移动存储器中。

　　与 Scotty 视频编码器集成在一起的 FleetBroadband(FB)、BGAN 或 Swift-Broadband(SB)终端,可提供以下功能:

　　(1) 向接收方的数据传输(综合业务数字网或 IP);

　　(2) 为更高数据速率的信道捆绑(局域网上的虚拟计算机应用程序设计接口(CAPI));

　　(3) 以 n × 64kb/s(最高 256kb/s)进入综合业务数字网络或通过 Fleet-Broadband(FB)、SwiftBroadband(SB)、BGAN(IP),以最高 432kb/s 速率进行视频直播传输;

　　(4) H. 320/H. 323 视频会议和用于直播传输的 H. 264(MPEG – 4—AVC10)视频编码;

　　(5) 可选择在 250kb/s ~ 5Mb/s(分辨率 FD1,720 × 576 像素)速率之间进行 MPEG – 4 视频记录和存储转发;

　　(6) 支持指令和控制单元、移动跟踪和航行计划的实施和呈现。

　　此外,由于 Scotty 计算机系统包括 1 台 Windows PC,它可以用作数据工作站和移动平台上的通信集线器。通过与其他 Scotty 移动单元集成,也可兼容军事标准的加密设备。

1.7.2　Inmarsat 移动卫星跟踪应用

　　本书作者提出的全球资产卫星跟踪(SAT)计划,使用 Inmarsat、Iridium、Globalstar、Orbcomm 和其他卫星星座,作为开发以下移动资产跟踪(MAT)应用的基础。

1.7.2.1　全球船舶跟踪

　　本书作者提出的全球船舶跟踪(GST)系统,作为全球资产卫星跟踪的一部分,是最好的卫星跟踪和探测系统,如图 1.54 所示。全球船舶跟踪系统转发器由 GPS 接收机和地球静止轨道或非地球静止轨道收发机组成。全球船舶跟踪系统接收 GPS 或 GLONASS 信号(黑箭头 1),并通过国际海事地球静止轨道卫星(黑箭头 2)、地面地球站或网关(黑箭头 3)、互联网发送给带有处理设施的跟踪控制站(黑箭头 4)计算出位置信息。

跟踪控制站(船载站)终端接收和处理位置、速度和时间(定位)数据,并像雷达显示器一样在屏幕上显示船舶位置。在相反方向,通过互联网和地面地球站(红色箭头 5)、海事地球静止轨道卫星(红色箭头 6)以及全球船舶跟踪(GST)终端(红色箭头 7)向船只发送与之相邻的所有船只的位置,增强船只防碰撞能力。因此,所有红色箭头表示接收的全球船舶跟踪系统处理结果,黑色箭头表示船舶位置、速度和时间数据传输流程。

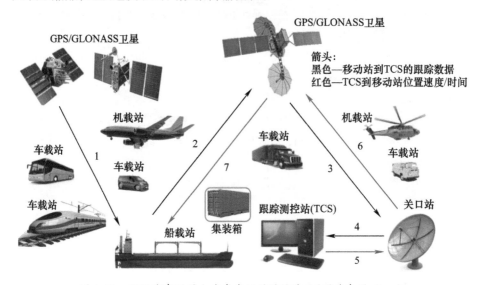

图 1.54　国际海事卫星全球资产卫星跟踪系统(图片来源:Ilcev)

远程识别跟踪(LRIT)系统是国际海事组织规定安装的强制性船载系统,负责对全球范围内远洋船舶进行跟踪。系统包括船载卫星发射设备、通信业务终端、应用业务终端、远程识别跟踪数据中心(包括相关的船舶监控系统)、远程识别跟踪数据分发计划和国际远程识别跟踪数据交换。远程识别跟踪系统使用带有全向天线的国际海事卫星设备,如 Inmarsat - C 和 mini - C。

新建议的全球船舶跟踪(GST)系统也可以使用 Inmarsat - C、mini - C、Isat-Data Pro IsatM2M 和移动 BGAN 标准的船载海事终端,它们都集成有 GPS/GLO-NASS 接收机。在全球范围内使用全球船舶跟踪系统需要进一步的研发。

与远程识别跟踪相比,新建议的全球船舶跟踪(GST)系统可以向岸上提供相同的自动定位数据,同时岸上可以向船只传送其航行区域中相邻船只的定位数据,以规避碰撞,而远程识别跟踪则不具备反向传送能力。该设备还非常适合遇险船只的搜救、紧急情况下船只的位置/速度/时间数据查询以及失踪/被盗船只的跟踪。全球船舶跟踪设备还可以集成 5 年电池电源,并向跟踪控制站发送至少 2 次位置信息。

2006 年 5 月 19 日,海事组织通过 MSC.202(81)号决议,将远程识别跟踪系统确立为一个国际系统,该决议修订了《国际海上人命安全公约》第 5 章。这个系统的问题是:它的名字不合适,最好把它称为全球船舶跟踪(GST)系统,因为气象卫星使用终端低速率信息传输(Low Rate Information Transmission,LRIT);该系统不能支持 300t 以下的船只,它不在全球的中心提供全球船舶跟踪数据,也不为每个海洋区域设立单独的中心,它不提供碰撞规避数据,它不能为失踪或被盗船只提供信息,而且它不如全球船舶跟踪系统性价比高。

1.7.2.2　全球集装箱跟踪

世界上使用着许多集装箱跟踪系统,但没有一个能够提供真正的全球集装箱跟踪(GCT),特别是对装船的集装箱和成排堆叠的集装箱,如图 1.55(a)所示。任一跟踪集装箱系统一般都能够对装载在卡车或火车上的独立集装箱直接定位,如图 1.55(b)和图 1.55(c)所示。

图 1.55　国际海事卫星全球集装箱跟踪系统(图片来源:Ilcev)

由本书的作者开发的全球集装箱跟踪项目,能够在任何时间和空间提供船上装载集装箱的位置、速度和时间数据。国际海事卫星全球集装箱跟踪网络提供下列功能:

（1）它可以在装货地点、公路或铁路、港口、船上和卸货地点的整个多式联运作业期间,提供端到端的全球集装箱跟踪;

（2）使用资产卫星跟踪单元(SAT)的全球集装箱跟踪系统由卫星发射接收机和集成有射频识别(RFID)的 GPS 接收机组成;

（3）资产卫星跟踪单元需要至少 5 年的电池供电,阅读器可以连接到公共或太阳能电源,而标签也使用自己的电池;

（4）射频识别还可以提供人员识别数据,这样就可以知道哪些操作员正在处理他们的集装箱和货物。

1.7.2.3　全球车辆跟踪

全球车辆跟踪系统(GVT)通过国际海事卫星为个人、公司、军队、警察、政府和保险机构提供所有卫星覆盖道路的车辆跟踪,其应用如图1.54所示。全球车辆跟踪系统可以跟踪每个国家内部的车辆,对于国家外部的车辆,它比任何通用分组无线电业务(GPRS)系统都工作得更好。由于通用分组无线电业务仅在一个国家内提供覆盖,使用全球车辆跟踪系统,保险公司可以为所有安装了该系统(即使在国外)的车辆投保。另一方面,长途卡车可以通过全球车辆跟踪通信。全球车辆跟踪的一些终端,如Inmarsat – C和IsatData Pro,可以向调度员提供短消息或安全管理信息(SMS),而移动BGAN可以在任何地方提供语音通信。

该系统与以前的应用使用相同的资产卫星跟踪单元(SAT),与射频识别(RFID)单元集成,可提供电子车辆登记(EVR)和道路车辆管理。如上所述,有了足够的传感器,该装置能够提供里程、油耗和其他功能,同时还能够使用特殊的传感器关闭车辆的发动机。全球车辆跟踪终端有自己的防盗电源,也可以通过车辆电池供电。

1.7.2.4　全球铁路货车跟踪

全球铁路货车跟踪(GWT)通过国际海事卫星星座提供货车和机车的资产卫星跟踪,其应用如图1.54所示。在铁路上和某一个国家内外的车站上,一个完整的物流、装卸作业周期内,它都能提供全球货车跟踪。该系统使用集成有GPS接收机的资产卫星跟踪单元。

该应用可与射频识别集成,控制货车、机车和信号系统。安装在货车上的装置至少需要持续5年的电池供电,而机车可以使用自己的发动机供电。射频识别单元还可以提供人员识别,铁路公司将知道哪些工作人员和操作员正在处理他们的货车和货物。这种跟踪应用也是本书作者设计的。

1.7.2.5　全球飞机跟踪

全球飞机跟踪(GAT)是本书作者的里程碑项目,其应用如图1.54所示。该应用通过Inmarsat星座为所有规格的私人、企业和政府长途运输飞机和直升机提供完整的卫星全球飞机跟踪。它将为每架装有该设备的飞机自动提供更好的保障和决策,因此使用该业务可以避免类似法航飞机坠毁的情况。因为在此次法航飞机坠毁事故中,搜救团队花了两周时间在几千英里区域内没有找到任何飞机残骸,所有的飞行人员和国际民航组织都为此感到羞愧。事实上,我们的全球飞机跟踪系统可以在任何地方以几百米的精度实时确定坠毁飞机的位置。全球飞机跟踪系统使用与前述相同的资产卫星跟踪终端。

因此,全球飞机跟踪系统是唯一一个将Inmarsat IsatData Pro/IsatM2M收发机与 GPS/GLONASS 接收机集成在一起的项目,它的两个天线安装在飞机上的一个天线罩中。以防止跟踪装置意外或强制关闭,跟踪单元必须独立安装。它通过来自飞机发动机的电源和长期可充电电池两路供电,如果发动机电源因任何事故或强制断开,跟踪单元将继续工作,通过国际海事卫星、地面地球站、互联网或地面电信网向跟踪控制站发送位置/速度/时间和其他数据。

全球飞机跟踪卫星终端,完全独立于飞行员的活动和驾驶舱中的其他导航通信设备。这样,即使飞机失踪或被恐怖组织劫持,独立安装的全球飞机跟踪终端也能发送信息。为了稳定地传输无线电信号,带有两个天线的 GPS 接收机/卫星收发机必须安装在机身顶部的金属防水箱内,天线安装在透明且非常坚固的塑料板后面。另一种使用方案,是将两个天线安装在飞机机身顶部的任何地方。

通过地球静止轨道卫星星座,Inmarsat 能够保证全球飞机跟踪系统在南北纬75°之间工作。跟踪控制站终端必须为每个飞行信息区(FIR)或更小飞行区域进行双向配置,并连接到附近的空中交通控制中心。如上所述,为避免碰撞,飞机上的全球飞机跟踪单元将能够接收在一定区域内飞行的所有飞机的位置、速度和时间数据。全球飞机跟踪接收单元可以连接到驾驶舱,并通过特殊显示器向飞行员显示所有相邻飞机的位置、速度和时间数据。

但是全球飞机跟踪收发机的操作,不能由飞行员或任何操作员控制,飞行员也不能将其打开/关闭。该装置可以连接到笔记本电脑或掌上电脑,飞行员能够向跟踪控制站发送自己的位置、速度和时间报告,并从跟踪控制站接收或轮询数据。这在极端恶劣天气和低能见度下是非常重要的,有助于飞行员更安全地飞行,避免碰撞。该终端是数字传输系统,自动提供位置、速度和时间信息或报告,以及来自跟踪控制站的轮询数据。

全球飞机跟踪系统由空间段、地面段和用户段三段组成,并提供完整的全球飞机跟踪网络。空间段可以是 Inmarsat 静止轨道卫星星座,也可使用 Iridium 卫星、Globalstar 卫星和 Orbcomm 卫星。Iridium 卫星是最好的,因为它同时也覆盖了极区。如上所述,地面部分可以是地面地球站和跟踪控制站,用户是飞机上安装了全球飞机跟踪终端的航空公司。

1.7.3 Inmarsat 监控与数据采集网络

BGAN 全球宽带网或任何机器到机器(M2M)海事卫星终端,可以在全球提供卫星监控与数据采集(SCADA)或机器到机器的点对多点广播,监控与数据采集网络远程安装的自动传感器通过海事卫星链路定期向地面控制中心报告,如图1.56 所示。图左边显示了所有远方传感器可以通过 BGAN 站、Inmarsat 卫星、关口站、应用服务器和虚拟专用网连接到最终用户。监控与数据采集网络还可以用 Inmarsat – C、mini – C、IsatData Pro、IsatM2M 等站型。最经济的站型是IsatM2M,这个设备性价比也是最高的。

图 1.56　国际海事卫星监控与数据采集(机器到机器)系统(图片来源:Ilcev)

　　现代监控与数据采集网络使用的是 BGAN 设备,它通过对整个企业提供可靠访问、实时远程监控,开启了高效机器到机器传输的新时代。监控与数据采集系统网络基于海事卫星移动分组数据业务的 IP 和网络技术,客户只为传输的数据量付费,而不是为连接的时间付费,所以其性价比很高。它提供持续监控、实时诊断的数据检索和输入,可自动产生即时警报、更快的数据融合处理、更高水平的决策能力和更高的运营效率。

　　海事监控与数据采集网络用于控制和监控港口和机场的各种设备、系统和网络。它可利用全球数据网络监控和控制一定范围内的海上、陆地移动和航空的设备、系统、运行和管理。

　　监控与数据采集网络的实时数据获取,使得移动监控和管理成为可能,增加了用户快速决策的效率,同时改善了客户服务,如:人员和建筑管理、移动主机系统、计划显示、货物和行李处理、安全监控和资产跟踪、大门管理、通用用户终端设备、海港和机场运营数据库、计费系统、危机控制中心、灯塔控制、海上浮标、灯光和通信/导航/监视系统安装、天气观测和其他气象参数收集、无线电和光纤技术、专用自动交换分机系统、网络基础设施、电气网络、能源自动化系统等。

1.8　Inmarsat 海上应急与安全服务

1972 年,海事组织在国际无线电咨询委员会(CCIR)的协助下,开始研究新型海上通信遇险与安全系统。经过多年的规划和国际协商,国际海事组织及其成员国政府在国际无线电咨询委员会、国际电联、气象组织、国际水文组织、国际海事卫星组织和全球卫星搜救系统的协作下,开发了新的全球海上遇险安全系统(集成无线电和卫星通信)。全球海上遇险安全系统被纳入《海上生命安全公约》第 4 条,受《海上生命安全公约》管辖的船舶于 1992 年开始使用全球海上遇险安全系统,其他船舶于 1999 年 2 月 1 日全面实施。

　　所有船只都使用相同的安全和安保系统,但有些船只必须强制携带设备。也就是说,符合《海上生命安全公约》的船只(总注册吨位 3000t 及以上的货船和进行国际航行的客船)必须携带全球海上遇险安全系统和用于搜救的通信设备;其他船只自愿或根据其国家管理部门的要求,安装符合全球海上遇险安全系统标准的设备。大多数船舶,无论是否加入《海上生命安全公约》,都认为安装足够的、国际海事卫星组织认可的船舶设备是必要的、方便的,它有益于商业通信和全球海上遇险安全系统的推广应用。

1.8.1　全球海上安全卫星通信

　　全球海事安全卫星通信(GMSSC)任务,是通过两个全球移动卫星通信系统实施的。Inmarsat 既可作为商业应用也可作为应急应用,而全球卫星搜救系统(Cospas – Sarsat)只能作为应急应用。海事卫星系统作为全球海事安全卫星通信基础设施的一部分,在应急和全球海上遇险安全系统通信中发挥关键作用。此外,为支持全球海上遇险安全系统,Inmarsat 可提供海事组织规定的、重要的移动卫星通信功能 1、2、4、8 和 9,功能 5 和 7 也可以使用卫星船载站来开展。按照这种概念,所有因紧急情况而漂浮在海面上的飞机,都可以被视为海上遇险环境中的机载站,并可以使用全球海事安全卫星通信的设施、全球海上遇险安全系统的无线电和移动卫星通信应急网络。

　　通过卫星到岸站,然后再到救援协调中心的突发通信,提供全球海上遇险安全系统功能 1。然而,岸站-救援协调中心突发互连方式,在每个国家可能不同,可以使用包括公共交换网络的专用线路。

　　在这种方式下,与卫星通联是通过使用优先级 3 遇险警报实现的,并自动包含在一个由国际海事网络船载站发出的遇险呼叫中。如果在此期间,卫星信道需要直接与救援协调中心连接,优先级 3 则根据需求建立或清除一个卫星信道。

　　全球海上遇险安全系统功能 2 是指救援协调中心-船只方向的遇险和报警功能,通常是通过群呼向指定海域所有船只发出警报。为满足功能 4 和 8,可以在安装相应装备的卫星站之间提供搜救协调通信。功能 9 最好通过可发送海事安全信息的海事卫星广播和使用安全网络/舰队网络传输的增强型群呼业务

(EGC)来实现。

如前所述,Fleet F77 新内置的预留信道和语音优先级可得到更高的安全性,并确保基本的安全和紧急呼叫可以立即接通。因此,非基本和低优先级的常规移动卫星通信可能会被随时中断。这意味着,海面上的救援船舶或飞机等应急救援服务始终可以与搜救现场相关船舶保持无缝通信联系。

此外,为了满足国际海事组织针对全球海上遇险安全系统网络内的大部分功能要求,Inmarsat 还能够提供其他一些海事安全功能,如自动船舶报告或轮询业务,以便使海岸当局能够知道哪些船舶处于危险区域,以及自动传输(船舶对海岸)天气观测(WX OBS)情况,为危险区域的搜救单位提供详细的天气预报。

1.8.2　全球遇险、应急和安全卫星系统

应急传输流程是船 – 岸遇险告警的关键,一般通过 Inmarsat 岸站传输。然而,配备有 Inmarsat 船载站的船舶也可以通过一般的呼叫程序与他们选择的救援协调中心联系。在这种情况下,必须使用完整的国际电话/电传号码。在遇险紧急情况下,Inmarsat 可以使用除 mini – M 以外的所有站型,提供优先报警。

(1)船岸遇险报警。Inmarsat 优先级 3(遇险)系统只能在船舶遇险时,使用电传(SOS)或电话(MAYDAY)发出遇险呼救,在船员或乘客生命垂危时,通过电传或电话发出呼叫。需要遵循船载站的程序操作,并选择目标岸站或救援协调中心。一些岸站会自动将所有遇险警报和呼叫直接路由到相关的救援协调中心,如果在 12s 内没有收到回答,船舶操作者会重复该呼叫。此外,在某些船载站使用遇险按钮(通常为红色)来启动遇险优先级消息。

在这点上,大多数应急服务系统制造商提供了遇险优先呼叫使用说明,该功能按钮安装在应急服务系统操作岗位附近。此外,Inmarsat 还向制造商提供了遇险信息生成器(DMG)技术指南,该设备由以标准化格式发送遇险信息的船载站软件组成,符合海事组织相关条例和建议,并提供船只位置和特定紧急情况等相关标准化格式信息。在这个意义上,治疗建议(32)、医疗援助(38)和海上援助(39)也可以依照紧急和安全程序,并使用优先级 0 处理这些呼叫。一些岸站可提供此类服务,一般通过使用括号中指定的两位数代码。

Inmarsat – C 船载站使用信令信道进行遇险报警。作为备份,按下红色的遇险按钮,可以将一个短的、预先格式化的告警信号直接传输到岸站。遇险信号的高优先级确保岸站终端对其进行特殊处理,以便快速传输到相关的救援协调中心,图 1.57 是救援协调中心和搜救中心的遇险报警通信信道。Inmarsat 遇险报警信息格式可以从终端键盘手动更新。自动位置更新,可以由集成的 GPS 或 GLONASS 接收机提供,或者由船舶电子导航系统提供的数据直接输入。

（2）Inmarsat Fleet 站型遇险报警。Inmarsat Fleet F77 提供早期船载站系列中最全面的全球海上遇险安全系统功能。遵照国际海事组织 888（21）号决议，F77 提供了四个级别的呼叫优先级和双向实时分级呼叫抢占：①遇险优先级 P3 可以抢占所有其他移动卫星通信信道；②紧急优先级 P2 可以抢占 P1 和 P0；③安全优先级 P1 仅能抢占 P0；④其他优先级为 P0。因此，这意味着国际海事卫星岸站必须能够提供这一宝贵的安全附加功能。通过 Fleet F77 船载站，救援当局可以随时接听船只呼叫，即使语音或数据卫星信道一直在使用。

图 1.57　移动卫星通信向救援协调中心发送遇险警报（图片来源：Ilcev）

（3）岸 - 船遇险报警。该功能可以通过使用 Inmarsat - C 的增强型群呼叫安全网络业务来实现。除了增强型群呼叫方法之外，遇险警报可以通过以下三种方式发送给安装有 Inmarsat - A 或 B 站型的船舶：①呼叫指定海域内的所有船舶；②通过 B 型船载站对矩形或圆形可变地理区域进行呼叫；③对选定的船舶进行群呼，这对于向搜救单位发出警报非常有用。

（4）通过 Inmarsat 安全网的岸对船告警。增强型群呼叫接收机通常是船载站的一部分，也可以是一个完全独立的单元。它确保高成功率接收岸对船遇险告警信息。当收到遇险优先信息时，增强型群呼叫接收机会发出声音警报，直至手动重置。

（5）搜救协调通信。为了搜救行动的协调和控制，搜救中心需要与遇险船只以及参与救援行动的单位进行通信。根据全球海上遇险安全系统的要求，通信的方法和模式可以是无线电和卫星通信。为了提高搜救协调中心、搜救人员和现场参与者之间的通信速度和可靠性,建议使用国际海事卫星系统。

(6)现场搜救通信。现场搜救通信是指遇险船只、援助船只或直升机、现场指挥员或水面搜救协调员之间的通信。这些通常使用甚高频和中波短程无线电通信;然而,如果有必要,安装了海事卫星船载站的船只可以使用移动卫星通信作为补充。

(7)通过 Inmarsat 业务发布海事安全信息。在国际海事卫星系统中,使用 Inmarsat - C 的增强型群呼叫发布国际安全网(SafetyNET)中的海事安全信息。如果需要不间断地接收海事安全信息,或者 Inmarsat - C 船载站的日常通信量高于平均水平,那么该船需要有一个专用的增强型群呼叫接收机,来接收海事安全信息广播。增强型群呼叫接收机是 C 型船载站终端的一部分,其他类型的船载站可以将其作为集成的独立单元。

1.8.3 海事安全信息

海事安全信息(MSI)系统是为海员提供导航、天气和告警信息的国际无线电和卫星广播系统。Inmarsat - C 系统具有增强型群呼叫能力,授权的信息提供方通过该系统的岸站或网控站,向选定的、装有增强型群呼叫接收能力的船载站(例如增强型群呼叫接收机或 Inmarsat - C 发射接收机)广播信息。可提供两种增强型群呼叫业务:增强型群呼叫安全网(EGC SafetyNET)用于广播海事安全信息,增强型群呼叫舰队网(EGC FleetNET)用于向船员广播商业信息。所有安装了增强型群呼叫(EGC)接收机的船载站,都可以接收 SafetyNET 的海事安全信息广播,但是要接收 FleetNET 的消息,船载站还必须包括 FleetNET 选项,且该选项已安装或升级,并作为用户在信息提供方进行了注册。事实上,为了接收给定导航/气象区域的海事安全信息广播,增强型群呼叫船载站应该在海事安全信息广播时航行至适当的海洋区域,见图 1.58。

在 SafetyNET 和 FleetNET 区域广播业务中,增强型群呼叫系统的一般业务功能如图 1.59 所示。其中,METAREA 和 Navarea 海事安全信息广播业务仅针对选定的船只、航运公司和船队。SafetyNET 和 FleetNET 业务中的气象或导航数据可以发送到三个特定地址组。

(1)气象(METAREA)海事安全信息广播区域。METAREA 一词,是指为通过国际海事卫星或其他通信方式协调广播海洋气象信息,而建立的特定海域或地理区域。"METAREA"一词后的罗马数字,用于标识特定的海域,由对该海域拥有相应部分主权的国家进行管理。此类区域的划界与国家间的边界划定无关,也不应影响边界划定,如图 1.58 所示。图中的气象和导航海事安全信息广播区域位于 Inmarsat 南北纬 75°覆盖范围内。METAREA 业务发布意味着,相应的国家气象局有责任确保船舶气象预报和警报,通过国际海事卫星安全网传播到指定的气象区域或其他海域。气象信息是指根据1974年修订的《国际海上人命安全公约》,针对海上安全规定的海洋气象警报和预报信息。

（2）导航（Navarea）海事安全信息广播区域。Navarea 一词,是指为协调导航警告广播（NX）而建立的地理海域,其后的罗马数字用于识别特定海域。此类区域的划界与国家间的边界划定无关,也不应影响边界划定,如图 1.58 所示。导航区域协调机构,是指在指定的导航区域内负责协调、核对和发布导航警告的特定机构。事实上,导航区域海事警告（NX）是由导航协调员发布的导航警告或系列有效公告的一部分。导航警告是指与船只安全导航广播相关的紧急信息,通过国际海事卫星网络发出,并遵循1974年修订的《国际海上人命安全公约》相关规定。

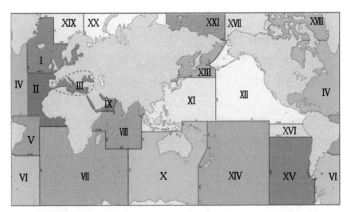

图 1.58　Navarea 和 METAREA 海事安全信息广播区域
（图片来源:Inmarsat – C 海事用户手册）

1.8.3.1　Inmarsat 安全网（SafetyNET）业务

增强型群呼叫（EGC）安全网络是由国际海事卫星建立的自主型全球移动卫星通信系统,它能够向不同地理区域的单个船只、预先约定的一组船只或所有船只发送信息。如图 1.59 所示,SafetyNET 和 FleetNET 广播的增强型群呼叫警报,可以发送给某些特定船只、属于一个航运公司的船只或特定国家的船只。

某一个地理区域可以进一步定义为某一导航区域（标准的导航预报区域）、气象区域（标准的气象预报区域）、一个由经纬度定义的矩形区域或海上紧急情况圆形区域,如图 1.60 所示。这种为海员提供的特殊业务,可以为国际海事组织在全球海上遇险安全系统任务下授权的信息发布方提供有效和低成本的海难

图 1.59　SafetyNET 和 FleetNET 广播业务（图片来源：Inmarsat）

安全信息传输手段。装备有增强型群呼叫功能的船载站,自动监控海事安全信息频率,接收并打印出与船舶安全相关的信息。增强型群呼叫信息可以发送给某一地理区域内或接近特定区域的所有船舶,如救援协调中心周围的海域。提供的业务包括:救援协调中心提供岸对船遇险警报和其他非常紧急信息;国家气象中心提供气象警报和日常天气预报广播业务;水文局提供航行警告和电子海图校正数据;国际冰上巡逻队为北大西洋提供冰灾信息。

图 1.60　圆形紧急区域的安全网（SafetyNET）呼叫（图片来源：Inmarsat）

　　因此,国际海事卫星安全网根据 1974 年修订的《国际海上人命安全公约》中针对海上人命安全的要求,向航运提供导航和天气信息传输、遇险警报、搜救信息和其他紧急信息。SafetyNET 作为国际海事卫星增强型群呼叫系统的一项广播业务,是专为海事安全信息发布而设计的,该功能是全球海上遇险安全系统的一部分。它可以在被称为卫星海洋区域(约南北纬 75°之间)的 Inmarsat 卫星覆盖区域内提供服务。除了为在沿海海域作业的船舶提供服务外,还设计了一项 A3 国际导航区域(NAVTEX)业务。

1.8.3.2　Inmarsat 舰队网(FleetNET)业务

FleetNET 是一种商业业务,通过 Inmarsat 增强型群呼系统直接打印广播、自动接收的船队管理及一般公共信息。因此,FleetNET 的一些接收机,可能无法接收 SafetyNET 信息。FleetNET 业务允许授权的信息发布方(如船舶商业订购服务、航运公司和政府组织,它们与岸站签订了支持舰队网服务的注册协议),向选定的几组船载站或无限量的预定船载站同时广播消息和商业信息。这些船载站都已在信息提供商处注册,并可被添加到属于船队或者是卫星通信商业服务注册用户的舰队网增强型群呼叫内部网络,该船队 FleetNET 基础设施如图 1.61 所示。典型 FleetNET 应用包括:舰队或公司向所有船只广播;商业气象服务;政府向在一国注册的所有船只广播;新闻广播;市场报价。

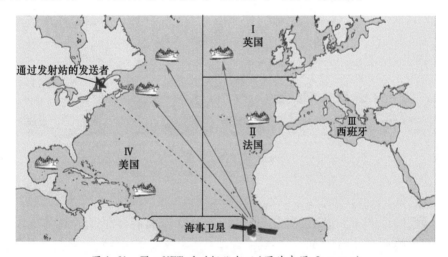

图 1.61　FleetNET 呼叫舰队船只(图片来源:Inmarsat)

一旦船载站设备被初始配置为接收船舶所在海域的网络控制站公共信令载波,运营商可以选择由特殊服务代码列出部分或全部信息,包括所有船舶呼叫(00)、群呼叫(02)、矩形区域气象告警(04)、岸到船遇险警报(14)。

1.8.3.3　Inmarsat 增强型语音群呼网络和业务

Inmarsat 增强型语音群呼(EVGC)网络和业务,最初是通过使用 Inmarsat - A 或 Inmarsat - B 型船载站上的单一语音信道提供的。新型增强语音群呼业务由最近开发的终端(如 Fleet33/66/77 和 FleetBroadband)提供。增强语音群呼系统提供订阅服务,包括信息转播业务和无线电广播节目。此外,为提供天气传真图表,也可以在有限的语音信道带宽内传输慢速扫描的传真数据。

1.8.3.4 增强型海上气象业务

海员气象服务(WX)非常重要,可以为所有船舶提供文本和图形天气预报、气象预警和航路天气服务,以实现安全和更经济的航运运营。除此之外,所有单独订购这种增强型服务的船舶,也可以通过国际海事卫星网络,从船舶航线报告中心的每日信息报告,获得类似的增强型气象业务,该网络如图1.62(左)所示。从普遍意义上来说,这些信息包含了相关船只周围的天气情况,以及避开当地恶劣天气条件和暗流的最佳推荐航行路线。此外,所有船舶都可以在自愿的基础上,把各自观测到的气象信息通过海事岸站发送到气象中心,以丰富气象数据库的资源,获得更准确的全球天气信息。

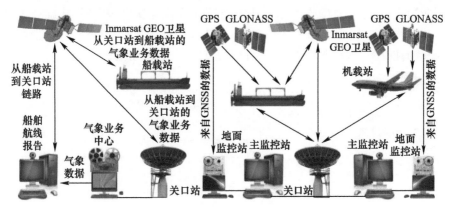

图 1.62 通过 Inmarsat 的增强型海事天气预报和增强型
移动全球导航卫星系统(图片来源:Ilcev)

1.8.3.5 Inmarsat 海上全球导航卫星增强系统

国际海事卫星增强系统(ISAS)是用于增强卫星通信、导航和监视业务的全球卫星增强系统(GSAS)的组成部分,旨在为所有移动应用提供增强的交通控制和管理。该系统使用了 GNSS – 1 基础设施的增强系统,如美国 GPS 和俄罗斯 GLONASS,其海上和航空应用网络如图1.62(右)所示。所有在特定海域航行的船只都可以通过得到增强和一般全球导航数据,增强其安全性、安全措施和效率。船载终端既可以接收来自全球导航卫星系统(GPS 或 GLONASS)卫星的非增强定位数据,也可以接收增强定位数据。地面监测站接收的全球导航卫星系统数据被发送到主控站,主控站处理这些数据,并通过关口站和国际海事卫星发送到船载全球导航卫星系统接收机,作为增强的位置、速度和时间数据。

用于通信、导航、监视系统的海上增强系统,主要作用是强化对海上、航道、沿海水域和海港的交通控制管理、物流和船只控制。具体功能有短距离和长距离航行的安全增强、船间距减小、灵活的航行规划、海边航行引导和控制以及海洋航行引导和控制。

1.8.3.6 全球海洋广播卫星系统

现代航运和海上贸易是一个利益巨大的移动中心,面临着越来越大的压力,需要更快的航行速度、更紧凑的时间表、更多的电子设备和更少的船员。它只是海事运营商广域网上的一个节点,通过将财务和运营数据输入公司总部,并获取指令和信息,以快速运转并始终保持最佳效率。

具有国际海事卫星通信能力的船舶,可以通过语音、传真、数据、视频和网络浏览功能,集成到岸上的管理系统中。无论它们在世界的哪个海洋上航行,都可以通过 FleetBroadband、GlobalXpress 和本书作者提出的全球海洋广播卫星系统(MBSS)进行海事广播。这些系统可以提供以下增强业务:定位报告系统、数据报告和轮询服务、航路天气数据、导航和电子海图、船舶报告和辅助服务、甲板和发动机设备维护计划、海事信息系统、船员和乘客船上娱乐、遥控和监控、远程医疗、远程教育等。

1.9 Inmarsat 航空应急和安全服务

继国际海事组织相关研究活动之后,国际民航组织提议开发一套先进的空中交通管理系统,它基于数字空中交通控制/通信导航监视系统(ATC/CNS)基础设施,被称为未来航空导航系统(FANS)。这个系统提出了航空交通业务(ATS)数据链的概念,为自动辅助监视系统(ADSS)和塔台飞行员间数据链通信(CPDLC)服务。

1.9.1 全球航空安全卫星通信

为改善商业、企业、乘客和安全通信,超过 10000 架飞机安装了海事卫星航空终端,其中包括 4000 多架公司和政府的飞机以及 6000 多架航空公司的飞机。公司用户喜欢电话和传真业务,而航空公司多使用数据业务进行商业和安全航空移动卫星通信。此外,2000 多架商用飞机、直升机和军用运输机只配备了 Aero - C 站。所有这些设施将改善商业和安全航空通信,加强现有的空中交通管制效能,并有助于构建新的全球卫星增强系统(GSAS)。关于全球卫星增强系统的概念,以及其他与全球航空安全卫星通信(GASSC)主题相关的问题,有兴趣的读者可以在第六章中找到当前三个典型的全球卫星增强系统,分别是美国的广域增强系统(WAAS)、欧洲地球静止轨道导航增强系统(EGNOS)和日本 MTSAT 卫星增强系统(MSAS),其中包括目前 Inmarsat 民用导航卫星增强系统

（CNSO）的导航有效载荷。

1.9.1.1　Inmarsat 航空安全移动卫星通信

海事卫星航空移动卫星通信系统还可以在改善空中交通控制（ATC）和空中交通管理（ATM）方面发挥重要作用，以确保飞机安全有效地到达目的地，建立全球航空安全卫星通信（GASSC），加强对事故中飞机的搜救、警报和定位服务。也就是说，就空中交通控制和空中交通管理功能而言，两者都必须完成通信、导航、监视三项基本任务，具体如下：

（1）卫星通信。航空移动卫星通信是飞机驾驶员和机场空管之间为交换日常交通信息或指令进行的语音、数据、视频通信。

（2）卫星导航。通过 GPS、GLONASS 或新的增强海事全球导航卫星定位功能，向飞行员提供飞机位置信息。

（3）卫星监视。新型航空卫星监视，通过无线电或卫星手段自动辅助监视广播（ADS – B）辅助空管进行飞机位置监测。

直到目前，飞行员和空管之间的唯一通信手段是语音甚高频和高频无线电。高频无线电用于海洋或偏远大陆空域的远距离通信，而甚高频无线电用于一定区域或国内空域的视距或短程直线通信。为了克服高频/甚高频无线电的缺点，国际民航组织鼓励在飞机上发展航空移动卫星通信和机载站。航空移动卫星通信最重要的应用是航路通信，这关系到国内或国际主要民航航线飞行安全。

为了解决目前高频/甚高频无线电通信或雷达不能覆盖的问题，空中交通管理系统通过加大飞机之间的飞行间隔来保证安全，但这种操作方法不够灵活。飞行员通常不能可靠地联系空中交通管制，以避开不利的天气环境或利用任何关于天气状况的新信息。当前的航空交通管理程序，导致飞机延误、运行低效和燃油成本高昂，所有这些随着航线上航班的不断增加而进一步加剧。新型航空安全/安保应用，需要一个综合全球导航卫星能力的航空移动卫星通信系统，这个系统是国际民航组织通信导航监视和空中交通管理系统的一部分。许多机载站支持空中交通控制、自动辅助监视广播（ADS – B）和空中交通管理，这些系统允许空中交通管制员轮询飞机的位置、天气、安全和其他信息。

1.9.1.2　卫星航空交通控制

Inmarsat 航空移动卫星通信在国际民航组织执行海洋和偏远空域任务，开展通信、导航、监视和强化空中交通管理理念方面发挥了重要作用。Inmarsat 航空网络将支持飞行员到空管间直接的语音、数据通信和自动辅助监视系统。航线的改进和增强卫星航空交通控制预计将为航空公司节省数百万美元的燃料、安全和其他运营成本，而减少航班间隔将增加海洋和偏远航班的运力。

通过新型增强的卫星航空交通控制系统对飞机和运动车辆的监控，可以改善机场地面上的交通状况。新型 Inmarsat 航空数据链将用于常规的飞行员 – 空管人员通信和其他保障。语音通信可以用于非常规和紧急通信。使用航空移动卫星通信数据链把飞行飞机信息集成到航空公司信息系统中,可以显著提高航空公司的运营和管理效率。

目前,已经开发了多种航空移动卫星通信应用,来支持航空交通管理系统的通信、导航和监视。如国际民航组织新的国际标准建议和无线电电信协会最低运行性能(RTCA – MOPS)行业标准规定,这些应用需要高可用性、高性能和高集成度。航空移动卫星通信的主要应用类型一般与卫星航空交通控制、航空公司的行政通信或客运服务类型相关。

总结如下:

(1)空中交通控制(ATC)。对于空中交通控制,飞行员使用航空移动卫星通信与机场和其他地面办公室的人员保持联系,进行日常通信,发送预计到达时间(ETA)、日常空中交通情况、许可请求、咨询、其他与公司和安全有关的通信。当飞机飞出雷达正常的范围之外时,地面控制人员使用航空移动卫星通信,监视和指挥飞机的飞行。

根据国际民航组织的声明,数据通信将是飞行员 – 空管人员间信息交换的主要手段,因此,航行通告和语音将用于紧急情况和其他非常规情况。

(2)航空客运业务(APS)。对于航空客运业务来说,航空移动卫星通信中的非公司通信,被客户用来在飞行中打电话、发送数据或传真。

1.9.2 Inmarsat 航空全球导航卫星增强系统

新型海事卫星增强系统(ISAS)作为全球卫星增强系统(GSAS)的组成部分,用于提高卫星通信、导航和监视能力,提供空中飞行控制(国内和国际飞行走廊)和地面所有运动控制(机场),如图 1.63(b)所示。所有在特定海域飞行的飞机,都可以通过增强和非增强全球导航卫星系统数据,提高控制的安全性和有效性。在这种方式中,机载站既可以接收来自全球导航卫星系统(GPS 或GLONASS)的非增强定位数据,也可以接收增强定位数据。地面监测站(GMS)接收的全球导航卫星系统数据被发送到主控站(MCS),主控站处理这些数据,并通过关口站和国际海事卫星发送到机载全球导航卫星系统接收机,作为增强的位置、速度和时间数据。

全球卫星增强系统配置,要求同时使用现有 Inmarsat 地球静止轨道卫星通信和生成导航数据的全球导航卫星系统网络(GPS 和 GLONASS),其中还包括其他区域卫星增强系统(RSAS)。通过 Inmarsat 进行的航空全球导航卫星增强系统业务可提供以下功能:增强定位;减少航班间隔;灵活的飞行规划;地面运动引导和控制;海洋飞行制导与控制。

1.9.3 航空导航报告业务

空中导航的基本原理与船舶导航相同,包括规划、记录和控制飞机从一个地方到另一个地方的运动过程。每个飞行员都使用定制的、并由"航行通告"(NO-TAM)更新的、特定区域的航空图来规划飞行。航行通告由航空当局创建并存档,以提醒飞机驾驶员注意途中或特定位置的任何危险,并由政府机构和机场运营商根据《国际民用航空公约》(CICA)航空信息服务(AIS)附件 15 的规定,直接传送到驾驶舱中。

航行通告的内容通过无线电或卫星数据链路不断更新,起因可能是不同的危险、重要人物的飞行、封闭跑道、无线电导航设备无法操作、军事演习引起的空域管制等。Inmarsat 可以通过卫星向飞机提供双向增强的导航服务。

1.9.4 航空气象报告业务

ARINC 公司的全球链路增值业务(VAS),接收来自专业航空气象服务提供商的气象产品,将其添加到数据库中,并以文本形式或压缩为天气图像,通过机载站直接传输到驾驶舱。气象产品可包括雷达降水图像、高空风、冰、湍流、降水、高空气象情况(风速、风向和温度)、重要天气和雷电。此外,航空气象报告和航行区域预报可以以标准文本格式或以浅显易懂的语言来进行传输。

国际航空电信协会网关通过甚高频无线电或 Inmarsat 卫星数据链提供数字终端自动信息服务(D – ATIS),这是空中交通服务供应商以航行通告形式向飞行员提供天气和机场最新状况信息的另一种手段。从这个意义上说,气象数据和其他导航信息传输的理想方式将是在全球范围内,按照国际民航组织的通信标准和法规,从一个服务提供商到所有航空公司。

国际海事卫星系统可以提供增强的天气报告和预报服务,从地面气象中心通过卫星向飞机广播,并且反方向传输飞机观测的周边天气情况,如图 1.63(a)所示。气象中心直接从气象卫星、地面观测中心接收大量的天气和气象数据,从船舶、飞机以及其他信息资源接收天气数据。在对这些天气数据和信息处理后,通过地面电信网发送到航空公司信息中心,航空公司信息中心再通过 Inmarsat 以 IFP 形式将这些消息转发给机载站。

向飞机传送天气信息、图表和航行通告的最佳方式,是通过 Inmarsat 移动综合业务数字网 Swift64 和 FleetBroadband 业务,接入飞行互联网。包括经典航空标准在内的 Swift Service 和 Inmarsat – C,都非常适合用于公司、商业、遇险和安

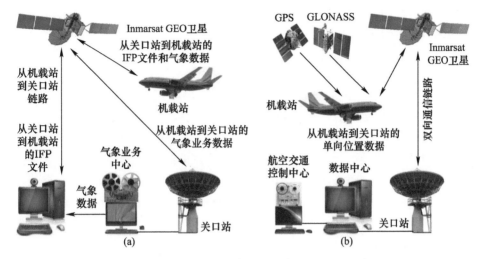

图 1.63　通过 Inmarsat 的航空气象和卫星导航系统(图片来源:Ilcev)

全目的的数据和信息传输。

1.9.5　卫星自动辅助监视广播

30 多年来,尽管主、辅监视雷达是提供空中交通管理监视的核心航空单元,但空中交通控制的持续增长,要求增强这些监视系统,支持增加的空域容量。此外,人们早就认识到,在某些大气空间,旋转的辅助监视雷达不可行或成本太高。另一方面,有一种新兴的技术——卫星自动辅助监视广播(SADS – B)可能会解决上述问题。也就是说,这种方案代表了一种监视技术。利用这种技术,飞机将机载数据从航空电子系统传输到地面和/或机载接收机。数据可以包括飞机身份、位置、高度、速度和意图。

卫星自动辅助监视广播是通过 Inmarsat 网络传输来自飞机机载导航系统的位置和意图信息报告。这些信息也可呈现在雷达屏幕上,为空管人员实时提供空中交通状况、更省油的航线,并减少航班间隔,如图 1.63(b)所示。也就是说,机载导航接收机从 GPS 或 GLONASS 卫星接收飞机的位置、速度和时间数据,这些数据在导出后,使用机载站数据链自动传输到地面。此后,数据中心收到的所有卫星自动辅助监视广播信息,将通过地面网转发到空管站,并在显示器上展示给空管人员。

这种方式也易于进行军事应用,它将实现新的空中和地面航空交通管理功能,有可能带来额外的容量和增加空中走廊的安全性。此外,通过 Inmarsat 使用卫星自动辅助监视广播,将提高飞机实时飞行导航数据的可用性,支持机场地面监视,并可在没有或只有本地有限雷达覆盖的地区提供监视服务,同时有助于空中和地面系统的兼容性。

1.9.6 未来空中导航系统(FANS)

全球链路和卫星数据链通信,已被国际民航组织未来空中导航系统(FANS)委员会认定为海洋空中交通控制通信的主要手段。虽然高频语音系统在过去已经充分支持了所有的空中交通控制海洋通信,但目前的语音系统限制了流量和消息传输量。事实上,还有其他更便宜的高频无线电方式,如数字传输,在此不再展开。同时,Inmarsat 系统仍在开发可用于未覆盖极区的航空高频无线电通信。新型全球卫星支持航空运行(GSSAO)和空中交通控制应用,扩展了甚高频飞机通信寻址和报告系统(ACARS)在航空运行控制、空中交通控制和航空管理通信方面的现有能力和覆盖范围。

全球卫星支持航空运行(GSSAO)数据链,包括出发/目的地位置和飞行时间报告、发动机监控、延误、飞机位置、维护报告、高空风监测。另一方面,复杂的空中交通控制指令,如海洋许可,现在可以以书面形式显示在飞机监视器或进行打印,并在飞行员方便时检索。FANS-1/A 设施提供空管、飞机和地面操作员之间的信息传输。

应用包括空管与飞行员间数据链路通信和自动辅助监视。国际航空电信协会通过其新型空中交通服务空中通信业务,为空管和自动辅助监视提供未来空中导航系统以前(pre-FANS)及未来空中导航系统(FANS)设施。AIRCOM 公司利用 Inmarsat Data-2 卫星和全球航空通信寻址与报告系统的能力,提供符合航空电子工程委员会(AEEC)618 和 620 规定的空对地通信服务。通过可靠及时的客舱管理和配置,可以改善客舱乘务员和地面控制人员之间的航空管理通信。航空运行控制通信涵盖所有飞机飞行操作、维护和工程。ARINC VAS 也提供上述未来空中导航系统服务,包括数字化自动信息业务(D-ATIS)、气象数据服务,以及飞行员的所有信息、起飞前和起飞许可、飞行员和空管员之间的通信、空中交通服务接口数据通信(AIDC)、海运清关交付、集中式自动辅助监视系统(ADSS)等。

1.9.7 全球航空遇险安全系统

除了空中交通管理功能,航空移动卫星通信还通过 Inmarsat 网络、关口站和救援协调中心,提供重要的遇险报警和飞机定位服务,尽管航空移动卫星通信遇险安全系统仍未完全开发和应用。未来空中导航系统(FANS)是国际民航组织唯一一个"长周期"项目,该项目在遇险航空移动卫星通信方面功能还不足够强。

此外,目前全球航空移动卫星通信系统比较混乱,因为新的卫星应用与旧的航空信息传输方式混合在一起,而不是将其区分为以下两个系统:

（1）全球航空公司和商业系统（GACCS）。全球航空公司和商业系统一方面必须能够为飞机和机场之间提供无线电和航空移动卫星通信服务,另一方面能够为飞机和航空公司之间提供无线电和航空移动卫星通信服务。这项服务可以包括所有的航行通告、空中交通服务设施间的数据通信、预计到达时间、到达许可、出发和准备出发许可、海运清关交付、运行控制维护及工程数据、飞行计划和进程、航线变更信息、位置数据和报告（0001）、空管员到飞行员的数据链通信、机组人员和地勤人员之间的语音通信,以及所有商业语音/传真或数据信息。

（2）全球航空遇险安全系统（GADSS）。最好的方法是不考虑国际民航组织的未来空中导航系统（FANS）,单独建立更有效的未来全球航空遇险安全系统,类似于国际海事组织目前的全球海上遇险安全系统。在这一点上,Inmarsat的航空移动卫星通信系统、配有紧急定位发射机的 Cospas – Sarsat 系统和新的数字选择呼叫高频/甚高频数字无线电系统,更接近于未来的全球航空遇险安全系统。毫无疑问,Cospas – Sarsat 紧急位置指示无线电信标（EPIRB）和搜救转发器必须强制安装在每架飞机上,以防由于发动机或其他故障而不得不在海上着陆,或者使用具有可浮动性的紧急定位发射机。在这种情况下,漂浮在海面上的飞机的搜救程序与遇难船只的搜救程序相同。除了遇险和搜救任务,该系统还必须提供额外的服务,包括所有安全空管通信、集中的自动辅助监视系统（ADSS）位置报告、天气告警与预报、导航告警报告、航空要闻和导航信息服务（AHNIS）、预防劫机和信息、医疗服务、技术咨询等。

毫无疑问,全球航空遇险安全系统网络和服务,类似于海事组织已经成功开发的全球海上遇险安全系统,对于空中交通安全将是不可或缺和十分重要的。无论如何,全球航空遇险安全系统新任务的开发必须由民航组织牵头,并得到提供航空移动卫星通信业务的其他团体支持,包括 Inmarsat 系统和 Cospas – Sarsat 系统。没有新的综合全球航空遇险安全系统,所有其他方法和技术实现都不会完成和成功。

国际海事卫星航空移动卫星通信目前的功能也是通过为飞机配备特殊的紧急遇险卫星信标来实现的,这种信标在航空工业中被称为紧急定位发射机,可由专门的 Cospas – Sarsat 低轨道卫星搜救系统（LEOSAR）和静止轨道卫星搜救系统（GEOSAR）、地面用户终端站和搜救协调中心进行探测和定位。这项业务必须与新的高频/甚高频无线电数据收集系统相结合,用于新的全球航空遇险安全系统应急任务。从这个意义上说,无线电系统将被用来为国际海事卫星系统不能覆盖的两个极地地区提供可靠的通信。读者可以在第 4 章中找到关于 Cospas – Sarsat 低地球轨道、中地球轨道和地球静止轨道系统更详细的信息。

本书作者在 2000 年向国际民航组织提出全球航空遇险安全系统申请，没有得到任何回复。尊敬的读者可以在本书的第 5 章和 AIAA 出版的两卷本《全球航空通信、导航、监视系统》中找到更多关于全球航空遇险安全系统的细节。

第 2 章
非地球静止轨道全球移动卫星通信系统

非地球静止轨道全球移动卫星通信基础设施是为个人提供全球移动卫星通信服务的空间系统,包括中、低地球轨道卫星及当时动态覆盖区的通信系统。

2.1 大型低轨全球移动卫星通信系统

手持卫星电话和半固定卫星电话是新型通信工具,适合商务人士、交通和固定环境中的专业人员使用,包括那些希望通过大型低轨全球移动卫星通信系统在海上、陆地和空中使用卫星电话的人。大型低轨系统比小型低轨系统规模更大、功率更高、带宽更宽,可为用户提供多样化服务。由于大型低轨卫星尺寸较大,因此,与小型低轨系统的简单存储转发功能相比,它的转发器可处理的数据更加复杂。如图 2.1 所示,大型低轨全球移动卫星通信系统可提供如语音、数据、传真、短信、寻呼、搜救、环境监测、测定与位置/速度/时间数据等服务。

为了在新千年推进商业和军事通信行业发展,欧美全球移动卫星通信提供商早在几十年前就着手开发新型移动卫星业务多用途应用、地面接入技术和语音传输协议。1991 年 9 月,国际海事卫星组织宣布了名为“21 世纪工程”(Project – 21)的未来发展战略,这个战略计划推出了基于 Inmarsat – P 服务的手持电话原型,而提供 Inmarsat – P 服务则需要组建新的空间段。

当时,国际海事卫星组织研究了组建 Inmarsat – P 空间段的几种可能,包括使用增强地球静止轨道和新的中、低地球轨道星座构型。通过这些研究,最终确定中轨卫星星座为最佳解决方案,并建立 ICO 公司以资助新型移动卫星业务开发。ICO 全球通信公司,曾名为 Inmarsat – P Affiliate 公司,是首个全球移动个人卫星通信系统。1995 年 1 月,ICO 全球通信公司原计划作为国际海事卫星组织的一个商业分支机构设立,但没有成功。

此外,其他全球移动卫星通信供应商如 Globalstar 公司、Iridium 公司、Ellipso 公司、Odyssey 公司、Aries 公司和 AMSC 公司,提议开发大型低轨卫星星座。然而 1995 年 1 月 31 日,只有 Globalstar 公司、Iridium 公司和 Odyssey 公司获得了美

图 2.1　大型低轨全球移动卫星通信系统概念(图片来源:Ilcev)

国联邦通信委员会(FCC)颁发的本土运营许可证。美国 TRW 组织还提议利用名为 Odyssey 的卫星配置,来开发中轨卫星系统。Odyssey 星座由 12 颗卫星组成,平均分成三个轨道平面,与赤道成55°倾角。这些卫星将被放置在地球上方 10600km 处。美国联邦通信委员会于 1995 年授予 TRW 建立中轨卫星系统的许可证,但设置附加条件,即首批两颗卫星应于 1997 年 11 月开始研制。Odyssey 原计划于 1999 年提供服务,预算 32 亿美元,由于未能找到其他投资方,Odyssey 星座计划于 1997 年 12 月中止。

1999 年 11 月,Teledesic 宣布向 ICO 全球通信公司投资 12 亿美元,但由于种种问题,该系统也中止了。与此同时,Iridium 公司和 Globalstar 公司在美国遭遇了机构整合和市场渗透方面的诸多困难,也相继申请了破产保护。但后来,这两个系统都成功融资,并进入了系统开发的下一阶段,以升级其地面网络和个人卫星通信服务。

2.1.1　Globalstar 大型低轨全球移动卫星通信系统

Loral Space & Communications 公司、Qualcomm 公司与 Iridium 公司,几乎同时研发了 Globalstar 系统概念。1996 年 11 月,Globalstar 公司获得了美国联邦通信委员会颁发的运营许可证。随后,使用 Delta 火箭于 1998 年 5 月在卡纳维拉尔角完成了首批四颗 Globalstar 卫星的发射,随后使用 Delta 和 Soyuz - Ikar 火箭完成了 48 颗卫星和 4 个备份星的部署。

该系统使用码分多址(CDMA)和频分多址(FDMA)方法以及高效的功率控制技术、用于多址接入的多波束有源相控阵天线、频率复用、可变速率语音编码、多径分集和软切换波束。即使受到传播干扰和环境条件的影响,也能为世界任何地方的用户提供高质量的卫星通信服务。Globalstar 码分多址是最初 Qualcomm 公司开发的 IS－95 的修改版。

Globalstar 系统是基于低轨卫星的数字通信系统,该系统从 20 世纪末开始,在全球范围内提供无线电话和其他电信服务。其旨在为便携式、移动和固定用户终端提供全球覆盖的数字语音、数据和传真服务。对用户来说,Globalstar 手机的操作与移动电话相似,比起移动电话还有一个突出优势:移动电话仅能在其覆盖区域与其兼容的系统一起使用,但 Globalstar 系统可提供全球覆盖,还可与现有和未来的公共交换电话和陆地移动网络兼容。

如图 2.2 所示,Globalstar 系统由三个主要部分组成,即空间段、地面段和包括一个地面电信网络的用户段。Globalstar 卫星通过 S 频段前向链路接收手机信号,并通过 L 频段反向链路向手机发送信号。卫星和地面地球站之间通过 C 频段连接,系统由操作控制中心控制。

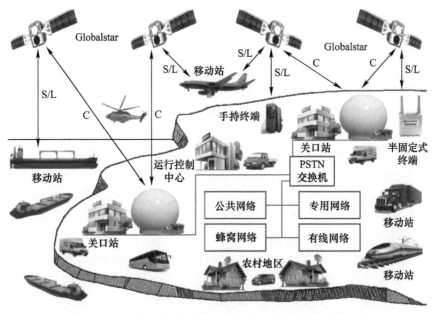

图 2.2　Globalstar 全球移动卫星通信网络(图片来源:Ilcev)

2.1.1.1　空间段

Globalstar 系统由分布在 8 个轨道面上的 48 颗卫星组成,每个轨道面上有 6 颗卫星,星座位于 1414km 的低地球轨道上,轨道倾角 52°,还有 4 颗在轨备份星分布在较低高度上。该低轨系统可供类似于蜂窝电话的低功率用户通话。如图 2.3 所示,该星座采用 48/8/1 的 Walker Delta 构型,倾角为 52°,以提供南北纬 70°之间的全球覆盖。该覆盖区域内的用户终端可以与仰角在南北纬 10°以上的卫星通信。限制用户终端与较高仰角的卫星通信,减少了多重覆盖,但也有优势,即降低了终端设备关闭链路的功率需求,延长了电池寿命。因此,优化了的卫星轨道,可在两极之间的区域提供最大的链路可用性。在链路可用性降低的高纬度地区,也可提供服务。

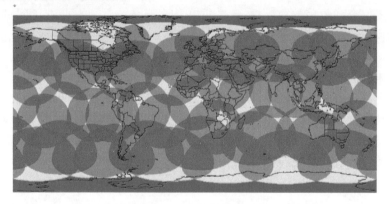

图 2.3　Globalstar 卫星覆盖范围(图片来源:Lloyd)

卫星有效载荷是一个"弯管"转发器,包括两个天线阵列,在地球表面有两组 16 点波束,用于服务上行链路(用户对卫星)和返向下行链路;一个用于馈电上行链路(地面地球站至卫星)和返向下行链路的喇叭天线;用于测控的发射和接收天线及电路。Globalstar 卫星负责在用户段和地面段之间进行中继,将从用户终端接收的信号发送到网关,反之亦然。网关类似于蜂窝系统中的基站,然而,与地面蜂窝电话相比,主要区别在于用户信号将通过卫星中继到网关。

关于覆盖范围,有两个问题:一个是在赤道上空,那里的波束很窄,已有研究在探讨使用额外的卫星来覆盖赤道地区;另一个是没有被很好覆盖的极地区域,已经在研究使用闪电轨道卫星进行补盲。

Globalstar 利用多个重叠的卫星波束覆盖,可以从地球表面任何一点到全球其他点(不包括两个极地区域),提供单工数据和语音/数据双工通信服务。单工数据覆盖图如图 2.4 所示,当前 14 个地面地球站作为地面接收单元。这项服务用于所有移动资产(包括飞机)的卫星资产跟踪和编队管理(SATFM),称为全球飞机跟踪(GAT)。Globalstar 还为固定资产提供固定数据服务,这被称为机器对机器(M2M)卫星监控系统。这些设备将在覆盖区域中,以给定的频率每天传输 3 次(1 次原始传输,2 次重复)单个分组消息。

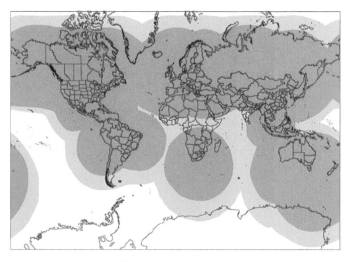

图 2.4　Globalstar 点波束下的单工数据覆盖图(图片来源:Globalstar)

覆盖区域因终端位置、地形特征、信号强度和其他影响卫星通信的因素而异。Globalstar 单工数据服务,仅通过包含 GPS 接收和卫星发送的设备进行。为了提供类似于 Inmarsat 的单工数据完全覆盖,Globalstar 必须为太平洋地区提供额外 4 个地面地球站,为大西洋地区提供 2 个地面地球站,为印度洋地区提供 3 个地面地球站。

语音/数据双工通信覆盖图,如图 2.5 所示,当前的 22 个地面地球站作为地面接收单元。该服务适用于移动和固定语音(电话),以及卫星资产跟踪和编队管理服务的双工数据传输。事实上,地图只显示语音和拨号数据呼叫的覆盖范围。可以从除中国和以下中美洲国家以外的所有地区直接拨打互联网电话(拨打#777):伯利兹、巴拿马、危地马拉、洪都拉斯、尼加拉瓜、萨尔瓦多、哥斯达黎加,以及这些国家周边的沿岸水域。

但是,由于网关部署、本地许可和其他因素,实际覆盖范围可能会有所不同。Globalstar 服务是一种卫星无线电技术,受地形、服务区域、客户设备和其他可变条件(包括卫星自身功能和轨道位置)的传输限制。Globalstar 的覆盖区域,将通过 2012 年部署在中美洲、尼日利亚和新加坡的三个新的地面地球站进行扩展。为了提供类似于 Inmarsat 的语音/数据双工通信完全覆盖,Globalstar 必须为太平洋地区提供 6 个地面地球站,为大西洋地区提供 3 个地面地球站,为印度洋地区提供 5 个地面地球站。

Globalstar 卫星是透明转发器,与 Iridium 系统不同,没有跨卫星或卫星间链路和星上数据处理,所有数据交换都在地面进行,传输路由是通过现有的固定公

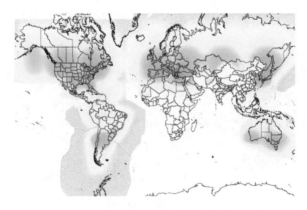

图 2.5　Globalstar 双工语音/数据通信覆盖图 (图片来源 : Globalstar)

共交换电话网进行的。卫星相控阵天线产生 16 个椭圆形点波束,实现连续多卫星全球覆盖、路径分集和位置定位。降低用户终端对卫星仰角会增加重叠覆盖范围。因此,哪怕是微小的变化也会显著增加覆盖面积,这在极地地区尤为明显。除非低仰角工作,否则未覆盖的极地区域无法进行通信。

在两极地区,由于卫星仰角的上述变化,重叠的覆盖范围与功率需求可能会有所增加。高增益定向天线因而适用于固定安装甚至便携式安装。由此带来的好处是,Globalstar 可以为那些原本得不到服务的地区提供服务。对极地地区的这种应用同样适用于重叠覆盖面小于 100% 的赤道地区。

Globalstar 通信卫星设计旨在最大限度地降低卫星成本和发射成本。第一代、第二代 Globalstar 卫星和轨道布局,依次如图 2.6(a)、(b) 和 (c) 所示。Globalstar 在 2010 年 10 月发射了 6 颗卫星,而后在 2011 年 7 月、2011 年 12 月又分别发射了 6 颗。第二代星座的发射于 2013 年 2 月 6 日完成,其中最后 6 颗卫星使用 Soyuz 2 – 1a 运载火箭发射。这些卫星曾为北美地区以外的 Globalstar 用户提供了更广域的覆盖。第一代 Globalstar 卫星的轨道参数和技术特性见表 2.1。

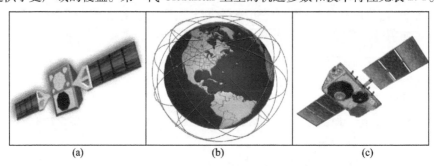

图 2.6　Globalstar 卫星和空间星座(图片来源 : Globalstar)

表 2.1　Globalstar 卫星的轨道参数

背景	主要承包商:空间系统/loral
所有者/经营者:美国 Globalstar 公司	其他承包商:Alenia Spazio
	主要承包商:空间系统/loral
现状:运行中	卫星类型:大型低地球轨道卫星
轨道高度:1414km	稳定系统:三轴稳定
轨道周期:114min	设计寿命:7.5 年
轨道类型:低地球轨道	卫星重量:450kg
轨道倾角:52°	轨道质量:125kg
轨道平面:8 个	电池:64A/h
每个轨道面的卫星数量:6 颗	功率:1100W　(寿命末期)
卫星数量:48 颗大型低地球轨道卫星	SSPA 功率:每颗卫星的相控阵天线包含 1 万 ~ 4 万个小于 1W 阵元
覆盖范围:北纬 70° ~ 南纬 70°	
附加信息:Globalstar 空间段有 12 颗备份星;每个卫星通信有效载荷都装有弯管转发器;该系统需要约 65 个地面站	通信有效载荷
卫星	系统频带: 用户上行链路:1.610 ~ 1.621GHz; 用户下行链路:2.483 ~ 2.500GHz; 馈电链路:5.091 ~ 7.055GHz
卫星名称:Globalstar	多址方式:CDMA
发射日期:不同卫星发射时间不同	多址方式:CDMA
运载火箭:Delta2 号和 Soyuz	转发器数量:16 个点波束产生 2400 个电路
典型用户:所有移动应用	信道极化:LHCP
成本/租赁信息:建造预算为 32.6 亿美元、发射预算为 6 亿美元	EIRP:26.8 ~ 36.3dBW
	G/T: −11.5dB/K

2.1.1.2　地面段和用户段

Globalstar 地面段由网关、卫星控制中心、操作控制中心和 Globalstar 商务办公室组成,它们通过 Globalstar 数据网络相互连接。

地面地球站网关在卫星和公共电话交换网/公共陆地移动网(PSTN/PLMN)之间提供接口,在卫星控制中心和卫星之间提供测控链路,以及按呼叫分配卫星资源。Globalstar 系统有许多分布在世界各地的网关,它们从卫星馈电链路接收发送信号,并提供与公共电话交换网的互连。网关是无人操作的;每一个都由安装在建筑物或掩体中的 4 个 5.50m 的天线和电子设备组成。网关将 Globalstar 空间段连接到地面交换设备,从地面交换设备接收电话呼叫,并生成码分多址载波向卫星传输。卫星将信号转发给其天线覆盖区内的手持、固定或移动用户终端。反向上,用户终端向卫星发送信号,卫星向网关转发信号。网关将呼叫连接到地面交换设备,地面交换设备可以连接到使用标准电话系统的任何用户,也可以连接到地面蜂窝用户或其他 Globalstar 用户终端。

Globalstar 系统还包括两个操作控制中心:一个位于加州圣何塞,一个位于萨克拉门托附近,用于管控系统的任务规划和实施。每个操作控制中心都完全有能力操作网络和管理卫星星座。这两个异地中心可以避免地震、电网故障或其他灾难的影响。这两个地点都包括操作控制中心、卫星控制中心和 Globalstar 商务办公室。操作控制中心管理卫星、控制轨道,并为卫星星座提供跟踪与控制。为了在全球范围内实现这一功能,操作控制中心与位于选定网关的跟踪控制单元进行通信。跟踪控制设备与网关通信设备共享射频链路,用于中继命令和接收遥测数据。卫星控制中心负责所有的卫星遥测、跟踪、命令和控制,以及发射操作。为了支持商务工作,Globalstar 审计和计费系统(GABS)与操作控制中心和卫星控制中心位于同一地点。审计和计费系统负责所有相关的金融活动。

Globalstar 用户段包括三种不同类型的用户终端,即手持设备、移动安装设备和固定设备。带有全向天线的用户终端,支持 9.6kb/s 的数据速率,使用可变速率声码器,可根据语音变化改变每帧的速率。这将自动降低低速率声码器的发射机功率,这意味着对其他用户的干扰更小、系统容量更高。该系统采用卫星分集方式,通过多个卫星发送呼叫,用户终端和网关会接收两个以上的信号。把接收的信号进行融合处理会带来分集增益,也可以减少每个单独链路所需的链路冗余,并增加容量。分集克服了传播的不利影响,如阻塞、遮蔽和衰减。有了星座,每个用户几乎全时段都有双卫星覆盖,用户终端可以根据需要选择是否分集接收。前向和返向链路功率控制都可将网关和用户终端的功率调整到保持高性能所需的最小值。仅在需要时增加功率意味着通信容量增加、对其他用户的干扰更小。

位于地球特定位置的 Globalstar 用户终端由 16 波束卫星天线覆盖,一颗卫星的过顶时间为 10 ~ 15min。一颗卫星内和多颗卫星之间的波束无缝切换,为用户提供不间断的通信。在温带地区可实现覆盖范围最大化,大部分地区至少可以看到两颗卫星,因此可提供多种路径选择。在赤道和 60°以上的纬度地区,多星覆盖能力将降低。

2.1.1.3　手持和固定卫星终端

Globalstar 手持终端看起来像一个标准的蜂窝电话,可用作飞机紧急着陆后的报警设备。有多型手机可接入本地蜂窝或 Globalstar 系统,例如:

(1)三模用户终端,AMPS/IS – 95(高级移动电话系统)北美模拟系统、IS – 95CDMA 数字覆盖、Globalstar 服务,为位于美国的用户提供全球漫游服务。

图 2.7 显示了用于 AMPS/CDMA/Globalstar 服务的三模式卫星电话（Qualcomm
GSP - 1600）。

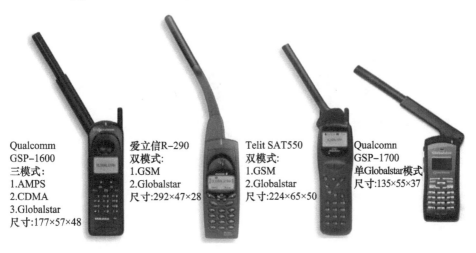

Qualcomm
GSP-1600
三模式:
1.AMPS
2.CDMA
3.Globalstar
尺寸:177×57×48

爱立信R-290
双模式:
1.GSM
2.Globalstar
尺寸:292×47×28

Telit SAT550
双模式:
1.GSM
2.Globalstar
尺寸:224×65×50

Qualcomn
GSP-1700
单Globalstar模式
尺寸:135×55×37

图 2.7　第一代 Globalstar 手持设备（图片来源：Globalstar）

（2）双模用户终端为 Globalstar/GSM 4 类蜂窝电话用户提供全球服务，如
图 2.7 中所示爱立信和 Telit 双模 GSM/Globalstar 电话（爱立信 R - 290 和 Telit
SAT550）。

（3）Globalstar 单模终端是体积最小、重量最轻的卫星电话之一，尺寸为
16.92cm（高）、7.33cm（宽）、5.79cm（高），如图 2.7 所示。

Globalstar 通常提供以下两种类型的固定卫星终端：

（1）付费电话终端是 Globalstar 的一种单线固定设备，用于将公共电话网的
付费电话业务延伸到地面固定电话或蜂窝电话覆盖不到的美国农村和偏远地
区，如图 2.8（a）所示。这种装置可以安装在移动设备上，如飞机上，机舱内采用
嵌入式安装，通过外置天线或移动卫星天线接入 Globalstar 网络。该天线可以连
接到 CDMA 无线电单元。

（2）固定单线设备在远程办公环境中提供通信服务，其中室内电话套件和
室外天线如图 2.8（b）所示。天线可以安装在屋顶、墙壁或桅杆上合适的位置，
天线前方无遮蔽，并连接到用户的设备上。该系统兼容所有 RJ11 类型的用户设
备，如墙壁、桌子、无绳电话和传真机、应答机这样的增值设备。Globalstar 还提
供标准中继接口，以兼容本地交换系统，如专用自动交换分机。该终端可用于机
载通信终端之间或飞机所有者与驾驶舱之间的卫星通信。除了天线增益和发射
机功率可能更高之外，固定用户终端的性能与移动地球站相当。事实上，固定终
端不需要路径分集来对抗衰落和阻塞，但必须支持波束到波束、卫星到卫星的无

缝切换。

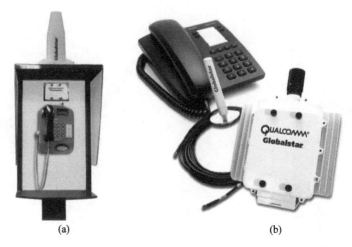

(a)   (b)

图 2.8　Globalstar 付费电话和固定终端(图片来源 : Ilcev 和 Qualcomm 公司)

由于在本地蜂窝系统和 Globalstar 网络之间没有切换,如果用户跨越了本地蜂窝系统和 Globalstar 之间的服务边界,则呼叫可能会被丢弃,并且必须再次进行呼叫。此时,指示灯会提示操作员模式已经改变。系统不会在边界区域发生冲突,因此所有用户都可以选择偏好模式。如果首选蜂窝电话,但不在覆盖范围内,那么用户终端将取消该模式呼叫,可以切换到 Globalstar 模式下继续进行呼叫。Globalstar 系统通常提供速度为 9.6 ~ 200kb/s 的双工语音通信服务、类似于拨号上网服务的电路交换数据、分组交换数据、互联网、数据采集与监控系统(SCADA)以及卫星导航 GPS 数据。

2.1.1.4　第一代移动卫星终端

Globalstar 移动卫星系统提供三种类似于 Inmarsat 的全球移动卫星通信终端,服务于海事、陆地和航空应用。本节主要介绍针对以上三种移动应用的第一代移动卫星终端。

Qualcomm 公司开发的移动设备使用中等数据速率卫星系统,可提供 128kb/s 的高质量数字化语音和数据通信。Globalstar 允许与配备中等数据速率卫星系统收发机的移动平台进行交互访问。中等数据速率卫星系统可以利用 Globalstar 卫星系统支持任何移动应用,包括高速访问互联网、电子邮件或专用网络。

其他移动应用还有对客舱或驾驶舱的实时视频和音频监控、就紧急情况和危机情况向海事或航空当局发出警报、机载摄像机的远程控制、向地面站传输实时移动数据、航行或飞行数据的自动实时监控。

（1）ICS550 海事机动站。基于大型低轨的 Globalstar 卫星网络的海上应用对海上私人用户非常重要。图 2.9(a)显示的是 ICS 和 Telit 公司生产的带有天线的 ICS550 海上无线电话。该设备专为各种规模的航海船只设计,可在 Globalstar 卫星所有覆盖区域内使用,在靠近海岸时,可根据需要切换到 GSM 蜂窝电话网络。Telital SAT 550 手持终端也可脱离机动站单独在岸上使用。

图 2.9　Globalstar 海上和陆地车辆终端(图片来源:Globalstar)

（2）GCK – 1410/GSP1600 车载机动站。QualcommGlobalstarGCK – 1410 免提车载机动站装备有线电话和外部天线,如图 2.9(b)所示。这种车载双模套件可以根据需要从地面蜂窝电话切换到卫星电话,补充现有的固定和蜂窝电话网络。

（3）ARNAVRCOM – 100 卫星电话。这是一个安装在飞机和直升机上的单线、多端口的 Globalstar 收发机,其结构图如图 2.10 所示。RCOM – 100 是用于航空的 Globalstar 卫星电话和跟踪系统。通常安装在 ARINC 600 2MCU 紧凑型外壳中。RCOM – 100 旨在提供航空电子语音和数据通信。语音连接通过标准的音频接口。RCOM – 100 可以连接到符合 EIA/TIA – 464B 和 TIA/EIA/IS – 470 – B 标准的任何电话。数据连接通过 RCOM – 100 数据端口,该端口支持两种数据模式:异步和分组数据。异步数据提供设备与 Hayes 兼容调制解调器之间的连接,该调制解调器与公共交换电话网相连。对于分组数据,连接到数据端口的设备必须能够支持 TCP/IP 上的点对点会话。这是计算机用于拨号服务的典型应用流程。组装 RCOM – 100 包括安装发射/接收天线、GPS 天线、放置 ARINC 600 2MCU 盒的托盘,以及连接电源、音频和数据的 37 针圆形连接器。对于仅用于数据通信的系统,不需要音频接口,对于仅使用语音通信的系统,不需要数据端口。

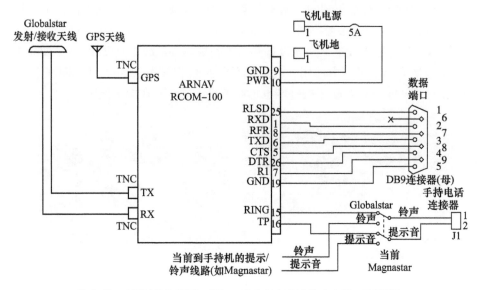

图 2.10　ARNAV RCOM－100 卫星电话框图(图片来源:ARNAV)

第一代 ARNAV RCOM－100 电话系统,如图 2.11(a)所示,提供以下功能:

(1)灵活安装的标准电话接口;

(2)通过简易的音频接口连接到 ARNAVDialPad 信号器和音频面板、耳机、保密手机、多功能或个人电脑显示器;

(3)拨号盘和可提醒乘客/机组人员来电或卫星电话处于使用状态的信号器。

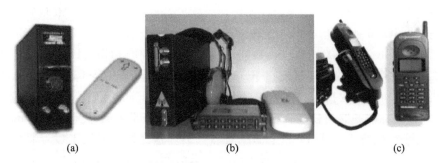

图 2.11　Globalstar 航空卫星语音和数据终端(图片来源:ARNAV、NAT 和 Geneva)

该设备通过 Globalstar 卫星为飞行员、机组人员和乘客提供高质量的空对地、地对空和空对空语音通信服务,通常语音质量优于蜂窝网络。该设备通过简单的拨号拨打移动电话,接收来自任何地方的来电。Globalstar 作为服务提供商,将为所有的本地和漫游呼叫服务编制一份通话账单。Globalstar 让空中办公室成为现实。其真正的分组数据网络提供直接的互联网连接和电子邮件访问,数据速率比典型的卫星通信网络至少高 3 倍,弥合了最后一千英里的空隙。

ARCOMM、ARNAV 通信公司通过其甚高频网络或 Globalstar 连接提供专门的飞行数据服务。ARCOMM 是美国联邦航空局(FAA)官方的飞行信息服务数据链提供商,向驾驶舱提供航空气象信息。气象产品包括 NEXRAD、航空气象报告、终端区域预测、AIRMET、SIGMET、CATMET、航行通告、Winds Alof、重大天气湍流、结冰、对流预报和各种重大天气图形和文本报告。

ARCOMM 气象产品适用于美洲大陆、加勒比海、北大西洋、欧洲、亚洲和南太平洋。飞行跟踪服务附带自动位置报告功能,可将位置信息发送到多终端电脑飞行调度软件,为资产安全管理和飞行事件记录提供支撑。此时,文本和图形信息可以很容易地在计算机调度终端和驾驶舱多功能显示器之间交换。

可以通过低成本的互联网 TCP/IP 连接共享机群的飞行航迹,也可以使用 ARCOMM 帧中继进行安全加密。可以选择把发动机趋势监视器记录的运行状态自动传输到相应的发动机和机群维护机构。RCOM – 100 具有全双工发送和接收能力,数据包为 9.6kb/s,前向链路频率为 2484.39 ~ 2499.15MHz,返向链路频率为 1610.73 ~ 1625.49MHz。该系统可以提供 Qualcomm 码分多址调制和加密。它的纤薄双频有源天线保证了 Globalstar 良好的业务性能。

(4) NAT STX100 卫星电话收发机。北方航空技术公司被亲切地称为 NAT,是 Chelton 公司在加拿大的分公司。2003 年,他们推出了一个名为 STX100 的卫星通信系统,如图 2.11(b)所示。这是一个基于 Globalstar 的系统,同时支持语音和数据。STX100 包括一个远程安装的收发机、Cobham Comant 飞机天线和驾驶舱安装的拨号器。有多种可满足客舱安装要求的手机类型。可选的 LMC01 移动控制器模块,可用于提供移动调度、跟踪、数据传输、位置和状态报告。这种 Dzus – rail 装置,允许机组人员通过飞机音频系统使用双线接口接入卫星。

其功能包括挂机、保持、最后一个号码重拨、闪存和音量控制。这是一个通过认证的紧凑、轻型机载通信设备,易于安装和集成。此外,机组人员可以使用 NAT 公司的 PTA12 拨号器/耳机接口单元,通过飞机音频面板接入该系统。通过 PTA12 可以完成所有操作,也可同时在客舱独立使用手机。可以直接从 STX100 访问数据,支持异步和分组数据格式,满足所有的远程通信需求。PTA12 的软触摸按键键盘提供了标准的双音多频编码器拨号功能,其他功能还包括精确控制的音调、反向极性保护、射频滤波、LED 背光和固态切换。本装置使用 1610.5 ~ 1621.35MHz 上行频带(反向链路)和 2483.5 ~ 2500.0MHz 下行频带(正向链路),提供 RS232(19200b/s8 - N - 1)数据接口,射频输出功率最大 2W(+33dBm),全双工通信模式,射频输入/输出阻抗 50Ω,并具有 POTS(2 线)的远程接口。

(5) Geneva P - 145 PK 卫星电话收发机。这款 Geneva 航空卫星收发机是一款配有 Qualcomm GSP - 1600 卫星电话的灵活机载装置,如图 2.11(c)所示。

该装置可以安装在小型飞机上,包括直升机,用于 Globalstar 覆盖范围内的电话/双工数据通信和安全保障。如果缺乏通信手段,那么会使小型飞机的飞行员面临危险,尤其是在偏远地区飞行时。该装置小巧轻便,提供可靠的电话连接和无延迟语音传输,方便安装在飞行员附近,并内置有用于传输数据/传真的调制解调器。P145 - PK 安装套件包括天线组件、接线盒、带电池充电器的机载支架和 Qualcomm GSP - 1600 卫星手机,如图 2.11(c)所示。卫星电话很容易嵌入支架,在飞行中支架为卫星电话电池充电时也很安全,模块化组件提供了简单的人体工学安装,很容易将电话连接到现有的飞机音频系统进行调整。天线设备体积小、重量轻,直径为 3 英寸,高度为 3 英寸,适合高速飞行。Qualcomm GSP - 1600 卫星电话可在驾驶舱内外独立使用,用于紧急情况通联。该手机高 177mm,宽 57mm,厚 48mm。卫星模式电池最多可供 3.5h 的通话和 9h 的待机。CDMA 模式电池可供 4.5h 通话和 72h 待机。手机显示屏有 4 行 12 个字符和 1 行图标。卫星电话内置高分子锂电池,供脱离支架使用。该装置使用的频段,与之前为 Globalstar 卫星链路确定的参数相同。

2.1.1.5　新一代移动卫星终端

新一代 Globalstar 全球卫星通信终端是先进的手持和便携式卫星电话,目前可用于海上、陆地和航空市场。他们将 Globalstar 机动站终端与蜂窝终端相结合,并提供 WiFi/SatFi 连接。

(1) GSP - 1700 - MR 海事卫星终端。船载 GSP - 1700 是当今适用于海事和离岸行业的最先进手持便携式卫星电话。该装置适合安装在小型船只和渔船上,能够构成一个完整的卫星电话系统,该系统具有清晰的语音和快速数传。这种杆式安装螺旋天线特别为海上使用设计,电缆长度可选,是 Globalstar 网络覆盖范围内各种尺寸船舶的理想选择,带有天线的卫星终端如图 2.12(a)所示。

(2) GIK -1700 车/船收发机套件。GIK -1700 易于车内和舱内操作,将卫星电话与一个易于安装的外部磁性天线(配置如图 2.12(b)所示)相连即可使用。

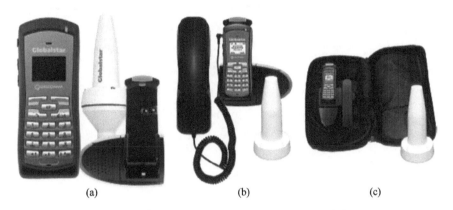

图 2. 12　Globalstar 海事、车辆/船只和便携式卫星终端（图片来源：Globalstar）

这种收发机在旅行和蜂窝覆盖不到的地区工作时，为语音通话提供了灵活性。

（3）GPDK－1700 便携式套件。提供与 GlobalstarGIK－1700 相同的业务，其中手机和便携包如图 2. 12(c)所示。它为 GlobalstarGSP－1700 移动卫星电话的车载和舱内操作提供了功能拓展，当用户离开车辆或船只时，可以随身携带整包套件。

（4）9600 多用途数据卫星热点。Globalstar9600 实际上是卫星微型路由器，为个人提供热点，使用应用程序将现有的 GSP－1700 卫星电话与智能手机、平板电脑或笔记本电脑进行无缝配对，通过 Globalstar 网络发送和接收电子邮件和文本消息，如图 2. 13(a)所示。为了获得最大性能，在进行卫星连接时，Globalstar9600 和 Globalstar 卫星电话必须最少保持 3ft(1ft≈30. 48cm)间隔，其配置如图 2. 13(b)所示。除了 GSP－1700 外 9600 路由器还可以连接 GSP－1600(此连接需要 GSP－1600 数据包和 GDK－G9600－ADPT 电缆)和 GSP－2900(此连接需要 GSP－2900 数据包和 GDK－G9600－ADPT 电缆)。

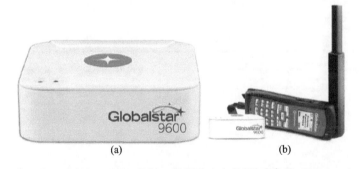

图 2. 13　Globalstar 9600 数据卫星微型路由器（图片来源：Globalstar）

有了 Globalstar9600 和 Globalstar 卫星电话,客户可以使用他们现有的支持 WiFi 的设备通过 Globalstar 网络向社交媒体发布电子邮件。无论是在陆上还是在海上,客户都能够在蜂窝网络之外保持可靠的连接。Globalstar9600 路由器与 Android、iOS、Windows 和 Mac 等兼容。当今的智能手机,为与朋友和家人保持联系提供了比以往更多的选择。但不足的是,这些都依赖于蜂窝网络。

现在,用户可以通过 Globalstar 卫星热点将智能手机带到蜂窝之外、无遮蔽(地平线上没有障碍物、建筑物和大树)的户外使用。他们须把卫星电话放在 Globalstar9600 侧边,并将天线完全展开、指向天空。智能手机开机 30s 后,屏幕上会出现两个图标,这意味着该手机已在 Globalstar 卫星网络注册,这时就可以通过 Globalstar9600 发送和接收电子邮件和数据了。该装置非常适用于能源、石油和天然气、应急和商业管理、渡轮和海上休闲、运输、建筑等行业。

(5)GSP–1700 移动卫星电话。该电话为公共和私营部门提供了真正的兼容,实现了机构内和机构间实时话音和数据通信,其中两款电话如图 2.14(a)所示。这类手机可以与 Globalstar9600 数据卫星热点和 SatFi 结合使用,包括作为便携式电话。通过连接到易于安装的外部天线,它可以方便地进行车内和舱内操作。

(6) GSP–1700 航空卫星电话和数据包。该装置为新型 Globalstar 航空话音和数据传输终端,允许用户直接与小型飞机上的驾驶舱保持联系。这个软件包对于想用和需要便携式卫星通信的"飞行员"是理想的。GSP–1700 小巧轻便,允许从驾驶舱与汽车、海滩、机库或任何目的地进行通信。如图 2.14(b)所示。该套件包括 GSP–1700 卫星电话、带有 SatFi 的 Globalstar 9600TM 便携式数据热点、补充型式检定(STC)平板航空天线、通过电话或平板电脑连接的 SPOT TRACE 全球跟踪设备。

(a)　　　　　　　　　(b)

图 2.14　新一代 Globalstar 卫星电话和航空终端(图片来源:Globalstar)

该套件使用 Globalstar 成熟可靠的卫星技术,帮助小型飞机上的飞行员和乘客在飞行时保持联系,并了解地面上的重要情况。新的 STC 天线直接连接到手机底座或卫星无线热点,在飞行中提供完全独立于蜂窝和无线电覆盖的语音和数据通信。因此,飞行员和乘客可以拨打和接听不间断的话音电话、收发电子邮件、传输数据文件、发布到社交媒体、跟踪飞机的位置、使用专业应用程序、以比同类系统快 4 倍的速度查看最新的天气报告、提供 Lockheed Martin 飞行服务飞行计划和目视飞行规则的偏差监控。

(7) SatFi 海事卫星电话和数据包。通过通用 Globalstar SatFi 服务,客户可以使用现有带有 WiFi 功能的设备,通过最新的 Globalstar 卫星网络拨打和接听电话、发送电子邮件和短信。无论是在海上、陆地还是空中,在没有蜂窝网络的情况下,只要有 1 个 SatFi 通信设备,就可为多达 8 个 Globalstar SatFi 用户维持稳定连接,提供高质量语音和最快的数据传输速度。

Globalstar SatFi 调制解调器是一种 VoIP 模式的卫星桥,允许用户通过智能手机发送和接收卫星电话。用户只需携带一部手机,就可使用蜂窝或 Globalstar 卫星网络。

SatFi 调制解调器适用于所有移动应用,小型船舶就是一个典型的例子。船上有了 SatFi,船主或船长就不必同时携带智能手机和卫星电话,也就是说,他们只需在 SatFi 网络上注册他们的智能手机。通过这种方式,海员和乘客可以在船上自由走动,使用同一部手机就可使用蜂窝(在可用的前提下)或 Globalstar 卫星网络。此外,使用智能手机拨打或接听卫星电话不需要天线对准或确保天线前方无遮蔽。如果 SatFi 系统安装合理,船长和乘客可以用智能手机,在船上的任何地方拨打或接听卫星电话。普通的移动卫星电话是单用户设备,一次只能拨打一个卫星电话,但 SatFi 允许多个用户同时连接,最多 8 个用户可以连接到 SatFi,共享其卫星信道。用户一旦注册并连接到 SatFi,就可以立即拨打电话。其他用户也能够在 SatFi 上注册其智能手机,拨打电话或进行数据连接。所有通话和数据连接都是通过 SatFi 应用程序进行的,用户需要将应用程序下载到 Android 或 iOS 设备上,这样才能连接到 Globalstar 网络。

图 2.15(a)展示了新一代 Globalstar SatFi 海上终端,其中包含以下组件:SatFi 设备、SatFi 电源(20 - 240VAC/12VDC)、Globalstar 海事螺旋天线(GAT - 17MR)和连接现有 WiFi 设备的 WiFi 天线。用户可以通过定制的 SatFi 和 SatFi 语音应用程序,很容易地将支持 WiFi 的设备连接到 SatFi 设备上,这些应用程序可用于 Android、iOS、Mac 和 Windows 操作系统。使用智能手机,SatFi 设备可以拨打语音电话、发送电子邮件和短信,向社交媒体发布信息,在连接的用户之间转接来电和发送短信。此外,它可以向应急响应人员发送 GPS 位置数据,提供

紧急呼救报警。

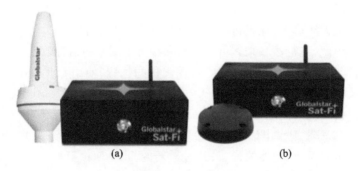

图 2.15　新一代 Globalstar 海事和车载卫星终端(图片来源:Globalstar)

（8）SatFi 车载卫星电话和数据包。Globalstar SatFi 车载终端与海事应用相同,但它是基于车载应用设计的,其配置如图 2.15(b)所示。车辆类型包括汽车、卡车、公共汽车、娱乐车(RV)、全地形车(ATV)、机车和可运输型船只。此外,该设备可用于固定位置业务,可包括没有蜂窝覆盖的偏远地区和农村地区等,这些地区卫星通信不可或缺或有使用需求。SatFi 车载终端,可以使用陆地移动业务专用的磁贴片天线(GAT-17MP)。

（9）SatFi 航空卫星电话和数据包。Globalstar 卫星双电源航空语音和数据包是一种可靠的新卫星技术,适用于希望在驾驶舱(包括乘客)提供经济实惠语音和数据业务的飞行员。与海事和车载终端相同,航空 SatFi 终端允许多达 8 个智能设备通过 WiFi 连接到 Globalstar SatFi,飞行员和乘客即使在空中也可以高效地处理他们的业务。如图 2.16(a)所示,航空卫星通信终端包含用于第 23 部分非加压飞机的 STC 天线,通过该天线直接连接到 STC 电话底座或 SatFi 无线热点,还包括连接的 SPOT TRACE GTD 设备。飞行员和乘客可以使用这种设备拨打和接听清晰的语音电话、收发电子邮件、传输数据文件、发布信息到社交媒体、跟踪飞机的位置、使用专业应用程序、以比同类系统快 4 倍的速度查看最新的天气报告。它为飞行中的飞机提供了完全独立于蜂窝和无线电覆盖的可靠语音和数据通信。

图 2.16　新一代 Globalstar SatFi 航空和建筑终端(图片来源:Globalstar)

（10）SatFi 建筑卫星电话和数据包。用于建筑或固定应用的 SatFi 终端包含固定屋顶或桅杆式螺旋天线（GAT-17HX）和上述相同的 SatFi 调制解调器，其配置如图 2.16（右）所示。SatFi 调制解调器通过 WiFi 天线连接到智能手机或平板电脑。

2.1.1.6 通用单工卫星跟踪终端

Globalstar 卫星网络增强了单工覆盖，是收集和报告数据的理想选择，并以使用简单而闻名。该网络非常适合用于船舶、集装箱、陆地车辆（公路和铁路）和飞机跟踪，包括让车队运营商随时监控车队的运动情况。该设备有便携式和固定式两种型号，几乎不需要安装，可以供世界各地的运营商使用。这些跟踪设备可以在车队处于静止或移动状态时，基于网络地图界面在线生成车队活动报告。

如前所述，一些 Globalstar 设备需要与 GPS 接收机集成，以获取和处理位置、速度和时间数据，以跟踪所有移动平台。因此，这些设备必须能够适应不同的天气条件，即使在高速运动中以及有障碍和干扰的情况下，也能正常工作。Globalstar 跟踪装置和 GPS 天线必须安装在船舶的罗经甲板上、车顶上或飞机机身上，放置在玻璃纤维或塑料外壳下。

Globalstar 设备，如 Axonn 移动卫星跟踪器，用于道路车辆、火车、集装箱、拖车和船舶等资产跟踪。只需对 GPS 接收机进行简单的修改，就可以用于飞机跟踪。Guardian 制造商有专门针对飞机跟踪的设备。下面将介绍三种 Globalstar-Axonn 移动卫星跟踪器。

（1）Axonn 单工跟踪器。该跟踪器是电池供电的独立遥测装置，无需外部天线或电源，如图 2.17（a）所示。它的尺寸为 9.25in × 6.25in × 1in（1in ≈ 2.54cm），非常适合危险的工作环境，也非常适合飞机安装和跟踪。这些设备可以按需求预编程，以预定的时间间隔发送 GPS 位置和其他信息。信息通过路由设施在 Globalstar 单工模式下传输，发送到主机应用程序或者集成有地图的应用程序。Axonn 跟踪器可以选择设置为每天发送一次或几次 GPS 位置；当设备移动时、进入/退出地理覆盖区、或者集成单元捕获和报告其他信息（例如速度、位置、引擎运行时间）时也发送 GPS 位置。根据使用情况，该装置电池寿命可达 7 年。

（2）Axonn STX2 单工跟踪器。该设备仅 3in²，是世界上最小的卫星发射机，如图 2.17（b）所示。作为 Axonn 产品的一类，它使用弱电流和长寿命电池，通过 Globalstar 单工数据网络运行，从全球远程站点收集数据。作为通过卫星网络收集数据成本最低的方法，航空公司将 STX2 作为飞机资产跟踪、监控和管理系统的一个不可或缺的低功耗组件。

（3）Axonn SMARTONE 单工跟踪器。这款 GPS 接收/卫星发射设备专为智

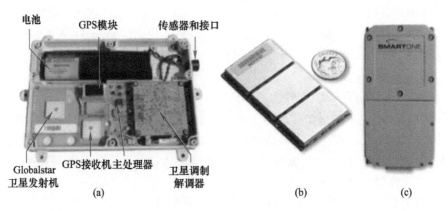

图 2.17 Globalstar 卫星 GPS 接收机和单工数据发射器(图片来源:Globalstar)

能跟踪和管理有动力/无动力的固定和移动资产而设计,是提高运营效率和安全性的实用设备,如图 2.17(c)所示。这种跟踪器易于安装和现场管理,不需要固具、天线和外部电源。独立电源的优点是,即使在飞机紧急着陆、没有任何电源的情况下,该设备也可以工作,发送位置数据。SMARTONE 采用 4 节 1.5V 锂电池供电,电池寿命超过 3 年,无需购买昂贵的专用电池进行更换。

同时,它利用运动传感器、相对 GPS 定位、用户定制传感器收集和传输资产状态信息。为满足资产跟踪的特定需求,每个单元都经过定制配置,并通过电子邮件、短信或手机提供过程监视和紧急警报。

2.1.1.7　机载单工卫星跟踪终端

Guardian Mobility 公司是全球跟踪、语音和数据通信以及航空市场管理设备的提供商。该公司已经开发了一系列设备和业务,旨在帮助飞机运营商提高安全性和效率、降低成本、改善管理效能。该公司在 2002 年推出了其第一台便携式 GPS 跟踪设备,提供位置和状态信息,并开发了相应的终端设备,以实现飞机和地面之间的双向文本信息和自动数据传输。作为安全管理系统的一部分,Guardian 公司的产品被批准用于政府授权的自动飞行,并被世界各地的航空公司用于飞行数据监控和发动机趋势监控,以支持飞行操作质量保证(FO-QA)和维护操作质量保证(MOQA)。该公司提供以下 Globalstar 单工卫星跟踪终端:

(1) Skytrax 3X 单工跟踪器。这是世界上第一个商用的飞机 GPS 跟踪设备,在一个设备中集成了卫星发射器和 GPS 接收机,包括用于自动飞行的两个内部天线,如图 2.18(a)所示。它能提高效率,提供态势感知,并通过近实时可靠地监控飞行运动来提高安全性。这种跟踪器及 Inmarsat 和 Iridium 系统类似的装置,是飞行中、停飞或紧急情况下的最佳航空跟踪设备。很久以前,作者向国际民航组织提出,在每架飞机上强制安装这种设备,类似于国际海事组织要求船只安装的设备,但像往常一样,他们从来没有给出回复。

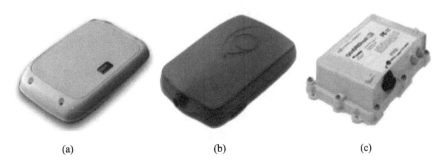

(a)　　　　　　　　　　　(b)　　　　　　　　　　　(c)

图 2.18　Guardian Mobility GPS 接收机和单工数据发射机(图片来源:Guardian Mobility)

Guardian Skytrax 能够提供以下功能:

① 无需外部传感器即可提供 GPS 位置、速度和航向数据。除了提供精确的经纬度数据外,还可传输速度、航向和高度信息,为您提供最佳位置数据。

② 这种跟踪器提供的自动飞行跟踪功能可使美国和加拿大承包商向消防机构中央服务器(如位于 Idaho Boise 的国家消防安全中心)直接发送长达 2min 的数据。

③ 可以提示机轮升降和滑行状态,即 Skytrax 3 自动检测和提示飞机开始滑行、开始起飞和着陆的关键转换点。

④ 存储转发,通过将多个存储的 GPS 位置捆绑到一起传输,节省传输成本(例如每 10min 发送 3 个 GPS 位置)。可以使用 Maptracs 查看位置,为您提供准确的航迹。

⑤ 移动传输将您的 Skytrax 3 配置为仅在飞机移动时收集和传输数据,从而降低传输成本。

⑥ 可以获得精确的飞行路径跟踪,因为 Skytrax 3 可以智能地只收集那些最能表征飞机轨迹的 GPS 位置数据。因此,该功能可以降低传输成本或提供增强的分辨率。

⑦ 基于网络的地图绘制,提供了单架飞机的位置和姿态数据,也可以把机群位置自动绘制到网络地图或 Guardian Maptracs 图上,该功能不需要安装程序,可以通过网络浏览器在任何地方查看。

(2) Skytrax SL 单工跟踪器。该终端是一种全新便携式轻型机载跟踪设备,集成了发射机和 GPS 接收机,如图 2.18(b)所示。它可以快速便捷地安装在飞机内部,但是因为天线是内置的,所以该跟踪器必须安装在前方无遮蔽的地方。它可以在机群内的飞机之间搬移,使在态势感知和安全保障方面的投资效益最

111

大化。其所有技术和应用功能与前一设备相同。

（3）Guardian 3 单工跟踪器。该终端是一种多功能的机载跟踪产品，是一种便携式或永久安装的设备，依托 Globalstar 或 Iridium 卫星网络运行，如图 2.18（c）所示。它的功能与 Skytrax 3 类似，还有各种天线配置，非常适合需要获取飞机位置和状态信息，进行自动飞行跟踪的机群运营商。Guardian 3 有两种类型的设备：第一种带有小型外壳，提供能够连接贴片天线或外部天线的天线连接器；第二种是内置天线设备，可连接 Globalstar 或 Iridium（双工通信）卫星网络。该设备的物理尺寸是 160mm（宽）×44.5mm（高）×114.3mm（深），重量约300g。工作温度为 -30℃~60℃，储存温度为 -40℃~80℃。它提供 12 个信道，跟踪灵敏度达 -156dBm。功率输入为 9~28V 直流电，平均功耗<1W，峰值功耗<3W。频率范围为 1611.25~1618.75MHz，内部 GPS 天线增益为 2.0dB@90°，右旋圆极化，轴比最大 3dB@90°。该装置可靠、紧凑，易于使用且价格低廉。它非常适合需要自动飞行跟踪的政府承包商，也非常适合希望随时知道所属飞机位置的飞机运营商。Guardian 3 端到端方式可以提示起飞和着陆状态，并通过基于网络的地图界面生成机群活动报告。可设置电子邮件提醒和访问权限，以便朋友和家人通过智能手机或支持 WiFi 的设备跟踪飞机状态，或接收日程提醒。

2.1.1.8 双工通信卫星跟踪终端

Qualcomm 公司为移动和航空应用提供语音和数据全球跟踪和通信系统。在这类卫星应用中，国际通信集团（ICG）和 NovCom 公司采用 Qualcomm 公司的产品。

（1）GSP-1720 卫星数据和语音模块（SDVM）。Qualcomm 公司生产的该模块提供完整的双向数据和语音功能，支持从基础的 AT 调制解调器到全功能固定电话业务的创新应用程序开发。

它可以通过卫星为数据采集与监控应用提供直连互联网、拨号上网、远程会话以及异步计算机到计算机的连接。

这些选项为陆上和海上设备提供通信线路的同时，还可作为移动和固定通信应用的补充。无论是移动携带还是固定安装，GSP-1720 都是经济、可靠的，可通过 Globalstar 卫星网络远程监视、控制或跟踪任何资产。该设备是模块化的，并与所有 Windows 应用程序兼容，便于原始设备制造商集成。该模块可自动选择并搜索 Globalstar 网络，该网络以 9.6kb/s 全双工通信，提供优质的 CDMA 数字卫星语音和数据业务，也可提供高达 38kb/s 的压缩数据传输。该模块利用标准和增强的"海斯调制解调器"AT 指令、异步语音和数据通信、静态 IP 可用性、拨号上网、短信，并可集成到蜂窝或 GSM 网络中。它还提供所有数据采集与监控应用,如遥测、远程环境监控、航空、过程控制和远程诊断。该模块的集成电路板和低剖面贴片天线,如图 2.19(a)所示,电源和多模式数据/电源电缆套件如图 2.19(b)所示。

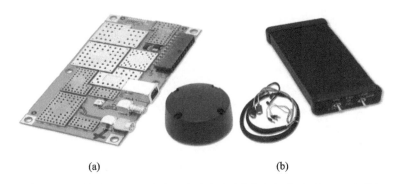

(a)　　　　　　　　　　　　　　(b)

图 2.19　Globalstar 双工通信卫星跟踪终端(图片来源:Qualcomm 公司)

对于远程安装,可以使用多种无源或有源形式天线。此外,这些模块可通过修改,用于飞机与空中交通管制员之间的通信以及安全安保;也可实现航空设施的数据采集与监控。该模块可以通过 22 针 Molex 连接器与数据端口、辅助端口(控制/NEMA 标准)、音频和电源 USB – B 连接器连接,传输用户数据和诊断信息。模块天线连接器可以连接到无源发射 SMA 公端口和接收 SMA 母端口,而有源连接器提供发射 SMA 公端口和接收 SMA 母端口。

(2) GlobalstarGSP – 1600 语音和数据模块。Globalstar GSP – 1600 三模 Qualcomm 手机用作无线调制解调器,与电脑(如个人电脑、笔记本电脑或掌上电脑)进行数据交换,如图 2.20 所示。只要连接该设备,就可以使用熟悉的应用软件(如 Eudora、Netscape Navigator 或微软互联网浏览器)做任何事情,这些事情通常通过网络提供商或互联网业务提供商完成。例如,该设备可以浏览互联网、收发电子邮件、传输信息、与主机应用程序连接、使用 FTP 传输文件(Globalstar 网络:9.6kb/s,蜂窝网络:14.4kb/s),无需额外的调制解调器或专用电话线路。

Qualcomm 三模手机可以通过 9 针串行连接器和数据线连接到电脑及任何附件上。个人电脑用户可以使用 Globalstar 网络的分组数据和异步数据。当个人电脑将数据通过 Qualcomm 手机发送到 Globalstar 系统中的卫星和网关或数字蜂窝网络时,可以使用分组交换网络(分组数据)。网络服务提供商通过 Globalstar 系统收发数据包数据,并通过网关路由器连接到互联网,如图 2.20 所示。个人电脑还可通过电话、卫星和网关发送异步数据,将所有呼叫通过公共交换电话网路由到目标调制解调器。

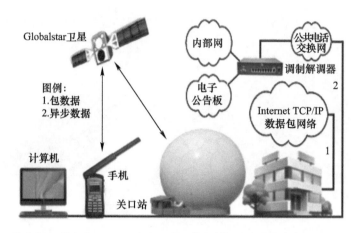

图 2.20　Globalstar 双工通信卫星语音和数据终端(图片来源:Ilcev)

　　(3) Globalstar EDK - 1410 套箱。为了使卫星电话适应内部或极端环境,Globalstar 和 NavCom 数码公司开发了一种定制的便携式套件,便于运输和安装,如图 2.21(a)所示。它设计用于建筑物、陆地车辆、近海船只和飞机等内部环境,也用于室外紧急情况。Globalstar 套箱的使用为通过个人电脑或掌上电脑访问语音服务、互联网、电子邮件和传真提供了便利。套箱采用坚固的 Pelican 护箱外壳,防水、防尘、防挤压,在任何运输环境下都能提供最佳保护。它具有自动减压阀,并可终身保修。该装置将 Globalstar 移动套件(GCK - 1410)与特殊的适配器和电缆集成,使功能最大化且便于安装。它可以方便地将 Qualcomm GSP - 1600 安装在与 Globalstar 电子模块(GEM)或"黑盒"连接的支架上。

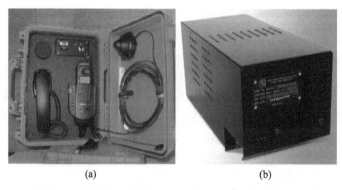

(a)　　　　　　　　　　　　　　(b)

图 2.21　Globalstar 套箱和 AeroCom 终端(图片来源:Qualcomm 和 ICG 公司)

　　(4) ICG AeroCom 3000。这是一个 6 单片机形式的客舱通信单元,专为大中型飞机设计,旨在为最苛刻环境应用提供通信手段,如图 2.21(b)所示。这种专用自动交换分机系统与许多收发机和所有类型的业务兼容,可与 Globalstar、

Iridium、Magnastar ARTU、CEPT – E1、高频无线电和 Inmarsat Aero H(+)/I/HSD
终端等集成。该单元提供了大量的接口,不需要添加特殊的接口盒或更换系统,
就能支持后续通信系统。它可以提供 12 ~ 36 个(电话)端口,并提供许多管理
性呼叫功能,如多方会议、回拨和呼叫等待、语音提示、信用卡呼叫。它支持多种
类型的设备,从传统的双线电话到四线装置、安全语音手机。它可以针对几乎任
何应用或需求进行定制。该设备提供三方会议(12 方可选)、短码拨号、内部呼
叫、转接和回拨、分机/组服务分级、声控一键通话扩音系统和高频无线电接口、
北美和欧洲的通用拨号协议、声控提示的直接进站接入(DISA)、语音提示(指令
和消息)、数字回声抑制和带有自动转接的传真 CNG 音调识别。该装置的系统
架构基于无风扇插座 478 奔腾兼容处理器,带有 12 条双线"音频接口"用户电
信电路(可扩展至 36 条)、1 条 CEPT – E1 ARINC 746、6 条双线承载(CO)信道、
16 条用于离散多用途信号的输入/输出通道。可选电路是 8 条 4 线模拟语音,
带有独立的挂钩、振铃或一键通话,以及 8 条欧洲综合业务数字网终端或网络连
接。其他设备可以是手持电话、外部振铃器、呼叫信号器、信用卡读卡器、完整的
机舱语音和数据单元。

2.1.1.9　双工 Spot 卫星跟踪器

Spot 卫星跟踪器使用 GPS 获取坐标,通过链接谷歌地图发送位置,然后通
过 Globalstar 商业卫星网络发送预置信息。有个人跟踪和紧急信息两种业务场
景,不仅可以呼救,还可以跟踪、报告个人位置,以及提供非紧急援助。

卫星紧急通告设备是一种便携式紧急通告和定位装置,它不使用 Cospas –
Sarsat 卫星系统,而是使用商业卫星系统。

Spot 就是这种类型设备,它使用内置 GPS 芯片收集位置信息,通过卫星将
其发送到商业监测机构,该机构将信息传递给相应的救援部门。世界各地的救
援部门有相关军事搜救部队、海岸警卫队、当地警察、志愿搜救团队或国际应急
协调中心。该应急协调中心接收警报和遇险呼叫,提供准确和最新的救援部
门数据库,并快速确定适合的救援团队。GEOS(在希腊语中是世界的意思)
就是这样一个商业性国际应急响应协调中心,Spot 和 DeLorme SEND 两个系
统都支撑该中心。GEOS 于 2007 年 11 月正式成立,是联盟旅行安全集团的成
员,它由许多提供 24 ×7 服务的监控中心组成,负责旅行安全、安保服务和客
户监控。

(1) Spot 卫星个人追踪器(Spot 1)。Spot 个人追踪器或 Spot 1 是由 Axonn
在 2008 年初引入市场的,如图 2.22(a)所示。有了 Spot 追踪器,当人们遇到紧
急情况时,他们及其家人不会过于担心,因为他们知道帮助触手可及。作为该类
型唯一设备,它使用 GPS 接收机获取其坐标,与谷歌地图和预置信息链接,然后

通过商业卫星网络发送位置信息。只需按一下按钮,就可呼叫帮助、查看紧急情况进展,也可用于非紧急援助。Spot 有四个主要功能,用户可根据不同的需求向朋友、家人或应急救援人员发送消息:

① 911 报警功能,用于告知紧急救援人员准确位置,使用该功能时,Spot 每5min 发送一条消息,直至电力耗尽或取消呼叫。

② 求助功能,用于在紧急情况下向朋友和家人寻求帮助,使用该功能时,Spot 每5min 发送一条消息,持续 1 小时或直到求助被取消。

③ 检查确认功能,Spot 还会向 Spot 服务发送三条相同的消息以确保联系人知道紧急情况地点,以及幸存者是否安全。

④ 跟踪功能,可发送并保存紧急位置,使用该功能时,Spot 会在 24h 内每10min 发送一条消息,或直到 Spot 关机,联系人可使用谷歌地图跟踪救援进度。

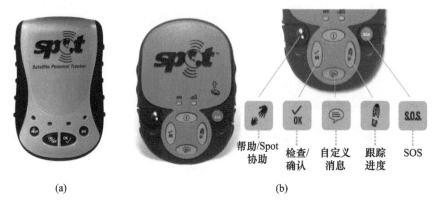

(a)　　　　　　　　　　　(b)

图 2.22　Globalstar 双向通信 Spot 卫星跟踪器(图片来源:Globalstar)

(2) Spot 卫星紧急通信器(Spot 2)。Spot 卫星通信器或 Spot 2 是一种卫星紧急通告设备,于 2009 年 10 月推出,是对 Spot 1 的升级,如图 2.22(b)左所示。该设备可携带到需要紧急援助的偏远地区。

图 2.22(b)右展示了 Spot 2 通信器的五种工作模式:

① 呼救/救助功能:遇险者在一小时内每 5min 发送一次自己的 GPS 位置信息,向朋友或家人请求帮助,也可向救助团队寻求帮助。

② 检查/确认功能:向预定联系人发送遇险人员状况良好信息以及险情位置,发送 3 遍消息确保成功传输。

③ 用户短消息功能;创建定制非紧急预置消息,并将包含 GPS 位置的信息发送给遇险者的朋友和家人。

④定位跟进功能:该模式持续 24h 每 10min 更新并发送遇险人员的 GPS 位

置信息,协助所有救援人员使用谷歌地图跟踪遇险人员情况。前两个跟踪点与当前跟踪点一起发送,可形成连续的运动轨迹。

⑤ 紧急求救功能:每隔5min向当地的国际应急协调中心发送遇险人员的位置,直到电量耗尽或求救被取消。

Spot 装置可在全球 Globalstar 卫星覆盖范围内工作,如图 2.23 所示。GPS卫星提供信号,Spot 通信器上的 GPS 芯片确定其精确坐标,并向 Spot Globalstar卫星系统发送位置或消息。卫星转发器在 1610～1620MHz L 频段的无线电频率上转发 Spot 信息至全球范围内相应的网关。支持该设备的网关将遇险人员的信息和位置发送到相应的网络,如互联网(电子邮件)、手机(短信)和应急中心。遇险信息是根据遇险人员的要求通过文本消息、电子邮件或应急中心的紧急通知发送的。

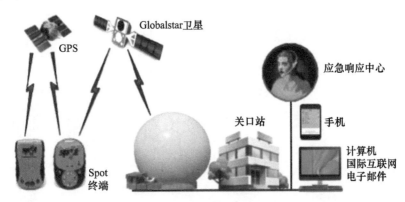

图 2.23　Spot 个人追踪器和紧急通信器(图片来源:Ilcev)

这两种 Spot 设备都是可供飞机上个人使用的强大工具,每个乘客都可以将其置于口袋或手持使用。

2.1.2　Iridium 大型低轨全球移动卫星通信系统

Iridium 移动卫星通信的概念是由摩托罗拉公司工程师在 1989 年末提出的。Iridium 有限责任公司投资约 70 亿美元,在 1991 年成立。1998 年 11 月 1日,Iridium 有限责任公司开始运行移动卫星通信系统。破产后,Iridium 公司于2001 年 3 月 28 日重新启动。该系统得到了来自世界各地 19 个战略投资者的支持,其中 17 个投资伙伴还参与了 3 个地面关口站或网关的运营和维护,这些关口站或网关将 Iridium 的双向语音和数据通信服务连接到地面无线和有线公共电话网络。因此,世界各地的关口站运营商同时也作为区域分销商,在其指定的区域内销售 Iridium 产品和增值服务。

Iridium 系统是一个基于卫星的网络,旨在提供真正的全球个人和移动服务,包括语音、传真、寻呼和数据通信,还包括已经开发的 GPS 功能。

Iridium 移动卫星系统覆盖了包括极地在内的整个地球,为没有其他通信方式的偏远地区或农村提供必不可少的通信手段。公司办公室位于弗吉尼亚州的 Leesburg,它同时也是卫星网络运营中心所在地,网关设施位于亚利桑那州的 Tempe 和夏威夷的 Oahu 岛。美国国防部通过其在夏威夷的网关,依靠 Iridium 获得全球通信能力。Iridium 公司是全球移动通信系统合作备忘录(GSM - MoU)协会的成员,其宗旨是提供补充和增值的全球漫游蜂窝通信业务。Iridium 系统由卫星网络、地面网络和移动终端三个主要部分组成,移动终端有电话和寻呼机等,如图 2.24 所示。

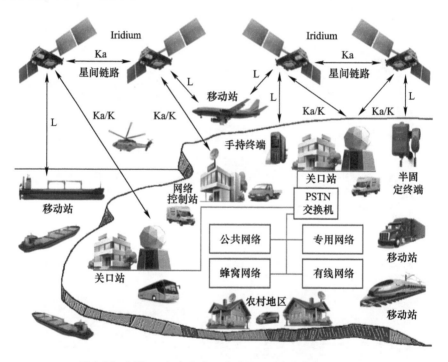

图 2.24 Iridium 全球移动卫星通信网络(图片来源:Ilcev)

2.1.2.1 卫星网络

第一代 Iridium 大型低轨卫星位于 780km 的近地轨道上。它们每 100min 绕地球一周,速度约为 26856km/h。每颗 Iridium 都与其他 4 颗卫星交链(星间链接),其中,2 颗卫星在同一轨道平面,2 颗在相邻平面。66 颗在轨卫星和 14 颗备份星,以这种方式组成 Iridium 星座:在六个轨道面运行,每个轨道面都有 11 颗任务卫星,作为电话网络的节点;另外 14 颗卫星作为备份星在轨道上运行,一旦有卫星无法使用,就可以进行替换。这个星座可以确保地球上的每个区域在任何时候都至少被一颗卫星覆盖。

Iridium 卫星可实现全球实时覆盖和漫游,每颗卫星可提供 48 个交叠点波束,每个波束直径约为 600km,如图 2.25(a) 所示。66 颗卫星支持 3168 个蜂窝,只需激活其中 2150 个就能覆盖整个地球表面。

全球同时通话数量理论上在 171 ~ 50 万个。当卫星高速移动时,用户会每分钟遇到相邻波束 1 次。66 颗卫星组成的 Iridium 星座如图 2.25(b) 所示。

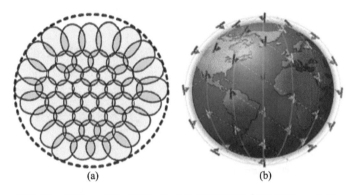

图 2.25　Iridium 点波束覆盖和卫星星座(图片来源:Iridium 公司)

每颗卫星都装有三个天线,用于与其他卫星、网关和移动终端通信。每个与地面终端通信的天线将使用 16 个点波束,每个卫星波束可分为 48 个蜂窝小区。因此可以在不同的非相邻波束内大量重用相同的频率,而不会引起频率和系统拥塞。当卫星接近极点时,边缘波束将被关闭,以避免重叠覆盖并节省功率。分配的频率分为 12 个子带,每个子带可在卫星上重复使用 4 次。由于在北半球或南半球的高纬度地区,一些边缘波束没有被使用,实际上只激活 2150 个点波束就可覆盖整个地球,因此频率复用系数为 2150/12 = 180。该系统每个点波束设计支持 80 个信道,因此,全球信道容量为 2150 × 80 = 172000 个信道。上行链路和下行链路频率相同,都在 1.6GHz 附近。因此,可在上行链路和下行链路中使用 50kb/s 的 TDMA 猝发通信,以及 4.8kb/s 的语音或 2.4kb/s 的数据全双向通信。

Iridium 系统单次只能使用单向传输,这就是所谓的时分双向通信,用户快速切换接收和发射模式。上行和下行链路使用一组频率简化了用户的硬件需求。像蜂窝系统(如 GSM 系统)一样,用户将在同一颗卫星的波束之间切换,需要时还可从一颗卫星切换到下一颗卫星。然而,每颗 Iridium 卫星都将与同一个平面上的正前方和正后方的卫星建立通信链路,并与相邻轨道面的卫星建立多达 4 条链路,用于星间切换。每个卫星上有 4 个 Ka 频段卫星间交叉链路:前、后和两个相邻轨道上的各 1 个,从而在相邻卫星之间提供可靠的高速通信,并通过各种可能的路径将用户连接到关口站。这种灵活性提高了呼叫传递效率和系统可靠性。

Iridium 下一代星座(二代)项目,仍将包括 66 颗在轨的交叉连接卫星,这是一个可以连接南北极的大型低轨星座。该公司预计将开始发射这一新的卫星星座。Iridium 公司与 Thales Alenia 航天公司的固定价格合同规定建造最初计划的 72 颗工作卫星和在轨备份星,还有 9 个地面备份星,这缓解了下一代卫星星座的风险。

Iridium 二代的总成本包括与星座的开发、制造和发射相关的所有费用,预计总共约为 29 亿美元。Iridium 卫星的轨道参数见表 2.2。

Iridium 公司已经签署了一项授权协议,允许 Thales Alenia 航天公司在融资完成之前开始研制卫星,计划在 2015 年第一季度发射第一批卫星。Iridium 一代卫星如图 2.26(a)所示,第二代卫星如图 2.26(b)所示。

表 2.2 Iridium 卫星的轨道参数

背景		设计寿命:每颗卫星 8 年
所有者/经营者:Iridium 公司		在轨质量:550kg
现状:运行		发射重量:670kg
轨道周期:100min28s		展开尺寸:高 4.3m,太阳能电池阵列外端间距离 7.3m
轨道高度:780km		
轨道类型:低地球轨道		电功率:1200W(寿命末期)
轨道平面倾角:86.4°		主任务天线:相控阵(每颗卫星 48 个波束)
轨道平面数:6		遥测信标: 下行链路 19.4 ~ 19.6GHz; 上行链路 29.1 ~ 29.3GHz
每个轨道面的卫星数量:11		
卫星数量:66 颗		通信有效载荷
点波束数量:48 个,每个直径 600km		频带: 用户上行/下行链路:1621.35 ~ 1626.5MHz;
覆盖范围:全球覆盖(包括两极)		馈电链路: 上行链路:29.129.3GHz(Ka 频段);
附加信息:卫星具有星间链路、星载处理、链路裕量为 16dB		下行链路:19.4 ~ 19.6GHz(K 频段);
		星间链路:23.1823.38GHz(Ka 频段)
卫星		
卫星名称:Iridium		调制方式:QPSK
启动日期:1998 年 11 月		多址方式:FDMA/TDMA
运载火箭:质子、Delta 和长征		转发器类型:一次处理

续表

典型用户:基于卫星的移动语音、寻呼和数据服务	信道比特率:2.4~4.8kb/s(上行链路);50kb/s(下行链路)
成本/租赁信息:约 50 亿美元	信道容量:236/1100 信道
主要承包商:Motorola 公司	信道极化:业务链路圆形
其他承包商:Locked Martin 公司(平台)Raytheon 公司(主任务天线)COM DEV 公司(馈线和星间天线)	信道带宽:波形 F/TDMA; 业务链路 10.5MHz,馈电链路 107MHz
	EIRP:8.5dBW
卫星类型/稳定性:LM 700/3 轴	G/T:-23dB/K

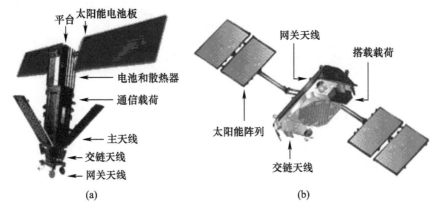

(a)　　　　　　　　　　　　(b)

图 2.26　Iridium 第一代和第二代卫星(图片来源:Iridium 公司)

平均而言,每颗第二代 Iridium 卫星只需使用 50W 功率,就可以为重达 50kg 的辅助传感器载荷提供支持。新卫星的质量为 800kg,采用 Proteus 平台,两个可展开的太阳能电池阵列,设计寿命为 10 年,计划寿命为 15 年。第二代 Iridium 有效载荷采用 L 频段相控阵天线,可在地球表面生成 48 个点波束、蜂窝直径 4700km。Ka 频段链路还用于与地面网关的通信以及与轨道上相邻卫星的星间链路。因此,交联的 66 个铱星星座形成了一个完整的全球网络,可实现全球覆盖,其中覆盖图如图 2.27 所示。

2.1.2.2　地面和用户网络

地面网络由系统控制段和两个电话网关组成,用于连接地面电话线路。系统控制段是 Iridium 系统的中央管理单元,可为卫星星座提供全球运行支持和控制服务,向网关传送卫星跟踪数据,并进行信息服务控制。系统控制段由 3 个主要部分组成:4 个测控站、运行支持网络、卫星网络运行中心或网络控制站。系统控制段、卫星和网关之间的主要联系是通过 K 频段馈电链路和卫星之间的星

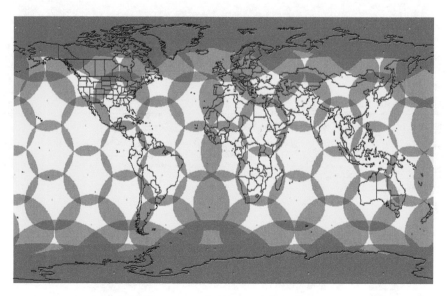

图 2.27　Iridium 覆盖图(图片来源:Lloyd)

间链路。

　　网关是陆地站,能够通过高增益 K 频段抛物面天线与公共交换电话网连接,跟踪 Iridium 的业务和网络运行。它们支持用户通过 Iridium 网络与地面公共交换电话网互连,并对整个基础设施进行网络管理。每个陆地站与多达 4 颗卫星相连,并通过星间(交叉)链路与其他卫星相连。目前有两个商业 Iridium 网关或陆地站,分别位于美国亚利桑那州和意大利富西诺。美国政府拥有并运营位于美国夏威夷的 Iridium 网关。每个网关都生成并控制与其相关的所有注册用户信息,如用户身份、地理位置和计费项目。

　　网关还提供从 Iridium 系统到地面电信网络的连接,如公共交换电话网、国防交换网、互联网。虽然有两个网关,但是每个用户只需要注册到其中一个网关。

　　Iridium 利用 Ka 频段进行星间通信。每颗卫星使用四个交叉连接,两个连接到同一轨道平面的前后卫星,两个连接到轨道平面两侧的卫星。星间链路允许在呼叫传输到网关之前,在星座中的卫星间进行传输和路由。类似其他卫星网络,如果某个网关受损,Iridium 网络可以将呼叫路由到另一个网关。Iridium 星座有 66 颗卫星,可提供全球覆盖,一个来自北极附近的电话,可以从一颗卫星传输到另一颗卫星,然后被发送到某个网关,并接入到公共电话系统。地面网络包括系统控制段和电话网关,用于连接到公共电话网络。Iridium 绕地球运行,离开网关区域时,会不可见网关站。此时路由表将会改变,数据帧将被转发到网关可见的下一颗卫星。Iridium 星座内置智能处理技术,如果电话接收方不在呼叫方卫星的点波束中,呼叫将从一个卫星转移到另一个卫星,直到它到达接收方区域的卫星,然后发送到呼叫目的地。Iridium 网络使用的卫星比任何其他卫星服务提供商都多。极地轨道上有 66 颗卫星,这使得星座覆盖了地球的每一个部分。每个卫星可提供 1100 个具有高服务质量的语音信道,该语音信道的呼叫处理架构基于 GSM 数字蜂窝标准,但需要根据星座设计,对关口站进行特别管理。Iridium 距地球较近,时延较低,提高了移动终端和地面用户之间的通话质量。

用户网络配置有三种不同的终端类型:手持、移动安装和固定单元。具有全向天线的用户终端,支持 2.4kb/s 的数据、传真以及数字字母寻呼。不管用户位置或公共电话交换网的可用性如何,所有语音和寻呼通信服务都可以通过 Iridium 系统进行。

2.1.2.3　手持和固定卫星终端

如前所述,Iridium 卫星网络设计可支持语音和数据几乎在世界任何地方路由。信号从一颗卫星中继到另一颗卫星,直到它们到达用户设备或手持机上方的卫星,然后中继回地面。Iridium 手持电话和袖珍寻呼机接收短信,并连接船舶、车辆和飞机等移动应用。

可用于与 Iridium 网络通信的各种用户设备,包括双模手机,数字字母袖珍寻呼机,便携式、固定和付费电话终端,以及专门的海运、陆运和航空终端。

(1)手持终端。Iridium 便携式电话与传统的手持蜂窝电话非常相似,其尺寸、重量、电池寿命等与蜂窝电话相近。Iridium 终端也可作为蜂窝终端,在蜂窝或 Iridium 双模式下工作,可以在蜂窝网络覆盖范围内使用。

① 双模手持终端为蜂窝和 Iridium 用户提供全球漫游,也可只为 Iridium 用户提供单模漫游,如图 2.28(a)所示。这两款 SS – 66K 是日本生产商 Kyocera 公司的产品,左侧的设备是双模的,适配器与所有存储器及功能元件集成在标准蜂窝手机终端内,以便在蜂窝移动通信系统和 Iridium 两个网络下漫游。图 2.28(c)显示的是仅供 Iridium 用户使用的 Motorola 单模卫星 9500 手持电话。

② Iridium 寻呼机系统是第一个具有真正全球卫星漫游能力的小型、佩戴式个人信息接收机。图 2.28(b)上为 Kyocera 型号 SP – 66 KIridium 寻呼机,图 2.28(b)下为 Motorola 9501Iridium 寻呼机。

(2)固定终端。Iridium 公司提供以下两种类型的固定卫星终端:

① 付费电话固定终端是一个接入公共交换电话网的单线 Iridium 固定设备,用于将付费电话业务连接到蜂窝覆盖范围之外的农村和偏远地区。便携式、半固定式、可搬移式终端和独立的付费电话亭,旨在为农村和偏远地区的公众提

(a)   (b)   (c)   (d)

图 2.28   Iridium 手持和便携式电话和寻呼机(图片来源:Kyocera 和 Motorola 公司)

供 Iridium 业务。这些装置有自己的卫星天线和收发设备,支持标准或太阳能供配电,降低了昂贵的开发成本。

② 固定或便携式单线设备可为处于偏远地区或位于农村的办公室提供通信服务,它可以是带外部天线的公文包套件/车载可移动设备,图 2.28(d)中所示为 Motorola 9570 便携式设备。该设备可与 Motorola 9500 手持便携式电话机一体化工作,当连接到交流/直流电源时,为 9500 和两个附加电池充电。外部天线可以安装在桅杆、屋顶或建筑物墙壁上,通过特殊电缆与固定电话机进行连接。该终端有一个用于语音会议的扬声器和一个用于私人通信的轻质绳手持话筒,类似蜂窝服务,通过 SIM 卡或传真端口可实现 2.4kb/s 的异步数据传输。

2.1.2.4 手持、移动和便携式卫星终端

下面的手机和移动卫星终端(MST)可用于任何移动应用,也可以使用图 2.28(d)所示的外部天线。

(1) Iridium 9520 移动电话。这款 Iridium 移动终端是卫星收发机,配有有线手持设备,适用于所有移动应用。如图 2.29(a)所示,它通过 SIM 卡在 Iridium 和 GSM 蜂窝网络下工作。

(2) Iridium 9555 手持移动电话。这是最小和最强大的手持和移动终端之一,如图 2.29(b)所示。该装置可与任何移动平台(包括船只和飞机)上的转接器结合使用。

(3) Iridium 9505 手持移动电话。9505 手持移动电话比以前的产品更小、更轻、更防水、防尘和防震,这种卫星电话是工业领域或艰苦环境的理想选择,也受到了旅游专业人士的青睐。虽然 9505A 手机的功能和特点与 9505 相同,但其

对 9505 的设备和附件进行了一些修改,如图 2.30(a)所示。

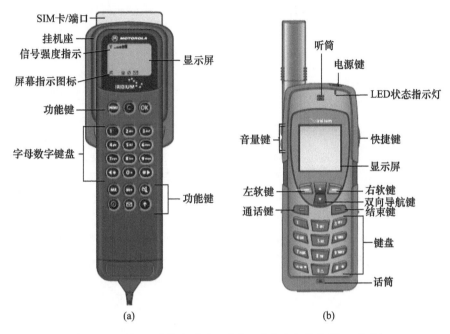

SIM卡/端口
挂机座
信号强度指示
屏幕指示图标
功能键
字母数字键盘
显示屏
功能键

听筒
电源键
LED状态指示灯
音量键
快捷键
显示屏
左软键
右软键
双向导航键
通话键
结束键
键盘
话筒

(a)　　　　　　　　(b)

图 2.29　Iridium 手持和移动卫星电话(图片来源:Iridium 公司)

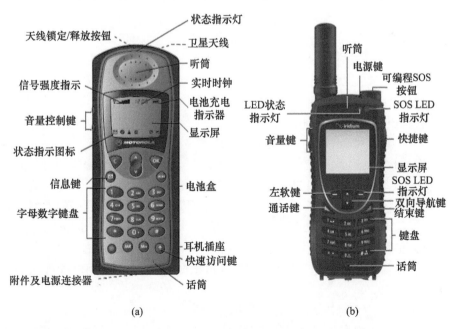

天线锁定/释放按钮
状态指示灯
卫星天线
听筒
实时时钟
信号强度指示
电池充电指示器
音量控制键
显示屏
状态指示图标
信息键
电池盒
字母数字键盘
耳机插座
快速访问键
附件及电源连接器
话筒

听筒
电源键
可编程SOS按钮
SOS LED指示灯
LED状态指示灯
音量键
快捷键
显示屏
SOS LED指示灯
左软键
双向导航键
通话键
结束键
键盘
话筒

(a)　　　　　　　　(b)

图 2.30　Iridium 手持和移动电话的最新型号(图片来源:Iridium 公司)

Iridium 公司推出这款 9505A 手机是为了解决 9505 手机的一些过时问题。这款手机长 158mm,宽 62mm,厚 59mm,重量不足 375g,待机时间为 30h,通话时间为 3.2h,工作温度范围为 −10℃ ~55℃。9505A 手机的功能如下:4×16 个字符显示,国际访问键序列(+键),数字和文本信息邮箱(160 个字符),可选铃声(10 种),内部通信簿可存 100 个未接来电。还为 9505A 手持电话提供了一个 RST978 转接器。该转接器提供手机充电和转接功能,而免提功能使用户能够在移动中工作,这款手机可以与机座或船上、飞机上的特殊套件结合使用。

(4) Iridium Extreme 9575 手持移动电话。这款最新的 Iridium 终端不仅仅是一部卫星电话,还可为用户提供语音、数据、GPS、SOS、在线跟踪和短信业务,其构成如图 2.30(b)所示。这是唯一一款集成了跟踪、GPS 定位和一键 SOS 按钮的手机。Iridium Extreme 是一种经认证的卫星应急通告装置(SEND),在紧急情况下会通知救援人员,并在救援开展过程中通报情况。GPS 模式下可以短信形式查看或发送 GPS 位置信息到另一设备,也可使用短脉冲数据(SBD)将 GPS 位置信息发送到 StratosTrax 跟踪门户。增加的安全措施包括一键 SOS 功能、使用保护盖来避免意外发送紧急呼救信号;此外,键盘锁和个人识别码锁提高了安全性。将 Iridium 接入点与这款卫星手持电话相结合,就可以创建无线热点并连接互联网。此手机可作为 9575 黄色装备在船舶和飞机紧急情况下使用。

(5) 便携式 RapidSAT 9555 终端。高质量的定制外壳内集成了完整的套件,包括扬声器、带 5m 电缆的麦克风磁性天线、隐私手机和紧凑型 9555 转接设备,如图 2.31(a)所示。一个可选的电池组可以插入 RapidSAT 9555,为便携式使用提供更长的通话待机时间。该设备非常适合短期使用,或在紧急情况下需要多人同时接入卫星通信以快速部署。该装置能够方便地在各种公路车辆、船舶、机械、直升机或飞机上运输,并可以连接到车辆的直流电源,供车内使用,也可使用备用电池,供车外使用。

(6) 便携式 RapidSAT LBT 终端。该装置作为一个便携式系统提供全球卫星通信接入,可用于多个移动平台或远离移动平台的地方,例如遇险和紧急情况下的船只和飞机,如图 2.31(b)所示。这款便携包配有智能手机,支持免提或私人语音通话以及短信功能。紧凑的外形使其可以很容易地安装在任何类型的船舶或飞机上,并经过当地批准作为主要或紧急通信。支持所有 Iridium 语音、数据和传真业务,使其成为理想的通信方式,可以通过移动通信系统提供全集成的语音服务。它可以方便地连接到飞机的直流电源,也可选择备用电池远离平台工作。

2.1.2.5　海上、陆地和航空移动卫星终端

Iridium 公司卫星运营商提供下列类似于 Inmarsat 和 Globalstar 系统的全球

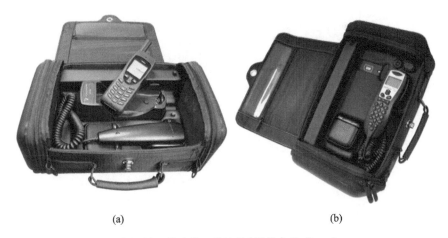

(a)　　　　　　　　　　　　　　　　(b)

图 2.31　移动式卫星终端（图片来源：Beam）

移动卫星通信终端：

（1）海上船员 SC4000 船载终端。Iridium 公司为船舶地球站（SES）的安装提供船员甲板上设备（ADE）或天线、舱内设备（BDE）或收发机。图 2.32（a）中的设备是由丹麦的 S. P Radio A/S 公司（今天的 Cobham 公司）设计的海上船员 Iridium 单通道固定终端 SC4000。该装置以 2.4kb/s 的 O - QPSK 调制提供单通道语音和数据，它安装在船上，带有一个外部螺旋全向天线，并与电话听筒、Tel/PBX、RS232 和 NMEA183 位置信息接口相连。在同一模式下，通过四个独立的螺旋全向型天线和相同的接口类型，以 2.4kb/s 的 O - QPSK 调制提供多通道服务。日本前 Kyocera 公司生产的 Iridium IM - S100 海事电话可以在不同类型的远洋船舶上使用。这是一个单通道收发设备，带有外部螺旋全向天线，可连接两个手机，并可使用 IridiumKyoceraSS - 66 K 手持电话为其充电。

（2）陆上车辆 Motorola 9520 车载终端。Motorola 公司生产的 Iridium 9520 陆地车载终端是永久安装的移动电话，如图 2.32（b）所示。它适合车载操作，具有免提功能，有磁性、永久和固定天线杆三种天线安装选项。其收发机符合 810（MILSPEC 810）军用标准。意大利 Telit 公司为汽车安装提供了类似的设备 SAT550，日本 Kyocera 公司提供了类似的 HF - S100 设备。

（3）多用途 Pilot Broadband 端站。随着多类型 Pilot Broadband 端站的推出，Iridium 拓展了其前身 OpenPort 的卫星服务范围，为海事、陆地、航空用户提供服务。该站使全球各地的移动和固定用户能够随时访问互联网和拨打电话。IridiumPilot Broadband 端站可以安装在固定位置或车辆上，并提供全球覆盖、宽带数据传输和独立的语音线路，用于同时进行语音和数据通信。此外，该站与

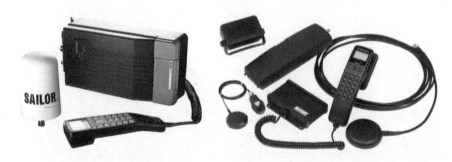

图 2.32　Iridium 海上和陆地移动全球移动卫星通信设备
（图片来源：Cobham 公司和 Motorola 公司）

KVH TrackPhone 集成，可用于灾后重建、远程教育、商业往来以及探险。

图 2.33 所示为移动和固定应用的 Pilot Broadband 端站，主要包含以下组件：①2m 的主电源线，为电源模块提供 100～220V 交流电源；②电源模块，将主电源转换为 24V 直流电源，并连接到车辆或其他需要直流电源的位置；③电缆，用于连接电源模块与室内单元（IDU），也称为舱内设备（BDE）；④室内单元或舱内设备，用于连接个人电脑、笔记本电脑和电话，能够与三个 POTS/RJ11 有线或无绳电话机和一个以太网路由器连接；⑤SIM 卡，与 Iridium 网络连接，在启动时验证系统，并提供适配的电话和数据线；⑥长达 30m 的电缆，将天线或室外单元（ODU）连接到室内单元，该电缆为室外单元提供防水连接；⑦接地电缆，在室内单元安装位置提供接地；⑧天线罩天线或带天线杆的室外单元，适用于安装在船上；⑨带有短天线杆的天线罩天线，安装在屋顶上，可提供固定通信。没有天线杆的低剖面天线，有四个磁铁用于吸附安装在带有金属表面的车载设备上，如车辆、工具箱、金属屋顶和车库。同样的天线也可以安装在飞机机身上。

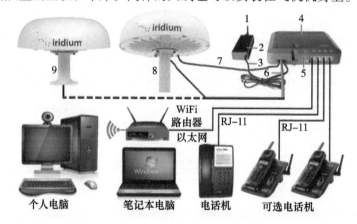

图 2.33　用于移动和固定应用的 Iridium Pilot Broadband 站（图片来源：Ilcev）

语音或数据由全球最近的 Pilot Broadband 端站接收。数据通过网状卫星网路由,到达阿拉斯加的地面网关,然后通过地面网络路由到亚利桑那州的网关。在网关处,根据呼叫类型,数据被转换回互联网协议(IP)和语音,并被传送到 IP 云或公共交换电话网。

(4) 多用途 Iridium GO 手持卫星终端。Iridium GO 是 Iridium 迄今为止最新、最激动人心的卫星通信终端,它通过 WiFi 为用户提供主干网,使他们能够通过卫星连接自己的智能手机、iPad 或 Android 设备,以便在世界任何地方进行语音和快速数据通信,如图2.34(左)所示。Iridium GO 的主要组成如图2.34(中)和(右)所示:1—旋转天线;2—终端屏幕;3—电源按钮;4—发光二极管状态指示器;5—紧急呼救按钮;6—USB 电源/数据插座;7—移动键;8—附件连接器;9—电池盖/盒;10—压力通风口;11—外部天线;12—系索连接器;13—扬声器。

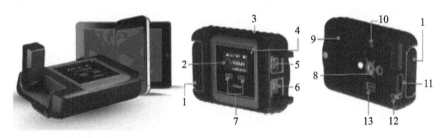

图 2.34　多用途 Iridium GO 手持卫星终端(图片来源:Iridium 公司)

借助 Iridium GO,移动和固定用户有了一个新的平台,优化 Iridium 网络,拓展各种功能应用。通过下载应用程序,用户可以使用自己的智能手机、平板电脑或笔记本电脑来实现各种功能,包括:发起语音呼叫、发送电子邮件和文本消息、更新社交媒体、检查 GPS、进行卫星支持的 WiFi 数据呼叫、发起紧急求救消息以及检查终端的电池寿命。特别是,Iridium GO 将用户的智能手机转变为全球卫星电话,为智能手机或多达五种移动设备提供可靠的语音和数据功能。Iridium GO 集成了 GPS 功能,在世界各地提供跟踪服务,使用户能够在专用的个人网页上实时和实地查看位置,家人或朋友可以在其中跟踪他们的位置。

在任何情况下,Iridium GO 可在地面网络不能提供服务时,为移动设备提供卫星连接。只需翻转集成天线,电池供电的手持终端就可以快速自动地连接到 Iridium 低地球轨道卫星星座,在大约 100 英尺(30m)半径内创建一个全覆盖的 WiFi 热点。Iridium GO 外部天线适配器(9560 外部射频电缆)是将外部天线连接到 Iridium GO 终端所必需的。这在 Iridium GO 不能支持360°视野范围时是有利的,可通过热点支持 100 英尺范围内工作在无线网络下的智能手机或平板电脑。事实上,如果用户站点被高大的树木、建筑物、山丘、山脉或船只的高层建筑所遮蔽,Iridium GO 内置天线视野可能会受到阻碍。下面介绍一些需要外部天线的典型移动应用。

图 2.35(左)展示了用于海上和固定应用的 Iridium GO 天线。天线罩中的桅杆螺旋天线可以安装在船上,通常安装在驾驶舱上方的罗盘甲板上或建筑物的屋顶上。如果客户在船舱甲板下或建筑物内使用 Iridium GO 终端时信号有问题,设备供应商可以在甲板上或建筑物屋顶安装一个特殊的加固桅杆天线来改善 Iridium 信号。也就是说,卫星舣装提供 10m、20m 和 30m 的天线电缆,通过专用电缆适配器将天线与 Iridium GO 连接起来。

图 2.35(中)描述了 Iridium GO 车辆螺栓或磁力安装(磁性)套件,带有 1.5m 和 5m 天线电缆,可安装在汽车和包括铁路机车在内的其他商用车辆的车顶上。这种平板天线适用于所有类型的陆地车辆。用户一般将 Iridium GO 放在他们车辆的仪表板上,如果还不能获取良好的信号,可在车顶放置天线以提高性能。

图 2.35(右)中所示是带有航空电子天线的 Iridium GO,适用于小型飞机和直升机。这种航空设备支持飞行员和乘客在飞行中与地面上保持联系。它结构紧凑、构造良好,可以携带在飞行包中、放置在眩光护罩或仪表板上,实现可靠、始终在线的驾驶舱通信。对于固定应用、海上和陆地移动应用而言,所有上述业务都是相同的。

图 2.35　多用途 Iridium GO 手持卫星终端(图片来源:Iridium 公司)

2.1.2.6　航空卫星通信终端

本节将介绍几种航空卫星广播和通信系统。

(1) ICG Sora ig + 综合航空终端。该终端通过集成了外设和 IGA Swift-Broadband 天线的三通道系统为飞机提供通信和安全业务,如图 2.36 所示。

ICG Sora ig + 航空终端特别配备了飞行员在飞行中进行可靠通信和业务联系的重要功能。ICG NxtLink ICS 220A 是一款三收发机 Iridium 设备,通过第三个短突发数据(SBD)通道把两个全球语音通道和一个专用驾驶舱数据链路通道结合起来,支持飞机通信寻址报告系统(ACARS)、FAN 消息传递和塔台与飞行

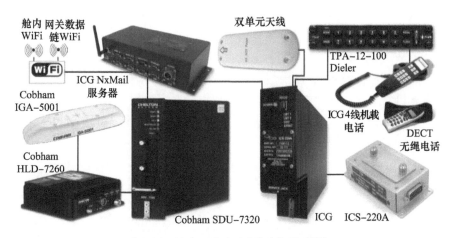

图 2.36 综合卫星终端(图片来源:ICG)

员数据链路通信(CPDLC)。ICG Sora ig + 卫星终端是专门为飞机机组人员提供可靠的航空操作控制和自动测试系统信息通信设计的。它是一个三收发器设备,将双通道全球语音和 2.4kb/s 数据业务与第三个短突发数据通道结合在一个 2MCU(微控制器单元)和线性可替换单元(LRU)中。

此外,航空语音和数据收发机可用于机组人员和乘客服务、信用卡结算以及紧急医疗情况下的通信。这种机载终端允许传统电话设备通过标准 2 线"正负极线"电子电路、4 线音频连接和数字欧洲无绳通信(DECT)设备进行不同的连接。通过这种方式,具备包括内部通话机上呼叫、呼叫转移、会议和后续拨号等电信功能。

该驾驶舱终端,通过用于驾驶舱语音的 4 线音频和 ARINC 429 电路连接到标准飞机系统,ARINC 429 电路用于多用途控制显示单元(MCDU)拨号,或用于数据链消息交换。这些集成设备具有外部 SIM 卡读卡器,使其成为真正的线性可替换单元,包括无线电话在内的各种类型手机可以连接到机舱使用。ICG NxtMail 服务器提供了一个本地无线接入点(WAP),允许智能手机和个人电脑等设备通过 WiFi 或 WiMAX 接口连接,访问传统的互联网协议(IP)业务。

Cobham SDU - 7320 是一个 2 - MCU 集成的卫星数据单元,提供全功能的快速宽带通道,数据速度为 332kb/s。CobhamHLD - 7260 是一款高度紧凑的单元,结合了高功率放大器和双工器/低噪声放大器,提供其他系统无法提供的 Swift-Broadband。Cobham IGA - 5001 是目前市场上最小的中增益天线,能够保证完全的 SwiftBroadband 功能。它被认为是 Inmarsat SwiftBroadband Class7 业务提供的最佳天线之一。ICG Sora Lg 终端与之前的类似,只是 ICG NxtLink ICS 220A

代替了 ICG ICS - 120A 单元,Cobham SDU - 7320 代替了 Cobham SDU - 7310 单元。

(2) SkyConnect 收发机。SkyConnect 卫星电话和跟踪综合系统正成为直升机操作的关键任务设备,它需要与不同且不断变化的对象进行通信。该设备专为在直升机驾驶舱工作繁忙的机组人员设计,几乎可以轻松适应任何工作场景,包括固定翼任务。SkyConnect 收发机、L 频段天线、任务管理单元(MMU)、驾驶舱拨号器、战术拨号器和嵌入式底座,如图 2.37 所示。

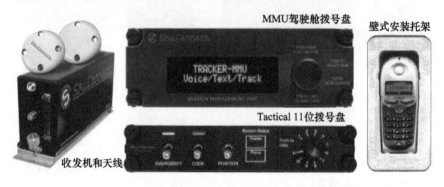

图 2.37　SkyConnect 收发机和外设(图片来源:SkyConnect)

MMU - II 设备是一个计算机控制的拨号器,操作非常灵活。它通过 RS - 232 端口与收发机通信,并可以在飞机上用新的消息集或软件进行编程。它的显示屏有四步调光功能。MMU 使发送公司特定的标准信息变得轻而易举,如乘客数量、当前燃料、患者状态、预计到达时间。有两个战术拨号器,一个 6 位和一个 11 位。11 位拨号器有一个背光板和面板灯的调光功能,报警器可以是单独的也可以是一起的。

(3) EMS SkyConnect Forté 电话系统。该设备与此前设备相似,专为飞机运营商设计,他们希望手机能够在他们需要的任何时间和地点工作,并且价格合理。每条 Forté 卫星线路可支持四部无线、有线或 MMU - II 电话的任意组合。与其他复杂的系统相比,Forté 配备天线和少量外围设备,能够使飞行员无论在哪里飞行都保持高效通信。使用 Iridium 网络,随时随地提供便利的手机服务,如图 2.38(左)所示。

它包括一个内置的内部通信系统,可以连接多部电话。它使机组人员与乘客之间的交谈变得容易,并且支持驾驶舱中的电话设备。它允许在音频面板上选择电话,因此驾驶舱中的任何人都可以以最佳的保真度接收语音。该设备具有标准尺寸 DZUS 安装的外围接口、可调光的双线显示器、完整的电话键盘和一套复杂的独特功能,适合在驾驶舱中使用。Forté 无线手机为一般噪声水平的飞

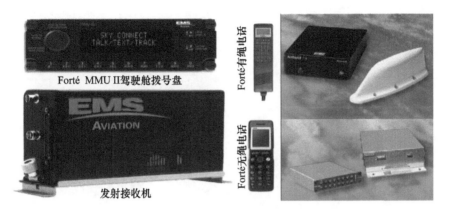

图 2.38　集成收发机和外设(图片来源:EMS 和 Honeywell)

机机舱设计,适用于较大的机舱,或者适用于那些不想用有线电话争吵的人。尽管体积小巧,但这款手机配备了大彩色显示屏和背光键盘,易于使用。多达四个电话听筒可以安装在整个机舱和驾驶舱。

Fortéwired 有线手持电话专为处于较高噪声水平环境下的机组人员和客舱设计,这款带绳手持电话非常有效地让您的话语响亮而清晰。它还能提高耳机音量,让您的谈话舒适轻松。

(4) Honeywell AIRSAT 1 终端。该机载单通道终端由 Honeywell 公司开发,为私人飞机提供语音和数据通信,如图 2.38(右)所示。该系统包含 ITU 100Iridium 收发机单元、用于外部或机身安装的刀片天线 ANT – 100(图 2.38)、电话拨号器 TDU – 100、机载综合单元 AIU – 100(图 2.38)。该终端包括供驾驶舱飞行员使用的手持电话,类似于图 2.38(左)所示的手机。该终端满足以下必备条件:系统功能不干扰其他机载系统;如果系统出现任何类型的故障,不会影响飞机上其他设备的正常功能,也不会对后续飞行产生任何危险,包括天线在内的所有设备的安装设计,都不会对飞机结构或动力产生任何影响或损害,特别是在紧急着陆的情况下。

(5) Beam TranSAT RST620 Aero。该终端为采用固定波束通信的航空卫星电话,可完全集成在飞机通信系统中。全免提操作通过飞机的耳机实现简单方便的通信,并可使用手机的隐私模式,支持所有 Iridium 语音、数据、传真、互联网和电子邮件业务。卫星通信支持语音、数据和跟踪通信的需求正在迅速增加,最重要的是其拥有一项能够确保访问地球上的任何地方的能力。

RST620 配备了一个 RS232 串行数据端口,访问 Iridium 数据业务,如图 2.39(a)所示。该终端还支持短信(SMS)、电路交换数据(CSD)和短突发数据(SBD)等 Iridium 数据业务。为提高免提语音质量,TranSAT 上部署了最新的回声消除技术。紧凑型智能用户手机可以在隐私模式下使用辅助功能,如喇叭报警、静音、数据连接。LeoTRAK 跟踪终端与该设备配合使用,可以随时跟踪资产和人员。该终端可用于位置报告、定期远程轮询、移动和激活报警。特别是,同一个单元可以为各种海洋和陆地应用提供语音和数据电话业务。

图 2.39 飞机卫星终端(图片来源:Courtesy of prospect:by Beam)

(6) Beam TranSAT RST620。该收发机是一种双向通信固定卫星电话,具有回声消除功能,专用于海事、陆地和航空通信,如图 2.39(b)所示。该系统具有固定或移动安装的所有便利性和安全性,还有外部振铃提醒和紧凑型用户手机短信等智能功能。该装置非常紧凑,在获得当地认证后,可以很容易地安装在任何类型的飞机上,作为主要或紧急通信。

(7) Beam RemoteSAT RST100。该终端提供在 Iridium 网络上使用标准无线和有线电话的功能,如图 2.39(c)所示。它是一个理想的专用交换机,非常适合安装在飞机或直升机上,用于这些飞机或直升机附近无线手机的通信,或者多个乘客进行的访问呼叫。还有一个完全集成的免提配件,可以提供免提呼叫,用一个发送和接收短信的紧凑型手机,驾驶员可以通过它的 SIM 卡进行定位。该终端将健壮性与智能技术相结合,利用回声消除和立体声集成支持 Iridium 网络上的 RJ11/POTS、语音和数据业务。它还支持访问 Iridium 提供的全套数据业务,包括短突发数据、电路交换数据、直接互联网和短信。该设备使波束跟踪报警(Beam TrackALERT)、RST030、报警跟踪接口能够直接连接到终端,并且还有一个专门构建的备用电池,可为关键任务应用提供长达 24h的待机时间。RST 100 的 RST 973 免提配件,使在飞机内部集成免提功能成为现实。

(8) AirCell 3100/3500。最常用的 Iridium 机载终端是 AirCell ST 3100 或3500,它支持全球范围内的机载电话、传真和窄带数据,包括本地蜂窝连接,如图 2.40(左)所示。此外,该终端还通过 AirCell 的业务合作伙伴提供天气公告、新闻、金融数据、空管信息以及空中医疗急救帮助。由于其全球覆盖,机舱和驾驶舱之间的通信与音频对讲功能得以改善。该终端易于安装,可提供多种天线和手机选项,包括带全彩色显示屏的有线或无线手机,如图 2.40(右)所示。嵌入式或舱壁安装的无绳手机可以让用户在整个机舱内自由移动。在 Iridium 模式下,机载电话通过 AirCell ST 3100/3500 终端在 1616 ~ 1625.5MHz 范围内访问 Iridium 网络,发射功率仅为 7W。AST 3500 手机既可以在蜂窝模式下工作,也可以在卫星模式下工作。它接入 AirCell Nationwide 蜂窝网络,该网络在 824 ~ 894MHz 频率范围内运行,最大发射功率为 75mW。这些手机提供许多功能,包括数字显示、最后一个号码重拨和锁定网络模式。AirCell 模式提供额外的电话功能,包括 99 个存储位置,2 个"一键"拨号键、3 个呼叫计时器、1 个信号强度指示器和紧急拨号功能。

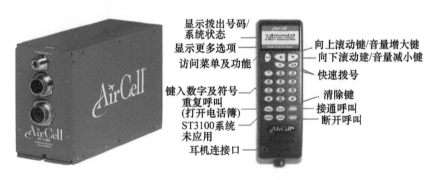

图 2.40　机载和蜂窝终端(图片来源:AirCell)

AirCell 终端能够通过飞机通信系统提供完全集成的语音服务。线路级输出使该特性易于适配。该系统也可与波束 LeoTRAK 跟踪和监控终端结合使用。

2.1.2.7　航空港站和跟踪卫星终端

在本节中,将只介绍可用于航空和其他移动应用的两种港站卫星终端:

(1) Beam SatDOCK 9555SD/G。最新 9555 Iridium 电话机是用于港站的终端,它提供了高质量的半永久安装,使用回声消除和全工通信技术,经当地或地区当局的批准后,可在船只、车辆、飞机或直升机进行专业的免提或隐私安装,提供卓越的语音质量。其他功能包括手机充电、内置蓝牙、USB 数据连接器、内置振铃器,并允许天线和电源永久连接到港站以备使用。通过按下港站顶部的按钮,Iridium9555 手机可以很容易地插入和移除,从而便于在远离港站的地方使用。此外,该设备还通过专用的内置 GPS 或 PotsDOCK 设备支持跟踪和报警功能。跟踪消息可以预先配置成定期报告、按键手动更新位置报告、远程轮询,还可通过短信、电子邮件或短突发数据发送紧急警报消息。

9555 D/G 终端如图 2.41(左)所示,可以配置警报和跟踪模块、支持定期轮询或紧急警报报告。预置港站终端配件,跟踪信息可以通过定期位置报告从SatDOCK 终端发送;当按下支架上的报警按钮或连接的报警按钮(外部报警回路)时,报警信号被激活;按下 SatDOCK 前面的跟踪按钮,可随时发送当前位置。可以使用底座前面的两个按钮激活 SatDOCK 警报信息,或者可以将一个额外的警报按钮或其他触发器连接到该终端上,用以激活警报。一旦配置完毕,报警系统将始终开启,一旦触发,将向预设目的地发出报警信息。触发警报可以持续发送,直到被远程或本地清除。该终端的附件有智能手机、载人装置和 GPS/Iridium磁力天线。

图 2.41 飞机港站卫星终端(图片来源:Beam)

(2) Beam PotsDOCK 9555。该终端是一个港站,旨在支持 RJ11/POTS、蓝牙和内置 GPS,将波束卫星 9555 手机转换为适用于所有移动应用的智能设备,如图 2.41(右)所示。该设备可用于各种语音和数据连接。智能 RJ11/POTS 接口可以使用标准的有线、无线或 DECT 手机,或者与专用子交换机相连,像标准电话网络一样提供标准铃声、忙音和拨号音。它还具有内置的蓝牙语音连接功能,以及利用 PotsDOCK 内置的 GPS 接收机的智能跟踪和警报报告系统。PotsDOCK还支持使用可选的紧凑型 Beam 个人手机,该手机位于 PotsDOCK 旁边,以增加便利性。报警和跟踪模块及其配置与此前终端相同。

飞机卫星跟踪设备能够以非常简单的信息格式从地球上的任何地方传输GPS 数据,包括位置、方向、速度、高度,以便在集成的地理定位信息系统上绘图。这些设备可由手机或 PDA 接口控制,提供以下业务:

① 使用跟踪终端的自动飞行跟踪,可为许多国家航空机队提供定期位置报告业务,使整个机群处于随时跟踪状态。自动飞行跟踪模式符合大多数政府授权的承包商项目。

② 文本业务是机舱内收发信息的重要功能。通常,预定义模板用以快速传

递消息、降低工作负载,而自由格式消息用以处理异常情况。

③ 语音业务提供与机组人员的实时通话,无论其身在全球卫星网络的何处(G7 和 G7 – FDM 需要可选的手机)。

④ 推出/起飞/着陆/到达登机口(OOOI)状态自动向后台发送消息,提高记录的准确性,并节省资金。

⑤ 飞行数据监控提供飞行后分析、实时飞行警报和维护操作质量保证(FO-QA/MOQA)报告。

这里介绍以下机载卫星跟踪装置:

(1) Flightcell DZM 2/3。Guardian Mobility 公司的 DZM2 和 DZM3 是在一个紧凑和轻便箱中同时提供 GPS 位置报告、数据和语音通信的仅有终端,如图 2.42(a)上所示。图 2.42(a)下分别为室外天线、手机和 FlightcellPro 手持电话。FlightcellPro 通过同时将一个或多个通信补充选项连接到航空手持电话中,在通信集成方面实现了飞跃。机舱内还可以使用辅助音频设备、内部通信/对讲机系统、DECT 无绳电话、手机。其中的第二个收发机连接了蜂窝调制解调器,提供语音、数据和跟踪业务(有蜂窝移动网络的地方),这比同类卫星(CDMA、GSM、第三代、宽带 CDMA、HSDPA)业务成本更低。这种硬件永久安装在带有内部通话系统的飞机上,但也是一个便携式型号。DZM3 只需要一个外部天线来工作,但 DZM2 必须与 Iridium9555 卫星电话和一个外部天线配合使用。DZM 通过录音方式传输业务信息和用户数据,作为内置和便携式卫星通信终端,集语音和数据通信于一体。连接设备可用于所有移动位置,为机组人员和乘客提供全球点对点通信。DZM 也可以发送短信,短突发数据以及来自其他设备的数据,如传真。该终端符合美国陆军战地力量配置(AFF)规定。

(a)　　　　　　　　　　(b)　　　　　　　　　　(c)

图 2.42　Guardian 跟踪设备系列(图片来源:Guardian Mobility 公司)

(2) Guardian 7。该终端是一个坚固的、全功能型模块化系统,非常适合那些希望通过及时接收数据来降低成本,或希望通过双向文本消息与飞行员进行双向通信的机群运营商,如图2.42(b)上。在图2.42(b)下展示了室外天线和掌上电脑。它在飞机上提供自动飞行跟踪、文本、语音、OOOI(推出/起飞/着陆/到达登机口)和飞行数据监控模式。Guardian 7系统组件包含GPS/Iridium硬件、用户服务界面和合作伙伴应用程序。它使用机载传感器来收集信息,如门的开/关情况、起落架收起/放下状态、发动机启动/关闭状况。这些信息被自动传输到地面,降低了数据输入的成本,提高了操作效率和记录的准确性。Guardian 7端对端传输配有一个基于网络映射的接口,可以从几乎任何地方自由访问,包括掌上电脑和智能电话。

(3) Guardian 5。这款9206Iridium可配置和手动定位调制解调器,提供实时自动飞行跟踪和双向文本信息,见图2.42(c)上。作为一个独立的系统,它可以从一架飞机移动到另一架,而不需要补充认证。定期位置报告会以用户定义的频率自动发送。按下专用按钮可发送标记(MARK)和警报(ALERT)报告。无论是预格式化的还是自由格式的短信,都可以实时发送。这样,定期的自动飞行跟踪报告提供位置、高度、速度、航迹和时间,飞行员可以选择报告时间间隔。地面上的授权用户,可以查看当前航班的位置报告,或者选择过去的航班在交互式地图上查看历史轨迹。MARK按钮允许飞行员立即标记一个航路点,并以特殊报告形式向地面发送该位置。"报警"按钮允许飞行员向地面救援设施发送带有报警状态的即时位置报告。定期的飞机位置报告能够以用户可选择的速度发送,直到警报被取消。地面或飞行员可以输入多达150个字符的自由格式文本信息,并立即发送。或者,飞行员可以选择99条录音信息中的任一条。

(4) Guardian 3。这个9602可配置的跟踪报告间歇式调制解调器,使用双工Iridium网络,类似于在单工Globalstar网络中使用,如图2.42(c)下所示。该设备是一种多功能的飞机跟踪产品,可作为运行在Iridium网络上的便携式或永久安装设备。该产品提供各种天线配置,非常适合需要飞机位置和状态信息的自动飞行跟踪用户或机群运营商。

(5) IridiTRAK RST430。该Beam终端是使用最新技术提供全球警报、跟踪和监控业务的小型设备。凭借其内置的16通道GPS接收机,Iridium短突发调制解调器和双模天线,可以跟踪世界上任何地方的所有移动资产,包括飞机,其中带有天线的终端如图2.43(a)所示。任何资产、移动平台或人员的位置和状态消息,都可以简单方便发送并报告。智能IridiTRAK允许对设备进行配置,以便可以按配置的时间间隔发送位置报告。它可支持独立的告警/警报管理系统,也可以与跟踪应用结合使用,它的后台始终在运行警报模式,可以定期跟踪任何资产或人员,让您高枕无忧。它的界面可以处理多个报警激活点,可以是物理按钮或数字输入。当发出警报时,这将自动向预定目的地发送警报通知。传送目的地可以是指定的任何 IP 地址或任何电子邮件地址。警报消息可以通过短突发数据发送,短突发数据直接连接到 Leotrak – 在线连续警报,直到重置保护密码。基于数据包的短突发数据,设备可以非常及时地发送和接收小数据包,短突发数据按字节收费。

(6) RST425 短突发数据调制解调器。这款 Beam 数据调制解调器是一款坚固的数据终端,它将 Iridium 9601 短突发数据模块、内置的 9 ~ 32V DC 电源以及 RS232 接口集成到一个外壳中,可用于各种移动应用,包括飞机,如图 2.43(b) 所示。该终端提供串行接口和双磁安装天线。

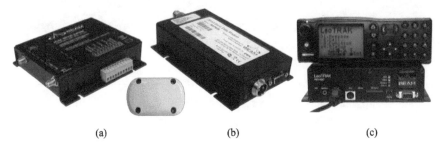

(a)　　　　　　　　　(b)　　　　　　　　　(c)

图 2.43　机载卫星跟踪终端(图片来源:Beam 公司)

(7) Leotrak RST 480。Leotrak 运用最新技术,通过 Iridium 网络和全球 GSM 网络支持全球警报、监控和跟踪应用,实现最低成本的通信,如图 2.43(c) 所示。它有一个内置的 Iridium 9601 短突发数据模块,四模式 GSM 模块和一个超级灵敏 GPS 接收机,为全球跟踪和警报应用提供精确定位。当与批准的附件和可选的 Beam RST045 控制面板一起使用时,它可以选择是使用卫星消息传递还是 GSM 消息传递,或者 GSM 模块上的语音呼叫。该设备可以根据需要发送跟踪和警报消息,或者存储在本地 SD 卡上以备将来检索。该系统还支持内置备用电池,为简单的消息应用使用紧凑的控制面板。先进的 LeoTRAK 管理系统使该终端高度可配置,支持各种应用监控、控制内部和外部事件。当 LeoTRAK 设备配置向其他第三方应用发送消息时,该设备可以无缝连接到 Beam LeoTRAK – Online 全球机群管理系统(www. leotrakonline. com)。

(8) Spider S3。该终端对于集成了飞行员网站的飞机安全系统很有用。它是理想的便携式机载定位设备,专为流线形轻型飞机设计,可以在飞机之间拆装,如图 2.44(左) 所示。围绕 Iridium 9602 短突发数据收发机建造的 S3 装置只有 150g,通过飞机的辅助电源插座供电,并有一个内置天线。内部访问键盘允许飞行员通过 Iridium 网络向指定的接收者发送多达四条预定文本或电子邮件消息。该系统自动开启并监视每一次飞行。只需按下一个按钮就可以取消位置监控,飞行员可以在发生事故时手动激活紧急呼救警报。当飞行员起飞和着陆后,它还会自动向朋友和家人发送文本和电子邮件。飞行员网站包括一个自动填充的日志、飞行跟踪和一个社交网站。利用这个社交网络,飞行员可以"跟踪"其他飞行员,与其他人共享飞行,并加入或创建志同道合的飞行员小组,以分享信息以及对飞行的热爱。

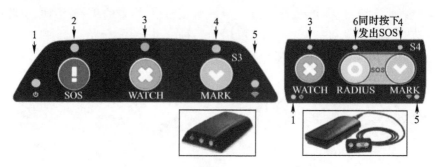

图 2.44　便携式卫星跟踪终端(图片来源:Spidertracks 公司)

1—电源开;2—SOS;3—设备开/关;4—信息发送标记;5—卫星定位;6—远程用户拨号认证系统。

(9) Spider S4。这种飞机的跟踪终端与以前的类似,它有一个现代的坚固设计,外部有三个按钮,如图 2.44(右)所示。它的附加功能使其成为商业运营商的理想选择。在紧急情况下,只需同时按下 RADIUS 和 MARK 两个按键,遇险信息就会立即通过文本和电子邮件发送给两级支持人员。如果警报在 15min 内未得到解决,则会升级到第二层。位置报告将增加到 30s,求救信息将包含遇险飞机的最后报告位置,以便开展救援。

2.1.2.8　个人卫星跟踪器

(1) E – Track Epsilon 个人跟踪器。该跟踪器是防水的信息传输和个人跟踪设备,提供实时自主和全球覆盖,如图 2.45(左)所示。装配 9602 Iridium 双向通信卫星调制解调器,得益于卫星技术和 GPS 的最新发展,它被公认达到了 IP67 防水等级。这种个人手持终端提供双向文本消息、利用预定义和自由文本发送求救消息、根据设定频率自动传输 GPS 精确位置、在不到 15s 内(几乎实时)接收位置和消息、提示音/提示灯告警、运动激活跟踪、可在预设时间或日期激活以延长使用时间,并且高度灵活、支持远程操作。它可灵活的选择电源(可充电或使用 AA 电池),重量低至 350g。

该装置面向人体工程学和自主使用,即使在最恶劣的条件下(IP67),也可由"电源开/关""帮助""发送"和"待机"按钮控制,还包括两个可编程功能键进

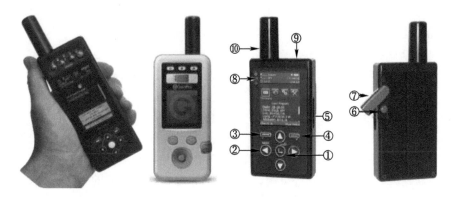

图 2.45　Iridium 个人卫星跟踪器(图片来源:Iridium 公司)

行"快捷方式"访问。它有测斜仪、高灵敏度振动检测、内置冲击传感器、GPS,以及与外部天线集成连接的 Iridium 内置天线。

(2) GeoPro 个人消息器. 该终端用于远程工作人员安全、位置感知和双向个人信息传输,如图 2.45(中)所示。当工作使员工脱离岗位时,他们通常没有可靠的手段来保持沟通。这不仅对生产有影响,而且在发生警报和紧急情况时,还威胁到他们的健康或安全。这是一款价格合理、坚固耐用的设备,支持全球双向文本信息传输。通过操纵杆移动显示菜单和键盘,该设备易于单手使用。

(3) NANO 个人跟踪器。这款终端在待机期间功耗很低,小于 35mA,如图 2.45(右)。使用内部 1.95 A – Hr 可充电锂离子电池,该终端能够在长达两个月的时间内,每小时发送 1 份位置报告(约 1200 份报告)。它配备了屏幕键盘,支持传输自由文本、录音信息以及它们的组合。它可以定期从待机状态激活,向指挥中心发送位置报告。有保护的 911 按钮用于快速发送紧急/警报通知。数据以标准或 256 位高级加密标准加密格式打包。个人双向卫星跟踪器外形袖珍,可独立使用,通过以下功能,实现超低功耗、高级加密标准 256 位发送和接收加解密、非常精确的 GPS 定位、实时报告和真正的全球覆盖。

①电源/输入键,按住两秒钟,打开/关闭设备,或用于选择菜单上突出显示的项目;②向上/向下/向右箭头键,用于移动光标,左侧箭头键用于移动光标或用于返回上一级菜单;③登记软键,用于进入登记;④航路点软键,用于访问航路点;⑤USB 端口,用于给电池充电、更新固件或使用计算机设置操作参数;⑥紧急键,用于向搜救和救援部队发送紧急警报、遇险和通知;⑦防护按钮,保护紧急按钮不被意外启动;⑧发光二极管,显示跟踪和紧急状态;⑨天线杆,GPS 天线;⑩天线杆,Iridium 天线。

该终端重量为170g,体积为 $4.0\text{in} \times 2.2\text{in} \times 0.8\text{in}(1\text{in} \approx 2.54\text{cm})$,内置可充电电池,使用交流适配器、电脑 USB 端口或太阳能充电。

2.1.2.9 卫星资产跟踪器和车队管理

在线跟踪平台是一个基于网络的、集成 Iridium、Inmarsat 和 GSM 的跟踪系统,与现代网络浏览器兼容,在多语言平台上工作,并通过单一用户界面进行管理。利用在线跟踪平台,资产位置和移动,包括位置、速度、高度和方向,可以通过 GPS 更新,在全球范围内进行实时跟踪。该平台可以通过网络将 GSM 和卫星跟踪集成在一个系统中,提供卓越的 GPS 跟踪和绘图而不需要特殊的硬件或软件,通过无缝的软件和固件更新,可靠地跟踪世界任何地方的人员、设备或车辆。另一方面,一些跟踪器可能使用适当的软件,而不是整个在线跟踪平台。

(1) Iridium 9602 微型收发机。这款短突发数据收发机旨在将其他主机系统硬件和软件,包括 GPS 接收机,集成到无线数据设备中,作为完整产品,开展特定应用。Iridium9602 是卫星数据采集与监控(M2M)系统的理想选择,包括跟踪船只、陆地车辆、飞机和设备监控。它被用作使用 Iridium 网络卫星跟踪器的基本单元,如图 2.46(左)所示。Iridium 9602 的一个独特之处是其内置的 GPS 输入/输出端口,允许系统集成商与外部 GPS 接收机接口,以便 GPS 和 Iridium 短突发数据使用单个双模 L 频段天线,节省了使用天线的成本。这款微型双向跟踪器很小,规格为 $41\text{mm} \times 45\text{mm} \times 13\text{mm}$、30g,非常适合用于快速增长的移动跟踪和车队管理。9602 非常紧凑的外形和较低的功耗,将为产品模块设计提供极大的灵活性。事实上,该收发机是一个单板核心收发机,作为一个"黑盒",所有设备接口都由一个多引脚接口连接器和天线连接器提供。该产品仅提供核心收发机和所有其他最终用户现场应用功能,如 GPS、基于微处理器的逻辑控制、数字和模拟输入/输出,电源和天线由系统开发商提供。此外,该设备连接有很多传感器,如里程、油耗、温度、门、货物等。

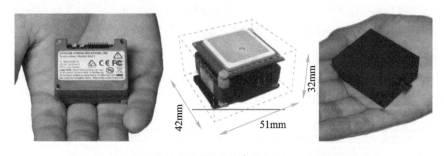

图 2.46 Iridium 微型追踪器(图片来源:Iridium 和 EX4U 电信)

(2) Iridium SL 微型跟踪器。这款集成了 GPS 接收机的短突发数据调制解调器是世界上最小最轻的 Iridium 跟踪器,其中 32 位 ARM 处理器采用完全用户定制的 LUA 脚本语言,内部尺寸为 1.77 × 1.77 × 1.34in(45mm × 45mm × 34mm),包括电池、调制解调器和天线,如图 2.46(中)所示。它基于最新的卫星、天线和电子技术研发,可以从世界任何地方传输位置信息,实时跟踪和监控所有移动设备,其真实大小如图 2.46(右)所示。

这款 Iridium 跟踪器性能如下:灵敏度为 163dBm 的 SiRFstarIV GPS 接收机、高级加密标准 256 位加密、内置 2.5 Ah 锂聚合物电池和充电器、电池电量计、加速度计和磁罗盘、集成 Iridium(SAT)和 GPS 卫星的双调谐高增益陶瓷天线以及原始设备生产商的可用选项。该追踪器提供以下服务:为船只、集装箱、陆地车辆和飞机提供集群跟踪服务,驾驶员电子日志合规性、燃油监控和后勤,具有加密功能的军用移动电话、士兵跟踪以及数据采集与监控系统(M2M)。

(3) Quake Q4000 跟踪器。Iridium Q4000i 很小,足以放在美国 Quaker 公司生产的手柄中。它是一个双向加固调制解调器,可以将 Iridium 和 GSM 地面网络双模与 GPS 结合成一个多功能、一体化的移动资产跟踪单元,如图 2.47(左)所示。Quaker 公司还提供相同的 Q4000 调制解调器,可选择 Inmarsat、Globalstar 和 Orbcomm 业务,与 50 个 GPS 接收通道和 GSM 蜂窝集成服务。从技术上来说,这是一个短突发数据收发机,用作使用 Iridium 网络许多移动跟踪器的基本单元,例如远洋船舶和集装箱跟踪,以及陆地车辆和飞机跟踪。2014 年,由本书作者领导的德班理工大学空间科学中心向国际民航组织提出了将 Q4000 终端和赫希曼(Hirschmann)天线集成到全球飞机跟踪网络中。此外,没有集成 GPS 的单元可以通过监控和数据采集系统(M2M)网络实现对许多机器、管道、设备、仪器、发电站等的监控。该跟踪器提供以下接口:3 个串行 RS – 232C、J1939 can 总线、2 个模拟输入/输出、8 个数字 GPIO 和数字输出(中继器)。其尺寸为 99.3mm × 64mm × 15.9mm,重量为 170g。图 2.47(中)显示了与 Iridium/GPS/3G/GSM 无线局域网和其他移动应用配合使用,基于螺栓、磁性或黏合安装的 Hirschmann 薄型 Iridium 天线(63mm × 63mm × 18mm),可用于 Q4000i 和所有移动设备上的其他卫星跟踪器。

(4) Quake Q – Pro 多用途跟踪器。这个终端很小(119.2mm × 119.4mm × 57.6mm,390.6g)但很坚固,内部包括 GPS/Iridium、Globalstar、Orbcomm 和 GSM 调制解调器,具有多种定制选项,包括操作网络、内存、输入/输出、CAN 总线和天线检测,如图 2.47(右)所示。它集成了一个应用编程接口,允许开发人员利用其功能创建定制的终端应用程序。它通过多个卫星和地面网络提供可靠的单向或双向数据通信。

对于移动定位和导航应用,Q – Pro 配备了先进的 50 通道 GPS。因此,这种

图 2.47　带天线的 Iridium 移动跟踪器(图片来源:Quake and Hirschmann 公司)

独立灵活的跟踪器是为多种应用而设计的,是任何移动和固定应用系统开发人员的理想选择。船舶、集装箱、卡车、火车和飞机等移动资产也可以得到更安全的监视和管理。它可用于全球船舶、集装箱、卡车、火车和飞机的跟踪和监控。

(5) NAL9602 - LP 跟踪器。这是一个袖珍、低成本的卫星跟踪器,由 NAL 研究公司设计,与 Iridium 低地球轨道卫星网络一起运行,如图 2.48(左)所示。它是一个独立的设备,依靠内部微控制器/GPS 接收机进行卫星跟踪工作。它的尺寸为 2.7in × 2.2in × 0.9in,重量不到 5 盎司(1 盎司≈29.57cm³),可以连接到高价值、无系缆或无动力的资产上,如集装箱、浮标、驳船、轨道车、拖车,甚至可以连接到人身上。军方还使用它来跟踪对环境要求高的平台,包括直升机、固定翼飞机、无人驾驶飞行器、火箭、高空气球、海船、快艇、地面车辆以及人工和空中部署的遥感器。该设备采用超低功耗电子器件。在待机模式下,该设备在3.5 ~ 5.5V DC 输入条件下功耗小于 65μA。因此,使用 2A - Hr 锂电池(AA 碱性电池大小),它能够不间断地在长达两年的时间内,每天发送报告两次。通过使用内置的运动传感器来降低平台不运动时的报告频率,可以进一步延长电池寿命。9602 - LP 终端可以以预编程的间隔发送标准或 256 位高级加密标准加密的 GPS 报告,间隔从每四秒钟一次到每七天一次。当终端在远处时,可以远程更改消息发送间隔。有一个可用的串行端口,可用于与外部传感器或数据终端设备或掌上电脑通信。此外,还有七个独立的输入/输出连接器,用于与外部传感器接口。该终端还有一个有防护的紧急开关,用于在紧急情况下向接收者发出警报。它有五个发光二极管指示器,可显示电源输入、GPS 定位、Iridium 连接、短突发数据传输和紧急警报等状态。

(6) TransMedia TechnologyG200R 全球跟踪器。该终端也是由 TransMedia Technology 公司设计的袖珍跟踪器,其中调制解调器如图 2.48(中)所示。其无线电系统有以下技术特性:G200R 系统中的双组件(Iridium 和基于 GPRS)在几秒钟内将数据从全球各地发送到服务器,延迟极小;根据陆地无线电信号在卫星和蜂窝(GSM)网络之间自动切换;具有非常高效的 Iridium 空中时间控制以节省通信成本,其成本低于通过 GSM 网络发送短信。

该终端使用 19 针输入输出接口进行软件配置,其中 5 针提供中继高功率输出、汽车点火继电器、警报器、中控锁和车灯。它还提供振动传感器、燃油液位传感器、温度传感器接口,1 个模拟输出、4 个模拟输入接口,1 个串行端口(RS232),GT – CAM 视频、RFID 阅读器、音频麦克风和扬声器接口(仅限 GSM 电话通信),外部设备电源接口和两个 LED 状态。这种 Iridium 跟踪器和所有其他类似的跟踪器可以连接到信息终端,该信息终端如图 2.48(右)所示。信息终端有小键盘和显示器,车辆驾驶员可以通过它向调度员发送短信。此外,它还使网络跟踪用户能够直接与驾驶员通信,并为驾驶员提供更强的监视能力,包括超速行驶时的警告。内置紧急按钮将通过电子邮件、手机向网络跟踪用户发送即时紧急消息,在这种紧急情况下,提供包含最新位置信息的即时通信。信息终端支持几种不同的语言,可以由网络跟踪用户设置。

图 2.48　带消息终端的 Iridium 移动跟踪器
(图片来源:NAL Research 公司和 TransMedia Technology 公司)

(7) Naviset GT – 10 混合跟踪器。该终端是面向移动用户的 GLONASS/GPS、GSM/Iridium 通用混合系统,如图 2.49(左)所示。它可控制车辆、燃油和装货港(POL),单线接口可支持多达八个温度传感器,同时与几个传感器一起工作,可通过 AIN、DIN、单线、RS232/485 接口与任何外部传感器连接,并能够识别具有射频身份证或触摸记忆钥匙的驾驶员。该跟踪器的主要任务是提供车辆位置,并通过通用分组无线业务(GPRS)或 Iridium 网络传输数据。数据仿真的通用接口可将终端集成到任何监控和支持软件中。两个 SIM 卡可以使语音和数据通信使用移动运营商在 GPRS 的漫游流量和 WIFI 网络覆盖,节省费用。与 Garmin 导航仪连接可与驾驶员进行信息交换,连接两个摄像机,可以监控驾驶室和车辆周围情况。语音功能提供调度员与驾驶员之间的通信,包括监听驾驶室。

(8) Naviset Seapoint。这个独特的混合 GLONASS/GPS 终端,其位置可在

Iridium网络内传送,是一个独立的导航信标,用于在独立模式下连续运行,确定可移动和固定物体的位置,传输与终端相连的地球表面任何点离散和模拟传感器的状态。其中的调制解调器如图2.49(右)。定位坐标数据传输既可以通过事件驱动,也可以根据时间表以自动模式进行。它支持内置温度控制的离散、模拟和频率传感器连接。

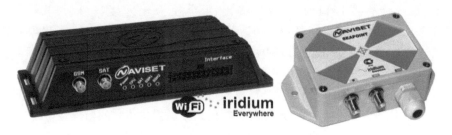

图 2.49　Iridium 混合跟踪器(图片来源:Naviset)

2.2　全球小型低轨全球移动卫星系统

本文所提到的小型低轨卫星之所以被称为"小型",是因为它们非常小(大小约1m³,重约100kg),而且它们位于低地球轨道。这意味着它们占据了距离地球700~1500km的轨道位置,相对于其他卫星系统来说,这是很低的。低地球轨道系统是一种非地球静止轨道系统,提供快速廉价的服务,并在市场上遥遥领先于他们的老大哥。大多数低地球轨道卫星是弯管或存储转发系统。弯管系统在用户之间实时地直接传递所有信息;而存储转发方式意味着卫星从网关接收信息,将其存储在星载存储器中,继续沿轨道运行,到下一个适当的地面站或用户处,将信息发送下去。

小型低轨卫星用户能够通过非常小的单向或双向卫星通信设备访问他们的空间和地面网络,这些设备包含一个全向低功率天线,重量不到半公斤。小型低轨卫星系统与其他移动卫星系统之间的主要区别是,它们专注于提供数据服务,而不是处理实时语音。用户可以从小型低轨卫星提供商那里获得的服务是信息传递,包括电子邮件和双向寻呼、有限的互联网接入和传真。小型低轨卫星系统的重要市场将包括远程数据传输、数字跟踪(针对运输管理市场)、环境监测、数据收集与监控系统(机器到机器)。

2.2.1　Orbcomm 小型低轨全球移动卫星通信系统

Orbcomm 系统是一个广域分组交换和双向数据传输网络,在移动、远程、半固定或固定用户通信单元(SCU),以及关口站或网关控制中心之间,通过小型低轨卫星星座和网络控制中心提供卫星通信、跟踪和监控服务。即,Orbcomm 是一个全球移动卫星系统,通过小型 GPS/Orbcomm 跟踪设备提供经济实惠的无线数据和消息通信服务。

该系统能够发送和接收双向字母数字分组消息,类似于众所周知的双向寻呼、短信或电子邮件。Orbcomm 网络通过世界上第一个商业小型低轨卫星慢速数据通信系统实现双向监控、跟踪和消息服务,其中的应用包括跟踪移动资产,如远洋航行船舶、渔船、驳船、集装箱、车辆、拖车、火车和城市轨道车辆、汽车、重型设备和飞机。固定服务是电力设施仪表、水位、油气储罐、油井、管道和环境的数据采集与监控(SCADA)或机器到机器,以及面向消费者、商业和政府的双向信息服务。

Orbcomm Global 公司位于美国弗吉尼亚州杜勒斯,由 Teleglobe 公司和 Orbital Sciences 公司共同拥有,利用世界上第一个基于低轨卫星的数据通信系统提供全球服务。美国联邦通信委员会(FCC)于 1994 年 10 月授予 Orbcomm 商业许可证,Orbcomm 系统于 1998 年开始提供商业服务。Orbital Sciences 公司是 Orbcomm 卫星设计项目的主要承包商。

Orbcomm 公司拥有并运营着一个由 36 颗低轨卫星和世界范围内部署的 4 个地面网关组成的网络。小型、低功耗、经过商业验证的卫星通信单元可以通过这些卫星和网关连接到私有和公共网络,包括互联网。通过这个网络,Orbcomm 系统几乎实时地向世界上任何地方发送和接收信息。Orbcomm 卫星有一个用户发射机,它提供连续的 4.8kb/s 下行分组数据流,甚至能够以 9.6kb/s 的速度传输。

各种应用生成重要信息,由一个适当的移动或固定用户通信单元收集并传输到 Orbcomm 星座中的一颗卫星。卫星接收这些信息后,将其转发给四个地面网关之一。地面网关通过卫星链路或专用地面线路将信息转发给网络控制中心。网络控制中心将信息发送给最终收件人(通过互联网,以电子邮件形式发送给个人计算机,通过地面网络发送给用户通信器、传呼机、传真机)。

包含关口站、网关控制中心、用户通信单元的 Orbcomm 空间和地面网络如图 2.50 所示。发自美国境外的信息通过国际网关控制中心以同样的方式发送到最终目的地。在反向模式下,发送到远程用户通信单元的消息和数据可以从使用普通电子邮件系统、互联网和 X.400 的任何计算机发出,然后关口站控制中心或网络控制中心使用 Orbcomm 的全球电信网络传输信息。Orbcomm 通过增值经销商为客户提供特定行业的专业服务。这些 Orbcomm 增值经销商为最终用户提供完整的产品服务和客户支持。来自世界各地的不同客户目前依靠

Orbcomm 卫星网络进行各种移动和固定站点数据应用,包括:

（1）监测和控制偏远或农村地区的石油/天然气开采、管道作业、储存、输送计量以及发电和配电资产;

（2）提供有关卡车车队、操作员和远程工作人员的信息;

（3）跟踪和管理施工设备、火车、城市轨道车辆、卡车、拖车、集装箱、船只、飞机,并定位和追回被盗车辆和货物;

（4）通用航空的天气数据。

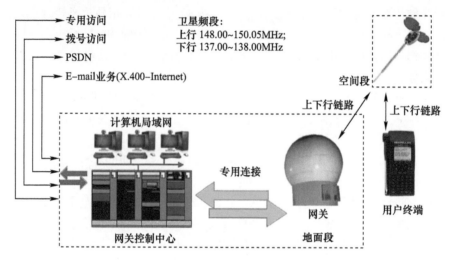

图 2.50　Orbcomm 系统概述（图片来源:Ilcev）

　　Orbcomm 系统允许用户在几乎全球覆盖的范围内,通过卫星网络跟踪、监控和管理远程资产,如图 2.51 所示。通过低轨卫星网络和区域性地面网关站,用户可以在世界任何地方与其移动或固定资产进行通信。Orbcomm 可以提供低成本高质量的服务,员工致力于满足所有潜在用户的特定需求。

2.2.1.1　空间段

　　Orbcomm 通信网络由 36 颗第一代卫星组成,运行在地球表面上方约 825km 的低地球轨道上。Orbcomm 还在开发第二代（OG2）卫星,将提供被称为卫星自动识别系统（S - AIS）的新服务。Orbcomm 卫星的主要功能是完成用户通信单元与美国网络控制中心,或者其他国家被许可的网关控制中心之间的信息交换,如图 2.52（左）所示。

　　Orbcomm 低轨卫星是"轨道数据包路由器",非常适合从移动或固定通信单元中"捕获"小数据包,并通过跟踪地球站转发到网关控制中心。

　　Orbcomm 卫星不断移动,因此大的障碍物不会妨碍偏远农村地区的可用覆

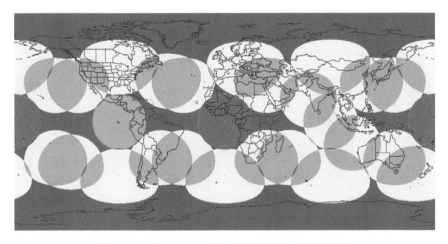

图 2.51　Orbcomm 卫星覆盖范围(图片来源:Lloyd)

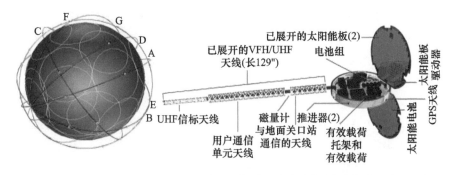

图 2.52　Orbcomm 小型低轨卫星星座和已部署卫星的结构(图片来源:Orbcomm)

盖范围。相比之下,GSM(蜂窝)的覆盖范围取决于塔的位置,通常集中在主要的高速公路和城市,不能到达偏远地区。而地球静止轨道卫星系统需要大型空间结构、昂贵和高功率的硬件。慢速数据传输、大型数据文件(如图片)或紧急响应不适用于 Orbcomm 应用。

如上所述,当前由 42 颗轨道卫星组成的 Orbcomm 星座是:

(1) 轨道面 A、B 和 C 与赤道成 45°角,每个大约 815km 高的圆轨道上包含 8 颗卫星。

(2) 轨道面 D 倾角也是 45°,在 815km 的高度,7 颗卫星在一个圆形轨道上。

(3) 轨道面 E 在赤道面上,有 7 颗圆轨道卫星。

(4) 轨道面 F 倾角为 70°,在 740km 高度的近极轨道上有 2 颗卫星。

(5) 轨道面 G 倾角为 108°,在一个近极椭圆轨道上有 2 颗卫星,高度在

785～875km 之间。

　　Orbcomm 网络取决于运行中卫星和网关的数量以及用户的位置。随着卫星随地球移动,每颗卫星直径约 5100km 的星下几何覆盖也随之移动。由于星座中有足够多的卫星,该系统可以在系统级提供冗余。因此,在卫星丢失的情况下,Orbcomm 将优化星座中剩余的卫星,以最小化卫星覆盖的时间间隔。因此,Orbcomm 星座能够容忍单个卫星的性能下降。

　　迄今为止,已经使用飞马座 XL 和金牛座运载火箭发射了 36 颗 Orbcomm 卫星。每颗卫星都基于 Orbitao Microstar 卫星平台。未展开的 Orbcomm 卫星看起来像一个圆盘,重约 43kg,直径约 1m,厚度约 16cm。发射后,圆形面板从两侧铰接,露出太阳能电池。这些面板在 1 轴上铰接,以跟踪太阳并提供 160W 的功率。最差的轨道条件,预期寿命末期,该卫星的电力系统设计为在轨道周期内平均提供约 100W 的功率。卫星太阳能电池板和天线在发射和部署过程中与其他有效载荷一起折叠成圆盘(也称为"有效载荷架")。一旦完全展开,卫星从一端到另一端的长度约为 3.6m,太阳能电池板横向跨度为 2.3m。卫星长吊杆是一个 2.6m 的 VHF/UHF 网关天线。图 2.52(右)显示了完全展开卫星的主要部分。每个卫星携带 17 个数据处理器和 7 个天线,设计每小时处理 50000 条信息。卫星转发器在 148～149.9MHz 接收速率为 2400b/s,在 137～138MHz 和 400.05～400.15MHz 发送速率为 4800b/s。该系统使用 X.400(CCITT 1988)寻址,消息大小通常为 6～250 字节(没有最大值)。表 2.3 列出了 Orbcomm 星座最重要的轨道参数。通信子系统是卫星上的主要有效载荷,由五个主要部分组成。

表 2.3　Orbcomm 卫星的轨道参数

背景	卫星类型:微型卫星(小型低轨项目)		
所有者/经营者:Orbcomm Global LP 公司,美国	稳定性:重力梯度辅助的磁力		
现状:运行中	设计寿命:4 年		
轨道高度:775/739km	轨道质量:1385kg		
轨道类型:低地球轨道	装载尺寸:1.83×12.50m,环形		
倾角:45°/70°	电力/SSPA 功率:135W(寿命末期)/10W		
轨道平面数:4/2	通信有效载荷		
卫星数量/轨道面:8/2	频带:		
卫星数量:32/4 小型低轨	业务/馈线上行链路 148.0～150.05MHz;		
覆盖范围:全球	业务/馈线下行链路 137.0～138.0MHz		
附加信息:通过 14 个遍布全球的地面网关站,系统提供数据和资产跟踪信息	转发器数量:6 个上行接收机;两个下行链路发射机;Ka 频段运行控制		

卫星	多址方式:FDMA/TDMA
卫星名称:Orbcomm	信道容量:总数据速率 15Gb/s
发射日期:1998 年 11 月	信道极化:圆极化
运载火箭:飞马 XL 和金牛座	EIRP:各覆盖区域不同
典型用户:全球移动信息服务	G/T:各覆盖区域不同
成本/租赁信息:约 9 亿美元	饱和磁通密度:高
主要承包商:Orbital Science 公司	

（1）作为主载荷,用户通信部分包括 1 个用户发射机、7 个相同的接收机以及相关的接收发射滤波器和天线。其中 6 个接收机用作用户接收机,另一个用作动态信道分配系统(DCAAS)接收机。用户发射机的工作输出功率高达约40W,尽管在正常工作期间输出功率较小。因此,发射机的功率可以在 5dB 范围内变化,步长为 1dB,以补偿老化和其他寿命退化。SDPSK 调制用于用户下行链路,数据速率为 4800b/s(它能够以 9600b/s 的速度传输)。卫星上行调制是SDPSK,数据速率为 2400b/s。升余弦滤波用于限制频谱占用。

（2）Orbcomm 关口站通信部分包含针对地面网关的卫星发送机和接收机。单独的右旋圆极化天线用于发射和接收。Orbcomm 卫星针对地面网关发射机的射频功率为 5W。到地面网关的 57.6kb/s 下行链路信号使用时分多址格式、O – QPSK 调制。针对地面网关的接收机接收 O – QPSK 调制的 57.6kb/s 时分多址信号。接收到的数据包被路由到星载网络计算机。

（3）星载网络计算机从用户接收机和关口站接收机接收未链接的数据包,并将它们分发到适当的发射机。计算机还通过动态信道分配系统接收机和算法识别上行链路信道,并与 GPS 接收机接口,以提取与通信系统相关的信息。卫星上分布式计算机系统中的几个微处理器完成星载网络计算机的功能。

（4）超高频发射机是一种特殊构造的 1W 发射机,发射 400.1MHz 高度稳定的信号。发射机耦合到一个超高频天线,天线的最大增益约为 2 dB。

（5）卫星用户天线子系统包含 1 个可展开的天线支架和安装在它上面的 3个独立圆极化螺旋天线单元。

姿态控制系统是为了保持卫星本体和太阳帆板的指向。卫星必须保持卫星本体指向,以保持天线子系统朝向地球。太阳能帆板指向使太阳能电池收集的能量最大化。这种卫星采用了一个三轴磁控制系统,该系统与传感器结合使用。这种卫星也通过星载 GPS 接收机获得其位置信息。A/B/C 三个卫星轨道面,同一轨道平面内的卫星之间保持 45° 的间隔。轨道面 D/E 的卫星间距为 51.4°,而高度倾斜卫星轨道面(F/G)的卫星间隔为 180°(±5°)。用于从运载火箭上释放卫星的弹簧给了它们初始的分离速度。当达到相对在轨卫星间距时,使用加压气体来完成制动操作。Orbital Sciences 公司的编队保持技术将保持卫星平面内各卫星之间的间隔。好处之一是,与地球静止轨道卫星不同,使用燃料不影响卫星的预期寿命。

2.2.1.2 地面段

Orbcomm 地面段拥有 Orbcomm 系统的大部分智能,包括地面关口站、控制中心、移动和固定用户终端。还有一个控制卫星星座和轨道的卫星控制中心。

网关包括地面关口站、网关控制中心和位于杜勒斯的 Orbcomm 总部的网络控制中心。在美国有四个地面关口站,分别位于亚利桑那州、乔治亚州、纽约州和华盛顿州。网络控制中心还充当北美的网关控制中心,并管理全球的整个系统。Orbcomm 网关连接到拨号电路、专用线路或互联网。用于个人消息传递的手持用户通信单元是用于远程监控和跟踪应用的固定和移动设备。

(1)地面关口站(GES)。Orbcomm 致力于继续部署更多区域站,为世界所有主要地区提供近实时服务,并开发和发射新一代卫星,以增强和扩大当前系统的能力。Orbcomm 地面关口站分布在全球多个地点,将地面段与空间段连接起来。地面关口站提供以下功能:根据网关控制中心的轨道信息捕获和跟踪卫星;在全球各地连接地面和空间段;发送和接收来自卫星的信息;发送和接收来自网关控制中心或网络控制中心的信息;监控本地地面关口站硬件和软件的状态;监控"连接"到网关控制中心或网络控制中心的卫星系统级性能。地面关口站是冗余的,有两个可控的高增益甚高频天线,在卫星从上空飞过时跟踪它们。它以 56.7kb/s 的速度、149.61MHz 的中心频率、200W 的标称功率向卫星发射。它接收来自卫星的 137~138MHz 范围内的 3W 信号。这些上行和下行信道的带宽为 50kHz。地面关口站的任务是在地面和卫星星座之间提供射频通信链路。它由中等增益跟踪天线、射频和调制解调器以及用于发送和接收数据包的通信硬件和软件组成。获得 Orbcomm 许可证的用户需要一个网关来连接到可视其服务区域的 Orbcomm 卫星。也就是说,网关由一个网关控制中心、一个或多个地面关口站站点以及提供接口通信的网络组件组成。

(2)网关控制中心(GCC)。网关控制中心位于允许使用 Orbcomm 系统的区域,提供以下功能:位于 Orbcomm 被许可的任何地方;基于地面系统连接远端的用户通信单元;通过 X.400、X.25、租用线路、拨号调制解调器、公共和私人数据网络以及包括互联网在内的电子邮件网络进行通信;高效地将新的或现有的客户管理信息系统与 Orbcomm 基础设施相集成。

(3)网络控制中心(NCC)。网络控制中心通过遥测监视、指令和任务系统分析,管理 Orbcomm 通信网络元素和美国网关。它提供 Orbcomm 卫星星座的网络管理,由 Orbcomm 认证的操作人员全天 24 小时值班,具有以下主要功能:监测 Orbcomm 卫星的实时和延时遥测数据;向卫星发送实时和存储的命令;提供工具和信息,协助工程部门解决卫星和地面异常情况;对所有卫星和地面遥测数据归档以供分析;监视美国地面关口站的性能等。

网络控制中心管理整个 Orbcomm 卫星星座及其运行,并分析所有卫星遥测数据。网络控制中心负责管理全球的 Orbcomm 系统。通过 OrbNet,网络控制中心监视整个 Orbcomm 系统的信息流量,并管理通过美国网关的所有信息流量。网络控制中心位于弗吉尼亚州的杜勒斯,一年 365 天、一天 24 小时都有工作人员。2000 年建成了一个备用的网络控制中心,在网络控制中心发生故障的情况下,可以恢复网络控制中心的关键功能。

(4)卫星控制中心(SCC)。卫星控制中心位于被许可使用 Orbcomm 系统的区域,提供对 Orbcomm 卫星星座的控制。

(5)卫星通信单元(SCU)。卫星通信单元是移动和固定终端。它是一个无线甚高频调制解调器,将用户发送的信息发送到 Orbcomm 系统,然后通过关口站发送给收件人,并接收 Orbcomm 系统发送给特定用户的信息。制造商有不同的专有设计,每个型号都必须得到 Orbcomm 的批准,并遵守 Orbcomm 空中接口规范、用户通信器规范和 Orbcomm 串行接口规范(如果有 RS - 232 端口)。目前有不同类型的卫星通信单元可用,其中包括带有 RS - 232C 数据上传和下载端口的工业用"黑盒"。许多卫星通信单元目前还包括内部 GPS 接收机和/或额外的数字、模拟输入输出端口。

2.2.1.3　用户段

Orbcomm 系统旨在实现不同的远程无人固定或移动调制解调器、不同地域和不同用户信息汇聚中心之间的短消息通信。Orbcomm 硬件和软件支持全球分组交换双向数据通信业务,针对短消息和小文件传输进行了优化。

(1)Magellan GSC 100 终端。这是世界上第一个手持卫星终端,可以在覆盖区域的任何地方收发文本和电子邮件,其中第一代用户通信终端如图 2.53(左)所示。该装置分别使用 Orbcomm 网络和 GPS 系统提供通信和导航。集成的 GPS 接收机帮助人们识别位置、导航、存储航路点,并将这些信息发送给世界上任何地方的任何人。与传统的座机、蜂窝/寻呼系统不同,GSC 100 终端和 Orbcomm 网络在世界上地面电信网无法到达的偏远地区工作。

信息传递功能允许通过 Orbcomm 移动卫星通信业务进行全球信息传递。通过互联网寻址、易于使用的菜单驱动界面,它可以向任何地址发送和接收简短的、被称为 GlobalGrams 的全球电子邮件,可以存储多达 100 条消息和 150

图 2.53　两代用户通信终端(图片来源:Orbcomm)

个电子邮件地址,可以以预先选择的时间间隔发送和接收消息,并自动唤醒。GPS 功能提供全球导航和定位,显示位置、速度、距离、剩余时间,持续指向目的地并保持真实路线,用轨迹绘图仪显示行动轨迹,存储多达 200 个用户定义的航路点,通过将 GPS 位置插入全球地图来转发当前位置。该终端配有伸缩鞭状天线、可充电镍镉电池包和通用交流转换器、更新软件、数据和电源延长线以及说明手册。作为可选项,也可以提供外部 GPS 天线、固定甚高频天线、GPS/甚高频组合磁性安装天线和 GPS/甚高频组合车顶或行李箱顶部安装天线。

（2）Stellar DS300 终端。该终端是一个双向卫星通信器,用于 Orbcomm 网络,第二代如图 2.53(中)所示。对于跟踪、监控全球固定和移动资产并与之通信的用户,DS300 终端是一个完整的硬件系统。它具有卫星调制解调器、用户可编程应用处理器、集成 GPS 接收机、充足的软件可配置 I/O 选项和电池充电器,可封装在坚固的汽车级外壳中。世界级的设计和稳定的性能使 DS100 成为运输、重型设备、海洋、航空和许多其他市场使用的可靠终端。该卫星调制解调器可配置 8 个数字输入或输出通道、4 个模拟输入通道和 8 个 GPS 接收通道。它的用户可编程应用处理器可以针对服务提供商或客户的不同应用,方便地提供增值业务。

（3）Quake Q4000 终端。该终端具有很高的性价比,完全可编程的卫星和GSM 数据调制解调器,具有 22 通道 GPS 全球跟踪能力,如图 2.53(右)所示。它具有与前面提到的 Q4000i 几乎相同的技术性能,可用于数据采集与监控系统(M2M)以及企业对企业的互联网,该互联网链接世界任何地方的陆地、海洋或航空资产和设备。

（4）Orbcomm OG2 - GPS 调制解调器。该跟踪单元通过低轨 Orbcomm 甚高频卫星网络为海洋、重型设备、运输、农业和其他市场提供连接,其第三代如图 2.54(左)所示。该设备的机械特性为 $40mm \times 70mm \times 0.5mm$,其中 Mini PCI Express 具有 52 针边缘连接器和 0.8mm 间距。它的输入电压为 2.8 ~ 15V 直流电,发射模式下的输入电流为 1.6A,GPS 开启时为 35mA,接收模式下为 70mA。

（5）Orbcomm GT 1100 调制解调器。该装置由太阳能充电电池供电,能够完全掌控移动资产和集装箱,如图 2.54(右)所示。

图 2.54　第三代用户通信终端(图片来源:Orbcomm)

2.2.1.4　Orbcomm 卫星资产跟踪和车队管理

为了加强运输系统的安全,有必要为所有移动平台,特别是船只和飞机实施卫星资产跟踪。Inmarsat、Iridium、Globalstar 和 Orbcomm 运营商提供全球双向数据传输设备,大小与 CD 播放器相当。由于消耗电能的减小,太阳能或电池电源可以有效地支持这些装置工作,从船舶、集装箱、车辆、货车机车和飞机远程收集位置、速度和时间数据,传送到跟踪控制站。本书作者已经为包括生物在内的所有移动卫星资产跟踪应用开发了项目。在此只介绍两个 Orbcomm 卫星和车队管理终端。

（1）OrbcommPT - 7000 重型设备管理终端。该终端集成了蜂窝和其他可选的卫星跟踪器,以防监控设备在 Orbcomm 卫星覆盖范围之外,如图 2.55(左)所示。该卫星资产跟踪终端为建筑、采矿、铁路和公用事业行业使用的重型设备和车辆提供全面的监控。作为包括传感器、传输和应用在内的综合远程信息处理系统的一部分,PT - 7000 作为蜂窝或卫星蜂窝双模终端,使客户对其重型设备车队完全可见和控制,并使他们通过访问和分析实时数据更有效地管理运营。它接收资产状态更新和引擎警报,配置报告间隔,寻求资产位置等。卫星传输选项可用于关键应用,以确保警报传递和响应。当检测到特定条件、超过阈值、资产已打开、发动机读数超过阈值、资产进入或离开了某个区域、检测到低油压等时,它还会发出实时警报。它提供了准确的状态和位置信息以及关键的运行指标,所有用户都可以在世界任何地方主动管理他们的车队。通过利用有价值的设备使用和维护报告,客户知道他们的设备在哪里,是否有生产能力或需要维护,油压是否在限制范围内,以及如何使用它来更好地分配资源和提高运营效率。此外,设备告警,包括未经授权的移动或超出规定的传感器读数,如油压损失或冷却液温度高,可以快速传达给移动单元,确保及时响应。警报发出的必要时间要小于 30s,轮询响应时间为 2～3min。该终端提供位置变化、运动启动/停止、基于条件的故障代码、发动机/怠速时间、油耗、电池电压、天线连接/断开和预定义的事件触发等状态报告。它有 4 个数字输入接口、2 个数字输出接口、2 个上拉接口、2 个下拉接口、4 个模拟输入接口、4 个 1(/2)控制器局域网/J1939 总线端口、2 个(/1)串行端口、发光二极管和蓝牙低能耗(BLE)接口。

图 2.55　用于车队管理的终端(图片来源:Orbcomm)

(2) RT - 6000 全球运输管理终端。该终端可与 GPS 和双模蜂窝集成,具有许多监控传感器的接口,用于卫星跟踪和管理,如图 2.55(右)所示。加固的 RT 6000 + 为全球运输公司的调度和运营中心、维护组织和运营经理提供可见性、控制和决策依据。通过与任何冷藏资产的独特直接接口,该终端提供了全面的温度和燃油管理、维护、物流管理,彻底改变了冷藏运输方式,图 2.56 中显示了安装在卡车上的跟踪传感器。客户可以对他们的冷藏或任何运输业务即时做出重要的决策,从而在运输系统运营方面进行更明智的投资,节省成本,并改善端到端运营。通过双向接口,该方法提供了业内最有效的冷藏和车队管理工具,以实现最大的合规性、效率和投资回报。

2.2.1.5　Orbcomm 卫星自动识别(S - AIS)业务

Orbcomm 低轨卫星运营商为远洋船舶提供卫星自动识别系统,船载广播系统传输从地面网关站接收的船舶身份、位置和其他关键数据,用于协助导航和改善海上安全。以类似的方式,自动识别系统可以应用于航空,飞机位置和其他关键数据可以用来帮助飞行和提高航空安全。

目前大多数陆基无线电自动识别系统已经由国际海事组织实施,这种系统仅在海岸线附近提供甚高频有限覆盖,无法提供全球覆盖。由于使用了完全的

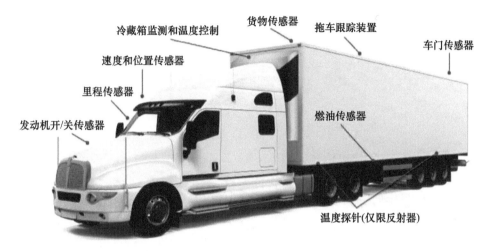

图 2.56　卡车上的跟踪传感器(图片来源:Orbcomm)

卫星自动识别系统(S – AIS)数据业务,Orbcomm 系统克服了无线电自动识别系统的许多问题,该业务能够以经济有效和及时的方式监测远远超出沿海地区和地平线的海上船只,并将这些数据通过地面关口站发送到沿海监视中心或跟踪控制站。为了扩展无线电自动识别系统的覆盖,一些机构和公司开始开发卫星自动识别系统。

　　也就是说,使用卫星的自动识别系统接收机将能够大大扩展甚高频自动识别系统的范围,并使其更容易监测船只和捕鱼海洋导航区。Orbcomm 是第一个以这种方式使用卫星自动识别系统数据业务的商业卫星网络。2008 年,Orbcomm 发射了第一颗专门装备收集自动识别系统数据的低轨卫星,并计划将这些能力纳入所有未来卫星,以持续支持全球安全和安保。Orbcomm 的下一次发射于 2011 年。

　　如图 2.57 所示为本书作者提出的卫星自动识别(S – AIS)与无线电自动识别(R – AIS)一体化系统的空间和地面配置。所有船只都从美国 GPS(1)或俄罗斯 GLONASS(2)接收全球导航卫星系统位置、速度和时间信号,超出无线电自动识别系统覆盖范围的船只通过服务链路(3)向卫星自动识别系统发送位置、速度和时间数据,该数据通过馈电链路传输到地面关口站(4)。另一方面,所有在无线电自动识别系统覆盖范围内航行的船只都将从导航卫星系统获得的位置、速度和时间数据通过无线电链路(5)发送到无线电自动识别系统基站,且所有这些船只都通过船间链路(6)进行自动识别系统数据通信。地面关口站和无线电自动识别系统基站将接收到的自动识别数据通过地面链路(7)转发到海岸监视中心进行处理。通过这种方式,可以在类似雷达的屏幕上显示某个航行区域内所有船只包括位置在内的自动识别数据,并用于碰撞规避。

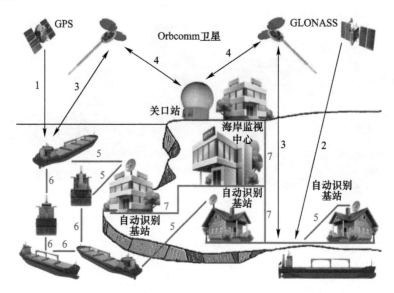

图 2.57　Orbcomm 卫星自动识别系统(图片来源:Ilcev)

2.2.2　Gonets 低轨全球移动卫星通信系统

苏联提出了两个 Gonets 卫星跟踪、通信和消息系统,它们同时使用超高频和 L/S 频段传输信道。这两个系统工作在 1400km 大倾角轨道,星下点直径达 5000km,将提供真正全球覆盖。其中一个系统 Gonets – D 最初在低地球轨道上发射了 8 颗卫星,并计划在不久的将来再发射 36 颗。此后,发射了一系列 Gonets – D1(1 ~ 6,12 ~ 14)卫星,以提供超高频和 L/S 频段通信信道。

2.2.2.1　空间段和覆盖范围

第一代 Gonets – D1 卫星于 2005 年 12 月发射,由 4 个平面上的 12 颗卫星组成,为俄罗斯机构提供移动电子邮件和短消息,如图 2.58(左)所示。因此,俄罗斯的小型低地球轨道卫星系统"Gonets – D1 M"(以下简称 Gonets),由 12 个 Gonets 卫星的星座和 4 个位于俄罗斯境内的区域网关组成。它与 GPS/GLONASS 系统相结合,可为 200000 多个固定和移动用户提供数据和远程信息传输服务,第二代 Gonets – M 航天器如图 2.58(中)所示,图 2.58(右)是处于开发阶段的第三代 Gonets – M1 卫星。

在俄罗斯这个世界上国土面积(包括水域)最大国家,GSM/GPRS 覆盖范围是有限的,在其覆盖范围之外,将 GLONASS 数据从用户传输到控制监测中心存

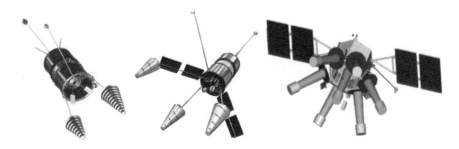

图 2.58　三代 Gonets 卫星(图片来源：Gonets)

在问题。目前，Gonets 通过 12 颗卫星进行覆盖，在南半球有盲点，而新计划的 Gonets 网络有 24 颗卫星，几乎完全覆盖全球，如图 2.59 所示。

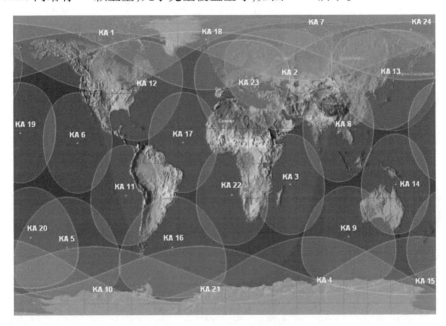

图 2.59　用 24 颗 Gonets 卫星扩大覆盖面(图片来源：Gonets)

　　图 2.60(左)中所示的每个网口站可见区域的直径约为 5000km，确保 100% 覆盖俄罗斯领土，包括其海上专属经济区和大部分欧洲和亚洲领土。未来，Gonets 运营商计划提供由 44 颗卫星组成的新星座，在这种情况下，可以对全球进行覆盖，与用户通信的等待时间将降至最低。此外，与 Globalstar 和 Orbcomm 类似，Gonets 需要在全球范围内建立许多网口站，并覆盖所有地区和海域。另一方面，Gonets 正计划为其新一代卫星星座设计星间链路。通过这种方式，类似于 Iridium，该系统不需要在全球范围内提供许多关口站，只需要为每个大陆提供 1

个或至多2个。

图 2.60　关口站和 Gonets – M 在轨卫星(图片来源:Gonets)

　　Gonets 卫星位于圆形近极低轨道上,运行周期约为 114min。Gonets 用户离两极越近,等待通信会话的时间就越短。它是个多功能卫星系统,用于为固定站、移动站和个人开展卫星通信和数据传输,可以为国家和私人客户提供包括极地在内的全球任何地点的通信服务。第一代 Gonets – D1 卫星已经被废弃;第二代 Gonets – M 目前正在提供服务,如图 2.60(右)所示。如前所述,新的 Gonets – M1 是 Gonets – M 卫星的下一代。这类卫星将配备一个全新的卫星平台,通信有效载荷的带宽将是原 Gonets – M 卫星的 10 倍,数据传输速率是 Gonets – M 卫星的 30 倍。表 2.4 给出了所有三代 Gonets 卫星的性能。

　　通信系统是半双工型,Gonets – M 用户终端天线是全向的,支持以下比特率:下行信道约为 76.8kb/s,上行信道为 9.6kb/s。Gonets – M 系统通过按计划和按需两种模式提供卫星与用户间的连接。

表 2.4　Gonets 三代航天器的性能

参数	Gonets – D1	Gonets – M	Gonets – M1
在轨寿命/年	1.5	5	10
比特率/(kb/s)	2.4	9.6 ~ 64	64 ~ 1024
转发器	1	14	50

2.2.2.2　地面和用户段

　　俄罗斯幅员辽阔,是世界上最大的国家,自然资源丰富,拥有非常重要的北海海上运输航线。俄罗斯新建立的新地岛东部航运路线被俄罗斯以立法形式确定,它从喀拉海沿俄罗斯北极海岸,沿着巨大的西伯利亚景观到达白令海峡,最后进入北太平洋。远洋船舶可以从北大西洋和挪威海通过北冰洋南部海岸到达太平洋的入口。整个海上航线和沿海领土都被 Gonets 卫星网络覆盖,该网络将在所有通过北海航道船只的通信、跟踪和测定方面发挥非常重要的作用。

Gonets 网络使用两个军用全球卫星导航星座,美国 GPS 和俄罗斯 GLO-NASS,由 Gonets 卫星地面设施监控,其基础设施如图 2.61 所示。Gonets 网络的地面段也包括 GSM/GPRS 网络,但这不是本书讨论的内容。所有 Gonets 用户都有特殊的设备,这些设备从两个 GNSS 航天器之一接收速度、位置、时间数据,然后发送定位数据,这使得跟踪所有移动资产(船只、公路和铁路车辆)的运动成为可能。理论上,这个系统也可以支持飞机和直升机。在俄罗斯领土上,有 4 个区域网关或地面关口站,它们从 Gonets 卫星接收数据并向其发送数据。这 4 个区域网关与莫斯科的通信控制中心(CCC)以及远程监控中心、本地监测中心有双向陆线通信线路。

图 2.61　地面和用户段(图片来源:Gonets)

更简单地说,定位数据是通过 Gonets 终端内置的 GPS 或 GLONASS 导航模块获得的。然后,定位数据通过 Gonets 卫星发送到 Gonets 地面区域网关站,在那里数据被接入互联网,进而传输到每个用户。如果移动资产在地面 GSM 网的服务区域内,定位数据的传输通过 GSM 信道进行,该信道可接入任何一个 Gonets 终端。因此,使用 Gonets 系统的 GLONASS/GPS 网络监控可以让您跟踪世界任何地方的移动物体。

如上所述,Gonets 低轨卫星系统是为固定、移动和个人数据通信而设计的,通过特殊 Gonets 收发机,可用于卫星资产跟踪,其配置如图 2.62 所示。通过 Gonets 网络可为承包商、农业、林业、电力、各种机械、陆地车辆、集装箱、火车、船舶以及未来的飞机和直升机提供卫星资产跟踪、数据采集与监视(M2M)服务。Gonets 系统为移动和固定用户通过互联网连接到台式机、笔记本电脑、平板电脑甚至智能手机提供卫星信道和位置状态警报,这些通信会话以计划和按需模式安排。

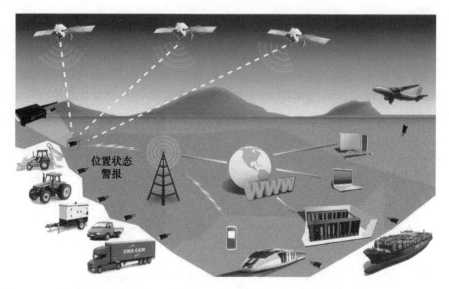

图 2.62　用于卫星资产跟踪、数据采集与监视(M2M)的 Gonets 移动用户(图片来源:Ilcev)

2.2.2.3　用户终端

Gonets 网络属于是 Gonets 卫星股份有限公司,该公司作为俄罗斯卫星通信和中继系统的运营商,由俄罗斯罗斯科莫斯联邦国家机构创建。它是一家在俄罗斯市场运营了 19 年的电信公司,是俄罗斯低地球轨道和中继卫星系统的独家服务提供商和运营商。

基于小型低轨卫星的 Gonets 网络,卫星轨道高度为 1400km、倾角为 82.5°,使得在世界任何地方提供通信服务成为可能。为了获得全球覆盖性,该网络应该在全球建立足够数量的网关站。这种系统对广阔的西伯利亚和远东地区尤其紧迫,在这些基础设施不发达和人口密度低的地区,除了卫星通信,几乎没有其他选择。在 Gonets – M 实验方案的架构下,开发了满足卫星数据通信市场需求的新型用户终端。Gonets – M 作为调制解调器连接到用户终端,可以为陆上移动和固定用户提供服务。

Gonets 用户卫星终端包括用于不同资产(包括移动和固定资产)之间实现数据通信的设备。在图 2.63(a)显示了安装在船上和各种陆地移动车辆上的移动有人值守用户终端,而图 2.63(b)显示了安装在固定位置的固定用户终端。图 2.63(c)和 2.63(d)分别是可移动用户终端和便携式无人值守用户终端。

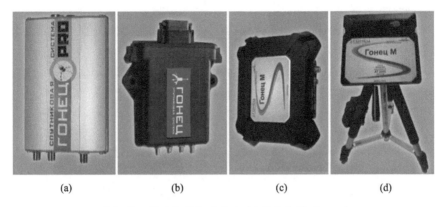

(a)　　　　　　　(b)　　　　　　　(c)　　　　　　　(d)

图 2.63　移动和固定用户终端(图片来源:Gonets)

　　如前所述,根据位置不同,Gonets 用户终端分为移动和固定两种,主要移动部件如图 2.64 所示。移动终端具有内置的 GLONASS/GPS,以指定的时间间隔接收和发送带时标的数据到监控中心。除了监控位置之外,Gonets 用户终端还提供个人通信(文本消息)、监控对象的远程信息数据传输以及发送警报。用户终端的状态修改分为"有人值守"和"无人值守",前者是由操作员(用户)配置终端,后者是终端自动完成配置,无需操作员参与。数据交换协议提供了对信息传递、信息可靠性和数据安全性的多种控制。另一方面,卫星信道受到保护,防止未经授权的访问,单元、组或循环寻址更利于这种保护。

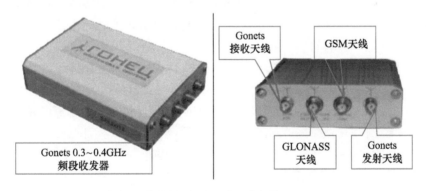

图 2.64　带组件的移动设备(图片来源:Gonets)

　　所有 Gonets 终端都有一个 GSM 通信信道,这有助于节省用户成本。当用户在 GSM 服务区域时,用户使用可用的地面网络。一旦用户离开 GSM 覆盖区域,终端就开始使用 Gonets 卫星信道。终端中两个通信信道显著提高了通信的整体可靠性。便携式"Gonets"用户终端配有可充电电池。

Gonets 网络提供的标称服务如下：系统内用户之间的全球消息传输；从
GPS/GLONASS 获得的定位数据传输；系统内用户和外部网络用户之间的全球
消息传输；向用户组发送循环消息；从受控资产到监控中心的数据传输；在
Gonets 卫星星下点语音连接（预期服务）。地面基础设施包括系统控制中心、
通信综合控制中心、区域网关和发射中心。地面关口站位于莫斯科、热列兹诺
戈尔斯克、尤奇诺 – 萨哈林斯克和蒂克斯。用户终端的技术性能如表 2.5
所示。

表 2.5　用户终端的技术性能

参数	数值
GPS/GLONASS 位置精度	优于 10m
发射机功率/W	8 ~ 10
调制方式	Gaussian MSC（GMSC）
供电	AC 220V ~ DC 12V
重量/g	100 ~ 300
用户 – 卫星传输速率/（kb/s）	2.4 ~ 9.6
卫星 – 用户传输速率/（kb/s）	9.6 ~ 76.8

Gonets 用户服务包括对公司、政府部门和个人通信网络的拓展。保密卫星
数据传输协议使数据拦截和破坏难以实现，从而确保信息传递的保密性和可靠
性。此外，卫星数据通信在紧急情况下的优势难以估量，尤其是在地面通信遭到
破坏的情况下。在这种情况下，卫星通信是在尽可能短的时间内传递至关重要
信息和消除各种影响的唯一手段。

为子孙后代我们要保护自然，利用 Gonets 网络对远程生态环境进行监测将
有助于建立一个综合性的环境监测系统，观察受保护自然区域的状况，评估和预
测各种自然和人为影响造成的环境变化。Gonets 使监测重要生态资产和区域成
为可能，无论它们离监测中心有多远。应用领域包括野火和自然资产污染紧急
预警系统、紧急警报、气象数据收集和许多其他领域。

2.2.2.4　航运和渔业监测网络

Gonets 卫星跟踪装置可为各种类型的远洋船舶提供通信服务，并解决了渔
船队的监测问题。这些安装在不同船只上的卫星数据终端能够以必要的频率传
输从 GLONASS/GPS 接收的渔船位置、速度和时间数据，也可以以所需格式传输
船只捕鱼日志数据。

此外，它还能够将文本消息发送到互联网的电子邮件地址及移动网络，移动
网络提供船员与岸上的通信。它还具有发送 SOS 信号（报警按钮）的能力。

图 2.65描述了航运和渔业监测网络,该基础设施传输不同的卫星信息,如文本、传感器状态信息和位置坐标,并分别通过关口站和区域监测线路发送到航运/渔业监测中心。

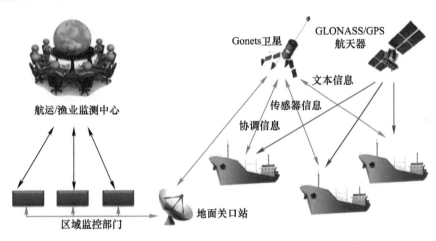

图 2.65　航运和渔业监测网络(图片来源:Gonets)

捕鱼船队的监测数据从船上的 Gonets 终端通过卫星传输到 Gonets 区域站,并从那里通过地面网络(互联网)转发给渔业监测通信中心的区域分支机构。图 2.66 所示的例子中是渔业监测通信中心勘察加地区分局监测捕鱼船队。

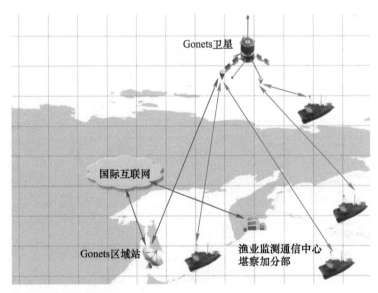

图 2.66　渔业监测通信中心堪察加分部(图片来源:Gonets)

Gonets 系统具有以下优点:包括北纬在内的全球覆盖,即使船只在运动,系统也能工作。GLONASS/GPS 接收机提高了处理后位置、速度和时间数据的准确性和可靠性。

2.2.2.5　运输监控和车队管理

Gonets 卫星系统可以在任何纬度和经度监测车辆。带有内置导航接收机的用户终端可以同时跟踪车辆的位置及其运动路线(路线模式),可以以预定的时间间隔生成、发送位置数据。当使用有人值守的用户终端发送位置信息时,可以与车辆上进行个人通信(终端连接到个人计算机)。当使用无人值守卫星终端时,可以自动收集来自车辆远程信息处理设备的数据并将其传输到监控中心。在这种情况下,终端连接到控制器,该控制器从车辆收集燃料水平、容器开关等传感器数据。

使用 Gonets 卫星的车辆监控系统可以显示全球任何地方的运输资产位置,包括 GSM 网络无法到达的区域,其中车队卡车的监控和管理场景如图 2.67 所示。目前,地面通信网络覆盖了 90%～95% 的俄罗斯联邦高速公路,如果离开这些高速公路,沿着本地道路行驶,客户可能经常不在 GSM 的覆盖范围内。反之,Gonets 卫星系统为地球上的任何位置提供通信,因此任何感兴趣的地区或国家都可以通过 Gonets 网络提供对自己移动车队的监控和跟踪。配有 Gonets 卫星系统终端和嵌入式定位接收机的运输资产可以通过 Gonets 卫星信道自动接收定位和跟踪数据并将其传输到用户监控中心。与此同时,Gonets 用户终端可用作卫星调制解调器,在运输资产监控信道提供个人通信。

图 2.67　卡车车队监控和管理(图片来源:Gonets)

2.2.2.6　石油和天然气基础设施的监测

基于 Gonets 网络的工业资产监控可从全球任何地点提供非常重要的信息。集成到机器(M2M)系统中的 Gonets 用户终端定期从受控资产的传感器中读取数据。

用于数据采集与监控系统(M2M)监控和管理的固定 Gonets 设备通过 Gonets 卫星、地面区域站、区域网关、互联网向监控中心发送数据,如图 2.68 所示。首先,所有数据采集监控系统(M2M)数据由固定的 Gonets 用户通信器接收,并临时存储在用户通信器的存储器中,在 Gonets 卫星飞越其上空或报警电路启动时进行传输,其基础设施如图 2.69 所示。如上所述,在此之后,存储的远程信息数据通过地面电信线路传输到数据处理中心,供进一步管理决策和行动。系统应用领域包括油气工业、电力工业、偏远地区的各种工业资产、防护对象等。

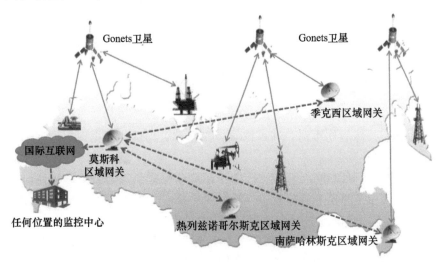

图 2.68　数据采集与监控系统(M2M)的监控和管理(图片来源:Gonets)

借助 Gonets 卫星系统可以建立各种机器到机器(M2M)静止物体监测和管理系统,如:安全资产;电网设施;天然气网络、管道、钻井平台、钻孔衬套;核工业资产;气象站;其他环境和工业设施。

该服务使用 Gonets 无人值守固定用户终端。用户终端连接到外部工业控制器,该控制器从各种传感器和其他设备收集信息。然后,数据被传递到 Gonets 终端,Gonets 终端生成一条消息,通过 Gonets 系统发送。定期监控的数据以及事件消息(包括警报信号)可以从全球任何位置进行传输。

借助 Gonets 卫星基础设施,可以建立各种多层次的监测系统。如果传感器和其他设备位于大范围的偏远地区,数据可以首先通过有线和无线接口收集到

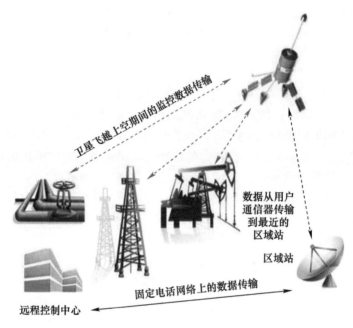

图 2.69　机器到机器传输（图片来源：Gonets）

中央控制单元，然后连接到 Gonets 终端。积累和处理后的数据可以通过 Gonets 卫星系统传输到互联网，世界上任何地方都可以通过网络连接获得这些数据。通过这种方式还可以建立监控系统，用作环境监测紧急报警系统以及任何工业系统监测，其中传感器和其他设备分布在缺乏通信设施、广阔的领土上。在这种条件下如果为每个设备都配备卫星终端费用昂贵。

　　图 2.68 是机器到机器（M2M）监控站（数据采集与监控）的示例，在俄罗斯南部 Krasnodar 镇附近的 Azov 凝析气田 Gazprom Dobycha 安装了 Gonets 终端设备。此类机器到机器站可为解决油气行业监控系统的以下问题提供可靠、高性价比的方案：

　　（1）输气网络增压泵站的控制，如图 2.70 所示；

　　（2）管道增压站的控制和传感器的数据传输（流量、压力、温度、过滤器压降、土壤温度、腐蚀速率等）；

　　（3）地质研究站的控制，业务公司及其区域分部控制中心的数据收集；

　　（4）井下套管和管道监控，以及控制中心的数据收集；

　　（5）向本地电信网络服务区之外的加油站提供通信支持；

　　（6）控制人员的位置和活动，并为他们提供个人通信（短信）；

　　（7）车队运行的优化和成本节约、驾驶安全的控制、石油产品运输的核算和

图 2.70　机器到机器站(图片来源：Gonets)

控制、特种车辆设备的控制和冰情的监测。

　　为了更清楚地了解机器到机器(M2M)监控和管理系统的设计。图 2.71 描述了使用 Gonets 卫星网络在监控系统中收集和通信的体系架构。

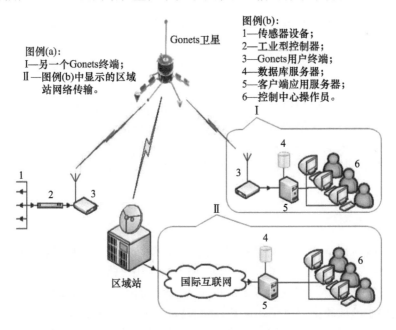

图 2.71　Gonets 机器到机器系统(图片来源：Gonets)

2.2.2.7　Gonets 全球信息系统

系统"Gonets – D1 M"支持标准邮件协议 X. 400 和 SMTP/IMAP。电子邮件可以在系统内传送,从一个 Gonets 终端发送到另一个终端,也可以与外部网络进行收发传递,如图 2.71 所示。

图 2.72(左)所示的 Gonets 传输系统,是点对点工作模式,有或没有关口站都可工作,图 2.72(右)显示了一种特殊业务,称为向移动或固定终端用户群的广播模式。

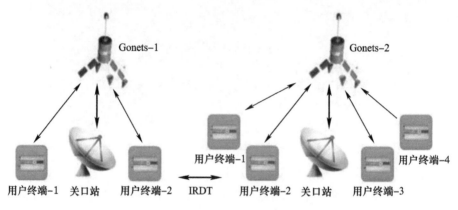

图 2.72　信息服务(图片来源:Gonets)

这两种解决方案都可以连接到 Gonets 跨区域数据传输(IRDT),以改进消息传输系统。

因此,消息发送者和接收者的地理位置不受限制,通过这种方式,Gonets 终端连接到个人计算机,允许用户在世界任何地方发送和接收文本消息。未来通过测试的终端将允许用户发送文件附件。信息传输可以以点对点方式,也可以以群发方式进行。如果消息接收人在卫星星下点覆盖区范围内,就立即传送给他。如果收件人在另一个地区,卫星会将信息传送到离他最近的地面区域站,在那里根据信息接收人的位置通过地面基础设施把信息发送给他。

2.3　O3b 中轨全球移动卫星通信网

O3b 网络是全球卫星服务提供商,为民用移动、固定和互联网业务提供商以及企业、私人、机构和政府客户开发下一代卫星应用。这个卫星系统为近 180 个国家的数十亿消费者和企业提供了低成本卫星通信服务。O3b 正在使用 2014 年开发的中地球轨道卫星星座,为固定和移动卫星通信客户以光纤速度提供新全球移动卫星通信服务。O3b 卫星系统的名称指的是"其他 30 亿"(other 3 billion),主要是为没有有线基础设施偏远国家的地面蜂窝电话提供回程服务。他们还将服务于现有的高端海运市场,如邮轮和商船行业。

2.3.1　O3b 空间段和延迟特性

O3b 网络目前由 12 颗卫星组成,位于一个圆形中轨星座上,距离地球表面约 8063km,如图 2.73 所示。在不久的将来,O3b 计划再发射 8 颗 MEO 卫星。

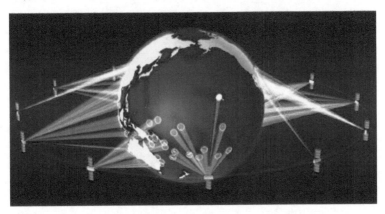

图 2.73　O3b 空间段(图片来源:O3b)

O3b 中轨卫星是高吞吐量卫星,往返延迟为 110 ~ 130ms,与地球静止轨道和低地球轨道卫星的比较如图 2.74 所示。无论是商业还是传统地面基础设施不可用或不可靠的地区,都可用高吞吐量卫星星座进行通信。这些星座以三种轨道中的一种环绕地球:地球静止轨道、中地球轨道和低地球轨道。地球静止轨道卫星从赤道上方 36000km 处跟随地球旋转,对于在地面上跟踪它的任何观察者或天线来说,它都是一个静止的点。当用于诸如广播通信和气象卫星时,由于大气折射、热辐射、视线障碍和地面信号反射等,随着地面观测者的纬度越来越高,通过地球静止轨道系统进行通信变得越来越困难。

低地球轨道星座运行在地球上空 700 ~ 2000km 轨道上,包括所有载人空间站和大多数卫星。在中地球轨道运行的航天器,在地球上方大约 2000 ~ 20000km,通常被称为"太空中的光纤"。与地球静止轨道星座中的大多数通信卫星相比,中轨和低轨卫星系统与其的主要差别是高度和延迟。位置就是一切,中轨和低轨卫星始终在头顶上运行,而不是像在地球上跟踪地球静止轨道卫星那样指向空间一个固定点。这种类型的轨道使它们能够通过由多颗卫星组成的星座提供恒定的覆盖,这些卫星离地球更近,以低延迟突显性能优势。另一方面,低地球轨道星座需要卫星间链路来提供全球覆盖,其有效载荷不能携带重型

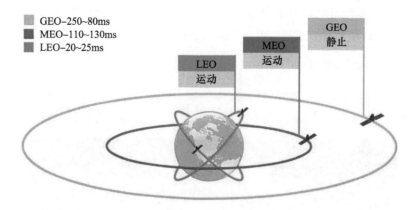

图 2.74　三个卫星轨道的往返延迟(图片来源:哈里斯·卡普克)

转发器,如地球静止轨道上用于电视和直播的转发器、DVB－RCS、全球卫星导航系统和一些军事通信载荷。

中轨卫星星座也有缺点,特别是 O3b 并不是真正的全球系统,因为它的实际覆盖范围在北纬 45°和南纬 45°之间,不能作为所有移动应用的可靠系统。此外,虽然 O3b 提供约 100Gb/s 的高吞吐量,但非常专业的地球静止轨道卫星 ViaSat－1 和 EchoStar XVII 提供 100Gb/s 以上的容量,是传统 Ku 频段卫星提供容量的 100 多倍。当 2011 年 10 月发射时,ViaSat－1 的总容量为 140Gb/s,比世界上所有其他地球静止轨道或中轨道商业通信卫星的容量都要大。由于高吞吐量 Ku 频段卫星和 Ka 频段卫星具有独特的覆盖能力、频谱效率、Mb/s 的较低成本,因此人们对使用它们的兴趣越来越大。与传统的 C 频段、Ku 频段卫星和地面网络相比,Ka 频段卫星提供了前所未有的吞吐量。

在 O3b 的一些演示中,可以看出通过地球静止轨道卫星,延时对语音的影响非常大。这里将介绍一些改善地球静止轨道卫星传输时延的技术,例如减少语音传输延迟的技术。可以通过给发送端一个确认来减小延迟,这个确认是在远端接收到一个字或一组字之前就期望得到。用于描述这种情况的另一个术语是协议欺骗。延迟的影响在很大程度上取决于应用程序,而不仅仅是到地球的距离。例如,地球静止轨道卫星几十年来一直被用作蜂窝网络的回程,具有最新回声消除和 IP 加速的新卫星提供了高质量的语音业务,为所有移动消费者完全接受。除了成本,时延是卫星网络对移动运营商提出的另一个挑战。时延影响了蜂窝 3G/4G 数据应用通过卫星发送时的响应时间,从而导致卫星容量浪费、链路利用率低和性能差。在这一点上,用来改善延迟的方法非常有限,可以做的是从应用程序的角度来帮助减轻延迟的影响。此外,高速缓存也有助于减少延迟。

另一种方法是传输控制协议(TCP)加速,通过智能回程优化器(IBO),每个移动用户数据流的 3G 协议被解开接入 TCP 连接,并应用 TCP/IP 加速。除了最大限度地减少延迟,这还降低了卫星带宽需求,增强了移动用户体验和网络性能,提高了网络吞吐量,改善了网络响应时间和可靠性。TCP 标准在广域网上受到许多限制,严重影响其性能,扩展加速器的 TCP 加速克服了这些限制,提高了所有 TCP 应用程序的性能。使用美国国家航空航天局空间通信协议标准(SCPS)加速器作为所有 TCP 流量的透明代理,再使用各种技术,例如扩大传输窗口以获得更高的吞吐量、克服 TCP 慢启动和高级拥塞避免机制,来减小延迟。完成发送端任务的设备称为协议网关,协议网关的基本配置和操作如图 2.75 所示。其使用互联网协议(IP)套件中面向 TCP/IP 连接的协议,协议网关在 TCP/IP 和针对卫星链路延迟和错误率属性进行优化的卫星协议之间进行转换。

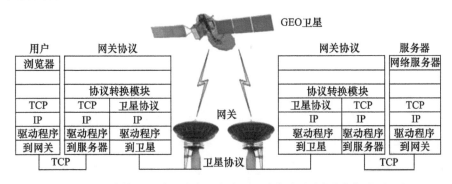

图 2.75　地球静止轨道卫星系统的协议网关基础设施(图片来源:Ilcev)

空间通信协议标准(SCPS)加速模式的许多其他功能也有助于以多种方式为卫星用户提供更好的应用性能。此外,由于多数的卫星流量是数据传输,用户对时延不像大多数宽带、媒体和移动应用那么敏感。4G 和长期演进(LTE)网络的部署是专家们持续关注的问题。到目前为止,地面软件在最大化 IP 和 Web 搜索效率方面取得的进展已经将延迟降至最低。

卫星上的优化是通过性能增强代理(PEP)技术进行的,该技术可以减轻地球静止轨道延迟的影响,帮助填充数据链路并提高网络性能。在卫星链路的两端安装一对性能增强代理可以欺骗每个本地网络,使其相信远程卫星链路网络就在隔壁。然而,并不是所有的性能增强代理模式都是相同的,捆绑卫星调制解调器性能增强代理模式的能力就受限于其能力,提供的结果有限。

与简单的性能增强代理模式不同,扩展加速器综合应用 TCP 加速、链路调节、压缩和特定加速技术,即使条件有所下降,也能提高应用程序的性能。它们提供广泛的缓存、压缩和 QoS 功能,以克服广域网上的拥塞和延迟,从而最有效地利用可用带宽。Expand 还提供了数据包分段等先进技术,可降低大型文件传输和类似应用对强实时性业务(如网络电话)和基于服务器计算(如思杰/微软终端服务/虚拟桌面基础架构)的影响。

此外,高吞吐量星座根据每个卫星的大小和使用频率,提供高达 140Gb/s 的带宽,包括点波束内高达 2Gb/s 的带宽。如上所述,除 O3b 中轨星座外,ViaSat – 1 和 EchoStar XVII 等地球静止轨道卫星系统提供 100Gb/s 的速率。而非高吞吐量星座根据转发器的数量提供 1 ~ 10Gb/s 的速率。通过这种方式,现代高吞吐量星座以更低的成本提供了更高的带宽,并为点对点超高速宽带卫星通信提供了首选方案。另一方面,传统的非高吞吐量星座提供点对多点卫星通信,如电视广播以及大型 VSAT 网络。图 2.76 是高吞吐量和常规(非高吞吐量)卫星覆盖范围的对比图。

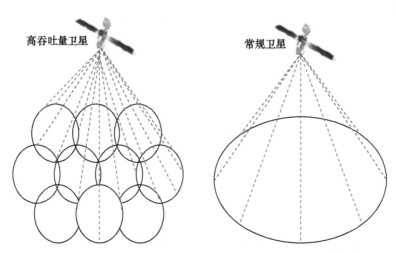

图 2.76　高吞吐量和非高吞吐量卫星覆盖范围的比较(图片来源:O3b)

每个高吞吐量 O3b 卫星包含 12 个完全可控的 Ka 频段点波束天线,其中 2 个对着地面关口站(网关),10 个对着覆盖区域。每个波束在两个方向上都有 600Mb/s 的传输容量。波束覆盖区在北纬 45°至南纬 45°之间,在地球表面的直径约为 600km,其将随着卫星绕地球运行而动态变化,覆盖所需的服务区域,并跳过无人居住或非合约的区域。八颗中地球轨道卫星间隔 45°,以 288min 的轨道周期围绕赤道在大约 8062km 的非倾斜轨道上运行。

O3b 网络提供以下性能:寿命为 10 年;轨道倾角 < 0.1°;地面周期为 360min,每天建立 4 次联系,12 颗卫星组成的星座覆盖 7 个区域,每个区域 10 个波束,总共提供 70 个远程波束;每个用户波束最高传输速率可达 1.2 Gb/s

（800Mb/s×2），8 颗星组成的初始卫星星座最高可达 84 Gb/s 速率；卫星波束覆盖范围直径为 700km；转发器带宽为 216MHz 或每个波束 2 个 216MHz；信道带宽为 216MHz。图 2.77 为 O3b 卫星（左）和卫星组件（右）。

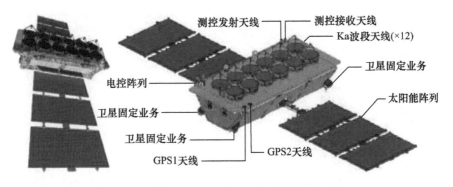

图 2.77　带组件的 O3b 航天器（图片来源：O3b）

因此，O3b 卫星网络瞄准的是更高容量、与光纤传输相近的延迟和带宽，成本显著降低。由于轨道高度低，其延迟大大减少，与长距离光纤传输持平。运营商现在可以考虑将卫星技术用于对延迟敏感的应用。O3b 的网络空间段利用多点波束覆盖，显著增加了每个卫星的容量，降低了带宽成本。

2.3.2　O3b 地面段

当出现一些警告或问题时，客户终端管理部门会密切关注 O3b 网络，O3b 会主动进行故障诊断，并在必要时恢复服务。客户服务由 O3b 在美国弗吉尼亚州马纳萨斯的网络运营中心提供，其严格按照级别，支持服务上线时间和可用性。O3b 的配置服务使客户能够利用 O3b 的网关设施来托管他们的特定用户设备，例如安全设备、加速器或流量整形器。因此，O3b 为固定和移动客户提供了常见的配置服务，包括安装和智能手功能。地面配置服务利用 O3b 在覆盖区域和现场的网关设施，提供便利的现场配置服务。安装和调试服务利用 O3b 的网络管理专业知识，为系统问题提供快速、主动和专业的响应和解决方案。

O3b 地面段提供了一个全球卫星通信网关（关口站）网络，其总体上位于互联网主干网上，为固定和移动客户提供灵活、可靠和安全的连接选项，O3b 卫星覆盖范围内这些网关的当前位置如图 2.78 所示。浅蓝色的点是关口站或电信端口，而深蓝色的点是接入点。如前所述，O3b 卫星在北纬 45°和南纬 45°之间提供标准服务，在这一区域之外，对所有客户的服务都是受限的。O3b 卫星的受限服务区域在北纬 45°～62°之间，因此整个加拿大、北欧和俄罗斯都超出了标准覆盖范围。在这一点上,O3b 卫星网络根本不适合作为专业移动用户的服务运营商,例如海上和航空运输系统。南纬45°和南纬60°之间的第二个有限区域对于移动通信来说并不重要。

图 2.78 O3b 地面段(图片来源:O3b)

O3b 地面段在其网关设施处提供配置服务,以实现客户要求的附加功能,该网关设施如图 2.79(左)所示。而公司客户设施如图 2.79(右)所示。这项服务使所有客户能够方便地将他们的设备与 O3b 设备一起存放在一个安全且环保的设备室中。因此,客户可以购买一个或多个机框,以便按照 O3b 技术规范放置他们的设备。

图 2.79 网关和企业客户设施(图片来源:O3b)

2.3.3 O3b 用户段

O3b 用户段为以下移动和固定应用提供服务:离岸、海事、移动回程、IP 中继和政府。

（1）离岸通信。这项被称为 O3bEnergy 的服务提供了与光纤相近的性能和卫星传输的灵活性,且经济、可靠。O3bEnergy 是一个将离岸客户的通信能力与其海上和公路运输系统相匹配的卫星系统,旨在满足未来通信网络的性能需求,其与地球静止轨道卫星系统集成的场景如图 2.80 所示。O3bEnergy 系统在标准服务覆盖范围内提供可靠且无限制的可扩展带宽。它通过云和大数据系统、多平台集中管理,直接提高船员的工作效率,甚至改善船上人员的工作和生活环境。O3b 的卫星波束可以多重覆盖一个包含多个平台的区域,为主要区域的接入站提供高吞吐量。借助 O3bEnergy,固定和移动客户可以获得可扩展、经济高效的数据速率,每个站点从 20Mb/s 到 400Mb/s。以这种方式,该系统利用互联网、租用线路和 IP/MPLS 连接以及最先进的调制解调器技术,包括卫星 DVB – S2 标准自适应编码调制（ACD）以及报头压缩,提供类似光纤的性能。

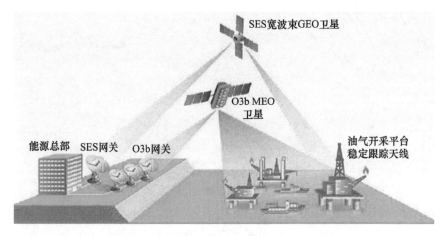

图 2.80　离岸固定和移动应用（图片来源:O3b）

（2）海上通信。这项被称为 O3bMaritime 的服务为海上通信提供了一些改进的可能性,尤其是对游轮。在岸上,以语音通信为主的通信方式早已过时,在海上也是如此。在这一点上,O3bMaritime 首次提供了令人印象深刻的海上宽带体验,为客户提供了无与伦比的满意度,增加了创收,提高了船员福利,并为货运和邮轮运营商提供了更高运营效率的潜力。面向加勒比海地区游轮和豪华游艇的新型 O3bMaritime 高速服务,采用了稳定跟踪天线和高速模式等最新技术。因此,O3b 服务提供商及其合作伙伴可以开展全面的端到端服务,包括 O3b 网关基础设施的设备、船上设备、现场勘测、安装、调试、日常监控和维护服务。

在图 2.81 描述了 O3b 可控波束跟踪船舶,特别是游船的新方案。卫星波束跟踪船只正常路线上的轨迹,如果船只必须改变航向,波束跟踪会实时更新。该系统将船舶保持在波束中心内,通过船载 1.2m 或 2.2 m 稳定跟踪天线及带内或带外信道,接收 2 小时一次的纬度和经度更新。双跟踪天线在跟踪结束和堵塞情况下提供无缝切换,并提供被称为 GigE 的接口,连接到船舶数据中心的局域网。第三个热备天线和调制解调器用于冗余,而主要的互联网接入点在 O3b 区域网关。系统的连接速度超过 500Mb/s,往返延迟为 130 ms,从岸到船方向的连接速度高达 350Mb/s,反向连接速度高达 50Mb/s。新的 O3bMaritime 系统在其有限的覆盖范围内提供与当今远洋船舶一样的宽带连接。也就是说,现有的 3G 和 4G 设备在海上将像在陆地上一样无缝工作。通过 O3b 的低延迟网络传输的语音呼叫听起来清晰,没有延迟。网络响应十分快速,所有应用带宽都可以支持。音乐下载、实时视频流、Skype 和其他网络电话业务的性能,体验起来可以与办公室或家庭环境媲美。

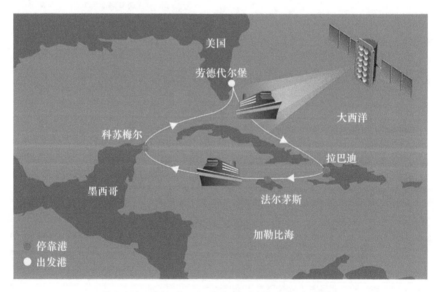

图 2.81　游轮的可控波束跟踪(图片来源:O3b)

然而,O3b 网络并不像他们在演示中介绍的那样理想。事实上,如上所述,现代 ViaSat-1 地球静止轨道卫星星座提供高达 1 Gb/s 的速度,用于海运、石油和天然气平台。此外,作为前船长,作者认为 O3b 船只服务可以用于游轮上娱乐,由于覆盖范围有限,根本不能为远洋船只提供服务。目前,海运业拥有由 Inmarsat、Iridium 和 VSAT 运营商提供的更好的服务和全球覆盖。

（3）中继通信。O3bTrunk 以无与伦比的速度、质量和低成本将网络连接到远程和新兴地区。使用 O3b 的国际接入终端、区域网关和本地卫星接入网络，O3b 在核心网络和全球互联网主干网之间提供高速电信级接入。通过优化各种用户网络，O3b 具有可扩展的带宽，可提供灵活的方案，使成本与收入保持平衡。

如前所述，O3b 卫星网络向农村地区提供 O3b 蜂窝服务，作为高性能 3G 和 4G 的移动回程。最后，O3bGovernment 与当地和国际技术合作伙伴、系统集成商合作，为国防、边境安全、人道主义响应、外交和农村发展提供所需的灵活、安全和经济高效的宽带系统。

2.3.4　O3b 用户终端

本节将介绍三类 O3b 卫星终端：

（1）Comtech O3bTrunk + VSAT 站。该 O3b 终端是光纤的替代产品，作为固定和移动中继应用，如图 2.82（a）所示。O3bTrunk + 满足了通信欠发达地区和移动平台对互联网连接日益增长的需求，也为已经有光纤服务的地区提供了一种替代方案。该终端结合了 Comtech EF 数据公司在调制解调器和应用加速技术方面的最新创新，以及 EMC 卫星通信技术公司的先进信号处理技术。将这两种技术结合起来，单个波束的容量可增加 50%，其吞吐量可扩展至 1.3 Gb/s。

图 2.82　O3b 固定和移动终端（图片来源：O3b）

（2）Gilat meoEdge VSAT 站。这是一个用于固定和移动通信的高性能中轨道/O3b 卫星终端，如图 2.82（b）所示。O3b VSAT 是由最先进的调制技术，如 DVB – S2 ACM、基于 DVB – RCS 的 MF – TDMA 和 DVB – S2 ACM 连续载波（SCPC）接入，支持的产品。该终端提供高速互联网业务、网络电话、视频会议、移动回程和企业数据网络应用，服务速率高达 24Mb/s。

（3）ViaSat MEOLink VSAT 站。该 IP 中继终端使固定、移动用户和互联网服务提供商能够基于 O3b 的 MEO 卫星星座，提供类似光纤性能的高速互联网服务,如图 2.82(c)所示。该终端包括精密跟踪天线、高速 DVB－S2 MEOLink 调制解调器和先进的上行链路功率控制系统,其操作与全自动 MEOLink 监控系统相协调。集成 ACM 可进行 32APSK 调制,支持每个方向高达 810Mb/s 的以太网数据速率。为了根据应用优化前向信道效率,MEOLink 调制解调器可用于点对点和点对多点网络。

第 3 章
全球广播卫星系统(GBSS)

广播卫星系统应用的代表是老式的单向数字视频广播(DVB),仅传输语音和视频信号,以及现代的带返向信道的双向卫星数字视频广播(DVB – RCS),现代的数字广播传输是基于 IP 的语音、数据和视频(VDVoIP)。由近期项目确定的数字视频广播系统代表了一系列基准规范,这些规范符合传输介质的特征,每个系统也是据此研制的。由此,各种数字视频广播系统必须满足特定传输网络和应用的不同技术、工作方式和商业要求,例如卫星、电缆、个人和地面,该系统就是为了满足这些要求而设计的,同时保持它们之间以及它们业务之间的高度通用性和互操作性。

从最早的电视时代开始,一直到 20 世纪 90 年代,所有的电视广播都使用模拟制式,由于所需处理技术的复杂性,人们认为引入数字系统是不可行的。然而,随着数字处理技术的发展和集成电路技术的进步,将数字技术用于电视广播成为可能。因此,1991 年,各种机构讨论了如何推进这一想法,以及如何形成一个泛欧洲平台来发展地面数字电视,从而实现相当大的经济规模。

数字视频广播的历史始于 20 年前,在当时开发家庭数字电视广播不切实际,实施成本也很高。当时的组织称为电子发射小组(ELG),1993 年签署备忘录,将自己的新系统更名为 DVB 项目,技术和标准开始以更快的速度向前发展。第一个数字视频广播标准于 1994 年达成一致,称为数字视频广播标准(DVB – S),用于卫星传输。这种业务始于 1995 年初,第一家运营商是法国的付费电视运营商 Canalplus 公司。

大约同时,一个单独的小组——数字电视工作组,编写了一份关于欧洲地面数字电视前景的研究报告,称为 DVB – T,该报告于 1997 年获得同意。第一个部署该系统的国家是瑞典,其于 1998 年建立了他们的系统,一年后英国推出了自己的系统。这份备受推崇的报告引入了一些重要的新概念,例如允许同时服务多个不同的用户市场,如便携式电视和直接到户电视(DTHTV)。

在这些活动开展的时候,欧洲卫星广播业也在发生变化,曾经最先进的媒体访问控制(MAC)系统不得不让位于全数字技术。DVB 项目提供了一个论坛,将欧洲所有主要的电视爱好者聚集于此。它承诺基于一个统一的方法开发一个完整的数字电视系统。

3.1　数字视频广播(DVB)概述

很多人都由固定卫星广播而非常了解卫星技术,但是一些人不知道他们也在使用被称为全球移动广播卫星系统(GBSS)的移动卫星广播,如图3.1所示。房子外面的卫星天线数量表明有多少家庭正在通过卫星广播接收电视节目,而在船的甲板上或飞机的机身上也可以看到形状不同的类似天线。

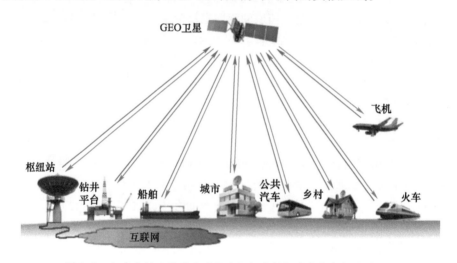

图3.1　全球广播卫星系统的数字视频广播概念(图片来源:Ilcev)

表3.1　数字视频广播标准

DVB 标准	含义	描述
DVB – C	电缆	通过电缆网络提供视频服务的标准
DVB – H	手持型	向手持设备(如移动电话)提供数字视频广播服务
DVB – RCS	卫星返向信道	带有用于互动返向信道的卫星数字视频广播服务
DVB – S	卫星业务	从卫星传送电视/视频的数字视频广播标准
DVB – SH	卫星手持	从卫星向手持设备传送数字视频广播服务
DVB – S2	第二代卫星	第二代 DVB – S 卫星广播
DVB – T	地面	数字地面电视广播标准
DVB – S3	第三代卫星	第三代 DVB – S 卫星广播

欧洲电信协会(ETSI)是一个非营利性研究组织,它为不同领域的数字视频

广播通信制定标准。标准化的无线电接口可以为用户接收设备提供一个大规模市场。考虑到过去由不同模拟卫星电视标准及其多种变化导致的许多问题,20世纪80年代末,大多数通信参与者(广播公司、服务提供商、运营商、设备制造商等)共同合作,确定了数字视频广播标准。根据传输信道的具体属性,该标准分为不同的版本。表3.1总结了不同标准所对应的不同物理层特性。

3.1.1　卫星数字视频广播(DVB - S)

DVB 项目于1992年开始开发卫星数字视频广播系统,并于1993年最终确定了规范。卫星数字视频广播(DVB - S)系统基于独立的子系统,设计为一个模块化结构,因此之后确定的其他数字视频广播系统(DVB - C 和 DVB - T)可以与其保持高度的通用性。数字视频广播提供了称为 MPEG - 2 的编码电视业务,其信源编码和多路复用对所有广播系统都是通用的,只有提供信道编码和调制的"信道适配器"是专门为优化每种传输介质(卫星、电缆、地面)的性能而设计的。为了支持 DVB - S 的互联网业务,提供了返回信道,返回信道使用 DVB - T 地面网络,如图3.2所示。

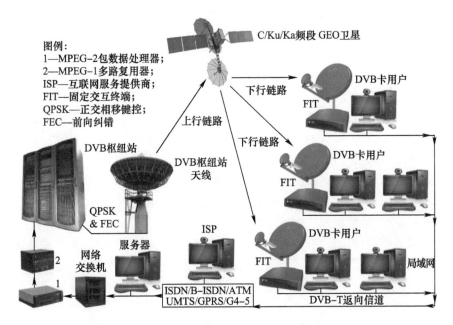

图 3.2　DVB - S 和 DVB - T 网络融合(图片来源:Ilcev)

DVB - S 系统为配有综合解码接收机、天线集群(卫星电视主天线 - SMATV)和有线电视前端站的用户提供直接到户服务。因此,本节涵盖了由自适应、成帧、编码、交织和调制构成的物理层,并讨论了实现服务质量要求(QoS)的误码性能。尽管 DVB – S 标准最初是为卫星数字电视设计的,但 DVB – S 的物理层可以传输任何类型的打包数据流。另一方面,大规模市场生产以及不同设备和相关组件的可用性使得该标准对除电视信号传输之外的许多应用都具有吸引力,例如互联网传输。1993 年 9 月,以及同年年底,欧洲电信协会制定了第一个规范,即 DVB – S 标准,这是目前世界上大多数卫星广播公司用于直接到户电视业务的卫星传输规范。DVB – S 的开发是为了规范向用户分发卫星数字电视。它是基于 QPSK 调制和卷积前向纠错(FEC),并与 Reed – Solomon 编码级联。

此后,DVB – S 开始为引入基于 MPEG – 2 的数字电视业务建立框架,也开始提议把其链路用于电视节目的专业点对点传输,通过外部转播车或便携式上行链路终端,即数字卫星新闻采集(DSNG),将前方电视演播室(电视节目)和/或远端位置的音频/视频材料直接传送到广播公司,而不需要本地接入固定电信网络。DVB – S 标准仅规定了 QPSK 调制,这使卫星链路中最大效率为 2b/s/Hz。这对于专业应用来说是一个限制,专业应用可以使用比一般用户更大的抛物面卫星天线和更低的符号速率,因此可以支持更高级的调制。1998 年,DVB 推出了第二个标准,称为 DVB – DSNG,将 DVB – S 的功能扩展到更高阶的调制,比如用于数字卫星新闻采集的 8 相移键控(8PSK)和 16 态正交调幅(16QAM)。事实证明,DVB – S 标准在降低卫星调制解调器成本方面非常成功,在几年之内,它不仅用于数字电视馈送,还用于数据馈送,因为“低成本”解调器芯片系列使其可以开发新的卫星数据馈送市场。此外,DVB – S 的成功鼓励了 DVB 项目组研究其扩展,增加了一个基于卫星的标准化返回信道,通过卫星进行多用户数据馈送。除了这种持续的标准化过程,技术也在不断进步,自 1994 年以来,硅密度增加了 16 倍,并且前向纠错提供了一个用于校正传输链路中错误的数学方法,这使得链路的效率得以提高。更先进的前向纠错方案使传输效率接近理论香农定理的极限。自从 DVB – S 创建以来,世界也变得更加聚焦 IP 协议。

3.1.1.1 数字视频广播系统接口定义

传输系统由各设备功能块组成,通过卫星信道以 MPEG – 2 流格式发送基带电视信号,如图 3.3 所示。该系统对卫星数据流进行以下处理:多路适配和随机化外部编码(Reed – Solomon 码)、卷积交织、内部编码(即凿孔卷积码)、基带成形和调制。

卫星直接到户业务尤其受到功率限制的影响;因此,主要设计目标应该是抗噪性和抗干扰性,而不是频谱效率。然而,为了在不过度损害频谱效率的情况下实现非常高的功率效率,数字视频广播系统应使用 QPSK 调制以及卷积码、RS 码和 Bose – Chaudhuri – Hocquenghem(BCH)码的级联。卷积码可以灵活配置,

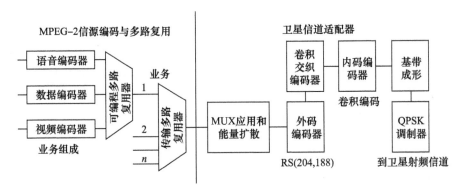

图 3.3　数字视频广播系统的功能框图(图片来源:ETSI)

以便针对给定卫星转发器带宽,优化数字视频广播系统的性能。尽管该系统针对每个转发器的单载波时分复用进行了优化,但是它也用于多载波频分复用类型的应用。因此,该系统与 MPEG-2 编码的电视信号直接兼容(见 ISO/IEC DIS 13818-1)。数字视频广播传输帧与 MPEG-2 多路传输包同步。如果接收到的信号高于 C/N 和 C/I 阈值,DVB 系统中采用的前向纠错技术提供"准无差错"质量目标。"准无差错"意味着每个传输小时少于一个未纠正的错误,对应于 MPEG-2 多路分解器输入端误码率为 $10^{-10} \sim 10^{-11}$。

重要的问题是使数字视频广播系统适应卫星转发器的特征。多个数字电视节目的传输业务将使用固定卫星业务(FSS)和广播卫星系统射频频段。转发器带宽的选择是所用卫星和业务所需数据速率的函数。此时,符号速率应与给定的转发器特性相匹配。附录 C 给出了基于假设卫星链路计算机模拟的例子,该卫星链路不包括干扰效应。当前文件中定义的数字视频广播系统应由表 3.2 中给出的接口限定。

表 3.2　数字视频广播系统的接口

位置	接口	接口类型	连接
发射站	输入	MPEG-2 传输多路复用	自 MPEG-2 复用器
	输出	70/140MHz 中频	到射频设备
接收装置	输出	MPEG-2 传输多路复用	到 MPEG-2 多路分解器
	输入	TBD	自 RF 设备(室内单元)

数字卫星电视业务必须通过相当小的天线(约0.6m)传送到家庭或移动终端,这些小天线通常转化为功率受限的下行链路。为了在不过度损害频谱效率的条件下实现高功率效率,DVB-S 使用 QPSK 调制以及卷积码和 RS 码的级联。卷积码可以灵活配置,允许针对给定的卫星转发器带宽优化系统性能。

DVB – S 标准直接兼容 MPEG – 2 编码的电视信号(由 ISO/IEC DIS 13818 – 1 规定)。调制解调器传输帧与 MPEG – 2 多路复用传输包同步。如果接收到的信号高于相应的载波噪声功率比(C/N)阈值,前向纠错技术可以提供准无差错质量目标。准无差错意味着在 MPEG – 2 多路分解器输入端的误码率小于 10^{-10} ~ 10^{-11}。因此,数字视频广播系统使用 QPSK 调制和基于卷积码和缩短 RS 码的级联差错保护策略,适用于不同的卫星转发器带宽。

3.1.1.2 多路适配、随机化和信道编码

如上所述,数字视频广播系统发送处理过程如下:传输多路适配、用于能量分散的随机化、专用编码、用于调制的基带成形、调制。能量分散恢复单元通过去除用于能量分散目的的随机化来恢复用户数据,并将反向同步字改变为正常的 MPEG – 2 同步字。数字视频广播提供了 MPEG – 2 编码的电视业务与多路复用包同步传输结构的兼容性。利用多路复用灵活性,可以在传输容量内配置各种电视业务,包括声音和数据业务。所有业务组件都是单个数字载波上的时分复用。

DVB – S 输入流是来自多路复用器的 MPEG – 2 传输流(MPEG – TS)。MPEG – TS 包长度为 188 个字节。这包括一个字节同步字(即 $47_{十六进制}$)。发送端的处理顺序从最高有效位开始。为了符合 ITU – R 无线电规则并确保足够的二进制转换,输入 MPEG – 2 多路复用的数据根据图 3.4 所描述的配置进行随机化。

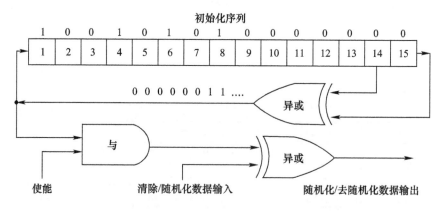

图 3.4 随机化器/去随机化器示意图(图片来源:Maral)

伪随机二进制序列发生器的多项式为

$$1 + x^{14} + x^{15} \tag{3-1}$$

每八个传输包为一组,在这一组传输包开始时,将序列 100101010000000 加载到伪随机二进制序列寄存器。为了给解扰器提供一个初始化信号,这一组中第一个传输包的 MPEG – 2 同步字节从 $47_{十六进制}$ 逐位倒向为 $B8_{十六进制}$。这个过程称为"传输多路适配"。

伪随机二进制序列发生器输出端的第一位被应用于以下反向 MPEG – 2 同步字节(即 $B8_{十六进制}$)第一个字节的第一位(即 MSB)。然而,为了帮助其他同步功能,在随后七个传输包的 MPEG – 2 同步字节期间,伪随机二进制序列继续生成,但是不能输出,使这些字节不被随机化。因此,伪随机二进制序列的周期是 1503 字节。

数字视频广播卫星调制器没有比特流输入,或者输入不符合 MPEG – 2 传输流格式时(即 1 个同步字节 + 187 个数据包字节),随机化过程也在进行。这是为了避免调制器发射未调制的载波,因为集中在载波频率上的能量会干扰相邻卫星。

帧结构是基于图 3.5(a)所示的输入包结构。Reed Solomon 缩短码(204,188,$T = 8$)的原始 RS 码是(255,239,$T = 8$),缩短码应用于图 3.5(b)所示的每个随机化传输包(188 字节),生成一个图 3.5(c)所示的防错包。把 RS 码应用于传输包同步字节,反向(即 $B8_{十六进制}$)或非反向(即 $47_{十六进制}$)均可。

代码生成器多项式为

$$g(x) = (x + \lambda^0)(x + \lambda^1)(x + \lambda^2)\cdots(x + \lambda^{15}), \lambda = 02_{十六进制} \tag{3－2}$$

域生成器多项式为

$$p(x) = x^8 + x^4 + x^3 + x^2 + 1 \tag{3－3}$$

以这种方式,在(255,239)编码器输入端信息字节前添加 51 字节(全部设置为零),来实现 RS 缩短编码。在 RS 编码完成之后,删掉这些空字节。

按照图 3.6 所示的方案,深度为 $I = 12$ 的卷积交织用于防错包,如图 3.5(c)所示。这产生了图 3.5(d)所示的交织帧。

交织帧由重叠的防错包组成,由倒向或正向的 MPEG – 2 同步字界定(保持 204 个字节的周期性)。交织器由 $I = 12$ 个分支组成,通过输入开关循环连接到输入字节流。每个分支都是一个先进先出移位寄存器,具有深度(Mj)单元(其中:$M = 17 = N/I, N = 204$(防错帧长度),$I = 12$(交织深度),j 为分支索引)。先进先出单元包含 1 个字节,输入和输出开关是同步的。为了同步,同步字节和倒向同步字节总是在交织器的 0 分支处传递(对应于零延迟)。

解交织器原则上类似于交织器,但是分支索引是相反的(即 $j = 0$ 对应于最大延迟)。通过在 0 分支处传递第一个识别出来的同步字节来实现解交织器同步。

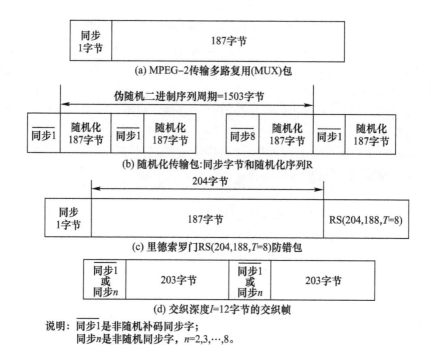

图 3.5　帧结构(图片来源:Maral 的《卫星通信系统》)

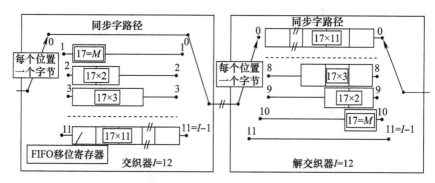

图 3.6　卷积交织器和解交织器(图片来源:Maral)

在内部卷积编码的情况下,DVB - S 系统可以有一定范围的凿孔卷积码,基于约束长度为 $K=7$ 的 1/2 速率卷积码。这样可以为给定的数据速率选择最合适的纠错级别。卷积编码的码率可以为 1/2、2/3、3/4、5/6 和 7/8。DVB - S 还采用了传统的直接映射格雷编码 QPSK 调制(无差别编码)。

3.1.2　误码性能要求

如上所述,数字视频广播系统使用 QPSK 调制和基于卷积码和缩短的 RS 码级联的错误防护策略。

以这种方式，数字视频广播系统内部解码器单元完成一级错误保护解码。当输入"硬判决"误码率为 $10^{-1} \sim 10^{-2}$（取决于传输码速率）时，输出误码率应约为 2×10^{-4} 或更低。该输出误码率对应于外码校正后的准无差错业务。这个单元有可能利用"软判决"信息。该单元可以尝试每种码率和凿孔配置，直到锁定。此外，它还可以解决 $\pi/2$ 解调相位模糊问题。

另外，为了提高外部解码器的突发纠错能力，卷积解交织器允许内部解码器输出端的错误突发在字节基础上被随机化。

因此，外部解码器单元提供二级错误防护。在无限字节交织，输入错误突发，误码率约为 7×10^{-4} 或更好的情况下，它能够提供准无差错输出（即误码率约为 $10^{-10} \sim 10^{-11}$）。在交错深度 $I = 12$ 的情况下，要达到准无差错，误码率要达到 2×10^{-4}。

能量分散移除：该单元通过去除用于能量分散目的的随机化来恢复用户数据，并将倒向同步字节改变为正常的 MPEG-2 同步字节值。

基带物理接口：该单元将数据结构适配到外部接口所要求的格式和协议。

如果超出了外码的校正能力，MPEG-2 系统提供了在包头中设置错误标志位。

表 3.3　误码率与 E_b/N_0 性能要求

内码速率	所需 E_b/N_0（R-S 误码率达到准无差错、Viterbi 误码率为 2×10^{-4} 条件下）
1/2	4.5
2/3	5.0
3/4	5.5
5/6	6.0
7/8	6.4

表 3.3 给出了调制解调器误码率与所需 E_b/N_0 的关系。E_b/N_0 值对应的 R-S 编码前的有用比特率，包括 0.8dB 的调制解调器实现裕量和由于外部编码而导致的噪声带宽增加（$10 \log 188/204 = 0.36$dB）。然而，准无差错值意味着每小时少于一个未校正的错误事件，对应于 MPEG-2 多路分解器输入端误码率为 $10^{-10} \sim 10^{-11}$。

3.1.3　MPEG-2 信源编码和多路复用 DVB-S 数据流

数字视频广播系统通过添加节目指南（格式有图文电视式和杂志式）、条件访问规范和用于各种类型数据包交互式服务的可选返回信道,扩展了 MPEG–2 传输手段。数字视频广播卫星传输(通常称为 DVB–S)规定了一系列通过卫星链路发送 MPEG–TS 数据包的选项,数据包长度为 188 字节。

使用数字视频广播,单个 38Mb/s 数字视频广播卫星转发器(DVB–S)可用于提供以下广播业务的一个:

(1) 4~8 个标准电视频道(取决于节目风格和质量);

(2) 2 个高清电视(HDTV)频道;

(3) 约 150 个广播节目和 550 个速度为 64kb/s 的 ISDN 式数据信道;

(4) 各种其他高速和低速数据业务。

数字视频广播信令信息可以由 MPEG–2 译码器/编码器接收,并支持以下业务:专业广播视频馈送、现场事件/电子新闻收集、会议监控、视频会议和网络电视系统。

MPEG–2 规定了编码格式,用于将音频、视频和其他数据流多路复用和解复用为适合传输或存储的形式。由 MPEG 音频、视频和(某些)数据编码器输出的每个基本流包含一种类型的(通常是压缩的)信号。每个基本流系统都被输入到一个 MPEG–2 处理器,该处理器把数据积累成为分包基本流,如图 3.7 所示。每个分包基本流的容量最大为 65536 字节。此外,为分层编码,每个分包基本流的包都包括诸如包长度、优先级、传输速率以及用于识别包流的解码时间戳等信息。

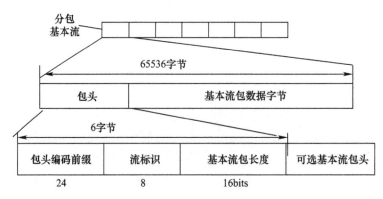

图 3.7　MPEG–2 分包基本流(图片来源:Sun)

3.2　DVB–RCS 交互式业务和基于数字视频广播的网络协议

数字视频广播卫星–返回信道系统(DVB–RCS)是一个技术标准,由 DVB

项目制定,它为双向卫星广播、宽带远端或称为甚小口径终端(VSAT)的交互式卫星终端,定义了一个完整的空中接口规范。低成本的 VSAT 设备可以向农村、移动、远方居民、商业和其他机构用户提供高动态、按需分配的传输容量。相当于不需要本地基础设施,DVB–RCS 为用户提供了非对称数字用户线路或有线互联网连接。根据卫星链路预算和其他系统设计参数,DVB–RCS 可以动态地为出站链路上的每个终端提供高达 150Mb/s 的带宽,为入站链路上的每个终端提供高达 25Mb/s 或更高的带宽。该数字视频广播标准由欧洲电信协会(ETSI)作为 EN 301 790 发布。

DVB–RCS 交互式卫星广播体系包括一个区域地面关口站或枢纽站、一颗或多颗前向卫星、位于用户位置的交互式卫星终端(甚小口径终端或返回信道卫星终端)和一颗返回方向的卫星。如今,有几家符合 DVB–RCS 标准的专有 VSAT 系统供应商,他们提供与 DVB–RCS 相同的基本业务,但不完全符合标准。DVB–RCS 是应一些卫星和网络运营商的请求开发,计划大规模部署这种系统。为了降低与单一供应商挂钩的风险,他们认为有一个开放标准非常重要。

前向路径将业务从互联网服务供应商传送到个人用户,并在广播中心(专用枢纽站)多路复用成传统的 DVB/MPEG–2 广播流,然后中继到返回信道卫星终端。图 3.8 显示了 DVB–S 和 DVB–RCS 标准的协议栈,其中包括点对点协议(PPP)和多协议封装(MPE)。返回信道路径作为数字网络的一部分运行,并通过枢纽站连接其他卫星和地面网络。卫星终端采用预定的多频时分多址(MF–TDMA)方案接入网络并参与双向通信。MF–TDMA 允许一组终端使用一组载波频率与枢纽站通信,每个载波频率被分成多个时隙。有四种突发类型:业务(TRF)、采集(ACQ)、同步(SYNC)和公共信令信道(CSC)。带有星载处理器的 DVB–RCS 有了新的发展,对数字视频广播流进行解复用和再复用。以后将探索 Ka 频段,实现更高的容量和更小的天线尺寸;与 IP 技术、协议、体系结构的集成将更加紧密,包括网络管理和卫星链路上的 IP 安全。数字视频广播和通用移动通信系统之间也将有更多融合,这两个系统可以相互补充。

DVB 和 DVB–RCS 标准广泛应用于卫星电视和无线电广播技术的许多领域,他们将吸引大量对固定宽带和移动宽带、多媒体和互联网感兴趣的应用。DVB–RCS 与其他数字视频广播一样,制定了完整的空中接口规范,采用双向卫星宽带方案。它使用 VSAT 作为固定的、便携的或移动地球站,用于通过地球静止轨道卫星可靠地传输语音、数据和视频,地球静止轨道卫星带有一个相对较小的碟形天线,直径通常约为 0.5~1.5m。实际上,新的 DVB–RCS 为用户提供

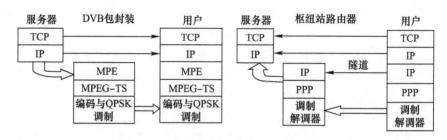

图 3.8　DVB – S 和 DVB – RCS 协议栈(图片来源:Sun)

了基于卫星的非对称数字用户线路(ADSL)类型的链路,而不需要陆地电缆。这使得 DVB – RCS 非常适合在许多没有地面电信基础设施的地区使用,并作为蜂窝网络的支柱。

根据 VSAT 站和地球静止卫星之间的链路预算以及其他系统参数,DVB – RCS 能够为出站链路上的每个终端提供高达 150Mb/s 或更高的速率,为入站链路上的每个终端提供高达 25Mb/s 或更高的速率。DVB – RCS 技术规范现已批准为 DVB – RCS + M。它还包括基于 Raptor 码或 RS 码的链路层前向纠错,用于对抗卫星链路的遮避和阻塞。DVB – RCS 标准由欧洲电信协会进行维护,实际标准编号为 EN 301 790。此外,DVB – RCS + M 标准包括多种特征,比如地球静止轨道卫星点波束之间的实时切换、满足移动终端监管限制的扩频特征以及高流量聚合终端的连续载波传输。

3.2.1　DVB – RCS 枢纽站和用户终端网络

另一个主要变化是使用支持 DVB – S2 前向链路标准的 VSAT 站,为移动应用引入了 DVB – RCS + M。DVB – RSC 用户可以使用两种 VSAT 连接模式:第一种是由枢纽站支持的 VSAT 小站之间的星形网络,如图 3.9(左)所示,第二种为直接的终端到终端或网状连接提供增强支持,如图 3.9(右)所示。此外,DVB – RCS 的一个重要要求是用户终端应该相对较小,易于使用,并且在保持可靠性的同时制造成本较低。为了实现这一点,DVB – RCS 的基本形式提供了称为"轴辐式"的连接,也就是说,所有用户终端都连接到一个中央枢纽站。这个枢纽站控制着整个系统,它也是用户和更广泛的互联网之间的一个传输网关。DVB – RCS 用户终端有时被称为交互式卫星终端或返回信道卫星终端,包括许多部分:小型室内单元或调制解调器;室外单元,包括双工器、低噪声放大器和发射射频放大器;直径约为 1 ~ 2m 的小型天线,用于固定和移动应用。

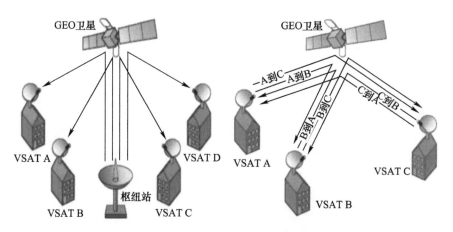

图 3.9　与静止轨道航天器的 VSAT 星形和网状形连接(图片来源:Ilcev)

3.2.2　DVB – RCS 前向链路和返向链路

DVB – RCS 卫星系统向用户提供交互式卫星服务,该系统具有两个要素:接收能力和发射能力。

从枢纽站到卫星的前向链路由一组使用 DVB – S 标准(EN 300 421)或者高效 DVB – S2 标准(EN 302 307)的终端共享。前向链路和返向链路都可实现克服信道特性变化的自适应传输(例如雨衰)。

DVB – RCS 返向链路或从交互式卫星终端到卫星的上行链路使用多频时分多址(MF – TDMA)传输方案。这种形式使系统能够为多个固定用户或移动用户提供高带宽效率。系统效率高的一个关键是按需分配方案,该方案使用多种传输机制来优化不同类别的应用,从而可以高效地处理语音、视频、文件传输和网页浏览。

DVB – RCS 支持多种接入方案,使系统比传统的按需分配卫星系统响应速度更快,因此效率也更高。这些接入方案与灵活的传输方案相结合,包括 turbo 编码、若干突发量选项和高效的 IP 封装选项。使用这些工具可以对系统进行微调,把卫星的功率和带宽资源用的最好。

用户终端或交互式卫星终端提供以太网接口,用于一个或多个用户本地家庭网络或办公室网络的有线或无线交互式 IP 连接。除了提供交互式数字视频广播业务和交互式网络电视,DVB – RCS 系统还可以在任何地方提供全 IP 连接,图 3.10 显示了 DVD – RCS 交互式网络。由于大多数能够提供 DVB – RCS 的卫星很可能都处于地球静止轨道,这实际上意味着这些地方都要比北纬 80° 或南纬 80°更靠近赤道。

DVB – RCS 系统为固定用户和移动用户提供多种多样的应用,主要业务包

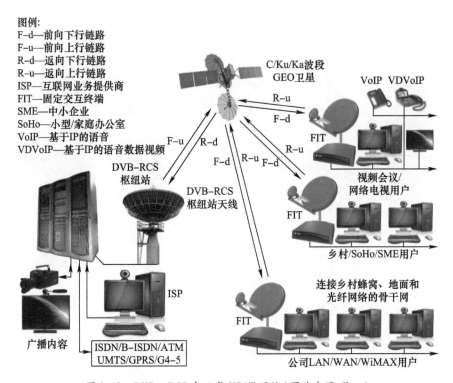

图3.10 DVB-RCS 交互式 VSAT 网络(图片来源:Ilcev)

括基于互联网协议的话音(VoIP)、基于互联网协议的视频会议(VCoIP)、基于互联网协议的话音/数据/视频(VDVoIP)、基于卫星的互联网协议(IPoS)、网络电脑(IPPC)、网络电视(IPTV)、数字卫星新闻采集(DSNG)、广播、农村地区的一般互联网接入、电子化解决方案(远程医疗、远程教育和远程管理),以及更常规和通用的互联网接入业务(电子邮件、网页浏览等)。

目前 DVB-RCS 向移动终端提供了一个新兴宽带业务市场。使用安装在火车、轮船和飞机上的终端已经成功进行了试验和实施。与此同时,DVB-RCS增加了先进的移动支持功能,包括卫星点波束之间的实时切换、满足移动终端监管约束的扩频特性,以及防止卫星链路遮挡和阻塞的对策。本书作者在2000年首次提出了在所有移动应用中使用 DVB-RCS 的可能性。将地球静止轨道卫星星座整合到具有区域覆盖和点覆盖的全球网络中至关重要,因为除此之外,目前还没有任何全球覆盖的 DVB-RCS 网络。

3.2.3 DVB-RCS 的安全性

与 DVB-C 相比,DVB-RCS 标准提供了更先进的安全措施,使卫星终端能够与其网络控制中心进行认证和密钥交换。DVB - RCS 安全措施可以分为两个阶段。第一阶段是登录过程中的身份验证。在此阶段，卫星终端和网络控制中心之间会商定一个安全会话密钥。在第二阶段，会话密钥用于加密交互式卫星终端和网络控制中心之间所有的后续信息。身份验证基于交互式卫星终端和网络控制中心之间共享的长期密钥，称为 Cookie（存储在用户本地终端上的数据），长度为 160 比特位，存储在非易失性存储器中（如智能卡）。网络控制中心在其网络上维护一个交互式卫星终端的 Cookie 值数据库。Cookie 值可以根据安全政策的要求偶尔更新，它们不像会话密钥那样脆弱。也可以使用消息序列编号来实现反克隆。

需要单独考虑的是空间段的安全性。在带有数字视频广播星载交换的卫星系统中，网络控制中心和星载处理单元之间的信息完整性对于确保源自网络控制中心的配置信息非常重要。星载处理单元主要受限于有限的内存和计算能力，因为信息完整性的计算成本可能很高。这种成本取决于所用算法的类型：例如，可以使用公钥数字签名提供信息完整性，其计算量较大，或者使用带密钥的信息认证码，其计算量较小。密钥的使用意味着需要一个密钥协议，其中密钥可以在安装时存储在星载处理单元上，或者使用 DVB - RCS 密钥交换机制进行协商。

3.3　第二代数字视频广播标准 DVB - S2

2002 年，DVD 项目组决定创建一个新的卫星规范 DVB - S2，作为第二代 DVB - S，包括一个全新的前向纠错方法，利用最新的硅处理技术，实现更高效和更大传输能力的卫星通信。因此，DVB - S2 被认为是广受欢迎的 DVB - S 数字电视广播标准的升级版。其在 DVB - S 和 DVB - DSNG 标准的基础上，于 2003 年开发，并于 2005 年 3 月得到欧洲电信协会（ETSI）（EN 302307）的批准，用于固定和移动设备向电视台发回外部采集的视频。事实上，DVB - S2 用于广播业务，包括固定和移动应用的高清晰度电视、交互式互联网接入，以及专业数据内容馈送。

DVB - S2 快速发展的关键驱动因素是稀缺的 Ku 频段频谱，以及即将推出的对码率和带宽需求旺盛的高清电视、H. 264（MPEG - 4 AVC）视频编解码器。它还旨在将传输效率提高 30%。换句话说，对于任何给定的链路预算，目标是通过该链路再多传输 30% 的数据。在与高效卫星传输的并行驱动中，DVB - S2 委员会还为该标准设计了一种专业模式，其中包括全新的高级调制方式，比如 16 进制幅度相位调制（16APSK）以及 32 进制幅度相位调制（32APSK）。这种专业模式旨在取代 DVB – DSNG 标准。最终目标是有一个针对市场上尽可能多的用户和专业应用的卫星标准。2003 年迎来了 DVB 项目的 10 周年纪念,这是一个令人骄傲的十年,取得了在全世界都显而易见的成功。

3.3.1　DVB – S2 的新特征

与 DVB – S 标准相比,DVB – S2 新增的主要特征包括:

(1)一种基于现代低密度奇偶校验码(LDPC)的强大编码方法,适用于迭代解码。

(2)三种现代调制模式,称为恒定编码调制(CCM)、自适应编码调制(ACM),以及可变编码调制(VCM),其任务是动态改变传输参数,优化带宽利用率。VCM 模式为不同的业务组件提供不同级别的错误保护(例如标清电视、高清电视、音频、多媒体)。

其他特征包括额外的码率和引入用于 IP 卫星分组数据(包括 MPEG – 4 音频视频流)的通用传输机制,同时支持基于当前 MPEG – 2TS 传输的后向兼容性。

如前所述,标准中提出,在相同的卫星转发器带宽和发射信号功率下,DVB – S2 恒定编码调制(CCM)的增益性能比第一代 DVB – S 高 30% 左右,而最新的 DVB – S2 自适应编码调制(ACM)的传输能力比 DVB – S2CCM 和 DVB – S 分别高 20% 和 50%,如图 3.11 所示。

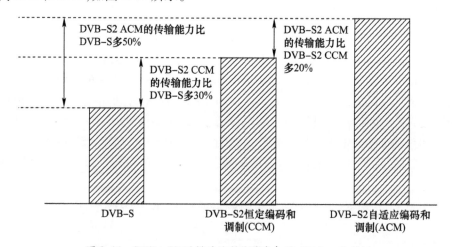

图 3.11　DVB – S2 调制的比较(图片来源:Hughes 公司)

如果加上视频压缩改进的贡献,以十年前支持基于 DVB – S 的 MPEG – 2 卫星数字电视(SDTV)业务相同的带宽现在可以提供(MPEG – 4 AVC)高清电视业务。DVB - S2 标准将技术的新发展和未来宽带卫星用于固定和移动应用。主要特点可以总结为,在数字视频广播交互式和点对点应用的情况下,可变编码调制与返回信道相结合,以实现自适应编码调制。该技术针对每个单独的接收终端,提供适应传播条件的动态链路。自适应编码调制系统保证超过 30% 的卫星容量增加。这种增加是通过使用卫星或地面返回信道向卫星上行链路站通知每个接收终端的信道条件(例如载波功率噪声比和干扰功率比的值,C/N + I)来实现的。

　　在这一点上,具有自适应编码调制技术的 DVB - S2 可以由枢纽站在所谓的闭环链路控制中实现,如图 3.12 所示。也就是说,枢纽站可以动态更改下行调制和编码组合。它测量从远处接收的信号强度和脉冲定时偏移,并向远端站发送调整。有了这种自适应入站信道,远端站可以连续测量接收到的信号质量,并动态改变上行编码和功率组合。通过这种方式,自适应编码调制提供了比 DVB - S2 标准更高的链路可用性。

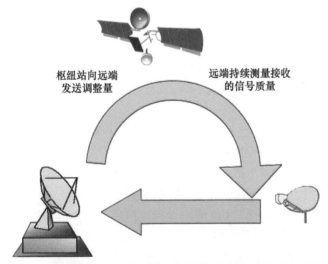

枢纽站向远端　　　　　远端持续测量接收
发送调整量　　　　　　的信号质量

枢纽站测量接收到的信号强度和从远端接送来的脉冲定时偏移

图 3.12　闭环链路控制(图片来源:Hughes 公司)

DVB - S2 在以下功能中使用了新技术:

(1) 流适配器,适用于各种格式(分组或连续)和自适应编码调制的单个和多个输入流,逐帧优化信道编码和调制;

(2) 基于 LDPC 码和与 BCH 码级联的前向纠错,允许准无差错在香农极限以上 0.7 ~ 1dB;

(3) 大范围的各种码率(1/4 ~ 9/10)和三种频谱形状,滚降系数分别为

0.35、0.25 和 0.20;

（4）优化非线性转发器后四种调制（QPSK、8PSK、16APSK 和 32APSK）的频谱效率范围为 2 ~ 5bits/Hz。

根据设计,DVB – S2 还支持以下广泛的广播卫星系统应用:广播业务、互动业务、数字电视馈送和卫星新闻采集（DTVC/DSNG）,以及专业服务。

通过卫星进行数字传输受到功率和带宽限制。DVB – S2 利用传输模式（前向纠错编码和调制）帮助克服这些限制,从而在功率和频谱效率之间实现不同的权衡。

对于某些特定应用（广播）和调制方法,比如 QPSK 和 8PSK 及其准恒定包络,适用于卫星功率放大器饱和工作（每个转发器配置一个载波条件下）。有更高的功率余量可用时,可以进一步提高频谱效率,从而降低比特传送成本。因此,如果通过预失真技术实现线性化,16APSK 和 32APSK 也可以在接近卫星高功率放大器饱和的单载波模式下工作。

3.3.2　传输系统架构

DVB – S2 系统由多个设备功能块组成,这些功能块对来自一个或多个 MPEG 传输流多路复用器（ISO/IEC 13818 – 1）或来自一个或多个通用数据源的基带数字信号进行适配,以适应卫星信道特性。数据业务可以根据（EN – 301 – 192）以传输流格式传输,例如使用多协议封装（MPE）方案或通用流格式。DVB – S2 提供了一个准无误码质量目标,即"5Mb/s 单个电视业务解码器,每传输一个小时,少于一个未纠正的错误事件",大约对应于解复接器之前小于 10^{-7} 的传输流误包率（PER）。图 3.13 显示了 DVB – S2 系统中的下列功能块。

（1）模式适配。模式适配取决于应用,它提供多个模块,比如:输入流接口;输入流同步（可选）;空包删除（仅适用于自适应编码调制和传输流输入格式）,用于在接收机中包级别错误检测的 CRC – 8 编码（仅适用于分组化输入流）;合并输入流（仅用于多个输入流模式）并分割成数据字段;在数据字段前附加一个基带报头,通知接收机输入流格式和模式适配类型。请注意 MPEG 多路传输包可以异步映射到基带帧。

（2）流适配。流适配有两个功能:填充以完成一个基带帧和基带帧加扰。

（3）前向纠错编码。前向纠错编码由两个编码函数,如 BCH 外码和 LDPC 内码（1/4、1/3、2/5、1/2、3/5、2/3、3/4、4/5、5/6、8/9、9/10）,以及一个交织函数完成,应用于 8PSK、16APSK 和 32APSK 调制。根据应用领域,前向纠错编码块（前向纠错帧）的长度可以是 64800 位（正常帧）或 16200 位（短帧）。使用可变编码调制或自适应编码调制时,前向纠错和调制模式在同一帧内是恒定的,但在

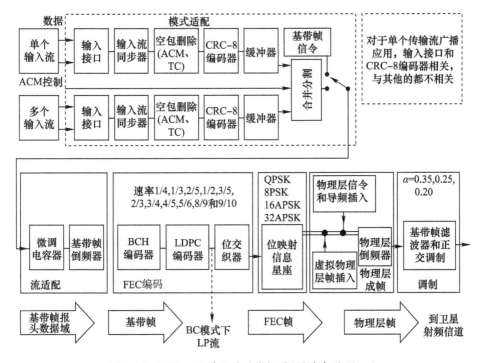

图 3.13　DVB－S2 系统的功能框图(图片来源:Ilcev)

不同帧内可能会改变。

　　(4) 映射图。根据应用领域,映射图将前向纠错的比特流映射到 QPSK、8PSK、16APSK 和 32APSK 星座。

　　(5) 物理层成帧。物理层成帧用于与前向纠错帧同步,提供以下功能:用于能量分散的物理层加扰;虚拟物理层帧插入,用于在没有有用数据时在信道上发送;物理层信号发射和导频符号插入(可选)。导频符号定期产生(每 1440 个数据符号插入 36 个导频符号),插入在每个物理层报头之后。这可以实现由标准指示的高信道估计精度,并且当使用自适应编码调制时跟踪信道变化。把调制符号插入到 90 个符号固定长度时隙组成的常规物理层帧结构中。

　　(6) 基带滤波和正交调制。调制包括信号频谱成型(平方根升余弦,其中滚降因子 a = 0.35、0.25 或 0.20)和产生射频信号。发射端使用平方根升余弦滤波,有三个滚降因子可供选择:0.35、0.25 和 0.20。

　　描述误差性能,以满足准无误码要求。表 3.4 说明了 DVB－S2 标准中提供的误差性能,作为每个传输码元(E_s)的平均能量与噪声功率谱密度(N_0)之比的函数(E_s/N_0,用 dB 表示)。表中的性能是在假设载波和同步恢复完美,没有相位噪声条件下,通过计算机模拟获得的。

该标准还建议,对于短前向纠错帧,必须考虑 0.2~0.3dB 的额外降级;在链路预算时,应考虑特定的卫星信道损伤。对于正常前向纠错帧长度和无导频,计算频谱效率(单位符号速率)。

表 3.4　E_s/N_0 准无误码性能(PER + 10^{-7})

模式	频谱效率	前向纠错帧长度 64800 条件下的理想 E_s/N_0/dB	模式	频谱效率	前向纠错帧长度 64800 条件下的理想 E_s/N_0/dB
QPSK 1/4	0.49	-2.35	8PSK 5/6	2.48	9.35
QPSK 1/3	0.66	-1.24	8PSK 8/9	2.65	10.69
QPSK 2/5	0.79	-0.30	8PSK 9/10	2.68	10.98
QPSK 1/2	0.99	1.00	16APSK 2/3	2.64	8.97
QPSK 3/5	1.19	2.23	16APSK 3/4	2.97	10.21
QPSK 2/3	1.32	3.10	16APSK 4/5	3.17	11.03
QPSK 3/4	1.49	4.03	16 FSK 5/6	3.30	11.61
QPSK 4/5	1.59	4.68	16APSK 8/9	3.52	12.89
QPSK 5/6	1.65	5.18	16APSK 9/10	3.57	13.13
QPSK 8/9	1.77	6.20	32APSK 3/4	3.70	12.73
QPSK 9/10	1.79	6.42	32APSK 4/5	3.95	13.64
8PSK 3/5	1.78	5.50	32APSK 5/6	4.12	14.28
8PSK 2/3	1.98	6.62	32APSK 8/9	4.40	15.69
8PSK 3/4	2.23	7.91	32APSK 9/10	4.45	16.05

3.3.3　从 DVB-S 向 DVB-S2 的升级及相关效率问题

DVB-S 已经在世界各地成功部署,并取得了出色的成果。然而,DVB-S2 提供了更高的频谱效率和先进的运行特性。DVB-S2 相对于 DVB-S 的改进体现在以下几个方面:

(1)在相同的频谱配置下,卫星参数不变(天线、载波功率等),可用带宽增加。

(2)如果不希望增加用户传输量,则卫星带宽减少。

DVB-S 支持一种调制方式,例如 QPSK,和五个前向纠错编码(1/2、2/3、3/4、5/6 和 7/8),但是 DVB-S2 标准支持 28 种调制和编码组合,调制和编码方式从 1/4 QPSK 到 9/10 32-APSK。图 3.14 展示了 DVB-S 和 DVB-S2 的频谱效率。比较 DVB-S 和 DVB-S2 可以发现,频谱效率相同时,DVB-S 达到准无误码所需的 E_s/N_0 要比 DVB-S2 的大。观察 1bits/Hz 时的频谱效率,DVB-

S2 QPSK 比 DVB－S 增加大约 30% 。从学术角度来看，从 DVB－S 升级到
DVB－S2的带宽效率提高了约 30% ,这是因为相同 E_s/N_0 的纠错码有所改进。从
DVB－S 到 DVB－S2 的升级费用可以从运营效益中得到。

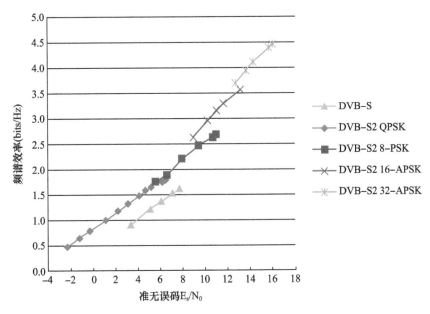

图 3.14　DVB－S 和 DVB－S2 的频谱效率对比（图片来源：Comtech 公司）

　　由于前向纠错编码的改进，从 DVB－S 到 DVB－S2 的升级提供了更高的频
谱效率（bits/Hz）。因此，将 LDPC 和 BCH 相加将带来一个非常接近香农极限的
优化。DVB－S 和 DVB－S2 恒定编码调制都支持静态配置,对给定的载波使用
单个调制编码配置。DVB－S2 规范引入了一个被称为可变编码调制的概念,这
是自适应编码调制特性的静态版本。

　　自适应编码调制/可变编码调制的引入使得可以在同一载波内支持多种调
制编码方案。自适应编码调制/可变编码调制使给定载波的接收机可以对任何
高于解码阈值的调制编码进行解调,而丢掉了任何低于解码阈值的调制编码。
在 DVB－S 或 DVB－S2 恒定编码调制环境中,选择调制编码,使最差的站点
（EIRP 最低的站点）能够以适当的余量满足链路预算,以达到准无误码操作。
这种配置的结果是,最弱的站点限制了公共载波配置的整体效率（和传输量）。

　　通过引入自适应编码调制/可变编码调制,可以对载波进行配置,卫星覆盖
区边缘（最低 EIRP）的站点可以配置较多的前向纠错编码,而波束中心（较高
EIRP）的站点可以配置较少的前向纠错编码。自适应编码调制/可变编码调制
为优化链路上的功率、带宽和传输量开创了一个新的维度。

3.3.4 帧结构和向后兼容模式

设计的帧结构有两层,分别为物理层和基带层。物理层携带少量受高度保护的信令位;基带层携带各种信令位,使得在输入信号适配中有最大的灵活性。

第一层帧结构在物理层提供鲁棒同步和信令。接收机在解调和前向纠错之前,进行同步(载波和相位恢复、帧同步)、检测调制和编码参数。

第二层帧结构,即"基带帧",使得可以根据应用场景以更完整的信令功能来配置接收机:单个或多个输入流、通用或传输流、恒定编码调制或自适应编码调制,以及许多其他配置细节。由于 LDPC/BCH 的保护且前向纠错帧较长,基带报头可以包含许多信令位(80),而不会损失传输效率或抗噪声强度。

图 3.15 显示了低优先级层的非均匀 8PSK。对于不兼容低优先级流的性能评估,采用了以下近似方法:如果低优先级 DVB – S2 标准在 8PSK 星座条件下,目标误码率需要一定的载波噪声比(CNR),那么当应用于非均匀 8PSK 星座时,其性能大约降级 $\triangle L$:

$$\triangle L = -20 \times \log 10(\sin\theta) \tag{3-4}$$

其中载波噪声比可以从 DVB – S2 规范中获得,并且给出了包差错率等于 10^{-7} 时的 QPSK 性能。因此,新关系为

$$CNR_{LP} = CNR_{QPSK} - 3 + \triangle L + M \tag{3-5}$$

其中,M 代表考虑到实施损失和 DVB – S 相对于 DVB – S2 而言较低的目标性能需要增加的裕量。

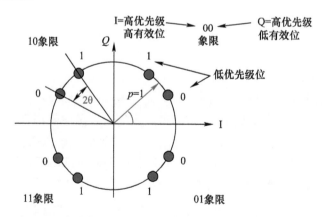

图 3.15 非均匀 8PSK 星座(图片来源:欧洲电信标准协会)

图 3.16 以示意图的形式表现了使用分级调制的分级传输系统结构。这时候,它由两个分支组成,第一个分支符合高优先层级的 DVB – S 标准,第二个分

支将星座维数增加到非均匀的 8PSK（图 3.15），用于低优先层级。

根据 DVB - S2 传输标准，低优先级 DVB - S2 兼容信号是 BCH 和 LDPC 编码，LDPC 编码速率为 1/4、1/3、1/2 或 3/5，在 LDPC 编码器之后提取，如图 3.16 所示。以这种方式，在 DVB - S2 流的可能配置中，仅可以使用正常的前向纠错帧配置，其中 64800 比特位从 LDPC 编码器输出，分成 720 个时隙，每个时隙 90 位。然后插入物理层报头序列（90 位），以表示正在传输的低优先级编码率。如图 3.15 所示，分层映射器为每个码元映射三个比特位，一个比特位来自 DVB - S2 LDPC 编码信号，跟随物理层头插入；两个比特位来自高优先级 DVB - S 编码器。偏离角 θ 不传输，可根据用户要求而变化；大的 θ 数值提高了低优先级抗噪声和抗干扰的强度，但不利于高优先级。

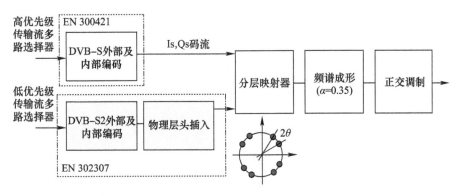

图 3.16 分级向后兼容 DVB - S2 系统结构图（图片来源：欧洲电信标准协会）

由于已经大量安装了 DVB - S 接收机，许多老牌广播公司很难支持 DVB - S2 这种突然的技术变化，特别是在有接收机补贴和免费公共广播服务的地方。在这种情况下，数字视频广播在为新的高级接收机提供额外的容量和服务的时候，在升级期间可能需要向后兼容，使传统的 DVB - S 接收机能够继续运行。在升级过程结束后，全部接收机升级到 DVB - S2 时，再把传输信号修改为非后向兼容模式，充分开发 DVB - S2 的潜力。

在 DVB - S2 中还定义了可选的向后兼容模式，用于在单个卫星信道上发送两个传输流。第一个高优先级流与 DVB - S 接收机（根据 EN 300 421[3]）和 DVB - S2 接收机兼容，而第二个低优先级流仅与 DVB - S2 接收机兼容。后向兼容性可以通过分级调制来实现，其中高优先级和低优先级两个传输流在非均匀 8PSK 星座上以调制码元级别同步组合。符合低优先级 DVB - S2 标准的信号采用 BCH 和 LDPC 编码，LDPC 编码率为 1/4、1/3、1/2 或 3/5。然后，分层映射器生成非均匀的 8PSK 星座：两个高优先级 DVB - S 比特位定义一个 QPSK 星座点,而来自 DVB - S2 LDPC 编码器的单个比特位在传输前设置了一个额外的旋转 ±θ。由于产生的信号具有准恒定的包络,它可以在接近饱和的单个转发器上传输。

后向兼容性可以通过以下两种方法实现:

(1)分层调制,其中 DVB - S2 和 DVB - S 信号在无线电频率信道上异步组合(因此,这种工作模式不需要 DVB - S2 规范中的任何特定工具),DVB - S 信号以比 DVB - S2 高得多的功率级别传输。

(2)分级调制,其中高优先级和低优先级两个传输流在非均匀 8PSK 星座上以调制码元级别同步组合。

3.3.5　物理层及其性能

DVB - S2 系统之所以先进,是由于其非常高的物理层性能。这是通过使用非常强大的编码,结合优化后用在非线性卫星信道的高阶调制方案来实现的。虽然这几类技术都没有什么根本性的新东西,但低成本数字处理能力的提高及强大解码和同步算法的发展,使得这些技术即使在低成本应用中,如直接到户广播,都变得可行。

如上所述,DVB - S2 物理层利用了强大的 LDPC 编码技术,并结合了 BCH 的小型传统分组码。主要的编码技术,被称为 Gallagher 码,最早提出于 20 世纪 60 年代。直到最近,在证明"turbo"码用得非常好之前,解码的复杂性一直令人望而却步。因为这个原因,LDPC 码有时被称为 turbo 码的"表亲"。在 DVB - S2 中使用 BCH 码,以减少"突发"错误,这种"突发"错误是包括 LDPC 在内的所有高性能代码所固有的。DVB - S2 模式提供了一系列调制方式,从传统的 QPSK 和 8PSK 开始。为了在允许的应用中获得更高的频谱效率,该标准还包括 16 进制和 32 进制调制方式。这些方式使用的是由多个星座点同心环组成的星座,而不是传统高阶方案(如 16QAM)中使用正方形网格点。该方案提供的强大而简单的预补偿技术更适合所有卫星系统中遇到的非线性传输信道。总体而言,DVB - S2 提供了所需信噪比为 18dB 的可能"动态范围"。这些为广播业务提供的改进形成了 DVB - S2 发展的主要理由。DVB - S2 还有一些其他特性,对于 DVB - RCS 等交互式业务非常重要。

DVB - S2 的性能如图 3.17 所示。此图显示了纳入标准的各种调制编码组合功率/带宽之间的权衡,也显示了理论上的性能界限。如果把调制星座和有限区块尺寸考虑进去,DVB - S2 体制与理论值相差十分之几分贝以内。除了最高频谱效率之外,它实际上非常接近香农极限,就目前认知而言,香农极限代表了最终的性能极限。图中还显示了 DVB - S,以供比较。该比较表明,对于相同的频谱效率,DVB－S2 的性能比 DVB－S 优约 3 dB,或者对于相同的链路预算,频谱效率比 DVB－S 高约 35%。

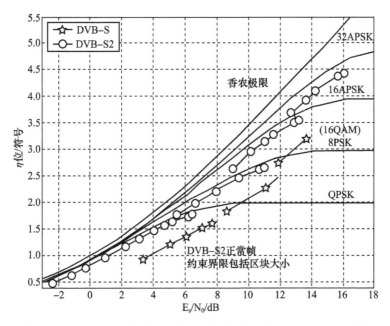

图 3.17　DVB－S2 和 DVB－S 的理论性能(图片来源:Advantech 公司)

3.3.6　将 DVB－S2 集成到 DVB－RCS 系统中

在 DVB－S2 出现之前,双向 VSAT 系统只对返向链路的衰落自适应提供有限的支持,主要是用户终端的功率控制和枢纽站的分集切换。DVB－S 前向链路(即枢纽站出站)没有直接适配的可能性(除了可能使用上行链路功率控制这个已有技术)。然而,DVB－S2 自适应编码调制的使用在前向链路上提供了降雨衰减对策,并允许发射机波形与信道条件进行最佳匹配。特别是,DVB－RCS标准有固有的支持,以及一些支持这种自适应技术的"挂钩"。以这种方式,自适应编码调制可以在传输过程中逐帧改变前向纠错编码的强度和调制类型。DVB－S2 帧要么是64k 编码位长(正常帧),要么是 16k 编码位长(短帧)。任何特定帧中使用的编码和调制都在一个非常"坚固"的报头中被告知,该报头被插入到每个 DVB－S2 帧的开头。世界上许多国家正采用这种新的数字视频广播体制作为数字电视的标准。

当 DVB－S2 把自适应编码调制用于与像 IP 单播这种点对点交互时,其比DVB－S 的增益更大。自适应编码调制恢复了所谓的晴空余量(4～8dB 的功率),这个在传统的"恒定编码调制"中通常被浪费掉了的余量,将卫星平均传输能力增加了 1~2 倍,并显著降低了服务成本。对于非常的传播条件,自适应编码调制增益比恒定编码调制有较大增加。因此,自适应编码调制对于较高的频段(比如 Ka 频带)和热带气候区域是十分重要的。自适应编码调制是由 DVB - S2 调制器通过发送帧的 TDM 序列来实现的,其中编码调制格式可以逐帧改变。这样,在雨衰期间,通过减少用户比特位,同时增加前向纠错冗余和/或调制强度,实现了服务的连续性。

DVB - S2 和 DVB - RCS 系统可以提供大、中、小规模的商业网络。通过以下编码和调制,可以将 DVB - S2 标准集成到 DVB - RCS 系统中:

(1) 恒定编码调制,所有帧使用相同的(固定的)参数;

(2) 可变编码调制,不同的流/业务用不同的(固定的)参数编码;

(3) 自适应编码调制,每个帧都用自己的一组参数进行编码,并根据每个接收机的接收条件进行动态修改。

3.3.6.1　恒定编码调制(CCM)及调制器

DVB - S2 的基本工作模式通常被称为恒定编码调制,该术语指的是调制和编码不随时间变化,其网络如图 3.18 所示。前向链路由使用 DVB - S(EN 300 421)或高效 DVB - S2(EN 302 307)的诸多终端共享。在这种情况下,DVB - S 把每个交互式卫星终端配置为 QPSK 2/3 调制,而 DVB - S2 模式把每个交互式卫星终端配置为 QPSQ 4/5 调制。返回链路由 DVB - RCS 方案提供。

枢纽站和交互式卫星终端之间的链路是交互式的或双向通信。用于广播模式,相同的信号被发送到多个接收机。这种传输情况下,必须配置诸如编码速率和符号速率之类的属性适合于服务地区的最坏情况。恒定编码调制模式当然可以用于交互式服务和其他非广播应用,与今天使用 DVB - S 的方式完全相同。该标准允许调制和编码随时间推移变化。这非常有利于非广播应用,如下所述。在这种方式下,DVB - S2 载波传输的是恒定速率连续信道码元流。

图 3.19 展示了 DVB - RCS 和 DVB - S2 恒定编码调制的实现。此时,系统使用总比特率为 47.61Mb/s 的 DVB - S2 调制器。在使用 DVB - S 标准的情况下,系统使用 DVB - S 调制器,图 3.19 中的其他部分都一样。如前所述,数字卫星通信的新数字视频广播标准旨在在未来取代 DVB - S 和 DVB - DSNG。

DVB - S2 的载波被安排在"帧"中,在这一点上,每个帧对应于 LDPC 码的一个码字,并包含 3072~58192 个信息位,具体信息位数取决于码率和两个帧长度选项(称为"正常"和"短")中选择哪一个。每个帧还包含一个报头,用于识别所使用的调制和编码。因此,可以逐帧改变调制和编码。利用该选项的传输模式称为可变编码调制和自适应编码调制,这两种模式的主要不同之处在于它

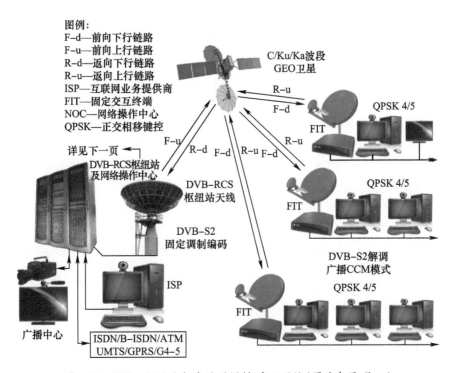

图 3.18　DVB–RCS 和恒定编码调制/交互网络（图片来源：Ilcev）

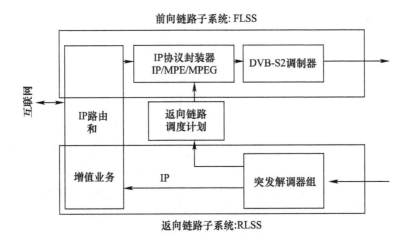

图 3.19　DVB–RCS 和恒定编码调制实施（图片来源：Newtec 公司）

们的预期用途；就实际传播的内容而言，它们实际上是相同的。

　　因此，DVB–S2 提供了比 DVB–S 好得多的频谱效率，带宽节省高达 30% 或增益裕量高达 2.5dB，并且非常接近理论极限（香农极限），它可能是最后一个

DVB - S 标准。它还具有更多的滚降因子(20%、25%和35%),实现了新的调制方式(16APSK 和32APSK),并支持单个载波上的多个流。该系统包括新的前向纠错编码,其中 BCH 取代了 RS 外部编码和 LDPC Viterbi 内部编码。DVB - S2 系统还包括一个新的针对连续或分组数据的通用模式,它与任何类型的数据(IP、ATM 等)都兼容,没有传输流开销(2%),IP 的效率增益可超过4%。

使用 DVB - S2,在不对下行链路进行任何改变的情况下额外增加30%传输容量,非常有价值。这种额外的"免费"容量是与新的先进 MPEG4 编码方案相结合得到的。DVB - RCS 的交互模式有可能给某些特定的卫星应用带来某种革命。所有卫星系统目前都设计有一些下行链路余量,确保链路在雨衰条件下可用。目前这种工作模式,在晴空条件下,系统的性能没有达到最佳状态。

图 3.20 中所示的恒定编码调制器使用顺序链的形式完成了单个传输流的调制。调制器输入由一个 MPEG 传输流组成。如果输入数据速率对于码元速率来说太低,则在流中插入空包;如果太高,则丢弃数据包,使用所谓漏桶策略。除了实际使用调制和编码方式的差异外,这种调制器在功能上与 DVB - S 调制器非常类似。"模式适配"和"流适配"模块用于从输入端 MPEG 包流中创建 DVB - S2 基带帧和前向纠错帧;这些术语在 DVB - S2 标准中有定义。随后,添加信道编码(前向纠错),创建信道符号(QPSK、8PSK 等),通过添加物理层报头和导频码元完成物理层组帧。调制器处理的最后阶段包括脉冲成形和上变频到所需的中频。因此,恒定编码调制器完成了许多与现代可变编码调制/自适应编码调制相同的操作,后者包括一些附加的操作。

图 3.20 恒定编码调制器功能块图(图片来源:Advantech 公司)

3.3.6.2 可变编码调制

可变编码调制为每个独立的交互式卫星终端提供三种类型的调制:8PSK 3/5、8PSK 2/3 和 QPSK 4/5(或者在 QPSK 4/5 到 16APSK 2/3 之间),总比特率高达61Mb/s。可变编码调制模式不提供从接收机到上行链路站点的反馈路径,也不像自适应编码调制那样允许调制或前向纠错动态变化。然而,它确实提供了已调制数据帧以不同的前向纠错或调制格式有规律传输的能力。与自适应编码调制模式一样,它可以从被传输数据的数据描述符报头中检测前向纠错和调制格式,它最适用于纯数据传输,而不是电视广播。以不同的前向纠错和不同的数据速率传输数据的能力,可以作为一种阈值扩展,为卫星覆盖区边缘的用户提供较低速率的数据。使用一些数据帧向波束边缘用户发送较低速率的数据,其代价是这些帧在波束中心应用时效费比较低。这种模式提供了一些额外的灵活性,在接收天线尺寸受限的一些应用中可能有用。因此,这种模式的确切价值将取决于各个业务模式。每个帧都用自己的一组参数编码。参数根据每个接收机的接收条件动态修改。

可变编码调制模式可以看成是自适应编码调制模式提供的一个功能子集,如图 3.21 所示。可变编码调制模式必须提供这样的可能性,即每个帧必须在相同的载波上用不同的参数进行编码和调制。

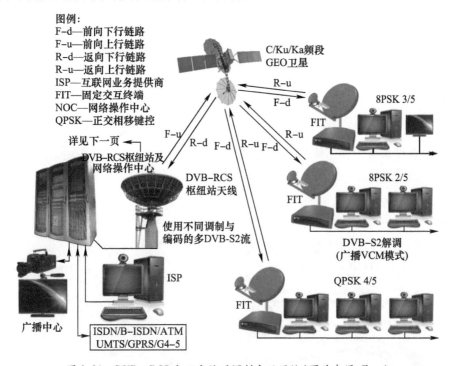

图例:
F-d—前向下行链路
F-u—前向上行链路
R-d—返向下行链路
R-u—返向上行链路
ISP—互联网业务提供商
FIT—固定交互终端
NOC—网络操作中心
QPSK—正交相移键控

C/Ku/Ka频段
GEO卫星

8PSK 3/5

详见下一页

DVB-RCS枢纽站及
网络操作中心

DVB-RCS
枢纽站天线

使用不同调制与
编码的多DVB-S2流

8PSK 2/5

DVB-S2解调
(广播VCM模式)

ISP

QPSK 4/5

广播中心

ISDN/B-ISDN/ATM
UMTS/GPRS/G4-5

图 3.21　DVB - RCS 和可变编码调制交互网络(图片来源:Ilcev)

图 3.22 展示了 DVB - RCS 和 DVB - S2 的可变编码与调制的实现,其中系统需要将终端固定配置成不同的编码和调制流。该系统采用 DVB - S2 调制器,总改进超过 65% 。在 DVB - S2 可变编码调制模式中 ,系统使用额外的调制编码信令前向链路子系统和网络时钟参考时序,其他部分与恒定编码调制模式相同。

3.3.6.3　自适应编码调制

DVB - S2 自适应编码调制是卫星传输出站信道的最新一代标准,如图 3.23 所示。采用自适应编码与调制,DVB - S2 系统在卫星上的传输能力比 DVB - S 系统高出 50% ,比 DVB - S2 系统使用的恒定编码调制模式高出 20% 。BCH/LDPC 的前向纠错方案比 turbo 码更强大,需要的卫星功率要低得多。自适应编

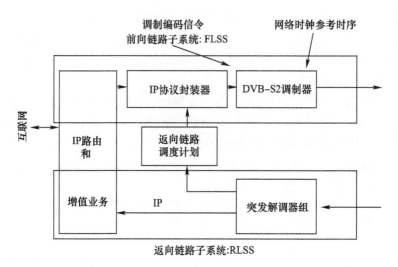

图 3.22　DVB – RCS 和可变编码调制的实现(图片来源:Newtec)

码调制意味着可以动态修改前向纠错编码速率和 DVB – S2 出站载波调制方式
(8PSK 或 QPSK),以优化每个终端的性能。

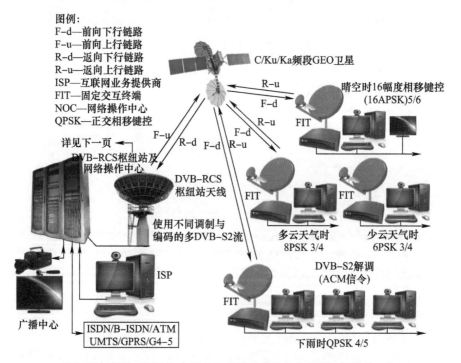

图 3.23　DVB – RCS 和自适应编码调制交互网络(图片来源:Ilcev)

自适应编码调制允许调制方式（QPSK、8PSK 等）和前向纠错逐帧"动态"可变。这样做要求接收机能够通过从其到信号发出站点的返向信道反馈当前接收信号情况，改变调制和前向纠错方式，以改进接收站点信号接收状况。虽然没有对传输信令的返回信道类型进行规定，但是可能是 DVB - RCS 或与调制解调器连接的简单电话线路。这种相当聪明的运行模式是可行的，因为 DVB - S2 有许多新的属性。数字视频广播可以这种方式，在发送数据的站点表明调制和前向纠错的类型。因为使用导频音，可以独立于调制方式（QPSK、8PSK 等）进行载波恢复，所以有可能快速改变调制方式。

有了这两种工具，解调器可以始终保持对信号的锁定，并对数据进行相应解码。这种工作模式的管理由自适应编码调制路由器和路由管理器完成。这两个设备组合起来接收来自远方接收机的接收数据质量报告，指示调制器使用哪种调制和前向纠错方式。

使用 DVB - S2 调制器的系统，在 Ka 频段的总自适应编码调制增益高达 100%，其中 DVB - RCS 和自适应编码调制信令发送的结构图如图 3.24 所示。该系统使用与可变编码调制相同的单元，只是在该方案中包含了自适应编码调制处理程序。结合 DVB - S2 纠错编码，其效率是 DVB - S 的 2.6 倍。

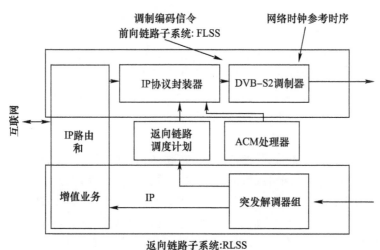

图 3.24　DVB - RCS 和自适应编码调制信令（图片来源：Newtec）

通过发送当前接收状况并动态改变调制模式，数字视频广播卫星链路可以以最小的下行链路余量可靠地运行，从而以可能达到的最高数据速率实现最大的效率。这种模式对某些应用很重要，但对其他应用可能就没那么有用。自适应编码调制非常适合纯数据应用，如直接到户互联网业务。在这些类型的应用中,实现最大数据速率传输对于商业模式至关重要,在这种模式下,更高的数据速率传输可以让每兆赫带宽有更多的用户。

在特定情况下,用于数字视频广播的自适应编码调制对传统的卫星电视广播商不是很有用。在雨衰条件下,保持链路运行所需的数据速率降低很可能会导致分配给每个电视频道的码速率低到不可接受,最终可能不得不从多路复用中丢弃一些频道。

服务提供商可以利用自适应编码调制选择最有效的传输方式,将多个小型网络合并成一个更大的网络,为网络设计带来额外的好处。与自适应编码调制相结合,每个远端设备可以根据其在卫星覆盖区的位置、天线尺寸和大气条件,在任何时候都以其最有效的调制编码方式运行。自适应编码调制通过返回信道评估当前信道条件和传输能力,以确定每个远端设备的理想调制和前向纠错速率,并进行实时调整。简而言之,自适应编码调制不仅在逐个远程设备基础上优化带宽效率以获得最大传输能力,而且服务提供商不必事先确定应该使用哪种调制和编码。在大多数 Ku 频段和 Ka 频段系统中,由于降雨衰减和每个点波束上的卫星 EIRP 变化,链路状态随时间和地理位置的不同会有很大变化。

DVB – S2/ACM 之前的服务定价是基于实现承诺信息速率所需的卫星带宽量,该速率是基于在最坏情况下(比如严重的降雨衰减)可靠运行的调制编码设计的。承诺信息速率是指分配给特定路由器的专用带宽量,无论网络有多忙,路由器都无需争用传输机会。满足承诺信息速率所需的带宽随所使用的调制编码不同而有显著变化,而调制编码因雨衰和每个终端而异。对于 DVB – S2/ACM,自适应调制编码随天气条件而不断变化,所以提供给给定承诺信息速率所需的带宽也不断变化。

工程确定调制编码是通过考虑系统参数,如卫星 EIRP、VSAT 站的 G/T 值、天线尺寸、覆盖范围和网络区域的环境状况,结合链路可用性要求,使用标准链路预算技术开展的。在可变编码调制模式下,基于不同 VSAT 站在波束中的地理位置、可用性要求和/或它们的天线尺寸,可以为这些 VSAT 站配置不同的编码和调制参数。然而,在自适应编码调制模式下,对于每个 VSAT 站,从一个前向纠错帧到下一个前向纠错帧,调制编码可以动态改变。因此,所应用的调制编码可以适应每个 VSAT 站的接近瞬时和单个链路的条件,以便使整个网络的每赫兹带宽可获得的信息速率最大化(即总带宽效率),同时始终满足整个网络所需的链路可用性。

可变编码调制/自适应编码调制调制器完成许多与恒定编码调制相同的工作,除此之外,还增加了一些额外的工作。最根本的区别在于可变编码调制/自适应编码调制处理不是简单的、单向的。图 3. 25 显示了可变编码调制/自适应编码调制调制器的典型框图。调制器功能方面与恒定编码调制实际上是等效的。为简洁起见,在后面的内容中,将该设备简称为自适应编码调制。如上所述,基带帧的生成和排序在自适应编码调制系统中是一个重要的过程。它涉及物理层之上的数据内容属性,理想情况下一直到服务质量（QoS）层面。

图 3. 25　自适应编码调制器功能框图（图片来源:Advantech 公司）

在大多数情况下,这种调制处理在某种程度上取决于所提出的应用。然而,DVB－S2 标准的初始版本仍然包括调制器内部的模式适配功能（基带帧模式的产生）。但是,包括 Advantech 公司在内的许多开发者和制造商已经意识到,这种高级特定模式的适配功能并不是调制器的固有组成部分,调制器通常被视为通用物理层设备。

因此,采用了一种替代架构,其中模式适配功能是单独实现的,所以调制器的输入是一系列基带帧模式,每个帧都标有它要应用的调制编码。然后,调制器的工作被简化为按照基带帧到达的顺序传输基带帧。

因此,自适应编码调制器中的正确处理从流适配开始,即创建前向纠错帧。其余的处理基本上遵循与恒定编码调制相同的顺序,如果基带帧到达的速率低于载波支持的速率,调制器将生成“虚拟”帧。如果帧速率长时间过高,调制器只能丢弃帧,别无选择。这相当于在恒定编码调制器中执行的空包插入和包丢弃。

由于上行处理的异步特性,特别是模式适配功能的缓冲和选择操作,使得在自适应编码调制系统中分发定时信息的方法（网络时钟参考分组）不同于 DVB－S和 DVB－S2 恒定编码调制。在自适应编码调制中,定时与物理层 DVB－S2 帧头的传输时间有关。因此,实际上有必要在调制器内部插入（标记）定时参考值。这种标记是在流适配之前完成的,但是要基于在下游获得的时间值。图 3. 25所示的反馈连接说明了这一点。自适应编码调制器的其余功能与恒定编码调制的相应部分相同。

3.4　第三代 DVB－S 标准

（1）DVB－S3 标准。一家以色列公司 Novelsat 提出了一种比 DVB－S2 传输系统更高效的新标准,称为 DVB – S3。2010 年,这家公司的工程师在 Eutelsat 的 W3A 卫星以及 AsiaSat 5、Amos – 3 和 Intelsat 卫星上测试了他们的信号。新标准比 DVB – S2 标准码速率平均提高了 28%。目前的共识是,DVB – S2 传输非常接近"香农定理",该定理指出在一定带宽内可以处理的传输数据量在不被噪声淹没的情况下有一个限制。以色列小组再次研究了压缩数字电视信号所需的数学算法,并将新算法用在新的调制器和解调器中,Novelsat 公司的方案平均提高了 28% 的码速率。然而,这种提高的一部分原因是将每个信道两端的"保护频带"从 20% 的信道频谱宽度减少到仅 5%。第一代 DVB – 2 的传输保护频带为 35% 的信道宽度。在这一点上,与十多年前开发的 DVB – S2 标准相比,利用目前更强的处理能力,能够将信道两端的滚降带宽降低到仅 5%,这是传输能力提高的主要原因。在 2011 年 4 月推出效率远远高于 DVB – S2 的 DVB – S3 (NS3)调制技术后,Novelsat 公司表示,它已经进行了 32 次卫星直播试验。该系统使用简单的软件升级,将首先用于一系列 VSAT 传输,但它的真正目标是成为 DVB – S2 的替代技术,将视频从太空传送到用户的家庭和手机。该公司已经在与 DVB 项目组讨论标准化进程,它使用 DVB – S3 NS3 模式,将 72MHz 转发器信道 DVB – S2 信号的效率从 28% 提高到 90%。Novelsat 公司声称,新 DVB – S3 系统将在 72MHz 转发器信道中提供 358Mb/s 的传输速率,比 DVB – S2 的速率高出约 20%,比世界上大多数类似系统高出 28% 以上。而今天许多 DVB – S2 转发器只提供 168Mb/s 的传输速率,这使它有了两倍多的实质性改进。

(2) DVB – S2X 标准。DVB – S2 标准旨在促进新业务的提供,主要侧重于高清电视和直接到户业务。DVB 项目组是 DVB – S2 背后的行业和监管机构联盟,该项目组表示,DVB – S2 规范非常好,不需要开发 DVB – S3 规范。

新的 DVB – S2X 标准作为 DVB – S2 规范的扩展,提供了额外的技术和特性,在其开发后不久,已经作为 ETSI EN 302 307 第 2 部分发布,而 DVB – S2 是作为第 1 部分发布的。它改进了 DVB – S2 核心应用的性能,包括直接到户、广播、甚小口径终端和数字卫星新闻采集。该规范还扩展了工作范围,以覆盖新兴市场,如移动应用。在其余内容中,在近 15 年前,DVB – S2 已将主要侧重放在直接到户上。从那以后,出现了新的需求,DVB – S2X 提供了必要的技术规范。这项工作是卫星 DVB 技术模块小组完成的,阿尔贝托·莫雷洛博士主持了这项工作,他也领导了 DVB – S2 的工作。对于专业应用典型的 C/N,该标准支持更高的频谱效率,如广播链路或 IP 中继。对于移动应用(例如海事、航空、火车),它还支持低至 – 10dB 的 C/N。

DVB – S2X 标准是基于非常成熟的 DVB – S2 规范。图 3.26 展示了 DVB – S2X 和 DVB – S2 的频谱效率,其中 DVB – S2X 的滚降率为 5%,而 DVB – S2 标

准的滚降率为 20%。事实上,主要的效率在于更高的调制和编码方式。这就是为什么 DVB－S2X 标准首先针对的是数据速率要求高的应用,例如广播和交换、IP 广播传输流(TSoIP)和初次分发、IP 主干网和 IP 中继相关配置(IP 接入、IP 回程、政府高速通信)。

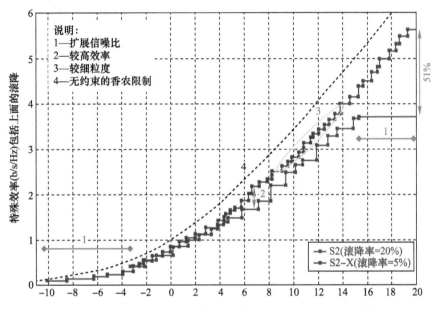

图 3.26　与 DVB－S2 相比 DVB－S2X 的效率(图片来源:DVB)

将目前的 DVB－S2 标准与全面实施的 S2 扩展(激活较小的滚降、高级滤波和 256APSK)进行比较,卫星上的专业应用可以实现高达 51% 的效率增益。使用宽带,又可以增加 20% 的额外增益。此外,对于直接到户网络,效率可以增加 20%。这些增加的效益已经超过了当今市场上专有系统的结果。DVB－S2X 标准使用成熟强大的 LDPC 前向纠错,结合 BCH 前向纠错作为外码,并引入了以下附加元素:

(1) 5% 和 10% 的较小滚降选项(除了 DVB－S2 的 20%、25% 和 35% 以外);

(2) 调制和编码模式的更精细分级和扩展;

(3) 线性和非线性信道的新星座选择;

(4) 针对主要同信道干扰情况的附加加扰选项;

(5) 最多 3 个带有超帧选项信道的信道绑定;

(6) 支持非常低信噪比下工作,低至 －10dB。

通过额外的成帧、编码和调制选项,可用的信噪比范围可扩展至 －10dB,这可为移动的(海空)和非常小的定向天线提供卫星服务。对于 VSAT 应用,S2X

规范为未来的宽带交互网络提供了支持先进技术的可能性,即系统内干扰减轻、波束跳跃以及多种格式的传输。这些可能显著提高宽带交互式卫星网络的容量和灵活性,并且使超帧结构成为可能。

DVB – S2 标准已经为直接到户应用提供了非常好的频谱效率,因此升级到 S2X 不可能再产生与从 DVB – S 到 S2 转换时相当的物理层增益(大约30%)。然而,对直接到户来说,DVB – S2X 微调了 DVB – S2 的物理层和上层协议,产生了一个极具吸引力的包(对于新一代业务,无论如何都需要新的接收机)。

与直接到户相关性最强的特性是传输信道绑定、更精细的调制和前向纠错选项以及更快的滚降。多达三个卫星信道的绑定将支持更高的数据速率,并为超高清电视等高数据速率业务提供额外的统计复用增益。因此,在接收机中强制实施可变编码调制有可能提高超高清业务的频谱效率,同时通过广播受高度保护的标清组件来保证暴雨期间业务的连续性。更精细的调制和前向纠错选项可以提高运行灵活性。对于专业应用和数字卫星新闻采集应用,高效调制方案使频谱效率接近6b/s/Hz(256APSK 条件下),支持高达 20dB 的信噪比值,可实现高达 50% 的增益提高。

DVB – S2X 标准于 2014 年 3 月作为数字视频广播蓝皮书发布,此后不久,基本所有的专业卫星发射和接收设备供应商都宣布支持新规范。一些首次部署的 DVB – S2X 提高了效率,但部署方式明显不同,如移动运营商的蜂窝回程线路、向 DVB – T2 传输站点的初次分发以及游轮的海事网络。它与新的高效视频编码 HEVC 同时推出。因此,预计新的卫星接收机将结合这两种技术,提供更加高效的高清业务,特别是超高清业务。第一台直接到户原型接收机将在 IBC 2016 上展示,为 DVB – S2X 向家庭应用发展做准备。

3.5 互动式甚小口径终端(VSAT)和卫星网络

VSAT 设备和网络最初是美国电信公司在 20 世纪 80 年代销售的一个小型地面站。自 20 世纪 60 年代中期第一颗通信卫星发射以来,卫星通信中地球站规模逐步缩小,VSAT 小站是这一趋势的中间一步。地面站已经从配备 30m 大型天线的 Intelsat 标准 A 关口站发展到今天只有 60cm 小口径天线的单收站,或类似 GPS 接收机一样的无线定位手持终端,这种单收站可以直接接收广播卫星发射的电视信号。

VSAT 体系结构使用地球静止轨道卫星作为中继站,提供点对点或点对多点连接。由于卫星被用作中继站,数据的起点和终点可以在地球上的任何地方。

VSAT 网络通常用于视频监控、视频会议、用户互联网、销售点、远程教育和医疗、互联网信息亭等。

手机正在使用它们进行相互间的 VoIP、VCoIP 和 VDVoIP 连接。它也用于事故和紧急通信的话音、数据和视频传输。VSAT 网络以星形和网状结构工作，由枢纽站或关口站、远端地球站或交互式卫星终端、卫星转发器和空间链路、网络控制中心和接口设备组成。

因此，VSAT 设备处于产品线的低端，提供多种多样的通信业务；高端是支持大容量卫星链路的大型站（通常称为中继站）。这些大型站主要在国际交换网络中使用，以支持可能位于不同大陆国家之间的干线电话服务。这些小站的天线直径小于 2.4 m，所以被称为"小口径"（指的是天线的面积）。这种站不能支持大容量的卫星链路，但是它们很便宜，成本在 1000 ~ 5000 美元之间，而且容易在任何地方安装，比如屋顶或停车场。因此，VSAT 装置可用于快速建立一个几十 kb/s 的小容量卫星链路，容量通常为 56kb/s 或 64kb/s。

3.5.1　VSAT 网络配置和概念

目前的 VSAT 网络使用地球静止轨道卫星，这些卫星在枢纽站和卫星星座覆盖范围内的许多 VSAT 小站之间提供连接。由于卫星在天空中的位置固定，所以不需要对其进行跟踪，这简化了 VSAT 设备和安装。由于从卫星上可以看到所有的 VSAT 小站，所以卫星可以将载波从任何一个 VSAT 小站转发到网络中的任何其他 VSAT 小站。由此可以看出，VSAT 小站像个人汽车一样，可为个人所有、独自使用。这避免了使用任何公共网络来访问关口站或枢纽站。用户可以直接将自己的通信终端，例如电话、视频设备或个人电脑，接入 VSAT 设备。

因此，VSAT 似乎是绕过公共网络运营商，直接接入卫星链路的天然手段。它们是建立专用网络的灵活工具，例如建立公司不同站点之间的专用网络。正如图 3.27 所示，与中继站相比较，VSAT 的位置更靠近用户，中继站位于公共网络交换体系的顶层。

为 DVB – RCS 方式选择的设备制造商，必须提供以下设备和服务：

（1）协助设计网络——根据需求量身定制；

（2）提供并协助进行专业应用和软件的集成；

（3）安装并使系统联机工作，并提供网络支持，无论白天还是晚上；

（4）扩大客户网络，从枢纽站到无数的远端站。

如图 3.27 所示，VSAT 站由射频链路通过适当的地球静止轨道卫星相连接，从枢纽站到卫星称为上行链路，返向称为下行链路。站与站之间的整个链路，有时称为跳，由上行链路和下行链路组成。射频链路是一种传输信息的调制载波。卫星在其接收天线的视野范围内接收来自枢纽站发射的载波,并放大这些载波,然后将他们的频率转换为低频带以避免可能的输出/输入干扰,最后将放大的载波发送到位于其发射天线视野内的站点。

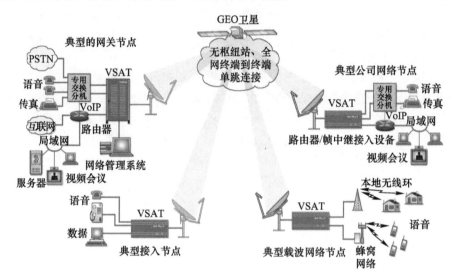

图 3.27　DVB - RCS/S2 VSAT 网络配置(图片来源:加拿大 PolarSat 公司)

需要在网络中安装一个比 VSAT 大的站,称为枢纽站或关口站。枢纽站的天线尺寸比 VSAT 的大,比如 4 ~ 11m,比典型的 VSAT 天线增益更高,并且配备功率更大的发射机。由于其提高了功率,枢纽站能够充分接收 VSAT 站发送的所有载波,并通过自己发送的载波向所有 VSAT 站传送所需信息。

如上所述,网络的架构有星形和网状。从枢纽站到 VSAT 站的链路称为出站链路,而从 VSAT 站到枢纽站的链路称为入站链路。入站链路和出站链路都由两条链路组成,即上行链路和下行链路,用来往返于卫星。星形 VSAT 网络有两种类型:

(1) 双向网络,VSAT 站可以发送和接收。这种网络支持交互式卫星通信。

(2) 单向网络,枢纽站将载波传输到 VSAT 设备,而 VSAT 向枢纽站方向没有传输。这种配置支持从枢纽站所在的中心站点到远端站点的广播业务,远端站点只安装了 VSAT 接收设备。

固定或移动的用户到用户业务应用的典型网络,如图 3.28 所示,由以下部分组成:

(1)卫星子系统。卫星是太空中的中继站,在固定或移动地面站和关口站之间提供信号传输。前向和返向卫星链路通常工作在 C 频段(4 ~ 8GHz)、Ku 频

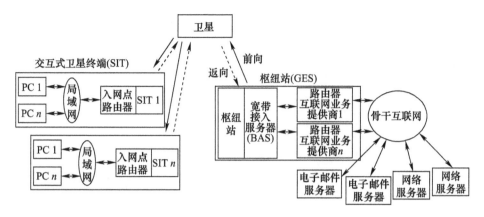

图 3.28 DVB – RCS VSAT 网络概念(图片来源:Newtec)

段(12 ~ 18GHz)、Ka 频段(18 ~ 30GHz)或它们的组合频段。Ka 频段的主要优点是在卫星上很容易实现返向链路点波束。对于前向链路,全球波束用于广播,Ku 频段仍然是最有吸引力的频段。

(2)枢纽站或关口站子系统——枢纽站是网关站,通过传统的 DVB – S 或 DVB – S2 链(类似于数字电视广播)实现前向链路,将 IP 信息封装进 DVB 流,称为 DVB 上的 IP(IPoDVB 或 IPoS)。返向链路使用返向 DVB – RCS 标准"多频 – 时分多址(MF – TDMA)突发解调器组"实现,称为 ATM 上的 IP(IPoATM)。枢纽站通过宽带接入服务器与几个互联网业务运营商的路由器相连。枢纽站另一个非常重要的功能是通过静止轨道卫星以有效的方式映射属于每个互联网业务运营商的所有交互式卫星终端或移动交互终端的流量。枢纽站的总体框图如图 3.29 所示。枢纽站的核心是宽带接入服务器,它实际上是一台容量非常大的路由器。此类路由器的典型容量上限为 2 ~ 20 Gb/s。宽带接入服务器的一端连接到几个互联网业务运营商的路由器。另一端通过前向链路和返向链路连接到卫星。在前向链路上,IP 流量由一个 DVB 网关封装进 DVB,进入 DVB 调制器/上变频器、高功率放大器和发射天线。接收天线与返向链路相连,返向链路由一组突发解调器组成,从交互式卫星终端接收一组多频 – 时分多址(MF – TD-MA)载波。用户数据部分分发到宽带接入服务器,信令、资源请求和监控部分连接到 DVB – RCS 调度器,该调度器通过把突发时间计划发送到前向链路来控制所有的交互式卫星终端。枢纽站的其他重要子系统有:枢纽站管理子系统、计费子系统和 IP 安全子系统。

(3)用户终端。用户终端包括固定应用的交互式卫星终端、移动应用的移动交互终端。有三种常用可选频段:Ku/Ku 频段(14/12GHz)、Ka/Ku 频段(30/

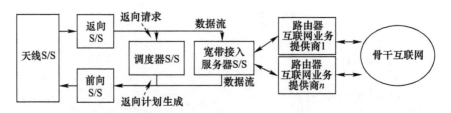

图 3.29　DVB-RCS 互联网枢纽站框图(图片来源:Newtec)

12GHz)和 Ka/Ka 频段(30/20GHz)。在企业对企业的应用中,交互式卫星终端或交互式移动终端可以通过局域网和网络端口路由器与多个用户个人电脑相连。这些终端的主要特点是成本低。这一效益是由以下因素得到的:最高性价比和可靠性的业务、全球覆盖、小口径天线、高效的调制/编码技术(turbo 编码)带来的低发射功率、星形配置中的大型枢纽站以及开放的 DVB-RCS 标准带来的高产量。

　　DVB-RCS 业务是一种接入技术,允许通过卫星增值服务进行话音、数据、视频广播和互联网宽带接入。第一类应用是流行的互联网业务,基于卫星多播能力的 DVB-RCS,例如可靠的多播文件传输和多播流,包括话音、数据和视频传输,优于地面接入网络。DVB-RCS 的宽带链路可以对恒定速率流进行非常好的控制。一个主要的不足是,通过卫星返向信道(RCS)的基本星形结构配置需要卫星双跳来连接两个接入用户。如果其中一个用户通过地面链路(PSTN或 ISDN)连接到接入枢纽站,这种不足就不存在了。

　　由于地球静止轨道卫星的延迟,TCP/IP 卫星链路的传输容量有限。这通常通过在网络端口路由器和互联网业务运营商路由器之间使用性能或协议增强代理(PEP)来解决,如图 3.30 所示。性能或协议增强代理之外的链路使用传统的TCP/IP 和两个路由器:互联网业务运营商路由器和网络端口路由器。性能或协议增强代理只能采用 TCP 协议,不能采用用户数据协议(UDP)。

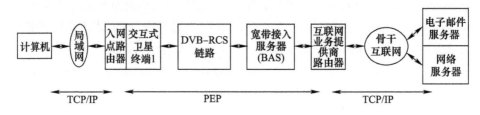

图 3.30　DVB-RCS VSAT 协议概念(图片来源:Newtec)

3.5.2　VSAT 网络应用

　　如前所述,VSAT 网络可以配置为单向或双向网络。可以注意到,双向

VSAT 网络支持的大多数业务涉及交互式数据传输,其中用户终端通常是个人电脑。最显著的例外是包括广播和卫星新闻采集内容的话音、数据、视频通信。

3.5.2.1　话音、数据和视频（VDV）传输

根据需要,用户可能希望传输一种信号或几种不同信号。数据和语音以数字形式传输,而视频可以是模拟的也可以是数字的。数字传输时,视频信号可以受益于高效的带宽压缩技术。所有应用都在使用新的 VDVoIP 传输方式。

（1）话音通信。话音通信仅适用于双向网络。它们可以使用话音编码（声码器）以低速率传输,典型信息速率范围为 4.8～9.6kb/s。它们也可以与数据通信相结合（例如,在单个 64kb/s 信道上,多达 4 个话音信道可以与数据或传真信道复用）。然而,在 VSAT 网络上,话音通信受到与声码器处理（约 50ms）和卫星链路传播（一个双跳约 500ms）相关的延迟影响。因此,用户可能更喜欢连接到地面网络（地面网络延迟要小很多）。话音通信可能会成为一个适合于 VSAT 小站的市场,向没有固定电话的地方或为移动终端应用提供服务。这个通过卫星提供电话连接的新应用称为基于 IP 的话音（VoIP）。

（2）数据通信。VSAT 站产生于传输数据的需求。标准 VSAT 产品提供数据传输设施。提供给用户的速率范围通常为 50b/s～64kb/s。比特率低于 20kb/s 情况下,使用 RS-232 端口,对于更高的码速率,使用 RS-422、V35 和 X21 端口。最常用的是局域网接口（例如 RJ-45 连接器）。附录 3 给出了这些端口功能的一些细节。数据分发可以结合视频传输来实现,例如使用 DVB-S 标准。通过卫星提供数据连接的新应用称为基于 IP 的数据（DoIP）。

（3）视频通信。在出站链路（从枢纽站到 VSAT 站）上,视频利用与频率调制相结合的一般电视标准（NTSC、PAL 或 SECAM）,或者使用卫星 DVB（DVB-S）标准来实现,也可能与数据分发相结合。在入站链路上,由于 VSAT 站上行链路的功率有限,可在低速率下,以视频编码和压缩的慢动作图像形式进行视频传输。如今视频通信被称为视频会议或基于 IP 的视频会议（VCoIP）。

3.5.2.2　VSAT 站的类型

如上所述,由于卫星传输路径较长,VSAT 网络上的语音通信比地面线路的延迟更大。电话业务意味着完全连接,通常会有 0.25s 或者 0.5s 的延迟,具体取决于所选的网络配置。

卫星新闻采集可视为一个使用车载移动式 VSAT 装置的临时网络,如图 3.31（左）所示。有时将这种移动 VSAT 称为“飞行”站,其由汽车或飞机运输,新闻记者可以通过它将视频信号传输到公司演播室附近枢纽站。如果不需要检查远端站点的上行链路,也不需要通过电话与演播室的工作人员联系,该业务可视为入站业务。图 3.31（右）显示的是便携式（可运输的）飞行 VSAT 站,它

必须坚固、轻便且易于安装(组装和拆卸)。两种车载 VSAT 站的重量通常为
100 kg,但是带有天线和调制解调器的固定 VSAT 站的重量只有约40 kg,可以在
20min 内安装完毕。

图 3.31　运输式和便携式 VSAT 装置(图片来源:加拿大 Advantech 公司)

　　图 3.32(左)显示的是固定 VSAT 站,图 3.32(中)是海上 VSAT 站,
图 3.32(右)是民用和军用可运输的 VSAT 站。所有三种 VSAT 站都采用了加拿
大制造商 Advantech 公司生产的天线和调制解调器。与在城市和农村环境中使
用的固定 VSAT 站一样,船载 VSAT 站在驾驶舱或特殊的无线电室创建了一个
移动办公室,通过这样一个平台可为所有应用节省时间,并兼顾船员和乘客的通
信。此外,具有自适应入站路由选择特征的时分多址(TDMA)信道,作为来自移
动 VSAT 设备的上行链路,由枢纽站连续监控。以这种方式,远端终端被连续告
知其最佳的 TDMA 传输编码和功率电平。类似于出站信道的 DVB - S2/ACM,
这一特性意味着当远程终端穿过卫星的各种形状覆盖区时,TDMA 信道也在不
断优化。

图 3.32　固定式、船载和运输式 VSAT 站(图片来源:加拿大 Advantech 公司)

3.5.2.3　DVB - RCS 广播应用的结构

VSAT 网络可以支持不同类型的广播应用,每种应用都有一个最佳的网络

配置。提供服务的跨国公司可以利用 VSAT 平台建立极其经济的星型网络。理想的 DVB – RCS VSAT 网络如图 3.33 所示,它包括以下业务体系。

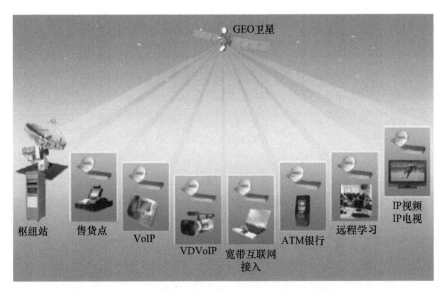

图 3.33　固定和移动 DVB – RCS 应用(图片来源:ViaSat 公司)

　　(1) 互联网业务提供商(ISP)。VSAT 网络旨在支持大量不对称流量,使其成为互联网业务提供商网站的理想选择。随着互联网业务提供商将覆盖范围扩大到大都市以外,通过卫星进行低成本宽带 IP 传输变得越来越有价值。枢纽站提供了对互联网主干网的访问,远端终端安装在大型客户端所在地,或者安装在互联网业务提供商的远程网络端口位置。例如,服务于欧洲的跨国互联网业务运营商可以将他们的业务扩展到东欧、中东、非洲的更偏远地区,或开展移动应用。

　　(2) 卫星业务提供商(SSP)。VSAT 枢纽站通过一个或多个卫星转发器,为一个或多个业务提供商提供带有计费网络接口的大型完全集成的网络管理系统。卫星业务提供商租赁卫星运营商的卫星资源,并为城市、郊区、农村、远端和移动应用提供 VDVoIP、VoIP、IPPC、IPTV、WiMAX、数据采集与监视(SCADA),以及其他电子业务。

　　(3) 私有公司网络(PCN)。私有跨国公司网络有多种多样的应用要求,包括文件和图像分发、库存控制、VCoIP、VoIP、互联网接入和电子邮件、数据库备份、图像传输、数字视频广播、商业电视、银行/ATM、文件传输协议(FTP)。

　　(4) 虚拟专用网络(VPN)。卫星业务提供商在部署枢纽站后,可以使用 VSAT 网络为多个客户端建立基于 IP 的宽带虚拟专用网。每个客户的网络由

"共享枢纽站"和位于每个客户固定或移动位置的小型低成本 VSAT 站或远端终端组成。卫星业务提供商通常通过地面链路将客户的公司总部连接到共享枢纽站。

（5）广播和内容分发。VSAT 网络支持在任何地方，从固定、移动或可运输站点，快速、安全地分发数字内容，比如分发到电影院的电影、安全内部网语音数据视频通信、电视和 IPTV 业务、准点播电视、增强型互动电视。

（6）卫星新闻采集（SNG）。基于 IP 的卫星新闻采集业务是现在广播行业可以使用的工具。卫星新闻采集可以降低从现场收集内容的成本和带宽成本。例如，传统的模拟卫星新闻采集平台价格为 10 万美元，IP 网状平台价格约为 5 万美元，而 VSAT DVB – RCS 平台价格为 3 万美元。它提供以下业务：集成 DVD 的组播、网络广播、视频流、基于 IP 的卫星新闻采集（SNGoIP）、推/拉数据传递、公司数据和灾难恢复、事故和应急响应、远端站点的视频监控等。

（7）卫星应急和安全管理。DVB – RCS 标准可以提供远程宽带卫星话音/数据/视频和互联网主干通信，可以应用于国土安全系统、国家应急管理、消防行动、警察行动、海上和地面搜救现场通信、毒品管制、灾害管理、反恐行动、边境安全、环境监测、临时网关等待、远程医疗和教育（采矿、渔业、石油、勘探等）、政府和军事设施（自然资源管理、国防、军事、国家安全）。

（8）国防信息管理（DIM）。特殊的 DVB – RCS 网络是唯一有资格为军事应用提供无与伦比性能的卫星网络。这种先进的卫星宽带网络使用超过 T1（1.544 MH/s）的双向传输，显著提高了现有军事服务的性能，并支持大量新的应用。该网络支持可快速部署的固定终端和移动终端，具有最新的内容驱动应用，有利于当今的一线作战人员。例如，南非土地上的一个 DVB – RCS 枢纽站能够保障整个非洲大陆上海军、陆军和空军的所有通信应用，并将多达 200000 个固定和移动终端与中央和其他指挥所连接，提供以下业务：重建工作、安全（加密）和部队通信、后勤管理和电子培训/教育。

（9）移动卫星提供商（MSP）。VSAT 网络提供了一个在移动设备上使用的选项，例如海事、陆地（公路和铁路）和航空应用。这使得远程终端可以在飞行中和停在机场的飞机上使用。飞机的典型应用包括导航系统数据传输、VoIP、VDVoIP、闭路视频以及电子邮件和互联网接入。VSAT 站还可以配备一个可移动或飞行天线，与移动和可运输终端一起，用于快速部署和卫星新闻采集。

3.6　DVB – RCS 枢纽站

一个专用的大型枢纽站（天线尺寸为 8～10m）支持一个完整的单一网络，

可能有数千个 VSAT 站与之相连。枢纽站可能位于客户的组织机构中心所在地,主机直接与它相连。它让客户可以完全控制网络。在扩展期、网络变化期或出现问题的时期,此选项会给用户很多方便。然而,专用枢纽站也是非常昂贵的,只有当其成本能够被网络中足够多的 VSAT 站分摊时才是合理的。

　　Advantech 无线生产商提供的多种型号,围绕着采用 DVB - RCS 标准并将其进一步发展来解决成本这个问题,其中五种配置如图 3.34 所示。该图显示了五种配置的技术特征,Raptor 和 Discovery 100 作为微型枢纽站、Discovery200 作为小型枢纽站、Discovery300 作为标准枢纽站、Millennium 作为最大(大型)枢纽站。微型和小型枢纽站被证明是有吸引力的站型,因为它们保留了专用枢纽站的优势,同时降低了成本。这些枢纽站还可以缓解可能存在的与市区或有分区限制社区的安装问题,因为与大型专用枢纽站相比,这两种枢纽站只需要更小的天线和更少的机架安装设备。最大枢纽站 Millennium 可支持数千个 VSAT 站(远端),具有更高性价比,这种多模式方法体现了为固定、可运输和移动用户提供开放标准优势。该枢纽站在每个链上提供高达 648Mb/s 的传输量,前向链路总容量高达 3.888 Gb/s。在每个返向链路上提供高达 288 Mbps 的传输量,总容量高达 1.7 Gb/s。

终端类型	Raptor	Discovery100	Discovery200	Discovery300	Millennium
Advantech 枢纽站配置					
前向链路/(Mb/s)*	200	200	高达3×200	高达5×200	高达6×648
返向链路/(Mb/s)*	32	48	最大144(3×48)	最大240(5×48)	最大6×288
支持VSAT数量	高达500	高达500	高达1500	高达45000	高达180000
说明:*最大,超过该速率需要特殊订购					

图 3.34　多模式 DVB - RCS 枢纽站(图片来源:加拿大 Advantech 公司)

　　Advantech 枢纽站使用标准的 DVB - RCS 前向链路向多模式终端提供 DVB - S 或 S2X 调制。返向链路通常在 DVB - RCS 模式下运行,但可以通过枢纽站终端网络管理系统切换到 DVB - S/S2/TCC SCPC 模式,该网络管理系统提供系统的集中管理。Advantech S5420 VSAT 终端能够在 DVB - S/S2/TCC(SCPC)和 DVB - RCS(MF - TDMA)之间进行重新配置。在返向链路上,DVB - RCS TDMA 系统和 DVB - S/S2/TCC SCPC 模式之间的切换机制由客户控制,并可由枢纽站操作员实施。多模式操作给网络带来了额外的维度,在这些网络中,众多的终端对 SCPC 的连接需求很频繁,但在单个终端级别上并不多。其可扩展性和 DVB - SCPC、DVB - RCS 两类终端的灵活组合使任何规模的网络在成本方面都极具竞争力。随着网状覆盖能力的增加,Advantech 公司提供了一个强大的网络架构,可以满足几乎任何应用的苛刻要求。几个独立的网络可以共享一个枢纽站。通过这种方式,把枢纽站服务租赁给 VSAT 网络运营商。网络运营商只需很少的资本投入,这有利于 VSAT 网络的初步实施。因此,共享枢纽站最适合较小的网络(少于 50 个 VSAT 站)。但是,共享一个枢纽站也有许多缺点。

(1)需要从枢纽站到主机的连接。共享枢纽站设备通常不与客户的主机放在一起。因此,需要一个回程电路将枢纽站连接到主机。该电路可能是租用线路或由地面交换电话网提供的线路。这给 VSAT 网络运营增加了额外成本。此外,运营经验表明,回程电路是链路中最薄弱的环节。因此,该选项意味着失效风险增加。一个可能帮助减轻这一潜在问题的方法是使用路由分集,例如,可以使用微波或卫星链路作为这种互连的备份。

(2)未来扩展中的限制。共享枢纽站可能会带来不可预见的容量限制,因为可用容量可能会在不通知的情况下出租给其他共享此枢纽站的网络运营商。在这方面,任何网络运营商都应根据合同要求提供保证。

卫星 DVB - RCS 通过具有 C 频段(4 ~ 8GHz)、Ku(12 ~ 18GHz)频段、Ka(27 ~ 40GHz)频段天线的 VSAT 枢纽站连接并扩展地面宽带、视频广播、通用移动电信系统/通用分组无线业务(UMTS/GPRS)、异步传输模式、地面电信网络、互联网业务、蜂窝网络、专用和公共网络,相应的卫星连接到卫星路由器终端或卫星交互终端/移动交互终端。

图 3.35 给出了美国 Viasat 公司 LinkStar 枢纽地球站的配置。包含以下组件:GPS 接收机、低噪声模块/下变频器、发射抑制滤波器、上变频器/高功率放大器和正交模式转换器。该终端完成流量路由、带宽分配、卫星传输、系统定时和网络管理等功能。LinkStar 枢纽站有两种可用的类型:全功能的枢纽站支持多达 80000 台返向通道卫星终端,LinkStar C 系列枢纽站支持 250 台或 500 台返向通道卫星终端。LinkStar 枢纽站包括以下组件:与客户 IP 网络相连的基于策略的路由器、Outlink DVB 调制器和 IP 封装器、TCP 加速器(HPEP)、网关通道单元和 LinkStar 智能定时分配单元。LinkStar 枢纽站通过各种射频设备运行。LinkStar 枢纽站传输一个大的出站时分调制载波,并接收入站时多分址载波。枢纽站天线和射频设备的尺寸应根据所需的通信容量和卫星运行条件来确定。

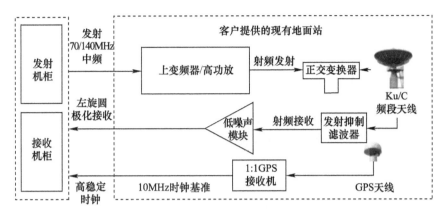

图 3.35　ViaSat LinkStar 枢纽站框图（图片来源：ViaSat 提供）

LinkStar DVB 枢纽站终端的射频接口包括发射信号接口和接收信号接口，还包括 10MHz 参考信号接口。发射信号是一个出站数字视频广播载波，在 70MHz、140MHz 或 L 频段上输出。射频设备子系统的射频上变频器和高功率放大器将该信号转换为 C 频段、Ku 频段或 Ka 频段，并将其转发到天线，通过上行链路传输到卫星。在接收方向，天线从卫星接收信号，并将其发送到低噪声模块/下变频器，转换为 L 频段，再从下变频器输出到 DVB LinkStar 基带设备。DVB LinkStar 基带设备向下变频器提供超稳定的 GPS 10MHz 参考信号。

LinkStar 枢纽站基带系统包含独立的发射、接收和外部定时组件。客户信息通过枢纽站网关路由器进入枢纽站。该路由器具有多种功能，被称为高级路由器。

3.6.1　Advantech Discovery 300 系列 DVB – RCS VSAT 枢纽站

Advantech 制造商是世界卫星通信领域的领跑者，提供双向开放标准（DVB – RCS）宽带卫星接入系统，即 DVB – RCS 枢纽站，特别是作为宽带接入系统核心的返向链路子系统（RLS）。枢纽站（包括 RLS）是整套建设的交钥匙系统，可在几天之内安装好，与 VSAT 站一起构成各种公共和专用网络拓扑结构。返向链路子系统是一个模块化的枢纽站子系统，可以与新的或安装好的 IP/DVB、广播平台和 IP 交换机/路由设备进行集成，提供双向卫星宽带接入业务。返向链路子系统旨在接收入站信息，处理入站和出站信令，以及调度和控制交互卫星终端网络（可从多个供应商处获得）。一个可扩展的返向链路子系统单元可以支持从几十个到几千个同时登录的终端。事实上，Discovery 300 系列的 DVB – RCS VSAT 枢纽站非常灵活，有几种不同的网络架构。DVB – RCS 枢纽站的一些主要特点包括：

（1）VSAT 枢纽站可以在任何频段上工作（例如 Ku、Ka、C、X 或这几种的混合频段）。

（2）该系统的前向和返向链路可以通过同一颗卫星运行，也可以通过不同的卫星。

（3）多模式系统使 VSAT DVB－RCS 标准进一步发展，为集中管理的混合DVB－RCS 和 DVB－SCPC 网络提供了更多的支持。

（4）网络终端的多样性可以同时提供接收终端、双向终端，以及网状和星形拓扑结构的终端。

（5）支持星形、网状和星上处理网络架构。

该枢纽站旨在最大限度地降低宽带接入网络的成本，接入的终端数量少到数万 VSAT 小站。接入层协议的性能在很大程度上取决于流量状况。数字视频广播利用了 DVB－RCS 规范中规定的动态分配技术，是专门为多媒体业务设计的。相比之下，其他 VSAT 系统的动态性和灵活性较低。Discovery300 枢纽站使用标准的 DVB－RCS 前向链路向多模终端提供前向卫星链路 DVB－S2 调制业务。返向链路通常以 DVB－RCS 模式运行，但可以通过提供系统集中管理的网络管理系统枢纽站切换到 DVB－S/S2/TCC SCPC 模式。

在返向链路上，DVB－RCS TDMA 系统和 DVB－S/S2/TCC SCPC 模式之间的切换机制由客户控制，并可由枢纽站操作员实施。多模方式凭借其可扩展性与 DVB－SCPC 和 DVB－RCS 终端的灵活混合，为任何规模的网络提供了极具成本竞争力的方案。随着网状覆盖能力的增加，Advantech 公司提供了一个强大的网络架构，可以满足几乎任何应用的苛刻要求。

图 3.36（左）所示的 Discovery300 枢纽站具有以下特征：

（1）高达 5 × 200Mb/s 的吞吐量，每条前向链路高达 1 Gb/s、返向链路高达240Mb/s，使用 DVB－S/S2/S2X RCS 和/或 DVB－SCPC 以及全功能，支持成千上万个终端（高达 45000 个）。

（2）每个载波高达 64kb/s ~ 13.122Mb/s 的入站流量，并使用 DVB－S2CCM/VCM/ACM 对出站 IP 和多媒体内容进行优化，使带宽效率最大。

（3）开放标准设计（DVB－RCS），具备可以与第三方 SatLabs 认证终端互相操作的多 IP/DVB 广播平台。

（4）独特而强大的多载波解调技术和世界级的调度效率，最大限度地提高带宽利用率并始终保持开机状态。

（5）用户友好的网络管理系统，以及网状和星形覆盖能力。

（6）多模式 DVB－RCS 和 DVB－SCPC 网络架构支持。

图 3.36 最大多模式 DVB – RCS 枢纽站终端(图片来源:由 Advantech,ViaSat 和 Hughes 提供)

3.6.2 ViaSat LinkStar Pro 枢纽站

新的 ViaSat LinkStar Pro 枢纽站利用单个平台上的 IP 路由、服务质量、安全性、数据加速和压缩这些先进的卫星通信技术来改进网络管理,为 DVB – RCS 网络带来更高的安全性和更低的总运营成本,如图 3.36(中)所示。该系统在网络设计中使用行业标准,确保消费者的 IP 应用通过卫星无缝集成。随着市场和客户需求的不断变化,该枢纽站提供了可靠、多样和灵活的功能和应用组合。ViaSat 最近停止了枢纽站和远端终端的生产,但其管理层计划在 3 年内再次开始生产。

这种经过验证的先进技术和灵活的拓扑结构(如星形或网状),对管理企业、运营商、服务提供商和政府的网络会有一些挑战,但是单路单载波(SCPC)可以提供解决方案,这对固定和移动应用非常重要。新的枢纽站技术包括:使用 AES – 128 对双向 IP 用户数据和控制平面加密,提高了安全性;AES – 128 具有动态、高效的特定密钥,这使您能够更好地控制对网络的访问。它提供带宽优化,即通过使用具有专利的带宽效率和优化技术、AcceleNet 和成对载波多址接入(PCMA)枢纽站补偿,以更少的带宽提高数据传输性能。分别将网络上的数据减少50% ~ 70%,节省带宽20%,同时仍然为客户提供很好的用户体验。该枢纽站采用共享公共 DVB – S2 出站流的星形网状混合结构和 SCPC 网络,提供了更灵活的 DVB – RCS 网络,构建了一个灵活和可扩展的网络拓扑,为进入新的市场阶段带来了竞争优势。该枢纽站有以下特点：

（1）改进的网络管理系统、IP 路由能力，增强的对多个客户的虚拟专用网服务。

（2）使用动态上行链路功率控制的自动雨衰补偿，在衰落条件下自动提升信号电平，确保稳定发射。

（3）现代自适应编码与调制将上行卫星带宽需求降低了63%。

（4）动态链路自适应通过同时使用与前向纠错和符号速率补偿相结合的 FHOP 技术将上行带宽需求降低20%。

（5）多卫星/多发射机，可以选择在 C 频段、Ku 频段和 Ka 频段工作，对每一项需求使用一个独特的区域。

（6）IP 报头压缩，通过消除无关和冗余的协议信息，显著降低了网络语音流量所需的带宽；通过返回信道进行负载均衡，跳变频率使卫星网络更加高效。

（7）该枢纽站灵活且可扩展的架构，每个区域网络控制中心（RNCC）可管理多达8000个站点，单个网络控制中心可控制多达10个区域网络控制中心，在这种情况下，数字视频广播网络将增长至80000个节点。

（8）通过枢纽站的本地和/或地理冗余来确保关键通信；输入电源选项包括交流电和直流电，包括非常适合太阳能应用的智能电源管理。

（9）移动业务允许安装在运动平台上，如船舶、公路车辆、火车和飞机。

（10）返回/入站信道（远端到枢纽站）的规格为：格式 MF – TDMA 和 SCPC（可选）；在中频频率950 ~ 1525 MHz 传输；符合 turbo 编码 DVB – RCS 和 QPSK 调制。

（11）前向/出站信道（枢纽站到远端方向）的规范是：格式 DVB – S2 ACM 和 MPE/MPEG – 2；DVB – S2 码元速率 1 ~ 36Ms/s；DVB – S2 数据速率 1 ~ 126Mb/s；DVB – S2 前向纠错为 LDPC，调制为 QPSK、8PSK 和 16APSK；根据 DVB 标准 EN 302307（DVB – S2），误码率准无错；枢纽站到 LAN 的系统性能 TCP/IP 10Mb/s 吞吐量；ViaSat x PEP1 UDP/IP 的传输量为95Mb/s 条件下，到局域网最高50Mb/s 的传输量。

（12）协议有 TCP/IP、UDP/IP、IGMP、RIP 1&2、IP QoS、BGP。

（13）DVB – RCS 枢纽站可以使用的射频天线直径为0.96m、1.2m、1.8m 或 2.4m。

3.6.3　Hushes HX 枢纽站

Hughes HX 系统是为中小型网络优化设计的，其中高服务质量是最重要的特点，如图3.36（右）所示。它为用户带来了卫星宽带，具有经济的网关和高性能的远端终端。该枢纽站提供星形 TDM/TDMA 连接,包括连接到多个 HX 远端终端的中央网关。其 DVB – S/DVB – S2 出站载波,支持高达 121Mb/s 的速率(DVB – S2),多个入站载波支持高达 3.2Mb/s 的速率;HX 系统提供高服务质量网络所需的高吞吐量。凭借 DVB – S2 的自适应编码与调制(ACM)功能,HX 系统提供了无与伦比的效率和可用性。此外,该系统带宽分配使用 Aloha 信道进行初始业务请求,这意味着可以基于不活跃性对远端终端进行带宽配置。这释放了未使用的带宽,因此使运营商可以更有效地利用空间段资源。因为 HX 系统符合 DVB – S,它可以很容易地多路复用到现有的数字视频广播出站载波或其他基于数字视频广播的宽带系统。HX 网关的特性如下:

(1) 紧凑经济的 26U 结构,其采用高度模块化设计,具有可扩展性,支持快速部署。

(2) 智能、协议敏感的带宽分配,为每个应用提供最佳性能和良好效率。

(3) 高效工程化的 IP 传输,通过双向加密和条件访问,轻松地支持数据、实时应用和独特的网络安全。

(4) 全面但简单易用的网络管理系统,配置和管理枢纽站和 VSAT 站,所有关键组件冗余配置,确保高可用性。

(5) SCPC/MCPC 替代链路、GSM 系统回程、大使馆和政府网络以及私人租赁线路服务。

(6) 多播数据传输、四个级别的 IP 流量优先级及其任意组合——Hughes 系列卫星终端和路由器采用 IPoS Advantage,符合全球 IPoS(基于卫星的 IP)标准,这是美国电信工业协会(TIA)、欧洲电信标准协会(ETSI)和国际电信联盟(ITU)标准组织批准的唯一标准。IPoS 使 Hughes 宽带路由器/终端能够提供卓越的入站路由性能和效率。

(7) 符合 ETSISI – SAP 标准明确规定的接口,使后端系统能够很好的在 Hughes 设施上运行。

(8) 真正动态的带宽分配;没有业务的远端站点不分配资源,更精细的入站路由粒度带来更低的平均突发开销,从而提高效率。

集成加速度和 IP 特征如下:

(1) 先进的技术,包括 TCP 欺骗、ACK 减少和流量控制,使用 Hughes 专有性能增强协议(PEP)加速 TCP 流量。

(2) 高级压缩算法,包括状态压缩,显著提高了压缩率和最终吞吐量。

(3) IP 路由特性,包括域名系统缓存、网络地址转换/端口地址转换、以太网控制报文协议支持、动态主机配置协议服务器和中继,以及网关和远端的虚拟局域网标记。

（4）枢纽站终端和远端站之间的闭环控制。根据动态输出编码和调制变化进行,动态输出编码和调制变化是基于接收信号（DVB - S2）情况。

（5）枢纽站终端的动态入站编码,根据接收信号和远程功率动态控制而变化。

3.7　VSAT 固定和移动交互式终端

图 3.31 分别显示了车载和可搬移式的 VSAT 站的配置。VSAT 站由两个独立的单元组成:室外单元和室内单元。室外单元是接入卫星的 VSAT 接口,而室内单元是接入客户终端或局域网的接口。

（1）室外单元。图 3.37 所示为室外单元的示意图,其天线和电子装置包括发射放大器、低噪声接收器、上变频器和下变频器以及频率合成器。图 3.37（中）给出了 VSAT 天线及相应电子装置的细节。作为与卫星接口的室外单元,以下参数非常重要:

① 发射和接收频带。

② 发射和接收载波频率的调节步长。

③ 决定射频上行链路性能的 EIRP 值。EIRP 取决于天线增益值（天线大小和发射频率）,以及发射放大器输出功率。

④ 决定射频下行链路性能的 G/T 值。G/T 值取决于天线增益值（天线大小和接收频率）,以及接收机的噪声温度。

⑤ 天线旁瓣增益随离轴角的变化,控制离轴 EIRP 和 G/T,从而决定了产生的和接收的干扰。

工作温度范围、工作和生存条件下的风负载、雨水和湿度也是要考虑的因素。

室外单元可安装在屋顶、天线塔或车载移动设备上,可为交互式卫星终端或室内单元提供以下功能:

① 完全符合 DVB - RCS 标准,易于安装,可以使用 C 频段、Ku 频段或 Ka 频段;天线尺寸从 0.75 ~ 2.4m。

② 标准的室外单元兼容任何具有双向增强 DiSeqC 功能的 VSAT 调制解调器,它与室内单元和发射机自动配置装置有接口。

通过使用特殊的移动卫星跟踪天线,交互式卫星终端也可以作为移动平台的交互式移动终端,安装在船只、公路和铁路车辆以及飞机上。图 3.38（左）展示了由 KVI 制造商生产的用于船载和车载应用的 VSAT 室外单元（天线）和室内单元（调制解调器）设备。图 3.38（右）展示了 ThinKom 制造商生产的用于所

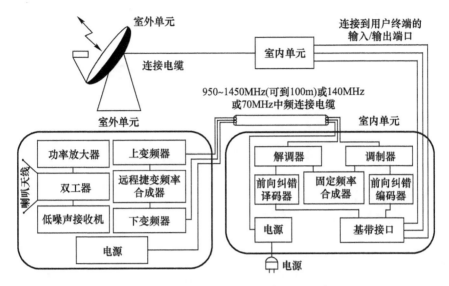

图 3.37　DVB－RCS VSAT 室外和室内单元(图片来源:Maral)

有移动应用的 VSAT 室外单元(天线)和室内单元(天线控制单元、调制解调器和收发器)。特别是,室外单元的海事术语是甲板上方装置(ADE),室内单元是舱内装置(BDE),陆地移动应用的室外单元和室内单元分别称为牵引上方装置(AHD)和牵引下方装置(BHD),而机载室外单元称为驾驶舱上方装置(ACU),室内单元是驾驶舱舱内装置(BCU)。舰载和机载天线通过使用舰载机载陀螺罗盘进行自跟踪,并由天线控制单元控制。飞机天线可以提供高达 25Mb/s 的上传速度和高达 150Mb/s 的下载速度。图 3.31(左)所示的车载移动天线是高级机动固定卫星天线,是卫星新闻采集的理想选择,而图 3.31(右)中描述的可运输或便携式天线,用于电话和数据、互联网、音频和视频传输。只需简单地按下一个按钮,可运输天线就可以锁定在预定的静止轨道卫星上,在部署 5min 内发送或接收信息。移动和便携式自动跟踪天线几乎实时对到相应的卫星上。

(2)室内单元。图 3.32 是加拿大 Advantech 公司为海上用户设计的室内单元——卫星调制解调器,即舱内装置。而飞机室内单元或驾驶舱舱内装置(天线控制单元和收发机)如图 3.38(右)所示。为了将这些终端连接到 VSAT 站,用户必须接入室外单元后面板上的端口。图 3.37 展示了室内单元的组成框图,其电子装置包括调制器、解调器、前向纠错解码器和编码器、射频合成器、基带接口和电源。与用户终端或局域网连接的室内单元,下列参数非常重要。

① 端口的数量和类型。比如机械、电气、功能和流程接口。这往往是参照某个标准来规定的。

② 端口速度。它是给定端口上用户终端和 VSAT 室内单元之间数据交换的最大码率。实际数据速率可能要低。

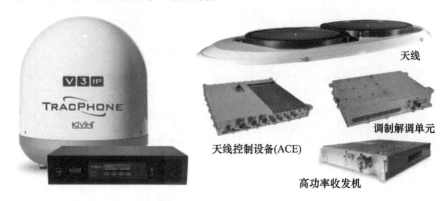

天线

调制解调单元

天线控制设备(ACE)

高功率收发机

图 3.38　移动室外单元和室内单元 VSAT 站(图片来源:KVH 和 ThinKom)

使用相干调制方式,比如 BPSK 或 QPSK,在性能可接受的情况下,传输速率应高于 2.4kb/s,否则相位噪声会成为一个问题。对于较低的数据传输速率,避免使用 PSK,要用 FSK。

室内单元终端可以很容易安装在农村或城市的办公室里,或做些修改后安装在所有移动平台上。移动终端通过适当的静止轨道卫星,以 C/L、Ku 或 K 频段频率提供双向多媒体 IP 通信,用于海洋、陆地和航空。驾驶舱舱内装置或数字视频广播收发器的主要组成部分是以太网路由器和卫星调制解调器,它们通常集成在一个称为路由器的单元中。连接到以太网路由器的附加设备是与电话机相连的数字电话适配器,以及以太网枢纽站。以太网枢纽站在机载局域网中连接很多个人电脑、网络电视(IPTV)、网络语音(VoIP)和网络语音数据视频(VDVoIP)设备。

室内单元可安装在船、飞机的桌面或机架上,并具有可扩展性,具有高达 25Mb/s 的各种 IP 数据传输量。这些设备为高容量卫星宽带接入提供开放接口,绕过与地面基础设施相关的“最后一英里”瓶颈,可以为政府(海上、地面和空中的所有军事应用)、国有企业、机构、私营公司或家庭办公室服务。该系统使用标准技术(如 DVB－S、IP 接口 DVB－T 和 MPEG/DVB－S 或 DVB－S2),通过与用户终端相应的 C 频段、Ku 频段或 Ka 频段卫星转发器提供对核心 IP 地面网络的卫星广播、宽带和多媒体接入。室内单元能够通过以太网接口同时为局域网中多达 100 台个人电脑,或者网络电视固定单元提供返向链路业务。

3.7.1　Evolution iDirect VSAT 卫星路由器

iDirect 制造商生产的 DVB－RCS 路由器有几种型号,可以安装在办公室或船、陆地车辆和飞机上。

3.7.1.1　Evolution X7 卫星路由器

Evolution X7 卫星路由器由美国 iDirect 公司设计,适用于固定和移动应用,其前面板和后面板如图 3.39(左)所示。该路由器是下一代远端路由器,支持出站的 DVB‐S2/ACM 和进站的 ATDMA/SCPC,具有针对最苛刻应用的性能。它采用紧凑的机架安装设计、嵌入式 8 端口交换机、第二代 DVB‐S2 解调器、不同的电源配置,使其成为理想企业级配置的 iSite 网络支持。

图 3.39　固定和移动 DVB‐RCS VSAT iDirect 路由器(图片来源:iDirect)

X7 建立在全新的多核硬件系统上,使服务提供商能够以 149.7Mb/s 的速率提供下行数据,以高达 19.2Mb/s 的速率提供上行数据,这是宽带业务和组播业务所需要的数据速率,比如网络电视、远程学习、高清广播、数字标识和视频。X7 的特征还有 SCPC 返向(仅限 Evolution)和用于管理多个用户组的嵌入式 8 端口交换机。这款可安装在机架上的远程设备配有多种嵌入式电源和双 DVB‐S2 解调器,并带有完全独立的射频链。这使得它特别适合多播信道同时接收一系列企业语音和数据业务,这种多播信道可以通过同一个转发器或不同转发器,也可以通过高通量卫星的点波束组合或 Ku 频段、C 频段组合。该设备提供移动通信,支持所有移动应用,并可选择性地提供高级加密标准可靠加密。

3.7.1.2　Evolution X5 卫星路由器

Evolution X5 具有出站方向使用 DVB‐S2/ACM 或 iFINITE TDM 双模式工作的特征,支持高达 150Mb/s 的下行速度和 12Mb/s 的上行速度,其前面板和后面板如图 3.39(右)所示。它专为支持许多宽带应用的重要业务传输而设计,比如企业连接、蜂窝回程、农村主干网、海事、航空和其他移动应用。它适用于星形和单通道单载波(SCPC)返回上行信道,适用于在入站方向具有 2 维 16 态前向纠错的确定性 MF‐TDMA 返回信道,可选的 256 位高级加密标准和扩频波形技术,支持非常小的天线,适用于高速和高性能的 IP 宽带连接。该卫星设备在出站载波上非常高效的采用自适应编码调制模式 DVB‐S2 标准。利用确定性 MF‐TDMA 技术或 SCPC 返回,2 维 16 态前向纠错,该设备最大限度地提高了卫星带宽利用率。无论最初部署的就是 DVB‐S2 网络,还是从 iFINITI 网络逐

步升级到 DVB – S2 的网络,该设备都能适应客户不断变化的需求。客户也可以
不更换设备,暂时从 TDMA 切换到 SCPC 返回。事实上,通过软件下载就可以增
加数据加密和扩频功能,运营商可以更加灵活地定制该设备,以满足其技术和预
算要求。

由良好的服务质量和先进的流量优先级提高的效率,可根据不同应用需求
和可用带宽,在多个站点和用户子网之间动态平衡不同应用的需求。额外的
配置、服务定价模型和报告功能使服务提供商能将自适应编码调制的优势转
化为新的创收服务。领先的扩频技术使超小型相控阵天线能够在飞机、船只
和陆基车辆上使用。该设备完全支持 iDirect 的全球网络管理系统和自动波束
切换技术,实现真正全球覆盖的无缝网络。该设备的高稳定性振荡器使其可
以在温度急剧变化的环境中工作,因此非常适合所有移动应用。此外,它可以
通过 iVantage 网络管理系统进行轻松地配置、监视和控制,iVantage 网络管理
系统是一套完整的基于软件的工具,用于从某个位置对网络进行配置、监视和
控制。

3.7.1.3 Evolution iConnex 卫星路由器板

Evolution iConnex 系列卫星路由器板是为易于集成到移动和便携式终端中
而设计的。该板是一种专业的 DVB – S/DVB – S2 PCI – e 卡,为高密度集成应
用而设计,比如固定和移动终端、DVB – IP 网关、家庭或车载路由器、卫星互联
网系统。

为了满足 TRANSEC 和 FIPS 140 – 2 L2 对移动性和安全性的最严格要求,
这些板将始终在线的宽带功能提供给更小的装置,小装置支持快速移动的民用、
军用以及政府部门通过个人电脑进行语音、数据和视频连接。此外,这些路由器
板支持宽带全球卫星(WGS)频率,为安全网络部署和网络管理系统基础设施方
面提供了灵活性,该基础设施使用一整套基于软件的工具从某一个位置对网络
进行配置、监视和控制。

3.7.2 LinkStar ViaSat DVB – S2 VSAT 卫星路由器

美国 ViaSat 公司生产的 LinkStarS2 系统是一个双向、按需分配带宽的宽带
VSAT 系统,它是围绕 DVB – RCS 标准,为互联网业务运营商、卫星业务提供商、
虚拟专用网络和移动业务提供商的网络设计的,如图 3.40(左)所示。该设备比
其他 TDMA 系统为市场带来了更高的效率和数据速率。它结合了宽带接入和
高速返回信道,以满足在任何固定和移动卫星网络上带宽密集型 IP 数据的
应用。

自推出以来,LinkStar VSAT 设备一直建立在开放 DVB 标准技术的基础上,

包括 DVB – S 或 DVB – S2 前向链路和 DVB – RCS 返向链路。因此,LinkStarS2 终端可以在两种无线下载软件中的任何一种下运行。DVB – RCS 软件支持与其他制造商的互操作性。标准的 LinkStare – ATM 软件包括 DVB – RCS 标准中未包含的其他高级功能。

这种兼容系统使用的技术包括先进的 LDPC 编码和 8PSK 调制,LDPC 编码可实现接近香农理论极限的超低 Eb/N0 性能。8PSK 调制使带宽比传统值降低30%。该系统在出站信道上提供高达 81Mb/s 的卫星链路速度,在到枢纽站终端的入站信道上提供 4.2Mb/s 的速度。由于这种高的入站信道容量,远端站点可以是服务器所在位置、内容提供商、多媒体源、视频会议参与者和公司总部。

返向/入站信道(远端到枢纽站)的特征是:格式为 MF – TDMA,发射中频频率为 950 ~ 1525MHz,turbo 编码符合 DVB – RCS 标准,调制方式为 QPSK。

出站信道(枢纽站到远端)的特征是:格式为 DVB – S、DVB – S2 和 DVB – MPE,用于 IP 数据;DVB – S 的符号速率为 2.5 ~ 36Mb/s(1 ~ 36Mb/s、42Mb/s 可供选择),DVB – S2 符号速率为 2.5 ~ 30Mb/s;DVB – S 的数据速率为 1 ~ 58Mb/s,DVB – S2 的数据速率为 2.5 ~ 70Mb/s,可选枢纽站升级到 81Mb/s。DVB – S 的前向纠错和调制是 R/S(204,188)、卷积(1/2,2/3,3/4,5/6,7/8)和 QPSK,而 DVB – S2 的前向纠错和调制是 LDPC(1/2,3/5,2/3,3/4,4/5,5/6,8/9,9/10)和QPSK,以及 LDPC(3/5,2/3,3/4,5/6,8/9,9/10)和 8PSK。

DVB 标准 EN300421(DVB – S)和 EN302307(DVB – S2),针对的是准无误码系统,接收中频频率为 950 ~ 1750MHz。网络管理系统使用的是基于 Java 网络的标准个人电脑,而网络控制中心使用的是 SUN Solaris 工作站和简单网络管理协议代理。TCP 加速的系统性能是对局域网支持 10Mb/s 传输量,网络可扩展性支持 500 个 C 系列枢纽站节点,8000 个单枢纽站/网络控制中心的节点,以及 80000 个多枢纽站/网络控制中心的节点。

3.7.3　Hughes HX200 Hughes 卫星路由器

HX200 是一款高性能卫星 VSAT 路由器,旨在使用动态分配的高带宽卫星IP 连接提供载波级 IP 业务,如图 3.40(右)所示。这款 VSAT 路由器提供灵活的服务质量特性,服务质量可根据每个远端路由器的网络应用进行定制,例如自适应恒定码率带宽分配,为实时传输(如 VoIP)提供高质量、低抖动带宽。HX200 具有 IP 特性,包括有类路由协议(RIPv1)、无类路由协议(RIPv2)、边界网关协议(BGP)、动态主机配置协议(DHCP)、网络地址转换/端口地址转换(NAT/PAT)和域名服务器(DNS)/中继功能,以及高性能卫星调制解调器,是一款功能齐全的集成高性能卫星路由器的 IP 路由器。HX200 支持多种应用的高性能 IP 连接,包括蜂窝回程、多协议标签交换扩展业务、虚拟租用线路、移动业务和其他高带宽业务。

图 3.40　固定和移动 DVB - RCS VSAT ViaSat 路由器和
Hughes 路由器(图片来源:ViaSat 和 Hughes)

该 VSAT 设备提供以下业务:语音/数据宽带 IP 连接,蜂窝回程、SCPC/MCPC 替代链路,多协议标签交换扩展服务,大使馆和政府网络,空中交通管制,私人租赁线路服务,以及海上、空中和地面移动网络。

HX 系统通过基于"星形"网络拓扑的卫星提供真正的 IP 宽带连接,其中出站信道是带自适应编码调制的 DVB - S2。HX 系统的返回信道是 FDMA/TD-MA,使用 IPoS 标准,用于卫星宽带。凭借 DVB - S/DVB - S2 出站载波和支持高达 9.6Mb/s 速率的多个入站载波,HX 系统提供了高服务质量网络所需的高吞吐量。

HX200 设计的核心是利用卫星带宽的效率和灵活性。每条链路都可以配置为提供适合远端站点要求的服务质量。这包括自适应承诺信息速率和恒定码率业务,通过优化空闲或少量流量期间的带宽使用来提供有保证的带宽。

可以对带宽要求或服务级别不太严格的远端站点进行配置,以便尽最大努力提供服务,从而使服务提供商可以根据他们客户特定的要求来开发定制服务。此外,HX 系统使用 Aloha 信道进行初始带宽分配,从而非常有效地利用空间段。这释放了未使用的带宽,并使运营商可以更有效地利用空间段资源。

HX 系统是为小型和移动网络进行设计和对其优化的,包括船载、陆地车辆(公路和铁路)和机载应用,其中提供高质量和高带宽链路至关重要。HX 系统建立在高性能和 HN 系统全球成功的基础上,融合了许多 Hughes 公司首创的先进功能,包括集成的 TCP 加速和先进的 IP 网络,能够同时进行网状、星形和多星形配置。其宽带卫星产品基于经 TIA、ETSI 和 ITU 批准的全球标准,包括 IPoS/DVB - S2、再生卫星网状 - A(RSM - A)和 GMR - 1。HX 网关(枢纽站)通过优化卫星上的 TCP 传输,通过动态、自调整的性能增强代理软件,加速吞吐量性能,从而提供卓越的用户体验和链路效率。

3.7.4　Advantech 公司无线宽带卫星路由器

本节将介绍两台符合 DVB – RCS 开放标准的 Advantech 公司 VSAT 卫星路由器。它们经过优化,可为企业、私人和政府应用提供高性能和快速响应时间。终端有所有关键 IP 的特征,以满足企业对固定和移动应用的所有需求。

3.7.5　Advantech S4120 VSAT 卫星路由器

Advantech 公司 S4120 VSAT 终端是符合 DVB – RCS 开放标准的 MF – TD-MA 卫星路由器。S4120 完全支持 DVB – S2 自适应编码调制/可变编码调制/恒定编码调制(ACM/VCM/CCM)功能。该终端有所有关键 IP 的特性,用以满足工作在 C 频段、X 频段、Ku 频段和 Ka 频段所有固定和移动用户的需求。有吸引力的设计、令人满意的特性和小巧的外形使其成为一款在船舶和其他移动平台上使用的、高性价比的理想高速系统,如图 3.41(左)所示。

S4120 提供了直接连接到局域网/广域网或直接连接到主机的强大接口。这是一个整装待发、开包即用、高性价比的真正专业带宽系统,适合移动、远端、农村、居家办公和企业使用。S4120 路由器作为电缆或电话线连接的替代系统、作为保证业务连续性的备份系统、作为向偏远和农村地区提供宽带的系统,可按需分配带宽。S4120 支持前向链路(枢纽站到远端路由器)高达 36Mb/s 的单播、多播或广播传输,可选择标准 DVB – S2(自适应编码调制、可变编码调制、恒定编码调制)或 DVB – S2X 扩展,并在返向链路(远端到枢纽站)上传输速率高达 6Mb/s 的流量,因此 S4120 适合所有业务需求。

3.7.6　Advantech S5120 VSAT 卫星路由器

Advantech 公司无线 S5120 VSAT 路由器也符合 DVB – RCS 标准,它完全支持 DVB – S2 自适应编码调制/可变编码调制功能,如图 3.41(右)所示。成千上万个这样的 VSAT 终端可以组成一个卫星网络,通过一个符合 DVB – RCS 标准的枢纽站进行管理。S5120 路由器提供直接连接到局域网/广域网环境或直接连接到主机的强大接口。这是一个整装待发、开包即用和高性价比的真正的企业宽带系统,适用于固定、海上和所有移动应用。对于 DVB – RCS 应用、高端政府和企业使用,S5120 可以优化使用 C 频段、X 频段、Ku 频段和 Ka 频段的卫星带宽。因此,S5120 旨在支持前向链路(枢纽站到远程终端)上高达 155Mb/s 的单播或广播传输,以太网吞吐量高达 40Mb/s,可选择标准的 DVB – S2(恒定编码调制、可变编码调制、自适应编码调制)或 DVB – S 传输,返向链路(远程终端到枢纽站)上高达 8Mb/s 的传输,非常适合所有需求。

图 3.41　固定和移动 DVB – RCS VSAT 路由器（图片来源：美国 Advantech 公司）

3.8　适用于移动卫星宽带和互联网的 DVB – RCS 体系结构

世界上有许多卫星运营商,提供 C 频段、X 频段、Ku 频段和 Ka 频段的地球静止轨道星座,这些星座具有区域覆盖、全球覆盖和点波束覆盖,适合于交互式连接的 DVB – RCS S/S2 标准和新 S2X 标准,比如 Intelsat、SES – Newskies、PanAmSat 和 Eutelsat 各个公司。图 3.42 展示的是移动 DVB – RCS 和 DVB – S2 的架构。空间段配置包括至少三颗带有通信和导航载荷的多用途静止轨道卫星;而地面段基础设施有控制网络的任务中心,管理移动业务的控制中心,还有四个分别工作于 C 频段、X 频段、Ku 频段、Ka 频段和 L 频段(导航频段)的关口站。用户段终端由固定站和移动站为代表,并且两者都与互联网业务提供商和固定电话基础设施相连接,互联网业务提供商和固定电话基础设施通过本地或全球的数字语音、数据和视频设施连接民用或军用用户。

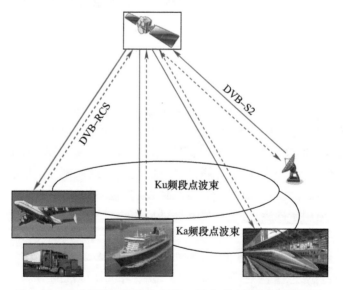

图 3.42　移动 DVB – RCS 和 DVB – S2 架构(图片来源:Ilcew)

2000 年,本书作者提出并设计了用于海事和其他移动应用的 DVB - RCS 网络。大约 5 年后,一些卫星运营商和制造商提出了他们各自的、特别是针对海事应用的 DVB 方案。2005 年初,第一艘配备 DVB - RCS Nera SatLink 船用系统的船只是豪华超级机动游艇 M/Y Lady Marina。这个挪威公司开发了第一个海事应用的 DVB - RCS VSAT 站,用于电话、文件传输、无线电收音机、每日新闻传递和广播业务。

这个 DVB - RCS 标准是由欧洲电信标准化协会 DVB 项目组为双向卫星宽带甚小口径终端(VSAT)系统设计的。低成本的 VSAT 设备可以为广大的固定和移动用户提供高度动态、按需分配的传输容量。DVB - RCS2 标准的主要特点是向用户提供话音、数据和视频卫星通信和宽带互联网连接,无论有没有本地地面基础设施的支持,他们都可以运行。DVB - RCS2 于 2012 年获得批准,增加了移动性(M)扩展(DVB - RCS2 + M),支持移动/漫游卫星终端(星形结构)和直接的终端到终端(网状形结构)连接。由于 DVB - RCS2 + M 功能已用在 DVB - RCS2 标准中,因此有机会在移动平台上提供互联网。

DVB - RCS 地面段和用户段可以通过地球静止轨道卫星和枢纽站或网关站相连,进而又与地面互联网相连,其架构如图 3.43 所示。地球静止轨道卫星提供 DVB - RCS C 频段、Ka 频段和 Ku 频段的点波束覆盖,包括本地固定(DVB -

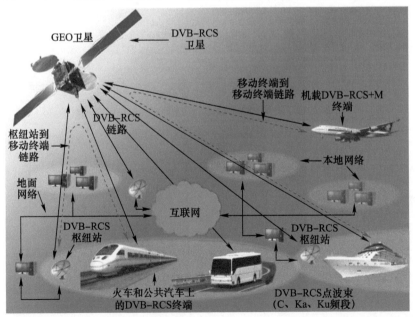

图 3.43　通过 DVB - RCS + M 主干网用于移动应用的交互式互联网(图片来源:Ilcev)

RCS2＋F)和移动核心网络(DVB－RCS2＋M)到DVB－RCS枢纽终端的连接。特别是,DVB－RCS VSAT站可以为远洋船舶、公路和铁路车辆、飞机上的移动用户提供互联网连接。

运输系统作为用户端,固定本地网络作为互联网的泛在用户端,而DVB－RCS2＋M架构通过地球静止轨道卫星和枢纽终端,在这二者间提供网状和星形连接,网状连接还提供终端到终端或移动终端间直接通信。事实上,所有移动连接都是通过带有星载处理器或透明转发器的地球静止轨道卫星进行的,星载处理器镜像完成了地面枢纽站终端的功能,而使用透明转发器时,地面要配备解调器终端。

第二代(S2)和第三代(S2X)DVB－RCS标准描述了一个前向和返向路径都使用地球静止轨道卫星链路的VSAT系统。通过具备接收和发射能力,即前向和返向卫星链路,DVB－RCS卫星系统向移动用户提供了交互式卫星服务。克服信道特性变化的自适应传输(比如雨衰)可以在前向和返向链路中实施。

在韩国,宽带无线技术研究小组ETRI提出开发新的移动宽带交互式卫星接入(MoBISAT)系统,如图3.44所示。该系统于2005年推出,是一个先进的移动宽带卫星业务网络,专门为使用地球静止轨道Ka频段宽带卫星接入网络的船舶、火车、卡车、公共汽车和飞机提供互联网和内部企业网络服务。

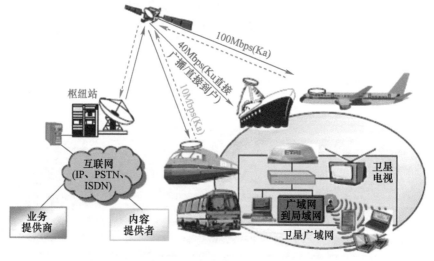

图3.44　移动宽带DVB－RCS架构(图片来源:ETRI)

3.9　移动卫星广播系统

通过地球静止轨道卫星系统提供移动广播业务是有吸引力的,因为使用单个 VSAT 收发机就可以覆盖很大范围。对于移动用户，这种优势变得更加明显，因为话音、数据、视频和网络电视也可以由偏远地区的旅行者，甚至不同运动平台接收。最近发射了一些商业移动卫星广播网络，一些项目正在进行下一代 DVB – RCS VSAT 系统的设计。这些业务可能包括不同的音频、语音、数据、视频和后座娱乐，以及交通、旅行和船上、陆地车辆、飞机上的其他信息。

3.9.1　用于海上和陆地移动宽带的 DVB – RCS 架构

未来，移动船只和陆地车辆的驾驶员和乘客将获得广泛的娱乐和信息服务。大多数服务将由许多先进的广播或多播地球静止轨道卫星运营商提供。这些运营商正在提供足够的数据速率和覆盖范围。此类卫星系统还必须能够根据需要支持多种业务类别，比如文件传送、视频和音频娱乐、网络访问、互联网和电子化方案。图 3.45 描绘了一个由 KVH 公司和卫星移动设备制造商开发的全球海上 VSAT 卫星网络，它也可以为陆地车辆提供服务。该地球静止轨道卫星网络为船载 C 频段和 Ku 频段 VSAT 站，以及 C 频段和 Ku 频段重叠覆盖范围内或 C 频段单独覆盖范围内的车辆和火车提供接入。

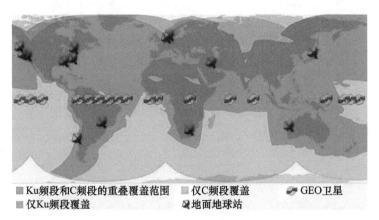

■ Ku频段和C频段的重叠覆盖范围　　■ 仅C频段覆盖　　🛰 GEO卫星
■ 仅Ku频段覆盖　　🛰地面地球站

图 3.45　通过 KVH DVB – RCS + M 骨干网用于移动应用的交互式宽带（图片来源：KVH）

稳固的海上市场需要像地面网络一样强大、安全和无处不在的宽带连接。国际通信卫星组织（Intelsat）开发了全球移动系统，其性能和可靠性可与陆基 VSAT 网络相媲美。基于 C 频段和 Ku 频段的 IntelsatOne 移动系统随时随地为融合语音、数据和互联网的平台提供持续、现代和可靠的高速 IP 接入，这将在本书第 1 卷理论的第 7 章中讨论。

美国 SpeedCast 公司是另一家卫星提供商，为所有海事部门提供专门的海事宽带服务系统。它在全球范围提供实时、连续的无限连接。这是世界上建立的第一个用于海事宽带的全球 Ku 频带网络。SpeedCast 系统基于 iDirect 的 Evolution VSAT 路由器和 Comtech Vipersat 平台,自 2008 年以来一直可靠运行。作为一个独立的服务提供商,SpeedCast 公司为每个覆盖区域使用最好的卫星波束,这使用户可为他们所管理的带宽选择高质量和高性价比的转发器。SpeedCast 提供全方位的 C 频段和 Ku 频段服务,目前正在探索 Ka 频段方案。它的 C 频段覆盖范围类似于 KVH 系统的覆盖范围,非常适合寻求极高可用性的客户。Ka 频段的覆盖范围也与 KVH 系统的覆盖范围相似,适用于沿岸水域航行的船只。

2014 年年中,欧洲通信卫星组织(Eutelsat)和美国 ViaSat 公司达成协议,Ka - Sat 卫星和两颗 ViaSat Ka 频段卫星的高容量卫星网络可以相互进行海上业务访问和漫游,二者的覆盖范围如图 3.46 所示。这两个 Ka 频段网络占全球在轨卫星 Ka 频段容量的一半以上,由 Eutelsat 和 ViaSat 拥有和运营的 ViaSat 宽带系统及其地面基础设施提供支持。

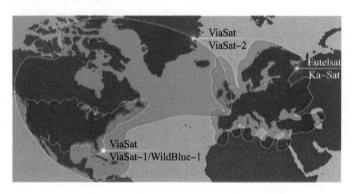

图 3.46　通过 Ka 频段卫星用于海事应用的交互式宽带(图片来源:ViaSat 和 Eutelsat)

Eutelsat 的 Ka - SAT 是欧洲地区第一颗高通量卫星(HTS),提供 90 Gb/s 以上的网络容量。Eutelsat 与多个合作伙伴共同提供服务,包括双向宽带业务和新闻观察员(NewsSpotter)视频采集业务。ViaSat 网络提供超过 145 Gb/s 的容量,为海事和航空网络提供服务。

在海事行业,Ka 频段被誉为游戏规则的改变者,它为船只提供了更高的带宽业务,并且极有可能使数据传输成本比当前系统低得多。然而,目前的 Ka 频段网络不是一个万灵的方案,它不能使高速卫星容量对所有船只运营商和所有海洋区域都可用、负担得起和实用。事实上,有人可能会说,Ka 的出现被过度炒作了,在一些情况下如果说 Ku 频带不比 Ka 频带更好,那至少也是一样可行的。下面总结了 Ka 频段系统的优缺点,并强调它可能不是最佳方案的情况。一艘商船的船长不能依靠仅提供有限覆盖和船舶服务的系统。另一个缺点是雨衰,它影响 26 ~ 40GHz 之间的 Ka 频段,与其他技术相比,信号退化或衰减更多。请注意,由于 Ku 频段在 12～18GHz 的频率范围内,因此比 Ka 频段不易受降雨衰减的影响。因为 Ka 频段网络不像 Ku 频段那样由多个卫星运营商提供服务,因此目前备份也是有限的,而且 Ka 频段卫星往往比 Ku 频段卫星更昂贵。

Ka 频段网络的优点是提供多点波束覆盖,允许更高的频率复用,增加可实现的数据吞吐量,以更便宜的服务提供更多的可用带宽,Ka 频段在干扰方面通常优于 Ku 频段,安装天线的成本更低。

3.9.1.1　海事宽带 VSAT 网络

海事宽带 VSAT 网络提供一个完整的卫星通信组合、高速互联网和 IP 连接服务,以优化船舶运营、提高船员福利和增强船上安全,如图 3.47 所示。

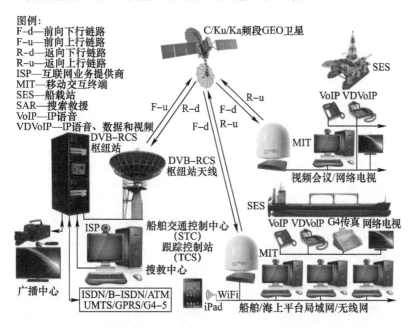

图 3.47　海事宽带 VSAT 网络示意图(图片来源:Ilcev)

该网络由多个部分集成,如地面段、空间段和用户段。

地面段是岸基网关站,例如 Advantech 公司的 Discovery 300 系列 DVB - RCS/S2/X VSAT 枢纽站,它连接航运广播中心、互联网服务提供商和陆地电信网络。空间段是一个由知名卫星运营商和提供商提供的地球静止轨道,如 Intelsat、Eutelsat、SESNew Skies、ViaSat、KVH、SpeedCast。用户段被称为船载站,可以是 Advantech S4120 VSAT 站和其他路由器。

船舶运营商需要接入宽带 IP 应用,以更高效地运行其业务,加强海上安全、安保和搜救,并将船舶无缝连接到岸上,将航运公司的陆地 IP 网络扩展到公海。

有了 VSAT 系统的连接,航运公司可以支持一系列通信需求和船舶管理。船员可以使用网页、电子邮件和电话与朋友、家人保持密切联系,可以处理个人事务和享受娱乐内容。事实上,远洋船舶成为了移动办公室,其虚拟专用网络覆盖整个船队、港口,并支持货物和库存物流等业务应用。船舶运营商受益于与技术人员、供应商和其他熟练工人的即时通信,实时解决问题。船载 VSAT 系统由一个路由器和一个与之相连接的稳定的 VSAT 天线组成。VSAT 天线通过 C 频段、Ku 频段或 Ka 频段提供与陆上电信港、枢纽站和主干网的连接。

3.9.1.2 船载宽带 VSAT 系统

总地来说,Intelsat、Epic、KVH、Eutelsat、SES、Telesat 和 Panasonic 都是移动卫星运营商和提供商,它们为海上、陆地和空中的客户提供 C 频段、Ku 频段和 Ka 频段的 VSAT 业务。最近,Inmarsat 推出了适用于所有移动应用的 Ka 频段 VSAT 系统,即 Global Xpress。

如上所述,SpeedCast 公司提供全方位的 C 频段和 Ku 频段业务,并且正在探索 Ka 频段方案,船舶终端样品如图 3.48 所示。SpeedCast 认为,由于 Ku 频段的天线小、可用性高和成本低,其将继续成为高端海事需求的标准。另一方面,C 频段非常适合极高可用性和可靠性的客户。而 Ka 频段非常适合区域(沿海)和大众市场(较小的船只)的使用情况,目前这种方式不适合专业的远洋船只卫星通信。表 3.5 是 C 频段、Ku 频段和 Ka 频段频率特性的比较。

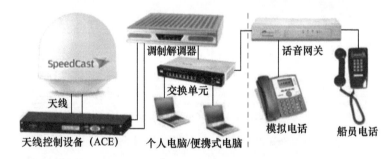

图 3.48　SpeedCast 船载宽带网络架构(图片来源:ViaSat 和 Eutelsat)

表 3.5　主要频带的比较

频带	频率/GHz	覆盖面积	输送功率	降雨影响	机载天线盘
C	3~7	大	低	最小	240cm 圆顶 400cm
Ku	10~18	中等	中等	中等	60~120cm 圆顶 130cm
Ka	19~40	小	高	高	60~100cm 圆顶 120cm

SeaCast 公司专为海事和离岸行业,在全球范围内提供实时、宽带、始终在线、固定费用的海上连接。SeaCast 提供一整套业务,从宽带互联网接入到安全的企业虚拟专用网应有尽有。它可用于各种船只,比如游艇、大型商业货船、客船、服务支持船以及海上石油和天然气平台。SeaCast 使航运和离岸公司能够将他们的船队和平台集成到他们的企业网络中,提供无缝移动卫星连接。

船上宽带通信的出现为推出新应用创造了机会,带来了以下显著优势:

(1)最大限度地提高船员的福利和在位率——通过互联网接入和语音业务与家人保持联系、进行娱乐、远程医疗和远程学习。

(2)提高生产力——始终在线的宽带通信支持所有基于 IP 的应用,包括视频流。

(3)节省成本——实时船舶管理和航线信息,最大限度地减少燃油消耗、固定预算支出,从而节省资本支出和运营支出。

(4)提高船上的安全保障——视频监控和安全视频培训。

Ku 频段和 C 频段海事业务提供各种不同的宽带速度,以满足所有客户的要求。通过使用各种交换技术,可以无缝地整合 SeaCast 宽带业务,补充和增强现有的窄带卫星业务(如 Inmarsat、Iridium)。这意味着,通过结合 Ku 频段和 L 频段业务,客户的船只在海上的任何地方都会有网络覆盖。此外,由于海事 VSAT 天线的自动重新定位和卫星调制解调器的重新初始化,当船只从一个卫星波束移动到另一个卫星波束时,SeaCast 提供了无缝的体验,这被称为"无缝自动波束切换"。

SeaCast 支持高达 1Mb/s 的岸对船速率和 512kb/s 的船对岸速率,用于电子邮件、文件和其他数据传输;被称为 SpeedTalk 的语音呼叫提供网络语音(VoIP)、传真和专用自动交换分机(PABX)呼叫(有后付费和预付费两种);SpeedCam 视频传输提供的 VSAT 视频监控业务和船员通过私人手机拨打的 GSM 电话,提高了船只的安全性。诸如 SpeedStar 之类的企业网络安全访问可以使用额外的安全协议,包括互联网虚拟专用网络隧道和安全多协议标签交换访问。远程访问和诊断,即所谓的远程访问管理,通过这种允许工程师远程访问和诊断的 VSAT 系统节省了时间和费用。SpeedCast 监控和报告工具跟踪所有车队,并通过网络监控工具监控船舶网络性能。

SpeedCast 提供共享和动态的单通道单载波业务。共享业务基于 iDirect VSAT 技术,其开始时的成本比动态业务低,随着容量需求的增加,成本以更快的速度增加。动态单通道单载波业务开始时成本略高,但之后,成本随着用户容量需求的增加,以较慢的速度增长。单通道单载波代表每个信道单个载波,因此每个用户获得自己的星上专用带宽,而不与他人共享。为了连接卫星,Speed-

Cast 公司在荷兰、澳大利亚、德国、夏威夷、香港、马来西亚、阿联酋和美国建立了自己的全球受控电信港。通过网关站和互联网,船只可以在 SpeedCast 的所有卫星覆盖区中漫游。在漫游期间,该系统管理和控制调制解调器和天线、覆盖区和船只位置、支持团队信息、掠过几颗卫星、对覆盖区/卫星/漫游信息自动更新。

如前所述,SpeedCast 目前提供 C 频段和 Ku 频段业务,同时提供 L 频段业务作为备份以及带外管理。L 频段业务可以是 Inmarsat 的舰队宽带业务,也可以是 Iridium Pilot 卫星业务,每当 VSAT 服务中断时,它们就可以向客户提供任务关键数据通信。L 频段业务还可以作为 SpeedCast NOC 工程师在服务中断时远程执行故障排除的"后门"。

3.9.1.3 船载宽带 VSAT 站

在这一部分将介绍两个使用 Ku 和 Ka 频段卫星网络的重要船载宽带 VSAT 站。

(1) Intellian v60 Ku 频段站。该船载站是 Ku 频段三轴稳定天线的卫星通信系统,天线反射器直径 60cm,安装在甲板上;调制解调器安装在舱内,如图 3.49(左)所示。依靠 3 轴稳定平台,v60 具有卓越的跟踪性能,几乎相当于口径 1m 的 VSAT 天线系统。v60 可以配置为单通道单载波、宽带或混合卫星网络。该平台支持 Ku 频段路由器(收发机),适用于高速互联网、天气和图表更新、电子邮件、文件和图像传输、视频会议、网络语音、虚拟专用网和数据库备份。v60 具有无限的方位角范围,不受电缆限制实现连续跟踪。从 −10°~100°的宽仰角范围使 v60 能够保证船只在赤道或极地附近行驶时无缝接收信号。v60 VSAT 站有一个内置的 GPS 接收机,用于快速卫星捕获和自动极化控制,以优化线性极化馈源的信号强度。该 VSAT 站具有新一代无陀螺卫星搜索功能,使 v60 不需要从船上的陀螺罗盘输入信号就能够捕获和锁定卫星。v60 充分集成了一流业务提供商的自动波束切换功能,这些提供商使用 iDirect 路由器平台嵌入式 OpenAMIP 协议。v60 还与 Hughes、Comtech、SatLink 等各种平台兼容。内置的 WiFi 支持与 Intellian Aptus Mobile 的连接,以实现先进的系统控制和监视,包括一键式卫星库和固件更新。此外,天线控制设备上的新 Intellian LAN 端口提供了与其他 Intellian 系统的网络连接,从而能够综合监控所有 Intellian 网络设备。Intellian 生产商也为 Ka 频段提供类似的 VSAT 站,称为 v60Ka。

(2) Intellian v100Ka 频段站。该船载站是海上 Ka 频段三轴稳定天线的卫星通信系统,带有直径为 60cm 的天线反射器和卫星调制解调器,如图 3.49(右)所示。Intellian 与 Telenor 卫星广播(TSB)合作,使用 Intellian 行业领先的 1m VSAT 天线平台和 iDirect 调制解调器,开发交付下一代高速海上通信系统。船

图 3.49　海事宽带 VSAT 站（图片来源：Intellian）

员、乘客和岸上运营团队可以从可靠的船岸之间宽带连接中受益。Intellian
v100Ka 用户受益于安全可靠的安全套接层（SSL）连接，该连接支持多种功能，
包括远程固件升级、日志文件检索、分析和即时故障查找。

　　图 3.50 展示的是由甲板上设备（ADE）和舱内设备（BDE）集成的 v100Ka
VSAT 站的示意图。舱内设备由天线控制设备、上变频功率放大器监控、连接发
射机和接收机的局域网、iDirect X7 路由器以及天线跟踪系统的船舶陀螺罗盘的
接口组成。v100Ka 通过 iDirect 的 OpenAMIP 协议支持自动波束交换，通过
OpenBMIP 协议支持上变频功率放大器监控，OpenBMIP 协议能够监控上变频功
率放大器单元的状态，并允许上变频功率放大器在传输完成时关闭，通过降低其
工作时间内的温度，潜在地延长上变频功率放大器的寿命。所有 Intellian v 系列
的产品都包括一个内置频谱分析仪，可以通过 Aptus 个人电脑或手机在船上无
线接入该功能，以监控信号质量，开启了手机支持监控新模式。因此，所有 Intel-
lian VSAT 系统都具有 Intellian LAN 功能，能够综合监控所有 Intellian 网络设备，
比如 TVRO 和 FleetBroadband 产品，这些设备支持带外管理，从而保证业务可
靠性。

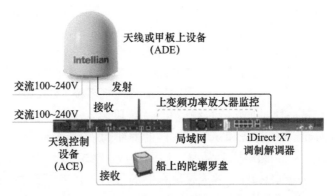

图 3.50　宽带 Ka 频段 VSAT 设备示意图（图片来源：Intellian）

3.9.1.4 船载宽带电视台

完整系列的船用卫星电视接收系统保证能够在船上不间断地观看高清或标清电视。这些可靠的产品是为游艇、海上钻井平台和不同规模的商船开发的,船载电视系统配置图如图 3.51 所示。

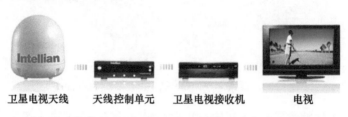

卫星电视天线　　天线控制单元　　卫星电视接收机　　　　电视

图 3.51　宽带 Ka 频段 VSAT 站示意图(图片来源:Intellian)

(1) Intellian s100HD WorldView Ku 频段电视系统。这是一个 1m 口径 Ku 频段天线的海上电视系统,带有高清电视接收机,用于高清 DIRECTV 和全球电视接收,如图 3.52(左)所示。它为北美的 DIRECTV 业务以及世界各地的电视业务提供了卓越的覆盖和性能,使其成为在地中海、美国和加勒比海之间航行船只的完美选择。该系统通过 WorldView Trio 低噪声模块(LNB)下变频器提供电视业务。通过三馈源喇叭它能同时接收多个 DIRECTV 美国静止轨道卫星的信号:两个 Ka 频段高清 DIRECTV(99°W/103°W)和一个 Ku 频段 DIRECTV(101°W)。此外,低噪声模块(LNB)接收全球的 Ku 频段电视业务,提供完整的海上高清娱乐体验,包括数字视频录像机(DVR)功能。s100HD WorldView 天线和接收机包含一个内置的全球卫星库,无论您在哪里,该库都提供区域卫星数据。该库可以很容易地加载来自全球卫星提供商的规范,使您立即欣赏到自己喜爱的节目。该电视系统可以通过 Aptus Mobile 连接到无线自动控制单元,实现简单的电视系统控制和监测,包括一键式卫星库和固件更新。Aptus Mobile 可从 iPhone 和 iPad 的应用商店 App Store 获得,或者从适用于安卓系统的 Google Play 获得。s100HD 高清电视天线配有 Intellian 19 英寸机架式多开关模块,可让您无缝连接各种类型的电视卫星接收机。内置的单线多开关(SWM)功能通过支持单线到多个电视接收机连接简化了安装,消除了对额外硬件和电缆线路的需求。

(2) Intellian t240CK WorldView C/Ku 频段电视系统。t240CK 有一个 2.4m 口径的反射面,是一款同时支持 C 频段和 Ku 频段的电视接收系统,专为大型船只设计,比如游轮、超级游艇和穿越七大洋的商船,其中天线罩和天线控制单元如图 3.52(右)所示。在图中,1 为 AC 110~240V、天线与天线控制设备的连接,2/3/4 为与多开关模块(MSM)的连接。在图的最右边,5 为天线控制设备,6 为光纤链路模块,7 为多开关模块。可以通过天线控制单元内置基于网络的监控

软件在世界上任何地方对该电视系统进行访问、监控和控制。所有维护活动都
是自动化的,例如固件升级、跟踪、记录性能数据和系统诊断。一旦在第一次设
置期间获得卫星的信号峰值位置,天线系统将自动重新调整所有参数,例如船
向、主传感器偏移、方位角和仰角。新一代无陀螺卫星搜索功能使 t240CK 电视
天线能够独立获取和跟踪卫星,而不需要从船上的陀螺罗盘输入数据。

图 3.52 WorldView Ku 频段高清电视系统(图片来源:Intellian)

Intellian 生产商已经开发了许多 i、s 和 t 系列的船载电视系统。在图 3.53
中展示了上面介绍的 s100HDWorldView Ku 频段电视系统。卫星电视天线通过
视频电缆,连接到天线控制设备和多开关模块,而多开关模块通过分路器连接到
拉丁美洲直播电视、传统电视和直播电视接收机。

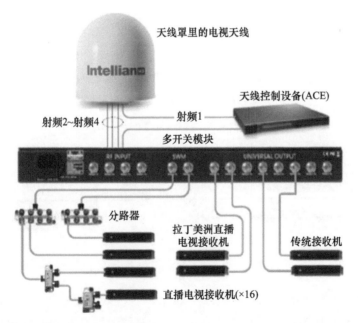

图 3.53 s100HDWorldView Ku 频段电视系统组成图(图片来源:Intellian)

3.9.1.5 车载宽带 VSAT 站

移动车载方案可以通过许多 VSAT 天线和调制解调器实现,作为卫星通信的用户段架构。该架构是软件定义的网络,它通过支持固定和移动卫星通信应用的单一平台满足当前和未来的需求。它支持 VSAT 网络部署,与包括高通量卫星星座在内的多颗传统地球静止轨道宽波束卫星一起运行,同时支持多种虚拟网络运营商业务模式。这里将介绍两种用于公路车辆的车载 VSAT 站和一种用于铁路车辆的 VSAT 站。

(1) Gilat RaySat SR2000/5000 VSAT 站。带有天线罩的 Raysat SR2000/5000 是一种非常低剖面的双向车载天线,能够在车辆移动中或暂停时实现宽带移动卫星通信,主要用于视频、语音和数据传输,如图 3.54(a)上部所示。

这种多平面移动天线采用坚固的聚碳酸酯天线罩,实现了非常低的剖面和超薄的设计,主要适用在公共汽车、大型汽车和火车上安装。该天线系统具有多个车载跟踪传感器,可实现精确的卫星跟踪、短时间初始捕获和瞬时重新捕获。SR2000/5000 有一个 Gilat 波流上变频功率放大器和一个 GilatGLT1000 调制解调器,如图 3.54(a)下部所示。该天线还可以与各种 Gilat 设备和第三方设备集成,比如 Gilat 卫星调制解调器:SkyEdge Ⅱ - cAries、SkyEdge Ⅱ - cCapricorn - 4、SkyEdge Ⅱ - cCapricornPro、SkyEdge Ⅱ - cGemini - i。在这两种情况下,天线都与天线控制设备集成在一起。GLT1000 集中管理的卫星调制解调器在 C 频段、X 频段、Ku 频段和 Ka 频段射频上提供高性价比和安全的海、陆、空连接,为移动、点对点或点对多点通信提供高性能、高可用性、高带宽效率和统一的上变频功率放大器和天线电源。该调制解调器支持32kb/s~80Mb/s 的数据速率,具有调制、前向纠错、帧大小选择、最小化高速开销和低速延迟。它还支持在单通道多载波模式下自适应扩频编码和调制,在信道严重恶化的情况下,提供带宽和服务质量调节能力,另外还提供独立的 DVB - S2 信道。

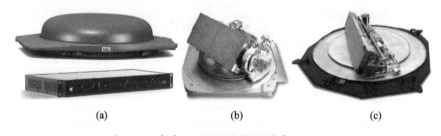

(a)　　　　　　　(b)　　　　　　　(c)

图 3.54　车载 VSAT 站模型(图片来源:Gilat)

(2) Gilat RaySat SR300 VSAT 站。这是一个紧凑、轻量级的双向移动卫星通信系统,其天线没有天线罩,与 GLT1000 卫星调制解调器集成,支持实时宽带卫星通信,主要用于移动或暂停时的语音和数据传输,如图 3.54(b)所示。天线采用先进的平板阵列,覆盖发射和接收频带,适合安装在公路车辆上。SR300 可以作为移动卫星通信系统的一部分进行统一管理。该系统将 Gilat 和 Wavestream 上变频功率放大器以及一个 Gilat GLT1000 调制解调器进行无缝机械集成。

(3) Gilat RaySat ER7000 VSAT 站。这款可靠的低剖面天线双向 VSAT 站集成了 GLT1000 调制解调器,无天线罩,支持实时卫星宽带视频、语音和数据传输,如图 3.54(c)所示。它特别适合火车和大型车辆,已在全球范围内成功部署,提供高性能宽带通信。此外,ER7000 可以作为移动卫星通信系统的一部分,纳入统一管理。该终端将一个 Gilat 和 Wavestream 上变频功率放大器以及一个 GLT1000 调制解调器进行无缝机械集成。当与第三方调制解调器集成时,天线配有自动稳定装置。

3.9.1.6　车载广播电视系统

乘客电视视频娱乐是最热门的汽车电子配件之一,2006 年款城郊多用途汽车(SUV)中有 50% 以上配备了某种形式的车内视频系统。2020 年,超过 2000 万辆道路车辆拥有视频系统。随着越来越多的视频乘客娱乐系统安装在公路和铁路车辆上,带来了"人们在电视屏幕上看什么"这个问题。就像在家里,人们看的直播电视比预录节目多,同样的趋势也会出现在汽车上。像 DVD 这样预先录制的媒体必须存储在汽车中,只能提供短期的娱乐价值。显然,现在是扩展内容和看直播节目的时候了。

(1) KVH TracVision A9 电视娱乐系统。移动电视接收机通过使用与 TracVision 集线器集成的 KVH 专利混合相控阵天线技术,实现了卓越的性能,提供超静音、GPS 增强的先进跟踪和清晰电视接收,其配置如图 3.55(左)所示。该移动电视系统还包括一个支持 IP 的系统控制器,允许从任何移动设备或笔记本电脑访问系统信息。TracVision A9 为动态娱乐设定了一个新标准,使得可以在公路和铁路车辆视频屏幕上就能看到直播 DIRECTV 和 DISH 网络节目。在运动状态,它可以接收当地的节目,可以接收 300 多个频道的卫星电视节目和 50 多个频道的卫星广播。时尚的支持 IP 的 TracVision 电视集线器为任何智能手机、平板电脑、智能电视或计算机提供简便的设置和操作,以及简单的用户界面,并提供世界一流的保修范围和支持。

(2) KVH TracVision R6 电视娱乐系统。该电视娱乐系统是安装在公路和铁路车辆上的首选高清移动卫星电视系统,其中天线和电视集线器的配置如图 3.55(右)所示。作为 SlimLine 系列卫星电视系统,它是 KVH 系统中的旗舰产品。运动中的 TracVision R6DX 旨在成为您的终极集成高清电视系统,其与下列节目兼容:DISH 500 和 ExpressVu 标准节目、DISH 1000 和 ExpressVu 高清节

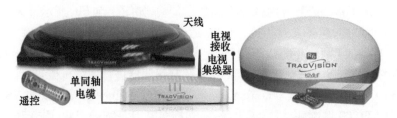

图 3.55　车载电视系统的型号(图片来源:KVH)

目、DIRECTV Ku 频段标准节目。DISH 网络中的高清电视兼容接收机可以通过 KVH 免费激活。使用这个电视系统,只需通过遥控器简单地切换频道,就可以观看多达三个不同的 DISH 网络卫星上的节目,再简单不过了。除此之外,内置 GPS 接收机提供最快的卫星采集 KVH 专属 DewShield 电子除露技术。

3.9.1.7　用于增强船舶交通控制(STC)的港口宽带系统

仅世界排名前 20 位的船舶注册局就有超过 8 万艘在不同国家注册的远洋船舶。最重要的是,今天最大的问题是商船需要实施新的 DVB – RCS VSAT 系统,解决沿岸导航和海港基础设施,加强船舶交通控制。

由本书作者领导的德班理工大学(DUT)通信、导航和监视(CNS)学院空间科学中心设计了海岸运动引导和控制系统,该系统利用非洲卫星增强系统(ASAS)进行通信、导航和监视,以跟踪、控制、监测所有沿海岸航行、接近锚地和港口、进出港口的船只并为他们提供后勤保障。世界上许多大型海港都需要在船上和海港安装 VSAT 宽带系统来改进通信、导航和监视。

船舶交通控制(STC)海事通信现代化的第一步是从语音转向数据,把数据通信作为传统船舶无线电通信的主要手段,下一步必须是在通信、导航和监视应用中采用 DVB – RCS 宽带网络语音、数据、视频(VDVoIP)。通过这种方式,卫星全球宽带业务将克服通信设施的限制,进一步拉近远海航行的船只和海岸之间的距离。DVB – S2/S2X 标准的实施及其未来在支持移动用户方面的扩展对于通过卫星进行船舶交通控制和通信、导航、监视是非常有吸引力的,应用场景如图 3.56 所示。因此,经过卫星的 DVB – RCS 对驾驶舱和海港通信、导航和监视应用的改进具有巨大影响。它可以用于船舶之间的通信,也可以用于船舶间的监视,这有助于航线运行控制、船舶交通控制和船舶交通管理,缩小海上船舶间或移动交互终端间的间隔。另外,海上广播方案的重大改进是通过部署船舶交通业务通信、船舶交通业务导航和船舶交通业务监视,为船舶交通控制和船舶交通管理提供增强的数据采集。

驾驶舱的通信需求是安装用于船舶交通业务的 DVB – RCS,如网络语音数据视频(VDVoIP)、网络语音(VoIP)、监控和安全,然后把机舱通信连接到船舶

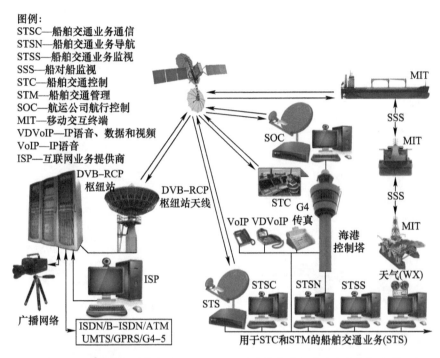

图例：
STSC—船舶交通业务通信
STSN—船舶交通业务导航
STSS—船舶交通业务监视
SSS—船对船监视
STC—船舶交通控制
STM—船舶交通管理
SOC—航运公司航行控制
MIT—移动交互终端
VDVoIP—IP语音、数据和视频
VoIP—IP语音
ISP—互联网业务提供商

图 3.56　用于船舶交通控制的 DVB‐RCS 通信导航监视要求(图片来源：Ilcev)

管理控制中心和航线运行控制中心。乘客也可以使用网络语音或简单的电话、网络语音数据视频、互联网和车载娱乐系统。此外，新型 DVB‐RCS 通信系统还可以向国际海事组织(IMO)、海上生命安全公约(SOLAS)和全球海上遇险与安全系统(GMDSS)提供有关安全、安保和遇险警报等信息。

　　驾驶舱上的导航需求是美国 GPS 或俄罗斯 GLONASS(GNSS)接收机，用于接收未增强的和增强的全球导航卫星系统信号，其中数据必须由船长通过 DVB‐RCS 语音、数字和视频装置发送到某个海港的船舶交通控制中心。

　　驾驶舱上的监视需求是用于船间监视或 SSS 的雷达以及 DVB‐RCS VDV 装置，这将有助于船长接收关于航行情况、制导控制和避免碰撞的监视数据。

3.9.1.8　用于船舶交通管理的 DVB‐RCS 基础设施

　　大约 20 年前，本书作者研究了新一代 DVB‐RCS 技术，该技术连接特定区域的所有海港，以增强船舶交通管理、船舶交通控制，改进制导控制以及海上安全、安保，如图 3.57 所示。该系统利用 DVB‐RCS 在城市区域的广播网络与遥远地区的移动交互终端、海港(S1、S2 等)、船舶交通控制中心之间提供交互式连接。此外，所有海港和船舶交通控制中心之间也有互动。这一新颖的系统将验证已经集成安装的基于船舶交通管理的设施，并把以下现有技术用于电信港中:区域卫星增强系统或所谓的星基增强系统、卫星自动相关监视 – 广播、网络语音、网络语音数据视频和海上移动卫星通信系统。本书作者认为未来船舶交通管理的最佳方案是将 DVB – RCS 网络与区域卫星增强系统基础设施进行集成。

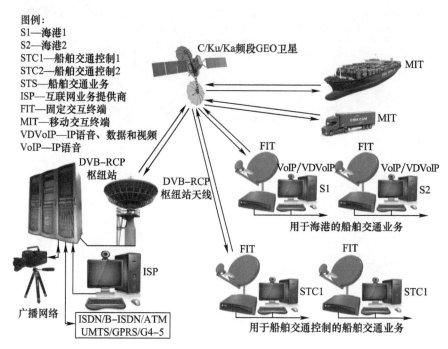

图 3.57　通过 DVB – RCS 的海港连接和船舶交通控制站点(图片来源:Ilcev)

提议的创新理念是根据以下步骤或方法,通过原型制作和模拟,将重点放在航线运行控制和船舶交通控制服务的卫星通信部署上:

(1)根据服务要求,就适用的卫星技术、最合适的空间方案提出建议;

(2)基于对卫星的利用,设计和评估几种可能的应用场景;

(3)提出一个地球静止轨道卫星多功能平台的建议,用于实施、集成和验证基于卫星的通信、导航和监视业务。

3.9.2　航空宽带 DVB – RCS 架构

众所周知,航空界几乎所有的无线电、卫星通信、导航系统都是从航海界那里获得的,因此本书作者提出了把 Intelsat 开发的海事宽带系统,作为实施航空宽带的范例。目前,有设计好的其他海事宽带,然而并不是所有的卫星宽带平台都是一样的,一些平台的覆盖面仍然不完整。面向个人和企业的宽带互联网的快速发展,对带宽业务应用产生了巨大需求。在移动环境中对相同业务的需求随之而来,尤其是专业用户的需求。虽然地面技术可以在城市和郊区环境中提供本地移动宽带接入,但为海事、公共汽车、火车和飞机乘客提供具有高性价比的宽带服务是卫星数字视频广播系统的极好机会,它是一种具有补充性而非竞争性的方式。依靠众所周知的标准化技术对于实现低成本业务和低风险目标至关重要。

卫星数字视频广播航空市场的主要用户是长途飞行的洲际航班,它通常是载有 250～450 名乘客的宽体飞机。这个市场是全球性的,几乎需要全球覆盖。次要用户是飞行时间超过 1.5h 的短途航班,运载约 150 名乘客。这些航班通常在一个或两个转发器的覆盖范围内。图 3.58 展示的是当前和未来航空 DVB－RCS 的空间段,其包括以下卫星:AM1 俄罗斯快速卫星、NNSS6 和 NSS7 SES 美国通信卫星、美国 GE23 卫星、加拿大 Telstra 11（T11）、12 和 14 号卫星、香港亚洲广播卫星公司的 ABS－1 号卫星、覆盖阿拉斯加的 H－1 卫星和墨西哥 Satmen－5 号卫星。

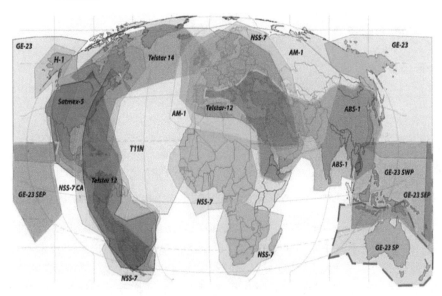

图 3.58　当前和未来的 DVB－RCS 航空空间段（图片来源:Ilcev）

为了提供真正的全球覆盖,有必要用更多的 Intelsat、Eutelsat 或其他覆盖印度洋、南大西洋和南太平洋地区的卫星。为了覆盖北极地区,可以设计混合卫星星座,包括 2 个 Molniya 卫星和至少 3 个地球静止轨道卫星。

3.9.2.1　ViaSat DVB－RCS 航空宽带

在使用黑莓和苹果手机的时代,无论在世界上的什么地方,机长、机组人员和飞机上的乘客都期待无限的宽带连接。但是由于水覆盖了地球表面的70%以上,每个人在飞机起飞后都会很快失去联系。与ViaSat一起开发的Yonder移动网络同时为全球各类客户提供高速互联网宽带业务。应用包括网络语音和视频,加上美国海岸警卫队发起的海上安全行动和来自情报、监视和侦察(ISR)飞机实时传送的视频。

在图3.59展示的是由ViaSat公司开发的对2011 Q2 Yonder商务飞机的卫星覆盖图。事实上,ViaSat展示了在负担得起的Ku频段移动卫星带宽方面的持续投资,从而为Yonder商业航空公司、通用航空宽带业务以及KVH小型VSAT海上和陆地移动业务提供全球高速覆盖。位于加利福尼亚州卡尔斯巴德(Carls-bad)的ViaSat网络运营中心提供持续的网络监控、客户服务和灾难恢复业务。

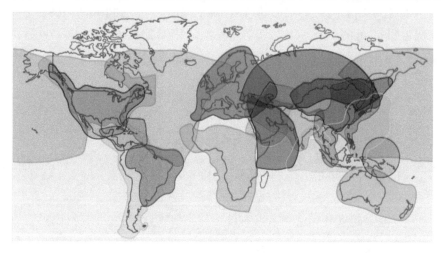

图3.59　2011 Q2 Yonder商务专机覆盖地图(图片来源:ViaSat)

这种不太昂贵的双向宽带话音、数据和视频通信业务提供了新的网络性能,与任何办公室或家庭中常见的典型有线调制解调器和数字用户线路技术不相上下,因此商务专机实际上变成了空中办公室:像在地面上一样拨打和接听手机、浏览互联网和网页、实时收发电子邮件、通过安全的虚拟专用网访问特定公司的网络、观看电影、召开视频会议,还可以通过无线网络连接智能手机、笔记本电脑、掌上电脑、平板电脑和其他支持设备。

借助Yonder,商业航空公司可以提供真正的空中无线宽带,这由世界上容量最高的卫星ViaSat-1和地面系统ViaSat SurfBeam 2实现,以更低的安装价格和通信价格,为每个客户提供更高速度和更多带宽,提供灵活的服务。ViaSat-1突破性的带宽经济为个性化的宽带体验创造了一个充满可能性的世界,无论是"空中办公"还是多媒体娱乐,如LiveTV。

此外,为了获得高价值的乘客体验,机组人员在飞行中将能够使用卫星互联网完成传统的手动任务,例如客舱和驾驶舱操作、电子飞行包(EFB)系统、飞行乘员报告。2012 年,ViaSat 开始通过 ViaSat – 1 在美国提供 Yonder 服务,Viasat – 1是世界上容量最大的卫星。ViaSat – 1 将确保 Yonder 在所有移动卫星系统中拥有最高的速度,其成本也仅为当今空对地或其他移动卫星技术每兆比特成本的一小部分。在美国之外,充分利用我们区域 Ka 频段合作伙伴的大容量 Ka 频段能力和现有的 ViaSat 全球 Ku 频段 Yonder 网络(该网络最初仅供商用航空飞机使用),Yonder 客户在世界各地旅行时将享受无缝服务。

ViaSat/KVH 联合网络进一步扩展了已取得成功应用的卫星网络,这些网络为北美、加勒比海、北大西洋和欧洲的商用飞机、海上船只和陆地车辆提供服务。自 2010 年末以来,这一卫星通信和娱乐网络几乎成为全球性的,实现了完全无缝的覆盖。这样,无论他们在哪里,即使在飞往世界另一边的航班上,客户都可以通过"Yonder"服务与任何人交流。凭借超过 5 年的服务时间和 200 万小时的用户服务,Yonder 已迅速成为首选的移动宽带业务。利用开创性的、超高效的ViaSat ArcLight 技术和星上运行,Yonder 提供了卓越的带宽和容量。与 L 频段技术相比,Yonder 为您提供的业务要广泛得多。

ViaSat 已与 ARINC 公司签订合同,为商用喷气式飞机 SkyLinkSM 通信系统开发机载综合卫星通信终端。SkyLink 是一种宽带空中通信业务,用于大型商用飞机。它设计的数据速率极快,类似于现代办公室中的高速互联网和企业网络的性能。ViaSat ArcLight 技术为商用飞机的飞行宽带构建了一个网络和商业案例。ARINC 在航空通信网络方面有 75 年的历史,既了解飞行员的要求,也了解航空业坚持的严格准则。这就是 ARINC 在寻求将宽带数据传输引入商用飞机时具有的条件。

3.9.2.2　航空宽带 VSAT 网络

随着支持电子邮件、网络浏览、视频功能和娱乐的机载互联设备激增,航空卫星宽带传输的需求不断增长。很明显,并非所有地球静止轨道高通量卫星星座的宽带传输和卫星覆盖都是一样的。虽然 Intelsat 运营商已经开发了全球卫星移动方案,提供了始终如一的卓越传输性能,但仍然有一些卫星网络不能像 I-ridium 和 Inmarsat 网络那样提供全球覆盖。

航空宽带 VSAT 网络提供完整的卫星通信组合、高速互联网、乘客娱乐和 IP传输业务,以优化飞机运行,包括增强机上安全性,如图 3.60 所示。该飞机网络由多个部分集成而成,如地面段、空间段和用户段。地面段是地面关口站,比如连接到机载广播中心、互联网服务提供商和地面电信网络的研华科技 Discovery 300系列 DVB – RCS/S2/X VSAT 枢纽站。空间段是由知名卫星运营商和提供商,比如 Intelsat、Eutelsat、SESNew Skies、ViaSat、KVH、SpeedCast,提供的地球静止轨道卫星星座。用户段是机载站,可以是研华科技 S4120 VSAT 和其他路由器。

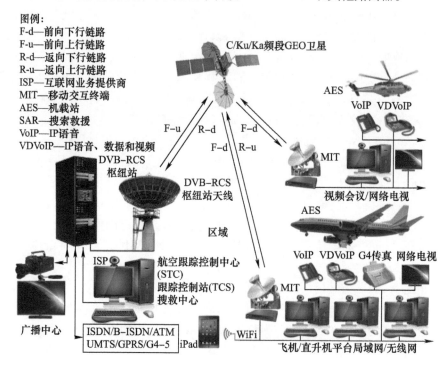

图 3.60　航空宽带 VSAT 网络图(图片来源:Ilcev)

飞机运营商需要接入卫星宽带 IP 应用,将飞机无缝连接到地面,并通过陆地 IP 网络扩展航空公司站点以更有效地开展他们的业务。有了 VSAT 连接,航空公司可以支持一系列空中通信需求和飞机管理,包括支持带 IP 网络的驾驶舱。机组人员和乘客可以使用网页、电子邮件、电话与亲人、朋友保持密切联系,管理个人事务并享受娱乐内容。

虚拟专网覆盖整个机群、机场,并支持业务应用,比如货物和库存物流、空中交通控制、空中交通管理和跟踪控制站,长途飞机成为移动办公室。飞机运营受益于通过网络语音数据视频、网络语音、G4 传真、局域网、无线网络等与机场的即时通信。机载 VSAT 系统包括一个稳定的 VSAT 天线和与之相连的远端路由器。VSAT 天线通过 C 频段、Ku 频段或 Ka 频段提供与传送站、枢纽站和地面骨干网络的连接。

3.9.2.3　机载宽带 VSAT 站

在这一部分将介绍三个重要的、使用 Ku 频段和 Ka 频段卫星网络的机载宽带 VSAT 站。

(1) Gilat RaySat ESA/EPA 站。Gilat 的机载全电控阵/相控阵天线(ESA/PAA)RaySat 有技术突破,用于所有移动卫星通信,包括用于航空机身安装,无罩天线的示意图如图 3.61(左)所示。与传统的机械转向天线相比,超薄、低剖面的相控阵天线以电控方式使发射和接收波束指向卫星,这使得即使在赤道下天线也能工作,而不会产生"钥匙孔"效应。这种 RaySat ESA/PAA 超低剖面跟踪卫星天线,没有移动部件,具有高度可扩展性,阵列尺寸可以改变,以满足特定增益要求。这些特性使其适用于各种各样的移动平台,比如海事、陆地和航空平台,并可灵活地传输各种速率。由于其可扩展性和超低剖面,该天线特别适合支持受尺寸和重量限制平台的移动卫星通信。电控阵/相控阵天线技术既可以用在 Ku 频段也可用在 Ka 频段。RaySat ESA/EPA 站可以配备一个 GilatWavestream 上变频功率放大器和一个 Gilat GLT1000 卫星调制解调器,如图 3.61(右)所示。该天线还可以与各种 Gilat 相关产品和第三方设备集成,比如 Gilat 卫星调制解调器:SkyEdge Ⅱ – c Aries、SkyEdge Ⅱ – cCapricorn – 4、SkyEdge Ⅱ – cCapricornPro、SkyEdge Ⅱ – cGemini – i 等。在上述情况下,天线都是与天线控制设备集成在一起的。

图 3.61　RaySat ESA/EPA 机载 VSAT 站(图片来源:Gilat)

(2) Astronics AirSat Fliestream F – 210 VSAT 站。AirSat 是 F – 210 系列 Fliestream 机载卫星通信天线的制造商,用于飞行期间提供高速宽带数据链路接入,如图 3.62(a)所示。这种卫星 VSAT 天线是大中型商用飞机的理想选择,可为乘客和机组人员提供真正的无线宽带互联网接入、电子邮件、实时文本、IP 电话、虚拟专网接入、视频会议和 IP 电视。

这种 VSAT 设备的 F 系列产品在尽可能小的面积内满足了航空电子设备的所有性能需求,并为 Ku 频段卫星系统建立了标准。这个易于安装的系统有天线、天线控制与调制解调设备、高功率收发机、天线罩和天线罩连接环,配置齐全。它处理一切事务,从接收来自卫星的信号到机舱里的调制解调,其中高功率收发机、天线控制与调制解调设备分别如图 3.62(b)所示。

(3) Thinkom AirEagke – Ka 2000 VSAT 站。ThinKom VSAT 机载产品是一种灵活、低剖面、高效率的天线,在地球静止轨道卫星转发器带宽效率为 1.5 ~

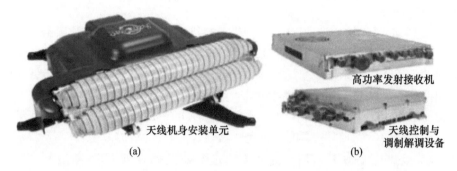

图 3.62　FliteStream F－210 机载 VSAT 站(图片来源:AeroSat)

3bits/Hz 条件下,在 G/T 为 15dB/K 时,下行链路传输速率高达 30Mb/s,在 EIRP 为 48dBW 时,上行链路传输速率为 12Mb/s。事实上,小的天线转动空间使安装天线的机身外形也很小,这降低了燃料成本,可以安装在全球喷气式飞机、单通道和双通道飞机上,并且机身上具体安装位置的选择也很灵活。其卓越的高纬度和低斜角性能提高了航班编队全球飞行的灵活性,包括赤道地区,这款 VSAT 收发机支持军民全球应用、宽带全球卫星通信(WGS)和商用飞机 Ka 频段业务。图 3.63(左)显示了 VSAT 舱外单元(天线子系统),图 3.63(右)展示了舱内单元(天线控制设备、调制解调器和收发机)。ThinKom 天线子系统具有低仰角工作性能,可以在高纬度地区工作。它提供 360°方位角连续覆盖和 －10°～＋90°仰角覆盖,角速度、角加速度分别优于 100°/s 和 100°/s^2,跟踪精度优于 0.2°。ThinKom 收发机子系统的发射频带为 28.1～31.0GHz,接收频带为 18.3～21.2GHz。调制解调器的工作性能:接收端 30Mb/s;发射端 12Mb/s,EIRP 为 65dBW 时高达 300Mb/s。

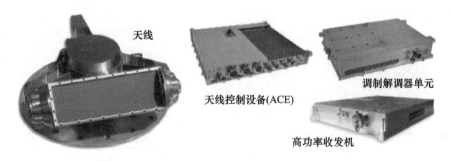

图 3.63　AirEagke－Ka 2000 VSAT 站(图片来源:ThinKom)

3.9.2.4　机载宽带电视台

这里将介绍三种使用 Ku 频段和 Ka 频段卫星网络的重要机载宽带高清和

4k 分辨率电视配置。

（1）Astronics AirSat Fliestream F - 110 电视接收站。该电视接收站是由 AirSat 生产的 F 系列卫星电视,在飞行中提供数百个频道的广播电视直播。瞬变的商业环境需要当重要事件发生时,乘客即便无法亲自到达现场,也要实时始终保持联系。无论是电视直播节目、体育直播还是股票走势和新闻,机上乘客都可以随时了解最新动态,尽情娱乐。他们不再需要从飞机菜单栏里选择存储的电影和音乐。

这种电视天线提供垂直极化、水平极化、左旋和右旋圆极化输出,因此它在世界任何地区都可以工作,使乘客能够观看数百个电视直播节目,如图 3.64（左）上所示。机身上安装 Ku 频段 DBS - TV 最高性能的天线系统是在高纬度飞行时低角度跟踪卫星的关键。卫星跟踪设计要求方位角连续运动、仰角在 −10° ～ +90° 内变化。即使飞机在高纬度地区飞行,也能提供良好的接收性能。卫星天线安装在飞机外部,位于飞机机身上的防护天线罩之下。该电视系统由 3 个机载外场可更换单元组成:天线或机身安装单元(FMU);天线控制单元(ACU);接收器解码器单元(RDU)。该系统可以使用自己的调制解调器,也可以使用 iDirect e850MP 或 Hughes HX200 调制解调器。

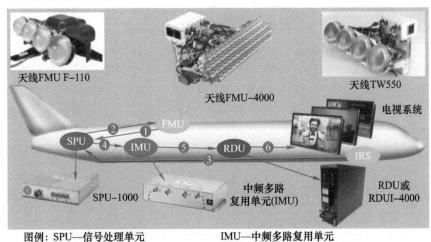

图 3.64　机载宽带电视台(图片来源:AeroSat 和 Rockwell Collins)

（2）Rockwell Collins Tailwind 550 多区域电视接收站。该天线是 Rockwell Collins 公司的产品,安装在飞机机身上,用于多区域接收空中电视,为飞行中的乘客提供信息和娱乐,该接收阵列天线系统如图 3.64（右）上所示。Tailwind 550

是一个完整的集成系统,使私人飞机能够接收 Ku 频段的 DBS-TV 信号,提供可从直播卫星获得的全频段数字视频和音频节目。这些机载宽带天线结合多达32 个独特的节目接收机可以把客舱配置为多个区域,提供个性化内容和观看位置的灵活性。

Tailwind 550 多区域电视台也在使用无与伦比的 FMU-4000 接收天线,如图 3.64(中上)所示。这种机载天线方位可 360°旋转,俯仰范围超过 -10°~+90°。高动态反应速度使天线的转动速度比其他天线快 2~3 倍。即使在飞机起飞、着陆、倾斜和爬升时,它也能保持电视信号不间断。与天线集成的是信号处理单元(SPU-1000)、中频多路复用器单元(IMU)、接收机解码器单元(RDU或 RDUI-4000),如图 3.64(下)所示。接收机解码器单元用于美国大陆(CO-NUS)接收,RDUI-4000 用于国际 MPEG 4 电视信号。

(3) Rockwell Collins Tailwind 500 多区域电视接收站。Rockwell Collins Tailwind 500 电视接收站使用行业标准接口,几乎可与任何机载客舱管理系统相连,其配置如图 3.65 所示。命令和控制接口使用标准的 RS-485 总线,视频输出采用 NTSC 和 PAL 格式。整个 Tailwind 500 系统由五个主要的外场可更换单元组成。尾部安装单元(TMU)是 Tailwind 500 系统的天线前端。它位于尾部顶端,接收卫星信号并将其传输到 Gimbal 电子模块。紧凑型尾部天线单元在商用飞机的尾部天线罩下,提供最佳的空气动力学性能。天线组件,比如电机驱动和电子控制设备,以及诸如第一下变频和电缆频率均衡器等被划分到 Gimbal 电子模块中,Gimbal 电子模块可以离天线 30 英尺远。这大大减小了电视天线的尺寸和重量。系统信号处理单元接收飞机航向、位置、俯仰和滚转信息,并从连接的第三方航空电子导航系统获取广播的卫星位置。然后信号处理单元将飞机数据和卫星数据传输到 Gimbal 电子模块/尾部安装单元,使天线对准在轨卫星。信号处理单元还对第一级中频信号进行下变频。中频多路复用器单元从信号处理单元接收中频信号,然后将信号分配到最多四个接收解码器单元,每个接收解码单元都有两个独立的电视输出。信号从接收解码单元经过飞机的音频视频系统,向机舱播出。因此,乘客可以从多达八个独立的电视输出观看节目,可以接收三个地理区域的 475 个频道,所有这些都由触摸屏或红外遥控器控制。这些航空电子电视系统为接收直播卫星电视而设计,可接收多达八个独立的 DVB 和DVB-S(国际标准)格式的电视。

3.9.2.5 综合宽带 VSAT 站和电视台

Astronics AeroSat 设计并制造了 Ku 频段 FliteStream 尾部安装移动卫星系统,用于飞机飞行中的综合通信,在单个系统中集成高速宽带 VSAT 移动数据链路和直播电视。FliteStream T-210 系统是为那些机载空间不足或不希望安装

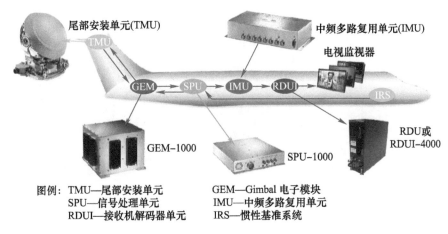

图例：TMU—尾部安装单元　　　GEM—Gimbal 电子模块
　　　SPU—信号处理单元　　　IMU—中频多路复用单元
　　　RDUI—接收机解码器单元　IRS—惯性基准系统

图 3.65　机载宽带电视台(图片来源：罗克韦尔·柯林斯的手册)

额外的 F 系列机载系统的飞机类型设计的。

这些 FliteStream F-210 天线可以接收 Ku 频段多区域卫星电视(DBS-TV)以及 VSAT 宽带数据信号，其配置如图 3.66 所示。这个系统是为各种尺寸的飞机设计的，为乘客和机组人员提供真正的无线宽带互联网接入、网络电话、虚拟专网接入和视频会议。另一方面，同样的设备也提供飞行中的卫星电视业务。FliteStream T-210 系统由 4 个主要部件组成：尾部安装单元(TMU 天线)、天线控制与调制解调器设备(ACME)、低功率收发机(LPT)和功率放大器单元(PAU)。在 T-220 系统的基础上，T-320 系统利用下一代高通量卫星点波束技术进行了优化。这种集成系统被设计成在点波束之间无缝转换，从而提高了高通量卫星带来的数据速度。该设备的性能是：输入电源为 +28V 直流电，控制接口为以太网，导航接口为 ARINC 429，尾部安装单元直径为 29cm，EIRP 为 41.9dBW(25W 低功率收发机)，G/T 为 11.5dB/K(12.75GHz、150K 天空温度)，接收频率为 10.7~12.75GHz，发射频率为 13.75~14.5GHz，兼容调制解调器可使用 iDirect e850MP。

3.9.2.6　增强型空中交通控制机场宽带系统

到 2020 年左右，飞机乘客需求的持续显著增长将超过当前空中交通控制系统的容量限制。同时该系统和大多数空中交通控制仍然基于模拟语音通信、接口和技术的事实，要求空中交通管理现代化，特别是用于空中交通管理通信系统的现代化，旨在满足三倍于当前空中交通负荷的未来通信需求。因此，2020 年空中交通管理欧洲愿景中考虑到了这一点，该愿景将欧洲置于全球航空的领先地位之一，重点是提高飞行安全性，具体是为了减少事故、提高能力、改进服务、

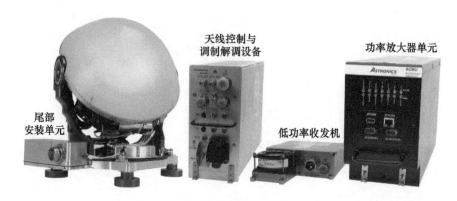

图 3.66　FliteStream 机载 VSAT 设备(图片来源：AeroSat)

提高可靠性和环境保护。

　　这些挑战要求开发量身定制和先进的地面和卫星通信、导航和监视系统,旨在实现自由飞行这一最终和具有挑战性的目标。空中交通控制通信现代化的第一步是从语音转向数据,以此作为无线电通信的主要手段,下一步必须利用 DVB - RCS 宽带网络语音、数据、视频实施通信、导航和监视。利用这种方式,卫星宽带全球覆盖将使目前通信手段有限的地区能缩短航班之间的距离,相应空域飞机容量将增加。

　　为了实现这一目标,向飞机乘客提供卫星通信服务的商业系统已经开始部署,通过逐步改进,在未来十年内,这个系统将成为一个完备的商业系统。进行语音、数据和视频通信,为大型飞机服务的数据速率要求很容易达到几 Mb/s。此外,最近在 Wireless Cabin 项目进行的卫星航空通信飞行演示中,强调了不同的服务质量(QoS) 等级和紧急情况下系统阻断乘客通信的能力,表明卫星系统用于驾驶舱和/或机组人员通信不仅在技术上可行,而且非常有吸引力。

　　在这种情况下,使用移动卫星系统作回程似乎是最自然的选择。考虑到飞机的典型寿命(几十年)以及任何在飞机上安装设备的高认证费、安装费和维护费,这种选择尤其正确。DVB - S2/S2X/RCS 标准及其支持移动用户的未来扩展,对通过卫星的空中交通控制是一个非常有吸引力方案。

　　通过卫星的 DVB - RCS 对驾驶舱和机场通信、导航、监视的改进有巨大影响,如图 3. 67 所示。这些连接可以用于飞机间监控,这有助于降低空中飞机间最小间隔(RSM),有助于航空运行控制(AOC)、空中交通控制(ATC)和空中交通管理(ATM)。除此之外,更好地收集用于空中交通业务(即空中交通控制和空中交通管理)的数据,主要改进的是空中交通业务通信(ATSC)、空中交通业务导航（ATSN）和空中交通业务监视（ATSS）。

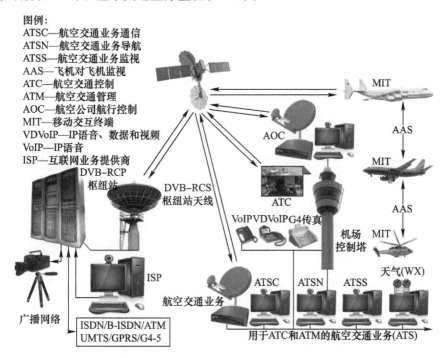

图 3.67　用于 STC 应用的 DVB – RCS CNS 要求（图片来源：Ilcev）

　　驾驶舱中的通信需求是安装 DVB – RCS，用于空中交通业务（ATC），如网络语音数据视频、网络语音、监控和安全，机舱中的通信与航空管理控制、航空运行控制相连，乘客拥有互联网所有的相同功能。新的 DVB – RCS 系统也必须向国际民航组织（ICAO）报告关于安全、安保和遇险警报信息。

　　驾驶舱中的导航需求是 GPS 或 GLONASS 接收机，使用未增强和增强的全球导航卫星信号，其中数据必须由机长通过 DVB – RCS 语音、数据、视频设备发送到某个机场的航空交通控制中心。

　　驾驶舱中的监视需求是用于飞机间监视的雷达和 DVB – RCS 语音数据视频设备，这将帮助机长接收监视飞行情况和制导控制的数据。

　　Ku 频段和 Ka 频段可用的宽带资源支持一个高性价比的系统设计，在一端支持航空交通管理业务，在另一端支持关键的安全应用。然而，为了满足航空交通管理，尤其是航空交通控制的特殊要求，并提供与已有航空网络的完全连接，确实存在必须研究确定的问题。虽然未来通过卫星传输的移动 DVB – S2/S2X/RCS 标准对驾驶舱和乘客通信非常有吸引力，并且分析的结果显示从长远来看这种技术具有很强的竞争力，但是一些问题需要进一步研究，特别是对于全面推

267

出的关键安全业务,如航空交通控制。

首先,当前标准(以及即将推出的标准)的频段需要定向天线来保证足够的链路余量。安装在机身上的机械天线受到振动的影响,天线寿命较短。此外,相对较大的天线和天线罩引起燃料消耗的增加是不可忽略的。另一种选择是考虑电控天线。目前,这还是一个相对不成熟和昂贵的技术,仰角范围也非常有限。虽然成本是一个重要的因素,但较差的性能更为关键。对于航空交通控制应用来说,在非常宽的仰角范围内,系统可用性非常关键。由于这个原因,ANASTA-SIA 项目在 Ku 频段电控天线领域的研究还在进行中。

其次,Ku 频和 Ka 频段的传播受恶劣天气的影响比较严重,大雨会导致信号深度衰落。虽然这种效应在云层上飞行时不会出现,但在低高度,仍然需要航空交通控制业务。在这一点上,DVB - S2 标准以牺牲更宽的频谱为代价,提供了非常强大的抗衰落技术,以便在雨衰期间也能实现高可用性,即具有多种调制和编码速率组合的自适应编码调制为降雨衰落提供高达 18.4dB 的裕量,同时能以 $E_s/N_0 = -2.35$dB 接收信号。

此外,通过同一卫星系统给乘客和驾驶舱提供通信来降低设备、维护和运营成本的可能性突出了通信容量差异化和安全功能的需求。因此,移动 DVB - S2/RCS 协议栈,不仅要支持上述功能,还要提供与标准化航空电信网络(ATN)协议栈相兼容的接口,以便通过数字视频广播传输航空电信网络数据。航空电信网络标准允许使用不同的子网进行空中/地面通信的物理传输。

在一架飞机内,不同的航空电信网络应用("终端系统")通过一个航空电子子网(SN)连接到空中/地面中间系统(航空电信网络是路由器)。这个中间系统控制到空中/地面子网的传输,这些子网可以是甚高频、S 模式或卫星子网。匹配的地面路由器随后可以将航空电信网络数据转发到其相应部门,如航空公司子网或民航局网络。

3.9.2.7 用于空中交通管理的 DVB - RCS 基础设施

如前所述,十年前,本书作者研究开发新的 DVB - RCS 技术,该技术将为某些地区的所有机场提供连接,以增强空中交通管理、空中交通控制、空中运行控制和机场的通信能力,改善航空安全和安保,其配置如图 3.68 所示。

该系统为城市区域的广播网络和偏远地区的交互式移动站(MIT)、机场(A1、A2 等)、空中交通控制中心(ATC1,ATC2 等)之间的互动连接提供 DVB - RCS 方案。此外,所有机场和空中交通控制中心之间也有交互。这一新颖的系统将验证空中交通管理设施及相关技术,用于枢纽站传输,目的是利用以下现有技术:区域卫星增强系统(RSAS)或所谓的星基增强系统(SBAS)网络、卫星自动相关监视广播(SADS - B)、航空移动卫星通信(AMSC)、网络语音和网络语音数

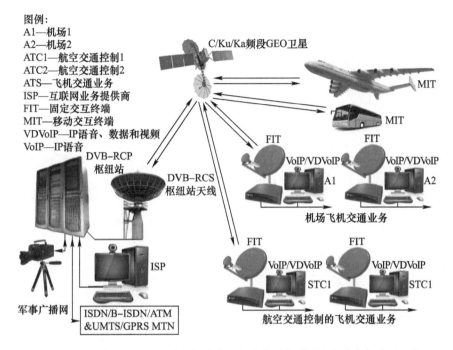

图例:
A1—机场1
A2—机场2
ATC1—航空交通控制1
ATC2—航空交通控制2
ATS—飞机交通业务
ISP—互联网业务提供商
FIT—固定交互终端
MIT—移动交互终端
VDVoIP—IP语音、数据和视频
VoIP—IP语音

图 3.68　通过 DVB – RCS 的机场连接和航空交通控制站点(图片来源:Ilcev)

据视频系统。本书作者认为未来空中交通管理的最佳方案是将 DVB – RCS 网络与区域卫星增强系统基础设施进行集成。

提议的创新想法是,根据以下步骤或方法,通过原型制作和模拟,将重点放在部署卫星通信,为空中运行控制和空中交通控制提供服务:

(1) 基于业务需求,提出适用的卫星技术并选择最合适的空间方案;

(2) 基于所用卫星,设计和评估几种可能的业务开发方案;

(3) 提出一个关于地球静止轨道卫星多功能平台的建议,用于实施、整合和验证基于卫星的通信、导航和监视服务。

3.9.2.8　用于军用通信网络的 DVB – RCD 基础设施

图 3.69 所示的新的移动 DVB – RCS 系统是由本书作者在 2000 年根据已确定的 DVB – RCS 标准设计的。军用移动 DVB – RCS 卫星网络包括一个作为地面地球站或网关的枢纽站,该站带有 C 频段、Ku 频段或 Ka 频段天线,通过 C 频段、Ku 频段或 Ka 频段地球静止轨道卫星将地面电信网络或 DVB – T 单元连接到军用移动终端和军用便携终端或远端单元,为海军、地面车辆和空军提供服务。因此,这种新的基础设施是建立海上、地面和空中所有军事通信网络的最佳方案。

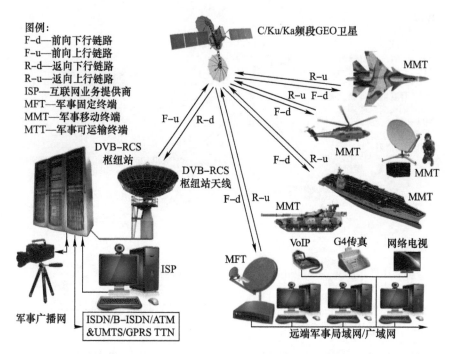

图3.69　军用DVB-RCS通信网络(图片来源:Ilcev)

新提出的移动DVB-RCS卫星网络非常适合移动对地面和地面对移动军事通信。该卫星网络提供先进的网络语音、数据、视频;用于军事交通控制和管理、气象和导航信息传输、培训和医疗服务、技术和维护数据传输、搜索和救援、移动设备间全球卫星导航增强数据传输。目前卫星固定和移动运营商的问题是,它们通过地球静止轨道卫星星座提供的业务无法覆盖两个极地地区,如Inmarsat、Eutelsat和Intelsat。为了实现真正的全球覆盖,有必要实施一个地球静止轨道、大椭圆轨道或中地球轨道混合的卫星系统。

该系统还可以包括基于视频通信平台的宽带局域网络,该平台被Scotty称为"Scotty计算机系统"(SCS)。这种DO160E认证的设备为航空和其他移动服务提供音频、视频、综合业务数字网(ISDN)、机群跟踪以及用于通信/监控的数据业务。

3.9.2.9　军用宽带Global Xpress通信网络

目前大多数移动终端和交通控制中心之间的军事通信是通过甚高频、超高频和高频模拟语音或射频无线电话进行的,称为移动无线电通信系统。然而,在世界上一些繁忙的地区,这一系统达到了极限。传统的射频频段非常拥挤,已没有可用的频率了。这限制了那些可以安全操控的移动设备数量增长。因此,为了改善所有移动设备的通信和交通控制设施,30 多年前建成了民用移动卫星通信系统,该系统比单独使用移动无线电通信系统用更少的时间并且能够处理更多的信息。在那之前,世界上第一个军用海事移动卫星通信系统于 1976 年由美国 Comsat General 公司推出,它是只有三颗卫星,覆盖大西洋、太平洋和印度洋区域的网络。在图 3.70 展示了本书第 1 章介绍的现代军用卫星宽带 Inmarsat Global Xpress,使用 L/C 频段和 Ka 频段为海军、陆军和空军服务。现代军事卫星通信可以在移动地球站和军事控制中心之间使用超高频、S 频段、X 频段和 Ku 频段。移动卫星通信系统的设计不仅是为了在移动设备和交通管制员之间提供更具高性价比、更可靠的、有更多冗余和最快的通信链路,还为了集成全球导航卫星系统数据,以便提供增强导航和监视新业务。

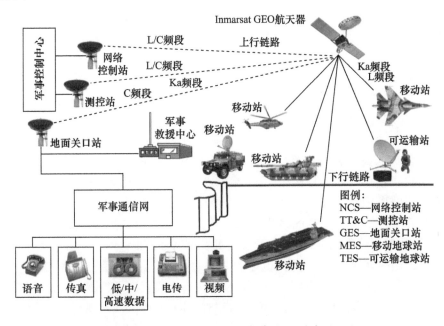

图 3.70　军用卫星 Global Xpress 宽带网(图片来源:Ilcev)

移动卫星通信和互联网技术的融合为通过混合卫星系统向移动地球站提供新的多媒体业务提供了许多机会。随着对增强的带宽能力需求的增加,地球静止轨道和非地球静止轨道通信卫星的数量和复杂程度正在急剧增加。地球需要多颗在轨卫星组成一个星座,才能覆盖感兴趣的区域,通常需要至少 3 ~ 4 颗卫星来提供足够的通信覆盖。

第 4 章
Cospas – Sarsat 全球移动卫星通信系统

4.1 Cospas – Sarsat 卫星遇险和安全系统的范围

船只沉没或功能失灵、飞机坠毁、陆上车辆和探险队在野外迷失方向或发生其他突发事件,在海上、空中和广阔的内陆地区许多生命和财产受到伤害。一直以来,海、陆、空搜救人员不断追求技术进步,使无线电通信应用快速改进。在移动无线电系统发展的早期,仅仅一百年前,无线电设备安装在船只和飞机上,用以提高海上和空中的生命和财产安全。虽然这些设备应用后协助挽救了许多生命和财产,但是,当运动平台遭受突发性灾难时,它们就不能发挥作用了。因此,在 20 世纪末,这种通信方式得到了最有效的改进。

20 世纪 70 年代初,当时可用的高科技与通过移动无线电提高安全性的需求相结合,开发了一种新的系统来应对令人担忧的灾难性损失。当时,美国、加拿大和欧洲开发了大量用于满足船舶和飞机需求的小型信标,作为卫星遇险和安全系统(SDSS)的一部分。这些无线电信标体积小、价格低、重量轻。当时,唯一的监测平台是飞越上空的飞机,所以,使用航空遇险专用频率 121.5MHz 和 243MHz 作为无线电信标,通过遇险发射机发出信号警报。

这样做的好处显而易见,但也存在一些大的问题,如仓促的部署、成本限制和操作错误这些因素会产生许多假警报,飞机高空飞行覆盖范围很大且不规则,所以对接收到的遇险信号进行定位非常困难。即使这样,通过使用这一系统,还是在世界各地挽救了许多人的生命,对紧急无线电信标的需求迅速增长。此外,所有搜救机构都在持续改进技术,提高警报真伪检测能力和遇险事件定位能力,最大限度地减少虚假警报。

过去,美国国家航空航天局(NASA)、国家海洋大气管理局(NOAA)以及法国国家太空研究中心(CNES)一直努力利用卫星技术进行定位。从全球部署的气象平台、高空气球、浮动浮标和迁徙动物等方面收集数据、积累经验,同时加拿大也试验了使用业余无线电卫星 OSCAR 对紧急定位发射机(ELT)定位。之后,他们又进行了两个独立的实验。第一个是使用了上述的两种甚高频航空频率,第二个使用了基于多普勒效应的 406MHz 超高频。同期,苏联开发了自己的 Cospas 卫星搜救系统来开展搜救任务。

4.1.1　Cospas – Sarsat 组织和签约方

Cospas – Sarsat 是一个国际联合卫星辅助搜救系统,由加拿大、法国、俄罗斯(苏联)和美国等国联合建立和运营。这个新的卫星系统最初是根据苏联、美国、加拿大和法国于 1979 年签署的备忘录开发的。随着 1982 年 9 月开始的论证和评估阶段成功完成,加拿大国防部、法国国家空间研究中心(CNES)、苏联商船部和美国国家海洋大气管理局于 1984 年 10 月 5 日签署了第二份备忘录。该系统于 1985 年投入使用。1988 年 7 月 1 日,提供了空间段的上述四个国家签署了 Cospas – Sarsat 国际协议,确保了此系统的持续性,以及非歧视基础上对所有国家的可用性。1992 年 1 月,俄罗斯政府承担了苏联的义务。除此之外,其他一些非协议缔约国也加入了该计划,并参与了该系统的运行和管理,第一个搜救卫星系统徽章如图 4.1 所示。

图 4.1　Cospas – Sarsat 徽章(图片来源:SNES)

4.1.2　国际搜索与援救系统

Cospas – Sarsat 是一个卫星系统,最初设计用于提供紧急和遇险报警,协助搜救行动。它利用航天器和地面设施探测和定位遇险信标信号。遇险位置和其他相关紧急信息由任务控制中心通过若干用户地面站转发给相应的救援协调中心和搜救当局。其目标是支持世界上所有负责海上、陆地或空中搜救行动的组织。探测和定位遇难船舶或失事飞机对搜救队和潜在幸存者至关重要。研究表明,救援延迟超过两天,失事飞机幸存者的存活率不到 10%,如果能在 8h 内完成救援,存活率则超过 60%。类似的紧急情况适用于海上遇险,特别是在有人员受伤的情况下。

此外,精确定位遇险位置可以显著降低搜救成本和搜救团队在危险环境中的风险,并明显提高效率。有鉴于此,加拿大、法国、俄罗斯和美国建立了 Cospas – Sarsat 卫星系统,以减少在全球范围内探测和定位搜救事件所需的时间。第一代 Cospas – Sarsat 系统由两个可兼容和可互操作的国际搜救卫星系统组成:

(1) Cospas 系统由苏联专家开发,俄文缩写为 КОСПАС(Космическая система поиска аварии́ных судов и самолетов),翻译过来的意思是:搜索遇难船只和飞机的空间系统。在英文首字母缩略词中,并未注明 Cospas 也包括飞机。

(2) Sarsat 的首字母缩略词来自 SAR Satellite – aided Tracking,意为卫星辅助搜救跟踪,该系统由加拿大、法国和美国设计。

Cospas – Sarsat 系统验证和评估阶段从 1983 年 2 月开始,一直到 1985 年 7 月结束,对两个 Cospas(俄语 Космос)卫星和一个 Sarsat(NOAA)卫星进行了广泛的技术测试和验证。

1982 年 9 月 9 日,Cospas – Sarsat 系统首次成功被搜救组织应用。当时一架轻型飞机在加拿大坠毁,三名加拿大人获救。也就是说,Cospas 卫星 Cosmos 1383 探测到在加拿大坠毁的飞机并挽救了三条生命,这是世界上第一次使用卫星作为搜救辅助设备。截至 1986 年 5 月,该系统已在全球帮助拯救了 576 人,其中在海上拯救 244 人、在陆地拯救 21 人、在飞机中拯救 311 人。船只上使用的是通用卫星应急无线电示位标(EPIRB),飞机上用的是紧急定位发射机(ELT),两者的工作频率都是 121.5MHz。自那时起,该系统已用于数百次搜救事件,并在全球范围内拯救了数千人的生命。

Cospas – Sarsat 卫星系统表明,遇险信号的成功探测、定位和搜索可由 Cospas 和 Sarsat 卫星上的转发器进行,Cospas 和 Sarsat 卫星位于近极低地球轨道。这个 Cospas – Sarsat 系统于 1985 年宣布完全投入运行。1988 年 7 月 1 日,上述四个提供空间段国家的运营商签署了 Cospas – Sarsat 国际协议,该协议确保了此系统的持续性,并在国际和非歧视基础上全面向所有其他国家的行政部门开放。此外,许多非协议签署国也加入了该计划,如挪威、瑞典、英国、芬兰和保加利亚。除此之外,这些国家还参与了联合项目,以评估其在各自搜救区域的有效性。此时,至少还有十几个国家也在积极考虑参与这项工作。

Cospas – Sarsat 系统建成后,国际海事组织(IMO)和国际民用航空组织(ICAO)建议远洋轮船和大型飞机必须分别携带应急无线电示位标(EPIRB)和紧急定位发射机(ELT)。1988 年 11 月,《国际海上人命安全公约》(SOLAS 公约)缔约国政府会议(1988 年会议)通过了对 1974 SOLAS 公约的几项修正案。

修正案规定,自 1993 年 8 月 1 日起,300t 及以上的所有缔约国船舶,必须携带应急无线电示位标。在国际公约规定之外的各种类型飞机和船只是否携带紧急定位发射机/应急无线电示位标,不同的国家要求也不同,一些国家已经授权在陆地偏远或崎岖地区使用个人定位信标(PLB),即 121.5MHz 和 406MHz 紧急信标。

新型低轨搜救系统(低轨卫星搜救)中低极地轨道卫星的一个特点是它可以每 12h 把地球完整地覆盖一遍,但任意一个覆盖区域的联系时间相对较短。如果在某一地区有一颗以上的卫星可用,那么从遇险信标发射机开机到卫星检测到它之间的时间会大大缩短。因此,在由四颗卫星组成的星座中,平均检测时间约为一小时。在极地轨道发射更多的卫星或与静止轨道空间段集成,这两种方法都能对系统进行增强。这些静止轨道卫星在收到 406MHz 信标的同时发出带有标识的告警信息。

与此同时,Cospas – Sarsat 理事会也考虑了发展地球静止轨道卫星搜救系统(GEOSAR),作为对现有低轨搜救卫星系统(LEOSAR)的潜在增强。近年来,上述 Cospas – Sarsat 参与国一直在通过静止轨道卫星上的有效载荷和几个试验性地面终端开展 406MHz 信标试验。最后,在理事会的指导下,Cospas – Sarsat 联合委员会为静止轨道空间段和地面段用户地面站(GEOLUT)提供商开展了一个地球静止轨道卫星搜救验证和评估。

在过去的 20 年里,Cospas – Sarsat 已经证明,通过先前低轨搜救系统的极地轨道卫星以及现阶段地球静止轨道搜救系统的地球静止轨道卫星进行全球监测,极大地促进了对来自船只、陆地车辆和飞机遇险信号的探测和定位。该系统已大量应用于世界各地的大量搜救行动,在海上和陆地成功挽救了数千人的生命。

4.2　Cospas – Sarsat 使命和业务

在搜救业务取得成功的基础上,Cospas – Sarsat 合作伙伴计划继续开发集成新的低轨卫星搜救和地球静止轨道卫星搜救系统,为提高所提供数据和业务的运行效用,建立新的本地用户地面站和任务控制中心,对搜救能力进行技术升级。Cospas – Sarsat 的所有用户和参与者一致认为,该系统有非常光明的前景,它应成为目前和未来通用船舶、陆地车辆和航空搜救业务的一种安全手段。Cospas – Sarsat的参与者有 Cospas – Sarsat 协议的 4 个缔约国、20 个地面段提供商、9 个用户国、2 个参与组织和世界各地的许多参与国。关于 Cospas – Sarsat 低/高轨搜救卫星星座和低/高轨搜救卫星地面设施的所有详细情况,包括任务控制中心、救援协调中心、地面段,以及带有对国际航空和海上搜救(IAMSAR)和搜救系统简要说明的搜救服务清单,可在《全球海事遇险和安全系统》第5卷"无线电信号表"(ALRS)和 Cospas – Sarsat 系统数据文件中找到。

虽然 Cospas – Sarsat 系统不包括卫星应急无线电示位标、个人定位信标和紧急定位发射机,但是它提供了制造商清单。Jotron Electronic A. S. 公司是船上应急无线电示位标的最大制造商之一,位于奥斯陆以南 100 英里的拉维克小镇,毗邻美丽的奥斯陆峡湾。他们的主要产品是全球海事遇险和安全系统(GMDSS)设备,比如便携式甚高频无线电收发机和搜救应答机,以及用于机场和海上的甚高频和超高频地对空设备。其他卫星信标生产商有 ACR 公司、CEIS TM 公司、Sextant 公司、Yaroslavsky Radio EW 公司等。

4.2.1 Cospas – Sarsat 系统的基本概念

Cospas – Sarsat 系统是一种卫星辅助搜救系统,最初设计用于定位从船只(应急无线电示位标)、陆地(个人定位信标)和飞机(紧急定位发射机)发出的遇险信号,频率为 121.5MHz /243MHz,后更改为 406MHz。由于 121.5MHz/243MHz 信标的局限性和 406MHz 系统的优越能力,Cospas – Sarsat 系统已于 2009 年 2 月 1 日停止对 121.5MHz/243MHz 信标进行卫星处理,代之以 406MHz 信标。低轨卫星的 Cospas – Sarsat 系统也被称为新的 Cospas – Sarsat 低轨搜救系统。在低轨搜救系统中使用的极地轨道卫星可以使用多普勒频移定位技术为探测和定位遇险信标提供非持续的全球覆盖。非持续覆盖会导致报警过程的延迟,因为遇险用户必须"等待"卫星进入遇险信标的可视范围。

如上所述,自 1996 年以来,Cospas – Sarsat 系统参与者一直在地球静止轨道卫星及其相关地面站上试验 406MHz 的有效载荷,以探测 Cospas – Sarsat 系统 406MHz 信标。这些试验显示了在 406MHz 几乎立即发出警报的可能性,406MHz 信标发送编码数据并提供发送者的身份,这些编码数据是通过 GPS 或俄罗斯 GLONASS 获得的信标位置。这一发展被称为超高频 406MHz 地球静止轨道卫星搜救系统,其验证和评估报告强调了地球静止轨道卫星系统对 Cospas – Sarsat 极轨卫星系统在警报时间方面和对搜救服务能力方面提供的增强。然而,由第一代 406MHz 信标发射的地球静止轨道卫星搜救警报不包括任何位置信息,因为多普勒定位技术不能应用于通过地球静止轨道卫星中继的信号。一种新型的 406MHz 信标包含有经编码的位置数据,从而地球静止轨道卫星搜救系统可以提供准实时警报和位置信息。406MHz 地球静止轨道卫星搜救验证和评估报告还强调了地球静止轨道卫星和低轨/极轨卫星系统对搜救的相互补充作用,特别是在障碍物可能妨碍地球静止轨道卫星直接可见性的陆地上。

根据全球海事遇险和安全系统(GMDSS)的规定,除非安装了只能在 A1、A2 和 A3 海区运行的 L 频段卫星应急无线电示位标(EPIRB),所有遵守 SOLAS 公约要求的船只都必须安装 406MHz 应急无线电示位标。此外,每架飞机都必须携带卫星紧急定位发射机(ELT)。探险队中的陆地车辆或个人可以配备卫星个人定位信标(PLB),以供在城市以外的地方使用。Cospas - Sarsat 系统由四个基本子系统组成,如图 4.2 所示。

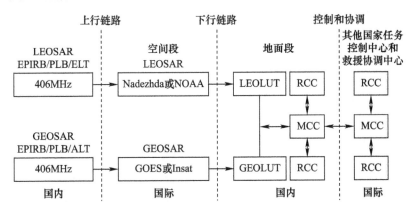

图 4.2　Cospas - Sarsat 低轨和地球静止轨道搜救卫星系统图(图片来源:CNES)

(1)第一个子系统是小型卫星应急无线电示位标、个人定位信标和紧急定位发射机,用于向低轨和地球静止轨道搜救卫星发射超高频 406MHz 段的告警和遇险信号。

(2)第二个子系统是低轨和地球静止轨道搜救卫星,它们能够接收遇险信息,并以相应的射频将它们转发给低轨用户地面站或地球静止轨道用户地面站进行处理。406MHz 低轨搜救数据也在卫星上进行处理和存储,以便直接传输或以后再传输。

(3)第三个子系统是用户地面站(低轨地面站和地球静止轨道地面站),它们接收通过低轨/地球静止轨道搜救卫星中继的遇险信标信号。然后在用户地面站内对这些信号进行处理,提供遇险信号的位置,再将这些数据传送给任务控制中心。

(4)第四个子系统是控制和协调系统,它位于每个参与国的任务控制中心,不同的任务控制中心之间通过通信子系统相连。他们的职责是在所有任务控制中心之间交换遇险事件数据或所要求的任何其他相关信息。任务控制中心的最终目的是负责将搜救数据提供给合适的救援协调中心,以便开展搜救行动。

Cospas - Sarsat 卫星的配置确保了两个运行的低轨搜救卫星、两个运行的地球静止轨道卫星之间分别具有完全互操作性,因为卫星间的接口参数在设计、研制和运行中都是兼容的。从这个意义上说,某些关键参数,特别是关于低轨和地球静止轨道卫星的硬件参数,在发射前都分别进行了验证。

图 4.3 所示的 Cospas – Sarsat 低轨卫星搜救和地球静止轨道卫星搜救子系统,最初用于实施两个数据系统和两种卫星的覆盖,以检测和定位在上述三个国际射频频段工作的应急无线电示位标、个人定位信标和紧急定位发射机卫星信标。开发的第一个 Cospas – Sarsat 低轨卫星搜救子系统有以下两个数据系统:

(1)数据转发系统。将 121.5/243/406MHz 信号直接转发到用户地面站,该卫星数据转发方案已不再使用。

(2)数据处理系统。两种低轨搜救卫星(Cospas 和 Sarsat)都包括一个 406MHz 的数据处理器,接收和检测所有三种超高频卫星信标。卫星对多普勒频移进行测量(将在下一节中阐述),并且恢复卫星信标识别和状态数据。这些信息被打上时间标记,格式化为数字数据,然后通过转发器下行链路,实时传输到可视范围内的任意用户地面站。同时,数据存储在两种类型的卫星上,如果是 Sarsat 卫星,随后传输到美国国家海洋大气管理局(NOAA)的地面站,如果是 Cospas Nadezhda 卫星,则传输到任意用户地面站。另一方面,新一代的 Cospas – Sarsat 地球静止轨道卫星不需要数据处理系统,因为地球静止轨道卫星用户地面站可以直接接收到相应卫星覆盖范围内的所有地球静止轨道搜救卫星 406MHz 信标。

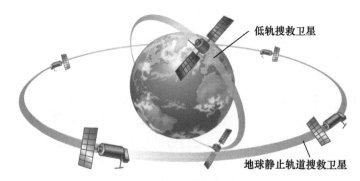

图 4.3 Cospas – Sarsat 低轨搜救卫星和地球
静止轨道搜救卫星系统(图片来源:Cospas – Sarsat)

4.2.2 低轨搜救和地球静止轨道搜救卫星系统

Cospas – Sarsat 卫星辅助搜救任务的基本概念如图 4.4 所示。第一代和/或第二代低轨/极轨卫星(Sarsat NOAA 或之前的 Cospas Nadezhda)和地球静止轨道卫星(Electro - L、GOES、INSAT - 3D 和其他卫星)接收由应急无线电示位标、个人定位信标或者紧急定位发射机发射的 406MHz 信号。这些被探测到的遇险信号由低轨卫星和地球静止轨道卫星以 1544.5MHz 或 4505.7MHz(仅印度国家卫星系统 INSAT)转发给相应的低轨卫星用户地面站/地球静止轨道卫星用户地面站,在那里处理信号,确定卫星信标和/或遇险移动设备的位置。

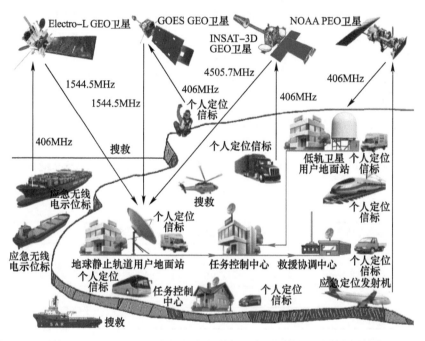

图 4.4　Cospas - Sarsat 低轨卫星搜救和地球静止轨道卫星搜救的概念(图片来源:Ilcev)

然后,警报与信标位置数据和其他信息一起通过任务控制中心转发给搜救协调中心、另一个任务控制中心或适当的搜救机构和搜救联络点,启动搜救行动。利用卫星与低轨卫星搜救信标之间的相对运动进行多普勒定位作为测定遇险信号的唯一实用手段。由信标辐射的载波在信标和卫星相互可见期间相当稳定。如前所述,废弃的信标频率为 121.5MHz 的甚高频频段(国际航空应急频率),目前仅使用 406.0 ~ 406.1MHz 的超高频频段,这是专门给使用卫星系统的遇险信标保留的频段。尽管超高频信标比甚高频信标更复杂,但其在信息中增加识别码和位置码,保留了多普勒定位能力,复杂性仍然保持在最低限度。另一个 243MHz 的甚高频频段通常只用于军事,不用于 Sarsat 遇险通信。

为了优化多普勒定位,使用了低轨近极轨道平面。多普勒效应是在信标发射机和卫星接收机相对运动时引起接收到的无线电信号频率的变化：

$$f_D = f'V'/c = 2(f'V\cos\alpha/c) = V\cos\alpha/\lambda \qquad (4-1)$$

因为 $1/\lambda = f'/c$，其中 f' 是电磁波频率，α 是实际相对速度(V)与发射机和接收机径向相对速度(V')之间的角度。多普勒频率(f_D)与发射机和接收机的相对速度成正比，与波长成反比。因此，当一颗 Cospas - Sarsat 卫星接近信标位置时，接收机检测到的频率高于标称频率，当卫星刚好位于信标位置上方时，检测到的频率与标称频率相同，当卫星远离信标时，接收频率低于标称频率。这种频率的变化就是多普勒频移，射频随时间形成了一个 S 曲线。多普勒曲线的形状和坡度，连同卫星在曲线上的位置被用来确定信标发射机的位置。

多普勒定位方法为每个信标提供两个位置：真实位置及其相对于卫星地面轨迹的镜像位置。这种模糊性可以通过考虑地球自转的计算来解决。如果信标足够稳定，就像专门为此目的设计的 406MHz 信标那样，卫星过顶一次就可以确定信标位置。在使用 121.5MHz 信标的情况下，如果第一次尝试不成功，卫星第二次通过就可能消解模糊。如表 4.1 所示，406MHz 信标的定位精度也明显更高。

表 4.1　甚高频和超高频卫星信标的比较

特性参数	停用的甚高频 121.5MHz	超高频 406MHz
检测概率	（不适用）	0.88
位置概率	0.9	0.9
模糊消解	17.2 km	90% 在 5km 以内
容量	10	90

Cospas 卫星的轨道高度约为 1000 km，而 Sarsat 卫星的轨道高度为 850 km。这些低轨道高度对上行链路功率要求低、多普勒频移大、卫星连续覆盖的时间短。

近极地轨道可以提供全球覆盖，但只有在用户地面站接收到转发信号时，才能发出 121.5MHz 的警报。也就是说，121.5MHz 系统的这一约束条件将有效的覆盖范围限制在每个用户地面站周围半径约 3000km 的区域内，在这个区域内卫星同时处于信标和用户地面站的可视范围内。因为 406MHz 海上应急无线电示位标性能的提高，国际海事组织把这些示位标选入全球海上遇险与安全系统(GMDSS)，并于 1988 年把它们列入海上人命安全公约的修正案中。不久之后，国际民航组织以类似的方式推荐紧急定位发射机信标用于航空电子设备。

如图 4.5(左)所示，一颗极地轨道卫星环绕地球两极运行，最终可以看到整个地球表面。地球旋转时,卫星的"轨道平面"或路径保持不变。最多只需要地球自转半圈(12h),地球表面任何位置都可通过轨道平面下方。第二颗卫星的轨道平面与第一颗卫星成直角时,两颗卫星只需要旋转四分之一圈,即最多6h,就可以把地球覆盖一遍。同理,随着更多的卫星在不同的平面上围绕地球运行,等待时间将进一步缩短。Cospas - Sarsat 系统设计星座是四颗卫星,在中等高度时,等待时间通常不到一个小时,如图4.5(右)所示。

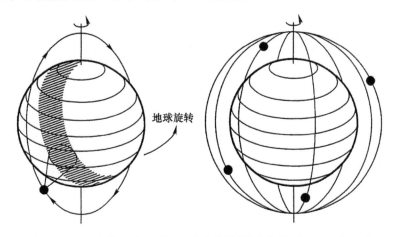

地球旋转

图 4.5　近极地轨道星座低轨卫星示意图(图片来源:Cospas - Sarsat)

4.3　Cospas - Sarsat 系统总体配置

在 Cospas - Sarsat 的总体系统配置中,需要注意到,已经考虑了两类在实施上有很大区别的低轨搜救卫星,和一个有两类地球静止轨道卫星的地球静止轨道搜救卫星系统。

4.3.1　Cospas - Sarsat 甚高频 121.5/243MHz 系统

低轨搜救卫星系统使用 121.5MHz 的航空应急频率。如前所述,该频率在 2009 年 2 月 1 日之前用于飞机上的紧急定位发射机。同时它们也作为应急无线电示位标在船上使用、作为个人定位信标由车辆或个人使用。这些信标发射遇险信号,并由低轨搜救卫星转发给低轨卫星用户地面站,由低轨卫星用户地面站处理这些信号,确定信标位置或移动用户位置。

由当前 406MHz 和停止使用的 121.5MHz 组成的 Cospas - Sarsat 系统如图 4.6 所示,具体由以下模块组成:406MHz 和 121.5MHz 遇险信号、Cospas - Sarsat低轨搜救卫星和相关的低轨卫星用户地面站。

图 4.6　低轨搜救卫星 Cospas – Sarsat 系统的基本概念(图片来源:Cospas – Sarsat)

4.3.2　Cospas – Sarsat 超高频 406MHz 系统

Cospas – Sarsat 超高频 406MHz 系统包括 406MHz 无线电信标(这些无线电信标包括装载在船上的应急无线电示位标、个人定位信标和飞机上的紧急定位发射机)、低轨搜救系统中位于低极地轨道的卫星和地球静止轨道搜救系统中的静止轨道卫星、与卫星系统相应的用户地面站(它们分别称为低轨卫星用户地面站和地球静止轨道卫星用户地面站)。

406.0 ~ 406.1MHz 频段内的频率仅为与卫星系统一起运行的无线电信标保留。专门设计的 406MHz 信标具备比原甚高频 121.5MHz 信标更高的性能。因为对传输频率的稳定性有特殊要求,并包含数字信息,所以他们也更复杂,数字信息允许传输编码数据,例如唯一的信标标识。1997 年,第二代 406MHz 信标开始推出,这一代信标使用内部或外部导航接收机,以 406MHz 传输由从 GPS 系统获得的编码位置数据。这一特征对地球静止轨道卫星搜救系统特别重要,否则它将无法提供任何位置信息。

4.3.2.1　超高频 406MHz 低轨卫星搜救系统

尽管性能有显著提高,406MHz 低轨卫星搜救系统还是使用与 121.5MHz 系统相同的极轨卫星,并在相同的约束条件下运行,这是由低轨搜救卫星提供的非持续覆盖造成的。低轨卫星上行链路信号有很强的多普勒效应,因此可以使用多普勒定位技术进行定位。406MHz 低轨搜救卫星系统采用两种覆盖模式探测和定位信标:本地覆盖模式和全球覆盖模式。在本地模式下,跟踪卫星的用户地面站接收并处理卫星可视范围内信标发射的信号。在全球模式下,用户地面站接收并处理从世界任何地方 406MHz 信标发射的数据。

(1)406MHz 本地模式。当卫星接收到 406MHz 信号时,星载搜救处理器从信标信号中恢复数字数据,并测量多普勒频移和对信息打时间标记。处理结果被格式化为数字数据,然后通过转发器下行链路,传输到可视范围内的任何用户地面站。数据也同时存储在卫星上,以便以后在全球覆盖模式下进行传输和地面处理。除了 406MHz 星载搜救处理器提供的 406MHz 本地模式之外,406MHz 转发器(仅在 Sarsat 卫星上)也可以提供 406MHz 本地覆盖工作模式,类似于 121.5MHz 本地模式。

(2) 406MHz 全球模式。406MHz 星载搜救处理器在星上处理信标信号并将获得的数据存储在卫星存储单元中,提供近全球覆盖。存储器上存储的内容在卫星下行链路上连续传输。因此,跟踪卫星的用户地面站可以定位每个信标。这提供了 406MHz 的全球覆盖,并引入了地面段处理冗余。当信标与用户地面站处于同一覆盖区域时,406MHz 全球模式在警报时间方面也比本地模式有优势。由于信标信息在卫星第一次通过可见的信标时被记录在卫星存储器中,所以不一定要求与用户地面站同时可见。通过向第一个可用的用户地面站广播卫星信标消息,可以大大减少总处理等待时间。

4.3.2.2　超高频 406MHz 地球静止轨道卫星搜救系统

图 4.4 中所展示的是与低轨卫星搜救系统集成的 406MHz 地球静止轨道卫星搜救系统。它由搭载在各种地球静止轨道卫星上的 406MHz 转发器和相应的静止轨道卫星用户地面站组成。地球静止轨道用户地面站有能力探测到由地球静止轨道卫星转发的 Cospas – Sarsat 型 406MHz 信标。一颗地球静止轨道卫星对搜救上行链路的覆盖范围约为全球的三分之一(极地地区除外)。三颗经度间隔相等的地球静止轨道卫星可以在北纬 70°至南纬 70°之间连续覆盖。由于地球静止轨道搜救卫星相对于地球保持固定,接收机收到的射频信号没有多普勒效应,所以多普勒定位技术不能用于定位遇险信标。为了向救援人员提供信标位置信息,定位结果必须由信标机内部或外部的导航接收机获取,并在信标信息中进行编码,在允许有延迟的情况下,定位结果也可从低轨卫星搜救系统获得。

4.3.3　406MHz 低轨卫星搜救系统和地球静止轨道卫星搜救系统的互补性

低轨道卫星不能实现连续覆盖。这可能会导致接收警报的延迟。在赤道地区等待低轨卫星搜救系统探测的时间比在高纬度地区长。静止轨道卫星提供连续覆盖,因此它们具有即时警报能力。但由于地面起伏或障碍物,特别是在高纬度的陆地上,对静止轨道卫星的访问可能被遮挡。地球静止轨道搜救卫星也不能覆盖极地地区。低轨搜救卫星会进入地球表面任何信标的可见范围,无论地形和障碍物如何。就覆盖范围而言,低轨卫星搜救系统和地球静止轨道卫星搜救系统的具体特征显然是互补的。

搜救团队可以利用地球静止轨道卫星搜救系统的快速警报能力,即使信标信息中没有提供位置信息。利用这种信息可以有效地解决错误警报而不消耗搜救资源,也可基于信标注册数据获得的信息来启动搜救行动。可以结合来自低轨卫星搜救和地球静止轨道卫星搜救系统的 406 MHz 卫星信标信号进行多普勒定位,或提高定位精度。地球静止轨道卫星搜救系统和低轨卫星搜救系统的其他互补性见 Cospas – Sarsat 参与者于 1996—1998 年开展超高频 406 MHz 地球静止轨道卫星搜救演示的评估总结报告。

4.3.4 警报和位置数据的分发

由低轨卫星用户地面站/地球静止轨道卫星用户地面站生成的警报和位置数据通过 Cospas – Sarsat 的任务控制中心网络转发给合适的搜救联络点。由于一次遇险事件通常由好几个用户地面站处理,特别是在低轨卫星搜救系统的 406 MHz 全球模式下,警报和位置数据须由任务控制中心进行分类,以避免不必要的相同数据传输。在可见的情况下,卫星向可视范围内的所有低轨用户地面站进行连续下行传输的原则,会使得下行链路传输更加简单,并使全球 406 MHz 用户地面站重叠覆盖区内的地面处理系统高度冗余。信标警报总是被分发给对遇险事件负责的区域救援协调中心或搜救联络点。同样的原则也适用于 406 MHz 地球静止轨道卫星搜救系统产生的警报,因为几个地球静止轨道卫星用户地面站可以检测到同样的 406 MHz 信标信号。当接收到带有编码位置信息的 406 MHz 地球静止轨道卫星搜救警报时,该警报被转发给负责救援的区域协调中心或搜救联络点。

当 406 MHz 警报中没有可用的位置时(如果数据不足,低轨卫星用户终端站无法计算多普勒位置,或者地球静止轨道卫星用户地面站接收的 406 MHz 信标信息中没有编码的位置数据),警报将被转发给信标登记国的搜救当局。

4.4　Cospas – Sarsat 空间段

如前所述,Cospas – Sarsat 空间段的设计和建设是为了满足遇险和安全任务的要求,这是参与该项目的各合作伙伴共同努力的目标。起初,只开发了 Cospas 和 Sarsat 极轨卫星,称为低轨卫星搜救空间段,最近又开发了 Cospas – Sarsa 系统的另一个星座,称为地球静止轨道卫星搜救系统空间段。如今这两个部分都是 Cospas – Sarsat 系统全球增强紧急任务的组成部分。低轨卫星搜救系统包括四颗卫星,两颗 Cospas 卫星和两颗 Sarsat 卫星,而地球静止轨道卫星搜救全球星座配置有一颗 Insat 卫星和两颗 GOES 卫星,如图 4.7 所示。

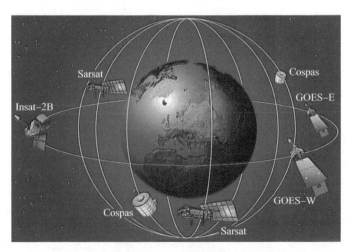

图 4.7　Cospas – Sarsat 空间段(图片来源:ARLS)

Cospas – Sarsat 低轨卫星搜救和地球静止轨道卫星搜救空间段配置及其与地面段的关系如图 4.8 所示。由低轨卫星搜救或地球静止轨道卫星搜救信标发出的遇险警报通过相应低轨卫星搜救系统或地球静止轨道卫星搜救系统的卫星转发到低轨卫星用户地面站或地球静止轨道用户地面站地面网络,再转发到任务控制中心/救援协调中心/搜救联络点和搜救团队。

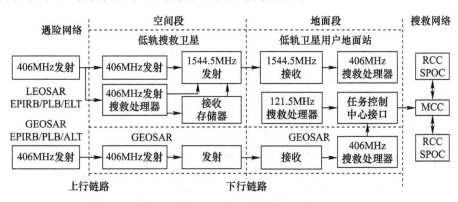

图 4.8　Cospas – Sarsat 系统框图(图片来源:Cospas – Sarsat)

4.4.1　低轨搜救卫星的 Cospas – Sarsat 有效载荷

俄罗斯提供了两颗新的低轨 Cospas 卫星,运行在 1000 km 高度的近极轨道上,配备406MHz的搜救仪器。美国国家海洋大气管理局提供了两颗Sarsat系统气象卫星,运行在850 km高度的太阳同步近极轨道上,星上配备了由加拿大和法国提供的406MHz搜救仪器。每颗极轨卫星以7 km/s的速度,在大约100min内绕地球两极飞完一个完整的地球轨道。

这类卫星环绕地球运行时,可以看到地球表面4000多公里宽的"狭长地带",提供了大约一个大陆大小的瞬时"可视区域"。从地球上看时,极轨卫星大约在15min内穿过天空,具体时间长度取决于每次卫星飞行的最大仰角,图4.9中标记的是40个低轨卫星用户地面站的位置及它们对低轨搜救卫星的覆盖。表4.2列出了目前全球范围内的低轨卫星用户地面站的清单。

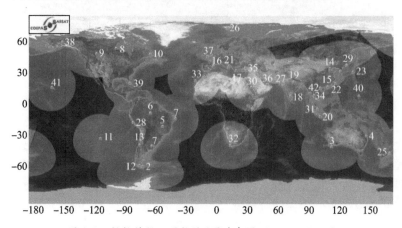

图4.9 低轨搜救卫星轨迹(图片来源:Cospas – Sarsa)

表4.2 低轨卫星用户地面站名单

1. 阿根廷埃尔帕洛马	15. 法国图卢兹[①]	29. 俄罗斯纳霍德卡
2. 阿根廷里奥格兰德	16. 中国香港[①]	30. 沙特阿拉伯吉达[①]
3. 澳大利亚奥尔巴尼	17. 希腊彭特利	31. 新加坡
4. 澳大利亚本达伯格	18. 印度班加罗尔	32. 南非开普敦
5. 巴西巴西利亚	19. 印度勒克瑙	33. 西班牙马斯帕洛马斯
6. 巴西马瑙斯	20. 印度尼西亚雅加达	34. 泰国曼谷
7. 巴西雷西夫	21. 意大利巴里	35. 土耳其安卡拉
8. 加拿大丘吉尔	22. 基隆(TTDC)[①]	36. 阿联酋阿布扎比
9. 加拿大埃德蒙顿	23. 日本群马县	37. 英国库姆·马丁
10. 加拿大鹅湾	24. 朝鲜世宗	38. 美国阿拉斯加[①]
11. 智利复活节岛	25. 新西兰惠灵顿	39. 美国佛罗里达[①]

12. 智利蓬塔阿雷纳斯	26. 挪威斯匹次卑尔根	40. 美国关岛[①]
13. 智利圣地亚哥	27. 巴基斯坦卡拉奇	41. 美国夏威夷[①]
14. 中国北京[①]	28. 秘鲁卡亚奥	42. 越南海防
备注：①双系统		

低轨搜救卫星有三个基本单元：

（1）一个在极地轨道运行的平台，作为有效载荷单元的支撑（该平台不专用于搜救任务，通常还有其他有效载荷）。

（2）406MHz 转发器，用于在本地覆盖模式下转发遇险信号。

（3）Cospas 和 Sarsat 卫星上的搜救接收处理机和存储单元，用于接收、处理和存储接收的 406MHz 信号，以便在本地和全球覆盖模式下进行重发。

表 4.3 显示了最初的低轨搜救 Cospas - Sarsat 星座，表 4.4 显示了目前的地球静止轨道搜救 Cospas - Sarsat 星座。

一般来说，低轨搜救 Cospas 和 Sarsat 卫星的有效载荷都由一个星载转发器组成，其中包括带有接收天线的多个 406MHz 接收机和一个带有发射天线的 1544.5MHz 发射机。

（1）搜救转发器单元。搜救转发器作为 Cospas 和 Sarsat 系统的一个单元，接收由激活的遇险卫星信标发射的 406MHz 信号。信号经过放大和频率转换后，在 1544.5MHz 的下行链路上重新传输，如图 4.8 所示。该单元提供自动电平控制，以保持恒定的输出功率。转发器单元的 1544.5MHz 发射机完成以下任务：接收来自上行链路的输入信号；根据地面指令调整相对功率值；用复合信号对低频载波进行相位调制；倍频为 1544.5MHz 射频信号；功率放大并通过卫星下行链路天线发送复合基带信号。

（2）搜救处理器单元。卫星转发器中搜救接收处理器的主要功能是：解调来自卫星信标的数字信息，测量接收的频率，并给测量结果打上时间标记。把所有这些数据都打包在输出信号帧中，从 1544.5MHz 下行链路传输到用户地面站，如图 4.8 所示。处理数据帧以 2400b/s 的速率传输，同时存储在存储器中。来自搜救处理存储器的数据以与本地模式数据相同的格式和速率在下行链路上传输。

用户地面站接收卫星在前期运行时获得和存储的信标信息。如果卫星在转发存储数据时，收到来自地面的实时信标信号，存储转发就中断。等实时信标信号转发完成，再继续转发存储数据。恰当的标志位表明数据是实时的还是存储的，以及完成全部存储数据回放的时间。

表 4.3　最初和当前低轨卫星搜救系统空间段

卫星	有效载荷	406MHz 搜救处理器		406MHz 搜救转发器	121.5MHz 搜救转发器	243MHz 搜救转发器
		全球	本地			
Nadezhda – 1	Cospas – 4	不工作	不工作	不工作	停止	停止
Nadezhda – 3	Cospas – 6	不工作	不工作	不工作	停止	停止
Nadezhda – 5	Cospas – 8	不工作	不工作	不工作	停止	停止
Nadezhda – 6	Cospas – 9	不工作	不工作	不工作	停止	停止
Nadezhda – 7	Cospas – 10	不工作	不工作	不工作	停止	停止
NOAA – 11	Sarsat – 4	不工作	不工作	不工作	停止	停止
NOAA – 14	Sarsat – 6	不工作	不工作	不工作	停止	停止
NOAA – 15	Sarsat – 7	工作	工作	工作	停止	停止
NOAA – 16	Sarsat – 8	工作	工作	工作	停止	停止
NOAA – 17	Sarsat – 9	工作	工作	工作	停止	停止
NOAA – 18	Sarsat – 10	工作	工作	工作	停止	停止
METOP – A	Sarsat – 11	工作	工作	工作	停止	停止
NOAA – 19	Sarsat – 12	工作	工作	工作	停止	停止

表 4.4　当前和预计的地球静止轨道卫星搜救空间段

航天器	发射日期	位置	状态
GOOES – 11(西)	2000 年 5 月	135°W	不可操控
GOES – 12	2001 年 7 月	60°W	不可操控
GOES – 13(东)	2006 年 5 月	75°W	运行中
GOES – 14	2009 年 6 月	105°W	在轨备件
GOES – 15	2010 年 3 月	135°E	运行中
GOES – 16	2015 年	—	停止
GOES – 17	2016 年	—	停止
INSAT – 3A	2003 年 4 月	93.5°E	不可操控
INSAT – 3D	2011 年	82°E	运行中
MSG – 1	2002 年 8 月	41.5°E	运行中
MSG – 2	2005 年 12 月	9.5°E	运行中
MSG – 3	2013 年	0	运行中
MSG – 4	2014 年	3.4°E	运行中
Electro – L 1 号	2010 年底	76°E	运行中

航天器	发射日期	位置	状态
Luch – 5A	2011 年	167°E	测试中
Electro – L 2 号	2012 年	77.8°E	测试中

4.4.1.1　Cospas 转发器功能描述

Cospas 导航卫星配备了使用高性能射频标准的轨道参数精确确定系统。前苏联于 1977 年启动了 Cospas 计划,并提议第一代导航卫星 Cosmos 1000 作为接收来自失事船只和飞机紧急无线电信号的基本设备。转发器的设计主要由星上导航设备决定,导航设备由星载实时比例格式化器、星历数据生成、校正和存储单元、以及导航消息发射机组成。这颗卫星以 150MHz 和 400MHz 的相干射频发射导航信息,并向用户发送时间标记和轨道数据。除了便携式数字计算机,船舶接收设备不需要其他东西就可获得船只的位置信息。星载导航实时比例格式化器和所需的星历表控制表明在这种卫星上安装转发器和处理器是权宜之计。为了执行 Cospas – Sarsat 任务,这类卫星必须携带转发器有效载荷,用于接收紧急卫星信标发出的遇险信号并将其转发给用户地面站。与此同时,以下几个问题必须得到解决:

(1)在已经设计好的卫星上安装卫星搜救转发器和处理器。

(2)导航和搜救卫星天线、馈电组件的兼容性。

(3)搜救设备和其他卫星系统的协调性。

(4)确保搜救设备的电源、姿态控制和温度条件。

由于导航卫星的具体特点、所有搜救性能和国际 Cospas – Sarsat 卫星系统的协调性,搜救方案决定了解决所有这些问题的具体技术标准。

该系统的设计者不得不改变卫星的布局,对强度、热量和功率数据进行必要的计算,修改一些系统和组件,使新的 Cospas 卫星满足所有要求,并在飞行试验前通过地面试验检查所采用技术手段的可行性。在成功解决了列举的所有问题后,发射了很多老 Cosmos 和新 Nadezhda 系列卫星,用于完成 Cospas 任务,其轨道参数和卫星性能见表 4.5。

表 4.5　Cospas Nadezhda 航天器的轨道参数

背景	发射运载火箭:Kosmos 11K65M
所有者/运营商:Cospas – Sarsat	典型用户:Cospas – Sarsat SAR,民用和海事导航
当前状态:运行中	成本/租赁信息:无
高度:712 km(近地点);712km(远地点)	主要承包商:Morflot(Cospas) – 俄国

续表

轨道类型:PEO(LEO)	其他承包商:Yuzhnoye
轨道周期:大约 105min	卫星类型:导航
倾角:98.1°	稳定性:重力梯度(精确度 ±8°)
偏心率:小于 0.2	设计寿命:2 年以上
卫星数量:2 颗运行中、3 颗备用	在轨质量:825 kg
覆盖:全球覆盖最少需要 4 颗卫星	尺寸:2m×3.7m×20m
其他信息:在星座中有 14 个平面 14 个 PEO 位置	**通信有效载荷**
卫星	频带:
名称:Nadezhda-6	服务上行链路:VHF 121.5、UHF 406MHz;
发射时间:2000 年 6 月 28 日	下行馈电链路:L 频段 1544.5MHz

　　Cospas 导航卫星还包括低轨卫星搜救转发器(全球导航卫星系统强制性的额外通信有效载荷),以及平台良好运行所需的一套辅助系统。所有低轨卫星搜救设备都是冗余的,可由远程控制进行切换。设备工作模式、激活和去激活以及调制指数调整也是远程控制的。

　　Cospas 低轨卫星搜救有效载荷设备包括两种接收/处理模式:甚高频实时数据重传和超高频处理和存储数据重传,共有五个基本组件,如图 4.10 所示。

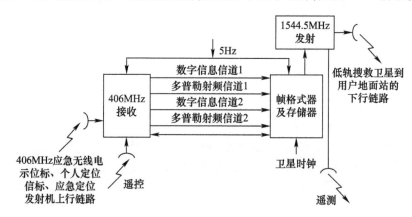

图 4.10　Cospas 低轨搜救卫星转发器(图片来源:SNES)

　　Cospas 卫星转发器包含以下单元:

　　(1) 超高频 406.025MHz 频段接收机——处理器。该单元用于实时接收和处理由紧急无线电信标发送的超高频 406.025MHz 信号,并向低轨卫星用户地面站进行重发。它包括两个部分,一个是线性的,另一个是数字的。线性部分通过双频变化将输入频率从 406.025MHz 降低到 311kHz。放大和滤波也在这一部分实现。数字部分完成所有信号处理和识别。接收机的 311kHz 输出信号被数字化。数据恢复单元分析频谱,并向管理两个处理通道的控制单元提供必要的信息。这两个信道至少能够同时处理来自两个信标的信号:多普勒测量、时间标记测量和信标数字信息的解调。技术指标总结如下:中心射频为 406.025MHz;1dB 带宽为 23kHz;输入信号动态范围为 - 108 ~ - 128dBm;噪声温度 600K 左右;多普勒测量精度为 0.35Hz r. m. s;误码率为 2×10^{-5}。

(2) 格式编码器。该单元实际上是帧格式器和存储器,其主要作用是构建超高频 406.025MHz 存储数据的下行链路数字流,同时重传实时接收处理后的数据。它的主要部件是处理器、主机和存储器,其他功能包括:对射频多普勒测量值打时间标记;存储与卫星信标相关的所有数据(接收的射频、时间标记、数字信息);对下行链路格式化。在 Cospas 卫星上,内存读取是连续的,前一次读取完成后立即读取下一个。当从信标处接收数据时,读取中断,以便实时传输这些数据。当实时信标信号传输完成后立即恢复读取。主要技术指标包括:多普勒测量定时精度在 1 ms 左右;输出消息是每个字 8bit 和 24bit;内存容量为 2048 条消息;输出数据速率为 2400b/s。

(3) 超高频 1544.5MHz 频段发射机。其作用是形成一个 1544.5MHz 的信号,该信号由 2400b/s 的数字流进行相位调制。它采用温控晶体振荡器,线性调制器工作在 386.125MHz。调制后,进行 4 倍频输出,最终在 1544.5MHz 射频进行放大。在进入线性相位调制器之前,调制信号由宽带线性放大器放大。在这个放大器中有一个两级限幅器,它防止总调制信号的瞬时值超过某个电平。调制指数调整是通过信号调制电压的变化来实现的,信号调制电压被传送到宽带线性放大器的输入端。调制指数控制通过遥控实现。指数调整在每个信道上都是独立的。通过遥控可以抑制每个信道的信号。技术指标为:输出射频为 1544.5MHz;输出稳定性为 10^{-6};输出功率为 4W;带外信号不大于 60dB;调制指数为 0.21 ± 0.01 ~ 1.3 ± 0.03rads 15 档(121.5MHz 接收机输出端(47kHz))、2400b/s 5 档数字通道;调制线性度为 ± 0.5%(对于 θ_{max} = 2.4rads)。

(4) Cospas 天线系统。该系统提供两个接收天线和一个发射天线。接收天线(121.5MHz 搜救转发器接收天线和 406MHz 搜救转发器接收天线)具有以下特性:121.5MHz 为左旋圆极化(LHCP),406MHz 为右旋圆极化(RHCP);121.5MHz 接收天线的增益最大值约为 + 6 dBi,频率为 121.5MHz ± 20kHz 和 406.05MHz ± 50kHz。Cospas 发射天线具有以下特性:左旋圆极化;最大增益约为 2 dBi;频率为 1544.5MHz ± 500kHz。

4.4.1.2　Sarsat 转发器功能描述

美国国家海洋大气管理局(NOAA)低轨搜救卫星有效载荷包含与 Cospas 相

同的上行链路和下行链路频率。加拿大、法国和美国实施了 Sarsat 计划,利用美国国家海洋大气管理局气象卫星安装搜救有效载荷,用于探测和转发来自船只和飞机的遇险信号警报。Sarsat 有效载荷的设计是由气象设备决定的,因此,出现的所有问题都是采取与 Cospas 设计人员相似的方式解决的。

1983 年 3 月,Sarsat 有效载荷与美国 NOAA - 8 气象卫星一起成功发射。Sarsat 仪器开启后,立即进行了一系列的激活和评估测试,来验证加拿大和法国制造的 Sarsat 综合设备的运行情况。此后不久,在甚高频 121.5/243MHz 频段进行了一系列广泛的系统性能测试,来测量以下性能参数:多址接入能力、检测概率和阈值、定位精度和模糊度分辨率。发射后的技术测试和 Sarsat 有效载荷的评估由发射后系统检验计划控制。该计划将测试分为两个阶段:① 激活和评估测试是为了验证 Sarsat 转发器的工作情况,并初步估量系统性能。这些测试在加拿大和美国进行,法国同时在使用超高频 406MHz 星载搜救处理器进行类似的测试。测试包括测量卫星转发器的以下性能参数:下行链路频谱占用率、有效的全向辐射功率(EIRP)和载波频率、转发器虚假输出、接收机带宽和动态范围、发射调制指数以及校准的 S/N_0。② Sarsat 系统性能测试是对整体性能做一个详细评估。本节简要总结了以下特定测试:加拿大通常使用来自单个站点的受控测试信号,进行紧急定位发射机检测阈值测试;美国的方法是完成位置定位的现场测试;法国主要使用受控测试信号,对紧急定位发射机进行激活测试,分析卫星紧急信标频率稳定性对定位精度的影响。Sarsat 低轨搜救卫星有效载荷有甚高频/超高频实时数据转发和超高频处理/存储数据重传两种接收/处理模式。转发器五个基本组件如图 4.11 所示。

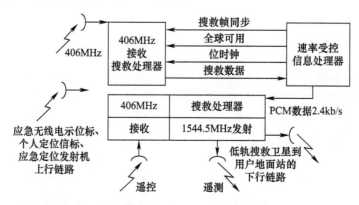

图 4.11　Sarsat 低轨搜救卫星转发器(图片来源:由 SNES)

(1) 搜救转发器(SARR)。Sarsat 搜救转发器模块由加拿大国防部提供,加拿大 SPAR 航空航天公司开发,详见图 4.11 中展示设备的下部分。电子模块包含一个用于检测 406MHz 超高频信标信号的天线。超高频信号进入滤波器,然后进入 406MHz 接收机。三个从搜救转发器传来的实时处理信号经过 1544.5MHz 发射机传送到天线上,然后传到可见的低轨卫星用户地面站。

(2) 搜救处理器(SARP)。搜救处理器模块由法国国家太空研究中心(CNES)提供,Electronique Serge Dassault 公司开发,如图 4.11 的上半部分所示。电子模块包含一个超高频数据接收天线,该天线检测超高频信号,然后通过双工器和滤波器将其转发给超高频 406.025MHz 接收机。

这些超高频信号在速率受控信息处理器(MIRP)中进行处理,然后存储在全球覆盖搜救数据存储器中,用于之后在用户地面站可视时进行转发,或直接转发,就像通过搜救转发器和 1544.5MHz 发射机把脉冲编码调制数据转发给可见的用户地面站一样。应该注意的是,图 4.11 中没有显示全球覆盖数据地面存储和传输系统。这些数据与其他气象信息一起被发送到美国苏特兰处理中心,该中心从遥测数据中提取这些数据,然后将其发送到任务控制中心。从第四个有效载荷开始,该方案由被集成到搜救处理器模块中的存储器所取代,通过搜救处理器 1544.5MHz 下行链路信号向所有地面用户地面站直接分发存储的数据。

(3) 搜救转发应答机。该模块完全冗余,具有独立的电源和测控能力。图 4.11 显示了其中一个转发器信道,它的收、发模块都进行信号处理。406MHz 接收机对低轨搜救卫星信标提供全球覆盖,弱信号由天线接收,并在接收机的滤波器、射频放大器、混频器和中频放大器中进行处理。中频信号被组合到一起,并对 1544.5MHz 载波进行相位调制,通过天线进行放大和驱动,传输到低轨用户地面站。为了实现这个相对简单的功能,必须综合各种矛盾的需求。定位精度取决于保存的转发器接收信号。信号的射频和功率随着多普勒效应和距离而变化。如前面讨论的那样,当卫星靠近信标时,接收到的射频信号频率高于辐射频率,功率也变得更高,当信标正好在星下点时,二者频率相同,信号功率也最大。当卫星远离信标时,接收频率低于辐射频率,信号强度也变得更低。这些要求带宽要更宽、增益控制和调制要更好,灵敏度更高。由于来自地面的干扰相当大,良好的线性度和对带外信号的抑制也很重要。为了满足上述要求,在项目建设期间,使用的天线要有合适的增益/EIRP 值、接收机要有可接受的选择性、仔细选择频率配置方案、精选低损耗高频滤波器、低噪声高频放大器、场效应管混频器、本地振荡器和线性调制器。要使用非常稳定的频率源,以便精确确定信号的绝对射频。还要采用 50dB 的动态自动增益控制。远程测量其控制电压值,用于地面处理,以便在下个处理阶段进行最终校正。

搜救转发器的技术特性总结如下:输入射频为 406.05MHz ±40.0kHz,输出射频为 1544.50MHz ±400.0kHz;121.5MHz 的噪声系数为 5.0 dB,243/406MHz

的噪声系数为 3.5dB;存活电平为 −50dBW,连续无下降;对于标称 3rads 峰值输入,调制指数为 0.63rads(均方根值);接收机的输出电平由一个 15×1dB 遥控衰减器控制;发射机射频稳定性在传输期间为 2×10⁻⁶;接收机质量 15kg;输出功率 7W;功耗为 45W。

(4)搜救转发接收处理器。该单元处理由 406.025MHz 遇险卫星信标发送的信息。信号在随机的时间里和随机的多普勒射频上传输,这可以解决多址接入问题。处理器一收到求救信号,就测量射频多普勒和到达时间。它对信号进行解调,并将所有这些数据整合成一个数字信号。然后通过搜救转发器的 1544.5MHz 发射机把信号实时传送到地面,并通过 ATN 卫星提供的信道延时传送。信号首先被发送到接收机,接收机使用二次射频转换。接收机为恒定增益类型,由带有内部基准的自动增益控制(AGC)进行控制,其动态范围为 23dB。位于接收机输出端的数据恢复单元在 90ms 内搜索 24kHz 频带。控制单元检测到遇险信号后,就通过算法将信号分配给两个处理单元中的其中一个。该算法是为优化随机接入性能而设计的,其基于输入信号频率和处理单元的工作状态。此时,当一个信号被分配给一个处理单元时,其锁相环就锁定到这个信号上。在解调之后,位和帧同步器支持对该信息进行处理。同时,通过锁相环的振荡器计数来测量多普勒频率。多普勒测量时间取决于所使用的超稳定振荡器。搜救处理器的格式编码器输出一个包含八个 24 位字(短消息)或九个 24 位字(长消息)的消息。消息的长度由卫星信标遇险消息中的一个比特位来指示。缓冲存储器使搜救处理器的输出速率与格式编码器相匹配,格式编码器对 ATN 平台的受控信息速率处理器(MIRP)进行采样。该编码器将处理后的遇险数据插入 1544.5MHz 发射机使用的新格式中,搜救处理器数据被包含在 1200bits/0.5s (比特率为 2400bits/s)的序列中。搜救处理器的技术特性总结如下:输入射频为 406MHz±12kHz;接收机输入电平为 −108~−131dBm;多普勒测量时间精度不大于 1ms;多普勒测量精度不大于 0.35Hz(100ms 的输入信号均方根值不大于 1×10⁻¹⁰);处理能力为 90 个信标,95% 的概率均匀分布在可见范围内;搜救处理器的重量大约是 15kg;功耗约为 15W。

(5)Sarsat 天线系统。以前的系统提供四个天线,包括用于 121.5MHz 和 243MHz 接收机的两个外部四臂螺旋天线。目前的系统仅使用两个卫星天线:一副接收天线和一副发射天线,带有支持 Sarsat 有效载荷的必要双工器和滤波器。也就是说,搜救转发器超高频接收天线是一个与 406.05MHz 接收机配套的同轴四臂螺旋天线。搜救处理器接收的信号来自四臂螺旋超高频数据采集系统天线(UDA)。Sarsat 接收天线具有以下特性:极化为 RHCP,搜救转发器的频率为 406.05MHz±50kHz,而搜救处理器的频率为 406.05MHz。搜救转发器 L 频段发射天线是一种四臂螺旋天线,经过优化,产生半球形方向图。Sarsat 发射天线具有以下特性:极化为 LHCP,频率为 1544.5MHz ± 500kHz。

4.4.2　地球静止轨道卫星搜救系统空间段

地球静止轨道卫星搜救系统空间段由三颗运行中的地球静止轨道多用途卫星组成,这些卫星只能转发 Cospas – Sarsat 406MHz 信标。这三颗卫星除了携带406MHz 搜救任务的 Cospas – Sarsat 有效载荷之外,还携带其他不同的有效载荷。地球静止轨道搜救卫星有效载荷由 406MHz 天线、接收机和下行链路发射机组成。下行链路发射机的频率可能随着承载 406MHz 有效载荷的地球静止轨道卫星平台而变化。表 4.6 给出了在用和规划中的地球静止轨道搜救卫星的特性,包括工作频率。

表 4.6　在用和规划中的地球静止轨道搜救卫星

卫星	发射日期	位置	状态	接收机射频频率/MHz	发射机射频频率/MHz	国家/公司
GOES – E	1994.04	75°W	O	406	1544.5	美国
GOES – W	1997.04	135°W	O	406	1544.5	美国
Insat – 2B	1993	93.5°E	O	406	4505.7	印度
Insat – 3A	计划中	93.5°E	P	406	4505.7	印度
Insat – 3D	计划中	83°E	P	406	4507	印度
Luch – M E	计划中	95°E	P	406	11381.05	俄罗斯
Luch – M W	计划中	16°W	P	406	11381.05	俄罗斯
MSG	计划中	0°	P	406	1544.5	欧洲通信卫星组织

备注:O—运行中;P—计划中

地球静止轨道卫星上运行中的搜救有效载荷由美国和印度提供。俄罗斯和欧洲气象卫星组织(EUMETSAT)也计划为地球静止轨道卫星配备 406MHz 搜救有效载荷。图 4.12 显示了地面用户台站、地球静止轨道搜救卫星及其提供的覆盖范围。

Cospas – Sarsat 地球静止轨道卫星搜救系统空间段由地球静止轨道星座中三颗运行卫星上的搜救仪器组成。搜救仪器是无线电转发器,它接收 406 ~ 406.1MHz 频段的遇险信标信号,并将这些信号转发到特定的地球静止轨道用户地面站,在用户地面站上,对信标进行识别,对相关数据进行处理。地球静止轨道卫星搜救系统转发器和卫星携带的其他设备如图 4.2 所示。

地球静止轨道搜救卫星上搜救仪器的功能框图见图 4.13。搜救仪器是独

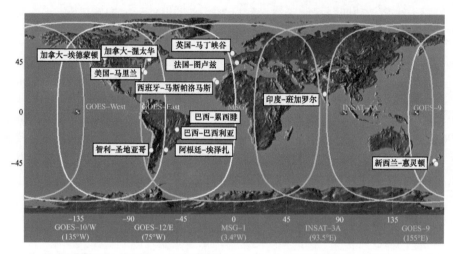

图 4.12　带有用户地面站的地球静止轨道搜救卫星覆盖区（图片来源：Cospas – Sarsat）

立开发的,并集成到具有不同任务要求的卫星上。这会导致转发器发射机在设计上有差异,卫星不同,输出信号也不同。因此,在研制地球静止轨道用户站时必须考虑这些差异。也就是说,地球静止轨道卫星搜救转发器接收天线波束覆盖范围内的 406MHz 信标信号。信标信号由转发器处理,并通过天线在下行链路上发送,地球静止轨道卫星用户地面站进行接收。

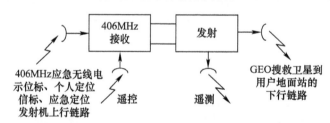

图 4.13　地球静止轨道搜救卫星转发器（图片来源：Cospas – Sarsat）

下行链路中心频率、天线的形式和特性随着卫星的不同也有所不同,如后续章节所述。美国静止轨道环境业务卫星（GOES）和欧洲第二代气象卫星（MSG）的星载发射机使用 1544.5MHz；印度国家卫星系统（INSAT）转发器在 4505.7MHz 发射频率上工作,而俄罗斯的 Luch – M 发射机使用 11381.05MHz 的射频。地球静止轨道搜救卫星地面站向卫星发送遥控指令,地面站从卫星接收遥测数据。

4.4.2.1　GOES 卫星转发器功能描述

美国地球静止轨道搜救卫星转发器采用冗余配置,由以下单元组成：

（1）两个 406MHz 低噪声放大器（与另一个卫星子系统共享）；

（2）两个二次变频 406MHz 接收机；

（3）两台 3 W 相位调制 L 频段发射机；

（4）一个 406MHz 接收天线和一个 1544.5MHz 发射天线；

（5）与卫星遥测和遥控子系统相连接的转发器指令和遥测点。

来自信标的信号在超高频天线上接收，通过天线双工器馈送，然后切换到一对相互冗余的数据收集平台转发器的其中一个低噪声放大器上。低噪声放大器作为星上搜救单元的一部分，实施信号功能放大。

低噪声放大器的输出连接到一对冗余搜救接收机上。所选接收机选择 20kHz 的窄带模式或 80kHz 的宽带模式两种宽带模式中的一种，对接收信号下变频滤波。滤波后的输出信号进一步下变频至基带，并通过放大器馈送至搜救发射机。搜救接收机的总增益可以根据指令选择固定增益或自动电平控制模式。接收机的输出被送给相互冗余的搜救发射机。选定的搜救发射机对信号进行相位调制，上变频到 1544.5MHz，并将调制载波放大到 3W。相位调制信号通过设定标称调制指数，使得在接收机处于自动电平控制模式或固定增益模式下，两个标称信标信号加上噪声工作时，载波抑制为 3dB。基带限制器限制调制指数不超过 2rads。发射机输出通过 4MHz 带宽滤波器加到螺旋天线上，并以 +15.0dBW 的 EIRP 进行辐射。

4.4.2.2　Insat 卫星转发器功能描述

搜救仪器安装在 Insat 2A/2B、3A 和 3D 卫星上。在每颗卫星上，搜救有效载荷与气象数据收集系统共用一些通用电路。所有 Insat 搜救有效载荷的设计都相似，只有 Insat 3D 有效载荷的一些技术参数与其他卫星略有不同。来自搜救接收天线覆盖区域内的 406MHz 遇险信标信号被馈送到预选的螺旋带通滤波器，该滤波器用于抑制带外干扰。滤波后的信号被传到低噪声放大器，以获得所需的输入噪声系数，然后通过二次下变频，将 406.05MHz 的上行链路信号变到 100kHz，406.025MHz 的上行链路信号变到 75kHz。变频后的信号被传送到晶体管限幅器和低通滤波器。滤波后的信号经过相位调制和倍频，在 71.7MHz 时达到 1 rad 的调制指数。

相位调制器的主要功能是：降低下行链路信号中的噪声，并为用户地面站跟踪接收机提供连续的下行链路载波。调制器的输出信号经过滤波，与气象数据收集系统中频信号（70.2MHz/Insat 3D 为 70.05MHz）合成，上变频至 4505.7MHz（Insat 3D 为 4507.0MHz），传送给固态功率放大器。也就是说，对于 Insat 3A 和 3D 卫星，搜救信号与来自高分辨率雷达（VHRR）和电荷耦合器件（CCD）相机的输出合成，然后传送给一个扩展的 C 频段多路复用器。

最后,变频信号被送到一个扩展的 C 频段天线,该天线为 Insat 3A 卫星提供 4.0 dBW 的 EIRP(印度覆盖范围边缘、寿命末期),为 Insat 2B/Insat 3D 提供 3.8 dBW 的 EIRP。Insat 2B 卫星是一个典型的地球静止轨道搜救卫星,其技术特征如表4.7 所示。

表4.7　Insat 2B 地球静止轨道卫星的轨道参数

背景	卫星类型:GEO
所有者/经营者:Cospas – Sarsat	稳定性:3 轴
现状:运行中	设计寿命:10 年
轨道位置:93.5°E	在轨质量:905kg
高度:36000km	发射重量:1900kg
轨道类型:倾斜 GEO	展开尺寸:1.93m×1.7m×1.65m
倾角:0.03°	电功率:1.024kW(寿命末期)
卫星数量:1 颗运行中、1 颗备用	行波管放大器功率:C 频段 4W;S 频段 50W
覆盖区域:印度洋	遥测信标:4191/4197.5/4187/5MHz
其他信息:取代位于 74°E 的 Insat 2A	遥控信标:6415/6419.5/6423.5MHz
航天器	通信有效载荷
卫星名称:Insat 2B	频率频带:
发射时间:1993 年 7 月 22 日	(a)地球静止轨道卫星搜救频率:
运载火箭:Arinane V58	上行业务链路:VHF 121.5、UHF 406MHz;
典型用户:Cospas – Sarsat 搜救、电视、电信和气象	下行馈电链路:L 频段 4505.7MHz。
	(b)通信:S 频段,C 频段转发器数量分别为 2 个 S 频段、18 个 C 频段
成本/租赁信息:无	信道带宽:36MHz
主要承包商:ISRO – 印度	信道极化:C – 正交线性、S – 左旋圆极化

4.4.2.3　Luch – M 转发器功能描述

俄罗斯的 Luch – MSAR 有效载荷采用冗余配置,包含:

(1)406MHz 接收天线,低噪声放大器和接收机;

(2)11381MHz 发射天线和发射机。

Luch – M 超高频天线接收来自 Cospas – Sarsat 的 406MHz 遇险信标信号。信号经过两次下变频,变成 18.55MHz 的中频信号,然后被滤波。这种滤波器的 3dB 带宽为 600kHz。该中频信号[S1(t)]与来自卫星上其他仪器的信号[S2(t)]合成。该复合信号被变频为 11381.05MHz,功率放大到 3.75 W。然后,复合放大信号经滤波,通过卫星 0.6 m 抛物面天线发射出去。

4.4.2.4　MSG 转发器功能描述

欧洲第二代气象卫星(MSG)搜救转发器包括以下部分：

（1）一套超高频接收天线，由 16 个交叉偶极子阵列组成，位于主卫星外围。这个阵列的偶极子以电子方式切换，形成一个完全覆盖地球的电子去旋转波束。

（2）一个输入滤波器和冗余超高频接收机，在搜救信道中提供低噪声放大。

（3）一个非冗余搜救转发器，为搜救信道提供信道滤波、放大和上变频。搜救信道具有固定的增益和带宽。

（4）一个波导输出复用器，它将搜救信号与其他 L 频段下行链路信号合成。

（5）一套 L 频段发射天线，包括排列成 32 列的偶极子阵列，每列有 4 个平行连接的偶极子。这个阵列的列也是电子切换的，以形成一个完全覆盖地球的去旋转天线波束。

4.5　Cospas – Sarsat 地面段

Cospas – Sarsat 地面段包括三个子系统：Cospas – Sarsat 遇险和紧急信标，如海上应急无线电示位标(EPIRB)、陆地或个人定位信标(PLB)和航空紧急定位发射机(ELT)；本地用户地面站；与救援协调中心、搜救设施以及任务有关的任务控制中心。

4.5.1　Cospas – Sarsat 紧急卫星信标

Cospas – Sarsat 卫星信标是为海事、个人(车辆)和航空应用而设计的。以前使用的信标在 121.5MHz 上传输模拟信号，而 406MHz 的信标传输数字识别码。通过低轨搜救卫星接收的信标信号是通过多普勒效应计算位置的，而对地球静止轨道搜救卫星，除非信标有一个集成 GPS 接收机，否则无法计算其接收任何警报的位置。一种集成有 GPS 导航接收机的新型 406MHz 紧急信标于 1998 年问世。这些信标启动后，通过地球静止轨道搜救卫星和极地轨道搜救卫星可以立即向救援当局发送准确的位置和识别信息。此外，地球静止轨道搜救卫星也不能探测到 121.5MHz 信标的警报。

未来，Cospas – Sarsat 系统数据手册中将为用户列出所有应急卫星信标制造商的名单。用户在购买新的或用过的紧急信标后，需尽快在官方注册，注明联系方式和地址。用户出售应急信标后，必须确保购买者重新注册应急信标。所有用户都必须检查或更换电池,并通过自测功能或在为防止卫星接收而设计的容器内对 406MHz 紧急信标进行测试。

4.5.1.1 海上应急无线电示位标

海上应急无线电示位标(EPIRB)被指定用于船只、气垫船、石油/天然气海上平台,甚至飞机上。406MHz 应急无线电示位标分为两类。

第一类应急无线电示位标是手动或自动激活的。当应急无线电示位标从其支架上松开时,触发自动激活。因此,这些装置装在一个配备有静液压释放器的特殊支架上。这种机构在水深 1~3m 时释放应急无线电示位标。然后应急无线电示位标漂浮到水面,并开始发送遇险信号。这种类型的信标必须安装在船舱外面的甲板上,这样当船沉没时它能够"自由漂浮"。低轨和地球静止轨道搜救卫星系统都可以探测到这两类应急无线电示位信标。

第二类应急无线电示位标只能手动激活,从这个意义上说,它们应该放置在船上最容易接近的位置,方便在紧急情况或遇险情况下快速使用。无论如何,在使用和测试应急无线电示位标之前,必须遵循制造商对于信标测试和检查程序的建议和指南。此外,注册应急无线电示位标也非常重要,这有助于救援团队在紧急情况下更快地找到它,不会不必要地占用紧急情况下可能需要的搜救资源,从而为其他需要救援人员的安全做出重要贡献。

所有甚高频 121.5MHz 应急无线电示位标通常被称为 B 类/微型 B,只能手动激活。这些信标只能与低轨卫星搜救系统一起工作,地球静止轨道卫星搜救系统不能探测到它们,而地球静止轨道卫星搜救系统为全球 85% 的地区提供即时警报。121.5MHz 信标还浪费掉搜救团队很大一部分精力,因为大多数特高频 406MHz 的假警报很容易通过电话证实。相比之下,每一个 121.5MHz 的假警报必须使用测向设备跟踪到源头。由于这些原因(或更多)国际 Cospas – Sarsat 组织计划从 2009 年 2 月 1 日起逐步淘汰 121.5MHz 卫星警报。

应急无线电示位标的制造商有很多,但最著名的信标是 Jotron 公司制造的 406MHz Tron 40 GPS 和 40S。这两种信标设计都基于国际海事组织/全球海上遇险和安全系统对于自由浮动的规定,使其可以与 Cospas – Sarsat 系统一起运行。Tron 40 GPS 旨在进一步提高传统信标的救生能力,如 Tron 40S 这种传统信标只能有效地用于低轨卫星搜救系统。Tron 40 应急无线电示位标中集成了 12 个 GPS 通道,可以接收 GPS 位置信息,并在较短的时间内提供给至关重要的地球静止轨道卫星搜救。每当低轨搜救卫星检测到 Tron 40 GPS 发送的遇险信息时,与非 GPS 应急无线电示位标(如 Tron 40S)相同,在约 90min 内保持延迟警报,但位置精度从 5km 半径提高到 100m。一旦检测到 Tron 40 GPS 发送的遇险信息,警报会立即发出,最长不超过 5min。Tron 40s 和 40 GPS 都安装在船上特殊的 FB – 4/FBH 4 支架上,这是一个可自由浮动和自动释放的支架,同时也可以使用手动 MB – 4 支架。下面简要介绍 Jotron 应急无线电示位标的四种产品型号。

(1) Jotron Tron 60S/GPS 海上应急无线电示位标。Tron 60S/GPS 海上应急无线电示位标是为满足海上搜救行动中大型船舶和救生筏使用规范而开发的,如图 4.14(a)所示。本书作者建议航空界在长距离飞行飞机上安装使用这种类型的应急无线电示位标。这种应急无线电示位标有浮力,具有水激活触点,一旦遇水就会发出遇险警报,60S/GPS 目前有两种不同的支架,一种是手动类型,另一种是自由浮动类型。Tron 60S/GPS 旨在向搜救当局发出基本的警报。一旦启动,应急无线电示位标会立即发出警报,发送遇险船只的身份信息。

(2) Jotron Tron 40S/GPS 海上应急无线电示位标。这是一个可浮动的手动全球海上遇险与安全系统应急无线电示位标,与之前基于全球海上遇险与安全系统规定的设计类似,加上 Jotron 公司的长期经验,使其有可能满足七大洋上恶劣海上环境的要求,如图 4.14(b)所示,产品采用聚碳酸酯材质,外壳含有 10%的玻璃纤维。

(3) Jotron Tron 45S/XS 海上应急无线电示位标。这两种应急无线电示位标装置都是根据 MED 96/98/EC 要求开发的,以满足海上中小型船舶和救生筏的使用规范,分别如图 4.14(c)和 4.14(d)所示。它们符合用于海上搜救的 406MHz 应急无线电示位标规格要求,并且可以作为手动应急无线电示位标使用,通过手动将其从支架和/或容器中释放,然后手动激活或使用海水激活。

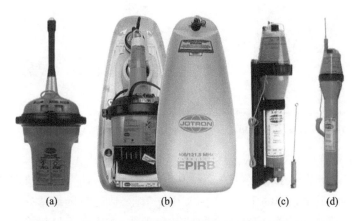

图 4.14　海上应急无线电定位卫星信标(图片来源:Jotron)

4.5.1.2　用于陆地和移动应用的个人定位信标

个人定位信标(PLB)是便携式装置,操作方式与海上应急无线电示位标非常相似。这些信标可由个人步行时携带,或随车辆、船只和飞机移动时携带。与航空紧急定位发射机和一些海上应急无线电示位标不同的是,个人定位信标发射机只能手动激活。它工作频率406MHz,一旦406MHz卫星系统获得信标位置,救援团队就可以锁定信标。一些较新的个人定位信标还把GPS定位信息集成到经地球静止轨道搜救卫星传输的遇险信号中。这种GPS编码的位置信息大大提高了定位精度,精确至100m。2003年7月初,美国联邦通信委员会(FCC)批准了个人定位信标在美国全境使用,这对个人在飞机着陆时使用非常有帮助。

美国国家航空航天局(NASA)小型企业创新研究(SBIR)基金资助的一种最先进的微型个人定位信标正在开发中。这种装置由位于加州西米谷的Microwave Monolithics公司制造,重量轻、易于携带,完全符合Cospas – Sarsat信标规范和认证,如图4.15(a)所示。

ACR ResQLink PLB 2880定位信标在甚高频406MHz上发射数字编码的遇险信号,如图4.15(b)所示。ACR信标被美国联邦通信委员会认为是世界上最小、最轻的个人定位信标,便于放在包中或口袋中携带。这款ACR个人定位信标比更大型号提供更多的功率输出,还可进行自检和GPS测试,具有66通道的GPS,可发射文本消息,装有柔性叶片天线,典型性能条件下使用时间长达30小时,内置超亮LED连续闪光灯和Non – Hazmat电池。

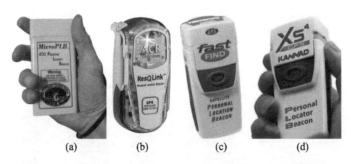

图4.15　Cospas – Sarsat个人和车载个人定位卫星信标的类型
(图片来源:SBIR公司、ACR电子公司、McMurdo和Kannad公司)

另一件又轻又小的个人定位信标是McMurdo Fast Find 210 PLB,它集成了GPS,几乎可以覆盖全球,如图4.15(c)所示。它的5W功率发射机向免费订购Cospas – Sarsat卫星系统的用户发送406MHz信号,以随时随地精确定位遇险位置。具有50通道的内置GPS带有陶瓷贴片天线,在应急卫星传输中包含遇险坐标,以识别其准确位置。从应急信号可以识别出唯一的个人定位信标,并向搜救人员提供个人定位信标所有者的数据和家庭联系方式(需要在美国国家海洋和大气管理局或其他国家机构免费注册)。

Kannad 400MHz XS – ER GPS 信标有助于拯救世界各地的飞行员和机组人员,是很多飞机建造商和航空公司的选择,如图 4.15(d)所示。它的操作分为三个步骤:提起翻盖,拉开安全盖展开天线,按住打开按钮激活个人定位信标。一旦激活,它至少工作 24h。它非常适合在安装有航空紧急定位发射机的飞机上携带。

4.5.1.3　航空用紧急定位发射机

航空用紧急定位发射机(ELT)成为飞机的标配设备已经几十年了,比卫星用于搜救要早。早期的航空用紧急定位发射机最开始在甚高频 121.5MHz 上工作,后来在甚高频 243MHz 上工作,现在这两种频率都已停止使用。当许多航空用紧急定位发射机以相同的频率运行时,虚假警报大幅增加。因此,出现了一种新的航空用紧急定位发射机技术,这种技术使用在甚高频 406MHz 工作的数字信号,通过更快的跟踪和位置确定改进了这一缺陷。自 2002 年 1 月 1 日起,国际民用航空组织管理机构及其各成员国民航组织强制或建议商用飞机采用 406MHz 卫星信标系统。

如上所述,由于 406MHz 信标的明显优势和原来的 121.5MHz 信标的显著劣势,国际 Cospas – Sarsat 组织与国际民用航空组织一起于 2009 年 2 月 1 日决定逐步取消 121.5MHz 卫星警报。Cospas – Sarsat 及其参与国都强烈鼓励所有飞行员考虑改用 406MHz 紧急定位发射机。本节将介绍以下四个紧急定位发射机。

(1) Kannad 406 AS 航空应急定位发射机。这是一个航空救生应急定位发射机信标,它可以从飞机上取出,帮助搜救队在海上和地面定位坠机幸存者,如图 4.16(a)所示。该装置体积小、重量轻,很容易安装在救生筏内。配备的浮动套环可以使紧急定位发射机在水中直立浮动,类似于海上应急无线电示位标。如果紧急定位发射机连接到救生筏或任何有浮力的部件上,可拆除浮动套环。该信标是配备有辅助天线的独立设备,可由幸存者手动激活,也可在接触海水时由"水开关传感器"自动激活。它由具有优异机械阻力的模制塑料制成(ASA/PC,浅黄色)。外壳设计易于单手拿取。提供的系绳可将紧急定位发射机系在救生筏上。Kannad 406 AS 可在三个频率上发射(121.5MHz、243MHz 和 406MHz)。两个基本航空应急频率(121.5MHz 和 243MHz)主要用于救援行动最后阶段的导引。

Cospas – Sarsat 卫星使用 406MHz 频率精确定位和识别遇险飞机。在被激活之后开始工作的头 24h 内,应急定位发射机每 50s 在 406MHz 频率上向 Cospas – Sarsat 卫星发送一次信号。406MHz 上的输出功率接近 5 W。在条件更恶劣的

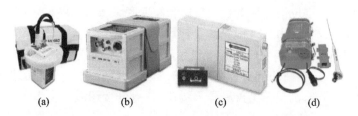

(a)   (b)   (c)   (d)

图4.16　Cospas - Sarsat 机载紧急定位发射机卫星信标的类型
（图片来源：Kannad 公司、Techtest 有限公司和 ACK 科技公司）

情况下，在紧急定位发射机激活后最长5.5h确定遇险信号位置，随后每2h更新一次位置信息（如有必要）。

Kannad 406 AS 应急定位发射机组件及其水开关激活分别如图4.17（左）和（右）所示。

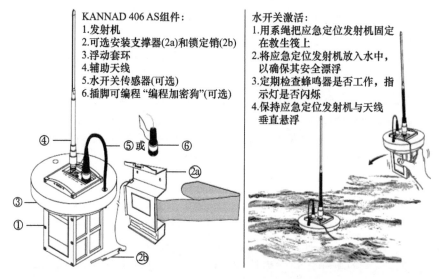

图4.17　应急定位发射机组件和水开关激活（图片来源：Kannad 公司）

以下控制位于应急定位发射机前面的面板上（从左到右）：①三位开关"ARM/OFF/ON"；②提示灯（红色）；③用于与软件保护器或编程设备连接的12针连接器；④Neill Concelman 卡扣（BNC）或 Neill Concelman 螺纹（TNC）天线连接器。

在工作模式下，提示灯指示出信标工作模式：①自检后，指示灯多次短暂闪烁表示自检失败；指示灯长时间闪烁表示自检正常；②在激活模式下，在121.5/243MHz 传输期间周期性闪烁，在 406MHz 传输期间长时间闪烁（每

50s 闪烁 1 次）。

使用前,保持天线垂直很重要:应急定位发射机从自检序列开始;自检后立即开始以 121.5/243MHz 传输,50 s 后开始以 406MHz 传输;在传输过程中,蜂鸣器开始工作,提示灯定期闪烁。蜂鸣器根据信标工作模式发出如下提示音:自检期间发出连续的声音;在 121.5/243MHz 传输期间每秒发出 2 次蜂鸣声;在 406MHz 传输期间保持静默。

电能由用 3 节 LiMnO2 D 锂电池构成的电池组提供。因为要把电池电力保留给用于救援行动的信号传输,因此 406MHz 信号 24h 后停止发射。发射机电池的有效期为 6 年,从生产日期开始计算。如果在电池寿命期内没有激活应急定位发射机,则应每 6 年更换一次。

(2) Kannad 406 AF/AF - H/AF(6D)应急定位发射机。遇险警报的主要改进是 Cospas - Sarsat 系统提供航空紧急情况的处理。如前所述,与 121.5/243MHz 的不同之处在于,406MHz 的传输携带数字数据,这使得其能够识别遇险的飞机,并便于搜救工作的开展(飞机类型、乘客人数、紧急情况类型)。

航空应急定位发射机环境适应性改进由 Cospas - Sarsat 对应急定位发射机的认证来确定,该认证包括如下一系列严格的机械测试:耐燃性;飞机的冲击和压碎试验;抗 100g 和 500g 重力的冲击;防水性;抗爆燃反应;极端温度(- 20℃ ~ 55℃,超过 48h)。目前配备在应急定位发射机上的震动自动检测器是产生大量错误警报的原因。在这一点上,主要工作包括研究飞机坠毁(由"坠毁研究所"进行的研究),评估所产生加速度的幅度。因此,已对重力开关规格进行修改,用以优化碰撞检测的准确性。

图 4.16(b)所示的 Kannad 406 AF/AF - H/AF(6D)应急定位发射机向 Cospas - Sarsat 卫星发送信息,信息将被下传到 64 个地面站中的其中一个(44 个低轨卫星用户地面站和 20 个地球静止轨道卫星用户地面站)。低轨卫星通过多普勒效应对飞机进行定位,在地球任何一点的精度都优于 2NM(4km)。Kannad 406 AF 和 AF(6D)可安装在固定翼飞机或直升机上。Kannad 406 AF - H 只能安装在直升机上。

该应急定位发射机包括:一个发射机;一个安装支架;如果从飞行员的位置无法控制应急定位发射机,则必须要有应急定位发射机远程控制面板,参见 RTCA/DO - 183 标准、RTCA/DO - 204 标准、EUROCAE ED - 62 标准;一个外部天线;一个用于锁定程序功能的"程序加密狗"(可选);CS144接口模块(可选),如图 4.18 所示。发射机、支架、程序加密狗和 CS144 接口模块安装在飞机内部的尾部附近。外部天线安装在飞机尾部的机身上。远程控制面板安装在驾驶舱内,用 4 线或 5 线电缆连接到应急定位发射机。Kannad 应急定位发射机安装在飞机上,采用以下频率发射遇险信号:406MHz,用于精确定位和识别遇险飞机;121.5/243MHz,用于遇险事件救援行动最后阶段的导引。

Kannad 406 AF/AF - H/AF(6D)被认证为自动固定(AF)应急定位发射机,只能与三频率外部天线一起工作。安装在尾部附近的支架用于用尼龙搭扣带固定应急定位发射机。这样能够快速拿出应急定位发射机进行维护或更换。远程控制面板安装在驾驶舱内,方便飞行员监控应急定位发射机的状态。面板上有以下控制装置:三位开关(接通、打开保险、重置和测试);红色或黄色指示灯;蜂鸣器(在特定版本中)。远程控制面板通过一根4线或5线电缆连接到应急定位发射机,该电缆在应急定位发射机一端配有一个"程序加密狗"或12针标准连接器,电缆另一端是连接远程控制面板的连接器。外部天线也安装在机尾外部,根据飞机速度不同可以是杆式或叶片式。飞机坠毁时,这种Kannad应急定位发射机可以自动启动(由震动传感器),也可以手动启动(由发射机上或远程控制面板上开关)。Kannad应急定位发射机激活后的前24h内,每50s在406.025MHz频率上发送一条数字信息。406MHz载波上的输出功率为5 W。KANNAD 406 AF、AF - H和AF(6D)可以在406MHz上发送两种类型的消息:112位的短消息(仅身份信息)和144位的长消息(身份信息 + 飞机位置)。长消息由单独的接口模块(称为CS144)生成,该模块通过RS232、RS422或RS485把应急定位发射机连接到飞机的导航设备或ARINC429总线上。CS144模块如图4.18(右)所示。

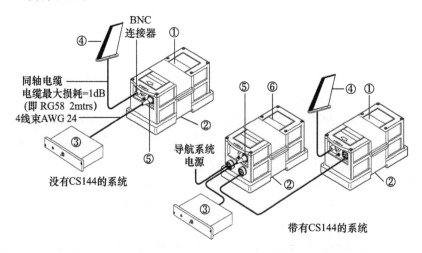

图4.18 Kannad 406 AF/AF - H/AF(6D)应急定位发射机系统说明(图片来源:Kannad)

在应急定位发射机前面板(从左到右)上可以找到以下控制装置:①三位开关插头——保险/关/开(ARM/OFF/ON);②提示灯(红色);③用于连接远程控

制面板、CS144 接口模块、加密狗或编程设备的 12 针连接器;④连接天线的 BNC 连接器。提示灯指示应急定位发射机的工作状态:①自检后,一系列短闪烁表示自检失败,一个长闪烁表示自检正常;②121.5/243MHz 传输期间周期性闪烁;③406MHz 传输期间长闪光。应急定位发射机蜂鸣器给出信标工作模式的提示音:①自检期间发出连续的声音;②121.5/243MHz 传输期间每秒发出 2 次蜂鸣声;③406MHz 传输期间保持静默。

(3) Techtest Limited 503 系列应急定位发射机信标。该应急定位发射机突出了对应急定位发射机系统的能力扩展,使得对 Cospas – Sarsat 和 GPS 的使用越来越多。Techtest 503 应急定位发射机系统与 GPS 兼容,可选择集成 GPS 的方式:可直接从外部输入,也可以在重力开关终端中嵌入独立的 GPS。应急定位发射机封装在高质量耐用热塑性塑料制成的壳体中,通过黄色热塑性塑料实现高可见度。该装置的独特之处在于能够进行完全的远程扩展操作,它把一个多轴重力开关与一个固定或便携式应急定位发射机集成在一个单元中。如果需要,能够快速去掉保护外壳,方便地把便携式发射机拿出,用作个人定位信标,如图 4.16(c)所示。

(4) ACK Technologies E – 04 应急定位发射机。该型号可以安装在通用和商用飞机上,如图 4.16(d)所示。它能够提供所有坠落飞机的位置和身份信息。ACK ELTE – 04 是可编程的,它的编程包包括以下几个部分:编程操作/安装手册;编程加密狗(零件号 E – 04. PRG 2.0 版);USB 延长线、3/32″十六进制驱动器;软件光盘(2.0 版)。

4.5.2　应急定位发射机和个人定位信标的替换电池

航空电子市场在为不同的应急定位发射机和个人定位信标提供多种类型的电池,因此用户必须在说明书中查看更换电池的正确类型。这里只介绍四种类型的可替换应急定位发射机电池。

(1) MERL BP – 1020 应急定位发射机电池组。这种应急定位发射机电池如图 4.19(a)所示。可用于规范中提到的不同类型的应急定位发射机和个人定位信标。这些高质量电池组是新型电池,达到或超过了 FAATSO – C91a 标准,经加拿大交通部批准可安装在应急定位发射机和个人定位信标中。

(2) ARTEX ELT – 200HM/203SL Alkaline 电池。这种高质量的锂电池组是一种新型号电池,符合或超过 FAATSO – C91a 标准,也是经加拿大交通部批准的,如图 4.19(b)所示。

(3) MERL BP – 1005 应急定位发射机电池组。这种顶级应急定位发射机电池组如图 4.19(c)所示。可用于规范中提到的不同类型的应急定位发射机。

这种电池达到或超过 FAATSO – C91a 标准,也是经加拿大交通部批准的。

（4）Alkaline EBC –502(GS –52) 应急定位发射机电池。这种用于 ELTEBC 502 应急定位发射机的碱性电池组是应急信标公司的产品,如图 4.19(d) 所示。

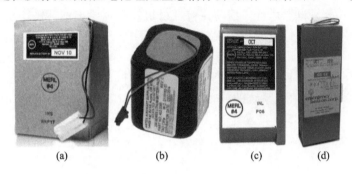

图 4.19 航空应急定位发射机和个人定位信标的
可更换电池(图片来源:Merl,Artex 和紧急信标公司)

这种新型 9V 电池先是被焊接在一起,然后被完全封装在无害的环氧树脂中。灌封材料是通过分置控制浇注过程添加的,完全覆盖底部、顶部、侧面和电池之间的空隙,这样消除了引发故障的气泡。这些电池符合严格的质量控制标准,并手动检查灌注的灌封材料中是否有气泡。

碱性电池(有时称为"干电池")未被国际民用航空组织(2011 – 2012 年版)和国际航空运输协会(IATA)列为危险品。这些电池不受危险货物规定的约束,只要它们满足国际民用航空组织技术条令特殊规定 A123 和国际航空运输协会危险品规则。这些规定要求这些电池的包装方式能够防止短路或产生危险的热量。此外,国际民用航空组织和国际航空运输协会的规定要求在签发航空货运单时,在航空货运单上注明"不受限制"和"特殊规定 A123"。

操作人员必须非常小心,防止电解液对眼睛和皮肤的造成伤害。此外,如果充电和插入不当、与不同类型的电池混合或在火中处理,电池可能会爆炸或泄漏。一旦发生火灾,可以使用任何种类的灭火器。电池外部冷却将有助于防止破裂。

4.5.3 遇险卫星信标编程器和测试仪

Cospas – Sarsat 系统提供商和制造商正在为卫星信标(包括应急定位发射机)的编程和测试提供许多帮助。

4.5.3.1 ACK E –04 型编程概述

ACK 编程过程本身非常简单,可能在几分钟内完成。这种编程要求对 Cospas – Sarsat 编码协议和世界各国的要求及其具体规定有基本的了解。Cospas –

Sarsat 提供了许多编程协议,E - 04 型使用标准的应急定位发射机定位协议。标准定位协议向负责搜救行动的当局提供最准确的 GPS 位置坐标。应急定位发射机使用以下三种标准定位协议中的一种,该编程器可以对每一种协议进行编程。

(1) 标准定位序列号协议通过制造商类型验收编号(Type Acceptance Number)唯一识别应急定位发射机卫星信标,该制造商类型验收编号由 Cospas 和 Sarsat 分配给制造商的,包括其序列号。这些数字是工厂设定的,不能更改,并且在应急定位发射机的整个有效使用期内都保持不变。本协议中唯一允许更改的是国家代码,它表明应急定位发射机在哪个国家注册。这是最简单的编程形式,建议尽量使用这个编程形式。

(2) 标准定位 24 位地址协议使用飞机的 24 位国际民航组织地址来唯一识别应急定位发射机。该代码通常被称为 S 模式代码。大多数国家都有民用飞机注册数据库,输入飞机尾部号码就可找到国际民航组织的飞机代码或 S 模式代码。大多数国家使用十六进制格式的代码,但有些使用二进制或其他格式。随后使用 24 位编程指令对此进行进一步加工。

(3) 标准定位操作员指示符和序列号协议。该协议使用由国际航空运输协会(IATA)或国际民航组织指定的飞机编队操作员 2 或 3 字符指示符,以及操作员要求的序列号来唯一地识别应急定位发射机。操作员应为每个要编程的应急定位发射机提供指示码和序列号。

应急定位发射机编程器的最低系统要求是 2MHz 处理器、512MB 内存、640 × 480 显示器、10MB 可用硬盘空间和 USB 端口。电脑可以配置 Windows XP 或 Windows 7 Professional 操作系统,两者都是 32 位或 64 位。E - 04 编程包包括编程操作和安装手册、编程加密狗(part # E - 04. PRG 2.0 版本)、USB 延长线、3/32″十六进制驱动程序和软件光盘(2.0 版)。需要单独购买的附加设备是 Brother QL - 570 或其他品牌标签打印机和 Brother 黄色胶卷(Part # DK - 2606)。

4.5.3.2　室内遇险卫星信标测试仪(DSBT)

这款 DSBT 406 02(未来的测试器)由俄罗斯 Musson Marine 公司设计,用于在有效检查期间(海上应急无线电示位标编码后或安装/重新安装后)或年度验收测试期间检查 Cospas - Sarsat 系统的海上紧急无线电信标。

测试仪能够通过内部天线或连接应急无线电示位标和测试仪的专用射频电缆,接收应急无线电示位标在测试模式下发射的信号或真实紧急信号。带有所有组件和按键的测试仪的前端界面如图 4.20(左)所示。该测试仪还可用于检查紧急定位发射机和个人定位信标。测试仪可以完成以下测试工作:

（1）406MHz 应急信号的接收和解码；

（2）406MHz 载波频率的测量；

（3）406MHz 信道中接收信号功率电平的测量；

（4）调制信号正负相位意义的估算；

（5）406MHz 信道中信号持续时间的估算；

（6）406MHz 信道中非调制前导码持续时间的估算；

（7）完成接收消息的解码；

（8）通过已知内部天线校准系数，根据测量的信号电平计算等效辐射功率。

测试仪由 4 节 1.5VAA 型电池和外部 4.8 ~7V 直流电源装置供电，并通过 USB 接口输入（例如 PC 连接）最小 300mA 的负载电流。

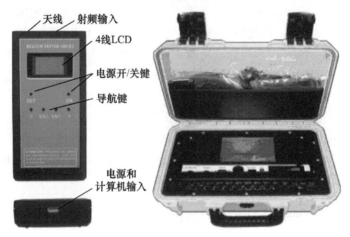

图 4.20　遇险卫星信标测试仪（图片来源：Musson Marine 公司和 Techtest 公司）

4.5.3.3　便携式遇险卫星信标测试仪（DSBT）

12 -503 -5 型便携式测试装置由英国 Techtest 公司设计，用于分析 406MHz 遇险信号中的 Cospas - Sarsat 信息并对其重新编程，如图 4.20（右）所示。测试仪包括编程终端、键盘和编程电缆组。所有这些都包含在一个坚固、防风雨的盒子里。该终端对以下产品进行编程：海上紧急无线电信标系列、500 系列个人定位信标、503 系列航空应急定位发射机和 15 - 503 - 134 系列碰撞位置指示仪。该信标测试仪在 0℃ ~50℃ 的标称工作温度范围内工作，便携式测试仪外壳的尺寸为 361mm ×290mm ×165mm。

4.5.4　用户地面站

自 1974 年以来，加拿大 EMS 技术有限公司一直参与用户地面站的技术研究和设计。EMS 全球跟踪公司地球静止轨道卫星用户地面站自 1992 年以来一直在运行,并在 Cospas - Sarsat 地球静止轨道搜救卫星研发和评估阶段提供数据方面起到了重大作用。EMSGEOLUT 600 是世界上第一个符合 Cospas - Sarsat 标准的地球静止轨道卫星用户地面站。

根据 Cospas - Sarsat 参与国的不同要求,每个用户地面站都有不同的配置和功能。但为了确保各卫星和用户地面站之间的互操作性,参与国商定了遇险无线电信标与 Cospas - Sarsat 卫星之间上行链路信号和下行链路信号格式,卫星遇险安全系统空间和地面网络如图 4.21 所示。该图显示了船舶和航空遇险救援场景,包括船舶控制中心和飞机控制中心,这两个中心在用户地面站/任务控制中心与救援协调中心之间提供控制和协调。

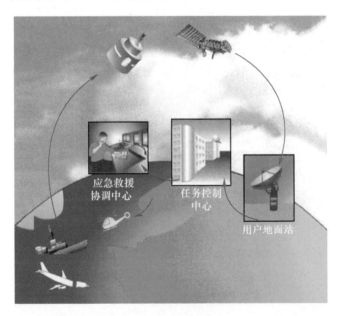

图 4.21　卫星遇险安全系统的空间和地面网络(图片来源 Cospas - Sarsat)

EMSLEOLUT/GEOLUT 600 地面站的主要功能是探测和定位 Cospas - Sarsat 警报,该站是建立在 EMS 公司 20 多年设计经验和用户地面站技术发展基础上的。该站使用了行业标准组件,多年长期稳定运行,完成任务非常可靠,还具有一定可扩展性。其中,LEOLUT 600 是全自动的高性能地球站,可以监测、接收和处理 Cospas - Sarsat 卫星转发的遇险信号。

每次卫星从其上空经过后,LEOLUT 600 都会处理接收到的信标信号并更新位置信息。LEOLUT 600 监测时间和频率数据,检测和定位激活信标,然后向任务控制中心发送位置坐标和其他相关信息,供其分析并分配搜救资源。EMS-LEOLUT 600 的一个重要功能是它能够独立确定卫星轨道数据。该设备是当今世界上唯一能够按 Cospas – Sarsat 规范完成低轨/地球静止轨道二种信标处理的用户地面站。

4.5.4.1 第一代低轨用户地面站

图 4.22 显示了典型的第一代带有接收/处理器(左)和天线(右)的 EMSLE-OLUT/GEOLUT 600 设备。这种设备与 EMS 的低轨卫星用户地面站,以及地球静止轨道卫星用户地面站相似,并且与它们可以互操作。

低轨/地球静止轨道综合处理可以使用从地球静止轨道用户地面站接收的数据来提高信标定位精度。在某些情况下,这种组合可以在单独使用低轨卫星用户地面站不能单独定位时提供信标定位。综合 EMSLEOLUT/GEOLUT 600 是全自动高性能卫星地面站,接收和处理来自低轨搜救和地球静止轨道搜救 Cospas – Sarsat 卫星的遇险警报,确定信标位置,并将数据转发给搜救团队。如需了解更多关于这些信号的格式信息,可以从世界各地的任何用户地面站获取。

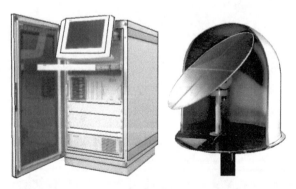

图 4.22　第一代用户地面站(图片来源:EMS 公司)

低轨卫星用户地面站/地球静止轨道卫星用户地面站服务运营商向搜救团队提供可靠的警报和准确的位置数据,而不限制其使用和发送。Cospas – Sarsat 缔约方提供并运营空间段,向低轨卫星用户地面站和地球静止轨道用户地面站运营商提供运营其用户地面站所需的系统数据。为确保本地用户地面站提供的数据可靠并可供搜救团队在实际操作中使用,Cospas – Sarsat 制定了低轨卫星用户地面站/地球静止轨道卫星用户地面站性能规范和调试程序。因此,低轨卫星用户地面站/地球静止轨道卫星用户地面站运营商定期提供关于其用户地面站运营情况的报告,供在 Cospas – Sarsat 会议期间审查。

EMS 低轨卫星用户地面站的小型轻质天线采用了创新设计,无需调整结构即可轻松安装在包括屋顶在内的几乎任何位置,非常抗风。它由小型步进电机控制,重量很轻,这使得电机可在方位、俯仰控制器控制下,在所要求的范围内平稳地驱动天线跟踪低轨搜救 Cospas 和 Sarsat 卫星。天线指向控制器可在 -40~50℃ 的温度范围内有效工作,无需加热或空调设备即可在世界任何地方安装。

为了保护低轨卫星用户地面站天线免受环境影响,确保它能在任何天气条件下连续工作,将其封装在天线罩中。增强的天线罩和铝制底座是耐腐蚀的,免维修可以使用很多年。天线组件是一种相控阵,直径 1.43cm、厚 1.0cm 的光面微带溃源;极化是 LHCP;射频为 1544.5MHz;天线增益为 25.3 dBi;在 25℃ 环境下,噪声系数最大为 0.7dB;天线波束宽度为 8°;指向控制器尺寸为 37.5cm × 23.5cm × 90.5cm;仰角为 0°~180°;方位角(最大值)为 ±270°。

4.5.4.2　新一代低轨用户地面站

LEOLUT 600 以早期型号的质量标准为建造基础,结合了最新技术,如计算机和对复杂搜救数据进行数字信号处理的定制软件。低轨卫星用户地面站模块化软硬件架构促进了可扩展性和系统升级的便利性。经过验证的可靠性、所需备件数量减少和现成的商业组件的使用使 EMS 全球跟踪公司的 LEOLUT 600 处于用户地面站技术的前沿。基于具有 99.9% 可靠性系数的 ATLUT 技术,LEOLUT 600 提供了最好的性能和可靠性,这对救援行动至关重要。

低轨卫星用户地面站接收机可以单独运行,也可以双用户地面站同时运行。在双低轨卫星用户地面站配置中,由两个 LEOLUT 600 优化同一个区域内的卫星覆盖。低轨卫星用户地面站接收机协调其跟踪计划保证跟踪最大数量的卫星。这种现代配置已经被证实具备在遇险情况下提供快速消解模糊的能力,特别是在可视卫星较少的赤道附近。如果对终端进行全配置,可获得超过 Cospas - Sarsat 进行分析的数据要求。

为满足参与国的具体要求,每个低轨卫星用户地面站的系统配置和功能可能会有所不同,但 Cospas 和 Sarsat 卫星一致的下行链路信号格式可以确保所有符合 Cospas - Sarsat 规范的卫星和用户地面站之间的互操作性。因此,所有 Cospas - Sarsat 低轨卫星用户地面站至少必须处理甚高频 406MHz 搜救处理器处理过的 2.4kb/s 数据流,甚高频 406MHz 提供全球覆盖。对 406MHz 搜救处理器数据的地面处理相对简单,因为多普勒频率已在卫星上测量和标记时间。用户地面站可以在卫星通过后几分钟内完成上个跟踪时段通过 406MHz 信道接收的所有卫星存储器数据的处理。全世界约有 40 个低轨卫星用户地面站为 Cospas - Sarsat 低轨卫星提供搜救服务。

以前处理 121.5MHz 数据的方式也适用于 406MHz 信号处理,可以对低轨卫星用户地面站接收数据单独处理,也可以与星上 406MHz 搜救处理器处理过的数据合并处理。同样,通过与地球静止轨道卫星搜救数据相结合,低轨卫星用户地面站可以改进对406MHz搜救转发器数据或搜救处理器的多普勒数据处理。低轨/地球静止轨道联合处理使Cospas – Sarsat能够在一个低轨卫星用户地面站的数据不足以确定位置的情况下得到定位值。低轨/地球静止轨道联合处理还提高了多普勒定位精度。为了保持定位精度,用户地面站每次接收到卫星信号时都会对卫星星历进行校正。用户地面站监控下行链路载波,再利用已知的用户站精确位置、高度稳定的406MHz校准信标,得到参考多普勒信号,进而来更新星历数据。

Sarsat低轨卫星用户地面站的天线和接收系统将信号下变频到中频,线性解调器产生复合基带频谱,该频谱经过滤波并分离到各个感兴趣的频带。当接收到信号时,根据低轨卫星用户地面站的具体能力对分离信号进行处理。用户地面站硬件由HP处理器、EMS相控阵天线和GPS时钟组成。它是行业标准组件组成的全自动高性能卫星地面站。可为执行重要任务提供可靠保障,并具备较好的可扩展性。

低轨卫星用户地面站始终监测时间和频率数据,检测和定位激活的信标,将信标位置坐标和其他相关信息发送给任务控制中心进行分析并分发给搜救力量。它还维护卫星轨道数据,并按照Cospas – Sarsat规范的规定进行低轨/地球静止轨道联合处理。新的低轨卫星用户地面站有以下子系统。

(1)低轨卫星用户地面站接收机。单个或双用户终端配置的低轨卫星用户地面站内化卫星轨道数据,具有与低轨/地球静止轨道卫星配合工作的能力,如图4.23(左)所示。该设备是一个全自动高性能地面站,接收和处理来自Cospas – Sarsat的遇险信号,并将位置坐标分发给任务控制中心。LEOLUT600是在20年的用户地面站设计经验的基础上,结合最新的技术研制的。它自身维护卫星轨道数据,拥有双用户终端配置,并且是唯一能够进行低轨/地球静止轨道联合处理的用户地面站。已经证明LEOLUT 600能够利用地球静止轨道用户地面站数据提高信标定位精度,并提供快速消解模糊,特别适用于可视卫星较少的地区。只需要一次操作,就可以对2.4kb/s超高频406MHz频段预处理数据进行计算,计算时间是特定系统设计能力的函数。为了提高定位精度,根据用户地面站接收到的信息对用户地面站跟踪的每颗卫星都进行轨道校正更新。有两种更新轨道的方法。第一种方法是以用户地面站位置作参考跟踪下行链路载波,提供多普勒信号。第二种方法是使用工作在406MHz的本地校准平台,其精确位置已知。

(2)低轨卫星用户地面站天线。低轨卫星用户地面站天线是一种相控阵天线,使用户地面站接收机可以跟踪低轨卫星,如图4.23(右)所示。它是一种轻型天线,可以安装在桅杆或屋顶上,天线配有数控电机,数控电机可保证天线全

图 4.23　新一代用户终端地面站（图片来源：Honeywell 公司）

方位跟踪 Cospas – Sarsat 卫星。低轨卫星用户地面站天线的加固天线罩和铝基座是耐腐蚀的，可以免维护使用多年。天线罩的低横截面使天线能够在高达 300km/h 的风速下工作，这在飓风或台风导致的紧急情况下至关重要。自 1988 年以来，Global Tracking 公司的低轨卫星用户地面站相控阵天线技术已在世界各地的卫星地面站得到实际应用。EMS Global Tracking 公司的用户地面站、任务控制中心和救援协调中心在扩大全球搜救网络方面发挥了关键作用，目前 Cospas – Sarsat 的大多数参与国都在使用。

　　典型的 Cospas – Sarsat 低轨卫星用户地面站功能框图如图 4.24 所示。至少由以下基本组件和适当的接口组成：天线和视频子系统；用于处理接收数据的处理机；时间和/或频率基准子系统；轨道维护子系统；与其他参与者相连接的任务控制中心接口。

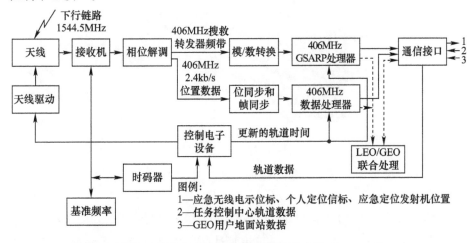

图 4.24　低轨卫星用户地面站功能框图（图片来源：Cospas – Sarsat）

4.5.4.3　地球静止轨道卫星用户地面站

EMS Global Tracking 公司参与搜救应用领域历史悠久,可以追溯到 1978 年,那时这个领域刚刚兴起。该公司在世界各地部署了数量庞大的 Cospas - Sarsat 系统。EMS Global Tracking 公司将首个完整的端到端搜救系统进行商业化,从静止轨道卫星和地球静止轨道卫星用户地面站对遇险信标进行检测和定位,到通过任务控制中心和救援协调中心向外传输。由于 Cospas - Sarsat 的大多数参与国都使用该公司生产的设备,EMS Global Tracking 公司开发了用于管理遇险和搜救行动的设备和软件,其已拯救了数千人的生命。

地球静止轨道用户地面站接收并处理静止轨道搜救卫星转发的由甚高频 406MHz 信标发出的遇险警报,并长期监测射频信号。地球静止轨道用户地面站由以下主要部件组成:射频子系统(卫星接收机)、带天线罩的天线、处理机;时间基准子系统、任务控制中心及其与其他参与者的接口。

(1) GEOLUT 600 地面站。新型 GEOLUT 600 是可完全配置的地面终端,专用于满足搜救需求,并超过遇险数据分析要求,如图 4.25(左)所示。与 LEO-LUT 600 相结合,可以组成一个综合搜救系统,这种 GEO - LEO 系统的双处理功能提供无与伦比的响应能力。该终端可以快速通知搜救当局收到激活 406MHz 遇险信标的相关信息。

图 4.25　新一代地球静止轨道用户地面站(图片来源:Honeywell 公司)

地球静止轨道用户地面站利用先进的信号处理技术和定制软件,在广阔的区域内提供 24h 自动监控警报。结合低轨卫星用户地面站数据,低轨 - 地球静止轨道双系统为优化信标定位精度和搜救响应时间提供了无与伦比的处理能力。

地球静止轨道卫星用户地面站与信标注册数据库间建立了特有的交叉引

用。在大多数情况下,应先初步排查虚假警报,然后再通过低轨卫星搜救系统搜索真实警报的信标位置,并调动搜救资源随时待命。用户地面站硬件是 HP 处理器、GPS 时钟和 Comtech 天线。

1993 年,在 Cospas - Sarsat 地球静止轨道卫星搜救系统仍处于开发和测试阶段时,就曾快速向搜救机构提供 406MHz 信标警报,在不到 30min 的时间里成功地援救了被困在北大西洋水域的 11 名渔民,当时的海水温度在零度以下。地球静止轨道用户地面站发出的数据被 EMS Global Tracking 公司的低轨卫星用户地面站使用,该站对低轨 – 地球静止轨道卫星数据进行综合处理,从而提高信标定位的准确性、减少搜救相应时间。

(2) 地球静止轨道用户地面站天线。地球静止轨道用户地面站天线是一个固定的抛物面天线,通过它地球静止轨道用户地面站可以接收地球静止轨道搜救卫星转发的遇险警报,如图 4.25(右)所示。它是一种具有很高面精度的坚固抛物面天线,有一个接收和下变频地球静止轨道搜救卫星下行信号的射频馈电组件。这种天线进行了加固安装,耐腐蚀性强,不经维护就可以使用多年。这款天线的支架十分稳定,足以支持天线在高达 110km/h 的风速下工作,这对于强风导致紧急情况发生的条件非常重要。地球静止轨道用户地面站天线技术已经在世界各地的卫星地面站得到实际应用。

EMS Global Tracking 公司的地球静止轨道用户地面站、任务控制中心和救援协调中心系统在扩大全球搜救网络方面发挥了关键作用,目前大多数 Cospas - Sarsat 项目参与国都在使用。只要在地球静止轨道卫星搜救覆盖区域激活一个信标,用户地面站就可以探测到它。由于发射信标和卫星之间没有相对运动,因此不可能使用多普勒效应来计算信标位置。当外部或内部导航设备提供的位置信息包含在 406MHz 信标的数字信息中时,该位置数据可以与报警信息一起发送给任务控制中心,进而再发送给其他适当的任务控制中心、救援协调中心或搜救联络点。

典型的 Cospas - Sarsat 地球静止轨道用户地面站功能框图如图 4.26 所示。其至少由以下基本组件和适当的接口组成:天线和射频子系统;处理机;时间和/或频率基准子系统;任务控制中心接口。

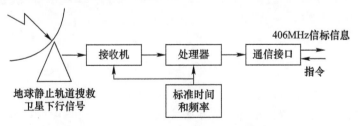

图 4.26 地球静止轨道卫星用户地面站功能框图(图片来源:Cospas – Sarsat)

表4.8列出了当前全球地球静止轨道搜救卫星覆盖范围内提供服务的所有地球静止轨道用户地面站。

表4.8　与特定地球静止轨道卫星相关的用户地面站

地球静止轨道卫星	与地球静止轨道卫星相关的用户地面站							
	美国马里兰州、加拿大埃德蒙顿和渥太华	阿根廷埃塞萨	巴西巴西利亚和累西腓地区	智利圣地亚哥	印度班加罗尔	西班牙马斯帕洛马斯群岛	英国科姆马丁、法国图卢兹	新西兰惠灵顿
GOES－E	有	有	有	有	有	有	有	有
GOES－W	有							
Insat－2B								

4.5.4.4　综合 Techno－Sciences(TSi) 固定用户地面站

TSi 固定用户地面站是集成的低轨搜救卫星和地球静止轨道搜救卫星地面站,采用并行分布式处理设计,用高性价比实现了高可靠性,如图4.27(左)所示。用户地面站接收和处理 Cospas－Sarsat 转发的 406MHz 信标数据、Cospas－Sarsat 星上专用处理器输出的 2.4kb/s 数据。主控处理器控制天线并与任务控制中心通信。TSi 用户地面站采用的并行处理架构实现了高可靠性和高可用性、易于维护、故障诊断简单、停机时间短和易于扩展。该用户地面站是全自动的,无需任务控制中心或操作员干预就可以无限期地运行。即便如此,它还是提供了一个控制台,便于与操作员进行交互,在全球范围内实现高达99%的可靠性和可用性。

图 4.27　TSi 固定和移动用户地面站(图片来源:TSi)

TSi 用户地面站达到或超过了 Cospas－Sarsat 的性能规范。它可以配置为低轨卫星搜救和地球静止轨道卫星搜救模式,在同一个终端中处理低轨卫星和静止轨道卫星的 Cospas - Sarsat 数据。该终端基于微软操作系统和英特尔奔腾处理器,这种操作系统和处理器在全球数亿台计算机中使用。用户地面站天线和射频接收机是在全球数千个地方使用的标准商业设计。通过拨号调制解调器或 X.25 通信设备从任何位置对用户地面站和任务控制中心进行监控。可以添加额外的硬件和/或软件模块来满足未来的系统要求。

　　TSi 用户地面站并行独立处理每个信号。每个信号都有一个专用处理器。卫星通过用户地面站后,不到一分钟就可以完成所有处理。用户地面站处理100% 的可用数据,以最少的错误报警生成最准确的结果。主控制处理器控制天线并与任务控制中心通信。TSi 用户地面站使用 Microdyne 射频接收机和 SeaTel跟踪天线;两者在全球都有数以千计的应用。

4.5.4.5　TSi OSE 移动用户地面站 - 任务控制中心

　　TSi 是唯一一家提供移动用户地面站—任务控制中心设备的公司,如图 4.27(右)所示。该系统被称为"运行支持设备"(OSE),是为美国政府设计和开发的。运行支持设备于 1992 年交付,一直被美国用于空中演习和相关活动的搜救示范装备。进行部署后,OSE 的功能相当于美国的 Cospas - Sarsat 用户地面站。它包括一辆具有"4×4"越野能力的车辆和一辆拖车,以承载用户地面站天线和相关设备,这些设备是在现场进行"独立"工作所需的。OSE 的车辆应为用户地面站和任务控制中心电子设备提供足够的内部空间,同时为 2 名系统操作员以及车辆驾驶员和乘客提供空间。在现场部署期间,可独立工作,无需外部电源或通信链路。现场工作条件:最高温度 50℃,最低温度 0℃;工作模式下可承受最大风速 100km/h;生存模式下可承受最大风速 150km/h;湿度 0% ~100% ;可在雨中工作。OSE 独立电源为汽油发电机,包含 OSE 系统中。它应能够部署在适度的越野位置,并应具有 4 轮驱动能力。OSE 设备应能够用运输机运输,并能在 30min 或更短时间内装入运输机。

4.5.5　中轨卫星搜救系统

　　美国、俄罗斯和欧洲委员会/欧洲航天局(EC/ESA)宣布,它们计划将406MHz 搜救转发器纳入各自的中轨星座,与美国 GPS、俄罗斯 GLONASS、欧洲 Galileo 全球导航卫星系统(GNSS)星座一起运行。

　　这些新型中轨卫星搜救项目一旦实现,将为 Cospas - Sarsat 406MHz 搜救警报提供重大好处,其中包括:近全球覆盖且具有独立精确定位能力(不依赖导航接收机);遇险信标到卫星之间强大的通信链路和高度的卫星冗余、可用性;对遇险信标到卫星链路阻挡的适应能力(卫星运动减轻了信标到卫星的可视阻挡)。

　　迄今为止,工作的重点是确保中轨卫星搜救系统与 Cospas - Sarsat 406MHz

信标完全兼容,并确定三个中轨搜救卫星星座之间的互操作性要求。2006年制定了一项实施计划,将中轨卫星搜救部分纳入 Cospas - Sarsat 系统(C/S R. 012 文件),该计划可从 Cospas - Sarsat 网站下载。一个创新的未来用户地面站系统会进一步增强现有的全球卫星遇险安全系统网络。

Cospas - Sarsat 系统的支持者正准备演示和评估一种称为中轨搜救卫星的新能力,该卫星由欧洲、俄罗斯和美国导航卫星上的搜救转发器组成,其系统运行概念如图 4. 28 所示。GPS、GLONASS 或 Galileo 全球导航卫星系统转发器可以检测到从 406MHz 海上应急无线电示位标、个人定位信标、航空紧急定位发射机发送的所有遇险信号,并将其转发到中轨卫星用户地面站。遇险信标的位置数据从中轨卫星用户地面站送入任务控制中心,最后到达救援协调中心,救援协调中心向搜救船只和直升机发出搜救命令。Galileo 地面站能通过 Galileo 卫星向发送遇险信标的设备发送信息接收确认。

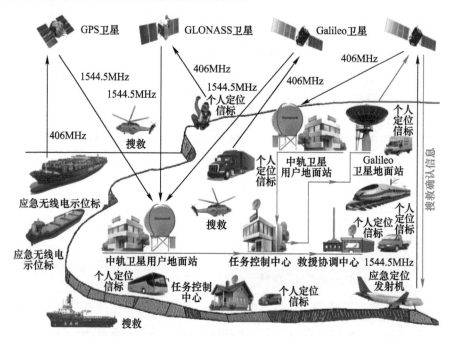

图 4.28　中轨卫星搜救系统的运行概念(图片来源:Ilcev)

因此,新的中轨卫星搜救系统的主要目标是通过位于地球中轨高度的 72 颗搜救卫星,在 10min 内、95% 的概率、5km 的定位精度确定信标位置。采用弯管技术的 GPS、GLONASS 或 Galileo 卫星上的转发器几乎瞬时就可以探测到遇险信标信号。与低轨卫星搜救相比,平均快了 46min。中轨卫星搜救系统通过多个信号突发缩短了响应时间,提高了位置计算的速度和准确性。由于采用多天线系统和中轨卫星用户地面站网络,系统可靠性接近 100% 。通过 Galileo 卫星的返回链路提供信号接收确认,并可对信标进行控制,远程激活、关闭信标,及对假警报进行确认。

NASA 将美国空间段称为遇险报警卫星系统(DASS),目前是在轨运行的 17 颗 GPS 卫星。俄罗斯提供 2 颗 GLONASS - K 搜救卫星,Galileo 系统提供 6 颗在轨搜救卫星。因此,中轨搜救卫星能够近瞬时探测、识别、接收编码位置和 406MHz 信标多普勒三角定位。如上所述,中轨卫星搜救系统能够将信息下载到遇险信标上,然后再编码进 Galileo 导航数据流中。中轨卫星搜救有效载荷是根据互操作性要求设计的,这使得中轨卫星用户地面站能够根据接收信号的任何组合计算遇险信标的位置。

4.5.5.1　中轨卫星搜救系统的描述和运行概念

中轨卫星搜救系统将提供如下增强的遇险报警能力:

(1)先进的 Cospas - Sarsat 406MHz 遇险信标近瞬时全球探测和独立定位能力;

(2)高度的空间和地面段冗余、可用性;

(3)健壮的信标到卫星通信链路;

(4)多个连续变化的信标/卫星链路,从而提供了灵活的克服信标到卫星间障碍的能力和抗干扰能力;

(5)首个通过卫星连接到 406MHz 遇险信标设备的返回链路。

利用卫星上搜救设备和地面处理站组成的网络,中轨卫星搜救系统将在全世界范围接收、解码和定位 406MHz 遇险信标。但是,所有三个中轨卫星搜救星座都必须与 C/S T.001 文件(Cospas - Sarsat 信标规范)中定义的 Cospas - Sarsat 406MHz 遇险信标完全兼容。中轨搜救卫星在大约 20000km 的高度绕地球运行,接收由 Cospas - Sarsat 406MHz 遇险信标发送的信号。卫星下行链路由地面接收站(以下称为中轨卫星用户地面站)处理,提供信标标识和位置信息。中轨卫星用户地面站计算出的遇险警报信息被转发给 Cospas - Sarsat 任务控制中心,再被分发给搜救服务部门。

每颗中轨搜救卫星都覆盖地球表面大部分地区。此外,由于每个星座中有大量卫星,且在不同的轨道平面上,美国的遇险报警(GPS)、欧洲的搜救(Galileo)和俄罗斯的搜救(GLONASS)星座可以单独提供对整个地球的连续覆盖,但要看是否有位置合适的中轨卫星用户地面站。也就是说,尽管都需要一点时间进行处理才能获得遇险信标的位置,但是三个中轨搜救卫星星座中的每一个都支持接近瞬时的遇险报警。

4.5.5.2 中轨卫星搜救空间段

三个中轨卫星搜救星座所用卫星的主要任务是 GPS、GLONASS 和 Galileo 全球导航卫星服务。搜救作为次要任务,其有效载荷在导航有效载荷的限制范围内设计。三个中轨搜救卫星座利用透明转发器转发 406MHz 信标信号,没有星载载处理、数据存储或专用于遇险报警卫星系统(DASS)的信息解调和再调制。GPS 遇险报警卫星系统、GLONASS 搜救有效载荷和 Galileo 搜救有效载荷将通过 1544~1545MHz 频段下行链路工作。还提供对影响中轨卫星搜救下行链路选择和频率规划的问题描述。

三个卫星星座中的每一个都需要地面设备来进行卫星平台/有效载荷控制(即发送卫星轨道维持、打开和关闭仪器、根据需要重新配置仪器以及监控有效载荷健康等命令)。这种设备是卫星管理所必需的,不是中轨卫星搜救系统的一部分,除非将具体的搜救业务集成到这些地面站,否则不作进一步讨论。

中轨搜救卫星在 19000~24000km 的高度环绕地球,表4.9 中有对这些星座的总结。

表4.9 中轨搜救卫星星座

中轨搜救卫星星座	GPS 遇险警报卫星系统	Galileo 搜救系统	GLONASS 搜救系统
卫星数量			
总数	27	30	24
运行中	24	27	24
在轨备份星	3	3	待定
带有中轨卫星搜救有效载荷	所有 GPS block Ⅲ卫星	待定	GLONASS – K 全系列卫星
高度/km	20182	23222	19140
周期/min	718	845	676
轨道平面			
平面数量	6	3	3
每个平面卫星数量①	4	9②	8
平面倾角	55°	56°	64.8°

备注:①不包括备用卫星;
②每个平面一个备份星

(1) GPS 遇险警报卫星系统结构和有效载荷。GPS 遇险警报卫星系统包括:①GPS 系统所有 24 颗卫星和 3 颗在轨备用卫星上的 406MHz 转发器;②位于世界各地、提供全球覆盖的 Cospas – Sarsat 中轨卫星用户地面站。还没有作出关于遇险警报卫星系统返回链路业务的决定,如果决定提供返回链路,则需要额外的地面段设备来提供和管理返回链路传输。GPS 卫星在 20182km 的高度环绕地球,由 24 颗卫星组成的星座分布在 6 个不同的轨道平面上,在经度上等距分布。有了这个星座,地球上的每个点在任何时候都被至少 4 颗卫星看到,最小仰角为 5°。

遇险警报卫星系统搜救有效载荷包括一个卫星转发器,该转发器转发 406MHz 遇险信标发射的信号。运行中的遇险警报卫星系统转发器使用 1544 ~ 1545MHz 频段的下行链路。然而,遇险警报卫星概念验证/在轨验证阶段使用 S 频段下行链路转发器。

（2）GLONASS 搜救系统结构和有效载荷。GLONASS 搜救系统包括:①GLONASS – K导航系统所有卫星上的 406MHz 转发器;②位于世界各地、提供全球覆盖的 Cospas – Sarsat 中轨卫星用户地面站。GLONASS 卫星在 19140km 的高度环绕地球运行。GLONASS 卫星分布在 3 个不同的轨道平面上,这个轨道面在经度上等距分布。有了这个星座,地球上的每个点在任何时候都处于至少 4 颗仰角大于 5°卫星的可见范围内。关于 GLONASS 搜救卫星是否向遇险信标设备提供如前面描述过的返回链路业务,尚未作出决定。如果是这样,需要一个额外的地面段来提供和管理返回链路传输。GLONASS 搜救有效载荷包括一个透明的 406MHz 转发器,转发 406MHz 遇险信标发射的信号。

（3）Galileo 搜救系统结构和有效载荷。Galileo 搜救系统包括:Galileo 导航卫星系统里待定卫星*和指定为在轨备份星里待确认[3]卫星上的 406MHz 转发器;位于世界各地、提供全球覆盖的 Cospas – Sarsat 中轨卫星用户地面站;提供返回链路业务的设备,与 Galileo 地面段连接,用于向 Galileo 卫星上传返回链路信息。Galileo 卫星在大约 23200km 的高度绕地球运行。由 27 颗卫星组成的星座分布在经度等距的 3 个平面上。有了这个星座,地球上的任何地方在任何时候都可以看到至少 6 颗卫星,最小仰角为 5°（MEOSAR – 1/2004/Inf. 2 文件）。如系统设计所示,Galileo 搜救系统返回链路功能已并入 Galileo 任务上行链路,该上行链路工作在 C 频段(*注:满足 Cospas – Sarsat 中轨卫星搜救任务所需的有效载荷数量有待确认)。

Galileo 搜救有效载荷,如图 4.29 所示,包括前向链路 406MHz 接收天线、转发器、1544MHz 发射天线,以及一个新设计的用于搜救相关确认和其他信息传输的返回链路。在硬件方面,返回链路是 Galileo 地面任务段和导航有效载荷的一部分。这些功能的详细操作和技术要求尚未确定。

4.5.5.3　中轨卫星搜救地面段

如图 4.28 所示,中轨卫星搜救地面段包含用于所有移动应用的 406MHz 信

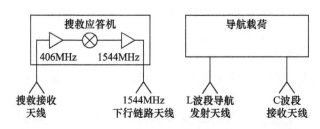

图 4.29　Galileo 有效载荷功能(图片来源:Cospas – Sarsat)

标、Cospas – Sarsat 任务控制中心、中轨卫星用户地面站以及可能用于返回链路功能的地面控制站。可能需要对以前搜救用户地面站的要求进行修改,以符合中轨卫星搜救系统的具体特点。Cospas – Sarsat 中轨卫星用户地面站的技术要求在 GPS 遇险警报卫星系统、GLONASS 搜救系统和 Galileo 搜救系统项目的设计和开发阶段进行确定。从立项角度来看,提供中轨卫星用户地面站是各个国家的责任。而中轨搜救卫星提供商在全球提供其卫星下行链路,用于由 Cospas – Sarsat 地面段运营商运营的中轨卫星用户地面站处理遇险信号。此外,中轨卫星搜救提供商也不负责提供支持全球覆盖所需的所有 Cospas – Sarsat 中轨卫星用户地面站。请注意,三个中轨搜救卫星星座具有互操作性,中轨卫星用户地面站有能力接收和处理所有三个中轨搜救卫星星座的下行链路信号。

　　根据提供先进搜救业务方面所作的决定,中轨卫星搜救提供商开发和安装地面设施以实现额外功能也可能是需要的。在这一点上,三个中轨卫星搜救项目将各提供一个支持全球覆盖的卫星星座,并包括开发原型中轨卫星用户地面站,用在设计验证(POC)和演示评估(D&E)阶段。然而,没有一个项目能提供全球覆盖所需的所有中轨卫星用户地面站。取而代之的是,提供中轨卫星用户地面站将是各国自己的责任,而建设和运行中轨卫星用户地面站的项目要求必须在中轨搜救卫星项目的设计开发和验证阶段制定。

　　中轨卫星搜救地面段包括带有天线的 Cospas – Sarsat 中轨卫星用户地面站、现有的用于协调处理所有接收到遇险警报的 Cospas – Sarsat 任务控制中心、现有的救援协调中心、可能还有用于执行返回链路功能的 Galileo 专用地面控制站。在图 4.30(左)是 Honeywell 公司的 MEOLUT – 600,在图 4.30(右)为带天线罩的中轨卫星用户地面站天线。

　　(1) MEOLUT – 600 地面站。这种新一代中轨搜救卫星用户地面站到 2017 年安装了 70 个,它处理由海上应急无线电示位标、个人定位信标、航空应急定位发射机发送,通过下一代 GPS、GLONASS 和 Galileo 中轨卫星转发的 406MHz 遇险警报,并快速通告世界各地的搜救机构。MEOUT – 600 是 Honeywell Global Tracking 公司开发的 Cospas – Sarsat 中轨卫星搜救系统的一部分,该系统连接

图 4.30　带天线的中轨卫星用户地面站(图片来源:Honeywell 公司)

了现有的地球静止轨道和低地球轨道设施,可以在几秒钟内确认紧急警报的位置。

(2)中轨卫星用户地面站天线。这是一个 2.3m(7.5ft)带有天线罩的网状天线,它使卫星地面站(中轨卫星用户地面站)可以跟踪中轨搜救卫星星座。天线罩的低横截面使天线能够在高达 200km/h 风速条件下工作,这在极端恶劣天气导致紧急情况发生的条件下至关重要。

中轨卫星用户地面站的主要功能是接收和处理卫星下行链路信号,计算406MHz 信标位置,并将位置信息转发给与中轨卫星用户地面站相关的任务控制中心。对中轨搜救卫星检测的搜救警报,任务控制中心完成与目前低轨和地球静止轨道搜救卫星相同的任务(例如根据 Cospas - Sarsat 数据分发计划向其他任务控制中心或搜救联络点分发警报,验证警报和遇险数据,并过滤掉冗余数据)。低轨卫星用户地面站对一颗卫星跟踪一个时段就可获得多普勒位置信息,中轨卫星搜救系统与此不同,它需要同时进行多个时间和频率测量,才能计算出所需精度的信标位置。中轨卫星搜救定位精度也受到信标/卫星间几何关系的影响。当信标到中轨卫星用户地面站的距离增加时,提供独立位置信息的概率和位置数据的准确性会降低。

具体来说,中轨卫星用户地面站覆盖范围的边缘地区会出现定位模糊。可以使用下列方法来缓解这些潜在问题:①设计可以跟踪尽可能多卫星的中轨卫星用户地面站,如正式可用星座中的卫星;②设计作为网络运行的中轨卫星用户地面站,如可以与相邻的中轨卫星用户地面站交换遇险信标突发时间和频率测量值。中轨卫星搜救系统计划建设具有同时接收和处理多颗中轨搜救卫星下行链路信号能力的独立中轨卫星用户地面站,这类站能够提供独立的信标定位能力,定位范围以用户地面站为中心,半径约为 6000~7000km。联网的中轨卫星用户地面站将因为中轨卫星用户地面站位置分散而覆盖范围增加,容错能力和备份能力增加,减少或消除了由于距离用户地面站较远导致位置精度降低的区域。因此,需要进一步研究,确定一个可以确保所需可用性和定位精度性能的国际网络和最佳中轨搜救卫星地面段结构。

中轨卫星搜救系统将结合使用到达时间差(TDOA)和到达频率差(FDOA)技术,提供独立的遇险信标位置信息。中轨卫星用户地面站通过测量和处理不同卫星转发的同一信标激活的时间差和频率差来计算信标位置。从理论上讲,中轨卫星用户地面站使用到达时间差/到达频率差技术定位遇险信标至少需要同时接收两个卫星的信息(EWG – 1/2002/3/2 文件)。

4.5.6 任务控制中心

大多数至少运行一个用户地面站的国家都建立有 Cospas – Sarsat 任务控制中心,如图 4.31 所示。它们的主要功能有收集、存储和整理来自所有用户地面站和其他任务控制中心的数据;在整个 Cospas – Sarsat 系统内提供数据交换,并将警报和位置数据分发给相关的救援协调中心或救援联络点。

图 4.31　Cospas – Sarsat 任务控制中心终端配置(图片来源:Cospas – Sarsat)

大多数数据分为两大类:警报数据和系统信息。警报数据是从遇险信标获得的 Cospas – Sarsat 406MHz 数据的通称。对于 406MHz 信标而言,警报数据总是包括信标标识,还可以包括多普勒和/或编码位置数据以及其他编码信息。系统信息主要用于保持 Cospas – Sarsat 系统以最高效率运行,并向所有用户提供准确和及时的警报数据。它包括用于确定信标位置的卫星星历表和时间校准数据、空间和地面段的当前状态以及 Cospas - Sarsat 系统运行所需的协调信息。

　　系统中所有任务控制中心通过适当的网络相互连接,以分发系统信息和警报数据。为了确保数据分发的可靠性和完整性,Cospas - Sarsat 制定了任务控制中心性能规范和调试程序。全球有许多任务控制中心办事处,在 Cospas - Sarsat 会议期间会定期提供他们的运行报告。经常进行演习,检查所有用户地面站/任务控制中心、数据交换的状态和性能。

　　每个任务控制中心负责分发其服务区内的所有遇险警报数据。任务控制中心服务区包括国家当局提供搜救业务的航空和海上搜救区域,还包括与其他国家就提供 Cospas - Sarsat 警报数据达成适当协议的航空和海上搜救区域。任务控制中心服务区通过 Cospas - Sarsat 联合委员会在 Cospas - Sarsat 地面段提供者(如用户地面站 - 任务控制中心运营者)之间进行协调,协调时要考虑地理位置和共同的搜救区域边界、通信能力和现有的国家搜救分工以及现有的双边行动协议。

4.5.6.1　Cospas - Sarsat 数据分发计划

　　由低轨卫星用户地面站和地球静止轨道用户地面站生成的 Cospas - Sarsat 警报数据根据计算出的遇险位置和/或信标的国家代码分发给相应的救援协调中心。由于 Cospas - Sarsat 地面段的高度冗余性(每个运行的用户地面站能够在全球运行模式下提供基本相同的数据),必须协调这种分布,并从地面通信网络中过滤掉冗余数据。每个用户地面站都与一个相关的任务控制中心相连,根据 Cospas - Sarsat 数据分发计划(C/S A.001)中所规定的程序,警报信息通过任务控制中心通信网络转发给适当的救援协调中心。

　　为了发布警报,Cospas - Sarsat 建立了五个数据分发区(DDR),每个数据分发区都由一个节点任务控制中心提供支持,如图 4.32 所示。在每个数据分发区都可能有几个任务控制中心负责分发特定地理区域(任务控制中心服务区)的警报。警报由 Cospas - Sarsat 数据分发网络发送到负责发出警报信标所在区域的任务控制中心。任务控制中心负责将警报转发给适当的救援协调中心或搜救联络点。数据分发区边界之外的警报通过节点任务控制中心发送到负责警报所在区域的任务控制中心。Cospas - Sarsat 允许任务控制中心之间存在额外的双边通信,以便在某些情况下传送警报信息。

　　当 Cospas - Sarsat 遇险触发信标位于接收警报的任务控制中心服务区之外时,警报信息被接收后转发到遇险所在区域的任务控制中心,如果警报数据已经通过另一个用户地面站/任务控制中心所接收,则该警报信息被过滤掉。为了进

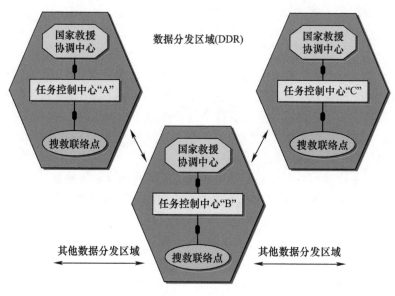

图 4.32　Cospas – Sarsat 数据分发区基础设施(图片来源:Cospas – Sarsat)

一步改善搜救信息在越来越多的 Cospas – Sarsat 任务控制中心之间的分配,任务控制中心服务区域已被重新分组,进入较小的数据分发区,每个分发区都有一个任务控制中心,它作为通信网络中的一个节点,负责数据分发区中心之间的数据交换。

　　每个任务控制中心都将 Cospas – Sarsat 警报数据分发给其国家救援协调中心和在服务区内的国家指定搜救联络点。搜救联络点通常属于国家救援协调中心,可以接收或负责转发位于其国家搜救责任区(定义为搜救区)内的所有 Cospas – Sarsat 遇险警报数据。Cospas – Sarsat 警报信息在各任务控制中心之间按照标准化的信息格式进行交换,而任务控制中心与其所在国家的用户终端站和救援协调中心之间的信息则按照所在国要求的格式进行交换。文件 C/S A. 002 "Cospas – Sarsat 任务控制中心标准接口说明(SID)"描述了分发警报数据和系统信息的详细信息结构。

　　Cospas – Sarsat 定义的标准接口格式,允许在任务控制中心之间以及任务控制中心与相关救援协调中心、搜救联络点之间的任何通信系统上传输警报信息。任务控制中心可以自动或手动路由和处理标准接口格式里的警报消息。除了电话(语音和/或传真)通信之外,所有 Cospas – Sarsat 任务控制中心都必须能够接入至少两个国际网络,以便为警报数据交换提供最大限度的可用性和足够的灵活性。

　　任务控制中心使用以下系统向其他任务控制中心、搜救联络点或救援协调中心发送警报数据:国际电传、民航自动固定电信网(AFTN)和分组数据网(X.25)。Cospas – Sarsat 数据分发计划中有民航自动固定电信网的地址、电传号码、电话或传真号码。任务控制中心运营商和搜救联络点需要事先协调,就其服务区域内使用的通信系统和接口达成一致。为了确保 Cospas – Sarsat 警报和定位数据得到有效分发,国际海事组织和国际民用航空组织已邀请各自成员国政府指定一个国家搜救联络点,并向国际海事组织、国际民用航空组织或 Cospas – Sarsat 秘书处提供可用国际通信链路信息(电话、电传、民航自动固定电信网或 X.25)。

4.5.6.2　警报数据分发和操作系统

任务控制中心通常使用 EMS Global Tracking 公司的操作控制台(OCC)来处理遇险信标信息,并将其分发给救援协调中心,如图 4.33 所示。

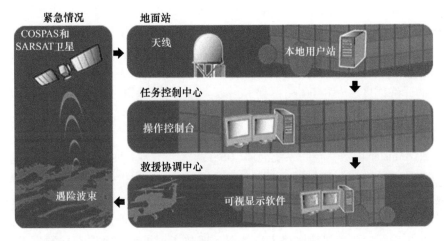

图 4.33　Cospas – Sarsat 的操作控制台架构(图片来源:Cospas – Sarsat)

这些控制台是根据国家和节点任务控制中心的 Cospas – Sarsat 标准进行调试的。该操作控制台通过整合实时输入数据与历史数据、本地任务控制中心信标数据库数据与国际任务控制中心系统的数据,自动解决信息冲突。它以最合适的方式将信息格式化并发送到救援协调中心,这满足并超越了 Cospas – Sarsat 和国家特定标准的要求。任务控制中心使用 EMS Global Tracking 公司操作控制台格式化遇险信标数据并将其分发给救援协调中心。

Cospas – Sarsat TSi 任务控制中心的标准特征是:①从事故数据库可以获取所有输入数据和记录,可以提供给定信标的完整事件历史;②消息数据库存储所有发送和接收的消息,并提供消息转发;③信标注册数据库为任务控制中心操作员提供查询服务,并自动纳入国家救援协调中心;④国家用户地面站状态提供给控制和工作状态监测系统;⑤完全节点能力提供了通过改变软件开关将 TSi 任务控制中心转换成节点任务控制中心的可能性。

TSi Cospas - Sarsat 任务控制中心基于微软 Windows 操作系统和英特尔奔腾处理器。全世界数亿台计算机都在使用这些系统。它们是有史以来经过最严格测试的计算机系统,任务控制中心使用客户端 - 服务器架构。该系统可以支持任意数量的操作员。服务器的规模适合客户的数据库要求。扩展到处理任意大型数据库非常简单。所使用的硬件系统是在全球数千个地方使用的标准系统。

4.5.7　救援协调中心

救援协调中心的 SARMaster 系统提供了对 Cospas - Sarsat 警报的全面管理。警报消息显示在地理信息系统(GIS)上,而相关的属性信息(如频率、时间、搜索责任区域)显示在文本视图中。综合方案和分系统方案可以在地图或文本视图中查看和管理。用户可配置声音警报和警告消息,确保收到新数据时能够得到确认。管理员可以将 Cospas - Sarsat 警报与特定事故联系起来,并显示和存储事故的详细信息。SARMaster 根据 Cospas - Sarsat 标准以及不同的地区读取信息。SARMaster 单元支持各种数据输入,并可通过配置满足救援协调中心的特定业务需求。

SARMaster 由数字空间系统公司(DSSI)设计,作为一种综合搜救系统,满足世界各地搜救指挥员和救援协调中心的专门需求。它为指挥员提供了一个综合的空间/文本信息视图,以有效地进行事故搜救。它在 Windows NT 下开发,支持双监视器功能,用于同时查看数据库中存放的或用户获取的空间和文本信息。该系统可以配置为单机或网络工作状态。搜救指挥员需要及时获取数据,以便做出明智的决定,拯救那些处于危险中的人,并支持那些冒着生命危险营救他们的人。SARMaster 是以此为目的,在加拿大搜救资源的直接投入和搜救指挥人员的指导下,为提高他们开展事故搜救的效率而开发的。它作为一个综合系统,已经在救援中心运行使用了两年多。

TSi 救援协调中心工作站支持互联网,使搜救任务规划人员能随心地掌握和使用互联网中丰富的资源。救援协调中心工作站的一些参数,包括天气、卫星图像和搜救信息,都是从互联网上自动更新的。进出该工作站的数据和信息流如图 4.34 所示。它工作在标准的英特尔奔腾级微型计算机平台上,其软件基于微软的 Windows 数据库和开发产品。精确搜救管理器是一个功能齐全的搜救管理系统,为搜救人员提供关键紧急的信息,从而实现安全和成功的救援。最适合它的工作是作为一个救援协调中心工作站,与任务控制中心或其他国家、国际站点通信,接听遇险电话并实施救援。同时它还包含用于一般搜救任务的尖端规划和分析软件,即使独立于 Cospas - Sarsat,它也是一个强大的搜救管理系统。

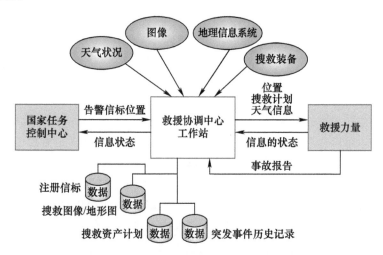

图 4.34　Cospas - Sarsat 救援协调中心工作站(图片来源:TSi)

救援协调中心从一个或多个任务控制中心接收数据和信息。这些数据来自跟踪静止轨道和低轨卫星的用户地面站处理的信标探测数据。救援协调中心在一个不断更新的数据库中维护它从任务控制中心收到的所有信息。救援协调中心还接收和存储 Cospas - Sarsat 辅助信息,如用户地面站跟踪卫星计划和解释性信息。它为操作人员提供了发送消息的能力。救援协调中心工作站可以使用许多不同的通信协议与任务控制中心或其他国家或国际站点通信,例如拨号网络、以太网连接、10 - Base - T 连接、互联网(包括文件传输协议、电子邮件)、电传、民航自动固定电信网和分组数据网 X. 25。

精确搜救管理器为国际海事组织、国际航空和海事搜救组织(IAMSAR)提供指定的搜救任务规划、问题咨询各方面的支持,包括:信标警报数据、信标登记、搜救事件、天气、图像、搜救资产等的数据库管理系统;搜救区域的水温和水流数据;搜救区域的风力数据;搜救区的地形;生存性统计;报告自动生成;事故管理。

第5章

全球移动卫星遇险系统(GMSDS)

全球移动卫星遇险系统(GMSDS)是本书作者的一项全新提议,该系统的开发是为了给海员和飞行员群体提供全球卫星通信和定位网络。事实上,这两个卫星网络必须整合在全球移动卫星遇险系统之内。船上或者飞机上的每个具备基础通信知识的人,哪怕是机组成员,都应当能够操作这一系统,并使用搜索和救援(SAR)业务发出警报。该系统将整合国际海事组织(IMO)已经开发的全球海事遇险安全系统和本书作者在2000年提出并开发的全球航空遇险和安全系统(GADSS)中的卫星分系统,而国际民航组织(ICAO)直到2016年5月2日才提出了类似的系统。

2016年4月13日,国际民航组织理事会主席奥穆伊瓦·贝纳尔·阿留博士在《全球航空遇险安全系统公报》上发表了一篇题为"国际民航组织采用自动遇险跟踪规定"的文章,内容如下:"这些发展与2014年5月马来西亚航空公司MH370失踪后成立的国际民航组织多学科特设工作组的调查结果和建议一致。他们直接支持国际民航组织当时提出的全球航空遇险安全系统的运行概念,并将大大增强航空能力,确保类似失踪事件不再发生。"

国际民航组织的确在那时提出了全球航空遇险安全系统,但本书作者很久以前就第一次提出了全球航空遇险安全系统。也就是说,全球航空遇险安全系统的命名、系统和网络是本书作者早在2000年就提出的,当时他手稿的题目是"全球移动卫星通信的海陆空应用",2005年1月由斯普林格(Springer)出版。他还在美国航空工业协会(AIAA)2013年出版的《全球航空通信、导航和监视》(CNS)两卷书中写了一章关于全球航空遇险和安全系统网络的内容。

此外,在过去的15年里,本书作者多次向国际民航组织提出他的"全球航空器跟踪"(GAT)项目,但从未得到任何答复。2014年5月,马航MH370失踪后不久,本书作者从国际民航组织收到了一份问卷调查表。他填写了这份关于全球航空器跟踪的问卷调查表并发给国际民航组织,但还没有收到任何反馈。他们明白什么叫真正的全球航空器跟踪吗?本书作者设计的全球航空器跟踪网络将成为全球航空遇险安全系统的主要部分,作为可靠全球航空器跟踪的最佳方案，它可以提供对失踪和被劫持飞机的实时和真实空间跟踪和检测，包括增强的防碰撞能力。另一方面，国际民航组织目前提出的所有全球航天器跟踪系统建议根本无法正常运行，因为它们不是自动化系统，不是独立的，也没有集成全球定位系统和自己的电池电源。全球航空遇险安全系统也是同样的情况，因为国际民航组织的提议不清楚哪些具体的通信、导航和监视技术应该应用到新的全球航空遇险安全系统网络中。

5.1　全球海上遇险安全卫星系统的新特点

自 19 世纪末无线电发明以来，远洋船只一直依赖由塞缪尔·莫尔斯（Samuel Morse）发明并于 1844 年首次使用的莫尔斯电码，以及俄罗斯物理学教授亚历山大·斯捷潘诺维奇·波波夫（Aleksandar Stepanovich Popov）于 1895 年初发明的无线电收发机进行海上遇险和安全通信。1912 年，泰坦尼克号客轮在北大西洋沉没后，人们认识到，船舶和海岸无线电台需要拥有和使用无线电报设备，用于收听莫尔斯编码遇险呼叫。

此后不久，美国国会颁布立法，要求美国船只使用莫尔斯电码无线电报设备进行遇险呼叫。国际电信联盟（ITU，现在是一个联合国机构），对所有国家的船只都建议采取同样的做法。自一个世纪前出现以来，莫尔斯编码遇险呼叫已经挽救了数千人的生命，但它的使用需要熟练的无线电操作员花费数小时收听无线电遇险频率。它工作的 500kHz 中波（MF）遇险频带范围是有限的，莫尔斯信号可以承载的业务量也是有限的。因此，SOS 遇险求救呼叫是在 500kHz 的专用无线电报频带上发送的，而语音求救呼叫是在 2182kHz 的无线电话频带上发送的。

当时并不是所有的船到岸无线电通信都是短程的。一些船舶无线电台提供 3～30MHz 短波远程无线电话业务，如无线电电报和无线电电传呼叫，使全球海上通信成为可能。几十年来，用于商业和遇险通信的海上无线电系统工作非常成功，1976 年马里萨特（Marisat）发明海上卫星通信后，只需要三颗卫星及相应的海上网络就能在大西洋、太平洋和印度洋地区提供海事卫星移动通信服务。到 1980 年代末，海上海事卫星通信服务开始在船到岸通信市场上占据越来越大的份额。

出于这些原因，国际海事组织这个专门从事航运安全和保障，防止船只污染海洋的联合国机构，开始寻找改善海上遇险和安全通信的方法。1979 年，一个国际专家组起草了《国际海上搜救公约》，该公约呼吁制定一项全球搜救计划。不久之后，该小组还通过了一项决议，呼吁国际海事组织开发一个全球海上遇险安全系统,为更有效地实施搜救提供必要的通信支持。世界海洋国家正在实施的这一新的搜救系统是基于卫星和无线电服务的结合,并将国际遇险通信从主要基于船对船的通信改变为基于船对岸救援协调中心的通信。除了少数用户之外(一些无线电操作业余爱好者和军队仍在使用这项业务),它标志着莫尔斯电码通信的结束。

全球海上遇险安全系统在无线电操作员没有时间发送紧急求助或遇难信号的情况下提供自动遇险报警和定位,并首次要求船舶接收海上安全信息广播,这可以在第一时间防止遇险事件的发生。1988年,海事组织修订了《国际海上人命安全公约》,要求受其管辖的船舶安装全球海上遇险安全系统。这些船只必须在1993年8月1日之前携带导航电传(NAVTEX)和海上应急无线电示位标(EPIRB)装置,且必须在1999年2月1日之前安装所有其他全球海上遇险安全系统设备。根据1996年的电信法案,美国船只要安装全球海上遇险安全系统来代替莫尔斯电报机。

5.1.1 当前全球海上遇险安全系统网络

全球海上遇险安全系统网络是一个综合性通信系统,使用传统的无线电和卫星通信来确保船只无论在哪里遇险,都可以发出警报和求助信号。该系统还确保在全球海域提供海事安全信息,包括气象和导航信息。

1974年版的《国际海上人命安全公约》包含了全球海上遇险安全系统网络管理规定。全球海上遇险安全系统的要求载于第四章,并于1988年通过。事实上,《国际海上人命安全公约》下的全球海上遇险安全系统通信系统是对1979年《国际搜救公约》的补充,该公约是为了建立一个全球搜救系统,当前的网络如图5.1所示。这个网络包含无线电和卫星两个主要的子系统。无线电系统不是本书的主题,卫星系统包含国际海事卫星通信和搜救卫星系统遇险搜救网络。

国际海事卫星(Inmarsat)网络通过地球静止轨道上的国际海事卫星、岸站和地面通信网络向船载站提供服务,把信号传送给救援协调中心。救援协调中心接收遇险信号,并通过搜救船和直升机向遇难船只提供援助。全球卫星搜救(Cospas – Sarsat)网络通过低轨、中轨和地球静止轨道搜救卫星、用户地面站、任务控制中心、地面通信网络向救援协调中心传送海上应急无线电示位标发出的遇险信号。

从1999年2月1日起,国际航行的所有客轮和所有总重300t及以上的货船必须使用全球海上遇险安全系统,并根据船舶作业的海域,安装所有适用的卫星和无线电通信全球海上遇险安全系统设备,以发送和接收遇险警报和海事安全信息,同时进行一般通信。船舶的具体设备要求因船舶作业的海域而异。

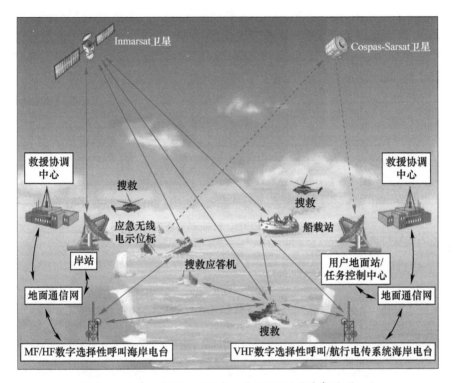

图 5.1　当前全球海上遇险安全系统网络（图片来源：Ilcev）

全球海上遇险安全系统搜救网络将各种子系统结合在一起，各个子系统在覆盖范围方面都有一些不同的限制，将海洋分为四个海区。

（1）A1 海区。该区域位于甚高频（VHF）海岸电台范围内，从海岸到离岸约 20 英里范围内可获得连续数字选择呼叫（DSC）警报，由一个国家的合约政府控制。遇险信号可以作为甚高频信道 16（156.8MHz）上的求救信号，以语音方式发送船名和位置，或者使用甚高频数字选择呼叫告警信号。甚高频无线电能在信道 70 上发送和接收数字选择呼叫，并能在信道 6、13 和 16 上发送和接收无线电话。此外，该地区的远洋船舶需要一个能够在甚高频信道 70 上进行连续数字选择呼叫监视的无线电接收机，同时需要一个自由浮动的 Cospas - Sarsat 系统海上应急无线电示位标发射机。它们能够在甚高频、短波或中波上使用数字选择呼叫，手动激活海上应急无线电示位标或 Inmarsat 船载站终端，发出带有导航位置的遇险警报。

（2）A2 海区。该海区不包括 A1 海区，它是由合约国定义，至少在一个中波海岸电台无线电话覆盖范围内，可提供连续数字选择呼叫警报的海域。通常这个区域从 A1 海区的外边界到离岸约 100 英里，提供 2182kHz 的无线电中波语音或直接文字打印，以及2187.5kHz的数字选择呼叫。此外，该区域提供能够在2187.5kHz下保持连续数字选择呼叫监视的设备，提供进行一般无线电通信的中波波段（1605～4000kHz）设备和海事船载站，它们能够通过短波（使用数字选择呼叫）、手动激活应急无线电示位标或Inmarsat船载站启动遇险警报。

（3）A3海区。这是一个独立于A1和A2的海区，在Inmarsat地球静止轨道星座的覆盖范围内，该星座可提供连续警报。该区域从大约北纬70°到南纬70°，提供2182kHz的中波无线电电话和在2187.5kHz频段的数字选择性呼叫。该区域还提供能够在中波2187.5kHz持续数字选择性呼叫监视设备、Inmarsat-B或Inmarsat-C（第二代）、Fleet 77船载站，增强型群组呼叫设备（EGC），A4海区要求的高频设备。这些设备通过以下两种方式启动遇险警报：Inmarsat-B或Inmarsat-C（第二代）、Fleet 77船载站，手动启动海上应急无线电示位标和高频/数字选择性呼叫无线电通信。

（4）A4海区。该海区位于A1、A2和A3海区之外，包括南纬70°、北纬70°以外的极地区域，在那里无法获得Inmarsat静止轨道卫星的覆盖。该区域提供1605～27500kHz频段的高频/中频波段接收和发射设备，使用数字选择性呼叫、无线电话和直接打印，直接打印被称为窄带直接打印。此外，在这一区域，可以在4000～27500kHz频段内任意选择安全和遇险数字选择性呼叫高频频率，与中波2187.5kHz、高频8414.5kHz一起持续监视信号选择性呼叫信号，并提供激活406MHz海上应急无线电示位标的能力，示位标发出的遇险警报通过Cospas-Sarsat高中低轨卫星搜救系统转发。

海上船舶必须能够满足以下全球海上遇险安全系统功能要求：

（1）船对岸遇险警报；

（2）岸对船遇险警报；

（3）船对船遇险警报；

（4）搜救协调；

（5）遇险现场通信；

（6）紧急定位信号的发送和接收；

（7）海事安全信息（MSI）的发射和接收；

（8）通用无线电通信；

（9）舰桥对舰桥通信。

为了满足上述海洋区域的功能性要求，以下是所有船舶所需的最低通信设备清单：

（1）能够在信道70发送和接收数字选择性呼叫信号，同时能在信道6、13和16进行无线电通话的船舶甚高频无线电系统。

（2）能够在信道 70 甚高频上保持连续的数字选择性呼叫（DSC）监测的无线电接收机。

（3）搜索和救援应答机（SART）是船上的必备设备，遇险情况下至少有两个必须在 9GHz 频段工作。它们是便携式雷达应答设备，用作免费的遇险报警系统。救援应答机使该地区的任何船只、飞机或直升机只需通过适当的雷达系统就能轻松定位幸存者。

（4）船舶无线电接收机，能够接收任何地方的航行电传系统（NAVETEX）广播，中波 518kHz 用作主频道，490kHz 用作本地语言（非英语）广播，高频 4209.5kHz 分配给热带地区的航行电传系统广播（目前未广泛使用）。航行电传无线电系统自动广播本地海事安全信息，也称为窄带直接打印。

（5）能够在航行电传不可用的任何地方连接安全网络（safetyNET）的接收机。

（6）手动启动和可自动启动的漂浮海上应急无线电示位标。

（7）双向手持甚高频无线电，总注册吨位 300 ~ 500 的货船上至少有两套，总注册吨位 500 及以上的货船和所有客船上至少有三套。

除甚高频/中波/高频无线电系统外，全球海上遇险安全系统网络包括以下两个卫星系统。

（1）Inmarsat 静止轨道移动卫星网络。Inmarsat 移动卫星运营商是全球海上遇险安全系统网络的主要参与者，它提供地球静止轨道空间段、陆上地球站（也称为海事岸站）和移动船载站。Inmarsat 系统的主要缺点是卫星不能覆盖极地区域，只能覆盖南北纬75°之间的地区。这个问题可以通过与大型低轨铱星网络互操作来解决，或者通过与大椭圆轨道（HEO）卫星，比如俄罗斯闪电轨道卫星，建立混合卫星网络来解决。海事岸站提供空间段和陆基国内或国际固定通信网之间的联系。数据从岸站传输到 Inmarsat 网络协调站，然后继续传输到海上船载站。船载站终端，如 Inmarsat - B、C 和 F77，提供船舶和海岸之间的双向通信。通过类似于甚高频航行电传的 Inmarsat - C 增强群呼，广播主要安全业务，包括：导航警告（NX）；气象警报（WX）；结冰报告；搜救信息；气象预报；飞行员服务信息（美国境内没有）；电子导航系统信息。

（2）Cospas - Sarsat 低轨/静止轨道/中轨移动卫星网络。这是所有移动应用卫星运营商，通过专门的 406MHz 海上应急无线电示位标转发器为所有船只提供的国际搜救服务。每一个 406MHz 的海上应急无线电示位标对应特定船舶，装置被激活后能够通过低轨、中轨、地球静止轨道搜救卫星自动把船舶位置发送给用户地面站，任务控制中心和救援协调中心。

5.1.2 增强型全球海上遇险安全系统网络

增强型全球海上遇险安全系统空间和地面网络是由本书作者开发和设计的,其集成系统架构如图5.2所示。增强型全球海上遇险安全系统网络的组成如下:无线电、卫星通信和卫星搜救网络。无线电系统通过甚高频和中波/短波频段提供相同的业务,如数字选择性呼叫和航行电传传输。海事卫星和铱星网络提供卫星自动辅助监视 – 广播(SADS – B)和卫星数据链,而甚高频无线电台提供无线电自动辅助监视 – 广播(RADS – B)和甚高频数据链路,这将在下一章进行介绍。在这种情况下,全球海上遇险安全卫星系统将提供 Inmarsat 和三个 Cospas – Sarsat 子系统,这三个 Cospas – Sarsat 可以是铱星、HEO 闪电、Orbcomm、O3b 和新的全球船舶跟踪(GST)卫星子系统等。

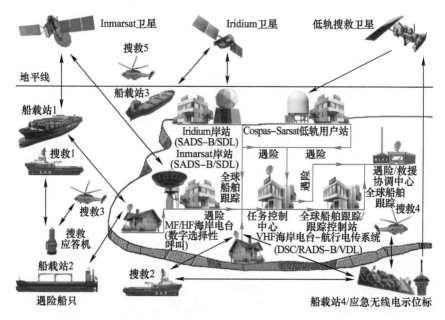

图5.2 全球海上遇险与安全系统网络新概念(图片来源:Ilcev)

5.1.2.1 海上中波/短波无线电子系统

船载中波/短波无线电通常被称为单边带调制无线电。它是一个收发一体系统,通常称为收发机。操作员能够使用该收发机发送或接收语音信息。然而,中波/短波无线电一个很大的缺点是它不能"寻址"特定的无线电设备。也就是说,中波/短波无线电广播的语音可以被其覆盖范围内的所有其他中波/短波无线电听到。正因为如此,中波/短波无线电集成了数字选择性呼叫(DSC)控制器。它的功能可以看作是普通电话和收音机的混合体。数字选择性呼叫通过控制器或调制解调器发挥作用，它只需在中波/短波数据收集系统频率上发送一串数字代码，就会自动"拨通"另一个中波/短波无线电设备。这是因为每个中波/短波数字选择性呼叫控制器都分配了唯一的海上移动业务识别码，其作用类似于电话号码。

指定用于海上通信的中波频率范围是 1605～3800kHz 之间，称为"t"频段。而指定用于海上通信的短波范围在 4000～27500kHz 之间，称为"u"频段。"u"频段分为以下子频段：4、6、8、12、16、18/19、22、25/26MHz。只有前五个频段用于遇险和安全通信，如图 5.2 所示。在遇险、安全和/或商业通信情况下，船舶 SES 1、SES 2 和任何其他船载站可通过中波/短波海岸无线电台数字选择性呼叫终端建立语音、数据或电传通信。在遇险警报情况下，该终端通过地面通信网络与任务控制中心和救援协调中心连接。发生严重事故或碰撞后，船员弃船，将搜救转发器和海上应急无线电示位标放在海面上。搜救转发器是一种独立运行的防水转发器，用于海上紧急情况。这些设备可能是雷达搜救转发器或基于全球定位系统的自动识别搜救转发器。雷达搜救转发器通过在救援船的雷达显示器显示一系列点来定位救生艇或遇难船，例如，这些显示器可以在图 5.2 的搜救 1 号船和搜救 3 号直升机上。搜救转发器只能对 9GHz 的 X 频段（3cm 波长）雷达有响应，在 S 频段（10cm）或其他类型的雷达上看不到。如果事故发生在 A1 区以外，该搜救船和直升机可通过中波/短波海岸无线电台数字选择性呼叫终端建立通信联系。

如上所述，所有在 A1 海区以外航行、符合《海上人命安全公约》的远洋船舶都必须携带一台能够发送数字选择性呼叫的中波/短波无线电设备。因此，当船只在 A2 海域时，中波/短波无线电必须能够在 2187.5kHz（中波）上保持连续的自动监视。当船只在 A3 或 A4 海域时，必须在 8414.5kHz 和附加短波频带上保持连续的自动监视。短波频段的选择与传播条件有关，夜间选 4MHz 或 6MHz，白天选 12MHz 或 16MHz。通常来说，中波/短波数字选择性呼叫控制器能监视所有的数字选择性呼叫频率，即五个来自短波频带，一个来自中波频带。船载中波/短波无线电的主要部件如下：

（1）一个带有耳机和/或扬声器的接收机；

（2）一个带麦克风的发射机，它通常和耳机组合成一个手持机；

（3）一个中波/短波数字选择性呼叫无线电控制器和无线电电传系统（可选）；

（4）一种既能实现单工操作又能实现双工操作的天线；

（5）一个可靠的电源，通常可以是 12 V 或 24V，由主船舶发动机供电，在遇险通信情况下，无线电设备应使用 24V 电池。

5.1.2.2　海上甚高频无线电子系统

船载甚高频无线电是一种船载发射和接收设备,通常被称为收发机,操作员能够通过它发送或接收安全或常规语音信息。它可以固定在船舶驾驶室内,也可以由船员手持使用。甚高频无线电具有与中波/短波无线电相同的缺点,并且可以以类似的方式,通过与甚高频数字选择性呼叫控制器集成来解决。它的功能可以看作是普通电话和甚高频无线电的组合。数字选择性呼叫系统通过数字选择性呼叫控制器或调制解调器运行,它只需在甚高频信道 70 上发送一串数字代码,就会自动"拨通"另一个甚高频无线电。这是因为每个甚高频数字用户控制器都被分配了一个独特的海上移动业务识别号码,就像一个电话号码。这样一来,每条船有一个固定号码的甚高频无线电可用。甚高频无线电与中波/短波无线电具有相同的组件,并使用由甚高频数据收集系统控制的甚高频无线电设备,由 12 V 或 24 V 船舶电源或电池供电。

图 5.2 显示了遇险 4 号船和搜救 2 号船使用甚高频海岸电台 – 导航电传(DSC/RADS – B/VDL)的遇险通信,其中,在出现遇险报警情况下,甚高频海岸电台通过地面电信网络连接任务控制中心和救援协调中心。该海岸基站还通过语音和数据模式为 A1 海区的船舶提供安全和商业通信。救援协调中心站通知搜救 2 号船和搜救 4 号直升机为遇险 4 号船提供援助。两支搜救力量也都可以通过甚高频海岸电台进行遇险现场通信。

5.1.2.3　Cospas – Sarsat 海事卫星子系统

遇险 4 号船可以自动或手动在海上放置海上应急无线电信标,激活后可以通过 Coapas – Sarsat 低轨搜救卫星、低轨用户地面站和任务控制中心,向救援协调中心发送遇险信号,如图 5.2 所示。另一方面,海上紧急无线电信标可以通过 Cospas – Sarsat 的地球静止轨道搜救卫星和中轨搜救卫星向适当的地球静止轨道用户地面站或中轨用户地面站发送遇险警报信号,随后这些遇险信息通过任何海域的任务控制中心发送到搜救协调中心。Cospas – Sarsat 低轨、中轨和地球静止轨道搜救卫星系统是增强型全球海上遇险安全系统网络的主要集成部分。

5.1.2.4　Inmarsat 综合海事卫星子系统

几十年来,短波无线电在全世界提供了可靠的通信服务,特别是海上无线电通信。今天,由于现代通信手段如甚高频/特高频、微波、卫星和光纤的发展和部署,短波无线电可能被认为过时了,但特定的情况下它仍将应用很长一段时间。事实上,固定和移动短波通信系统可以在卫星通信出现严重问题时提供备份,特别是在可能发生世界大战的情况下。与其他技术一样,使用短波单边带调制无线电通信既有优点也有缺点。最明显的缺点是频谱拥挤造成的干扰以及大气噪声和传播效应波动的影响,这通常会影响短波无线电通信的质量和可靠性。

另一方面,Inmarsat 静止轨道移动卫星系统是全球海上遇险安全系统网络的主要组成部分。Inmarsat 和其他静止轨道卫星的主要优点是,它们相对于地球的位置总是相同的,因为从地球上看,卫星似乎是静止的或固定的,地球站天线不需要跟踪。此外,从一颗地球静止轨道卫星上可以看到大约 40% 的地球表面,因此这种轨道比低轨和中轨星座更可靠。Inmarsat 静止轨道卫星系统的主要缺点是,卫星通信的传播延迟比地面通信长 238 ~ 284ms,传播路径上功率衰减高达 200dB,关键问题是静止轨道卫星只能在赤道上空,不能覆盖纬度高于81°的极地区域。极地区域覆盖的缺乏对大多数用户来说不是问题,但对航空来说却是大问题,因为有航线会飞越北极。类似的,穿过加拿大和俄罗斯北冰洋沿岸的新北极海上航线,需要比中波/短波无线电更可靠的卫星通信系统。为了解决这一问题,全球海上遇险安全系统架构需要某种混合卫星轨道(HSO),如静止轨道和大椭圆轨道(闪电 Molniya)卫星星座的组合,或简单地整合现有的大型低轨铱星星座。

在混合卫星轨道系统中高轨星座与静止轨道星座相结合,其总体目标是加强卫星通信系统的可选择性,重点是为在北极沿岸水域航行的船舶和在北极航线上飞行的直升机、小型飞机提供全球海上遇险安全系统、船舶交通管制和空中交通管制。这项研究旨在确定参考系统架构和初步系统设计,例如由 Inmarsat 静止轨道卫星和双大椭圆轨道 Molniya 卫星组成的可以覆盖整个北极地区的混合卫星轨道星座,如图 5.3 所示。

闪电(Molniya)卫星组成的高轨星座系统是由苏联(现在的俄罗斯)设计的,用于民用和军用通信卫星业务,覆盖俄罗斯广袤土地的高纬度地区和近极地地区。事实上,闪电卫星的轨道周期略小于 12h(半同步轨道),倾角为 63.4°,偏心率高达 0.722。轨道远地点高度 25000 英里(40000km),近地点高度只有 300 英里(500km)。在远地点,闪电卫星对于服务覆盖区域长时间可见;反之在近地点,北极地区不可见卫星。这种类型的高轨卫星是苏联首创的,特别适用于高纬度地区,这些地区很难或几乎不可能使用像 Inmarsat 系统这种地球静止轨道卫星提供服务。通过合理分布 2 ~ 3 颗闪电卫星,可以保持高纬度地区的连续通信。

混合卫星轨道(HSO)理论也说明闪电轨道非常独特,它们保持固定的近地点辐角。该轨道的周期为恒星日的一半,有两个固定的地理经度,作为交替出现的两个远地点。也就是说,由地球的形状决定,Inmarsat 或任何静止轨道卫星对包括俄罗斯大部分领土的北极地区都是不可见的。如图 5.3 所示,闪电轨道上的两颗闪电卫星填补了这一空白,提供了闪电卫星星上仪器所在的近似最低指向面。建立一个由 3 颗静止轨道和 2 颗高椭圆轨道卫星组成的混合星座是非常

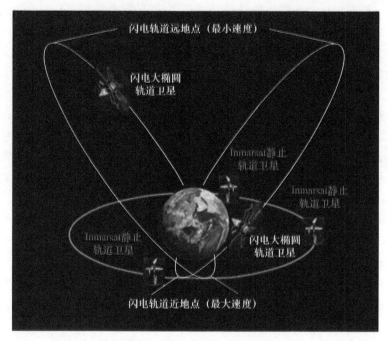

图 5.3　静止轨道和大椭圆轨道卫星组成的混合卫星星座(图片来源:Ilcev)

理想的,这种星座具备真正的全球覆盖且非常可靠,可用于遇险和商业通信。由于这两颗卫星在轨道相位上有很大的偏移(远地点相差 12h),双星可以对北极区域提供连续覆盖,地表的主要区域双星可视。

苏联卫星科学家在首次使用高轨(HEO)时发现一颗具有 12h 轨道周期、倾角为 63.4°的高轨卫星几乎抵消了地球扰动,这意味着闪电卫星每天能够绕地球运行两圈。闪电轨道最好的一点是卫星大部分时间在远地点或其附近飞行。这样,在 12h 的时间里,有将近 8 ~ 9h 的时间,卫星可以"看到"北半球的大部分地区,并与地球站保持通信和联系,向卫星覆盖范围内的所有接收机广播信息。

但是,对于想要一天 24h 广播的用户来说有一个明显的问题。如果只使用一颗闪电卫星,从它从地球一端开始上升到地球另一端降落,这之间的通信仅持续大约 8 ~ 9h,每天有近 15 ~ 16h 的广播服务。然而,这个问题有一个解决措施,即如果将 2 颗以上的卫星放入不同的闪电轨道,间隔约 270°,则能够为整个北冰洋区域提供 24h 广播服务,两颗卫星在 0 时刻同时开始绕地飞行的示意图如图 5.4 所示。

南极大陆是地球上最后一片无人居住的大荒原,需要用可靠的通信手段进

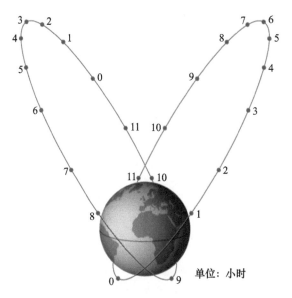

图 5.4　大椭圆轨道卫星双星星座

行通联。使用静止轨道卫星提供连续覆盖,对于南极地球并不是一个理想的解决方案。一些南极站可以接入静止轨道卫星,但是服务的质量和容量不太让人满意。为了解决这一问题,南极地区的通信卫星也应被放置在闪电大椭圆轨道上,其远地点在南极上空。全球海上遇险安全系统不需要完全覆盖南极,但如果将来有新的问题出现,可以用类似的方法建立类似的由 3 颗地球静止轨道卫星和 2 颗闪电轨道卫星集成的混合卫星轨道系统,使其远地点和近地点在地球相反的方向。

　　为了使卫星在尺寸小、重量轻的同时还保持较强的通信能力,闪电卫星网络卫星通信可以使用 Ka 频段(26.5~40GHz),星上发射和接收天线高度定向。这需要在每个卫星上安装一个复杂的姿态控制系统,使卫星在太空飞行时,保持天线指向极圈和其他大陆的互联网关口站。大椭圆轨道卫星面临的另一个挑战是静止轨道卫星通常不会面临的,那就是大椭圆轨道卫星的轨道每天要穿过地球的范·艾伦带四次。

　　静止轨道 Inmarsat 子系统目前为 2 号和 3 号海区的全球海上遇险安全系统船舶提供重要服务。图 5.2 显示了遇险的 SES 1 号船通过 Inmarsat 卫星与 Inmarsat 的岸站(卫星自动辅助监视 – 广播/卫星数据链路)通信的场景。根据接收到的航行信息,Inmarsat 岸站将通过任务控制中心向搜救协调中心发送遇险信息,全球船舶跟踪系统(GST)的跟踪信息可通过任务控制中心终端转发给跟踪控制站。本章将介绍全球船舶跟踪系统对未来全球海上遇险安全系统的重要性。搜救1号船由搜救控制中心派出，为遇险的SES1号船提供援助。

5.1.2.5　铱星海事卫星子系统

美国铱星运营商提供的大型低轨铱星星座由66颗卫星组成、用卫星星间链路相连接，它提供了包括两极在内的真正全球覆盖。虽然铱星网络中的卫星主要是为了支持所有移动通信任务而设计的，但它们已经过调整，以兼顾所承载的其他有效载荷任务。利用星间交叉链路、地面站馈电链路构成的K频段网络，将任务数据、遥测和遥控指令近实时传送到地面，再通过连接卫星的网关站把这些数据传输到被称为传送网络的多协议标签交换云。

本书作者提出，低轨铱星子系统将是未来全球海上遇险安全系统的理想组成部分。图5.2说明了位于北极南部沿海水域的遇险SES3号船通过铱星及与其相连的铱星岸站（SADS – B/SDL）提供遇险警报通信链路的使用场景。根据接收到的信息，铱星岸站将通过任务控制中心向搜救协调中心发送遇险信息，全球船舶跟踪系统（GST）的跟踪信息可通过任务控制中心转发给跟踪控制站。搜救5号直升机由搜救协调中心派出，向遇险中的SES3号船提供遇险警报或搜救援助。

5.1.2.6　Orbcomm海事卫星子系统

美国Orbcomm运营商为移动应用提供小型低轨通信卫星星座。第一代Orbcomm（OG1）卫星于1991年发射，而包含通过卫星星座中继美国海岸警卫队航空情报业务试验载荷的OrbcommCDS – 3卫星于2008年发射。之后，Orbcomm快速发射卫星意在补充第一代星座，但该系统失败了。最后，第二代Orbcomm卫星OG2旨在补充并最终取代第一代星座。OG2是世界上第一个也是唯一一个完全专用于机器对机器（M2M）系统的商业卫星网络，为世界上最偏远地区提供可靠和高性价比的机器对机器通信。

Orbcomm在不断更新其网络，以扩大全球覆盖范围，并为世界各地的用户提高其性能和可靠性。随着17颗新的、更强大的OG2卫星的发射，Orbcomm将其行业领先服务提升到了一个新的水平。通过这种方式，每颗OG2卫星提供的数据访问速率是OG1卫星的6倍，传输速率是OG1卫星的2倍。每颗OG2卫星相当于6颗OG1卫星，提供更快的信息传递、更大的信息容量，在更高纬度提供更广的覆盖范围，同时显著提高网络容量。Orbcomm成熟的地面基础设施，通过分布在13个国家的16个网关建立起全球机器对机器双向卫星通信。

Orbcomm是特定的移动卫星系统，在运输和分销、重型设备、海事、石油和天然气以及政府行业中提供卫星跟踪、监视和控制业务。从强壮的网络应用报告到可直接使用的物联网支持，Orbcomm的投资组合包括工具开发商、系统集成商、增值经销商合作伙伴和企业用户，他们需要远程监控和控制全球的固定和移动资产。这些资产可以是拖车、冷藏箱、集装箱、货船、渔船、货物安全、船队管理等。此外，Orbcomm 网络的最后一个里程碑是规划和开发新的卫星自动识别系统（S－AIS），作为船舶跟踪、导航安全和安保的重要手段。考虑到本书作者提到的方案和建议，Orbcomm 系统可以归类为改进的全球海上遇险安全网络的一个子系统。

5.1.2.7　O3b 海事卫星子系统

最近出现了专门为海洋应用，特别是为游轮开发的新 O3b 中轨系统。本书列举的 O3b 海事应用比现实中实现的更多。

近期在互联网上出现了如下争议内容："最近的新闻报道暗示 Inmarsat 的全球性无线宽带网络（Global Xpress）业务推迟启动（尽管 Inmarsat 强烈否认），这些并没有改变海事市场进行的带宽革命。"在这一点上，所有人都需要知道，没有理由将专业的 Inmarsat Global Xpress 业务与 O3b 系统或任何其他移动卫星系统进行比较。正如北方天空研究报告所表明的那样，从现在到 2022 年，窄带移动卫星系统仍将占据大多数海事卫星通信，实现从发动机监控到安全遇险的所有功能。

然而，当海上出现遇险警报情况时，新出现的宽带移动卫星系统将持续成为所有海事市场领域创新的主要驱动力。最初开发的 C 频段移动卫星系统，作为更可靠的射频频段，继续增长，但还是远远落后于固定卫星系统 Ku 频段和高通量卫星方案。2012—2022 年，静止轨道高通量移动卫星系统增加的用户将几乎与固定卫星系统 Ku 和 K 频段所能支持的用户一样多。海事市场的所有部门几乎都需要更大的传输量来支持关键业务和船员通信，特别是遇险和现场搜救通信。即将推出的卫星业务，如国际通信卫星组织（Intelsat）的 EpcNG、挪威电信公司（Telenor）的 Thor－7、国际海事卫星组织的 Global Xpress 和用于游轮的新移动卫星系统 O3b 等，都属于这一类。海上用户综合使用 C、Ku、Ka 频段，将在未来 10 年对海事领域产生重大影响。因此，卫星运营商和终端用户都需要不断为给定的应用选择最佳的业务，有时可能是高通量卫星（HTS）、固定卫星系统（FSS）、移动卫星系统（MSS），有时可能是上述所有业务。

从全球来看，到 2022 年，高通量移动卫星系统的通信容量将超过 2.3 Tb/s，这将使目前的卫星传输量大幅增加。然而，在海上遇到危险时，有必要考虑所有现有的和新出现的移动卫星系统方案，这些方案可以在商业通信和遇险通信之间找到一个折中方案。鉴于 O3b 中轨移动卫星系统为游轮提供了非常安全的商业通信，本书作者提议考虑将 O3b 系统集成为未来全球海上遇险安全系统网络的一部分。

5.1.3 Cospas – Sarsat 全球海上遇险安全系统应急无线电示位标设备配置

低中轨和静止轨道搜救卫星网络的 Cospas – Sarsat 子系统支持船载应急无线电示位标收发机。全球海上遇险安全系统在 406MHz 上工作,提供应急无线电示位标识别,并经证明非常成功。工作在 121.5MHz 的老式应急无线电示位标收发机缺乏识别功能,并且由于信道干扰和其他系统限制不太成功,那些主要由娱乐性质船只使用的老式收发机已被淘汰。

这种应急无线电示位标发射机用于海上紧急情况,但它不是海上专用的,还建议在陆地或空中使用。本书作者提议,长途运输飞机也可使用应急无线电示位标,以防飞机在海面迫降。建议仅在出现严峻急迫的危险或出现紧急警报的情况下使用应急无线电示位标,蓄意虚假警报会带来严重的处罚。

这里介绍英国 McMurdo 公司的产品 SafaLink,即 406MHz Kannad 应急无线电示位标,其中外壳和信标如图 5.5 所示。在 1 类自由漂浮式产品中,信标装在应急无线电示位标自动外壳(A)中,在 2 类非漂浮式产品中,信标装在壁挂式支架中。外壳(A)用来保护信标,并确保在船只失事时使用 HAMMAR H20 释放系统(1A)自动释放信标。该外壳还配有锁销(2A)。它安装在船舶操舵室或甲板上的水平位置,也可以安装在紧靠舱壁或任何垂直平面。

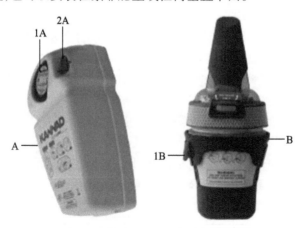

图 5.5　Safelink 应急无线电示位标配置(图片来源:Kannad)

安装在外壳中时,磁铁可以避免信标激活(水、湿气)。

壁挂支架(B)设计为垂直安装在舱壁或船上任何垂直平面上。安装支架配有锁销(1B)。安装在支架上时,磁铁可以避免信标激活(水、湿气)。漂浮式和非漂浮式 SafeLink 示位标都装有内置 GPS。

已激活的应急无线电示位标向低轨、中轨和地球静止轨道搜救卫星发送警报。收到警报的速度取决于当时卫星的位置,并可能受到船上方障碍物的影响。收到警报后的救援时间取决于搜救团队的整体表现。

5.1.4　Inmarsat 全球海上遇险安全系统船载站配置

在本节中,将介绍全球海上遇险安全系统各类 Inmarsat 终端,包括标准 C 类、具有增强群呼功能的 mini - C 类、B 类、F77 和舰队宽带(FB)。

5.1.4.1　Inmarsat - C 船载站

Inmarsat - CSailor TT - 3020C 全球海上遇险安全系统收发机是一个双向存储转发通信系统,通过 Inmarsat - C 网络发送和接收船对岸、岸对船和船对船几个方向的数据包信息和遇险警报,其配置如图 5.6 所示。任何能编码成数据位的内容都可以通过 Inmarsat - C 传输,信息以 600b/s 的数据速率在 Inmarsat - C 终端之间传输。Inmarsat - C 发射机使用 1626.5 ~ 1645.5MHz 间的频率,接收机使用 1530.0 ~ 1545.0MHz 间的频率。

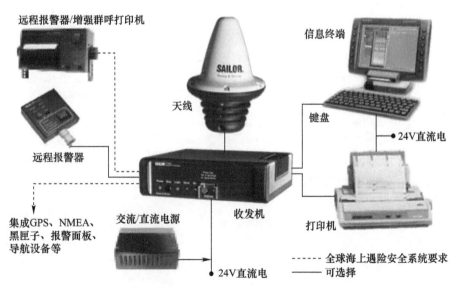

图 5.6　Inmarsat - C 全球海上遇险安全系统配置

Inmarsat - C 船载站设备包括一个可安装在甲板上的带有天线罩的小型全向天线,紧凑型卫星收发机,符合全球海上遇险安全系统标准、具有遇险处理功能、带有键盘的信息单元,以及一个用于激活遇险警报的专用遇险按钮。必须为全球海上遇险安全系统的安装提供独立的外围设备,如 24 V 直流电池、自动切换的交流/直流电源、远程警报、EGC 打印机等。如果船只的主交流电源出现故障,TT - 3020C 将自动切换到紧急 24 V 直流电源。这是满足全球海上遇险安全系统规定的必要要求之一。

TT - 3020C 收发机还包括多个并行控制端口、集成 GPS 接收机、黑盒、报警面板、标准 NMEA 0183 导航/数据接口、一个可连接多个 ArcNet 打印机的高级 ArcNet 本地网络接口、导航设备接口等。

Inmarsat mini - C 终端是最小的全球海上遇险安全标准组件,它将天线和收发机集成在同一甲板单元上,并根据不同型号分类,支持与 Inmarsat - C 终端相同的通信业务。所有现代的 Inmarsat - C 和 mini - C 终端都集成一个全球导航卫星系统(GPS 或 GLONASS)接收机,用于在终端上自动更新位置,这些终端可以生成遇险报警中的位置、速度和时间信息,选择性接收增强型群呼(EGC)安全网的信息。Inmarsat - C 系统发送的遇险警报和遇险优先信息被路由到一个岸站和搜救协调中心。Inmarsat - C 和 mini - C 标准组件提供下列主要业务。

(1)遇险警报。遇险警报是国际海上人身安全公约 Inmarsat - C 和 mini - C 终端的强制性业务,也是一些非国际海上人身安全公约型号产品的强制性业务。当船只或船员处于重大急迫危险时,就会发出遇险警报。船员如果没有时间从终端手动输入信息,可以简单地按住专用遇险按钮大约 5s 发送警报。按下专用遇险按钮时,一个包含船只详细信息和位置的格式化短消息就优先从终端发送到相应岸站,该岸站自动将其路由到相关联的救援协调中心。遇险警报包含终端身份信息、岸站地址、带有时间的船只位置/速度、航线、最后位置更新时间、遇险性质、国籍和速度更新等信息。救援协调中心收到遇险警报后,将与船舶建立通信,以组织所需的搜救服务。Inmarsat - C 和 mini - C 增强型群呼终端可以接收被称为增强型群呼的广播信息。增强群呼信息系统是向 Inmarsat - C 和微型 C 终端广播海上安全信息和搜救相关信息的系统,它支持两种业务:安全网(Safety-NET)和舰队网(FleetNET)。

(2)安全网。安全网是一种国际业务,它通过 Inmarsat 增强群呼系统广播和自动接收海事安全信息和搜救相关信息。根据修订的《1974 年国际海上人命安全公约》的规定,安全网接收装置是某些船舶必须携带的强制性设备。航区协调员使用它来发布航区警告和其他安全相关的紧急信息;国家协调员用它来发布沿海警报和其他安全相关的紧急信息(世界海洋分为 21 个地理海区,称为航行警告区,由各国政府负责提供导航和天气警报);气象部门用它来发布气象区域的气象警报和预报(气象区域是用于天气预报广播的海域);救援协调中心用它来发布岸对船遇险警报、搜救信息和其他安全相关的紧急信息。安全网主要由以上各方使用,但又不仅限于他们使用。安全网的信息可以发送到整个卫星覆盖海洋区域的所有船只、导航区域和气象区域、用户定义的圆形和矩形编址区域以及具有安全、紧急或遇险优先级的沿海区域。接收到的具有紧急和遇险优先级的信息将触发终端上的警示铃和警示灯，这些信息也将自动在符合《海上人命安全公约》的终端显示出来。所有在编址区域内航行的船只将自动接收海事安全信息。为了接收沿海警报，应该对船舶终端进行相应的设置。

（3）舰队网。这是一项海上商业业务，信息可以同时被发送到几乎无限个预先指定的舰载站终端上，而不考虑它们的位置。为了接收增强群呼舰队网的信息，船只应该有一个增强数据标识码（ENID），此标识码由舰队网业务提供商使用轮询命令下载到船载终端上。航运公司、新闻发布机构、商业气象提供商等都可以使用该业务。

（4）数据报告和轮询业务。数据报告业务使 Inmarsat - C 和 mini - C 终端可以向岸上管理机构或操作中心发送多达四个数据包的短数据报告。典型的数据报告可以是船舶位置报告、航行计划、预计到达时间、捕鱼量报告和任何可以编码成 Inmarsat - C 系统数据包的数据。根据国际海事组织的要求，使用数据报告和轮询通信协议的其中一种业务是船舶的远程识别和跟踪（LRIT）。数据报告可以从船上定期或随机发送，也可以根据岸基操作中心轮询命令发送。典型的轮询命令可以要求 Inmarsat - C 终端立即或在规定的时间以特定的时间间隔重复发送数据报告、停止发送报告或执行规定的任务。要传输数据报告，舰载站需要有使用数据网络标识码（DNID）和成员编号下载轮询命令。两者都存储在终端的存储器中。

5.1.4.2　Inmarsat mini - C 舰载站

Inmarsat mini - C Sailor 6110 卫星终端是最小的全球海上遇险安全系统设备，具有包含全向天线和收发机的天线罩，其配置如图 5.7 所示。Sailor 6110 是真正的下一代全球海上遇险安全系统配置，可以作为舰载站安装在船上，用于商业和遇险通信。该装置用于通过 Inmarsat - C 卫星网络发送和接收信息和遇险警报。它作为 Sailor 6000 系列创新产品的一员和船只通信系统的一个组成部分，满足全球海上遇险安全系统的强制性要求。mini - C 系统在以下三个方面起着重要作用，安全地操作远洋船舶上的所有全球海上遇险安全系统、船舶安全警报系统和远洋船舶上的远程识别跟踪系统。Sailor 6110 装置包含以下部分。

（1）Sailor 3027 全球海上遇险安全系统终端。该装置是经批准的 Sailor 6110 系统 Inmarsat 全球海上遇险安全系统终端。它有一个内置的低噪声/高功率放大器和一个船上工作的全向天线。外壳是密封的，包含用户不可维修的零件。它非常紧凑，可在极端天气条件下工作。它有一个高灵敏度的内置 GPS 模块，有 50 个信道（Galileo 系统可用）。天线的最低仰角为 - 15°，即使在恶劣天

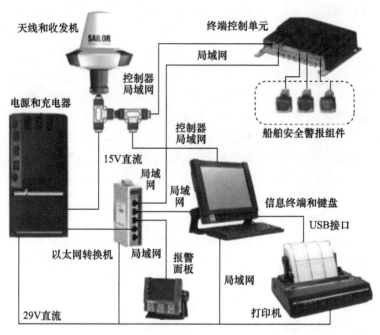

图 5.7　Inmarsat mini－C 全球海上遇险安全系统装置(图片来源:Sailor)

气下也能确保最佳通信。该装置使用控制器局域网总线接口连接其他设备,能够供电和双向通信。

(2) Sailor 6006 信息终端。该装置是经全球海上遇险安全系统批准的 Sailor 6110 系统信息终端。用户可以使用该设备发送遇险警报、读取和写入消息、监视系统状态、更改配置和测试系统。该装置有一个发送遇险警报的按钮和一个触摸屏,不用键盘就可以操作,而在全球海上遇险安全系统中键盘是强制性的。一个控制器局域网接口连接 Sailor 3027 全球海上遇险安全系统终端,一个以太网接口连接到其他设备,如报警面板。

(3) Sailor 6081 供电装置和充电器。如果装置使用不同于 Sailor 6081 的电源,必须安装电压监视器。Sailor 6081 供电装置和充电器用于向 Sailor 6110 全球海上遇险安全系统中的装置供电。它有五个直流电输出,每个都是 24 ~ 31.5V(标称 29V 直流电),可连续输出 300W(峰值是 370W)。它还有一个 15V 的直流电输出,用来通过控制器局域网总线向全球海上遇险安全系统终端供电。此外,如果 115/230V 交流电不可用,供电装置和充电器都可以自动切换到连接的备用电池。它还具有充电器功能,在有 115/230V 交流电时为电池充电。请注意,在全球海上遇险安全系统中必须有备用电池,这对运输系统非常重要。在 Sailor 6006 信息终端上,用户可以通过以太网从 Sailor 6081 装置读取状态信息,如交流电警报、备用电池状态和其他状态信息。

(4) Sailor 1252 打印机。打印机单元是一个标准的矩阵打印机,连接到 Sailor 6006 信息终端的一个 USB 接口上。在 Sailor 6110 系统中,它主要用于打印具有遇险优先权的安全网增强群呼系统信息。

(5) Sailor 6197 以太网交换机。以太网交换机连接具有以太网接口的系统。在 Sailor 6110 系统中,局域网主要用于监控、报警和业务。

(6) Sailor 6101/6103 报警面板。除了 Sailor 6006 上的遇险按钮外,Inmarsat mini - C 终端还必须再有一个遇险按钮,才符合全球海上遇险安全系统的规定。您可以使用报警面板进行遇险报警。有两种报警面板可供选择。第一个是 Sailor 6101 报警面板,它有一个遇险按钮,用于远程启动遇险报警,并在 Inmarsat - C 全球海上遇险安全系统上指示收到的遇险和紧急信息。第二个是 Sailor 6103 报警面板,也用于远程启动遇险报警,并指示收到的遇险紧急消息。Sailor 6103 是为与超短波、中波/短波和 Inmarsat - C 共同使用而设计的,有 3 个遇险按钮,每个系统一个。

(7) 船舶安全警报(SSA)选项。船舶安全警报系统为船舶提供警报按钮,在发生海盗或恐怖袭击时可以激活。警报是一种隐蔽的信号,没有声音和闪光灯,因此船上的任何入侵者都不会看到或听到它。船舶安全警报选项包括三个船舶安全警报按钮(两个报警按钮和一个测试按钮,并通过 Sailor 6194 终端控制单元相互连接)。

5.1.4.3　Inmarsat - B 船载站

Inmarsat - B 是一个数字移动卫星通信系统,提供双向(双工)直拨语音、电传、传真和数据通信,速率 9.6kb/s,可在极地以外的任何地方使用,Furuno Felcom 81A 和 81B 型全球海上遇险安全系统船载站配置如图 5.8 所示。来自 Inmarsat - B 终端的遇险呼叫通过 Inmarsat 网络路由到岸站,然后再发送到救援协调中心。所有 Inmarsat 海事系统使用两位数字安全业务代码以便于信息的传输和接收。这些代码是:32—医疗建议;38—医疗援助;39—海事援助;41—气象报告/警报;42—航行危险和警告;43—船舶位置报告。

Felcom 81 有 1 级和 2 级配置。1 级配置(81A)提供电话、传真、电传、轮询和数据报告业务,满足全球海上遇险安全系统的要求,它由天线、终端设备、通信设备、打印机和电话组成。2 级配置(81B)仅包括电话和传真业务所需组件,这些组件除了没有终端单元和打印机,其他与 81A 相同。

(1) 通信单元 IB - 281。卫星通信或卫星船收发机单元如图 5.8(中)所示,包括射频和中频放大器,信号处理电路,语音编解码器,与传真、无线电导航和陀螺罗盘的接口等。天线跟踪是在本装置内对陀螺罗盘进行初始设置后自动完成

图 5.8　Inmarsat-B 全球海上遇险安全系统单元(图片来源:Furuno 手册)

的,系统设置程序包含在本装置中。提供呼叫禁止键来禁止未授权的电话呼叫。前面板上有 LED 屏,显示所选择的海洋区域、网络控制系统公共信道上的同步状态以及接收发送电平。对跟踪卫星的任何异常进行故障等告警,故障由自检程序定位。

(2) 传真机。G3 传真机在办公室和家中使用,传真内容在热敏纸上打印,如图 5.8(左)所示。自动输稿器最多可堆叠 10 张 A4 或 A5 尺寸的文件。可以使用任何其他兼容机器,无需做 Inmarsat 型号测试,但是用户应该了解国际电联的电磁兼容性规定。

(3) 打印机 PP-510。这是 Inmarsat 批准的打印机,用于 1 级船载配置,如图 5.8(中上)所示。这台打印机是一个串行冲击点阵打印机,所有输入或输出的电传信息都是自动打印的。

(4) 电话。一台电话机是标准配置,如图 5.8(中下)所示。它允许直接拨打国内和国际公共交换电话网的任何电话号码。在选择了海洋区域和岸站终端之后,其他就像使用普通的家用电话机一样简单。重拨和缩拨也可用。还有 5个附加端口,用于电话或传真以及附加标识号。接到的所有电话呼叫都可以转接到系统内的另一部电话上,它们可以用作船上内部通话。

(5) 终端设备 IB-581。该设备是 1 类系统的标准配置,专用作 Inmarsat 和窄带直接打印系统的监控设备,如图 5.8(右)所示。它完全满足 IEC60945 电磁兼容性要求。该设备 9.5 英寸的单色液晶显示屏提供清晰、无眩光的视图,亮度可调,白天和晚上均可使用。该设备单元可作为电传终端的监视器以及通信装置 IB-281 的交互控制器。此外,对于 9.6kb/s 的数据通信单元,不需要额外装置。配置 Felcom 81B 2 级系统时,通常不需要用 IB-581,只需要一台个人电脑。

（6）天线单元 IB - 181。天线罩内有一个 1m 抛物面螺旋辐射器和发射接收电子设备,如图 5.9(a)所示。天线稳定跟踪是通过使用三轴驱动和快速响应垂直陀螺仪来实现的。这种机制使天线可以在船只航行和航向改变时保持指向指定的卫星。天线基座上的电子电路通过旋转接头与旋转轴耦合。这种结构消除了天线倒转,从而确保在船只航向改变时通信不间断。天线稳定机制和旋转支撑轴设计花费了很大精力。这种布局便于维修天线罩中的主要部件。

（7）高速数据调制解调器 IB - 681。可选的高速数据(HSD)调制解调器 IB - 681 为 Inmarsat - B 提供 56kb/s 或 64kb/s 的高速数据业务,如图 5.9(b)所示。该设备为国际综合业务数字网提供 64kb/s 的连接,可以为船舶提供广泛的应用,如高速数据/视频/图形传输、多路语音/数据/传真传输、视频会议、局域网互连、远程呈现、远程医疗、远程教育等。

（8）专用遇险报警装置。用于电话和电传模式的专用遇险报警装置,如图 5.9(c)所示。使用它们发出求救信号,确定船舶航行的位置,该报警装置完全符合国际海事组织防止任务虚假警报传输的 A.808(19)规定。

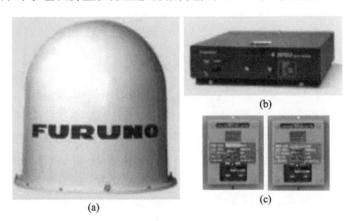

图 5.9 Inmarsat - B 装置(图片来源:Furuno)

在 Inmarsat - 3 卫星网络中运行的传统 Inmarsat - B 业务,已于 2016 年 12 月关闭。其余的用户升级到了新一代的 Inmarsat 全球海上遇险安全系统业务,如 Inmarsat F77,这是一个由来已久的迁移计划。Inmarsat - B 的电传业务在许多国家已经停止。

5.1.4.4 Inmarsat - F77 船载站

KVH 公司强大的 TracPhone F77 海洋卫星通信系统通过 Inmarsat 全球波束提供接入 Inmarsat 舰队综合业务数字网的信道和移动分组数据业务,确保不间断的语音、数据和传真服务,其全球海上遇险安全系统配置如图 5.10 所示。该设备还与船上专用自动交换机(PABX)系统和船上网络兼容(当连接到 IP 路由器时)。此外,现在船只行驶在几乎任何地方,都可获得最新的天气报告、航海图和导航信息。Inmarsat F77 业务旨在满足国际海事组织对全球遇险安全系统网络关于最新遇险和安全规范的要求。

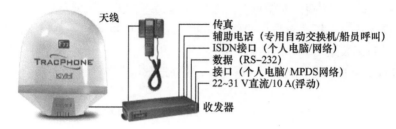

图 5.10　Inmarsat – F77 配置(图片来源:KVH)

采用全球波束 F77 的技术指标是:4.8kb/s 和 64kb/s 的话音业务、传真 Groud 3 和 4、移动分组数据业务标准 64kb/s、综合业务数字网 1 标准 64kb/s 和综合业务数字网 2 标准 128kb/s。它与以下设备相连:异步数据使用移动分组数据业务上下 64kb/s 共享(128 ~ 320kb/s)、串行电子工业协会(EIA)标准RS – 232E、内置调制解调器、最大 115.2kb/s、DB – 9 母接头;电话用双线 600 连接、标准双音多频电话、RJ – 11 汇接;传真用双线 600 连接、Groud 3 传真、9.6kb/s、RJ – 11、Group 4 使用综合业务数字网兼容信道;局域网端口连接到 RJ – 45;移动分组数据业务提供上下 64kb/s 共享(128 ~ 320kbps 压缩)以太网传输点对点协议(PPPoE);欧洲综合业务数字网连接到 ISDN NT1 S/T 总线和 RJ – 45 连接器。它由船舶发电机提供 110 ~ 240V 交流电或由电池提供 24V 直流电。

Inmarsat F77 提供多层优先级,允许遇险、紧急和安全呼叫优先于非必要和低优先级的常规通信,完全符合全球海上遇险安全系统工作要求。这是一种分层的方式,遇险呼叫会抢占所有其他通信,紧急呼叫将优先于安全呼叫和常规呼叫,安全呼叫将优先于常规呼叫。

5.1.4.5　Inmarsat – FB 船载站

国际海事组织第 A.888(21)号决议规定了 A3 区全球海上遇险安全系统的操作,Inmarsat F77 于 2017 年成为唯一一个完全符合该规定的卫星通信系统标准。2014 年 7 月 2 日,Inmarsat 宣布了即将推出的舰队宽带(FB)海上安全数据业务(MSDS)的细节。通过 Inmarsat – 4 网络和 Alphasat 卫星,舰队宽带海上安全数据业务将提供比 Inmarsat – C、B 和 F77 安全业务能力更强的安全数据,同时仍然提供全球覆盖,与 Inmarsat 网络相关的可靠性仍然超过 99.9%。

通过 Inmarsat – 舰队宽带网络引入的新数据安全业务一直是一个长期目标,新系统与语音遇险报警一起,将确保全球海上遇险安全系统持续增加安全通信能力,不仅在目前,而且在未来很长一段时间内帮助拯救海上生命。Inmarsat 组织目前正与国际海事组织密切合作,将新的舰队宽带业务推向市场,目的是最终获得海上人身安全公约批准全球海上遇险安全系统的舰队宽带数据和语音业务。

Inmarsat 组织早些时候指出,紧急呼叫服务（SOS 紧急呼叫）,是为三类 Inmarsat – FB 终端,即 FB150、FB250 和 FB500,建立的一种紧急业务。计划在备用卫星到位时升级 FB500,以满足全球海上遇险安全系统标准,从而按照国际海事组织条例的要求提供连续服务。向国际海事组织申请 FB500 号全球海上遇险安全系统认证的预定日期即将到来。使 FB500 完全达到全球海上遇险安全系统状态剩余的唯一一项工作是再生产一个特殊的"红色按钮",用在 FB500 船载终端上。国际海事组织和 Inmarsat 组织的专家将在不久提议启动舰队宽带终端获得全球海上遇险安全系统认可的程序。本书作者认为,全球海上遇险安全系统需要新技术,如 Inmarsat – FB 和 GX,因为从 2017 年 1 月起,Inmarsat – B 停止了长期服务,能够服务的只有难以取代的 Inmarsat – C 和过时的 Inmarsat F77。

5.1.5　铱星船载站全球海上遇险安全系统配置

全球海上遇险安全系统为什么需要铱星海事系统? Inmarsat 卫星不能覆盖北纬 75°和南纬 75°以上的两个极地地区,因此将大型低轨铱星星座涵盖其中,在极地地区提供比高频无线电更可靠的海事通信十分重要。也必须认识到,在提供移动卫星系统业务方面,Inmarsat 系统比铱星系统更专业,所以铱星系统只是作为极地区域的补充。

基于这一考虑,2015 年 11 月 27 日,国际移动卫星组织提交了一份提案,对海上无线电通信系统和技术的发展进行分析,承认铱星公司为全球海上遇险安全系统服务提供商。为认识并在全球海上遇险安全系统网络中使用铱星卫星系统,国际海事卫星组织报告附件中提供了对美国提交申请的技术和运行评估。本报告是应海事安全委员会（MSC）94 的要求提交的,该委员会要求国际移动卫星组织对铱星移动卫星系统进行技术和运行评估（MSC 94/21,第 9.20 段）。海事安全委员会运营商在其第九十二届会议上审议了美国关于铱星卫星公司申请在全球海上遇险安全系统中得到承认和使用的通告（MSC 92/9/2）,原则上没有异议,同意将此事提交导航、通信和搜救分会（NCSR）进行评估。

本文件的附件是国际移动卫星组织关于在全球海上遇险安全系统中承认和使用铱星移动卫星系统申请的技术和运行评估报告。这一认可有以下事实的支持:2015 年,铱星公司为全球超过 781000 个可计费用户提供了移动卫星业务,其中超过 50000 个在海上市场,大约有 10000 个设备在符合海上生命安全公约的船舶上使用。此外,铱星网络目前用于全球的船舶安全警报系统(SSAS)和远程识别跟踪(LRIT)通信。国际移动卫星组织进一步指出,关于该公司卫星通信服务的连续性和持久性,铱星公司正在设计、建造和发射第二代卫星星座和地面基础设施。"铱星下一代"计划中的第一批卫星于 2016 年 12 月发射。第二代网络将与现有的用户设备和海上移动终端完全兼容,该公司表示,至少 2030 年前,将确保服务的连续性和可靠性。

该应用基于铱星公司当前卫星星座的能力,尽管众所周知,该卫星星座处于其运行寿命的后期。铱星下一代计划提供后续业务具有更大的能力的同时,与现有卫星、地面基础设施和终端设备完全兼容,延续现有能力。因此,接下来的评论将同样适用于下一代卫星。铱星网络的空间段目前包括低地球轨道上的 66 颗卫星,加上一些在轨备用星。这些卫星在六个轨道平面上飞行,每个平面上有 11 颗运行卫星,在每个平面上有一颗备用卫星。尽管该星座现在因卫星使用年限长而功能退化,一些备用卫星已经全部或部分投入使用,但仍有两颗卫星作为在轨备用卫星。铱星下一代将提供 66 颗运行卫星,每个轨道平面上提供一颗在轨备用卫星,在地面上还有 9 颗准备好的备用卫星,如有需要就可发射。

下一步要解决的最重要的问题是,尽管目前有数千艘船只使用铱星"试用"海上终端和一些手持终端进行商业通信,但是在铱星网络中还没有符合全球海上遇险安全系统的海上移动终端。铱星公司正在与潜在的制造商合作,包括那些在设计和制造符合全球海上遇险安全系统的无线电设备方面具有长期经验的制造商,以开发所需的规格,并确保此类终端与国际海事组织最终完成批准程序同步投入市场。

为船载站设计的海上移动终端将直接沿用已经在铱星网络上成功使用多年的成熟卫星终端技术。然而,在海上移动终端可以使用之前,不能保证或评估其完全符合全球海上遇险安全系统要求,在国际海事组织性能标准和国际电工委员会(IEC)型号认证测试标准制定之前,不会开始生产这种终端。需要国际海事组织、国际电工委员会和铱星公司精心配合,协调推进这一过程。

评估小组还要考虑铱星和地面网络作为一个整体是否足够强大,是否可以依靠它来作为全球海上遇险安全系统运行,特别是遇险和安全运行所需的高水平连续服务。以这种要求,铱星系统空间段和地面段的每个部分几乎必须都至少有一重备份,并且在许多情况下必须提供多重备份。

一个潜在的单点故障可能是位于亚利桑那州坦佩的主用商业网关。如果该网关发生故障,所有遇险和安全传输(包括移动到移动)都将停止运行,因为尽管有一些内部冗余，但这一重要部分目前没有任何外部"热"备份。亚利桑那州钱德勒市的铱星技术支持中心提供了其作为运行备用设施所需的大约 80% 的设备，但是它的配置还不能在主用商业网关发生灾难性故障时立即恢复业务。尽管铱星公司意识到了这一漏洞，并承诺最终将钱德勒技术支持中心的装置配置为坦佩商业网关的运行备份，但目前的评估是，从 2015 年年中开始，钱德勒技术支持中心可能需要 5 年时间才能成为坦佩商业网关的完整备份。

在与评估小组讨论后，铱星公司正在研究减轻这一风险的其他方法，包括海上安全服务的替代作业程序。在这方面，注意到商业网关终端自 1999 年以来一直在连续运行，没有出现过整体性故障。尽管如此，评估小组建议铱星公司必须为商业网关提供"热"备份，并避免不可接受的风险，以满足全球海上遇险安全系统的要求。

另一个潜在的单点故障是位于弗吉尼亚州利斯堡的铱卫星网络运营中心。该中心监视卫星星座的应用情况，管理卫星的健康和安全，并控制卫星网络各单元。在卫星网络运营中心发生灾难性事件或完全停电的情况下，位于亚利桑那州钱德勒市的备用运营中心将接管卫星网络运营中心运营，负责监控网络并维护星座的健康和安全。实现这一目标的程序已经完成，并且每年进行两次演练。

备用运营中心有四种工作模式：

（1）主用模式。在这种情况下，备用运营中心完全处于主用状态，监控网络并维护星座的健康和安全。

（2）影子或"热"备份模式。备用运营中心处于热备份模式，与卫星网络运营中心并行接收星座的遥测数据；备用运营中心的系统启动并运行，如果卫星网络运营中心离线，可以在几分钟内接管任务。

（3）离线或"温暖"模式。备用运营中心处于非活动状态，命令控制台处于离线状态，但服务器和管理节点在运行，并由自动化进程每 4 小时提供一次信息，以保持备用运营中心的数据与卫星网络运营中心同步。从这种模式中，备用运营中心可以在 2~4h 内启动并运行。

（4）冷备模式。设备关闭，备用运营中心完全无人值守。

这些工作由经过培训的备用运营中心人员按照正式的铱星内部程序完成。

据国际移动卫星组织评估，总地来说，一旦部分（不必是全部）下一代铱星成功发射并投入使用，铱星网络就有足够的能力开始全球海上遇险安全系统的运行，但也应鼓励铱星公司提供必要的投资，对利斯堡和坦佩的设施能够提供充分备份。

用于全球海上遇险安全系统铱星海上移动终端的设计、制造和测试已在本节前面的内容中讨论过。该方案的一个关键要素是制定必要的标准，使管理部门同意把这些终端用于全球海上遇险安全系统。

　　图 5.11 给出了适用于全球海上遇险安全系统的铱星船载站最佳建议方案,如本书第 2 章中介绍的可运输 RapidSAT 9555 终端(左)和带天线、收发机的试用宽带站(右)。国际移动卫星组织曾预计,2019 年之前,海上市场不太可能出现经定型认证符合全球海上遇险安全系统标准的铱星海上移动终端。本书作者提出了以下船载站,作为未来非常可靠的全球海上遇险安全系统终端,可以通过特殊的紧急呼救按钮进行紧急报警,这两种终端也在第 2 章中介绍过,分别是铱星 Extreme 9575 手持机和铱星多用途 GO 手持卫星终端。

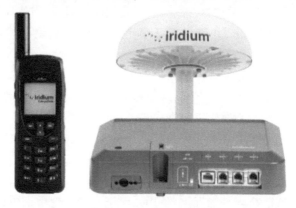

图 5.11　可能用于全球海上遇险安全系统的铱星船载站(图片来源:Iridium)

　　这里可以添加两个个人终端,波束 SatDOCK 9555SD/G 和波束 PotsDOCK 9555。通过短信或短脉冲数据(SBD),采用按下内置于底座的紧急警报按钮,或者按下附加的有线警报按钮(如果在 9555 手机上配置的话),它们能够提供船只和其他移动物体的跟踪和警报监控。因此,紧急报警模式可以通过以下方式在 PotsDOCK 上激活:①使用支架前面的双按钮(称为报警按钮);②使用连接到报警回路的外部报警按钮/紧急按钮。

　　此外,这里将提出两个理想个人卫星追踪器模型,这也在第 2 章中介绍过,即 E-Track Epsilon 个人追踪器和 NANO 个人追踪器,具有通过特殊的紧急呼救按钮发出遇险警报的能力,还有两台移动卫星跟踪器:Quake Q4000 跟踪器和 Quake Q-Pro 多用途跟踪器。

　　铱星公司已经在其网络内实施了若干重要的优先级别,其中四个级别将公开提供,以满足国际电联《无线电条例》第 53 条和第 A.001(25)号决议第 3.3.1 段四个优先级别的要求,具体如下:遇险呼叫、信息和通信;紧急通信;安全通信;其他类型的通信。

　　评估小组通过铱星网络对一些遇险呼叫进行了测试,测试的优先顺序如下:

从岸到船的常规呼叫(13s 内接通);抢占来自移动终端正在进行的语音呼叫;使用短脉冲信息业务从移动终端传输 GPS 位置数据(PVT);在移动终端上用"红色紧急按钮"激活遇险警报的传输(成功时在 10s 内确认发送)。

下面将介绍几种新的铱星通信和跟踪设备,他们适合在全球海上遇险安全系统网络中使用。

5.1.5.1　带有船舶安全警报系统的 Sailor SC4000 卫星船载站

本书第 2 章已经介绍了没有船舶安全警报系统(SSAS)的 Sailor SC4000 船载站。集成了船舶安全警报系统的船载站如图 5.12 所示,甲板上方设备(ADE)有带有塑料天线罩的螺旋全向天线,舱内设备(BDE)包括收发机、手持机和互联盒。互联盒由两个报警按钮和一个测试按钮组成,本书作者还建议与两个 SOS 按钮进行集成。通过这种方式,这种铱星船载站具有了可靠卫星船载站所需的一切,安装的紧急呼救按钮设施,用于自动传输遇险信号,符合全球海上遇险安全系统的要求。

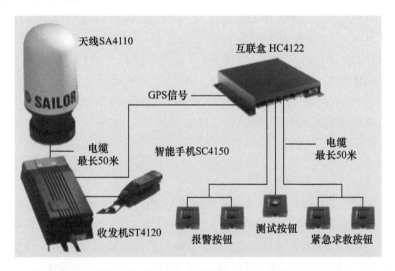

图 5.12　带有船舶安全警报系统的 Sailor SC4000 卫星船载站终端(图片来源:Iridium)

Sailor 船舶安全警报系统终端只要按下一个特殊的 SOS 按钮就能发送求救信号,如图 5.13(左)所示,信号由在北冰洋航行的船只发送,如图 5.13(右)所示。只有铱星和闪电轨道卫星星座能够覆盖两个极地区域,更重要的是它也能为在北冰洋沿加拿大和俄罗斯海岸航行的船只提供通信服务。

船舶安全警报系统终端可选择通过 H4196 接线盒连接多达三个 SC4150 手持电话;通过 RS232 连接盒连接个人电脑和笔记本电脑;通过 RJ11 线路连接附加电话的专用自动交换分机(PABX)。该设备由备用电池 24V 直流电电源和船

图 5.13　报警按钮和在北冰洋航行的船舶(图片来源:Iridium)

舶 100~230V 交流电电源供电。

　　Sailor SC4000 是为安装在不同的远洋船舶和渔船上而设计的,能够适应恶劣的海洋环境,甚至能够承受国际海事组织标准规定的最恶劣的海上条件。其电话系统每个单元支持最多四部 SC4150 手机,可直接连接专用自动交换分机、标准电话和电话会议,还支持通过自己的 SIM 卡选择船员呼叫计划或预付费刮刮卡。SC4000 终端的标准数据传输能力为 2.4kb/s,通过访问铱星的压缩数据业务,最高可达 10kb/s。除了基本的电子邮件交换和互联网接入,它还支持基于个人电脑的短信服务,用于与其他铱星手机进行短信通信。

　　特别是,《国际海上人命安全公约》第 XI - 2/6 号决议要求总注册吨位超过 500t 的远洋船舶搭载船舶安全警报系统。这种铱星设备很容易与符合第 XI - 2/6 决议所有要求并经主要船级社批准的船舶安全警报系统工具包相结合。因此,如果航运公司既要满足船舶安全警报系统的要求又要语音通信,这是一个显而易见的选择。

　　如上所述,该船载站是与 Sailor H4122 SSAS 套件兼容的船舶安全警报系统。船舶安全警报系统的功能符合《国际海上人命安全公约》XI - 2/6 号决议的所有要求,除了标准的铱星订购费,不需要额外的订购费或签约费。借助铱星跟踪系统,该设备可以提供 GPS 位置信息,在船上或岸上可以一定的间隔随时随地对其进行跟踪。该装置集成了 SOS 盒和遇险按钮,并根据国际海事组织的规定和要求适合全球海上遇险安全系统的安装。

5.1.5.2　Beam PotsDOCK 9555 卫星船载站

　　Beam PotsDOCK 铱星 9555 卫星电话是一个小型智能海上站和移动坞站,设计专门用于支持 RJ11/POTS、蓝牙和内置 GPS 接收机。PotsDOCK 正在将铱星 9555 卫星手机转变成一种功能丰富的智能设备,安装在远洋船舶上。9555 卫星手机应用非常广泛,智能 RJ11/POTS 接口可以与标准有线、无绳或数字增强无绳通信手机相连,或者与专用自动交换分机相连,提供标准铃声、忙音和拨号音,就像标准电话网络一样。

　　船载 PotsDOCK 收发机还具有内置的蓝牙模块，用于将语音/数据与 Pots-DOCK 内置 GPS 引擎的智能跟踪和警报报告系统相连。警报和跟踪模块经配置可以支持定期轮询或紧急警报报告。这款手持机可以安装在坞站中，连接内置蓝牙、USB 数据、电话充电器、集成天线、数据和电源，可以将所有天线电缆和电源永久连接到坞站，以备使用。只需按下 PotsDOCK 顶部的按钮，铱星 9555 手机就可以轻松插入和取出，因为它一直处于充满电状态，所以您可以随时取出使用。PotsDOCK 还支持使用可选的紧凑型 Beam 私密手机，如果需要，可将该手机放在 PotsDOCK 旁边，增加便利性。

　　铱星 PotsDOCK 套装非常适合正在寻找带坞站和铱星 9555 手机（包括安装在驾驶室内的 Beam 私密手持机）的船舶用户，如图 5.14（左）所示。该设备提供免费通信的私密智能手机，具有先进的跟踪、警报和监控功能，可作为适合全球海上遇险安全系统批准的附加业务进行订购。该套件配有一个铱星桅杆天线，专门设计安装在海事船上，它作为最好的终端站之一，通过语音、数据、短信系统短脉冲数据提供更加可靠的全球海上遇险安全系统服务。

图 5.14　PotsDOCK 9555 卫星船载站和极限一键通（图片来源：Beam 和 Iridium）

　　如上所述，PotsDOCK 有一个内置的 GPS 模块，可以为小型娱乐船、大型商船、渔船等各种船只提供简单的跟踪、监控和警报管理。GPS 提供精确定位，并支持全球跟踪。手持机上的跟踪和提醒信息可以通过短信或短脉冲数据信息发送。PotsDOCK 的跟踪和警报消息可以根据要求发送到 Beam 的 LeoTRAK - On-line、任何其他跟踪应用程序或任何电子邮件地址。跟踪消息可以通过以下方式从 PotsDOCK 发送。

（1）有警报时，用支架上的报警按钮或连接的报警按钮激活报警；

（2）配置终端时预设，进行周期性位置报告；

（3）按下 PotsDOCK 前面的跟踪按钮，可以随时发送当前位置。

可以按下 PotsDOCK 底座前部的两个按钮、附加的报警按钮或其他连接到设备上的触发器来激活报警信息。一旦配置完毕，报警系统将始终处于待命状态，一旦触发，将向预设目的地发出报警信息。触发警报一直继续发送，直到远程或本地清除 PotsDOCK 单元上的警报。

5.1.5.3　铱星极限一键通（PTT）9675 船载站终端

铱星极限一键通便携式电话是通过铱星网络提供全球海上遇险安全系统业务的最佳选项，该手持终端如图 5.14（右）所示。在本书第 2 章介绍了铱星极限一键通的前一个型号——铱星极限 9575 手持移动电话。

铱星极限一键通具有高音频扬声器、加固一键通按钮、紧急报警、扩展电池和包括两极在内的真正的全球覆盖，将可靠的全球移动卫星通信提升到了一个新的水平。这种用于海事的设备能够提供标准的语音呼叫、短信发送、紧急呼救报警、搜救应用、现场通信，快速访问一键通可使船只能够在地球上任何地方迅速安全地与海岸连接。多功能肩扛式手提箱、坞站和外部天线等附件，可以确保在任何情况下，在室内、步行、车载、船上或飞机上保持关键通信。

5.1.5.4　Quake Core 9523 卫星收发机

铱星 Core 9523 是 Quak 公司设计的最小、最轻、最先进的语音和数据传输卫星跟踪收发机模块，如图 5.15（左）所示。与之前的型号相比，它的紧凑性超过了 90%，这为将铱星功能直接集成到印刷电路板（PCB）上以及开发新型手掌大小的多用途产品，为所有客户能够监控他们在全球的资产提供了可能。以这种方式，该模块可以集成到一些设备中，例如前面介绍的铱星极限一键通 9675 卫星收发机。它的耐用性取决于产品，包括音频、电话、一键通、短信、短脉冲数据、电路交换数据、跟踪、警报、电源和其他设施。在一个微小模块中，它提供了开发创新通信设备所需的能力，以及嵌入应用（如 GPS 和基于位置的业务、WiFi 和蓝牙）的技术基础。

图 5.15　Core 9523 和 Q4000i 卫星收发机（图片来源：Quake）

铱星 Core 9523 卫星收发机独立提供经济高效的卫星语音和数据通信。从用于海上、陆地移动和航空市场的单一或多通道通信平台,到功能强大的增强型手持智能设备和无人值守传感器,这款小巧强大的设备能够支持集成到全球海上遇险安全系统网络中的所有铱星语音和数据业务。

5.1.5.5　Quake Q4000 卫星资产跟踪收发机

Quake 系统将全球机器对机器(M2M)卫星覆盖与自身可以本地自动功率调节的铱星 Q4000 SAT 收发机结合在一个重型紧凑的封装中,该微型模块如图 5.15(右)所示。Q4000i 调制解调器是一个坚固、节能的收发机,这已在本书第 2 章介绍过,其旨在开发一种控制器,将其应用纳入铱星全球网络。

事实上,这种调制解调器是 Quake Q4000 双模卫星和 GSM M2M 单元,使用与嵌入式 GPS 接收机集成的铱星芯片组,使其可以通过短脉冲数据消息和远程双向通信系统进行卫星资产跟踪,可用于海上、陆地移动和航空领域。它是单独设计的,以支持铱星或 Orbcomm 卫星网络与 GPS、GNSS 和 3G 蜂窝网络的集成。

Q4000 卫星调制解调器是客户可编程的,可以独立使用其高性能处理器和灵活的应用编程接口。还有可选的配置软件,让您不需要更复杂的编程就可以配置调制解调器。这种功能允许用户将该设备集成为独立的卫星资产跟踪收发机,由其自身的可充电长寿命电池供电。通过这种方式,即使所有其他船载全球海上遇险安全系统设备被摧毁或失去功能,该装置也能够在遇到海上险情的情况下通过网关站向搜救行动中心连续实时传输位置、速度和时间数据。因此,铱星 Quake Q4000 跟踪设备必须集成到全球海上遇险安全系统中。

5.1.5.6　Extreme GPS005 卫星跟踪器

Extreme GPS005 是经美国联邦航空局批准的用于航空的铱星/GSM 双模式跟踪器,它能够通过短脉冲数据模式发送紧急呼救警报和位置速度时间数据,用于搜救行动,如图 5.16(左)所示。它还适用于通过智能工作模式以较低成本进行全球船只跟踪,是全球任何地方的船只、陆地车辆、飞机等卫星资产跟踪的最佳选择。它的这种最佳作用将被全球海上遇险安全系统网络的船舶跟踪所采用。

5.1.5.7　GSE GSatMicro 卫星跟踪器

GSatMicro 是世界上最小的独立铱星跟踪器,它可以从世界任何地方传输任何移动平台或个人位置,如图 5.16(右)所示:"1"是一个铱星和 GPS 双频天线;"2"是电源按钮、紧急呼救按钮和电源指示灯;"3"是所在地天气选择;"4"是直流电源、USB 接口、RS232 接口、两个中继输出和两个模拟输入;"5"是高级精简指令集处理器、加速度计、磁罗盘和锂电池。GSE 公司的这一产品基于最新的卫星、天线和电子技术,可实时跟踪和监控所有移动资产。

图 5.16　Extreme GPS005 和 GSatMicro 卫星跟踪器(图片来源：Extreme Webtech 和 GSE)

多功能 GSatMicro 可用于海上、陆地车辆、人员和飞机，非常适合以下应用：安全和安保、遇险报警、搜救、车队管理、石油和钻井、人员和士兵跟踪以及政府应用。该装置十分适合用在全球海上遇险安全系统网络内帮助船员搜索和救援失踪人员。其具有以下功能：铱星卫星终端、最新的 SiRf 4 GPS 接收机、磁罗盘、加速度计、USB 接口、高级加密标准加密机、单天线、4.5 ~ 40V 直流内置锂聚合物或棱镜电池和充电器、LUA 脚本语言、可选蓝牙 4.0，最重要的是通过短突发脉冲和船舶跟踪装置发送全球 SOS 警报和位置速度时间信息。

5.1.6　Orbcomm 船载站全球海上遇险安全系统配置

小型低轨 Orbcomm 卫星网络因其新开发的卫星自动识别系统(S – AIS)而对全球海上遇险安全系统也很重要，这一系统已经在本书第 2 章中介绍过。卫星自动识别系统是一个船只识别系统，用于规避碰撞、跟踪和定位。卫星自动识别系统的船舶跟踪系统还用于海事感知、搜救、环境监测和海事情报。卫星自动识别系统可跟踪世界上最偏远地区船只的位置，特别是在公海和无线电自动识别系统监测不到地方的船只。

依托 Orbcomm 网络卫星的自动识别系统是一种独特的业务，它克服了无线电自动识别跟踪系统的局限性，可以近实时经济高效地跟踪沿海水域以外的船只。Orbcomm 卫星自动识别系统是第一个提供自动识别数据服务的商业卫星网络，现在每天为政府和各种商业组织的 100 多个客户跟踪 150000 多艘船只。

搭载自动识别系统的下一代 OG2 卫星的发射，将为船舶自动识别跟踪监测提供更大的可能性。也就是说，随着 16 颗 OG2 卫星发射，基于 16 个地面地球站组成的现有 Orbcomm 地面网络，自动识别系统探测到船只的数据时延在某些区域预计将低于 1min，从而实现先进的警报和报告性能。此外，OG2 卫星通过远洋船只的频度更高，时段更长，增加了探测到自动识别系统信号的可能性。由于卫星自动识别只是专业 Orbcomm 卫星星座提供的服务之一，与其他不被海事团体和全球海上遇险安全系统认可的卫星自动识别业务提供商相比,它将能够提供更灵活和可靠的服务。

因此,通过 Orbcomm OG2 卫星星座的卫星自动识别系统以及 Orbcomm 卫星跟踪、M2M 监测系统一定会被视为全球海上遇险安全系统卫星服务的重要候选系统。另一方面,目前的 Orbcomm 系统星座必须通过建造额外的地面地球站,特别是在北极,来改善其覆盖范围。

5.1.7　O3b 船载站全球海上遇险安全系统配置

O3b 网络最近的收购为固定和移动应用提供了一个新的中轨道卫星系统星座。O3b 系统作为海事应用系统在本书的第 2 章已经介绍过了,因此这里将描述一些关于提高 O3b 卫星覆盖范围的问题,以便使 O3b 网络能够成为全球海上遇险安全系统的一部分。

类似于对国际海事卫星系统提出的建议,通过将 O3b 中轨道与 HEO 闪电轨道相结合提供混合卫星星座也是有用的,组合的混合卫星轨道（HSO）如图 5.17 所示。这个混合卫星轨道星座与本书理论部分第 2 章中描述的椭圆卫星轨道中轨和高轨星座的组合类似。

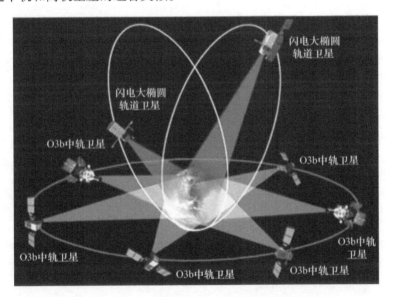

图 5.17　O3b 中轨卫星和闪电轨道卫星（图片来源:Ilcev）

Molniya 闪电轨道可用于提供高纬度地区的卫星覆盖,其混合轨道星座的覆盖如图 5.18 所示。闪电轨道将覆盖俄罗斯北部的整个极地地区、北欧和加拿大,大幅提高 O3b 卫星有限的覆盖范围。另一方面,O3b 网络通常为游轮提供卫星服务,为了改善通信服务,需要在北极建造几个满足商船通信的地面地球站,从而为沿俄罗斯和加拿大北极水域航行的船只提供服务。

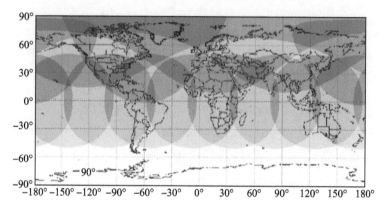

图 5.18　O3b 中轨卫星和闪电轨道卫星结合的混合轨道覆盖图(图片来源:互联网)

5.1.8　海上备用无线电全球海上遇险安全系统

如今,海上通信和全球导航卫星系统的重点集中在卫星通信和 IP 网络上。在几十年前,当船 – 岸 – 船之间的主要通信方式还是无线电报和无线电电传时,许多事情就已经发生了变化。现在,随着通信系统的发展,远洋船舶实际上是总部计算机局域网通过卫星网络的延伸。当然,驱动所有这些变化的是在 20 世纪 90 年代初建立的全球海上遇险安全系统网络,该网络中的甚高频和高频数字选择呼叫和甚高频无线电通信系统仍在使用。

全球海上遇险安全系统操作员发送数字选择呼叫警报后,会切换到无线电话遇险和安全信道,并在现场与其他船只和海岸站通信。问题是这些信道经常被干扰,因此有必要提出一些新的最可靠的解决方法。这里将介绍新的甚高频系统,它们能改进全球海上遇险安全系统网络中的通信、导航和监视能力。

5.1.8.1　海上甚高频数据链

本节将简要介绍由本书作者新提出的用于海事的甚高频数据链(VDL)。船载甚高频数据链是全球海上遇险安全系统网络框架下,未来在 A1 海域实施通信、导航和监视业务的最好系统。也就是说,新甚高频数据链业务会覆盖沿岸航行、内陆水域、锚地附近和港口内部,改进这些区域的通信、导航和监视能力。

海上甚高频数据链系统类似于无线电自动识别系统,后续任务是提高其能力和功能,其配置如图 5.19 所示。显而易见,尽管 2002 年强制要求在总注册吨位超过 300t 或运载 12 名以上乘客的所有船舶上安装无线电自动识别系统,但它有几个需要改进的特性。新提出的无线电甚高频数据链(R – VDL)系统作为

未来新的船载通信、导航和监视系统,有三个主要目标:

(1) 基于甚高频无线电(包括海港的互联网系统)的高效和更高速数字传输,提供更可靠和更有效的船舶通信系统;

(2) 完善船舶碰撞规避无线电自动识别系统(R - AIS)的基本功能;

(3) 通过甚高频数据链在沿岸水域和海港内的无线电自动辅助监视广播(RADS - B),加强船舶交通控制和管理。

图 5.19　用于增强的全球海上遇险安全系统网络的海上甚高频数据链(图片来源:Ilcev)

用于测量和交通管理的专用海上甚高频数据链转发器可安装在沿岸水域航行、接近锚地和港口内的远洋船舶上。同样,陆地车辆也可以携带类似的甚高频数据链转发器,用于海港内车辆和铁路的交通管理。这两种转发器都与全球导航卫星系统接收机集成在一起,能够从 GPS 或 GLONASS 卫星接收导航信号,并通过甚高频海岸无线电台将其重新发送到船舶交通控制和管理站。控制和管理站对从甚高频覆盖范围内船只和车辆接收的所有位置、速度和时间数据进行处理,并将其显示在类似雷达的甚高频数据链显示屏上。在相反方向上,船舶交通管理员可以将处理后所有船舶的位置、速度和时间数据发送给海港内外的各个船舶,并以更安全的方式管理它们的航行。

下面将简要介绍两种移动甚高频数据链转发器。

(1) VDL 4000/GA 转发器。这种通用航空转发器是由 CNS 系统公司设计的,用于通过数字甚高频数据链传输和接收自动辅助监视 - 广播(ADS - B)消息,例如向其他飞机或直升机以及地面站广播飞机的位置、速度、预计航迹、高度、飞行识别。这种设备略加改进,也可以用于船载,如图 5.20(左)所示。通过这种方式,船载甚高频数据链转发器可以向船舶管理人员和船舶交通控制员以尽可能高的精度"显示"沿岸水域、靠近锚地和海港内船舶交通状况。安装在船上的甚高频数据链转发器可以自动从 GPS 或 GLONASS 卫星获取全球导航卫星系统信号,并通过甚高频海岸无线电台将位置速度时间数据和船只识别信息传输到船舶交通控制中心和船舶交通管理中心。船舶交通控制中心处理位置、速度和时间数据,并显示在类似于雷达的显示器上,用于海岸移动引导和控制。海岸移动引导和控制系统可以为在沿岸水域航行、接近锚地和港口内的所有船只提供导航和控制。船舶交通控制操作员可以向特定船只发送附近所有船舶的位置、速度和时间数据,以管理其航向,该船舶也可以从无线电岸站自动轮询所选定船舶的位置、速度和时间数据,以规避碰撞。该装置的技术规格如下:供电需求为 27.5 V 直流电;全球导航卫星系统接收机(EGNOS 选项)16 个并行通道;1 台发射机的调谐范围为 112.000 ~ 136.975MHz、信道间隔 25kHz、传输速率为 19200b/s、调制方式是高斯频移键控(GFSK);2 台接收机的调谐范围为 108.000 ~ 136.975MHz、信道间隔 25kHz;提供自动辅助监视 – 广播(ADS – B)、全球导航卫星系统甚高频数据链增强系统 – 广播(GAVDL – B)、飞行信息服务 – 广播(FIS – B)、交通信息服务 – 广播(TIS – B)、点对点传输。

(2)VDL 4000/VTE 转发器。该设备也是由 CNS 系统公司开发的,以满足机场表面机动运行严格的安全要求和机场资源的更有效利用。标准化的甚高频数据链也可适用于海港内类似公路和铁路车辆运营,如图 5.20(右)所示。这种装置应用在港口,进行关键的海岸移动引导和控制,其独特的自组织时分多址甚高频数据链具有很高的传输概率。其技术特性和组成与上述 VDL 4000/GA 转发器相同。

图 5.20　移动甚高频数据链转发器(图片来源:CNS Systems 公司)

5.1.8.2　海上无线电自动辅助监视广播

无线电自动辅助监视广播(RADS – B)是为航空应用开发的,但也可用于海事,其配置如图 5.21 所示。该系统可用于船舶的无线电传输,每秒一次,提供由船载传感器检测获取的位置、速度、时间和其他数据,船载传感器如全球导航卫星系统接收机(GPS 或 GLONASS)、自动标绘(ARPA)雷达或陀螺罗盘。无线电自动辅助监视广播甚高频无线电岸站使用一个非旋转全向天线来接收船只发送的信息。海事无线电自动辅助监视广播是作为一种多用途监视终端提出的,在甚高频无线电岸站范围内用于港口、锚地周边和沿岸水域,适用于船舶交通控制和船对船监视数据发送、接收,称为船间无线电自动辅助监视广播,以规避碰撞。无线电自动辅助监视广播传输是基于"视距"的监视,要求无线电岸站接收数据并传输到船舶交通控制中心。一个单一的无线电岸站的覆盖范围大约为 250n mile,用于沿海岸航路、码头和海港表面监测。该无线电自动辅助监视广播通信网络可与地面监视雷达装置集成,增强监视功能。为了改善海港地区的船舶监视和交通控制,这一新系统需要一个与全球导航卫星系统接收机集成的特殊无线电自动辅助监视广播发射接收机。

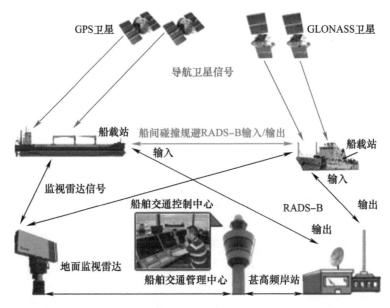

图 5.21　用于增强全球海上遇险安全系统网络的海事
无线电自动辅助监视广播系统（图片来源:Ilcev)

5.1.8.3　海上全球导航卫星系统增强甚高频数据链广播

移动通信、导航和监视系统在增强型交通控制和管理,尤其是为改善全球海上遇险安全系统船载设施方面发挥着重要作用,在这些应用中,GNSS – 1 系统是重要组成部分。GNSS – 1 卫星网络集成了美国的 GPS 和俄罗斯 GLONASS,而 GMSS – 2 网络包含了中国的北斗系统,在伽利略系统开始运行后,也会将其纳入其中。

全球导航卫星系统网络通过甚高频数据链向远洋船舶提供标准化的定位信息,以便在全球范围内进行更精确的导航和更好的碰撞规避,如图 5.22 所示。全球导航卫星系统核心星座中的新甚高频数据链系统广播定时信号和数据信息,用于 GPS 和 GLONASS 信号的差分校正。船载全球导航卫星系统接收机使用这些信号来计算它们与视野中每颗导航卫星之间的距离,并计算三维位置和精确时间。通过这种方式,当前的无线电导航系统将由能够以更安全方式引导船只的现代全球导航卫星系统所取代。

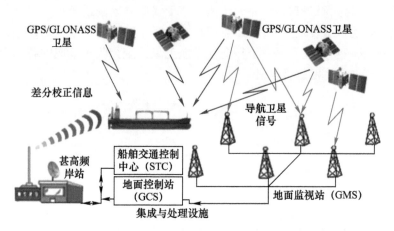

图 5.22 用于增强型全球海上遇险安全系统网络的海上全球导航卫星系统增强型甚高频数据链系统(图片来源:Ilcev)

如上所述,全球导航卫星系统增强型甚高频数据链(GAVDL)网络通过 GPS 和 GLONASS 卫星为地面监视站提供全球导航卫星系统数据,地面监视站又称为基准站,这些地面监测站提供完整性确定、校正信息、处理设施和误差低于 1m 的精确位置,并将它们转发给地面控制站或主站。地面控制站终端通过提供甚高频测距、完整性和校正信息来增强最初的全球导航卫星系统星座。

任何区域卫星增强系统(RSAS)作为民用移动关键性安全网络,仅仅使用地球静止轨道卫星广播从地面控制站终端接收的增强信息,来支持区域增强或广域增强。而在全球导航卫星系统增强型甚高频数据链系统里,使用了本地甚高频增强系统(LVAS),用于测距、监控和向远洋船舶传输全球导航卫星系统增强型甚高频数据链信号。在相反方向上,船只可以通过甚高频无线电岸站把它们从 GPS 或 GLONASS 接收机获取的全球导航卫星系统增强信号发送到船舶交通控制中心。船舶交通控制中心处理器处理接收到的位置、速度和时间数据,并将其显示在类似雷达的显示屏上,用于增强碰撞规避能力。

5.1.9 海事卫星全球海上遇险安全系统可选网络

在这一部分将介绍本书作者提出的用于通信、导航和监视系统的当前和后续项目,作为改进全球海上遇险安全系统网络的现代方案。

5.1.9.1   海事卫星远程识别和跟踪

目前的远程识别和跟踪(LRIT)海事系统不是全球海上遇险安全系统通信要求的一部分,但它是国际航行船舶的强制性要求,所有总注册吨位 300t 以上的船舶必须遵守国际海事组织的规则。最初,远程识别和跟踪使用前面已经介绍的设备,如 Inmarsat – C 或 mini – C 终端设备,最近它开始使用铱星设备定期向船运公司总部或各国报告船舶身份、位置、日期和时间。远程识别和跟踪是新版《国际海上人命安全公约》条例所包含的内容,该条例适用于 2008 年 12 月 31 日之后建造的船舶,现有船舶分阶段实施。只在 A1 海区进行贸易并装有自动识别系统的船舶不受远程识别和跟踪要求的约束。

船上的远程识别和跟踪设备必须直接连接到船上的全球导航卫星系统,或者具有内置 GPS 或 GLONASS 接收机,具有自身定位能力。图 5.23 是一个远程识别和跟踪网络,其包含由 GPS 和 GLONASS 卫星组成的全球导航卫星星座,向远洋或沿岸航行的船只提供全球导航卫星系统信号。在特定区域航行的船只,如 SES – A 和 SES – B,正在向国家远程识别和跟踪控制中心(NLCC)发送远程识别和跟踪信息,这些信息随后被转发到全球远程识别和跟踪控制中心(GL-CC)进行处理并发送给全球潜在用户。

图 5.23   海事远程识别与跟踪系统(图片来源:Ilcev)

法规要求,默认情况下,远程识别和跟踪报告应每 6h 向远程识别和跟踪中心传输一次,传输频率由远程控制,报告频率可以随着安全级别的变化而增加,最高可达每 15min 发送一次。《国际海上人命安全公约》关于远程识别和跟踪的条例确立了一项多边协定,以便缔约国政府之间为安全和搜救目的共享远程识别和跟踪信息。它维护船舶所属国的权利,在适当情况下保护船只信息,同时允许沿岸国获取在其沿海航行船只的信息。

5.1.9.2　无线电自动识别系统和卫星自动识别系统海上综合网络

甚高频无线电自动识别系统(R－AIS)是目前沿岸航行中对船只进行短程跟踪和探测的最有吸引力的系统。由于无线电自动识别系统的范围有限,最近提出了卫星自动识别系统(S－AIS),通过 Inmarsat、Orbcomm 或铱星网络进行全球覆盖,这些网络如图 5.24 所示。国际海事组织公约要求总注册吨位 300t 及以上的远洋船舶、无论大小的所有客船都必须安装自动识别系统。

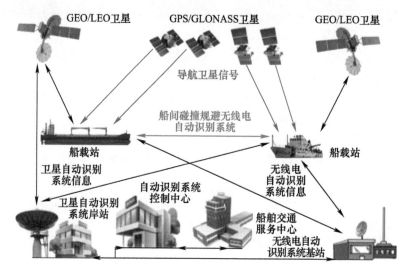

图 5.24　用于增强型全球海上遇险安全系统网络的
海上 R－AIS 和 S－AIS 综合系统(图片来源:Ilcev)

这个使用场景类似于以前的网络,即沿岸航行的船只使用自动识别系统甚高频应答机以一定时间间隔自动广播信息,如它们的位置、航线、速度、转弯速度和导航状态。信息来自船舶的导航传感器,通常是其全球导航卫星系统(GPS 或 GLONASS)接收机和陀螺罗盘,而海上移动业务身份(MMSI)、船名和甚高频呼号等其他自动识别系统信息则在安装设备时进行编程,并定期传输。这些信号由安装在其他船舶和陆上基站的自动识别系统应答机接收,该基站连接到自动识别系统控制中心和船舶交通业务系统。接收到的信息可以显示在雷达或绘图仪上,显示其他船只的位置和呼号信息,可以增强这些系统并提高全球导航的安全性。额外的自动识别系统数据可以添加到雷达和海图绘制系统中,使这些关键系统更加有效。

无线电自动识别系统(R－AIS)只能在短距离上提供甚高频范围的覆盖,为了扩大自动识别系统网络的覆盖范围,可以集成卫星自动识别系统(S－AIS)。

船载卫星自动识别系统可以通过静止轨道或低轨卫星将自动识别系统数据发送到岸站、自动识别系统控制中心和船舶交通服务中心进行处理。因此，由地球静止轨道或低轨卫星探测卫星自动识别系统信息成为全球探测、跟踪和避免碰撞非常可靠的方法。

下面将简要介绍几种船载自动识别系统（AIS）收发机。

（1）船载 VDL 6000 AIS A 级收发机。这款由瑞典 CNS 系统公司设计的卫星自动识别系统（R – AIS）收发机符合国际海事组织《国际海上人命安全公约》（SOLAS）的规定和 BSH 联邦海事局（Bundesamt füR Seeschiffahrt and Hydrographie）认证，可安装在所有远洋船舶上，如图 5.25（a）所示。屏幕显示其船舶呼叫信号，这使用户能够与冲突船只直接联系。该设备由带天线的收发机、带天线的集成 GPS 接收机、最小键盘和显示器单元组成。数据链路包括身份、位置、与航行相关的动态数据、目的地和其他所需的静态数据，这些数据使得一个区域内的所有船只都能够增强对情况的了解，并提高每艘船只的海上安全性。自动识别系统收发机使用了自组织时分多址（SOTDMA）技术，在甚高频覆盖范围内的所有船只上发送和接收数据。这些信息包括船只位置、身份、离岸路线、航向、转弯速度、航行状态和预计到达时间。该收发机连接到船上的传感器，船只发送和接收的数据很容易在 ARPA 雷达或电子海图系统上绘制出来。该收发机的主要特点是：输入电压为 12V 或 24V 直流电，工作频率 156.025 ~ 162.025MHz，全球导航卫星系统接收机有 50 个并行信道 GPS L1、支持差分全球导航卫星系统模式。

(a)　　　　　　　　(b)　　　　　　(c)

图 5.25　海事自动识别系统收发机（图片来源：CNS 系统公司）

（2）船载 VDL 6000 AIS 安全 A 级收发机。该型号由 CNS 系统公司设计，可配置为"仅接收"模式或"接收和发送"模式，可以主动识别和定位附近的所有船只。该收发机有三种运行模式，即标准、静音和安全模式。安全系统建立在现有的自动识别系统技术上，支持用户与其他用户、甚高频无线电岸站或基站间接收、调度和发送加密消息，如图 5.25（b）所示。该收发机的屏幕显示其他船只的呼叫信号，使用户和其他船只能够通过数据文本或语音通信进行直接联系。CNS 系统公司有可安装在船上的其他类型收发机，如 VDL 6000 AIS Class A –

Inland,在内陆水域使用。该安全系统具有与上述相同的特征,但是它支持通过卫星进行远程报告,它的发射功率为 1W 和 12.5W,负荷为 50Ω。这款 R – AIS A 级收发机很容易安装到任何远洋船只上,只需将其连接到一个 GPS 和甚高频天线上,或连接到自己的天线上,如图 5.25(c)所示,将其连接到船载传感器上以后安装就完成了。

(3)船载 AIS B 级收发机。这种 R – AIS 收发机不是《国际海上人命安全公约》(SOLAS)所要求的装置,用于安装到游艇、工作船、渔船和小型船只上。该装置的发射机功率为 2W,不需要集成显示器。它可以连接到大多数显示系统上,接收到的信息以列表或覆盖图形式显示。

5.1.9.3 海事卫星数据链网络

海事卫星数据链系统是由本书作者以与卫星自动识别系统(S – AIS)相同的方式提出的,目的是增强海事甚高频数据链网络的能力和功能,其配置如图 5.26 所示。也就是说,卫星数据链收发机可以安装到在甚高频覆盖范围之外、公海航行的远洋船舶上,用于测定和交通管理。安装在船舶上的卫星数据链收发机与全球导航卫星系统接收机集成在一起,能够接收来自 GPS 或 GLONASS 卫星的导航信号,并通过岸站将这些信息发送到船舶交通控制中心和船舶交通管理中心。

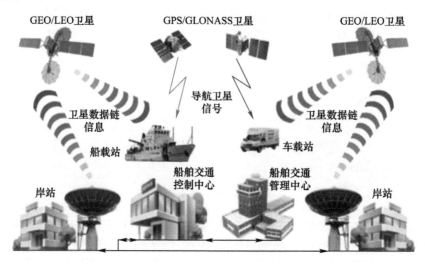

图 5.26　用于增强型全球海上遇险安全系统网络的海事卫星数据链系统(图片来源:Ilcev)

卫星数据链覆盖范围内船只接收的所有位置、速度和时间数据将被处理并显示在类似雷达的卫星数据链显示单元上。在相反方向上,船舶交通管制员可以通过静止轨道或低轨卫星向海港外的所有船舶发送位置、速度和时间数据,通过更安全的方式管理他们的航行，以便更好的规避碰撞。这样，即使在能见度为零的极端恶劣天气条件下，船长也可以更安全地航行。

卫星数据链网络可以作为整个海上通信系统的一部分，具体如下。

（1）卫星数据链跟踪信息业务。该业务的概念与甚高频数据链类似，能够提供支持导航和监视功能的卫星广播链路。它的传输通过船载站和岸站之间的短突发消息实现，岸站与船舶交通控制中心、船舶交通管理中心相连。船上可以安装卫星收发机或卫星跟踪设备，它们与全球移动卫星业务接收机集成到一起，这些设备可以在某些岸站的覆盖范围内自动进行卫星数据链通信，或者可以通过静止轨道卫星星座与全球范围内任何兼容岸站一起运行。卫星数据链收发机也可以通过铱星网络支持类似的业务，并能够提供真正的全球覆盖，包括两极在内。卫星数据链收发机使船长和船舶交通控制操作员可以以尽可能高的精度"看到"在其甚高频数据链覆盖范围之外的海洋或沿岸航行中的船舶交通情况，这可以提高海上安全和安保。岸站可以支持全球的 Inmarsat、Globalstar、Iriduum 或 Orbcomm 网络。岸站和与之相连接的地面网络，将为先进的船舶交通控制中心和船舶交通管理中心在广阔的覆盖范围内提供更多的功能。岸站的功能是由软件配置决定的特定业务应用定制的。

（2）卫星数据链通信业务。每艘装有收发机或卫星通信设备的远洋船只都能够发送和接收短脉冲数据或高速数据，用于通信、导航和监视。通过这种方式，作为整个海事通信系统的一部分，新卫星数据链技术可以为用户提供安全、准确的全球信息服务。船长可以使用双向文本消息传输、航行运动数据、文本和图形天气公告、导航警报和路线规划，以及几个由 Inmarsat 和铱星提供的、可在世界各地使用的通信业务。在要求减少装备或提高可靠性时，Inmarsat 和铱星这两家运营商还为卫星服务提供了宝贵的冗余，为船舶带来了高性价比、安全和重要的通信服务。这项服务还将提供航行、目的地、预计到达时间、运动时间、发动机参数、延迟、定位、维护等实时信息。

5.1.9.4　海上全球导航卫星系统增强卫星数据链网络

局域卫星增强系统（RSAS）网络作为全球卫星增强系统（GSAS）网络的组成部分，是地面监测和空间通信设施的结合，专门增强 GPS 或 GLONASS 信号，如图 5.27 所示。局域卫星增强系统的主要功能如下：确定差分校正以提高全球导航卫星系统的信号精度；预先进行完整性监控，确保误差极高概率在容许范围内，确保安全性；使用测距来提高可用性。

与上述全球增强甚高频数据链方式一样，一些基准站（地面监视站）接收和处理 GPS 或 GLONASS 卫星的非增强信号，并将它们转发给主站（地面控制站）。地面控制站终端处理全球导航卫星系统数据，以确定每个被监测卫星、每个区域的差分校正和残余误差。地面控制站确定传播过程中受影响的时钟、星历表和传播中的电离层误差(电离层校正针对选定区域进行广播)。然后把来自地面控制站的校正和完整性信息发送到每个区域卫星增强系统岸站,并向上传输到静止轨道卫星。

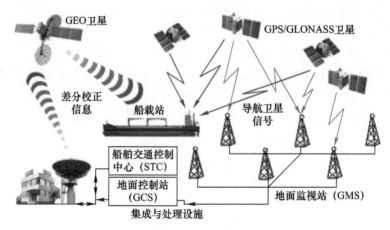

图 5.27 用于增强全球海上遇险安全系统网络的
海事全球增强卫星数据链系统(图片来源:Ilcev)

区域卫星增强系统通过地球静止轨道卫星星上导航转发器构建的数据链路,以非增强 GPS 接收机使用的相同频率广播这些单独的差分校正。增强 GPS 接收机接收 GPS 卫星的增强信号,并确定更准确的船只位置。如果有适当的软件或硬件,非增强 GPS 接收机也可以接收增强信号。该网络中最重要的是通过卫星数据链或语音自动将船只的增强位置发送到海岸站和船舶交通控制中心。这些定位信号可以由专门的处理器进行处理,并显示在类似雷达的显示器上,而交通控制员把这些信号用于船舶交通控制和管理,以增强船舶交通控制手段,提高某特定监控海域碰撞规避能力。

5.1.9.5 海事全球船舶跟踪网络

有些特定的船载技术是为特殊目的而设计的,利用专用网络提供预期服务。例如,自动识别系统可以被认为是一个很好的全球资产概况图景,但这是不严谨的说法,因为它跟原来的建造目的不一样。自动识别系统有很多很好的应用,比如确保海上航行安全、在晚上或低能见度时不被货船碰撞等。但是远洋船舶需要独立自动系统将中等智能卫星跟踪设备替换为高等智能卫星跟踪设备,这就是本书作者提出的设备,称为全球船舶跟踪系统(GST),如图 5.28所示。

如果自动识别系统收发机传输的数据像全球船舶跟踪设备一样可靠,那就

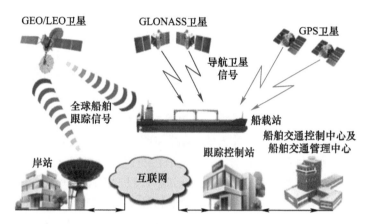

图 5.28　用于增强全球海上遇险安全系统网络的海事全球船舶跟踪系统(图片来源:Ilcev)

太好了,但这两种技术根本不可能进行比较。因为自动识别系统网络通过公共收发机工作,其卫星信号的可靠性不可测量和控制。首先,自动识别系统没有信息传输和接收的确认,通常由公共地面站所接收,而非专有。这可以通过商业控制和可预测的卫星接收机来增强,但是自动识别系统不是围绕卫星传输设计或安装的,船上的天线是线性极化的,不指向天空。

　　自动识别系统的数据流非常好,是为了防止碰撞和识别附近的船只甚至为飞机建造的,但它接收的数据是不可预测和无法核实的。此外,自动识别系统网络的设计基于低可靠性和覆盖范围未知的陆基收发机,以及基于卫星中继的延迟报告。还存在缺乏对于安全和高风险情况的消息确认。以下几点自动识别系统不能做到,而卫星全球船舶跟踪系统却可以做到:自动和独立、自带电源、与地面跟踪站通信、包括用于规避碰撞数据的双向定位文本消息、指挥和控制、远程控制终端参数、查询终端/位置/固件/诊断信息、密钥更新或加密协商、与遇险和紧急人员沟通、使用全球导航卫星系统或射频识别设备的地理栅栏、不同传感器监视、GPS 质量和干扰检测、混合网络支持。

　　另一方面,目前的远程识别跟踪(LRIT)卫星系统是国际海事组织设计的第一个船上必备设备,用于收集和传播从国际海事组织成员国船只接收到的船只位置信息,这些船只遵循《国际海上生命安全公约》。该系统在全球船舶跟踪方面并不十分成功,问题不是由于船舶的远程识别跟踪设备不能工作,而是根本没有远程识别跟踪的功能设计。远程识别跟踪网络最大的缺点是,其不能应在某一海域航行的任何船只的请求,实时传输邻近船只的导航数据,不能提供这些数据的轮询,以避免碰撞,也不能提供失踪船只或被海盗劫持船只的跟踪信息。

　　建议的全球船舶跟踪方案能够涵盖与远程识别跟踪系统一样的服务,包括跟踪失踪船只和被劫持船只。它可以确定某船舶附近航行的所有船舶的位置，以避免碰撞，是实时提供全球任何地方船舶卫星跟踪的最佳系统。操作员也可以通过跟踪控制站轮询来获得该数据。事实上，任何装有全球船舶跟踪装置的船舶，都能够使用静止轨道或低轨卫星的卫星链路，自动将 GPS 和/或 GLONASS 卫星确定的位置、速度、时间以及其他数据，通过 Inmarsat、Iridium、Globalstar 或 Orbcomm 卫星，发送到岸站、互联网、跟踪控制站和船舶运营公司（船舶交通控制和船舶交通管理）。通过这种方式，跟踪控制站可以接收来自任何船只的位置、速度和时间数据，对其进行处理，并显示在类似雷达的显示器上。全球船舶跟踪系统能够确定和监视特定海域的所有船只，以加强碰撞规避，协助搜救人员在最短时间内找到任何失踪船只，提供被海盗劫持的船只的位置数据，并能够改进全球海上遇险安全系统的设施，但是远程识别跟踪系统却做不到这些。全球船舶跟踪设备与射频识别装置（RFID）集成，可能是用于全球集装箱跟踪的唯一可靠系统。2000 年，本书作者向国际海事组织提议采用全球船舶跟踪系统，但没有得到任何答复。

5.1.9.6 海事卫星自动辅助监视—广播

卫星自动辅助监视 - 广播（SADS - B）是一种为机载任务开发的新系统，类似于无线电自动辅助监视 - 广播（RADS - B）系统，唯一的区别是它通过卫星而不是甚高频无线电运行。

SADS - B 的每个字母含义依次如下：

S 表示卫星，它用于传输信息，SADS - B 是指使用卫星进行数据传输；

A 表示自动，是指 SADS - B 定期传输信息，不需要船只、车辆或飞机操作员请求，也不需要一般或特定的询问；

D 表示辅助，代表发送从全球导航卫星系统接收机获取的位置和速度数据；

S 表示监视，是一种确定船只、车辆、飞机或其他移动资产位置的方法；

B 表示广播，是向船上或岸上任何具有接收设备的人传送信息。

卫星自动辅助监视 - 广播网络是本书作者提出的现代船载卫星广播系统，与目前处于发展阶段的机载卫星自动辅助监视 - 广播类似。该系统将提供位置、速度、时间以及其他数据，这些数据由船载传感器，如全球导航卫星系统（GPS 或 GLONASS）、雷达、陀螺罗盘和其他仪器监测并计算出来。典型的卫星自动辅助监视 - 广播海事系统类似于无线电自动辅助监视 - 广播系统，不同之处就是，卫星自动辅助监视 - 广播网络使用地球静止轨道或低轨卫星，通过岸站地面终端向船舶交通控制中心和船舶交通管理中心发送或接收卫星自动辅助监视 - 广播信息，覆盖范围更大，其配置如图 5.29 所示。单个岸站可以在海洋区域提供船对船、船对岸和岸对船广播，为在公海、交通量繁忙的重要海峡通道、靠近锚地及在大型港口航行的船只提供监视服务。

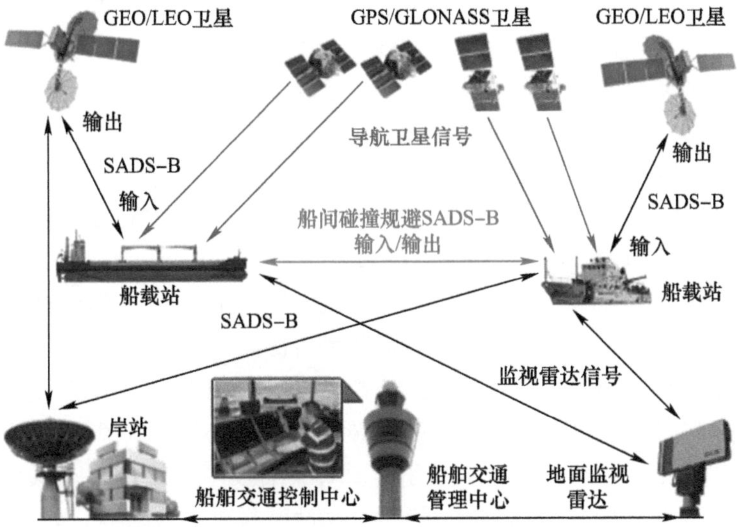

图 5.29　增强全球海上遇险安全系统网络的海事
卫星自动辅助监视 - 广播系统（图片来源：Ilcev）

卫星自动辅助监视 - 广播是一种特殊的监视技术。采用这种技术，船只通过卫星导航确定其位置，并通过卫星定期广播其速度、位置、时间以及其他重要的安全航行数据。船舶交通控制中心可以接收这些信息，来替代海上地面雷达系统。其他船只也可以接收这些信息，以提供态势感知，使其能够安全航行、增强防撞能力。

除了良好的特性之外，自动辅助监视系统克服了全球船舶跟踪系统的以下问题：

（1）全球船舶跟踪系统并不是独立的，所以有些人在海盗的强迫下或者自身有问题时可以关闭整个装置、部分装置或全球导航卫星系统的接收机；

（2）如果没有集成的全球导航卫星系统接收机，全球船舶跟踪系统就无法正常运行；

（3）全球船舶跟踪系统需要安装在某个秘密的地方，虽然它是由船上的电源供电，但它需要自己的充电器和电池。

5.2　卫星地面移动遇险安全系统

Inmarsat、Iridium、Globalstar 和 Orbcomm 卫星运营商提供与 GNSS - 1 接收系

统(GPS 和 GLONASS)集成的全球双向数据设备,大小与个人光盘播放器相同。随着主电源、太阳能或电池电力消耗的减少,这些装置可用于遇险和安全通信,从 GNSS – 1 卫星收集导航数据,并将船只、集装箱、车辆、铁路和飞机的位置、速度、时间和其他数据,传输到跟踪控制站。这里将介绍两种系统。

(1) 全球车辆跟踪(GVT)。该网络为公司、军队、警察、政府和保险公司提供车辆驾驶员和调度员之间完整的卫星资产跟踪和安全管理信息。它能提供比任何通用分组无线业务(GPRS)系统更好的国内外车辆控制。陆地车辆使用卫星收发机和 GPS 接收机相结合的卫星资产跟踪装置。此外,该装置可与电子车辆登记的射频识别(标签阅读器和标签)集成。通过特殊的传感器和跟踪控制站发出的命令,卫星资产跟踪装置可以关闭车辆的发动机,可以控制位置/速度/时间指示器、车号、里程、油耗、温度、货物操作、车门状况等。卫星资产跟踪装置必须单独安装在车辆上,必须有自己的防盗电源,也可以通过车辆电池供电。图 5.30(左)显示的是全球车辆跟踪网络,其中车载站从 GPS 或 GLONASS 卫星接收全球导航卫星系统信号,并通过地球静止轨道/低轨卫星和陆地地球站向道路跟踪控制站发送位置、速度、时间以及其他全球车辆跟踪信息。

(2) 全球火车跟踪(GWT)。该系统在机车司机和调度员之间提供卫星资产跟踪和安全管理信息,包括火车物流、火车在国内外某地的装卸操作,如图 5.30(右)所示。该系统还使用了与上述相同的卫星资产跟踪装置,集成了射频识别(标签阅读器和标签),用于控制货车、机车和铁路信号。铁路卫星资产跟踪装置至少有 5 年的电池供电,集成的阅读器可以连接到公共电源或太阳能

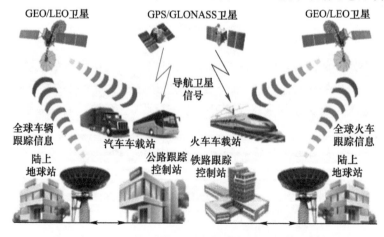

图 5.30　陆地移动卫星资产跟踪网络(图片来源:Ilcev)

电源,而标签也可使用自己的电池或不需要任何电源。射频识别装置也可以提供人员识别,因此铁路公司可以知道哪些工作人员和操作员在处理他们的车辆和货物。

5.3　卫星全球航空遇险安全系统

全球航空遇险安全系统(GADSS)对所有的航空人员来说都是最重要的,因为它可能会在未来影响到每一个人。这对机组人员来说也非常重要,因为一旦飞行员无法提供遇险警报,任何机组人员都可以进行警报,以挽救机组人员和乘客的生命。全球航空遇险安全系统最重要的是用于为海上和地面飞机事故提供增强的遇险生命安全。

全球航空遇险安全系统必须是一个国际系统,当飞机在海上或地面遇险时,使用无线电和卫星技术确保向救援当局和遇险海域周边的船只快速自动报警。岸上的搜救当局以及海上遇险飞机附近的船只将通过无线电和卫星通信迅速得到警报,尽快协助搜救行动。

这样,在全球航空遇险安全系统中使用的主要航空系统和设备必须集成无线电遇险安全系统和卫星遇险安全系统。安装了全球航空遇险安全系统设备的飞机在飞行中以及在海上或地面着陆时将会更加安全,并且在一旦出现遇险警报时更有可能获得援助。全球航空遇险安全系统网络必须提供手动警报,并且在飞机工作人员没有时间发出完整的遇险呼叫时提供自动警报和定位的能力。全球航空遇险安全系统还要求飞机接收航空安全信息广播,这可以防止遇险情况发生,并要求飞机携带卫星紧急定位发射机,甚至包括海上应急无线电示位标和搜救收发机,这些设备在海上自由浮动,可以像遇险船只一样向搜救当局发出警报。

国际民航组织必须采用全球航空遇险安全系统条例,依据未来全球航空遇险安全系统要求,提高遇险生命安全(SOLID)能力和事故现场通信能力是缔约国政府的责任。这意味着各成员国行政当局必须将全球航空遇险安全系统要求纳入其国家法律。这也意味着飞机所有者必须确保他们的飞机符合全球航空遇险安全系统的要求,因为他们必须从其所属国获得证明其符合国际民航组织所有相关条例和建议的证书。根据新的全球航空遇险安全系统、遇险生命安全和未来航空通信要求,每架飞机和直升机都必须携带足够用于商业和安全操作的无线电甚高频、高频通信设备以及卫星通信设备。因此,为了推动全球航空遇险安全系统这个新的试点项目,国际民航组织团队必须在全球聘请在无线电和卫星通信、导航和监视网络方面具有丰富经验的专家。

　　本节将介绍通过甚高频通信网络的重要航空无线电全球航空遇险安全系统,如甚高频数据链、无线电自动辅助监视 – 广播(RADS – B)和全球导航卫星系统增强甚高频数据链路。此外,这一节还将介绍通过静止轨道或低轨卫星网络的航空卫星全球航空遇险安全系统,如卫星数据链、全球导航卫星系统增强卫星数据链、全球飞机跟踪和卫星自动辅助监视 – 广播(SADS – B)。卫星全球航空遇险安全系统将利用现有的 Inmarsat 静止轨道卫星网络、铱星大型低轨卫星系统以及 Cospas – Sarsat 网络的低轨搜救、中轨搜救和静止轨道搜救卫星星座。

　　全球航空遇险安全系统空间与地面网络是本书作者在 2000 年开发设计的,比国际民航组织早 17 年,其集成架构如图 5.31 所示。全球航空遇险安全系统的主要组成部分是无线电、卫星通信和卫星搜救网络。无线电系统将通过甚高频和高频频段提供服务,如数字选择性呼叫、甚高频数据链和无线电自动辅助监视 – 广播(RADS – B)。Inmarsat 和铱星网络通过机载站提供卫星自动辅助监视 – 广播(SADS – B)和卫星数据链,这些将在后面几小节中介绍。提出的全球航空遇险安全系统卫星通信系统概念包括 Inmarsat、铱星和三个 Cospas – Sarsat 搜救子系统,即低轨搜救、中轨搜救和静止轨道搜救子系统。在这种架构中,也将包括新提出的 HEO 闪电卫星、O3b 和作为搜救卫星子系统的新全球飞机跟踪。

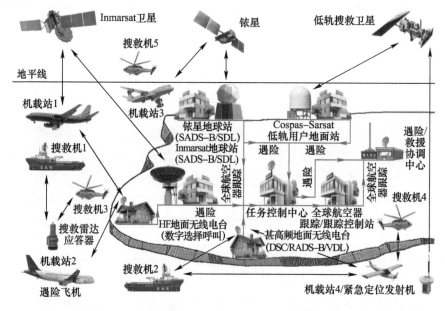

图 5.31　全球航空遇险安全系统网络概念(图片来源:Ilcev)

5.3.1　航空高频无线电子系统

机载无线电通信最困难的方式之一是通过高频频段通信。这些信道位于 2~30MHz 之间,敏感且不可预测,容易产生大噪声、衰落和干扰。在雷暴或太阳黑子活动强烈的时候,它们实际上可能会变得不可用。所以,高频无线电被认为是移动无线电运营商的一大挫败。尽管如此,高频频段为那些把其作为铱星系统备份而飞越北极的人提供了巨大的好处。此外,高频无线电信号通常可以用陡峭的轨迹通过电离层反射,从而绕过影响视距通信的地理障碍,如果有人摧毁卫星,高频无线电将是唯一的通信手段。与此同时,软件定义无线电、数字通信技术、新集成电路材料和嵌入式加密的新进展正朝着有利于高频无线电的方向发展,大量的高频无线电在复兴。

图 5.31 展示了航空高频遇险、安全和/或商用无线电数据通信的应用场景,其中 AES1、AES2 等飞机与高频无线地面站数字选择性呼叫终端进行通信。在遇险警报情况下,数字选择性呼叫终端可以通过地面通信网络连接任务控制中心和救援协调中心。例如,机组人员和乘客在地面或海面着陆后,将放弃飞机并启动紧急定位发射器。本书作者建议,针对最终在海上着陆情况,每架飞机可以携带搜救转发器,用于在海面上激活。这些设备可能是雷达搜救转发器,或基于 GPS 的自动识别系统搜救转发器。雷达搜救转发器通过在救援船雷达显示器上创建一系列点来定位救生艇或遇难船,例如,这些显示器位于搜救 1 号(SAR1)船和搜救 3 号(SAR3)直升机上。搜救转发器只会对 9GHz 的 X 频段(3cm 波长)雷达做出反应,在 S 频段(10cm)或其他类型的雷达上没有显示。在超视距和其他情况下,搜救船和直升机可以使用高频无线电地面站数字选择呼叫来建立通信链路。

5.3.2　航空甚高频无线电子系统

118~137MHz 的甚高频通信频谱已在全球各大陆地区域进行了分配,用于航空安全通信。目前该频谱按照 25kHz 或 8.33kHz 的语音信道进行组织,并且给每个空中交通控制中心都分配一个独立的语音甚高频信道。频谱中相对较小的部分被分配给了航空数据链,如飞机通信寻址和报告系统(ACARS)和甚高频数字链。甚高频通信提供了较低的成本,并且从中长期看,对航空界仍然非常有吸引力。目前的研究清楚地表明,包括甚高频通信在内的未来通信系统将必须提供更多的通信容量和更高的能力,以应对预期的空中交通增长。现有的甚高频语音通信系统、飞机通信寻址和报告系统和甚高频数据链可能根本无法提供长期所需的容量和性能。此外,新提出的无线电自动辅助监视 – 广播(RADS – B)或卫

星自动辅助监视 – 广播(SADS – B)也不太适合在空间实时提供可靠的全球飞机跟踪。为了应对预期的空中交通增长,有必要进行彻底的改进。

图 5.31 显示了遇险飞机的通信,使用了机载站 4(AES4)的遇险飞机、具有甚高频地面无线电站数字选择性呼叫/无线电自动辅助监视 – 广播/甚高频数据链的搜救 2 号船(SAR2),在遇险报警情况下,通过甚高频与岸上基站进行通信。岸上基站还通过地面通信网络连接任务控制中心和救援协调中心。救援协调中心通知 2 号搜救船(SAR2)和 4 号搜救直升机(SAR4)为装有 4 号机载站(AES4)的飞机提供援助。两支搜救团队都可以通过甚高频地面无线电站进行遇险现场通信。

5.3.3　Cospas – Sarsat 航空卫星子系统

使用机载站 4(AES4)的遇险飞机可自动或手动在海面或地面放置紧急定位发射机,激活后可通过 Cospas – Sarsat 低轨搜救卫星、低轨用户地面站和任务控制中心向救援协调中心发送遇险信号,使用场景如图 5.31 所示。另一方面,紧急定位发射机可以通过 Cospas – Sarsat 地球静止轨道或中轨搜救卫星向相应的地面站发送遇险警报信号,然后遇险信号通过陆地或海上飞行区的任务控制中心发送到救援协调中心。Cospas – Sarsat 系统的低、中和地球静止轨道搜救卫星系统可以成为增强的全球航空遇险安全网络的一个主要集成部分。

5.3.4　Inmarsat 综合航空卫星子系统

上文中提到的用于全球海上遇险安全系统的 Inmarsat 系统,同样的网络或其升级网络可以在全球航空遇险安全系统中使用。静止轨道 Inmarsat 子系统正在为除两极以外的所有三个飞行海区的航空遇险和商业通信提供重要服务。图 5.31 说明了装有机载站 1(AES 1)的遇险飞机可以通过 Inmarsat 卫星星座与 Inmarsat 地面站(卫星自动辅助监视 – 广播/卫星数据链)通信的情况。根据接收到的警报,Inmarsat 地面站通过任务控制中心向救援协调中心发送遇险信息,把全球飞机跟踪(GAT)系统的跟踪信息直接发送到地面跟踪控制站。在本章的下一节将介绍全球飞机跟踪网络对未来全球航空遇险安全系统的重要性。搜救 1 号船(SAR1)由救援协调中心派出,为发出遇险警告的 AES 1 飞机提供援助。

5.3.5　铱星航空卫星子系统

本书作者提出的低轨铱星子系统也是未来全球航空遇险安全系统的理想组成部分。图 5.31 展示的场景说明,遇险的 AES 3 飞机位于北极南部沿海水域,通过铱星提供与铱星岸站（卫星自动辅助监视 - 广播/卫星数据链）的通信连接。根据接收到的警报，铱星地面站将通过任务控制中心向救援协调中心发送遇险信息，全球飞机跟踪收发机的跟踪信号直接送至跟踪控制站。搜救 5 号直升机（SAR5）由救援协调中心派出，为发出遇险警告的 AES 3 飞机提供援助。

5.3.6　未来的全球航空遇险安全网络

传统意义上，飞机要遵循国际民航组织（ICAO）关于航空通信和导航的现行公约和条例。很久以前，国际民航组织开发了未来空中导航系统（FANS），直到最近它还被认为是未来的发展方向。如前所述，本书作者早在 2000 年就提出了全球航空遇险安全系统，而国际民航组织在 2016 年才提出全球航空遇险安全并据为己有，却不尊重、认可和承认本书作者的发明。

CNS 是公认的通信（Communications）、导航（Navigation）和监视（Surveillance）首字母缩略词，它与提议的全球航空遇险安全系统一起，将成为未来空中导航系统（FANS）真正的继任者。将来有必要为空对地、地对空和空对空的商业、安全、遇险无线电和卫星语音/数据通信、导航和监视提供一些更简单的航空系统。监视作为通信、导航、监视系统的一部分，意味着无线电和卫星监视，而不仅仅是雷达监视。

目前飞机上使用的通信系统有两种：传统的无线电甚高频/高频通信和新型卫星通信。这两种飞机通信的集成必须为全球航空遇险安全系统的开发提供基础。国际民航组织的主要任务是启动全球航空遇险安全系统项目，并为确定系统要求和有效性制定准则。

该全球航空遇险安全系统的基本概念是安全与保障、可靠的遇险警报和有效的当地/区域搜救管理部门。搜救团队必须迅速到达海上或陆地遇险区域，同时必须迅速向所有可能的救援资源发出遇险的位置。以这种方式，所有力量可以齐心协力尽快进行搜救行动。

5.3.7　通过全球航空遇险安全系统进行空中交通控制的概念

新的全球航空遇险安全系统概念包含对无线电和卫星通信导航监视系统整合改进，提供增强的空中交通控制和空中交通管理服务。

5.3.7.1　航空通信系统的改进

这些改进一方面是从语音到数字通信的转变，另一方面是从无线电到卫星通信的转变。甚高频和高频系统的无线电波传播存在一些问题，但它们是必需的，尤其在发生战争时会使用。卫星通信在覆盖范围、可靠性和专业性方面仍然存在一些问题。Inmarsat 系统在覆盖方面也存在问题，覆盖不到北极地区。要覆盖这一地区,需要改进高频数字无线电或用两颗闪电卫星。非地球静止轨道卫星系统,如 Globalstar、Iridium 和 Orbcomm,仅用于连接蜂窝系统,支持个人通信,没有支持如交通控制和管理等移动和专业应用。铱星上不承载多用途有效载荷,如 Inmarsat 卫星上的通信和导航载荷。还有其他新的卫星系统提供语音、数据和视频(VDV)的数字视频广播–卫星返回频道(DVB–RCS)通信。

就通信设备而言,不一定必须是航空无线电公司(ARINC)的产品,任何采用专门硬件和软件的地面站都可以,目前的海事卫星通信和全球海上遇险安全系统就是这种情况。飞机通信寻址和报告系统(ACARS)被用作通信设备,因此飞机通信寻址和报告系统应简称为飞机报告系统,而管制员飞行员数据链路通信(CPDLC)应被称为数字数据链路。

飞机通信寻址和报告系统是一种数字数据链路,用于通过无线电或卫星在飞机和地面站之间传输相对简单的短消息。该协议由航空无线电公司设计,用于取代他们的甚高频语音业务,并于 1978 年部署,使用电传格式。后来,国际航空电信协会(SITA)通过增加无线电台来提供飞机通信寻址和报告系统业务,扩大了其全球地面数据网络。在以后的 20 年里,航空电信网络协议和互联网协议将取代飞机通信寻址和报告系统,分别用于空中交通控制通信和航空通信。这使得其他应用得到改进,特别是数字视频广播–卫星返回频道通信。管制员飞行员数据链路通信(CPDLC)应用程序安装于飞机上,机组人员可以从标准空中交通控制通信菜单中进行选择,发送消息、接收响应。空中交通管制员在地面上有一个对等应用程序。他们可以从一组信息中进行选择,并向飞机发送信息。机组人员以照办(WILCO)、待机(STANDBY)或拒绝(REJECT)几种方式进行回应,当前这些信息为 60s 以内的单向传递。

最初的 Inmarsat 航空业务有两种模式,即支持语音通信的电路模式和支持"始终在线"数据通信的分组模式。飞机运营商使用 Inmarsat 电路模式向乘客和驾驶舱机组人员提供语音服务。飞机运营商也使用 Inmarsat 分组模式,该模式提供的数据速率接近一些家庭高速线路。

飞机通信从语音到数据的转变促使一些地面站无线电运营商安装了新的所谓的硬件描述语言(HDL)计算机,以传输飞机通信寻址和报告系统数据。飞机高频无线电制造商增加了支持飞机通信寻址和报告系统的能力。

新的高频无线电可以使用相同的组件在语音和数据模式之间切换,但语音通信优先级高于数据链路。这有可能限制高频数据链可用性,但这种情况并不常见。在 Inmarsat 卫星覆盖不到的南北纬 80°以外的跨极地航线上,高频无线电数据链比高频语音更好用。高频数据链路容量仅受高频带可用频率的限制。分配高频频率给数据链路需要非常复杂的协调过程,系统也将很快达到极限。当大多数通信从语音转变为数据时，增加高频无线电的数据链路能力是飞机运营商使用这种无线电满足空中交通控制的一种方式。然而，高频数据链路无线电系统在 3 ~ 4min 内传输 95% 的信息，相比之下，卫星通信只需要 20 ~ 30s，因此它可能仅限于在卫星航空电子设备出现故障的情况下提供安全保底通信，而不是替代卫星通信。美国联邦航空局中央报告机构发现，截至 2003 年 7 月，95% 的上行消息需要用 4min20s，96% 需要 10min。

民航组织航空移动通信小组（AMCP）在 1991 年 11 月的第一次会议上采用了甚高频数字链路系统一词，指的是航空甚高频频段上的数字通信。航空甚高频频段是国际电联分配给航空业务的甚高频频段。它由以下两组频段组成：108 ~ 118MHz 用于无线电导航，118 ~ 137MHz 用于无线电通信。

甚高频频段成为数据载波的计划在 1988 年发表的国际民航组织未来航空导航系统（ICAO FANS）委员会报告中提出。在未来航空导航系统报告之前 10 年，各航空公司就已经认识到飞机数据链通信的好处，并实施了甚高频版本的飞机通信寻址和报告系统。国际民航组织为全球数据通信保留了四个甚高频信道：136.900MHz、136.925MHz、136.950MHz 和 136.975MHz。保留这些频率是为了现有航空甚高频频谱饱和时，在充满用于空中交通模拟语音的甚高频信道环境中开展这种数据业务。

与此同时，航空移动通信专家组为甚高频数据链（VDL）模式 1 ~ 4 制定了标准，这些标准提供了不同能力。模式 1 是为了使用模拟无线电设备，其在现有载波上加入编码信号。这种模式没有发展起来，因为模拟无线电已经被视为老古董。进一步的考虑产生了模式 2 和模式 3，模式 2 和模式 3 代表了联邦航空局的立场，即希望使用频率间隔为 25kHz 的新数字无线电，而 Eurocontrol 的观点是使用 8.33kHz 的频率间隔进行高速数据通信。瑞典 Swedavia 公司发现，模式 4 系统可以同时支持通信、导航和监视应用。模式 4 系统中使用的组合功能可能是其最大的制约因素，因为每个功能都有组合系统无法满足的特定性能要求。

在航空运输的飞机上，通信、导航和监视的功能将继续由单独的设备完成：用甚高频数据无线电或卫星数据单元进行通信；用 GPS/GLONASS 全球导航卫星系统和仪表着陆多模式接收机进行导航；用模式 S 收发机和甚高频的全球导航卫星系统数据链（GVDL）进行监视。

此外，为了完成通信、导航和监视功能，有必要添加来自地面控制站的新的先进全球航空数据链（GADL），并通过地球静止轨道导航有效载荷以与 GPS 信号相同的频率发送给船只和飞机。

5.3.7.2　航空导航系统的改进

导航系统改进是从惯性导航向 GPS 卫星导航的转变。这也引入了实际导航性能(ANP)的概念。以前,会告知机组人员用于计算位置的系统(无线电,或单独的惯性系统)。由于 GPS 的确定属性(星座几何结构),导航系统可以通过调整卫星的数量和这些卫星的几何结构计算最差情况下的误差。它还可以分离其他导航模式中的潜在错误。因此,这种改进不仅为飞机提供了更精确的位置,还在实际导航性能超出导航性能要求(RNP)时向机组人员发出警报。

国际民航组织的导航性能要求手册(DOC 9613)中,针对单一飞机和包括机载设备空间信号、飞机按预设轨迹飞行能力在内的整个系统定义了导航系统性能要求。所有导航设备必须满足四个基本性能要求才能获得认证,即完整性、连续性、准确性和可用性(ICAA)。

(1)完整性。完整性是导航辅助设备警告飞行员导航设备损坏或提供错误信息的能力。

(2)连续性。连续性是指整个导航系统在计划工作周期内不间断地执行其功能的能力。

(3)准确性。准确性是导航辅助设备在预先定义的偏差范围内引导飞机飞行的能力。

(4)可用性。可用性是系统在大多数时间内传输所需质量信号的能力。这是着陆制导中的一个关键要求,因此在地面辅助设备中添加了备用设备。

以前,GPS 和 GLONASS 系统在 95% 的时间里水平面精度约为 100m,当前新的精度约为 30m。由于安全原因,用于民用用户的 GPS 信号是降级的空间信息(SIS)。据估计,用于民用目的的 GLONASS 信号的定位精度与 GPS 相当。还应该记住,卫星在空间中的定位是一个椭球体,其垂直轴误差几乎比水平轴误差大 50%。导航系统有三种类型。

(1)辅助导航系统。该系统必须满足精度和完整性要求,但不需满足可用性和连续性要求。

(2)主导航系统。该系统在飞行操作阶段的既定操作必须满足精确度和完整性要求,但不需满足可用性和连续性要求。通过将飞行限制在特定的时间段和建立某些程序限制可实现飞行安全。

(3)单一手段导航系统。该系统经批准用于既定的操作或飞行阶段,必须满足四个导航系统性能要求,即完整性、连续性、准确性和可用性。

GPS 不能提供完整性、连续性、准确性和可用性,因此不能在所有飞行阶段将其作为唯一导航手段。为了满足操作要求,必须对基本的 GPS 信号进行增强,以消除误差。必须用新的适当词语来识别和表征这种增强,即全球卫星增强系统(GSAS)。

5.3.7.3 航空监视系统的改进

监视的功能是向空中交通控制操作员和飞行员提供运行空域中的空中交通信息,以提高他们的态势感知能力。二次监视雷达(SSR)多年来一直用于此目的。未来的监视系统必须支持空域的现代工作方式,并降低建设和运行成本。新系统是为了提高监视系统的技术性能,支持传统和新兴监视模式,并实施一种针对极低概率情况的测量方法,例如所有监视信息的完整性、可靠性和精确性。

30 多年来,虽然一、二次监视雷达一直是提供空中交通管理监视业务的核心系统,但空中交通的持续增长导致需要增强这些监视系统,帮助支持增加的空域容量,适应非常恶劣的天气情况和条件。此外,人们早就认识到,在某些空域,旋转的二次监视雷达不可行或成本太高。一种解决上述问题的新兴技术是自动辅助监视(ADS),这是一种飞机将机载数据从航空电子系统传输到地面和/或空中接收机的监视技术。传输的数据可能包括:飞机身份、位置、高度、速度和航向。自动辅助监视有两种形式,即自动辅助监视 – 协议(ADS – C)(也称为寻址自动辅助监视)和无线电自动辅助监视 – 广播(RADS – B)。自动辅助监视 – 协议包括空对地数据传输,无线电自动辅助监视 – 广播包括空对地和空对空(即从一架飞机发送并由另一架飞机接收)数据传输。因此,自动辅助监视被视为全球监控基础设施中的一个关键要素,应进行可行性、安全性、成本效益研究以及全球范围内自动辅助监视系统使用的规划。

这个新系统包括从语音报告(基于惯性位置)到自动数字报告的转变,这种应用被称为自动辅助监视 – 协议。在该系统中,空中交通管制员可以与飞机导航系统建立协议,该协议以一定的周期(例如每 5min)自动发送位置报告。控制人员还可以建立偏差协议,如果超过某个横向偏差,该协议将自动发送位置报告。这些协议是在空中交通管制和飞机系统之间建立的。机组人员无需增加相关工作量。

无线电自动辅助监视 – 广播(RADS – B)系统是一种由飞机发出信息的传输系统,大约每秒一次,以提供位置、高度、位置完整性、飞机身份、24 位飞机地址、速度和其他由机载飞机传感器检测和计算的数据。通常,机载位置传感器是全球导航卫星系统接收机或多模式接收机输出的全球卫星导航信息。无线电自动辅助监视 – 广播地面站使用非旋转全向天线接收被监视飞机发送的信息。该模式是一个可用于机场和航路空域的多用途监视技术,适用于空中交通管制和机对机监视。换句话说,监视是空中交通控制的眼睛。为了实现有效的空中交通控制,地面上的人或系统必须持续掌握飞机的位置,并且能够估计它们未来的位置。监视为管制员提供了必要的信息,以确保飞机之间的特定间隔,有效地管理空域,并协助飞行员导航。

5.3.8 航空无线电全球海上遇险安全系统的可选网络

上一个千年的结束和新千年的开始标志着两个特殊的百年纪念:亚历山大·斯捷潘诺维奇·波波夫(Aleksandar Stepanovich Popov)教授在 1895 年 5 月发明无线电以来的 100 多年,以及莱特兄弟在 1903 年 12 月驾驶第一架载人飞机(总距离为几百英尺)以来的 100 年。这两项发明彻底改变了世界。

同样,移动无线电在海上遇险和商业通信的应用也正在发生革命。航空业的变化可以说更加保守,比海上无线电革命要慢。第一个机载无线电于 20 世纪 20 年代首创,在战争年代出现了有形的机载收发机,在 20 世纪 40 年代末出现了航空甚高频无线电通信系统的主要标准和应用。从那以后,可以说没有发生显著的变化。这主要是由于甚高频通信系统非常强大和成熟,它为我们提供了良好的服务;同时,也是由于航空公司不愿意花费时间和经费重新装备和更换。

今天,需要增强传统的移动通信业务,以便为用户提供更多的功能、灵活性、可靠性、简便性以及抗干扰能力。通过引入数据传输业务,如飞机通信寻址和报告系统(ACARS)、甚高频数据链、暂且定位为第二代的航空卫星业务,从某种程度上来说,这样的系统已在建设中。工程把许多这样的系统"硬塞进"现有的无线电行谱中,或者使用几乎是实验条件下的专有技术。虽然这已经赢得了时间,但这些方案并没有针对技术、应用和频谱效率进行优化,并且还一直在老化,变得不那么相关。

下一代,即第三代航空通信系统的技术已经成熟,这种设备的单位成本在不断降低。下一步将为航空通信带来一些决定性的变化,这些变化是由这种技术的可用性以及传统系统中的拥塞和不足驱动的,传统系统中的这些问题变得越来越严重和令人恼火。此外,为简化长期装备,需要对所有系统进行优化。在这种技术应用中,航空通信落后了,但这也有好处,它能够吸取海上无线电系统的经验,甚至通过购买基于这些标准的、现成的模块化无线电设备来利用海上的技术和开发工作。当然,航空业对其他行业部门也可采用类似的方法。

不要忘记,运行方面也正在发生快速变化,重点是增加安全统计,减少飞机从地面起飞、途中飞行到进近等所有飞行阶段的延误,并提高自动化程度,减少空中交通管制员的工作量。用户需求正从战后飞行员使用的传统方案迅速转变为具有冗余功能的全计算机化系统。

为了引入一些新的导航和监视模式,例如自由航线飞行,飞机采用类似于大圆航线的最短距离轨迹,而不是今天仍然使用的传统空中走廊,飞机与地面间、飞机与其他飞机间需要更多的数据交互。

此外,在新开发的自动辅助监视系统中,飞行员将通过定期传送的相邻飞机位置来获得更多的本地交通感知和责任。还有一项战略是推进空中交通控制自动化,完全计算机化,只有在出现意外或冲突情况下才进行干预。因此,一个新的通信系统将使飞机飞行更加高效。这在不久的将来将变得至关重要,因为燃油价格继续上涨,并影响到航空公司非常脆弱的经济业务状况。

航空无线电通信系统最感兴趣的当然是甚高频频带(108 ~ 137MHz)和高频频带(2 ~ 30MHz)。Inmarsat 系统正在使用新的卫星频段 L 频段(1 ~ 2GHz)和 C 频段(4 ~ 8GHz)。铱星系统使用 L、K 和 Ka 频段,全球星系统使用 L、S 和 C 频段,而 Orbcomm 系统使用甚高频频段。然而,今天使用的现代航空通信频段或未来实施的航空通信频段重点是 S 频段(2 ~ 4GHz)、X 频段(8 ~ 12GHz)、Ku 频段(12 ~ 18GHz)、K 频段(18 ~ 27GHz)和更流行的 Ka 频段(27 ~ 40GHz)。

所有无线电通信和导航频率由国际电联和世界无线电大会确定或部分确定。此外,国际电联还为导航和监视业务分配频段,并为特有业务分配一些鲜为人知的频段。所有频率都是根据航空要求在全球范围内发出和应用的。但是,存在一些小的区域和个别主权国家在频率分配上与上述存在差异,这里不再讨论。

融合的概念在现阶段也值得一提。从历史上看,按照国际电联的定义,航空业务的通信、导航和监视频谱是单独分配的。由于频谱资源是有限的商品,在无线电业务之间共享无线电频谱的趋势和推动力越来越大。这一趋势将继续,将会看到传统的通信、导航和监视应用合并,共享同一个频段。这些趋势使频谱分配、共享和防干扰变得复杂。

117. 975 ~ 137MHz 范围内的甚高频频率应根据 MID FASID 附录 B 应用于通信、导航和监视系统,其表 2 给出了甚高频射频利用计划。地面设施的技术特性应符合国际民航组织公约附件 10 的要求。到 2013 年 1 月 1 日,117. 975 ~ 137MHz 范围内的甚高频频率应切换到 8. 33kHz 信道带宽。应要求所有飞机携带符合 8. 33kHz 带宽信道的甚高频设备。

航空移动无线电(R)2850 ~ 22000kHz 范围内的高频射频应符合 RR 附录 27 中的射频分配计划。航空移动无线电(OR)3025 ~ 18030kHz 范围内的高频频率应符合 RR 附录 26 中的频率分配计划。高频空对地数字链路和甚高频空对地数字链路应根据《国际民用航空公约》附件 10 在共享基础上应用。

飞机和地面上的无线电选择呼叫系统应符合《国际民用航空公约》附件 10 的要求。

辅助导航设备的频率(信道)配对应符合《国际民用航空公约》附件 10 的规定。406MHz 应急定位发射机信标的强制携带和工作在国际民航组织附件 6《飞机操作》中有所描述,该附件第 31 号修正案的要求自 2008 年 7 月 1 日起生效。

《航空电信》第三卷附件 10 描述了技术要求。

5.3.8.1 航空甚高频数据链(VDL)网络

航空甚高频数据链路 4(VDL4)无线电通信模式最初是作为一种用于支持导航和监视功能的广播链路规划的。航空导航数据链用于向全球导航卫星系统接收机发送全球导航卫星系统校正数据,以提高飞机的位置精度和全球导航卫星系统信号的完整性。监视数据链是通过数据链广播飞机飞行信息的基础上,使用新模式(S 模式或 ADS - C)或新概念(RADS - B、TIS - B 或 FIS - B),提高交通效率和空中安全。

VDL4 最初是由欧洲利益集团于 1994 年向国际民航组织提出的,2000 年、2001 年、2002 年分别由国际民航组织标准与建议措施(SARPS)、欧洲民航与电子设备组织(EUROCAE MORS)、欧洲电信标准化协会(ETSI)纳入其标准。此方案旨在弥补 VDL0、VDL2 和 VDL3 中的不足。它支持消息优先级处理,并有可能支持实时通信业务和其他航空公司运营通信应用,还可以在设计的点对点和点对多点广播模式下工作,更加面向监视功能,以增强机场地面的移动交通控制和管理。

用于测量和交通管理的特殊航空甚高频数据链应答机可以安装在飞机上,在接近机场的区域飞行时或在机场表面移动时的使用场景如图 5.32 所示。同样,陆地车辆可以携带类似的甚高频数据链应答机,用于机场内运行车辆的交通管理。

图 5.32　全球航空遇险安全网络的航空甚高频数据链系统(图片来源:Ilcev)

应答机与飞机(或车辆)上的全球导航卫星系统接收机集成在一起,能够从 GPS 或 GLONASS 卫星接收导航信号,并通过甚高频无线地面站将信息发送至空中交通控制中心和空中交通管理中心。这两个中心对从甚高频覆盖范围内接收的所有飞机和车辆位置、速度和时间数据进行处理，并将其显示在类似雷达的甚高频数据链显示单元上。在相反方向上，空中交通管制员可以将位置、速度和时间数据发送给机场附件的所有飞机，特别是机场内的所有飞机和车辆，以更安全的方式管理它们的运行。

VDL4 是为通信导航监视和空中交通管理（CNS/ATM）设计的多用途数据链，由国际民航组织和欧洲电信标准化协会进行标准化，提供移动站之间以及移动设备与固定地面站之间的数字通信，如飞机、直升机、机场地面车辆和甚高频数据链地面站。VDL4 使用以下单元。

（1）VDL 4000/A 转发器。这种 VDL4 转发器是一种多用途数据链转发器，由 CNS 系统公司开发，用于有高可靠性和高实时性信息传输要求的先进机载通信导航监视和空中交通管理，如图 5.33（左）所示。它所提供的核心功能是无线电自动辅助监视 – 广播（RADS – B），也支持点对点无线电通信和各种广播业务，包括 4 维航迹下行链路，应用非常广泛。该转发器拟安装在商用飞机/直升机上，并按照国际民航组织 VDL4 数字无线电链路标准运行。转发器的外形符合航空无线电通信公司（ARINC）600 标准，包括 ARINC 600 连接器和接口。该转发器经过欧洲航空安全局（EASA）类型 1 认证后交付，用于非安全关键模式的飞机上。移动转发器可以在无线地面站覆盖范围之外自主运行，地面站和地面网络的增加可以增强系统的功能。转发器支持所有飞行阶段的业务，从而可以实现完全的门对门（gate to gate）操作，包括以下应用：出港许可、4 维航迹交换、飞行员数据链通信、包括地面移动制导和控制操作的自动终端信息服务。此外，该转发器还支持交互信息服务 – 广播、航班信息服务 – 广播和全球导航卫星系统增强数据链传输等业务。

图 5.33　航空 VDL4 飞机和车辆/直升机转发器（图片来源：CNS 系统公司）

（2）车辆转发器 VDL 4000/GSI。这款移动转发器专为各种通信导航监视和空中交通管理而设计，适用于许多不同的工作场景，例如直升机飞行和机场车队管理，通信、导航和监视系统在其中至关重要，如图 5.33（右）所示。它按照国际民航组织 VDL4 数字链路标准运行，提供了一个强大和可靠的通信平台。该系统在低功率下具有远程覆盖,在机场和无线电环境较差的偏远地区具有良好的地面传输特性。它提供自动辅助监视 – 广播(ADS – B),支持交互信息服务 – 广播(TIS – B)、航班信息服务 – 广播(FIS – B)、信息 – 广播(INFO – B)、点对点(P2P)和全球导航卫星系统增强数据链 – 广播(GAVDL – B)。系统设计灵活,可根据客户要求灵活配置。因此,该转发器提供实时无线电通信和监控信息,最大限度地提高效率,同时提高工作安全性。

（3）VDL 4000/GSI 地面站。该地面站是为先进的通信导航监视和空中交通管理应用而开发的,这些应用依赖于高实时性的无线电数据链路,这种数据链需要可预测性、可靠性和冗余性,如图 5.34(a)所示。无线地面站是机场先进的地面移动引导与控制(A – SMGC)系统实现最高水平运行的关键组成部分。该系统支持机场服务,可以实现完全的门到门(gate to gate)操作。业务包括无线电自动辅助监视 – 广播(RADS – B)、交互信息服务 – 广播(TIS – B)、航班信息服务 – 广播(FIS – B)、点对点(P2P)、差分全球卫星导航增强广播(DGA – B)以及信息 – 广播(INFO – B)。无线地面站按照国际民航组织的 VDL4 标准配置数字无线电链路。与移动转发器一起,构成为一个通信、导航和监视业务系统。无线地面站被设计用于几种工作方式,例如,本地服务和广域网方式。系统应用基于 VDL4 数字数据链和 IP 协议。地面站通过标准的 Asterix 协议很容易与其他监控系统连接,能够从多个来源获得机场的完整监控图像。VDL 4000/GSI 地面站和地面网络将为先进的空中交通管理广域覆盖提供更多的功能。针对系统要完成的特定服务,通过软件对地面站的功能进行配置。

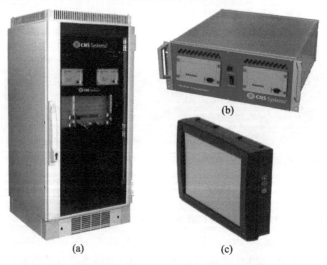

图 5.34　航空 VDL4 地面站和车辆显示单元(图片来源:CNS 系统公司)

（4）VDL 2000/GSI 地面站。地面站是机场实时通信导航和监视综合系统的一部分,如图 5.34(b)所示。该地面站应用广泛,支持空中和地面移动用户通信。它专用于机场所有运动车辆的地面处理和协调。保证每个用户都可以实时访问最新信息,从而最大限度地利用协调决策系统。它是机场综合通信、导航、监视系统的一部分。这个地面站是按照国际民航组织 VDL4 数字无线链标准运行的,为所有在机动区和停机坪运行的机场车辆提供了一个稳定可靠的通信平台。该系统在低功率下具有远程覆盖,在机场地面上具有非常好的传输特性,在机场,无线电环境是一个严峻的挑战。地面站主要面向车辆协调员和车辆客户,停机坪控制也可以通过无线电自动辅助监视 – 广播(RADS – B)受益。

（5）VDL 4000 车辆显示单元(VDU)。由 CNS 系统公司提供的 VDL 4000 车辆显示单元是机场和海港苛刻应用条件下的理想车辆显示装置,如图 5.34 (c)所示。这款特殊的车载显示器尺寸为 280mm(宽) × 205mm(高) × 55mm (长),重量为 3.1kg,是一款符合人机工效学设计的多功能移动电脑,可承受极端的温度、湿度和冲击条件。它提供多种尺寸和选项,为包括地面站在内的不同客户提供适合的方案。可用的选项有:处理器速度高达 1.4GHz,触摸屏可达 1000 cd/m^2,IP67,引导设备和内部存储器。此外,与 VDL 4000/VTE 飞机转发器和通信、导航、监视系统软件相连,车辆显示器为驾驶员提供无线电自动辅助监视 – 广播(RADS – B)数据,用于定位、态势感知和识别机场区域的所有地面运动车辆。它支持的应用有任务分配、地面运行车辆协调以及用于机场最高级别调度的监视、路线选择、引导和控制,如地面移动引导和控制以及上述海港和沿海地区的沿岸移动引导和控制。此外,该显示器可以提供预先安装的图表,用于监控所在船只或飞机周围的交通,获取天气信息,以及读取目标的位置和相关信息。

5.3.8.2　航空无线电自动辅助监视 – 广播

无线电自动辅助监视 – 广播(RADS – B)是一种使用飞机无线电传输的系统,大约每秒一次,提供位置、速度、高度、位置完整性、航班标识、24 位飞机编号和其他由机载飞机传感器检测和计算的数据。

机载位置传感器是全球导航卫星系统接收机,或多模式接收机终端。无线电自动辅助监视 – 广播地面站使用非旋转全向天线接收飞机发送的信息。无线电自动辅助监视 – 广播是一种用于机场和航路空域的多用途监视技术,适用于空中交通控制和机对机监视。无线电自动辅助监视 – 广播是基于"可视"的监视,地面站接收数据并传送到空中交通管理中心。一个地面站可以覆盖大约 250n mile 范围内的航路和机场地面监视。无线电自动辅助监视 – 广播需要为飞机配备新设备,其精度和完整性取决于导航数据源(通常是全球导航卫星系统)。无线电自动辅助监视 – 广播应用具有以下优势：

（1）将现有覆盖范围扩大到目前雷达监视（包括机场地面监视）未覆盖的任何飞行信息区域（FIR）；

（2）为现有监控系统提供冗余；

（3）提高监控的准确性和跟踪的一致性；

（4）降低监控设施投资和维护成本；

（5）为空中间隔和分离程序提供起点；

（6）为所有配备该系统的航空用户提高飞行信息区域内的安全性、容量和效率。

国际民航组织已将无线电自动辅助监视 – 广播确定为未来空中交通管理监控的主要组成部分，并积极支持无线电自动辅助监视 – 广播的实施。

根据国际民航组织的定义，无线电自动辅助监视 – 广播系统是一个监视应用，通过广播模式数据链、以指定的时间间隔传输位置、轨迹和地面速度等参数，供任何需要的空中和/或地面用户使用，空间和地面网络如图 5.35 所示。安装在飞机或直升机上的无线电自动辅助监视 – 广播设备从 GPS 或 GLONASS 卫星接收全球导航卫星系统信号，并通过甚高频无线地面站向空中交通控制中心和空中交通管理中心发送位置、速度和时间数据。同时，甚高频系统工作范围内的所有飞机和直升机都可以通过发送、接收飞机间的无线电自动辅助监视 – 广播

图 5.35　全球航空遇险安全网络的航空无线电自动辅助监视 – 广播系统（图片来源：Ilcev）

数据规避碰撞。在非常恶劣的天气条件和能见度降低的情况下,这种方式非常重要。此外,该系统还可作为地面监视雷达的备份设备。

该系统提供以下服务:

(1) RADS - B RA。RADS - B RA 是用于雷达空域(RA)的无线电自动辅助监视 - 广播,有助于大大提高航迹计算的准确性,从而向空中交通控制中心显示更稳定和安全的航迹,增强基于监视的安全网,并改进交通管制员的决策支持工具。

(2) RADS - B NRA。RADS - B NRA 是用于非雷达空域(NRA)的无线电自动辅助监视 - 广播,它既可用于机场也可用于航路管制区,这些航路管制区通常没有雷达。

(3) RADS - B ASS。RADS - B ASS 是用于机场地面监视(ASS)的无线电自动辅助监视 - 广播,它可改进地面移动引导和控制(SMGC)系统,用于提高机场的地面监视能力。它也有助于增强跑道侵入告警能力。

在表5.1 中给出了三种无线电自动辅助监视 - 广播系统的性能。

表 5.1　三种无线电自动辅助监视 - 广播数据链技术

1090MHz 模式 S 扩展发射机 (1090 ES)	甚高频数据链模式 4(VDL4)	通用接入收发机(UAT)
单通道	多通道	单通道
1090MHz	108 ~ 137MHz	978MHz(美国本土)
随机访问	时隙接入	时隙接入
固定的自动辅助监视 - 广播报告率	可变自动辅助监视 - 广播报告率	固定的自动辅助监视 - 广播报告率
扩展到模式 S	新系统	新系统
民航组织标准已经存在	民航组织标准已经存在	没有国际民航组织标准
强制性设备	测试设备	测试设备

无线电自动辅助监视 - 广播与数据传输的链路类型不同。信息可以通过甚高频或辅助监视雷达(SSR)模式 S 进行中继。另外,无线电自动辅助监视 - 广播也不应与现代卫星自动辅助监视 - 广播(SADS - B)相混淆。有了无线电自动辅助监视 - 广播,飞机定期并频繁地向周围的所有用户发送其身份和位置数据,无论它们是在地面还是在空中。而对于卫星自动辅助监视(SADS),该飞机只能通过地球静止轨道卫星上的导航信息转发器向一个地面控制中心发送其当前位置,而且频率取决于该地面控制中心的要求。

地面无线电自动辅助监视 - 广播系统如图 5.36 所示。此图展示了 Selex

Sistemi Integrati 公司的 MXC RADS－B 1090 ES 地面站、交互信息服务－广播（TIS－B）传输链路、机场地面的车辆和飞机等移动传输链路、接近机场飞机的无线电自动辅助监视－广播传输链路。

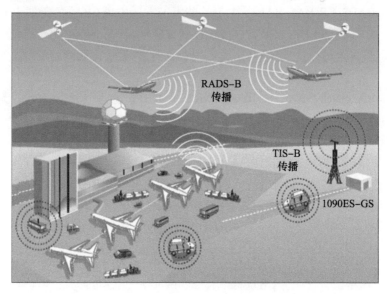

图 5.36　无线电自动辅助监视－广播地面段（图片来源：Selex）

　　无线电自动辅助监视－广播是一个先进的和成本相对较低的系统，提供高质量的飞行监视信息、降低运行成本、监视报告灵活、支持新应用所需的更精确数据、给所有用户提供相同的监视信息、在飞机飞行的所有阶段都提供监视信息。无线电自动辅助监视－广播还将向发射信号飞机周围95n mile 半径内的地面控制单元发送信息。

　　无线电自动辅助监视－广播信息包含位置、时间、轨迹、地面速度、垂直情况、磁航向、马赫数（飞机速度）、下一个路线报告点、下一个报告点的预计高度、下下个报告点、上风向、上风速和温度等数据。此外，使用自动辅助监视信息的空中交通控制中心必须具有自动实现各种功能的能力，如飞行数据验证、自动跟踪、潜在冲突的方向、冲突解决和相关处理数据的显示。

　　MXC 是一个非常高性能的无线电自动辅助监视－广播地面站，用于飞行途中和机场监控，符合 1090MHz 模式 S 扩展发射机标准，设备的一部分如图 5.37（a）所示。MXC 可以与其他空中交通控制监视系统相集成，例如模式 A/C/S 二次雷达和多点定位系统。利用具有无线电自动辅助监视－广播能力的 S 模式转发器，飞机和车辆可以通过 1090MHz 射频信道扩展发射机定期广播信息（DF17/18），其中包含身份、位置、高度、速度和其他机载数据。通过这种方式，这种地面站接收并处理这些信息,通过局域网或广域网,使用 Asterix CAT 21 标准格式,将收集的监视信息分发给地面航空交通管理系统,如跟踪器、监视数据处理系统和飞行数据处理系统。

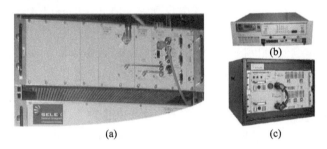

图 5.37　航空无线电自动辅助监视 – 广播地面设备(图片来源:Selex 和 Finmeccanica)

MXC 支持:地面位置信息(BDS0,6)、空中位置信息(BDS0,5)、速度信息(BDS0,9)、A/C 识别和类型信息(BDS0,8)、A/C 运行状态信息(BDS6,5)。MXC 采用先进的传感器和创新的目标信号处理技术。此外,MXC 还能够接收和解码由飞机发送的其他模式 S 信息,回答模式 S 雷达的询问:DF 4,5(监视高度/身份应答)、DF 11(所有呼叫应答/捕获应答)和 DF 20,21(通信 – B 高度和身份应答)。接收的每个目标信息在解码之后汇集在一起,格式化为标准的 Asterix CAT 21,分发给已经订购 MXC 服务的地面用户。Asterix 信息也可以直接传送给 MXC 站上的本地跟踪器。

基本的 MXC 配置包括 1090MHz 接收机单元、低噪声放大器、扇形或全向高增益天线、地面站数据处理、GPS 世界协调时间基准子系统、地面站维护监视器。可以使用双接收机和/或处理子系统进行冗余备份。可选的子系统是:一个使 MXC 能够广播交互信息(TIS – B)的 1090MHz 发射机、一个 VDL4 基本转发器,该转发器使 MXC 能够支持双链路,同时与航空交通管理系统保持相同的接口。

图 5.37(b)是只有无线电自动辅助监视 – 广播功能地面站的 Selex 1090MHz 扩展接收机产品,该产品旨在支持交互信息/航班信息服务,用于车辆和飞机途中、机场区域和地面运动的无线电监视。

图 5.37(c)显示的是 Finmeccanica3300 型无线电自动辅助监视 – 广播多点定位地面站发射/接收机,为机场和更大范围提供全天候监视。

总地来说,基于 1090 扩展发射机数据链的无线电自动辅助监视 – 广播输入(RADS – B IN)是最理想的下一代空中交通控制监视形式,目前设备要求仍在确定中。无线电自动辅助监视 – 广播和多点定位模式是在一个共同的技术框架上设计的。只要在操作上可行,作为雷达的下一代替代品,就应该使用以无线电自动辅助监视－广播为主、多点定位为辅的飞机监视。事实上,本节中已经提到的技术包括:无线电自动辅助监视－广播输出、无线电自动辅助监视－广播输入、候选无线电自动辅助监视－广播链路、无线电自动辅助监视－控制(RADS－C)、交互信息业务－广播和多点定位。

(1)无线电自动辅助监视－广播输出(RADS－BOUT)。RADS－B OUT 模式是一种监视技术,通过这种技术,飞机定期自动广播其状态(空间位置和速度)以及其他飞机数据,如身份等。地面站接收自动辅助监视－广播位置报告,并将其显示在空中交通管制员的屏幕上。附近其他配有无线电自动辅助监视－广播输入的飞机也可以接收、处理和显示无线电数据系统的广播。如果通过空中交通控制监视,交通能够得到改善,这种基于 S 模式扩展发射机(1090ES)的数据链将会补充并最终取代雷达。

(2)无线电自动辅助监视－广播输入(RADS－B IN)。RADS－B IN 模式是一种监视技术,通过这种技术,飞机能够广播以及接收、处理和显示由另一架配备无线电自动辅助监视－广播的飞机广播的信息。这些信息显示在驾驶舱的屏幕上。虽然通过 RADS－B IN 获得的信息大大提高了驾驶舱的态势感知能力,并为进一步分担空中和地面责任提供了潜力,但在系统认证、态势感知、应用验证、人为因素考虑和作用、空中分离保证、程序和监管政策方面仍有许多工作要做。RADS－B IN 被视为长期(2020＋)方案。此外,现有机群的翻新意味着一次重大的航空电子设备升级,将需要大约 10 年的准备时间。

Selex Communication 1090ES 扩展机载接收机,适用于无线电自动辅助监视－广播/交互信息－广播,其 1090ES－RX 接收机如图 5.38(a)所示,能够应用在各种各样的民用飞机上。该系统符合相关民用航空电子标准的最严格要求。1090ES 接收机接收无线电自动辅助监视－广播/交互信息－广播信息(下行链路模式 S 格式 17、18 和 19),并将无线电自动辅助监视－广播和交互信息－广播数据提供给驾驶舱显示单元接口和/或管理单元(例如机载跟踪器)。1090ES 接收机还可以向其他外部设备提供数据,如日志设备和外部管理计算机。用于轻型机载系统的类似 Selex 单元是 1090 ES RADS－B/TIS－B。

图 5.38(b)显示了用于空中交通控制、空中交通管理的 Selex 甚高频数字无线电语音/数据收发机,频率为 108～156MHz。它除了提供无线电自动辅助监视－广播/交互信息－广播/航班信息服务－广播外还提供 VDL4 功能。

图 5.38(c)显示的是 Avidyne 公司的 TAS600A,它具有无线电自动辅助监视－广播的交互信息服务能力。画面中增加了 2 副天线。双天线交通系统可以更好地为通用航空的驾驶舱提供可承受的高性能主动交通监视。新的双天线

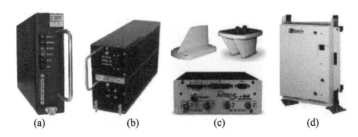

(a)　　　　　(b)　　　　　(c)　　　　　(d)

图 5.38　机载无线电自动辅助监视 – 广播设备(图片来源:Thales)

TAS600A 系列提供三种不同的交通咨询系统(TAS):TAS600A、TAS610A 和 TAS620A。有了无线电自动辅助监视 – 广播,飞机使用 GPS 确定自己的位置,并定期向空中交通控制中心和其他配备无线电自动辅助监视 – 广播单元的飞机广播其位置和其他相关信息。

Saab Sensis 公司率先开发和实施无线电自动辅助监视 – 广播,为 S 模式扩展发射机(1090 ES)和用户验收测试数据链路部署了第一批可运行的无线电自动辅助监视 – 广播收发机,并参与了无线电自动辅助监视 – 广播在全球的试验,该收发机的电子部分如图 5.38(d)所示。该单元是连接航空电子设备和现有空中交通控制基础设施的关键部件。这种功能强大、结构紧凑的装置支持 1090ES 或用户验收测试标准,接收由飞机航空电子设备和全球导航卫星系统数据确定的纬度、经度、速度、高度、航向和身份信息。

无线电自动辅助监视 – 广播对驾驶舱环境产生重大影响,因为它为飞行员提供所有周围交通的完整态势感知(飞机航班号自动显示在屏幕上)。图 5.39(a)和 5.39(b)显示了驾驶舱显示器,用于显示 200n mile 内所有飞机的位置和趋势。驾驶舱显示器还被称为驾驶舱交互信息显示或交互服务显示。为了确保未来的机载系统能够支持飞行关键功能,比如未来机载分离保障系统,需要由机载架构组来识别 2 个 25kHz 频率。

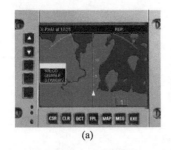

(a)　　　　　　　　　　　　(b)

图 5.39　驾驶舱无线电自动辅助监视 – 广播显示器(图片来源:Nisson 和 CASA 公司)

飞行员可以使用驾驶舱显示器来监控他们周围的交通,并随时了解交通分布。他们可以很容易地监控基本的交通情况,机组人员将第一次拥有与地面控制人员相同的监控画面。驾驶舱显示器将支持新的操作,如位置保持,此时要求飞行员跟随另一架飞机并保持特定的间隔。这并没有减轻地面控制员对分离维护的责任,但它确实使飞行员为地面控制人员分担了一些工作,例如,在飞机起飞过程中,可以利用位置保持来有效地安排飞机的顺序。

驾驶舱显示器的好处之一是它可以取代"聚会线","聚会线"是指飞行员以收听甚高频无线电的方式,听到其他飞行员与地面控制人员之间交流。通过无线电,飞行员在脑海中建立起一幅与自己接近的交通画面。然而,驾驶舱显示给飞行员一个更完整和准确的基本交通图像。飞行员担心引入控制员与飞行员数据链通信系统会取消"聚会线",他们将失去他们当前的态势感知和准备条件。

无线电自动辅助监视 – 广播模式,带有适当的驾驶舱显示器,提供了更好的态势感知,有助于克服这种担心。图 5.39(a)中的驾驶舱显示器,除了导航和监视之外,还提供一系列其他功能,包括飞行计划管理、控制员与飞行员数据链通信。此外,使用 VDL4 原型系统和驾驶舱交通信息显示进行空中冲突检测和冲突消解已经在 FREER 3 计划中由欧洲控制小组和其他小组,如 DFS、Lufthansa、Luftfartsverket 和 SAS,进行了测试。

5.3.8.3 航空全球导航卫星系统增强甚高频数据链(GAVDL)

导航正从地面辅助导航发展到称为全球导航卫星系统的卫星导航。全球导航卫星系统网络通过甚高频数据链向飞机提供标准化定位信息,用于全球精确导航,如图 5.40 所示。GPS 核心星座中的新航空全球导航卫星系统增强甚高频数据链广播一个定时信号和一个数据信息,用于 GPS 和 GLONASS 信号的差分校正。

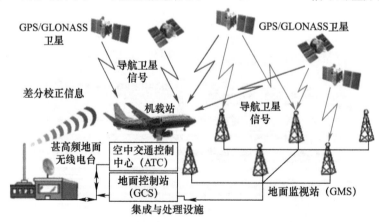

图 5.40　用于全球航空遇险安全网络的航空全球导航
卫星系统增强甚高频数据链(图片来源:Ilcev)

飞机全球导航卫星系统接收机使用导航信号计算它们与每个可视卫星的距离,并计算 3 维位置和精确时间。航空公司正在敦促各国从目前的地面导航系统转向能够在所有飞行阶段、所有空域工作的全球导航卫星系统。航空全球导航卫星系统增强甚高频数据链系统集成了 GPS 或 GLONASS 卫星,同时向飞机和基准站(地面监视站)提供导航信号。

地面监视站提供完整性测定、校正信息、处理设施和误差低于 1m 的精确位置,并将它们转发给主站或地面控制站。地面控制站通过提供甚高频测距、完整性和校正信息,增强基本的全球导航卫星系统星座,并通过甚高频地面站把增强信号转发给飞机,信号频率与全球导航卫星系统航天器使用的无线电频率相同。在相反方向上,飞机可以通过甚高频将从 GPS 或 GLONASS 接收机获取的全球导航卫星系统增强信号直接发送到地面控制站。地面控制站处理器处理接收到的位置、速度和时间数据,并将其显示在类似雷达的显示器上,增强安全性。

任何区域卫星增强系统(RSAS),作为一个民用移动安全关键网络,通过地球静止轨道卫星仅广播从地面控制站接收到的增强信息,支持区域或广域增强。在使用全球导航卫星系统增强甚高频数据链的情况下,可以使用本地甚高频增强系统(LVAS)进行测距、监测和向飞机传输全球导航卫星系统增强甚高频数据链信号。

自 2008 年起,美国 NAVSTAR 全球定位系统(GPS)开始成为航空公司全面使用的全球导航卫星系统。俄罗斯 GLONASS 目前正在恢复全面运行(到 2009 年有 20 颗卫星),欧洲伽利略全球导航系统于 2013 年投入使用。其他未来的全球导航卫星系统包括中国的北斗导航系统(可能有 35 颗卫星)和印度的区域导航卫星系统(IRNSS)。全球导航卫星系统是理想的无线电辅助导航设备,可以通过甚高频数据链充分利用广域导航(RNAV)和所需导航性能(RNP)带来的全球效益。

为了满足更严格导航应用(如精密进近)所需的性能,需要对全球导航卫星系统信号进行以下增强,以提高精度和监测数据的完整性。

(1)飞机上使用飞机局部增强系统(ALAS);

(2)本地甚高频增强系统(LVAS),使用甚高频地面站和甚高频数据链向机载全球导航卫星系统接收机发送全球导航卫星系统增强信号;

(3)区域卫星增强系统(RSAS),使用地面站和卫星数据链,向飞机发送全球导航卫星系统增强信号。

在本书中,使用 ABAS、GBAS、SBAS 三个首字母缩略词分别代表基于飞机的增强系统、基于地面的增强系统和基于卫星的增强系统,作为卫星通信、导航和监视系统中更常见、更方便和更实用的名称。

本地甚高频增强系统将增强 GPS 或 GLONASS 信号，以提高飞机进场和着陆期间的安全性。本地甚高频增强系统将产生极高的精度，满足目前民用航空对完整性、连续性、精确性、可用性（ICAA）的要求，这些要求是 I、II、III 类飞机精确进场所必需的。预计最终状态配置对飞机位置测量精确到 1m 以内，大大提高服务灵活性和用户运行成本。本地甚高频增强系统由地面设备和航空电子设备组成。

地面增强设备包括至少 4 个参考接收机（地面监视站）、一个本地甚高频增强系统地面设施、一个甚高频数据广播发射机或无线地面站。这种地面设备与安装在飞机上的本地甚高频增强系统航空电子设备相互配合。在配有本地甚高频增强系统的机场，本地甚高频增强系统 GPS 参考接收机（每个本地甚高频增强系统有 4 个接收机）接收来自 GPS 卫星的信号。参考接收机使用 GPS 信号计算它们的位置，它与被称为主站（地面控制站）的本地甚高频增强系统地面设施一起工作，以测量 GPS 的位置误差。基于地面的增强系统（GBAS）地面设备根据实际位置和 GPS 计算位置之间的差异产生本地甚高频增强系统修正信息。该消息中包括合适的完整性参数和进场航线信息。

这一本地甚高频增强系统修正信息随后被发送到甚高频无线地面站发射机，该发射机将本地甚高频增强系统信号广播给覆盖区域内安装本地甚高频增强系统的飞机。它为大约 20～30 英里半径的局部区域提供服务。信号覆盖范围旨在支持飞机从航线空域过渡到整个机场空域。飞机上的本地甚高频增强系统接收设备使用位置、速度和时间修正数据来引导飞机安全地着陆。飞机上的增强系统提供类似仪表着陆系统的制导，可以工作至地面上方 200 英尺。本地甚高频增强系统将一直支持飞机着陆，直到接触到机场跑道。

全球导航卫星系统增强数据链 - 广播（GAVDL - B）是一种上行链路业务，旨在支持一系列应用，如机场地面监控、机场区域和航线上的操作。每个地面站提供其生成的全球导航卫星系统增强甚高频数据链上行广播消息。它提供了很高的位置精度，此精度符合地面站本地生成的先进地面移动导航要求（A - SMG），也满足无线电自动辅助监视 - 广播（RADS - B）要求的位置精度。

差分全球导航卫星系统增强 - 广播（DGA - B）业务包括三种类型的消息：

（1）伪距校正（消息类型 1）；

（2）差分全球导航卫星系统增强 - 广播相关的质量和完整性数据（消息类型 2）；

（3）最终接近段数据（消息类型 4）。

接收全球导航卫星系统增强数据链 - 广播数据的 VDL4 单元可以使用这些数据来提高自身的位置精度。这些数据也可支持飞机/车辆的外部应用。

5.3.9　卫星全球航空遇险安全系统的可选网络

卫星通信、导航和监视部分比所有其他航空电子技术和设备更重要。关于卫星通信、导航和监视系统的细节在前面的章节中有详细介绍,因此这里将解释以下重要系统:卫星数据链(SDL)、全球导航卫星系统卫星数据链增强系统(GASDL)、全球飞机跟踪(GAT)和卫星自动辅助监视。

5.3.9.1　航空卫星数据链(SDL)网络

卫星数据链网络是整个航空卫星通信配置的一部分,通过地球静止轨道 Inmarsat 移动网络或低轨铱星星座提供非常重要的航空卫星数据链。数据链以200b/s 的速度运行,使用前向纠错编码,并使用终端监视器,该监视器与机载航空电子数据记录设备、机场车辆和工业标准个人计算机系统相连。计算机终端作为用户终端,同时也是误码率性能的实时监测器。

卫星数据链网络是整个航空通信系统的一部分,用于:

(1)卫星数据链跟踪信息业务。该业务类似于甚高频数据链模式 4,能够提供支持导航和监视功能的卫星广播链接。卫星数据链可以在移动站、移动设备与地面地球站、空中交通控制中心和空中交通管理中心之间传输短突发消息,如图 5.41 所示。在移动设备,如飞机和地面车辆上,可以安装卫星转发器或卫星跟踪设备,它们可以从 GPS 或 GLONASS 卫星获取全球导航卫星系统信号。移动转发器可以通过可见 Inmarsat 卫星或铱星的任何网关站向空中交通控制中心和空中交通管理中心发送位置、速度、时间以及其他数据。因此,卫星数据链转发器可以提供甚高频数据链模式 4(VDL4)的类似业务,如果使用 Inmarsat 网络,可以提供近全球覆盖,如果使用铱星转发器,则可以提供包括两极在内的真正全球覆盖。转发器使飞行员和空中交通管制员可以"显示"空中和机场地面的交通情况,包括最高精度的车辆移动。地面地球站通过标准的 Asterix 协议可以很容易地与其他监视系统连接,从而从多个来源获得机场的完整监视图像。地面站和地面网络将为先进控制交通管理应用的广域覆盖提供更多的功能。地面站的功能针对系统特定的业务应用进行定制,通过其软件进行配置。

(2)短突发消息卫星数据链和高速数据业务。每架携带转发器或卫星通信设备的飞机和直升飞机,将能够发送和接收短突发数据(SBD)或高速数据,用于通信、导航和监视。作为整个航空通信的一部分,ARINC Direct 公司为其用户提供全球卫星数据链业务和准确的航空运行控制信息。双向文本消息、飞行运动数据、文本和图形天气、航空通告警报和飞行路线规划只是 Inmarsat 和 Iridium 卫星在世界各地实现的几个应用。两家卫星运营商还为卫星服务提供了宝贵的冗余,同时要求极少的设备或升级成本,为飞机提供了高性价比的重要通信服务。

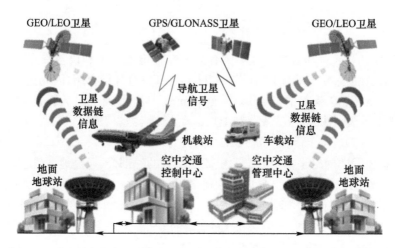

图 5.41　用于全球航空遇险安全网络的航空卫星数据链系统(图片来源:Ilcev)

ARINK Direct 还提供关于出发地、目的地、飞行时间、发动机参数、延迟、定位、维护和高空风的实时信息。

5.3.9.2　航空全球导航卫星系统卫星数据链增强网络(GASDL)

区域卫星增强系统(RSAS),作为全球卫星增强系统(GSAS)的一部分,是地面设备和空间设备的组合,提供标准 GPS 或 GLONASS 信号的增强,如图 5.42 所示。区域卫星增强系统提供的主要功能如下:确定差分校正,以提高 GNSS – 1 中 GPS 或 GLONASS 的信号精度;完整性监控,以非常高的概率确保误差在容许范围内,从而确保安全性;使用测距,提高可用性。

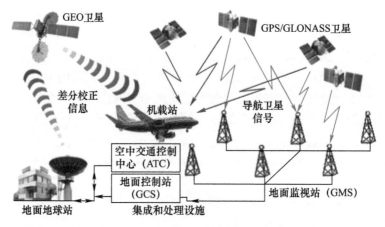

图 5.42　航空全球导航卫星系统卫星数据链增强网络(图片来源:Ilcev)

多个参考站接收 GPS 或 GLONASS 卫星的非增强信号,处理这些数据并将其转发给地面控制站。地面控制站对数据进行处理,以确定每颗被监测卫星和每一个测量区域的差分校正和残差界限。地面控制站确定传播过程中受影响的时钟、星历表和电离层误差(电离层校正针对选定区域进行广播)。地面控制站生成的校正和完整性信息随后被发送到每个区域卫星增强系统地面地球站,并通过上行链路发送到地球静止轨道卫星。

由于卫星有效载荷非常庞大,铱星将无法携带通信和全球导航卫星系统转发器。因此,区域卫星增强系统网关站通过地球静止轨道卫星上的导航卫星转发器,采用卫星数据链路,以与未增强的 GPS 接收机使用的相同频率,广播各个独立的差分校正。增强 GPS 接收机接收 GPS 的增强信号,并确定飞机的更准确位置。如果有足够的软件或硬件,未增强 GPS 接收机也可以接收增强的信号。

全球导航卫星系统卫星数据链增强网络中最重要的是提供解决方案,通过卫星数据链甚至语音将飞机的精确位置经 Inmarsat 地面地球站发送给空中交通控制中心和空中交通管理中心。这些全球导航卫星系统定位信号可以由特殊的处理器进行处理,并显示在类似雷达的显示器上,而交通管理员用它进行空中交通控制和空中交通管理,在监控空域加强飞机交通控制,提高安全性。

5.3.9.3　航空全球飞机跟踪(GAT)网络

远程识别跟踪(LRIT)系统是国际海事组织于 2006 年 5 月 19 日建立的新的强制船载系统,是全球船舶跟踪的最佳方案。然而,在此之前,本书作者在 2000 年向国际海事组织提出了他的全球船舶跟踪(GST)系统方案,全球船舶跟踪方案比远程识别跟踪方案更好,系统名称也更合适。远程识别跟踪这个名称的问题是,在卫星气象学中已经存在一个术语,它们有相同的首字母缩略语,叫低速信息传输(Low Rate Information Transmission,LRIT)。

如本章开头所述,2000 年早些时候,本书作者向国际民航组织提出了一个名为全球飞机跟踪的特有项目。该项目是飞机实时空间跟踪的最佳和唯一方案,如图 5.43 所示。与海上全球船舶跟踪网络一样,飞行中的飞机通过其全球飞机跟踪设备从 GPS 或 GLONASS 卫星接收全球导航卫星信号,然后通过地面地球站和互联网把位置、速度和时间数据发送到跟踪控制站。跟踪控制站设备连接到空中交通控制中心和交通管理中心,用于搜救、跟踪和规避碰撞方面的协调。全球飞机跟踪信号包括机载设备标识符、高度、含有传输日期和时间的定位数据。该系统规定,飞机所属国应确保每小时至少发送 30~60 条全球计费跟踪消息,发送消息的频率可以通过用户请求改为至少每 5min 一次。

跟踪控制站实际上是全球飞机跟踪系统的大脑,该系统通过 Inmarsat 卫星或铱星从地面地球站接收由全球飞机跟踪设备发送的位置、速度、时间以及其他数据,然后其数据处理中心处理和存储这些数据。跟踪控制站设备必须分布在

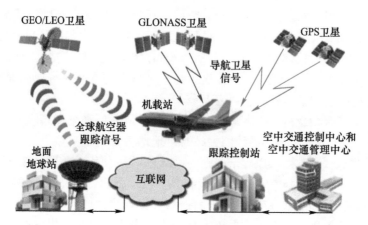

图 5.43 用于全球航空卫星数据链网络的航空全球飞机跟踪系统(图片来源:Ilcev)

每个飞行信息区域或更小的飞行区,并与最近的空中交通控制中心/空中交通管制中心连接。跟踪控制站终端将在显示器上显示所有处理过的全球飞机跟踪数据,显示某一飞行区域内所有飞机的位置。如果发生任何事故,跟踪控制站端将向搜救团队发送遇险飞机的所有必要信息,搜救团队将在几天内,在十分之几海里的半径内找到这些飞机。因此,今后再也不会发生类似法航和马航飞机的情况了。

此外,飞机上的全球飞机跟踪设备将能够接收在特定区域飞行的所有飞机的位置、速度和时间数据,用于增强防碰撞。全球飞机跟踪接收设备可以连接到驾驶舱内带有键盘的特殊显示器,该显示器显示飞行期间所有相邻飞机的位置、速度和时间数据。如前所述,全球飞机跟踪收发机的所有操作都是自动的,因此根本无须由飞行员或任何操作员控制,但它可以连接到笔记本电脑或掌上电脑,飞行员能够向跟踪控制站发送自己的位置、速度和时间报告,并接收或轮询数据。这种系统在极端恶劣的天气条件、雷暴和能见度非常低的情况下是非常重要的工具。

全球飞机跟踪系统必须开发空间段、地面段和用户段三个部分,并提供完整的全球飞机跟踪网络。全球飞机跟踪信息可以通过 Inmarsat 通信卫星和铱星(如果飞机正在北极上空飞行)发送。地面设施是地面站、互联网或地面电信网络、带数据处理中心的跟踪控制站,而用户段是所有类型的商用飞机和直升机。

数据处理中心应存储从飞机接收的所有全球飞机跟踪信息,并根据全球飞机跟踪数据分配计划将这些数据分配给不同的用户。使用位置、速度和时间数据的用户可以是航空公司、空中交通控制和空中交通管理单位、区域搜救团队以及在某些跟踪控制站区域飞行的飞机。全球飞机跟踪设备是一个数字传输系统,该系统自动提供位置、速度和时间报告,以及跟踪控制站轮询数据。

创新的全球飞机跟踪系统优于飞机通信寻址与报告系统(ACARS)和自动辅助监视 - 广播(ADS - B),因为它是独立的,并有自己的电源。全球飞机跟踪单元必须秘密地安装在飞机上,与其他系统不相连,以这种方式保护整个设备不被意外或强制关闭。全球飞机跟踪单元始终处于开启状态,接收 GPS 数据,并通过卫星和地面站把短突发数据发送给跟踪控制站的数据处理中心。在紧急或遇险情况下,跟踪控制站将向参与搜救行动团队发送飞机的位置、速度和时间数据。

全球飞机跟踪装置可以安装在任何小型或不同的远程喷气式飞机、旋翼飞机上,无需任何额外的软件来升级现有系统,也不需要更改地面和/或卫星设备。带天线的全球飞机跟踪单元是全新的飞机硬件,带有固件,必须与电池一起安装在机身下方,并与机载电源相连接。由本书作者领导的空间科学中心已经完成了全球飞机跟踪系统的安装试验,正在寻找感兴趣的公司和个人进行合作。

5.3.9.4　航空卫星自动辅助监视 - 广播(SADS - B)

卫星自动辅助监视 - 广播网络是一种类似于无线电自动辅助监视 - 广播(RADS - B)网络的新系统,用于航空任务,还处于开发阶段,唯一的区别是它通过地球静止轨道或低地球轨道卫星星座运行,而不是传统的甚高频无线电。该系统是一种现代卫星广播,从飞机上通过卫星进行广播,以提供位置、速度、高度、位置完整性、航班号、24 位飞机标识和其他由机载飞机传感器检测和计算的数据。

该卫星自动辅助监视 - 广播系统将提供由机载传感器,如全球导航卫星系统(GPS 或 GLONASS)、雷达和其他仪器,测量和计算出的位置、速度、时间以及其他数据。2013 年 5 月 23 日,德国航空航天中心首次在 A320 上进行试验,在飞行高度为 820km 的卫星上,在两小时内记录了 12000 多条自动辅助监视 - 广播信息。

同年,本书作者通过 AIAA 出版社出版了一套两卷本的书,书中简要介绍了卫星自动辅助监视 - 广播系统。典型的卫星自动辅助监视 - 广播航空网络类似于机载无线电自动辅助监视 - 广播,有一点区别是,卫星自动辅助监视 - 广播网络可覆盖远距离,并使用地球静止轨道或低地球轨道卫星的传输服务,通过地面地球站向空中交通控制中心和空中交通管理中心发送或接收卫星自动辅助监视 - 广播信息,其配置如图 5.44 所示。卫星自动辅助监视 - 广播可以在海洋区域的航路上提供下列服务:

(1)空对空传输。从一架飞机上广播的数据,由其他飞机接收和显示,反之亦然。

（2）空对地传输。从一架飞机上广播的数据,由某些空中交通控制中心接收和显示。

（3）地对空传输。从地面广播的数据,由某些飞机接收和显示。

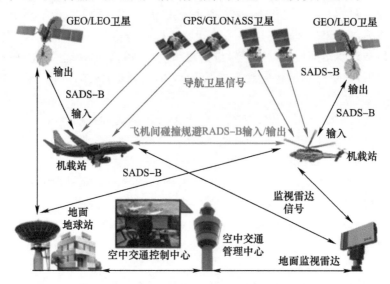

图5.44　用于全球航空卫星数据链网络的航空
卫星自动辅助监视-广播系统(图片来源:Ilcev)

因此,卫星自动辅助监视-广播是一种监视,通过卫星导航和定期广播信号来确定飞机位置。这些数据可以通过飞机之间的通信进行接收和发送,以增强防撞能力,也可以替代地面雷达系统由空中交通控制中心接收。地面监视雷达可以作为卫星自动辅助监视-广播系统的备份。卫星自动辅助监视-广播系统需要新的飞机设备,它的精度和完整性取决于导航数据源(通常是全球导航卫星系统)。

除了良好的特性之外,自动辅助监视系统有以下缺点:

（1）这个系统并不是独立的,所以破坏者可以关闭整个装置、部分装置或者全球导航卫星系统接收机;

（2）如果没有集成全球导航卫星系统接收机,该系统就无法正常工作;

（3）这个系统需要安装在某个秘密的地方,虽然它是由飞机上的电源供电,但它需要自己的充电器和电池。

5.4　自动识别系统(AIS)

现如今,现代技术已经提出了使用无线电和卫星广播的自动识别系统设施,包括用于对在海上迫降的飞机进行搜救。

5.4.1　无线电自动识别系统(R – AIS)

无线电自动识别系统最初是作为船载转发器系统开发的,设计用于一般的海上安全,特别是船舶在海上和河流中的碰撞规避。该装置由 GPS 接收机、甚高频收发机和显示设备组成。它每隔一段时间就会广播一条信息,内容包括船只的身份、位置、速度、航线,以及一些船只及其货物的详细信息,如船只长度、吃水深度、货物类型、目的地等。

出于类似的原因,后来研发了机载转发器系统,作为飞机的无线电自动识别系统,用于航空安全和飞机碰撞规避。机载无线电自动识别系统转发器极大增强了对大面积区域的监视。对所有配备自动识别系统飞机的定位和身份识别极大增加了国家安全、环境保护和营救遇险飞机的可能性。配有无线电自动识别系统的飞机,由于其极高的飞行速度和极高的甚高频覆盖,非常适合用于无线电搜救业务。

接收到的信息很容易在电子图表显示系统上绘制出来。这就提供了在自动识别系统出现之前不可能的监视能力。机载无线电自动识别系统是研制航空电子设备经验不断积累的产物,其设计、生产要求与甚高频数据链航空电子转发器一样高。机载无线电自动识别转发器及其内部 GPS 接收机要连接到电源、甚高频和 GPS 天线,并连接到带有足够软件的笔记本电脑上。该笔记本电脑或驾驶舱交互信息显示器可以运行电子海图系统,显示机载自动识别系统转发器接收到的目标。

所有与海上船只、飞机互动的海上飞机都将受益于机载无线电自动识别系统,如图 5.45 所示。海事空中运行操作人员接收海面船舶和飞机的甚高频广播,并利用收到的无线电自动识别系统数据。最常见的机载无线电自动识别系统用户包括搜救飞机(SARA)、海上巡逻机(MPA)和海上直升机。根据《国际海上生命安全公约》惯例,无线电自动识别系统 A 类产品适用于 300t 以上的船舶,而 B 类产品适用于非《国际海上生命安全公约》的船舶。

机载无线电自动识别系统已经成为装备精良的搜救飞机和海上巡逻机的必备装备。包括高度在内的专用搜救信息纳入了无线电自动识别系统标准中。静音模式是可选功能,有接收/不发送操作选项。对于海上飞机,无线电自动识别系统显著改进了安全性,并带来了许多有效应用。

自动识别系统也是国家海岸监视和安全监测的新工具。此外,该系统对于车队跟踪和管理也非常有用,并且性价比高。标准机载无线电自动识别系统转发器配件包括 GPS 系统和甚高频天线、与显示系统(驾驶舱或客舱显示器)的可

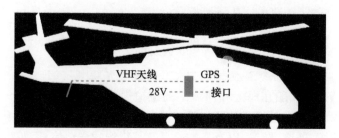

图 5.45　机载无线电自动识别系统(图片来源:Avionetics)

选接口,转发器型号如下。

(1) CNS System VDL 6000 机载无线电自动识别系统转发器。该自动识别系统转发器的开发是为了安装到固定翼飞机和直升机上,用于海上搜救行动和沿海监视任务,这大大增强了对大区域的监视能力,该型号如图 5.46(左)所示。对所有配备无线电自动识别系统的船只进行定位和识别,大大提高了国家安全、环境保护和救援遇难船只的可能性。

图 5.46　机载自动识别系统组件(图片来源:CNS 系统公司、Fidus 和 Avionetics 公司)

配有无线电自动识别系统的飞机或直升机具有高速、扩大的甚高频覆盖范围,非常适合用于海上舰船和着陆飞机的搜救行动。用于无线电自动识别系统转发器的自组织时分多址(SOTDMA)技术,广播/接收甚高频覆盖范围内所有配备无线电自动识别系统船只的信息。这些信息包括位置、身份、航程和对地航速、航向、转弯速度以及船只的航行状态和目的地。

收到的信息很容易在电子图表显示系统上绘制出来。这就提供了在无线电自动识别系统出现之前不可能的监视能力。无线电自动识别系统提供吃水深度、货物类型和目的地等信息,这在救援行动中也很有用。机载无线电自动识别系统转发器是航空电子设备研制经验积累的结果,其设计和生产与 VDL4000 航空电子转发器具有相同的高要求。

机载无线电自动识别系统转发器由机载电源供电,集成了 GPS 接收机、甚高频和 GPS 天线,并通过特殊的配置软件连接到笔记本电脑。该台笔记本电脑或驾驶舱交互信息显示器可以运行一个电子海图系统,显示由机载无线电自动识别系统转发器接收到的所有目标。该转发器的特点如下:电源要求为 21.6 ~ 31.2V 直流电,发射机数量为 1,调谐范围为 156.025 ~ 162.025MHz,信道间隔为

12.5kHz 和 25kHz,传输速率为 9600b/s,接收机数量为 3(2 个时分多址无线电自动识别系统,1 个数字选择性呼叫)。

(2) Fidus 无线电自动识别系统转发器。这款可定制的无线电自动识别系统转发器支持海洋、陆地和飞机应用,如图 5.46(中)所示。该设备专为高端雷达和其他需要海上识别和跟踪的应用而开发,具有卓越的性能和灵活性。根据国际电联 M. 1371 - 2 的规定,该装置是固定频率、双通道接收机(161.975MHz 和 162.025MHz),并支持所有无线电自动识别系统信息。典型应用是提供混合雷达回波和无线电自动识别系统数据。这款转发器采用独特而强大的软件定义无线电,通过向合成显示器提供所需的无线电自动识别系统信息,使转发器系统能够融合雷达数据。独立的无线电自动识别系统与运行普通显示软件的任何笔记本电脑或 PC 相连接,就可以显示海上交通态势。

(3) Avionetics TX - 20 机载 R - AIS 转发器。该转发器经认证可安装在固定翼和旋翼(恶劣环境)飞机上,符合海事无线电自动识别系统标准,如图 5.46(右)所示。自动识别系统转发器与装配有自动识别系统的船只、飞机和地面站交换信息。它发送和接收搜救信息、无线电自动识别系统信息,并从飞机上自主监测所有配备无线电自动识别系统的船只。它可以与无线电自动识别系统驾驶舱或客舱显示系统连接。它提供用于接收和传输用户数据的链接。三个无线电自动识别系统接收装置和一个发送装置工作在 156 ~ 162.5MHz 的频段范围,信道间隔为 25/12.5kHz。

(4) L - 3 Protec - A 自动识别系统转发器。这种无线电自动识别系统转发器为商用和民用飞机提供跟踪和识别海上船只或着陆飞机的能力,并通过专用甚高频数据链报告飞机位置,如图 5.47(左)所示,海上船只和飞机都配有无线电识别系统。这是一个完全符合规范的无线电自动识别系统,是根据 DO - 160E 环境测试标准和国际海事组织的建议进行设计的。该装置的特点如下:根据 DO - 160E 标准进行设计和测试、符合海事无线电自动识别系统的性能和协议标准、接收机灵敏度的改进提高了性能和覆盖范围、先进的射频滤波降低了干扰风险、开放协议简化了自动识别系统和雷达显示系统的集成、支持只接收和发射/接收工作模式、紧凑健壮的设计、可选的 ARINC 接口。

(5) SAAB R4A MKII 机载无线电自动识别系统转发器。这款无线电自动识别系统设备是 R4A 转发器的后续产品,R4A 转发器是飞机制造商和系统集成商十多年来的首选,如图 5.47(右)所示。这款转发器可以与 R4A 完全互换,但它使用最先进的软件定义无线电技术进一步改进性能、可靠性和灵活性,代表了最新一代的机载无线电自动识别系统转发器。R4A MKII 是专门为机载使用而开发的,满足机载安装的相关要求。它可以作为独立单元安装,也可以与其他机载系统集成安装,如任务管理系统或数字地图生成器。目前的应用也各有不同,从用于特定试验的独立配置到完全集成到玻璃驾驶舱。R4A MKII 的安装大大提高了对船舶和海上迫降飞机进行海上搜救行动的态势感知能力,也是船队管理的有效工具。R4A MKII 还支持选择使用 Saab 公司的安全无线电自动识别系统进行加密通信。该转发器的特点如下:完整收发机功能使其能够询问特定船只、可选择仅使用发射或接收模式、传输 GPS 的 ARINC 429 接口、支持接收和发射任何数据选择性呼叫符号的嵌入式数据选择性呼叫、基于窗口配置软件易于配置和状态检查。

图 5.47　机载自动识别系统设备(图片来源:L3 和 SAAB 公司)

5.4.2　卫星自动识别系统(S – AIS)

无线电自动识别系统是一种基于无线电的通信系统,不能接收来自太空的信号,而卫星自动识别系统极大地扩展了无线电自动识别系统的范围,并为海事和航空管理部门创造了新的应用可能。使用卫星自动识别系统显著增强了可见范围,提高了离岸 50n mile 范围以外的通信、导航和监视能力。

建立卫星自动识别系统可以利用现有的地球静止轨道和非地球静止轨道卫星网络。需要提供足够的卫星星座、地面站、数据处理中心、任务操作中心和客户业务交付。数据处理中心通过互联网向用户及时转发卫星自动识别系统信息。

目前,铱星和 Orbcomm 运营商正在努力为所有移动应用,特别是为搜救行动建立卫星无线电自动识别系统。Orbcomm 低轨卫星运营商已经成功发射了六颗配备自动识别系统的卫星。

5.5　航空遇险和搜救设备

本节不介绍飞机在极其紧急情况下的遇险和报警程序,包括搜救活动和现场通信。上述信息都可以在国际民航组织的相关手册和文件中找到,例如国际航空与海上搜救手册(IAMSAR)和一些相关材料。飞机在海上迫降时一定是遇到了应急情况。在这种情况下,遇险飞机必须在给定的空对地航空频率和海上遇险频率上发送报警信息。此时,要激活第4章介绍的紧急定位发射机。飞机还可以携带浮动的海上应急无线电示位标卫星发射机,类似于紧急定位发射机。这里只介绍一些被称为搜救应答机的海上应急设备,它可以用于在海上紧急降落的飞机。

(1)Jotron 无线电自动识别系统搜救应答机。该装置是一个用于海上紧急情况的独立防水雷达应答机,如图5.48(左)所示。雷达搜救应答机通过在救援船或直升机的雷达显示器上创建一系列点来定位救生艇或遇险船只,如图5.48(中下)所示。

搜救应答机只能对大约8n mile(15km)范围内的9GHz X 频段(3cm 波长)雷达作出反应。它不支持S 频段(10cm)或其他雷达频率。因为其具有极高的位置精度,且可以在无线电自动识别系统 A 类和 B 类上进行检测,独特的自动识别技术使搜救行动更有效且耗时更少。

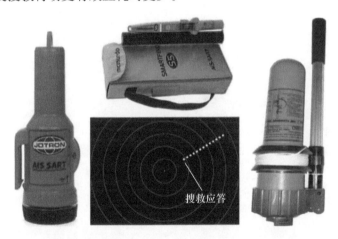

图5.48　海事搜救应答机和无线电自动识别系统/
搜救应答机(图片来源:Jotron,Mcmurdo 和 Mussion 公司)

(2)McMurdo 便携式无线电自动识别系统搜救应答机。新的 Smartfind S5 自动识别系统搜救应答机是一种新的手动部署幸存者定位设备,旨在用于救生筏或救生艇,它符合国际海事组织《国际海上人命安全公约》的要求,是雷达搜救应答机的可选产品,如图5.48(中上)所示。这种装置非常适合在飞机和直升机上使用。

(3)Musson 505 无线电自动识别系统搜救应答机。这是乌克兰产品,自2011 年以来,每艘船都必须安装,如图5.48(右)所示。该装置工作在无线电自动识别系统 A 和 B 两个甚高频信道,触发 9.2 ~ 9.5GHz 的标准搜救雷达应答机。这一新模式完全符合海事组织《国际海上生命安全公约》和全球海上遇险安全系统的要求。Musson 505 无线电自动识别系统搜救应答机使用内置的 GPS 接收模块,向附近飞机或船只上的无线电自动识别系统发送带有遇险坐标的消息。

第 6 章
全球卫星增强系统(GSAS)

当前航空通信系统是无线电(高频和甚高频)与卫星相组合的,而当前的导航系统仍以确定位置、速度和时间的老军事系统为基础,如美国的 GPS 和俄罗斯(苏联)的 GLONASS。事实上,GPS 和 GLONASS 使用的是第一代全球导航卫星系统(GNSS-1)基础设施,在船上或飞机上使用简单全球导航卫星系统接收机,精度约为 30m,其固有的某些弱点使 GPS 或 GLONASS 不能被用作船只唯一的导航手段,陆地(公路和铁路车辆)和航空应用更是这样。从技术上来说,自主使用 GPS、GLONASS 的 GNSS-1 系统无法满足民用航海、陆地,特别是航空等移动目标对完好性、可用性和特殊的精度要求,不满足某些非常关键飞行阶段的导航。

因为上述两个系统是为船只或飞机驾驶舱而开发的,所以只有船长或机长非常清楚自己的位置和速度,交通控制中心的人员在没有通信、导航和监视设备的情况下,无法获得各种情况下的导航或飞行数据。如果除了 GPS 或 GLONASS 之外,没有新的通信、导航和监视设备,就不可能在危急或异常情况下完成好交通控制管理。此外,这两个全球导航卫星系统最初仅用于军事用途,虽然现在也广泛应用于全球民用运输,但许多国家和国际组织将不会依赖或将人民的安全托付给由一两个国家控制的全球导航卫星系统。

最近开发了被称为区域卫星增强系统(RSAS)的第一代全球导航卫星增强系统(GNSS-1),以改进上述军事系统的不足,并满足目前民用运输对高运行完好性、连续性、准确性和可用性(ICAA)的要求。美国广域增强系统(WAAS)、欧洲地球静止轨道导航重叠系统(EGNOS)和日本多功能传输卫星星上增强系统(MSAS)都属于这类,它们能够在区域卫星增强系统网络覆盖范围内从运动用户向交通控制中心提供通信、导航和监视数据。这三个区域卫星增强系统网络或者说天基增强系统最近已经投入运行,并且可以互操作和兼容。区域卫星增强系统的所有基础设施都是全球卫星增强系统的组成部分,全球卫星增强系统必须整合全世界所有当前和未来的区域卫星增强系统项目。

这三个运行的系统是全球卫星增强系统网络的一部分,与 GPS、GLONASS

的 GNSS - 1、欧洲伽利略和中国北斗的新全球导航卫星系统(GNSS - 2)相融合，还包括国际海事卫星民用导航卫星覆盖(CNSO)和非洲卫星增强系统(ASAS)等新项目。处于开发阶段的另外三个 GNSS - 1 网络是俄罗斯的差分校正和监测系统(SDCM)、中国鑫诺(卫星)导航增强系统(SNAS)以及印度的 GPS/GLONASS GEOS 增强导航系统(GAGAN)。

加拿大天基增强导航卫星系统(被称为 CWAAS)是美国 WAAS 系统覆盖范围的扩展，其部署了一个基准站网络，并将这些基准站连接到 WAAS 系统主控站。至此，对于建立全球卫星增强系统的目标，只有南美和澳大利亚仍需补充，如图 6.1 所示。

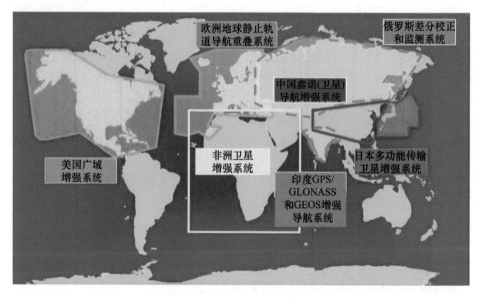

图 6.1　全球卫星增强系统综合网络(图片来源:Ilcev)

所有系统都符合通用的全球标准，因此都是兼容的，即系统间互不干扰，可以互操作，无论用户位于 EGNOS、WAAS 还是其他增强系统覆盖区域，使用标准接收机都可以享受同等水平的服务和性能。除了航空领域的应用之外，区域卫星增强系统对于其他注重精度和完好性的应用也非常重要，尤其是对于人的生命受到威胁或需要某种形式法律或商业保证的应用来说，它们都是不可或缺的。例如，区域卫星增强系统网络可能改进和扩大 GPS 或 GLONASS 系统在精确农业、农业机械引导、公路车队管理、海上石油勘探平台定位、空域或大地测量等科学应用领域。

两年前，GPS 系统开始在 L1 和 L5 频率上广播适用于航空的民用信号。此外，GLONASS 和其他未来的全球导航卫星系统星座将提供更多的双频距离测量。区域卫星增强系统也可以通过升级来利用这些新的信号。实际上，这种更新提供了对现有单频系统的一系列改进。在严重的电离层扰动期间，这些双频系统可以抵抗目前限制垂直制导的严重电离层干扰。

通过这种方式，它们可以提供更强的抗干扰能力，当飞机无法在一个频率工作时，就切换到另一个频率。用户利用这两种频率的最大好处是它们的可用性可以扩展到比基准站网络远得多的地方。电离层不确定性对用户的影响基本消除，从而扩大了覆盖范围。重要的是，这种可用性可以扩展到目前单频二维网格非常不适用的赤道地区。这是全球范围内首次可靠地为这些地区提供服务。

6.1　全球导航卫星系统（GNSS）的发展

各自包括 24 个 GNSS - 1 卫星的 GPS 和 GLONASS 空间段、地面段（包括 GPS 系统和 GLONASS 地面站）和用户段如图 6.2 所示。目前全球导航卫星系统网络已经建立，并于 2009—2010 年间全面投入运行。现有的 GNSS - 1 网络是一个卫星系统，它为远洋船舶、地面车辆（公路和铁路）和飞机上的多种应用提供重要的位置、速度和时间数据。

全球导航卫星系统网络包括用户 GPS 或 GLONASS 接收机、一个或多个全球导航卫星系统卫星星座、地面段和一个控制部门，该部门利用自己的设施进行监测和控制，保证用户接收机信号处理的性能与系统预定的标准要求一致。未来增强的全球导航卫星系统网络将改进、取代或补充目前系统在完好性、可用性、控制和系统预期寿命方面存在的缺陷。

国际海事组织作为国际组织将全球导航卫星系统视为一个可使用的系统，该系统符合全球无线电导航系统（WWRNS）定位设备的运输要求。正式把一个全球导航卫星系统纳入海事使用的程序应符合国际海事组织关于全球无线电导航系统的政策。无线电导航、无线电通信和信息技术领域发展迅速，海上应用必须跟上这些技术的进步。

全球导航卫星增强系统可用于增强独立 GPS 或 GLONASS 卫星在海上、陆地（公路/铁路）和航空应用的位置、速度和时间性能。此外，车/船/机载用户设备可以配置内部传感器增强抗干扰的鲁棒性，或者在卫星信号被城市高大建筑形成的"城市峡谷"阻挡时协助车辆导航。一些特殊的应用，如海事和航空应用，需要比独立 GPS 系统或 GLONASS 系统提供高得多的精度。新的 GPS 和 GLONASS 全球导航卫星系统增强方案，被称为区域卫星增强系统，它满足了从航路到第一类精密进近（CAT I）所有飞行阶段的完好性、连续性、准确性和可用

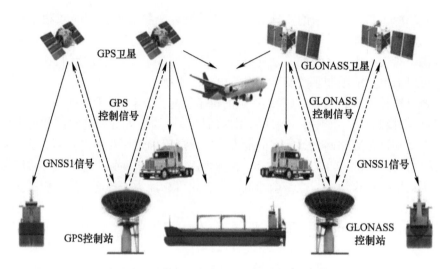

图 6.2　现有的 GNSS – 1 网络(图片来源:Ilcev)

性(ICAA)要求。此外,区域卫星增强系统在任何合格的飞机跑道上提供第一类精密进近垂直制导、垂直定位,其航空电子业务不需要安装或维护陆基着陆系统导航辅助设备(NAVAID)。

对于航空用户,国际民用航空组织标准和建议(SARP)为全球卫星增强系统的实施提供了总体规范和指导。标准和建议将垂直进近制导(APV)的区域卫星增强系统标准定义为使用垂直制导的稳定下降。

一方面,区域卫星增强系统互操作性工作组(IWG)是区域卫星增强系统(天基增强系统)服务提供商的论坛,以确保大家对未来进入全球卫星增强系统网络的区域卫星增强系统理解一致,各个区域卫星增强系统能集成一体、相互兼容。另一方面,互操作性工作组允许可互换的海事或航空电子技术协调发展,在全球卫星增强系统网络中互操作的目的在于,用户可以轻松地从一个区域卫星增强系统地区过渡到另一个。

所有区域卫星增强系统将提供增强的交通控制、安全和安保服务,这些服务是免费的。因此,区域卫星增强系统可以实现基于性能的导航(PBN),从而提高效率、容量并减少环境影响,是所需导航性能(RNP)的最低成本实现者。在“全球天基增强系统”状态声明中,“天基增强系统是联邦航空管理局(FAA)下一代交通运输系统(NEXTGEN)和欧洲委员会(EC)欧洲单一天空空中交通管理研究项目(SESAR)的实现者”这种说法是不可接受的,因为区域卫星增强系统(天基增强系统)是全世界所有当前和未来用户免费服务的实现者。

区域卫星增强系统使用 L1 和 L5 双频将提高电离层风暴期间业务的可用

性,由此地面导航辅助设备设施将逐步退役。区域卫星增强系统能从航空延伸到所有的运输方式,包括海运、高速公路和铁路。区域卫星增强技术增强了导航能力和灵活性,提供了覆盖大范围的空域和以前没有其他导航辅助设备服务区域的可能,比传统的地面导航辅助设备具有更高的效费比,还可以提供许多非航空应用。

通过消除利用同一卫星进行距离测量的两个或多个卫星接收机之间的相关误差,可以提高精度。一个接收机被称为"基准接收机",它的地理位置已被精确测量。消除公共误差的一种方法是在离散时间点上解出基准接收机精确测绘位置与导航卫星测量位置之间的差值。该差值代表测量时的误差,并可作为差分校正,其可以通过数据链路广播给用户接收设备,使得用户接收机可以从其接收解算的数据中消除空间传播误差。

在非实时应用中,差分校正可以与用户的位置数据一起存储,并在数据收集阶段结束之后再一起处理。这种非实时技术通常用于勘测。如果基准站在用户的视距内,该模式通常被称为局域差分。随着用户和基准站之间距离的增加,一些测距误差变得不相关。事实上,这个问题可以通过在一个大的地理区域,如一个国家、地区或洲建立一个特定的差分站网络,并通过地球静止轨道卫星广播差分校正来解决。

在这种服务中不能使用低地球轨道卫星,因为它们不能携带耐用的全球导航卫星转发器。基准站终端将收集的数据传送到一个或多个主控站或地面控制站,主控站(控制站)对接收数据进行处理、提取差分校正信息,并检查卫星信号的完好性。主控站将校正和完好性数据发送到地面站,然后上传到地球静止轨道卫星上。

上述差分技术被称为广域差分(增强)系统,由区域应用的广域增强(WAA)系统实现,而另一种通信、导航和监视局域增强(LAA)系统是机场和海港应用的局域差分。局域增强网络用于海港或机场的本地通信、导航、监视网络和进近。广域增强系统应用于海洋、陆地和航空,进行广域的通信、导航和监视,如国际海事卫星民用导航卫星覆盖(CNSO),其已开发第一代区域卫星增强系统网络,如美国的 WAAS、欧洲的 EGNOS 和日本 MSAS。这三个系统是全球卫星增强系统网络的一部分,也是可互操作和兼容的全球导航卫星系统 GNSS－1 架构的集成部分,如图 6.3 所示。

实际上,国际海事卫星民用导航卫星覆盖(CNSO)是全球导航卫星系统的一部分,通过 Immarsat 卫星星座提供服务,而目前的全球卫星增强系统项目——俄罗斯的 SDCM、中国的 SNAS、印度的 GAGAN 以及非洲和中东的 ASAS,包括澳大利亚和南美洲的开发项目,将使全球卫星增强系统网络中的区域卫星

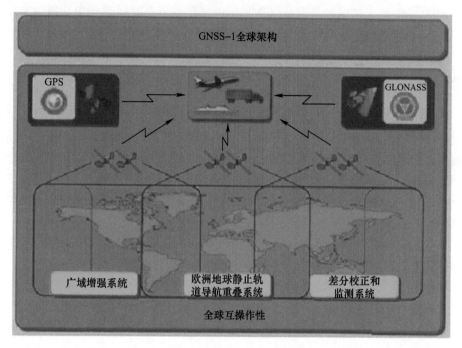

图 6.3　最初的全球卫星增强系统体系(图片来源:欧空局)

增强系统实现兼容集成。全球卫星增强系统必须为全球所有移动应用(如海事、陆地和航空)提供通信、导航和监视支持。总之,单频区域卫星增强系统在覆盖的服务区域内具备明显的优势,而双频则扩展了基准网络之外的覆盖范围,并允许在赤道地区和重大电离层风暴期间进行垂直定位。将区域卫星增强系统网络扩展到南半球将使区域卫星增强覆盖范围扩大到全球陆地。本书作者设计了第一个南半球区域卫星增强系统,称为非洲卫星增强系统(ASAS),服务于非洲和中东,这是比所谓的"EGNOS 延伸"更好、更可靠的系统。

后续增加的全球导航卫星系统星座可以通过更少的地面站来提供更大的覆盖范围。多个星座使得航空电子互交换技术得以发展。区域卫星增强技术提供了覆盖大范围空域和此前没有导航服务区域的机会,它提升了导航能力和灵活性,且具有比传统地面导航设备更高效费比。区域卫星增强系统可以用于海上和陆地的许多非航空领域。

6.2　全球定位卫星系统

长期以来,卫星定位系统一直用于满足精确导航要求,特别是为远洋船舶服务的海事移动卫星业务(MMSS)和为所有类型飞机和直升机服务的航空移动卫星业务(AMSS)。

陆地移动卫星业务(LMSS)最近的发展也提升了陆地移动用户(例如公路和铁路车辆)类似的业务需求。为这些市场提供全球低成本定位设备的供应商从不断增大的庞大客户群中获利。

6.2.1　无源全球定位卫星系统

在无源系统中,信号以连续数据流的形式发送,并由移动接收机接收,其所有移动应用的基础设施如图 6.4 所示。移动用户通过现有全球导航卫星系统GNSS-1 的 GPS 或 GLONASS 接收机,根据检测到的位置、速度、时间和其他数据计算自己的位置。该系统只要求用户拥有合格的全球导航卫星系统接收机。当用户是移动用户而不是静态观察者时,该系统是最佳方案,因为移动用户在任何一个时刻都想知道自己的位置——空间和时间。所有类型的远洋船舶和海上钻井平台、飞机、直升机、包括陆地车辆都属于这一类应用。

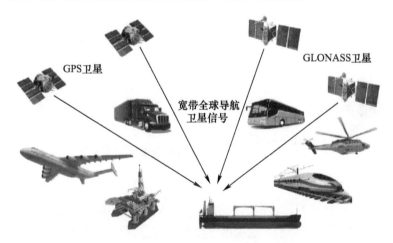

图 6.4　无源卫星定位(图片来源:Ilcev)

无源系统已经运行了很长时间,状态良好,其通常具有以下特征:

(1)对于二维定位,用户必须对三颗卫星可见。三维定位至少需要对四颗卫星可见。

(2)用户可以独立地确定其位置而无需提醒他人自身的存在。用户数量和获得更新的频率不受系统功率或带宽的限制。无源系统是资源经济型系统,特别是当用户数量大或者频繁的位置更新时。系统成本与用户数量和使用量无关。

(3)设备成本很低,因为用户不需要有发射机,尽管他可以携带用于其他目的的通信设备。该通信设备可与 GPS、GLONASS、Loran - C 等其他系统配合使用,甚至组合使用。

(4)空间段尤其是地面段很简单,部分原因是用户分担了位置计算的职责。

6.2.2　有源全球定位卫星系统

在有源系统中,移动用户向卫星转发器发送信号,地面操作中心中央计算系统计算用户位置。然后定位数据被送回移动用户或任何其他地方,如图 6.5 所示。

只有当移动用户发送必要的信号时才能对其实施定位。通常,信号通过卫星传输到中心设备,并在那儿计算位置数据。由于中心设备已知用户的位置,所以有源系统可以用于监视,特别适用于航空飞行和空中交通地面控制。

图 6.5　有源卫星定位(图片来源:Ilcev)

监视是空中交通管制人员的基本需求,他们必须准确、快速地知道飞机的位置。最近,一些陆地移动用户也提出了监视需求。例如,车队和铁路车辆的管理人员需要跟踪特殊货物,如危险品或易腐货物。海事部门正在呼吁为跟踪船只提供类似的系统。主动系统具有以下特征:

(1)二维主动移动定位需要两颗可见的全球导航卫星系统卫星,三维定位需要三颗卫星。

(2)移动用户必须能够与中心设施通信。也就是说,他不需要计算能力,因为位置计算是集中处理的。

(3)有源无线电测量系统可以提供一个用户相对于另一个用户的位置信息,这对于某些陆地和航空应用是很重要的。

（4）中心设备可以通过使用标准位置的数据来提高定位精度。

6.2.3　混合全球定位卫星系统

在混合定位系统中，移动用户从多个卫星接收测距信号，并且通过测量信号的时间差或相位差来计算位置。通过这种方式，可以提供两个或两个以上可视卫星相对移动平台的测距信息，船舶、车辆和飞机的配置如图 6.6 所示。该系统对于开发海洋、陆地，尤其是航空的通信、导航和监视系统非常重要。

图 6.6　混合卫星定位（图片来源：Ilcev）

测量方法与 Loran - C、GPS 或 GLONASS 系统采用的测量定位方法相同。这些信号通过卫星传送到中心设备，中心设备计算用户的位置并显示在屏幕上，通常指定使用的卫星。混合系统允许用户和中央设备都计算用户位置。

在航空测量定位中，用户可能会在飞机上进行导航计算，因为飞机需要导航数据和监视。对于大多数陆地移动应用，中心设备将完成定位计算，并将结果用于监视目的。

因此，混合系统具有有源系统的大部分优点，同时与 GPS、GLONASS 和任何有潜力的民用卫星导航系统兼容。混合系统的特点包括频谱效率、准确性、一致性、完好性、商业潜力、简化的用户设备和灵活的控制。

6.3　全球导航卫星系统应用

全球导航卫星系统技术正广泛用于商业、私人和军事领域，从休闲旅行到航天器发射制导。新旧全球导航卫星系统的应用影响到海洋运输、陆地运输和航空运输的方方面面。

6.3.1　海上导航卫星系统

全球导航卫星系统已经配置在船上,最初是在军舰上,后来配置到了商船和游船上。从海洋到河流,尤其是在恶劣天气下,所有水域航行船只的导航都得到了加强。一些国家正在开发局域差分 GPS 网络,以提高港口、锚地和河流船只交通控制的精度。

独联体国家正在考虑实现一个局域差分 GLONASS 网络。广域差分 GPS 系统已经被海洋石油勘探界使用了几年。差分全球导航卫星系统将在船舶交通管理业务中发挥重要作用。数据链和差分全球导航卫星系统接收机相结合,可以向控制中心广播船只的位置。船舶交通管理业务系统用于在航行中规避船舶碰撞,并在能见度不高和冰层覆盖期间增加交通流量。它可以与电子海图信息显示系统结合使用,其中,电子海图信息显示系统可以监控和显示船只相对于其他航行船只、助航设备、陆地以及不可见危险体的位置。

6.3.2　陆地导航卫星系统

测量界一直依靠差分 GPS 系统来实现毫米量级的测量精度。类似的技术在铁路行业使用,以获得相对于相邻轨道列车的位置。GPS 系统是智能交通系统的关键组成部分。在车辆运输方面,全球导航卫星系统将用于行驶路线导航、车辆跟踪和紧急短消息。全球导航卫星系统接收机与街道数据库、数字移动地图显示器和处理器相结合,将使车辆驾驶员能够获得方向和/或最短最有效的行驶路线。结合蜂窝电话或移动卫星通信,可以从自动辅助监视系统和/或紧急信息中跟踪车辆。通过这种方式,可以把车辆位置自动报告给管理车队的控制中心。类似于 Cospas – Sarsat 个人定位信标,车辆驾驶员激活"紧急"按钮会向执法当局广播紧急信息、车辆特征和车辆位置,以寻求帮助。

6.3.3　航空导航卫星系统

航空界和国际民用航空组织推动了全球导航卫星增强系统的使用,以提高飞机起降阶段的导航精度。国际民用航空组织要求其应用的导航系统中至少包含一个或多个卫星导航系统。全球导航卫星系统的持续全球覆盖能力允许飞机直接从一个地点飞到另一个地点,前提是满足净空条件和符合规定程序。将数据链与全球导航卫星相结合,可以将飞机位置传输到其他飞机和/或空中交通管制中心。

被称为"自动辅助监视"（ADSS）的功能在一些太平洋海域得到应用，这是国际民用航空组织"未来航空导航系统工作组"的一项活动成果。其主要优点是提高了空中交通管理中心和空中交通管制中心的监控能力，规避碰撞，并优化路线、减少旅行时间，进而减少油耗。新的卫星自动辅助监视系统也应用于飞机和地面支援车辆的机场地面监视。

6.4　完好性监控

完好性监控设备使用全球导航卫星系统信号来检测卫星信号特征的变化或异常，这些变化或异常可能会影响用户设备计算的位置精度。未被发现的错误产生的误导可能影响生命安全，所以完好性监控对于任何依赖全球导航卫星系统进行测量的应用都是至关重要的。这些应用包括船舶进出港口和采用区域卫星增强系统的机场飞机着陆系统。

如前所述，GPS 系统失效可能发生在 GPS 运行的每个阶段。因此，有必要区分是系统、用户还是工作环境引发的失效。由卫星或主控站终端异常引起的误差是不可预测的，也是不能容忍的，这比由于星体几何形状不好导致的精度下降要严重得多。完好性异常是极少的：GPS 系统平均每年发生不超过三次业务故障。这个失败率是保守的，是基于对 Block Ⅱ卫星和控制段故障特征的估计。然而，故障一旦发生就是灾难性的，后果极为严重，特别是在空中导航应用中。

完好性异常的主要原因是卫星时钟和星历，如 GPS Block Ⅰ卫星是由于频标问题（随机径流、大跳跃等），在频标的波束电流或温度出现大的变化时，主控站会出现时钟跳变。日食后，在太阳能电池板自身调整跟踪太阳的过程中，Block Ⅰ卫星出现了星历异常。通过启动推进器调整卫星姿态会导致较大的测距误差。随后的卫星取消了这种能力，并引入了针对空间环境的辐射加固。

GPS Block Ⅰ卫星缺少辐射加固，导致几分钟内测距误差达数千米。由于 P 码跟踪丢失，相同数量级的误差被传输出去。主控站异常与硬件、软件或人为错误有关，这些错误会导致千米级的误差。另一方面，GPS 系统地面监测网络的覆盖范围在空间和时间上都不是连续的，不可能为民用提供系统级实时完好性监控。

毫无疑问，引入硬件冗余、软件鲁棒性和防止人为错误培训会最大限度地减少主控站中可能出现的完好性异常。然而，由此产生的响应时间（警报时间）仍然不足以满足航空等高安全应用的要求，这些应用需要全球导航卫星网络提供表 6.1 中的警告时间。

表 6.1　全球导航卫星系统航空运行警告时间要求

运行环境	警报时间
海洋	2min
飞行航路	1min
机场、码头、车站	30s
非精密进近	10s
I 类垂直引导进近	10s
II 类垂直引导进近	6s
I 类精密进近	6s
II 类精密进近	1s
III 类精密进近	1s

　　用户独立检测卫星异常的技术已开发出来，这项技术克服了高安全应用中定位数据不够连续的问题。通过这种方式，GPS 架构扩展创建了能够克服独立 GPS 性能限制的增强系统，使得能够以卫星导航系统为主支持高安全应用，特别是在航空领域。如果不开发 GPS 和 GLONASS 的增强系统，就不可能确定所有故障并提升全球导航卫星系统的应用。

　　接收机自主完好性监控是提供完好性监控的方法之一。接收机自主完好性监控算法嵌入在用户终端中，在接收机内部自主地利用导航方程的确定解来检查一致性。通过利用导航系统中的至少五颗卫星来检测异常，这种方法类似于"错误检测码"：代码能够检测错误、进行系统警告，但不能纠正它们。因此，该算法可以检测到卫星异常，并向用户发出告警（警报或警告）以便采取措施。例如，飞行员可以切换到替代导航系统进行飞机导航。

　　通信中检错的下一步是"纠错"（即能够检测一定数量的错误并纠正其中的部分错误）。类似地，完好性监控技术的下一步是检测异常卫星，然后从导航方案中移除故障卫星，因此需要识别哪颗卫星工作不正常（故障检测和隔离方法，Fault Detection and Isolation），或者识别不包括异常卫星的另一组卫星（故障检测和排除方法，Fault Detection and Exclusion）。

　　如果 GPS 系统是唯一的导航手段，接收机自主完好性监控算法需要 N 颗可视卫星，$N \geqslant 6$。如果采用故障检测和隔离方法进行完好性问题的检测，利用 $N-1$ 颗卫星导航结算，这样会有 N 个解，从而可将故障卫星从导航方案中移除。如果选择故障检测和排除方法，即使 $N > 6$，该算法也只是以六颗卫星为一组，一组一组检测：如果出现完好性故障，该算法会搜索另一组通过一致性测试的六颗卫星，从而将异常卫星排除在导航系统之外，不再具体识别它是哪颗卫星。

为了确定接收机自主完好性监控方法是否可作一种完好性监控技术,工作人员进行了大量分析。他们证明,除了一些区域(例如靠近赤道线,但仅适用于水平要求的非精密进近和一类垂直引导进近情况下),接收机自主完好性监控不足以满足非精密进近(NPA)和精密进近(PA,从一类垂直引导进近到三类精密进近)飞行阶段关于水平告警限制和垂直告警限制(甚至更严格)的要求。

为了说明接收机自主完好性监控的作用,本书作者考虑了水平性能要求,它没有垂直性能要求严格,在某些飞行阶段,如海洋飞行和航路飞行,接收机自主完好性监控方法可以满足导航的要求。

接收机自主完好性监控基本算法的目标是让用户免受过大水平位置误差的影响,检测水平误差是否变得高于特定置信水平内的某个阈值。位置误差无法直接观测,因此必须导出另一个可以观测的参数。该参数在统计方法中用作数学指标,目的是检测卫星故障。

基本算法更多地来自测量噪声的标准偏差、测量误差以及最大允许误报概率 P_{fa} 和漏检概率 P_{md};作为输出,该算法提供一个保护参数,如水平保护门限(HPL),该参数定义了指定 P_{fa} 和 P_{md} 条件下检测到的最小水平位置误差。

该算法在航空领域的应用意味着将水平保护门限(HPL)与国际民用航空组织的水平告警门限(HAL)进行比较,水平告警门限随着途中不同的飞行阶段而变化,如果:

$$HPL < HAL \tag{6.1}$$

则可以认定接收机自主完好性监控可以用于第 i 阶段的飞行。如果式 6.1 的条件不满足,GPS 就被用作辅助设备,飞行员切换到基本导航系统。HPL 参数可以表示为三个参数的乘积:

$$HPL = S_{max}\sigma_{UERE}S_x \tag{6.2}$$

其中:σ_{UERE} 是卫星伪距误差的标准偏差;S_x 是模拟测试统计随机变量的密度函数,N 表示可见测量卫星的数量:

$$S_{max} = \max(S_j) \quad j = 1, 2, \cdots, N \tag{6.3}$$

其中:S_j 是第 j 个卫星的斜率,该特征斜率线由水平位置误差估计除以测试统计量得到。斜率是 GPS 测量方程所谓"线性相关矩阵"的函数,它包括几何形状和时钟状态信息,当卫星沿其轨道移动时随时间缓慢变化。接收机自主完好性监控的故障检测至少需要五颗可视卫星,而故障检测隔离或排除至少需要六颗卫星。卫星数量高于导航功能所需的最低数量(即四颗)是接收机自主完好性监控的要求。因此,接收机自主完好性监控的可用性低于导航功能。

在航空领域,可用性可以通过在接收机自主完好性监控算法中包括额外的测量手段来提高(例如借助于气压高度计)。故障检测的改进范围在航路导航和机场内部是以前的 2 倍,在非精密进近段是以前的约 1.4 倍。

6.5　差分 GPS

如前所述,独立的 GPS 系统和 GLONASS 系统在精度和完好性方面不能满足航空在最精密飞行阶段的要求。因此,美国海岸警卫队开发的一种称为差分全球定位系统(DGPS)的辅助导航方法可以显著提高独立系统的精度和完好性。DGPS 消除了可视同一颗卫星接收机(两个或两个以上)间的相关误差:在基本版本中,接收机之一是地面控制站或基准站,其精确位置众所周知。其他接收机(用户或机动用户)必须靠近基准站;如果基准站通过甚高频数据链路与这些 GPS 用户通信,就必须在视距范围内进行。

实践表明,甚高频无线电链路会受到山谷、建筑物甚至树木产生的阴影和多径衰落影响。如果基准站使用中波无线电链路,传输距离可能会更长,因为中波具有强大的地面分量,能够传播的距离远远超出地平线。基准站进行传统的基于代码的 GPS 系统伪距测量,并且由于事先知道基准站的精确位置,所以可以确定测量中的偏差。对于基准站可见的每颗卫星,偏差为伪距测量值和基准站—卫星几何距离之间的差值。它们受到电离层、对流层、接收机噪声等误差的影响,是由伪距测量过程和接收机时钟相对于 GPS 时间的偏差产生的。在实时应用中,偏差(差分校正)由基准站传输到覆盖区域内的所有用户。由于基准站和用户接收机伪距误差具有一些共同的分量(由于它们位置接近),例如卫星时钟稳定性带来的误差分量,用户利用这些共同误差来提高位置精度。用户接收机可以消除这些误差分量,将位置误差提高 2 倍以上。

随着两个接收机(用户和基准站)的距离越来越远,他们伪距误差分量的差别也越来越大;这些因素包括星历预测误差、未修正的卫星扰动(由潮汐引力、太阳辐射压力、太阳风、气体推进剂泄漏等引起)以及大气误差。对于这些伪距误差分量,用户接收机和基准站越接近,用差分 GPS 实现的校正越精确。在用户接收机处不能用差分 GPS 校正的分量是多径、干扰和接收机噪声,它们与基准站的相应分量不相关。

这里描述的基本差分 GPS 概念被称为局域差分 GPS(LADGPS)或传统差分 GPS(CDGPS),局域差分 GPS 的基本方案如图 5.22 所示。从这个图可以得出,这个系统最常见和最合适的命名是本地甚高频增强系统,这是区域卫星增强系统的基础。每个基准站在解算出其所在位置的伪距测量误差后,通过专用数据链路(主要是航空中的甚高频链路、中波链路和海事业务链路)将其传送给用户。更靠近基准站的用户接收机具有与基准站更多的共同误差分量,与相同位置的非差分系统用户接收机比,其用户等效距离误差降低到 10% 左右。

为了给出局域差分 GPS 工作的数学模型,假设用户接收机和基准站彼此非常接近,因此只有与用户段相关的伪距误差分量不同。基准站必须对自己的位置有准确的确定,以使用户能够准确地确定其相对于地球的位置。从第 k 个基准站到第 i 颗卫星的几何距离 $D_{i,k}$ 可以从报告的卫星位置与勘测的基准站位置获得。基准站进行伪距测量 $r_{i,k}$,可以表示为

$$r_{i,k} = D_{i,k} + e_k + O_k \tag{6.4}$$

其中:e_k 是空间段、控制段和用户段伪距误差的总体贡献,O_k 是相对于系统时间基准站的时钟偏移。此时,基准站得出的差分校正为

$$\Delta r_{i,k} = r_{i,k} - D_{i,k} \tag{6.5}$$

该信号被发送到用户接收机并与用户接收机伪距测量值 $r_{i,\text{user}}$ 进行比较:

$$r_{i,\text{user}} = D_{i,\text{user}} + e_{\text{user}} + O_{\text{user}} \tag{6.6}$$

由于与空间段和控制段以及与信号路径相关的伪距误差分量被假定为相同,且用户接收机和基准站距离很近,因此由用户 $R_{i,\text{user}}$ 确定的校正伪距可以由伪距测量值 $r_{i,\text{user}}$ 和来自基准站的差分校正值 $\Delta r_{i,k}$ 表示:

$$R_{i,\text{user}} = r_{i,\text{user}} - \Delta r_{i,k} = D_{i,\text{user}} + e_{\text{res}} + O_{\text{comb}} \tag{6.7}$$

其中:e_{res} 是用户段伪距误差的残余贡献;O_{comb} 是组合时钟偏移。用户位置通过来自至少四颗卫星的伪距测量来确定。

由于卫星运动引起的伪距误差有显著变化,所以用 τ_j 表示由基准站传输伪距校正的采样时刻,由基准站向用户传输校正误差的时间段内,传输的误差校正 $\Delta r_{i,k}(\tau_j) = r_{i,k}(\tau_j) - D_{i,k}(\tau_j)$ 仅是计算的时刻 τ_j 的校正值。在这个意义上,基准站向用户提供 $\Delta r_{i,k}(\tau_j)$ 的同时,还提供伪距率校正 $C_{i,k}(\tau_j)$,使得用户根据以下公式将伪距校正调整到时间 t:

$$\Delta r_{i,k}(t) = \Delta r_{i,k}(\tau_j) + C_{i,k}(\tau_j)(t - \tau_j) \tag{6.8}$$

最终获得的校正用户伪距为

$$R_{i,\text{user}}(t) = r_{i,\text{user}}(t) - \Delta r_{i,k}(t) \tag{6.9}$$

其中:由于卫星有径向加速度,即使使用了上述伪距率校正,伪距误差仍随着 $(t - \tau_j)$ 的增大而增加。

当用户接收机远离基准站时,用户接收机伪距误差中原来与基准站相应伪距误差相关的一些分量变得不相关了,例如与卫星扰动、星历预报、电离层和对流层延迟相关的分量。这种空间去相关在基准站确定的误差分量与用户接收机计算的误差分量之间带来了差异,但可以使用适当的表达式和模型来计算这些差异。电离层和对流层的贡献是随时间和空间变化的,这些参数在我们关心的

区域内有很大的差别。这些模型用于估计伪距的绝对或剩余误差分量,或者给出修正伪距的表达式。在没有显著去相关的区域可以通过沿着覆盖区域的周界添加三个或更多的基准站来进行差分 GPS 校正。在这种情况下,用户通过对来自基准站的校正进行加权平均来实现更精确的估计,其中权重仅取决于几何因素,最高权重被赋予最接近的基准站。

从这一点来看,很明显,由于空间去相关而造成的局域差分 GPS(LADGPS)系统精度损失可以通过更复杂的地面站网络得到改善。这种方法被称为广域差分 GPS(WADGPS),是区域卫星增强系统(RSAS)的前身,地面监测站网络评估并不断更新整个覆盖区域内总误差值随时间和空间的变化,为覆盖区域内的用户提供校正,如图 6.7 所示。广域差分 GPS 网络是在美国增强系统开发的同时实施的,美国增强系统将在下一章中介绍。私营企业的主动性,如美国近海石油勘探和地震勘测行业,在很大程度上促进了广域差分 GPS 业务的发展。土地测量行业与近海行业一起开创了差分 GPS 并带来了改进的高精度测量技术,而地理信息系统(GIS)则利用差分 GPS 开发了一个具有本地位置数据的数据库。

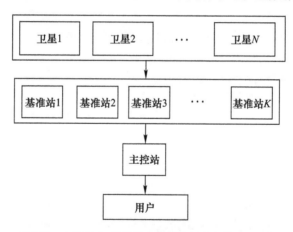

图 6.7　广域差分 GPS 基本概念(图片来源:Prasad)

广域差分 GPS 旨在大范围内保持局域差分 GPS 系统的米级精度。它基于对整个覆盖区域(或服务空间)伪距误差分量的分解和估计,而不是相近的参考位置。因此,在局域差分 GPS 方法中的伪距误差的标量计算,在广域差分 GPS 中转化为误差分量的矢量评估。广域差分 GPS 体系由一个网络组成,该网络由至少一个主控站、多个地面控制站或基准站以及通信链路组成。每个基准站都进行 GPS 测量,并将数据传输到主控站。后者根据基准站的已知位置和收集的数据评估 GPS 误差分量。计算的误差校正通过电话或无线电/卫星链路发送给用户。

广域差分 GPS 方法的原理框图和发送给用户的数据流见图 6.7，其中设想了一个卫星 – 基准站 – 主控站 – 用户四层系统架构。已知位置的基准站从可视卫星收集 GPS 伪距和导航数据。然后，数据被传输到主控站，在传输到用户之前，在主控站对用户差分校正数据进行评估。用户利用接收到的校正数据对他们的测量数据进行校正，以提高定位精度。基准站站点还有助于确定卫星星历表、大气延迟以及 GPS 系统时间和卫星上时间之间的差异。

在大覆盖区域或服务空间情况下，主控站和通信系统必须应对大计算量和传输负荷，以可信和及时的方式向用户站提供和分发不断更新的数据。

因此，图 6.7 中的主要结构将被改变，引入更高级别的站，例如区域控制站（RCS），它借助广域差分 GPS 架构中的主控站连接到数量较少的基准站。另一方面，如果需要，它可以提供及时的校正更新和主动/备用冗余接管附近区域控制站的功能。差分 GPS 概念的五层架构如图 6.8 所示。区域控制站与主控站协同工作，主控站同步它们的时钟，协调卫星上的测量，并监控区域控制站的健康状况。这两种架构都将所有组件的时钟同步设置为相同的系统时间，以确保正确的校正和时间标记。

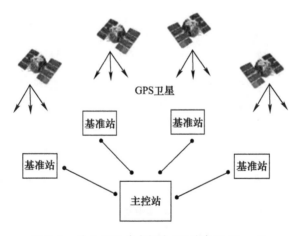

图 6.8　差分 GPS 基本概念（图片来源：Prasad）

广域差分 GPS 架构的主要误差源是卫星星历估计、报告的卫星时钟时间以及对流层和电离层引起的大气延迟。为减少它们对广域差分 GPS 整体性能的影响，这些误差的算法和模型一直在开发中。利用 GPS 卫星信号载波相位信息的差分 GPS 技术，可以进一步提高系统精度，达到亚米级。这些技术是基于被称为干涉式 GPS（IGPS）的卫星载波频率干涉测量。

通过处理接收卫星信号的多普勒频率可以获得非常高的精度。多普勒频移是由于卫星和接收机之间的相对运动产生的,单频接收机必须考虑 L1 频率上的多普勒频移,而在双频接收机中,L1 和 L2 均须跟踪。由于多径是误差的主要来源,为达到期望的厘米精度必须要进行特别处理。海上/陆地测量和地震应用主要使用这些基于载波的技术,干涉测量精度也符合飞机盲降要求(即 CAT. III 精确进近)。这种新的差分 GPS 技术是基于联网的差分 GPS(NDGPS)站,这些站连接到进行数据校正和建模的中央控制站。虚拟基准站(VRS)网络概念是扩展基准站和用户接收机之间距离的最先进方法。此外,它可以减少覆盖给定区域所需的永久基准站的数量。

差分 GPS 技术的最新发展引领了一种称为虚拟基准站网络的创新发展,如图 6.9,其中不存在站的观测数据是从多重基准站网络的实际测量中创建的。此外,表 6.2 给出了以所需导航性能(RNP)参数表示的全球导航卫星系统航空运行性能要求。

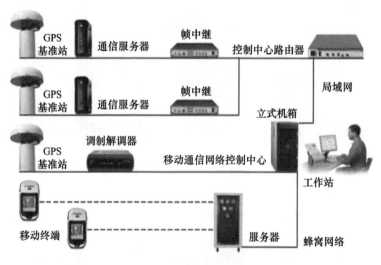

图 6.9　虚拟基准站网络架构(图片来源:Ilcev)

表 6.2　全球导航卫星系统航空运行性能要求

运行	精度(95%)	完好性 (1-risk)	告警极限	告警时间	连续性 (1-risk)	可用性
海洋	12.4nm	$1\sim10^{-7}$/h	12.4nm	2min	$1\sim10^{-5}$/h	0.99~0.99999
航路	2.0nm	$1\sim10^{-7}$/h	2.0nm	1min	$1\sim10^{-5}$/h	0.99~0.99999
机场、码头、车站	0.4nm	$1\sim10^{-7}$/h	1.0nm	30 s	$1\sim10^{-5}$/h	0.99~0.99999
非精密进近	220m	$1\sim10^{-7}$/h	0.3nm	10s	$1\sim10^{-5}$/h	0.99~0.99999

续表

运行	精度(95%)	完好性 (1-risk)	告警极限	告警时间	连续性 (1-risk)	可用性
一类垂直引导 进近(APV Ⅰ)	220m(H) 20m(V)	$1\sim2\times10^{-7}/$ 进近	0.3nm(H) 50m(V)	10s	$1\sim8\times10^{-6}/$ h/15s	0.99~0.99999
二类垂直引导 进近(APV Ⅱ)	16m(H) 8m(V)	$1\sim2\times10^{-7}/$ 进近	40m(H) 20m(V)	6s	$1\sim8\times10^{-6}/$ h/15s	0.99~0.99999
一类精密进近 (CAT. Ⅰ)	16m(H) 4.0~6.0m(V)	$1\sim2\times10^{-7}/$ 进近	40m(H) 10~15m(V)	6s	$1\sim8\times10^{-6}/$ h/15s	0.99~0.99999
二类精密进 近(CAT. Ⅱ)	6.9m(H) 2.0m(V)	$1\sim10^{-9}/15s$	17.3m(H) 5.3(V)	1s	$1\sim4\times10^{-6}$ /15s	0.99~0.99999
三类精密进近 (CAT. Ⅲ)	6.2m(H) 2.0m(V)	$1\sim10^{-9}/15s$	15.5m(H) 5.3(V)	1s	$1\sim2\times10^{-6}$ /30s(H) $1\sim2\times10^{-6}$ /15s(V)	0.99~0.99999

H:水平要求;V:垂直要求。

6.6　区域卫星增强系统

卫星导航系统的自然进化使其逐步成为了人们日常生活中的重要工具,包括安全关键领域。当提到"安全关键"应用时,首先想到的是飞机飞行。这种应用对导航系统提出了很高的要求。系统的性能可以用所需导航性能(RNP)参数来表示:

(1)完好性监控;

(2)业务的连续性/可靠性;

(3)可用性;

(4)符合着陆类别Ⅰ~Ⅲ的精度性能。

如前所述,完好性监控技术是重要的内容,航空需要的是一个全球系统概念,能够处理当前独立系统(如 GPS)在技术和制度方面的限制。这个全球系统是全球卫星增强系统,由目前在全世界运行和计划中的区域卫星增强系统网络综合而成。因此,就技术性能而言,区域卫星增强网络代表了对这些需求的第一响应。在下面的内容中,将描述目前开发的所有增强系统,包括正在开发和处于计划阶段的系统。

6.6.1 EGNOS 区域卫星增强系统

GPS 系统和 GLONASS 系统是当前的全球导航卫星系统,它们提供重叠覆盖功能和增值服务。EGNOS 系统是对全球导航卫星系统 GNSS - 1 的重要贡献,是欧空局、欧洲委员会(EC)和欧洲航空安全组织(Eurocontrol)的一项重要举措。EGNOS 系统利用现有的地球静止轨道通信卫星,如 Inmarsat - 4 和 Artemis,发射与 GPS 和 GLONASS 几乎相同的重叠信号,提供以下三项主要民用导航功能:提高精度、补偿覆盖缺口;持续更新和独立监测系统完好性数据,将信息不断进行广播以识别故障卫星;从基准站转播广域差分校正数据。作为 GPS/GLONASS 增强系统,EGNOS 能和美国 WAAS 和日本 MSAS 完全互操作。EGNOS 的扩展能力是一个没有落实的计划,其设想将其服务范围扩展到地球静止轨道卫星的广播区域,覆盖非洲、东欧国家和俄罗斯。

EGNOS 为欧洲大陆提供导航安全保障,欧空局全面负责 EGNOS 的设计和开发。它与法国阿尔卡特航天工业公司签订了开发 EGNOS 的合同。当 EGNOS 正式运行时,一名操作员负责日常运行。欧洲委员会负责国际合作与协调,并确保将所有运输方式的需求和意见纳入 EGNOS 系统的设计和实施。欧洲航空安全组织(Eurocontrol)正在确定民用航空的需求,并在系统测试中发挥重要作用。几家主要的民用航空运营商和其他公司支持 EGNOS 的发展。EGNOS 的开发和验证成本约为 3 亿欧元。欧空局和欧洲国家民用航空组织一起捐助了 2 亿欧元,而欧洲委员会捐助了 1 亿欧元。

6.6.1.1 EGNOS 的发展

EGNOS 是欧洲对全球导航卫星系统 GNSS - 1 的贡献,其将为横跨欧洲的海洋、陆地和航空应用提供可靠的导航信号。特别是在民用航空方面,EGNOSAOC(高级运行能力)将满足从航路到非精密进近(NPA)以及精密进近(PA)所有飞行阶段作为主要导航的需求,在欧洲民航会议(ECAC)区域内具有一类精密进近着陆的决定能力。对于海事应用,在欧洲沿海水域将提供 4~8m 范围内的定位精度,在欧洲海洋核心区(EMCA)的公海水域将提供优于 30m 的定位精度。欧洲大陆的陆地公路和铁路应用受益于欧洲民航会议(ECAC)大陆航空需求,提供与其相同精度范围,精度为 5~10m。特别是,仅 GPS 或 GLONASS 系统无法满足民用航空对精密进近(PA)和非精密进近(NPA)飞行阶段的要求。海事用户也需要某种增强,以提高 GPS 和 GLONASS 性能,从而在船只接近港口或在交通繁忙的水域停泊时实现更精确的定位。陆地用户需要改进对其车队的确定、监控和跟踪。

国际民用航空组织(ICAO)/全球导航卫星系统(GNSS)小组专家所定义的

第一代全球导航卫星系统,即 GNSS－1,包括基本的 GPS 和 GLONASS 星座以及为达到适合民用航空应用性能所需的系统增强。EGNOS 作为一个区域卫星增强系统或天基增强系统,相当于广域增强系统(WAAS)或多功能卫星增强系统(MSAS)。EGNOS 作为欧洲实施的第一个全球导航卫星系统项目,是欧洲卫星导航计划(ESNP)的一部分,该计划包含 GNSS－1、GNSS－2 局域增强系统建设和最近批准的伽利略全球导航卫星系统研究。在 GNSS－1 中,欧空局负责 AO-CEGNOS 系统的设计、开发和鉴定。

在 CNES(法国宇航研究中心)和法国航空技术局(STNA)的推动下,EGNOS 实施计划于 1996 年启动。该计划由欧洲经济共同体、欧空局和欧洲航空安全组织组成的欧洲三方小组管理。EGNOS 项目由欧空局开发,阿尔卡特航天公司作为项目管理实体。EGNOS 是欧洲第一个卫星导航系统,它增强了目前运行的两个军用卫星导航系统,即美国 GPS 系统和俄罗斯 GLONASS 系统,并使它们适用于安全关键的应用,如飞行的飞机或在狭窄航道上航行的船只。依据国际民用航空组织标准化的全球导航卫星系统要素,联邦航空管理局为美国本土开发了广域增强系统(WAAS)。由于不能使用美国在其领土上的导航服务,欧洲推出了自己的全球卫星增强系统——EGNOS。该系统类似于美国的广域增强系统,有三个主要组成部分:天基增强系统(SBAS),地基增强系统(GBAS),广域增强系统(WAAS)。

EGNOS 项目是按照欧空局的方法组织的。在概念设计阶段之后,产业发展阶段于 1999 年 6 月在布尔歇航展期间启动,几个月后开始正式工作。根据计划,欧空局将于 2003 年底向未来的运营者交付 EGNOS。在 EGNOS 宣布运行之前,将有几个月的确认时间。实际上,EGNOS 在 2009 年底才开始使用。

全球导航卫星系统的开发分两个主要阶段进行。

(1) GNSS－1 系统。GNSS－1 系统是第一代综合系统,其基础是现有的 GPS 系统或 GLONASS 星座,以及使用空间、地面和移动技术的民用增强系统,如目前在工作的 WAAS、EGNOS 和 MSAS 系统。

(2) GNSS－2 系统。GNSS－2 系统作为第二代系统,将向民用用户提供服务,如已经开发的中国北斗和仍处于开发阶段的欧洲伽利略系统。

EGNOS 系统发展计划包括两个阶段:初始阶段和高级运行能力(AOC)实施阶段。EGNOS 初始阶段进行了初步设计评审(PDR),于 1998 年 11 月圆满结束。此外,EGNOS 高级运行能力实施阶段于 1998 年 12 月开始,在 2003 年年中完成,进行运行验收评审,包括对整个系统性能及其运行情况的核查。关键里程碑包括 2000 年末的关键设计审查(CDR)和 2002 年中期的工厂资格审查(FQR)。

　　总地来说,EGNOS 系统是欧洲委员会航空导航安全的一个联合项目。这是欧洲对全球导航卫星系统第一阶段的贡献,也是欧洲开发完整的全球导航卫星系统——伽利略的前身。EGNOS 由三颗地球静止轨道卫星、一个地面站网络和用户终端组成,其通过发射一个信号来实现其增强目标,该信号包含 GPS 和 GLONASS 定位信号的可靠性和准确性信息。它使得欧洲及其周边移动用户的定位精度由原来约 20m 提高到 5m 以内,同时对卫星出现的任何故障能迅速向用户告警。同样地,EGNOS 高级运行能力系统架构也包括三个主要的部分:空间段、地面段和用户段。

6.6.1.2　EGNOS 空间段

　　EGNOS 高级运行能力系统(AOC)空间段由三个覆盖全球的有效载荷组成,搭载在两个 Inmarsat 卫星和一个欧空局 ARTEMIS 导航卫星上。图 6.10 显示了 EGNOS 网络在欧洲提供服务的矩形区域,以及租用的三颗卫星的广播覆盖范围。

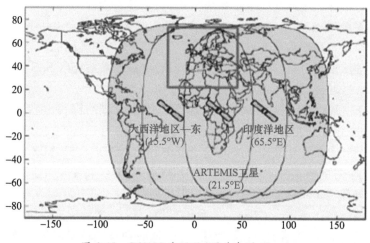

图 6.10　EGNOS 空间段(图片来源:Ilcev)

　　EGNOS 依靠配备有通信转发器的地球静止轨道卫星来提供移动用户和地球站之间的双向传输,并依靠导航转发器来广播类似 GPS 的信号,信号包括完整性和对用户的广域差分校正。系统使用三颗地球静止轨道卫星来传播这一数据:位于东大西洋地区西经 15.5°的 Inmarsat - 3/4,位于印度洋地区东经 64°的 Inmarsat - 3/4 和位于赤道上空东经 21.5°的欧空局 ARTEMIS。所有这些地球静止轨道卫星上的导航有效载荷基本上都是弯管转发器,因此上传到卫星上的信息被广播给卫星覆盖区域内的所有用户。EGNOS 网络服务的覆盖区域是欧洲民航会议(ECAC)的服务区,包括欧洲民航会议(ECAC)成员国(大多数欧洲国家、土耳其、地中海和北海以及部分大西洋地区)负责的飞行情报区域(FIR)。

　　EGNOS 的精确性目标是技术上具备高级运行能力,为欧洲委员会区域内的海洋和大陆上空飞行航路、非精密进近(NPA)和精密进近(PA)提供主要的导航手段。EGNOS 网络没有能力在整个地球静止轨道覆盖范围内提供这种服务,因为真正的服务覆盖范围是在基准站的服务区域内,所以不可能向东欧和欧洲委员会领土以外的用户提供这种能力。EGNOS 也不能在极地地区提供服务,因为地球静止轨道卫星不提供这种覆盖。自 2002 年以来,欧洲委员会计划利用中亚、南美、非洲、中国和印度上空的地球静止轨道星座建立区域卫星增强系统,但这一计划没能实现。欧洲委员会忘记通过现有的基准站覆盖欧洲东部和北部仍然存在问题,这些基准站的重叠不足以覆盖外部地区。俄罗斯、中国、印度和非洲已经在发展自己的区域卫星增强系统网络。

6.6.1.3　EGNOS 地面处理和支持段

　　EGNOS 地面段由测距和完好性监测站(RIMS、或称基准站)、与基准站和监测站相连的主(任务)控制中心(MCC)、导航地球站(NLES)和 EGNOS 广域网(EWAN)组成,如图 6.11 所示。

图 6.11　EGNOS 网络架构(图片来源:Ilcev)

　　(1)测距和完好性监测站(RIMS)。最初,欧洲委员会已经部署了 34 个,最近又增加了 7 个测距和完好性监测站,它们是分布在 EGNOS 服务区的数据收集基准站。一些测距和完好性监测站终端在 EGNOS 服务区之外的北非,以便预先处理某些信息。出于安全原因,每个测距和完好性监测站由两个独立的、不同的接收通道 RIMS A 和 RIMS B 组成。为了检测某些功能异常的 GPS 卫星即异常波形,一些站将配备第三个接收通道——RIMSC。测距和完好性监测站测量每个 EGNOS 地球静止轨道卫星的位置,并将从每个 GPS/GLONASS 卫星获得的位置测量值与精确测量值进行比较。然后测距和完好性监测站通过一个专门构建的卫星地面通信网络将这些数据发送到主控中心。由于用现有的 41 个测距和完好性监测站(RIMS)覆盖整个东欧存在许多问题,欧洲委员会专家必须单独建设测距和完好性监测站,以解决该地区覆盖问题。

(2)主(任务)控制中心(MCC)。主(任务)控制中心由一个负责计算、验证和分发信息的中央处理设施以及一个中央控制设施组成。它从 EGNOS 网络的各个单元接收数据,管理这些单元之间的所有接口,并根据这些单元的状态配置 EGNOS。它将接收的数据进行存储,以便离线研究 EGNOS 的性能。EGNOS 具有位于盖特威克(英国)、朗根(德国)、托雷洪(西班牙)和富基诺(意大利)4 个主控制中心。这些地面设施确保 EGNOS 随时可用。任何时间四个中央处理设施中总有一个作为主中央处理设施监督 EGNOS 工作,换句话说,这个主中央处理设施由次中央处理设施(热备份)监控,在出现故障时,次中央处理设施可以立即接管主中央处理功能。第三个中央处理设施(冷备份)随时承担热备份终端的角色。第四个中央处理设施不在运行状态,它用于新版本的验证和测试。为了保持每个终端的功能及其运行能力,将组织各中央处理设施之间的角色轮换。主控制中心确定完好性、每个被监测卫星的伪距差分校正、电离层延迟并生成卫星星历表。这一信息以消息的形式发送给导航地球站,与地球静止轨道卫星测距信号分开,分别发送给地球静止轨道卫星。这些地球静止轨道卫星以类似 GPS 的调制和编码方式,以与 GPS 下行链路 1(L1)相同的频率下传这些数据。四个主控制中心的任务决定了其接收 GPS/GLONASS 信号的准确性,并决定了电离层扰动造成的位置不准确性。所有偏差数据随后被整合到一个信号中,并通过安全链路发送到导航地球站或所谓的上行链路站,这些站广泛地分布在整个欧洲。

(3)导航地球站(NLES)。导航地球站负责向地球静止轨道卫星发送全球导航卫星系统信号,并保持信息与 GPS 系统时间的完美同步。每个 EGNOS 卫星有两个在地理上分开的导航地球站,由主控制中心控制。导航地球站在的地点是奥斯古埃尔(法国)、富基诺(意大利)、辛特拉(葡萄牙)、古纳希尔(英国)、托雷洪(西班牙)和赖斯廷(德国)。第一阶段的 EGNOS 导航地球站架构预计只有七个,其中五个将把 EGNOS 信息上传到位于东大西洋地区和印度洋地区的Inmarsat 卫星上,用于测试和验证目的,其他两个(一个主用和一个备份)将把EGNOS 信息上传到 Artemis 导航转发器上。

导航地球站的主要功能是产生类似 GPS 的信号,并将其传输到地球静止轨道卫星的全球导航卫星转发器;在地球静止轨道卫星 L1 频段天线的输出端将该信号与 EGNOS 网络时间同步,控制代码和载波相干性;将地面完好信道(GIC)和广域差分(WAD)信息传输到地球静止轨道卫星。导航地球站也有冗余。运行 EGNOS 只需要三个站,每个站对应一颗卫星,其他站用于备用,以免失效。

(4) EGNOS 广域网(EWAN)。EGNOS 广域网负责 EGNOS 各地面单元之间的通信。该网络主要由连接测距和完好性监测站与主控制中心间的低速链路、连接主控制中心之间以及连接主控制中心与导航地球站之间的高速链路组成。

(5) 性能评估和检测设施(PACF)。性能评估和检测设施在操作使用和维护方面为 EGNOS 提供技术支持。因此,它是一个离线操作平台,不涉及实时工作系统。该设施的任务如下:EGNOS 性能分析和模拟、故障分析、系统升级验证、工作过程的定义和验证、培训、维护、系统控制和系统数据存档。性能评估和检测设施是基于一组由本地网络连接的工作站,围绕数据服务器设计的。它离线接收用于分析和测试的所有系统数据,实时接收 EGNOS 站的数据。此外,它还有一个数据服务器,用于接收世界上各相关中心发布的 GPS/GLONASS 卫星、Inmarsat 卫星以及与环境有关的数据。性能评估和检测设施位于法国图卢兹,将由法国航空技术局(STNA)和法国宇航研究中心(CNES)运营。

(6) 应用资格认证设施(ASQF)。应用资格认证设施提供了 EGNOS 网络应用验证和认证所需的技术手段。特别是,对于民用航空应用,应用资格认证设施将永久负责与所需导航性能(RNP)有关的 EGNOS 高级运行能力功能验证,以及故障模式分析的 EGNOS 认证。事实上,欧洲航空安全组织(Eurocontrol)将使用应用资格认证设施来批准其服务、验证操作工作程序。应用资格认证设施位于托雷洪(西班牙),由 AENA 公司运营。

6.6.1.4　EGNOS 用户业务终端及应用

多 EGNOS 系统试验台(ESTB)用户接收机可在市场上测试系统和进行演示。在 EGNOS 合同的支持下,泰勒斯航空电子公司(Thales Avionics)基于现有的 TSO C129A 系列产品已经开发了特定的试验台用户设备(TBUE)。15 通道接收机中,为地球同步轨道卫星分配 2 个通道,为 GPS 或 GLONASS 卫星分配了 13 个通道。该设备还包括数据记录器和用于导航处理的计算机。

EGNOS 数据访问系统(EDAS)通过互联网或 GPRS 网络向拥有 EGNOS 非地球静止轨道数据的用户提供新的业务和安全性能支持。EGNOS 数据访问系统提供以下业务:开发 EGNOS 伪卫星;通过无线电数据系统和数字音频广播提供 EGNOS 服务;精确的电离层监测;EGNOS 校正的 SISNet 服务等。

EGNOS 用户拥有多个型号的多模式原型接收单元可供使用,所有增强的

GPS 接收单元或具有充足软件或硬件的非增强的 GPS 接收单元可以在移动设备上接收 EGNOS 信号。多模式原型机可以使用户在 EGNOS 系统上进行测试：静态和/或动态平台测试；用户 EGNOS 接收机通过基准位置（大地测量标记（静态）、轨迹数据（动态））验证和系统性能演示比较，图 6.12（a）所示的是欧空局 1型原型机。EGNOSAOC 标准接收机也是为了验证空间信号性能而开发的。与此同时，一套用于民用航空、陆地和海上的用户业务终端已经生产出来了。该原型设备将去验证并最终获得 EGNOS 认证，作为不同移动和固定应用。手持个人接收机（如手机），如图 6.12（b）中显示的 Personal – Nav 400，将使用卫星导航来避免市中心的交通堵塞、找到最近的免费停车位、甚至在不熟悉的城市确定最近的比萨饼店。

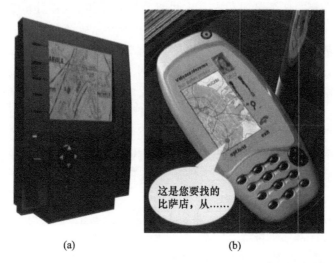

(a)　　　　　　　　　　　(b)

图 6.12　EGNOS USTESA 和 Personal – Nav 400（图片来源：互联网）

　　EGNOS 网络为海洋、陆地（公路、铁路和地面）和航空应用提供服务。航空应用的性能通常由四个主要飞行参数表征：准确性、完好性、可用性和连续性。这些参数值与飞行阶段高度相关。飞机飞行典型的空间信号性能要求分别由横向精度（AL）/垂直精度（AV）决定，如下所示。

　　①途中为 2Nm/无要求。②航路终点为 0.4Nm/无要求。③初始进近（IA）和非精密进近（NPA）为 220m/无要求。④垂直制导的仪器进近（IAWVG）为220m/9.1m。⑤一类精密进近为 16m/7.7～4.4m。如果没有增强系统，GPS 和GLONASS 都无法满足国际民航协会对上述典型飞行阶段的要求。这些要求目前正由国际民用航空组织全球导航卫星系统小组以标准或建设书的形式最后确定。预计未来 20 年，全球商业航空公司的数量将翻一番。这将导致拥挤，从而

造成燃料浪费和延误，可能每年花费数百万美元。这些标准和建议书将有助于空中交通管制应对不断增加的交通流量、提高安全性、减少地面所需的基础设施。

6.6.2　MSAT 区域卫星增强系统（MTSAS/JMA）

日本气象厅（JMA）与日本民航局（JCAB）、日本交通运输部（MOT）密切合作，正在生产一种新的多功能传输卫星（MTSAT）综合载荷系统。多功能传输卫星（MTSAT）是日本第一代航天器 GMS-5 的下一代卫星，是地球静止轨道双功能卫星项目，由日本民航局（JCAB）和日本气象厅（JMA）采购，日本国土资源、基础设施和交通运输部（MLIT）资助，总体目标如下：

（1）航空任务。通过提高通信和定位能力为日本和亚太地区的空中交通控制中心提供增强业务。该业务被称为通信导航监视/空中交通管理（CNS/ATM），目标是利用全球导航卫星系统和卫星导航增强服务来提供卫星服务。通信导航监视/空中交通管理的思想是利用卫星相关监视（SADS）功能，自动地向空中交通管制中心报告由全球导航卫星系统测量的当前飞机位置。

（2）气象任务。MTSAT 是 GMS（地球静止轨道气象卫星）系列的后续计划——代表下一代天气监视卫星系列。先进的气象观测能力包括面向大型用户群体的数据收集服务。

在 20 世纪 90 年代初，该计划的任务规划阶段，日本气象厅和日本民航局认识到了一个共同的机会，通过将它们的任务组合到一个卫星平台上，以最有效的方式满足两种不同的空间业务：航空通信导航监视和气象观测。这两种业务都依托地球静止轨道卫星。国际民航组织于 1991 年启动并批准了新系统，该系统被指定用于全球航空导航系统的通信导航监视/空中交通管制任务。这两个机构都是日本交通运输部的实体，当它们决定采用这种合作方式来完成它们的两项任务时，于 2000 年一起归属为日本国土资源、基础设施和交通运输部（MLIT），该部自 2001 年 1 月 1 日起开始运行。

6.6.2.1　MTSAT 空间段

空间段被命名为 MTSAT，MTSAT-1 于 1999 年 11 月 15 日由日本种子岛空间中心的 H-2 运载火箭发射。由于第一级火箭的异常燃烧导致整个运载火箭失效，发射失败。

2000 年 3 月，加利福尼亚州帕洛亚托的 Space Systems/Loral of Palo Alto 公司从日本交通运输部获得了一份建造替代卫星即 MTSAT-1R 的合同。与此同时，日本交通运输部从日本东京的三菱电器公司（MELCO）订购了 MTSAT-2。MTSAT-1R 卫星于 2005 年 2 月 26 日由 H2A 运载火箭发射升空，于 2005 年 6

月 28 日开始提供气象服务,并于 2007 年开始执行航空任务。MTSAT 卫星增强系统(MSAS)于 2007 年初开始运行。

MTSAT - 2 卫星于 2006 年 2 月 18 日发射,几天后定位于东经 145°。MTSAT - 2 气象有效载荷于 2006 年夏天进入备份模式,直到 2010 年 MTSAT - 1R 的五年任务结束后才开始正式工作。

MTSAT 卫星具有用于飞机通信的新技术载荷,其任务类似于 Inmarsat 地球静止轨道卫星。有效载荷的核心是一个中频处理器,它将所有的输入信道分开,并在两个方向上将它们转发到适当的波束:前向(地面对飞机)和返向(飞机对地面)。

在两个方向的卫星链路上各有一个独立的 24dB 增益控制,以提供最大的操作灵活性。MTSAT 卫星覆盖区域如图 6.13 和图 6.14 所示。图 6.13 是全球波束,图 6.14 是点波束(A)和馈电链路(B),两种用户波束都工作在 L 频段。MTSAT 的全球波束覆盖了亚洲/太平洋的大部分空域,包括从卫星上可以看到的地球所有部分。通信使用由四个固态功放合成的 150W 功率,全球导航卫星系统信号使用 30W 的射频功率。点波束覆盖区包括日本本土和交通繁忙的北太平洋上空的 6 个点波束,以满足日益增长的空中交通需求。一个 80W 的多端口放大器动态改变不同点波束的发射功率来保证最大的系统灵活性。两个直径为 3.2m 的大型反射器和一个平面阵列产生区域覆盖。

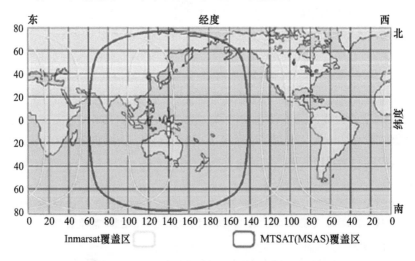

图 6.13 MTSAT 全球波束(图片来源:MOT 网页)

MTSAT 1 号和 2 号卫星位于东经 140°/145°,使用 L、Ku 和 Ka 频段。MSAS 利用 GPS 卫星的业务来提供增强的航空通信、空中导航、GPS 增强和差分校正

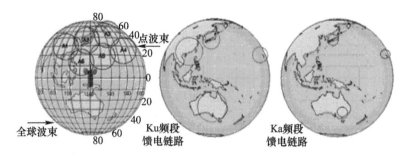

图 6.14　MTSAT 点波束和馈电链路(图片来源:MOT 网页)

服务。几个地面站支持空间段,有两个日本民航局地面站和一个日本气象厅地面站。日本气象厅地面站承担卫星监测控制、通信导航监视以及图像处理传输任务。

2007 年 9 月 27 日,MTSAT 空间段和网络成功完成首次测试,日本多功能传输卫星增强系统(MSAS)宣布投入航空应用,其通过非精密进近为航路提供水平制导服务。

MTSAT 卫星的信号特征一般以国际民用航空组织附件 10(SARP)和 Inmarsat 空分复用(SDM)为基础,并符合《无线电条例》和 ITU – R 建议书。表 6.3 总结了 MTSAT 的信号特征。MTSAT 卫星有以下两种与地面站相关的卫星链路。

(1)地球站至卫星方向的前向链路。MSAS 地球站遍布整个区域。他们的信号由卫星上的 Ku 频段或 Ka 频段天线接收。由于使用了高频段,卫星天线的反射器尺寸非常小(Ku 频段为 500mm,Ka 频段为 450mm)。反射器可以通过电机转动,因此它可以装配在三个地球静止轨道位置中的任何一个卫星上。

输入信号在中频处理器中被放大、转换成中频、滤波,在中频处理器中进行路由分配,然后被上变频到 L 频段,再传输到机载站。

(2)卫星到地球站方向的返向链路。所有机载站接收的 L 频段信号以同样的方式进行处理,并通过 Ku 频段和 Ka 频段天线重新传输到地球站。由于采用了高增益天线,Ku 频段和 Ka 频段机载站发射机的输出功率仅为 2W。还可以在 Ku 频段或 Ka 频段中提供站对站信道,使在不同地点工作的站能够相互通信。出于校准目的,全球导航卫星系统信号也在相同的两个频带上传到地面。

表 6.3　MSAS 信号特征

	信道	方向	使用	速率	调制	带宽/kHz
P	数据包模式/TDM	前向	从地球站连续传送的信令和消息	600 bit/s	1/2 前向纠错 A – BPSK	5
				10. 5 kbit/s	1/2 前向纠错 A – QPSK	10

续表

	信道	方向	使用	速率	调制	带宽/kHz
R	随机存取 （时隙 Aloha）	返向	信令和消息	600 bit/s	1/2 前向纠错 A – BPSK	2.5
				10.5 kbit/s	1/2 前向纠错 A – QPSK	10
T	预约 TDMA	返向	长消息	600 bit/s	1/2 前向纠错 A – BPSK	2.5
				10.5 kbit/s	1/2 前向纠错 A – QPSK	10
C	电路模式 SCPC	前向 返向	语音消息	21 kbit/s	1/2 前向纠错 A – QPSK	17.5
				8.4 kbit/s	1/2 前向纠错 A – QPSK	7.5

6.6.2.2　MSAS 地面段

MTSAT 增强系统（MSAS）地面段包括目前位于日本本土的几个地球站和系统控制站。最终的地面段将包括分布在整个地区的大量地球站。这些站的一个重要特点是它们抗震，这也需要特殊的天线设计。

（1）地球站（GES）。为了持续提供服务（即使发生自然灾害期间），日本在不同地点建立了两个航空卫星中心。第一个是神户地球站，位于东京以西约 500km 处，第二个是日立 – 太田地球站，位于东京东北约 100km 处。这两个地球站提供的航空卫星业务完成所有的卫星通信功能。神户地球站有一个 13m 口径的天线，可发射和接收 Ku、Ka 和 L 频段的卫星信号。在 Ku 和 Ka 频段都实现了高达 85dBw 的 EIRP 和 40dB 的 G/T 值，并确保馈电链路极高的可用性。

L 频段终端类似于飞机终端，用于系统测试和监控。在发射和接收方向上，大约有 300 个电路同时可用。该站还包括专用设备，用于测试卫星发射后的性能，并对传输情况进行持续监控。此外，还提供了顶层管理软件来配置整个系统并检查系统状态。

（2）机载站（AES）。MTSAT 地面段的特殊部分是在服务区域内具有全球导航卫星业务的机载站。这种机载站类似于 Inmarsat 的机载站，包含安装天线的驾驶舱上方单元（ACU）和安装收发机与外围设备的驾驶舱下方单元（BCU）。驾驶舱下方单元语音或数据终端可用于飞行机组人员、客舱机组人员和乘客通信。机载站终端是一种机载卫星无线电，能够通过 MTSAT 系统的卫星进行通信，在卫星覆盖范围内的任何地方提供双向话音、传真和数据。MTSAT 机载站的性能基于国际民用航空组织附件 10 标准和建议措施（SARP）、Inmarsat 空分复用（SDM）模块和国际电联《无线电条例》，其主要参数总结在表 6.4 中。

表 6.4 MTSAT 机载站特性

类型	低增益天线	高增益天线
G/T	优于 $-26\mathrm{db/K}$	优于 $-13\mathrm{dB/K}$
最大载波 EIRP(P_{max})	大于 13.5 dBW	大于 25.5 dBW
功率控制范围	$P_{max} \sim P_{max} -15\mathrm{dB}$,1dB 步长	$P_{max} \sim P_{max} -15\mathrm{dB}$,1dB 步长
天线特性	非定向	可控 BW $=45°$

(3)卫星控制站(SCS)。卫星控制站位于与地球站相同位置,并使用相同口径的天线。该站必须在卫星的整个运行寿命期间对其进行控制。工作时使用两个频段:正常运行时使用 S 频段,卫星的转移轨道或者在紧急情况下卫星变轨使用 S 频段统一系统(USB)。S 频段的 EIRP 为 84dBW,出于安全原因,S 频段统一系统体制下的 EIRP 高达 104dBW。卫星控制站显示卫星的状态,并为卫星遥控准备指令。此外,使用三边测距系统,而不是一个测量信号(这个信号被发送到卫星,然后返回地球),可以非常精确地测量卫星位置(在 10 米以内)。该站发出两个额外的信号,由卫星转发给两个专用测距站,后者通过卫星将相同的信号返回给卫星控制站。这项技术可以在三维空间测量卫星的位置,还有一个动态卫星模拟器来检查遥控指令。

(4)全球导航卫星系统(GNSS)。全球导航卫星系统被称为 MTSAT MSAS,由大量地面监测站和主控站组成。地面监测站是放置在一个掩体中的小型自主地面站。每个监测站使用 GPS 和 MTSAT 信号计算其位置。系统使用计算出的位置值和实际位置之间的差来校正卫星数据。数据通过公共网络发送到主控站。主控站从每个地面监测站收集所有信息。复杂的软件能够精确计算所有 GPS 卫星和 MTSAT 卫星的位置和内部时间。最后,全球导航卫星系统信号,包括 GPS 的状态和修正,计算后发送到传输站,以便传输到 MTSAT 卫星。

6.6.2.3 MSAS 网络架构

MTSAT 卫星最重要的作用是空中交通管制和安全保障的通信、导航和监视。

尽管天空被认为是无限的,但所有的飞机都在预定的路线上飞行,随着交通量的增加会发生交通堵塞,因此一条航线上的航班数量是有限的。根据近年来空中交通量的增加情况,新的空中导航系统将取代目前的系统,新系统是 1991 年由国际民用航空组织启动并批准的。

MSAS 网络在新的通信导航监视任务和航空通信中发挥关键作用,特别是在北太平洋航线上,该航线是日本和美国之间最主要和使用最广泛的航线。该系统还将有助于提高亚太地区的安全性和通信容量,其系统配置如图 6.15 所示。此外,地面段还包括东京的航空管制中心和其他地面控制站、监测站。

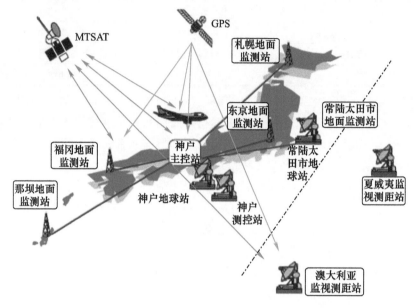

图 6.15　MSAS 系统配置(图片来源:Ilcev)

新 MSAS 网络的航空通信、导航和监视包括提供国际民用航空组织规定的所有航空通信,如空中交通服务、航空飞行控制、航空管理控制和航空旅客通信系统。亚太地区的空中交通服务提供商和飞机运营商可以通过数据链业务提供商获得这项业务。MTSAT 覆盖的其他国家通过设置专门的地球站,也有可能直接接入 MSAS 网络。

MSAS 系统为机载站提供的机载移动卫星系统可与国际海事卫星组织网络互操作。在连接亚洲与美国,以及亚洲/北太平洋的日本飞行信息保障区域,MSAS 网络提供地面控制人员与驾驶舱飞行员间的直接通信,包括语音、传真、数据、GPS 增强信息和卫星自动相关监视。

6.6.3　WAAS 区域卫星增强系统

WAAS 网络是 2003 年以来,美国联邦航空管理局(FAA)开发的第一个可运行的区域卫星增强系统。该系统的覆盖区域包括整个美国和一些周边空域,如加拿大和墨西哥。飞行标准服务(FSS)是基于美国联邦航空管理局卫星操作实施团队发起的。卫星操作实施团队负责组织协调现有和新兴卫星导航技术在国家空域系统(NAS)中的实际应用。自 1991 年 8 月成立以来,卫星操作实施团队一直致力于制定标准、规范和程序，以使用非增强的 GPS 以及由 WAAS 和地基增强系统增强的 GPS。为了提高 GPS 信号的准确性、完好性和可用性，美国联邦航空管理局正在开发基于卫星的 WAAS 和地基的局域增强系统。

2000 年 8 月 24 日，联邦航空管理局宣布，他们的天基 L 频段 WAAS 作为全球导航卫星系统的一部分，已可供航空和非航空用户使用。联邦航空管理局的公告引发了海岸警卫队对 WAAS 的海上应用以及对海岸警卫队差分 GPS 系统状况的大量调研。差分 GPS 海事业务很久以前就开始全面运行，并符合港口进入阶段导航的所有标准。考虑到这种情况，WAAS 项目没有针对地面（海洋和陆地）使用进行优化，它主要是为航空业进行设计，包括豪华游艇。它最终定位在支持航空航路精确导航。最初的 WAAS 测试信号由两颗地球静止轨道卫星 L 频段在视距范围内传输。

尽管航空用户在所有机场的地面交通管理或通用航空等应用方面有可能从差分 GPS 获得一定的好处，但如果不进行重构，它无法达到 WAAS/局域增强系统航空服务的类型和水平。差分 GPS 已被国际电信联盟和国际海事组织作为国际海事标准在全球范围内采用。

尽管当用户在差分 GPS 发射站附近时，差分 GPS 精度更高，但平均而言，WAAS 精度和差分 GPS 精度基本上是相同的，WAAS 架构旨在提供统一的 7m 精度（95%），无论移动接收机在 WAAS 服务区内的什么位置。差分 GPS 旨在提供优于 10m 的导航服务（95%），而当用户距离差分 GPS 发射站不到 100n mile 时，其能提供优于 1m 的水平定位精度（95%）。当用户离开发射站时，精度会以大约每 100 海里 1m 的速率下降。差分 GPS 共有 56 个海洋站，提供了美国大陆、五大湖、波多黎各、阿拉斯加、夏威夷部分地区以及密西西比河流域部分地区的沿海覆盖。

WAAS 网络是一个安全关键系统，由空间段和地面网络组成，旨在支持航行中到达一类精密进近（CAT I）的精密进近，满足规定的垂直精度要求内，但完好性要求仍未完全满足。WAAS 的设计旨在增强 GPS，用作主要导航手段，提供以下三种增强业务：

（1）测距功能，提高可用性和可靠性；

（2）差分 GPS 校正，提高精度；

（3）完好性监控，提高安全性。

6.6.3.1　WAAS 空间段

L1 频率的差分校正由地球静止轨道卫星广播，该卫星增强了系统空间段；当飞机飞到 WAAS 覆盖区域之外或发生灾难性故障时，完好性自主监测接收机

（RAIM）提供完好性告警数据。WAAS 向 GPS 用户分发 GPS 完好性和校正数据，并提供增强 GPS 测距信号。WAAS 通过地球静止轨道卫星向用户广播信号。最初，Inmarsat-3 和 Inmarsat-4 两颗卫星被用作 WAAS 网络内的地球静止轨道卫星。自 2005 年以来，规划了另外两颗卫星，该网络如图 6.16 所示。第一个是 PanAmSat 的 Galaxy XV，是中小型卫星系列的一员。第二颗卫星是 Astrium 公司的 Telesat ANIK F1R。

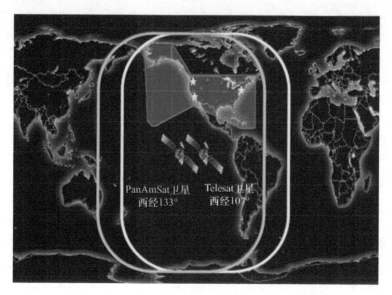

图 6.16　WAAS 空间段（图片来源：FAA 网页）

　　WAAS 测距信号类似于 GPS，WAAS 接收机是通过修改 GPS 接收机得到的。WAAS 信号是在 L1 频率上，并由来自与 GPS Gold C/A 码相同系列的扩频码调制。这些扩频码经过选择，保证不会干扰 GPS 信号。信号的码相位和载波频率将受到控制，以便通过 WAAS 地球静止轨道卫星向 GPS 用户提供额外的测距能力。WAAS 信号还包含空间段所有卫星（GPS 和地球静止轨道卫星）的差分校正和完好性信息。WAAS 地球静止轨道卫星可以只广播完好性数据，也可以同时广播完好性数据和 WAAS 数据。完好性是对于所有可见导航卫星，提供可以使用哪些卫星数据、不使用哪些卫星数据的信息。

6.6.3.2　WAAS 地面段

　　WAAS 地面网络向用户提供差分校正和完好性数据。WAAS 地面网络由广域基准站（WRS）组成，这些基准站是分散很广的数据接收站，接收来自 GPS 卫星和地球静止轨道卫星的信号。广域基准站将信息传送到被称为广域主站（WMS）或中央处理系统的数据处理站。广域主站处理原始数据，以确定每个被监测卫星的完好性、差分校正、残差和电离层延迟信息。

此外,它们为地球静止轨道卫星创建星历表和时钟信息。这些数据包含在传输到导航地球站的 WAAS 信息中。后者将信息传输到地球静止轨道卫星,地球静止轨道卫星向美国和阿拉斯加的用户广播类似 GPS 的信号。除了两颗地球静止轨道卫星,WAAS 网络目前包括 25 个广域基准站、2 个广域主站和 3 个上行导航地球站,用于飞机的大多数飞行阶段,如图 6.17 所示。

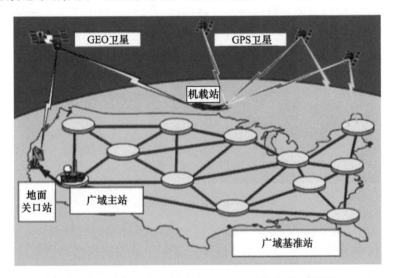

图 6.17 WAAS 空间和地面基础设施(图片来源:互联网)

来自 GPS 卫星的信号在 25 个广域基准站被接收和处理,这些站分布在整个美国领土上,并连接形成 WAAS 网络。每个具有精确位置的基准站接收 GPS 信号,确定是否存在误差,而两个主控站从这些基准站收集数据,评估信号有效性,计算校正值,并创建 WAAS 校正消息。广域基准站的数据被转发给广域主站,后者对数据进行处理,以确定每个被监测卫星和每个电离层网格点(IGP)的差分校正和残差界限。残差界限用于确定测距信号的完好性。来自广域主站的校正和完好性信息随后被发送到每个地球站,并与 GPS 导航信息一起发射到地球静止轨道卫星上。地球静止轨道卫星通过带有 GPS 类型调制的 GPS L1 频率向用户发送该数据。因此,该消息以与 GPS 相同的频率广播给整个 WAAS 网络覆盖区域内的接收机。这两个地球静止轨道通信卫星也作为飞机的附加导航星座,为飞机位置确定提供补充导航信号。每个地球静止轨道卫星覆盖了除两个极地区域以外的半个地球。安装在船只、陆地车辆或飞机上的用户接收机将 GPS 信号与 WAAS 信息相结合,以获取更准确的位置。另外,每个 WAAS 地面站或子系统的配置需要通过地面固定线路进行通信。

WAAS 地球静止轨道卫星提供的差分校正和几何结构的改进将用户水平和垂直位置测量精度提高到 0.5～2m,优于水平和垂直分量 7.6m 的要求值。

广域基准站是一个特殊的地面基准站,集成了天线组件和三个位置非常精确的基准接收机,如图 6.18(左)所示。广域基准站不断接收和收集各种卫星的 GPS 数据,然后将数据发送到广域主站,后者解析来自每个广域基准站的数据,并计算每个卫星的误差和健康状况。两个广域主站计算整个 WAAS 系统所观测卫星的误差,然后将这些校正数据转发给主地球站。地球站接收 GPS 校正数据,并使用 GPS L1 频率上行链路将其发送给地球静止轨道卫星。

图 6.18　WAAS 地面基础设施(图片来源:互联网)

6.6.3.3　WAAS 用户段

WAAS 的地球静止轨道卫星接收校正信息,并将其转发给移动用户,移动用户配备有 WAAS 接收机,如图 6.18(右)中带天线的昂达 GPS/WAAS/RSAS 船载接收机。WAAS 卫星信号类型与 GPS 兼容,因此新的 WAAS 增强型 GPS 接收机不会比一般 GPS 接收机贵太多(可能 50 美元或更多)。某些类型的 GPS 接收机或海图显示器可进行 WAAS 软件升级,通过制造商可以转换为兼容 WAAS 信号的设备而无需额外费用。该装置有望成为船上娱乐或专业用户的最佳电子导航系统。

虽然 WAAS 网络主要是为航空用户设计的,但它支持各种非航空应用,包括农业、测量、娱乐和地面运输。特别是,全世界的农业正面临着巨大的挑战,例如如何养活日益增长的世界人口,如何增加农场利润以使农民安心土地,以及如何减少现代农业对环境的影响。这些问题可以通过创新工具来解决,例如新土取样技术和用于精确放置肥料、化学品和种子的可变速率施肥器。农业产业意识到,许多新工具和技术需要精确、可靠的先进导航技术来提供可重复的田间定位。所有参与这一新型精准农业的制造商和农民都认识到,通过将新的 WAAS 技术融入其产品,可以大幅降低设备成本。自 2000 年以来,WAAS 信号已用于非生命安全应用。目前,有数以百万计的具有 WAAS 功能的 GPS 接收机在使用。

　　预计 WAAS 将继续发展,以充分利用现代化的 GPS 星座,包括 L5 频率。在这方面,联邦航空管理局正在将 L5 频率纳入目前的 WAAS 地球静止轨道卫星上。

6.6.4　SDCM 区域卫星增强系统

　　俄罗斯也在开发一个 GLONASS 差分校正和监测系统（SDCM）,覆盖俄罗斯联邦,其模式与美国 WAAS 和欧洲 EGNOS 相同。SDCM 系统将对 GPS 和 GLONASS 两个卫星系统进行完好性监控,对 GLONASS 系统提供差分校正、进行性能分析,如图 6.19 所示。SDCM 系统将提供实时差分校正,水平定位精度为 1 ~ 1.5m,垂直精度为 2 ~ 3m。基准站周围 200km 范围内将提供厘米级实时精确定位。SDCM 系统相对于其他区域卫星增强系统的主要区别在于,作为一种增强手段,它对 GPS 和 GLONASS 两个卫星进行完好性监测,而目前其他区域卫星增强系统只对 GPS 卫星进行校正和完好性监测。SDCM 的覆盖范围是整个俄罗斯和其他一些国家,这些地区都在 SDCM 网络和卫星的覆盖范围之内。SDCM 的目标是实现全球导航卫星系统（GPS 和 GLONASS）的完好性监测,并为 GLONASS 卫星提供差分校正。

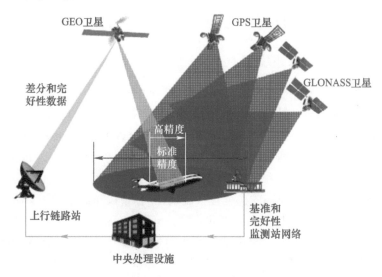

图 6.19　SDCM 基础设施（图片来源:Roscosmos）

　　最初,俄罗斯计划在 2010 年和 2011 年发射两颗地球静止轨道卫星支持 SDCM 系统,并将它们分别定点在西经 16°和东经 95°。实际上,两次发射都被推迟了,根据最新信息,卫星的详细情况见表 6.5。

表 6.5　SDCM 空间星座

卫星	位置	发射时间	寿命/年
Luch－5A	西经 16°	2011 年末	10
Luch－5B	东经 95°	2012 年	10
Luch－5	东经 167°	2013/2014 年	10/15
Luch－4		2016 年	

自 2011 年 12 月发射 Luch－5A 以来,SDCM 系统一直在运行。SDCM 系统空间段将由 3＋1 颗地球静止轨道卫星组成,如图 6.20 所示。

图 6.20　SDCM 空间段(图片来源:Roscosmos)

SDCM 系统地面段的主要组成部分是 32 个基准站、中央处理设施、上行链路站和地面广播网络。最初,SDCM 系统由俄罗斯的 14 个基准站和南极的 2 个基准站组成。未来开发的站包括位于俄罗斯的 8 个以上基准站和位于其他国家的多达 8 个基准站。巴西、尼加拉瓜、印度尼西亚和澳大利亚将各自主管一个站。南极洲的别林斯高晋和新拉扎列夫站部署两个站,可能在拉斯卡亚和进步考察站再部署两个。主要的中央处理设施设在莫斯科,并辅之以一个储备设施。Luch－5A 和 5B 卫星的上行链路站也部署在莫斯科,而与 Luch－5 卫星相应上行链路站的位置尚未确定。除了地球静止轨道卫星广播之外,SDCM 系统还将通过一台 SISNeT 服务器和一台 NTRIP 服务器提供互联网和 GSM 广播。

SDCM 系统的主要任务是开展完好性监测,该系统必须解决 GLONASS 和 GPS 空间导航系统的运行质量评估问题。术语"完好性监测"是指对系统参数的观察和异常运行情况对用户的通知。SDCM 系统进行在线和事后监测。

在线监测的目标是在空间导航系统工作失效时尽快启动用户告警,具体任务是:实时估计基于 GLONASS/GPS 导航卫星的伪距测量误差;将这些误差值通知用户。

事后监测的目标是估计不同的参数,这些参数受使用的空间导航系统质量的影响。当导航卫星工作异常时,事后检测的任务给出异常定位过程,估计所有延迟和误差参数。当星历表误差和时钟频率校正误差的总影响超过允许的极限时,就触发导航卫星的工作异常。

导航卫星航区完好性监测系统包括监测点和全球监测中心。监测点和全球监测中心之间的通信链路是通过互联网技术实现的。

6.6.5　SNAS 区域卫星增强系统

中国利用 3 颗地球静止轨道卫星开发了北斗通信和水平定位系统。2007年,中国开始开发自己的全球导航卫星系统 Compass。

卫星(鑫诺)导航增强系统(SNAS)也是区域卫星增强系统,其地面基础设施已经建成,它为中国地区提供类似 WAAS 的能力。中国正在推进自己的区域卫星增强系统,尽管该系统的信息还不完整,但在该项目的第一阶段,至少有 11个基准站已经安装在北京及其周边地区,预计还会进一步扩展。此外,加拿大NovAtel 公司制造的用于第二阶段的其他基准接收机已交付。SNAS 项目在投入运营前将总共部署约 73 个基准站。中国也有自己的地球静止轨道卫星星座,将服务于 SNAS 网络。

6.6.6　GAGAN 区域卫星增强系统

印度 GPS/GLONASS 和 GEOS 增强导航系统(GAGAN)是印度机场管理局(AAI)和印度卫星研究组织(ISRO)的合作项目,它们于 2001 年 8 月签署了一项联合建立 GAGAN 项目的谅解备忘录。最初,GAGAN 建设了 8 个基准站,用于接收来自 GPS 或 GLONASS 卫星的信号。任务控制中心和上行地球站位于班加罗尔。

印度领空位于 EGNOS 和 MSAS 的覆盖范围之间,因此 GAGAN 的覆盖区域与这两个系统重叠。GAGAN 系统覆盖大部分亚太地区。印度地球静止轨道卫星位置分布是东经 48°、东经 55°、东经 74°、东经 83°和东经 93.5°。它表明,无论将地球静止轨道卫星放在上述哪个位置,印度领空的用户都将被 3 颗地球静止轨道卫星覆盖。携带印度导航有效载荷的第一颗印度卫星是 GSAT-4 号,工作在 C 频段和 L 频段,由印度卫星研究组织(ISRO)于 2005 年发射,定点在东经 82°。

GAGAN 包括一个完整的区域卫星增强系统地面网络,该地面网络由印度基准站(INRES)、印度任务控制中心(INMCC)和印度导航陆地上行站(INLUS)

或地球站组成。GAGAN 总共有 18 个印度基准站,用于收集所有可见 GPS 卫星的测量数据,将处理后的数据转发给印度任务控制中心,并经地球站通过地球静止轨道卫星向用户广播所有可见 GPS 卫星的误差信息。GAGAN 地球站配有 3个地面上行发射机和 3 个信号发生器。每个印度基准站至少有两个相同的 GPS接收机和天线子系统,以接收来自所有可见的 GPS 卫星信号(L1、L2)和地球静止轨道卫星信号(L1)。印度基准站还拥有控制和监测基准站自身功能参数的台站计算机。每个印度基准站都有多个用于收集测量数据的接收机。每个接收机都配置有自己的基准设备(INRE)、定时标准和数据采集平台(DAP)。多接收机配置确保了独立的数据源以及来自每个印度基准站数据源的高可用性。

一旦 GAGAN 投入运营,它将极大地改善印度的空中安全。印度全国有 449个机场和飞机跑道,但只有 34 个安装了着陆仪(ILS)。有了 GAGAN,飞机将能够精确进近覆盖区域内的任何机场。毫无疑问,GAGAN 还有其他用途,比如跟踪火车,以便在两辆火车可能相撞时发出告警。

6.6.7 ASAS 区域卫星增强系统

非洲卫星增强系统(ASAS)是由本书作者与总部位于南非德班的通信导航监视系统(Pty)有限公司团队共同设计的。ASAS 网络实际上是整个非洲大陆和中东的区域卫星增强系统。作为全球卫星增强系统的集成部分,它可与上述区域卫星增强系统互操作和兼容。ASAS 网络在系统层面上与美国 WAAS 相同,并提供与 EGNOS 相同的服务,为海洋、陆地(公路、铁路和地面)和航空应用提供导航支持。该系统的不同之处在于,其他区域卫星增强系统网络仅由一个政府开发,而 ASAS 项目由 54 个非洲国家和 15 个中东国家共同投资和开发。

在过去的 10 年里,欧洲委员会正在努力将 EGNOS 扩展到非洲和中东。在2003 年,欧洲委员会开始与南非航空电信网络公司(ATNS)一起制定计划,开发所谓的"小型项目",将包含 13 个基准站的地面网络与 EGNOS 地面设施连接起来。问题是,EGNOS 试验台无法提供安全和安保,其将完全依赖 EGNOS 基准站网、任务控制中心、地球站和地面通信基础设施的正常运行,有时还依赖地球静止轨道广播能力。因此,这个项目在 2007 年被放弃了。

在 2008 年,欧洲航天局与欧洲委员会和 Thales Alenia 公司一起再次为非洲和中东提供 EGNOS 扩展,但由于以下原因,还是没有被接受。

(1) EGNOS 网络没有自己的空间段,租赁了两颗 Inmarsat 和一颗 Artemis卫星,ASAS 项目也可以租赁同样的卫星或建造自己的多用途地球静止轨道卫星空间星座;

(2) EGNOS 的扩展将不是独立系统,因为通信、导航和监视服务的可用性

完全依赖于欧洲地面基础设施的正常运行和维护;

(3) EGNOS 的主控站在欧洲,与非洲和中东的一些远程监视器必须通过 VSAT 终端连接,这在主站终端出现故障的情况下不够可靠和实用;

(4) 对 EGNOS 基本架构的改变可能会影响到基准站单元,这将意味着经费无法计划,也不可控;

(5) EGNOS 扩建部分的设计仅用于运营目的,提供通信设施,而不是完善的通信、导航和监视业务,因此部署时无法确保安全和安保,包括所有交通运输的生命安全;

(6) 因为不会部署足够的基准站和主控站,EGNOS 的扩展不能以 100% 的可用性达到一类垂直引导进近(APV Ⅰ)的水平精度,只臆想通信基础设施和卫星覆盖是重要的因素是不够的;

(7) EGNOS 扩建的成本将超过 1 亿美元,与 ASAS 项目的总成本 1.5 亿美元相比,效费比不高。

2011 年 4 月,欧洲委员会与南非政府举行会议,第三次尝试将 EGNOS 延伸至非洲南部和南非。一位葡萄牙代表的第一个问题是"欧洲委员会为何在 EGNOS 未覆盖东欧领土的情况下提出向非洲的扩展"。欧洲委员会专家没有给出真正的答案,答案应该是 EGNOS 在东欧国家需要额外的基准站,而 EGNOS 在非洲的延伸至少需要 50 个基准站。

如前所述,基本的 GPS 和 GLONASS 业务无法满足许多民用移动用户运行所需的高完好性、连续性、准确性和可用性要求。为了满足 GPS 或 GLONASS 在非洲大陆和中东更好的完好性、连续性、准确性和可用性要求,有必要设计 ASAS 网络。ASAS 服务将提高基本 GPS 或 GLONASS 信号完好性、连续性、准确性和可用性,并使其成为非洲和中东覆盖区域船只在沿岸水域航行和锚地精密进近的主要手段,也用于陆地应用以及航路飞行飞机的精密进近和非精密进近。

为了启动该项目,有必要建立增强标准和成立传输增强委员会。作为 ASAS 项目的设计团队,传输增强委员会与通信导航监视系统设计人员一起,在工程设计、实现及协调现有和新兴卫星通信导航监视技术在非洲大陆和中东地区应用方面发挥领导作用。传输增强委员会必须在 ASAS 和本地甚高频增强系统(LVAS)使用未增强和增强的全球导航卫星系统信号的准则、标准和程序中发挥作用。

ASAS 空间段可以使用自己项目的多用途地球静止轨道卫星星座,或是租赁现有的 Inmarsat-4 和 Artemis 卫星,使用自己的卫星贵些但更好用。该系统可以使用三颗地球静止轨道卫星:位于大西洋东部上空西经 15.5°的 Inmarsat-4 卫星、位于印度洋上空东经 64°的 Inmarsat-4 卫星和位于东经 21.5°的欧空局

Artemis 卫星,如图 6.21 所示。这些地球静止轨道卫星上的导航有效载荷基本上是弯管转发器,因此上传到卫星上的数据信息被广播给整个非洲大陆和中东地区地球静止轨道卫星广播区域的所有用户。ASAS 网络可以利用位于奥斯古埃尔(法国)、库鲁(法属圭亚那)和哈特比肖克(南非)的现有监测和测距站来监测地球静止轨道卫星,并为测距目的建立一个广域的三角观测基线。

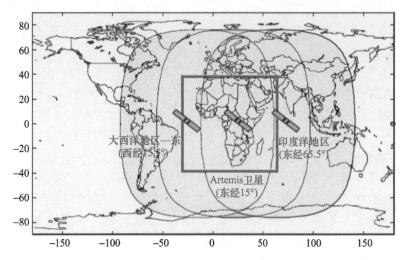

图 6.21　ASAS 空间段和租赁卫星的覆盖范围(图片来源:Ilcev)

　　为了连接 ASAS 的所有基础设施,如基准站、主控站和地球站,ASAS 网络可以使用地面电信网络和第 3 章所述的 DVB – RCS 系统。

　　ASAS 分别校正来自 24 颗 GPS 卫星和 24 颗 GLONASS 在轨卫星的 GNSS – 1 信号,这些信号可能因卫星轨道、时钟漂移、大气层和电离层信号延迟而引起误差,也可能因干扰而中断。ASAS 网络如图 6.22 所示,其包括遍布整个非洲和中东的至少 55 ~ 60 个地面监测站或基准站,大面积覆盖、监控 GPS/GLONASS 数据的 5 个地面控制站和 5 个地球站。地面控制站和地球站位于南非、沙特阿拉伯、肯尼亚、埃及和塞内加尔。通过这种方式,来自 GPS 的信号在 55 ~ 60 个地面监测站/基准站被接收和处理,这些站点分布在整个非洲/中东地区,并连接形成 ASAS 网络。每个站址被精确测量的监测基准站接收 GPS 信号,并确定是否存在任何误差,而 5 个地面控制站从这些地面监测基准站收集数据、评估信号有效性、计算所有校正,并生成 ASAS 校正信息。

　　最后,地面控制站终端处理接收的所有数据,确定每个被监测卫星和每个电离层网格点(IGP)的差分校正和残差界限。残差界限用于建立测距信号的完好性。地面控制站的校正和完好性信息随后被发送到每个地球站,并与 GPS/

图 6.22　ASAS 地面段（图片来源：Ilcev）

GLONASS 导航信息一起发送到地球静止轨道通信卫星上。地球静止轨道卫星通过当前的 GSP L1 频率和新的 L5 频率以 GPS 相同的调制方式向用户发送这些数据。

6.7　ASAS 的特殊通信导航监视效应

在洲际航行和飞行期间，商业航运和航空几十年来一直使用高频无线电进行远程语音（电话）和电传通信。在短距离内，使用众所周知的船载 VHF 无线电和机载 VHF/UHF 进行移动通信。此外，数据通信最近也在使用这几个频段，主要用于传输航行计划、全球天气和导航预警报告。除了为客舱乘务员提供数据服务外,还开发了客舱语音系统和乘客电话。

为了商业和安全目的,目前用于国际航行的移动航空无线电通信必须被由所在区域卫星增强系统网络集成的全球航空遇险安全系统所取代,以增强驾驶舱与地面间的语音和数据通信,也是为了进行基于 IP 的语音、数据和视频(VD-VoIP)传输。移动航空无线电通信系统当前使用 HF 和 VHF/UHF 无线电语音和数据通信服务。另一方面,每个飞行情报区域(FIR)的主要语音通信方式是短波(非管制员驾驶员直接通信)。在陆地上,使用 VHF 语音通信(供管制员驾驶员直接通信使用)和 VHF 数据链路(供自动终端信息服务/航空航路情报服务使用)。通过类似的方式,这种航空电子数据链路也使用飞机通信寻址和报告系统(ACARS)配置,地面通信使用模拟电话和航空固定电信网络(AFTN)。

海上、地面和空中的移动用户使用传统的电子和仪器导航系统,包括全球导航卫星系统和监视雷达。有时监视雷达在厚云造成的严重干扰下无法正常工作,可以使用区域卫星增强系统来增强 GPS 和 GLONASS。如前所述,作为 GNSSA - 1 的一部分,美国有自己的导航卫星 GPS,俄罗斯有 GLONASS 网络。中国已经开发了自己的北斗系统,欧洲拥有 Galileo 系统,新开发的这两个系统都是 GNSS - 2 系统的一部分。

6.7.1　ASAS 网络的目标和优势

ASAS 网络的设计是通过对 GPS 和 GLONASS 的覆盖增强来满足一系列用户业务的高要求,覆盖增强是基于通过地球静止轨道卫星广播类似 GPS 的导航信号,该导航信号包含 GPS 和 GLONASS 卫星导航信号的完好性和差分校正信息。ASAS 项目将租赁目前 EGNOS 网络使用的地球静止轨道卫星,如 Inmarsat 和 Artemis 地球静止轨道卫星。这些卫星的信号可以被位于 ASAS 服务区内的 GNSS - 1 用户接收,与 EGNOS 服务一样,ASAS 满足所有运输方式的需求,如海运、陆运和航空用户。

不过,ASAS 网络将提供与美国 WAAS 类似的配置,后者目前为航空和游船提供服务,而日本 MSAS 将专门用于空中导航。根据一些统计数据,10 年前全球卫星导航市场约为 5000 万欧元;因此,ASAS EGNOS 全球导航卫星系统项目为非洲和中东提供一个巨大市场,将为许多行业创造新的业务和就业机会。

(1)海事应用。高性能目标的海事应用通常分为公海、沿岸航行、接近锚地和港口区域内。目前相关测定精度要求是:海洋和公海航行约为 1 ~ 2n mile,沿岸航行为 0.25n mile,接近锚地和港口将为 8 ~ 20n mile。即使没有 ASAS 或其他区域卫星增强系统网络,GPS 或 GLONASS 可以很容易地满足海上和沿海导航精度的要求。然而,对于在极端天气、能见度不高、交通非常繁忙地区、接近锚地和船只停泊等情况下的航行,必须应用通信导航监视差分技术来加强防撞和搁浅。

非洲海岸线不是很友好;建立的 ASAS 项目,增加了全球导航卫星系统网络可能的海上应用,其中包括以下内容:导航、海港作业、交通管理、伤亡分析、近海勘探和渔业。一旦投入运行,ASAS 将能够满足大多数要求,并将补充海上无线电信标提供的服务。

(2) 陆地应用。一般来说,陆地车辆不需要无线电导航,而是需要无线电定位和跟踪。全球范围内利用 GPS 或 GLONASS 接收机开发的两个主要陆地应用是带有路线优化和车队管理的车辆定位。根据应用不同,各种系统所需的精度范围从几米到一百米或更多。在许多情况下,它们需要使用差分校正。无论是公路、铁路还是内河航道,ASAS 网络都是管理非洲和中东陆路运输的主要手段,它将提高陆路运输的能力和安全性。不仅航运公司和航空公司,而且运输公司也需要即时知道他们的车辆在哪里,其他公共服务部门也是如此,如警察、军队、救护车和出租车。

(3) 航空应用。航空应用的性能指标通常由四个主要飞行参数表征:完好性、连续性、准确性和可用性(ICAA),这些值与飞行阶段密切相关。典型的飞机飞行空间信号性能要求是针对横向精度(AL)/垂直精度(AV)确定的,其中航路上的要求为 2n mile/无要求,航路终点为 0.4 n mile/无要求,初始进近(IA)和非精确进近(NPA)为 220m/无要求,垂直制导的仪器进近(IAWVG)为 220m/9.1m,第一类精密进近(PA)为 16m/(7.7~4.4m)。如果没有增强和通信、导航和监视系统,GPS 和 GLONASS 都无法满足这些典型飞行阶段的完好性、连续性、准确性和可用性要求。

6.7.1.1　海上通信子系统

船舶和交通管控人员之间当前的通信方式是通过 VHF(通过直接视距)、HF(使用电离层折射)、MF 模拟/数字语音和数据射频频段进行的,称为海上无线通信网络,当前的通信系统如图所示 6.23(左)上所示。海上无线通信系统通过海岸电台向船舶交通控制中心和船舶交通管理中心提供 MF、HF 和 VHF 频段的船舶通信。在世界上一些繁忙的地区,这个系统达到了极限,频带非常拥挤、干扰严重,无法再使用更多的无线电频率,在某些天气条件下通信是否畅通取决于传播效应,并且对于那些必须安全工作的移动设备来说,通信量减少了。

随着移动卫星通信的实施,通信和船舶交通管制设施得到改善,该网络如图 6.23(右)上所示。海事卫星移动通信系统提供卫星语音和卫星数据链,船载站通过地球静止轨道卫星和岸站进行卫星广播式自动相关监视(SADS - B)和

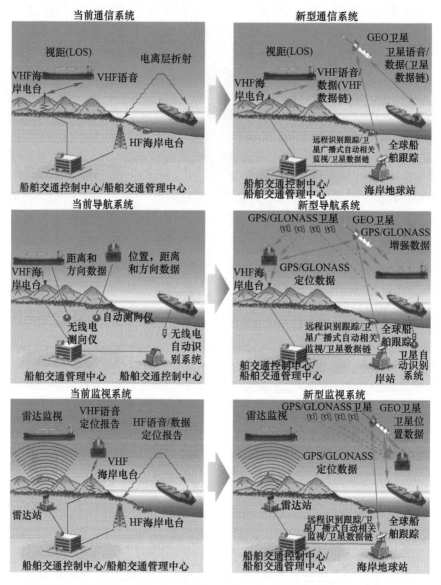

图 6.23　目前和新的海上通信导航监视/海上交通管理系统(图片来源:Ilcev)

全球船舶跟踪(GST)。该海事移动卫星通信系统与新的 VHF 数据链相集成,VHF 数据链通过海岸电台将船舶交通控制中心与船用无线电台连接起来。

　　所有船载站都通过 Inmarsat 的地球静止轨道卫星、岸站和地面通信网络向地面用户提供语音(电话)、传真、低/中/高速数据、电传和视频(图像),地面用户也可以向船载站传送相同的业务。网络运行中心位于伦敦的海事卫星组织总部,而 Inmarsat 地面网络包括网络控制中心、卫星控制中心、网络协调站和测控站。除此之外,国际海事卫星地面网络还与救援协调中心相连。

Inmarsat 的移动卫星通信系统可以通过综合业务数字网(ISDN)、宽带综合业务数字网(B-ISDN)、异步传输模式(ATM)、通用移动通信系统(UMTS)和通用分组无线业务(GPRS)连接固定、便携和移动通信站客户。Inmarsat 移动卫星通信系统除了提供卫星数据链外,还可以利用地球静止轨道卫星提供 IP 语音、数据、视频(VDVoIP)和卫星广播式自动相关监视(SADS-B)传输系统的数字视频广播-卫星返回频道(DVB-RCS)服务,现代海事卫星移动通信网络如图 6.24 所示。ASAS 或任何区域卫星增强系统正在将现代移动通信系统与GNSS-1 系统相结合,从 GPS 或 GLONASS 卫星向船载站提供信号。相反,来自船上 GPS 或 GLONASS 接收机的所有位置、速度、时间(PVT)信息和其他数据可以通过地球静止轨道卫星和岸站手动或自动发送到船舶交通控制中心/船舶交通管理中心。

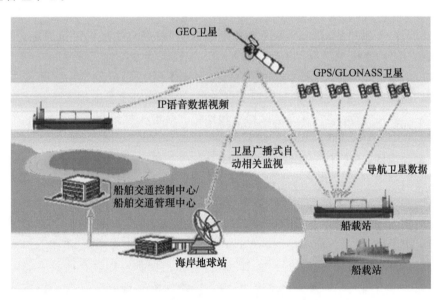

图 6.24　现代移动卫星通信网络(图片来源:Ilcev)

移动卫星通信网络的设计不仅是为了在移动用户和交通管控人员之间提供更高性价比、冗余和最快的通信链路,而且还要将一个区域卫星增强系统(包括ASAS)中的所有设施连接起来,以便在地面监测站和主控站之间建立链路,并整合全球导航卫星系统的数据,来为增强导航和监视提供新的业务。移动卫星通信和互联网技术的融合为通过多功能卫星系统支持船载站新的多媒体业务提供了许多机会。随着带宽需求的不断增加,地球静止轨道和非地球静止轨道通信卫星的数量和复杂程度正在急剧增加。因此,要求在一个星座的轨道上放置多颗卫星来覆盖感兴趣的区域,通常至少需要 3 ~ 4 颗卫星来提供足够的通信覆盖。

商用和军用移动卫星通信网络非常重要,原因如下:

(1) 提供移动用户和地面设施之间的通信链路,特别是仅通过地球静止轨道卫星星座在移动用户之间提供通信链路;

(2) 通过地球静止轨道卫星通信转发器将增强和未增强的导航位置、速度和时间数据从移动用户传输到交通控制中心;

(3) 通过地球静止轨道卫星全球导航卫星系统转发器将增强的位置、速度和时间监视数据从交通控制中心传输到所有移动用户,该转发器将用于增强导航和规避碰撞;

(4) 比单独的移动无线通信处理更多的信息和花费更少的时间。

6.7.1.2 海上导航子系统

GNSS – 1 网络为海洋、陆地(公路和铁路)和航空应用提供定位服务,这些应用通过平台上安装的移动 GPS/GLONASS 接收机接收位置、速度和时间信号。GNSS – 1 系统及其精度通过 GPS/GLONASS VHF 无线电或卫星增强系统得到升级。还有美国海岸警卫队办公室开发的差分 GPS,现代名称是本地甚高频增强系统。另一方面,还有开发的区域卫星增强系统或天基增强系统网络,它们集成和扩充了 GNSS – 1 基础设施。

集成在 ASAS 或任何区域卫星增强系统设施中的海上导航系统网络也可用于通过语音或数据仅发送导航信息,如图 6.25 所示。船上装有 GPS/GLONASS 接收机的海上导航系统实时接收未增强的全球导航卫星系统信号,同时可以通过网络控制站控制的岸站接收增强的位置、速度和时间信号。将卫星导航系统直接应用于船舶,其性能不足以满足远洋航行、接近海岸线、锚泊和在港口内停泊的安全要求以及完好性、连续性、准确性、可用性要求。即使在能见度非常低的情况下,ASAS 网络也能在各种气象和天气条件下实现安全导航。在航行的所有阶段,通过地球静止轨道卫星,以与全球导航卫星系统相同的频率,向船舶转发来自海岸地球站的增强全球导航卫星系统数据,该网络能够满足更高类别的导航精度和可用性要求。

当前的导航子系统使用船上传统的 VHF 无线电收发机,通过新的 VHF 无线电自动识别系统(R – AIS)转发器,从船上的对岸电台向船舶交通管制中心和船舶交通管理中心发送位置、速度、时间、距离、方向和识别数据,如图 6.23(左)中所示。2002 年,国际海事组织通过了《国际海上生命安全公约》(SOLAS),要求国际海域航行的总注册吨位超过 300t 的船只都必须装载 A 类标准自动识别系统无线电收发机。

事实上,这是部署自动识别系统的首要要求,影响到大约 10 万艘船只。自动识别系统使用 VHF 频段,所以更合适它的名字是无线电自动识别系统。该系统提供唯一的标识、位置、航向和速度,可显示在屏幕或电子海图显示信息系统上。无线电自动识别系统旨在协助船舶值班人员,使海事当局能够跟踪和监测船舶运动,并提高碰撞规避能力。无线电自动识别系统将标准化的 VHF 收发机与 GPS 和其他电子导航传感器集成在一起,如陀螺罗盘或转动率指示器。通过这种方式,装有无线电自动识别系统收发机的远洋船舶可以被海岸上的无线电自动识别系统基站跟踪。

新的导航子系统把 GPS 和 GLONASS 网络作为 GNSS - 1 系统的一部分,该系统提供实时非增强定位数据。与 ASAS 或任何区域卫星增强系统相结合的地球静止轨道卫星 GNSS - 1 子系统都能够提供增强的导航数据,如图 6.23（右）中所示。在这种情况下,当海上导航系统网络超出地面网络的范围时,可以使用卫星 - 船舶自动识别系统（S - AIS）、远程识别和跟踪（LRIT）、卫星自动相关监视（SADS - B）广播、卫星数据链（SDL）和全球船舶跟踪（GST）卫星网络。卫星 - 船舶自动识别系统（S - AIS）可以通过越来越多的地球静止轨道卫星,连接装有卫星 - 船舶自动识别系统收发机的船只,从而提高无线电自动识别系统的覆盖范围。比远程识别和跟踪系统（LRIT）更好的系统是本书作者在 2000 年开发的全球船舶跟踪（GST）系统。

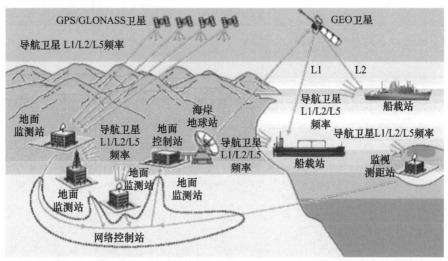

图 6.25　现代海上导航系统网络（图片来源:Ilcev）

6.7.1.3　海上监视子系统

基于 ASAS 或任何区域卫星增强系统的现代海上监视子系统都可以利用 Inmarsat 地球静止轨道卫星和数字视频广播 – 卫星返回频道（DVB – RCS）组成的移动卫星通信网络实现。Inmarsat 通信系统的工作方式是:所有船舶从未增强或增强的 GPS 或 GLONASS 接收机获得其全球导航卫星系统数据,并通过地球静止轨道卫星通信转发器和岸站向地面船舶交通管制中心/船舶交通管理中心监视处理器和显示器发送位置、速度、时间和其他带有船舶标识的数据,如图 6.26 所示。相反,船舶交通控制中心/船舶交通管理中心通过岸站向船舶发送某个区域内相邻船舶的位置,以避免碰撞。这种情况对于在非常恶劣天气条件下穿越海洋航行的船只非常重要,此时厚云和雷暴会导致能见度降低,雷达不能正常工作。

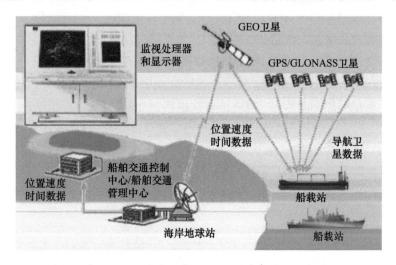

图 6.26　现代海上监视网络（图片来源:Ilcev）

通过这种方式,由船舶交通控制中心/船舶交通管理中心接收的位置、速度和时间数据被传送到主计算机处理,并在屏幕上向管控人员显示所有监视信息。反之亦然,在船长发出请求时,监视处理和显示中心的管控人员可以发送特定区域内所有船舶的位置、速度、时间数据和船舶标识,以避免碰撞,特别是在恶劣的天气条件下。船上可以定期、随机或响应岸基操作中心的轮询命令发送数据报告。该系统使用特殊的数据报告和轮询通信协议来获取位置、速度、时间数据和其他信息。

当前的监视子系统通过沿海一系列地面监视雷达站对船舶进行雷达监视,通过 VHF 海岸电台提供传统无线电语音定位报告,并通过短波海岸电台向船舶交通控制中心/船舶交通管理中心提供语音/数据定位报告,这种场景如图 6.23

(左)下所示。新的卫星监视子系统将 GPS/GLONASS 与 Inamrsat 或其他地球静止轨道卫星网络相结合。船舶从 GPS 或 GLONASS 卫星接收定位数据,并使用卫星自动相关监视广播、卫星数据链和全球船舶跟踪自动或手动发送位置、速度、时间和其他数据,目的是通过地球静止轨道航天器和岸站收集卫星定位数据并发送到船舶交通控制中心/船舶交通管理中心,这种情况如图 6.23(右)下所示。此外,新的监视子系统也可以在雷达站的覆盖范围内部署,作为地面监视雷达系统的备份。

6.7.2　ASAS 系统的海事特殊应用

ASAS 系统的特殊功能是可用于海上、航道、沿岸水域和海港的安全通信、导航和监视,如短程和远程安全增强、减少最小间隔、灵活规划航行剖面、海洋航行以及沿岸航行引导和控制。事实上任何航行阶段,ASAS 网络的这些功能对改善海上通信导航监视设施、更好地控制船只、提供具有最佳路线的灵活和经济旅行、加强海港的水面引导和控制以及在任何情况下改善海上和沿岸水域的安全和安保都非常重要。

6.7.2.1　短程和远程安全增强

ASAS 系统通信导航监视/船舶交通控制的一个非常重要的作用是对 VHF 海岸电台进行短距离安全性增强,如图 6.27(左)所示。

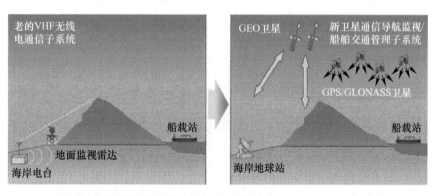

图 6.27　海事短距离安全增强子系统(图片来源:Ilcev)

船舶与海岸电台之间的老式短距离无线电系统由 VHF 语音或 VHF 语音/数据数字选择性呼叫设备提供,因此当沿岸水域或航道的船舶航行到高山阴影下时,船长或领航员在建立无线电语音通信会有许多问题。

同时,所有沿岸水域、海上通道、峡湾以及海港航行的船只,可以克服山地地形的影响接收到卫星导航和通信信号,如图 6.27(右)所示。在航道、进近和沿岸水域天气恶劣、能见度低的情况下,导航安全和保障非常重要,简而言之,是为了避免碰撞和灾难。

ASAS 还计划提供远距离安全增强,这项业务现由 HF/MF 无线电通信完成,如图 6.28(左)所示。衰落的 HF 无线电可以被无噪声卫星系统取代,如图 6.28(右)所示。许多超出 HF 范围的船只可以通过卫星系统向船舶交通控制中心提供增强或未增强的定位,或者接收安全和天气信息用于安全导航。

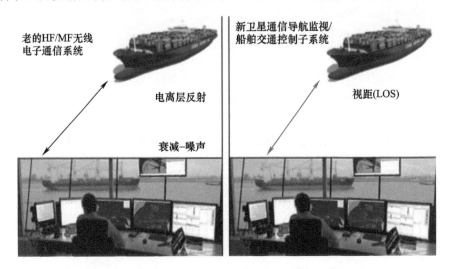

图 6.28　海事远距离安全增强子系统(图片来源:Ilcev)

6.7.2.2　间隔距离缩减

ASAS 网络的一个非常重要的安全导航功能是将海上远洋船舶间或航线上其他移动物体间的间隔距离减少了近一半,如图 6.29 所示。

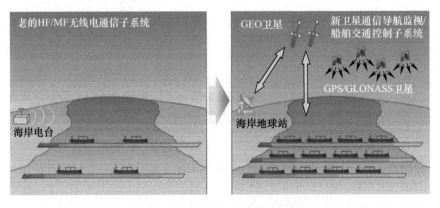

图 6.29　海事间隔距离缩短子系统(图片来源:Ilcev)

目前的航行间距由传统的 VHF 或 HF 无线电系统和地面监视雷达决定,要求船只之间有很远的距离。新的海上通信导航监视/船舶交通控制系统能够控制实现最小的安全间隔,在相同的海上走廊(通道)上可以安排更多的船只,可增加一倍船只数量,并加强了安全和保障。因此,随着 ASAS 或任何区域卫星增强技术引入通信导航监视系统,并在世界范围内应用,航行中船舶的间距将会显著缩小。

6.7.2.3　灵活的航行剖面规划

ASAS 网络的另一个有用的功能是最短或最佳航线的灵活航行剖面规划,如图 6.30 所示。旧系统采用导航辅助设备(NavAids),基于大圆航线、斜航线和组合制导规划的固定航线。固定航线仅由船上的导航仪器控制,这是一条混合路线,而不是从出发到目的港的最短路线。灵活的航行剖面规划允许在两个海港和几个子港口之间选择最短或最佳航线。由于新的区域卫星增强技术在通信导航监视/船舶交通控制系统上的应用,灵活的航行剖面规划将可以进行更经济有效的航线优化。这意味着采用新的通信导航监视/船舶交通控制系统规划的最短航行路线,比当前的固定航线船舶发动机使用更少的燃料。

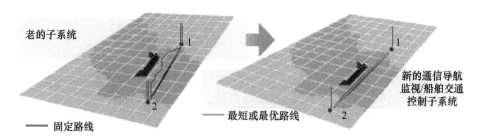

图 6.30　海事灵活航线剖面规划子系统(图片来源:Ilcev)

6.7.2.4　海上航行制导和控制

海上航行制导和控制网络的通信设施可以使用 Inmarsat 海事卫星移动通信系统的语音数据视频、新的卫星自动相关监视广播、卫星数据链、数字视频广播 - 卫星返回频道(DVB - RCS)的 IP 语音视频数据或基于其他地球静止轨道卫星星座的海事卫星移动通信,这些通信方式将 GNSS - 1 数据(船载站接收 GPS 或 GLONASS 卫星的数据)发送到 L/C 频段、Ku 频段或 Ka 频段的岸站(具体使用什么频段取决于所使用的地球静止轨道卫星)。此外,地面监测站点能够接收全球导航卫星系统信号,并将其转发给地面控制站进行处理,然后通过岸站和地球静止轨道卫星以 GNSS - 1 相同的 L1 或 L5 频率向船载站发送增强信号。

地面控制站信号也可以发送到船舶交通控制中心进行处理和显示。然后,船舶交通控制中心把某个海域内所有船只的位置发送给该海域的所有船只,船只获取这些信息,增强防碰撞能力。海洋航行制导和控制的场景如图 6.31 所示,它必须为跨海航行提供更多的安全保障。

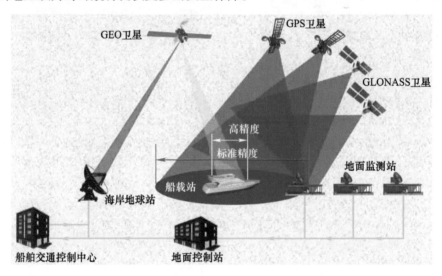

图 6.31 海事海上航行制导和控制子系统(图片来源:Ilcev)

6.7.2.5 海岸运动引导和控制

本地 VHF 增强系统(LVAS)旨在利用单一差分校正来增强海港或机场本地通信、导航和监视业务,该差分校正考虑了本地基准和海上或空中移动用户之间的所有可预期常见误差。本地 VHF 增强系统使用 VHF 通信、导航、监视业务在海港或机场广播导航信息。这种局部增强业务也可以由在北半球开发的上述任何区域卫星增强系统,甚至未来的 ASAS 网络进行支持。

如前所述,任何区域卫星增强系统或 ASAS 网络都将由若干基准站、若干地面控制站(主站)和足够的海岸地球站(网关)组成,它的业务必须覆盖某个指定区域的整个移动环境,该区域是全球卫星增强系统的组成部分。在该覆盖区域内,区域卫星增强系统还将服务于海上、地面和空中的任何用户,这些用户需要非常精确的测量、跟踪和定位,例如:

(1)海上(船载通信/导航/监视、跟踪、海底测绘和地震测量);

(2)陆地(车载通信/导航/监视、跟踪、运输操作和起重机);

(3)航空(机载通信/导航/监视、跟踪和测绘);

(4)农业(林业、农事、机器控制与监控);

(5)工业、采矿和土木工程;

(6)结构变形监测;

(7) 气象、地籍和地震测量;

(8) 政府和军事通信/导航/监视、跟踪(警察、智能服务、消防)等。

在更一般的意义上,上述所有应用能够通过在移动终端上安装称为增强GPS 或 GLONASS(GNSS - 1)的新接收设备,在区域卫星增强系统或 ASAS 网络整个覆盖范围内评估通信、导航和监视业务,从而使用更准确的定位和测量数据。这种情况相对于船只或飞机分别使用增强的 GNSS - 1 信号建立船舶交通控制或空中交通管制通信、导航和监视业务将更加重要。从这个意义上说,用于海港的区域卫星增强系统或 ASAS 网络被称为海岸运动引导和控制(CMGC),用于机场的被称为地面运动引导和控制(SMGC)。

海岸运动引导和控制移动网络是一个特殊的安全、安保、引导和控制系统,它使船舶交通控制中心的海岸管控人员能够引导和监控所有船只在沿岸、狭窄航道、靠近锚地和海港区域的航行,如图 6.32 所示。此外,海岸运动引导和控制系统管理港口内的所有活动,例如海港内和海港周围的船舶、陆地车辆(公路和铁路),特别是在非常恶劣的天气和低能见度条件下。管控人员借助海港控制塔中的指挥监视显示器向船长和港口引航员发出指令,该显示器通过地球静止轨道卫星和地面系统(可以是 VHF 地面无线电台和地面监视雷达)提供船只位置信息。这样,无论船舶在港口内外任何地方机动,驾驶台上的船长和港口引航员都感到更加舒适和安全。

控制塔中的指挥监视器还显示进出船只和进入港口所有辅助陆地车辆(公路和铁路)上报的位置数据。该位置信息由全球导航卫星系统利用 GPS/GLO-NASS 和地球静止轨道卫星星座进行测量。管控人员还能够在恶劣天气条件和低能见度下向船长和港口引航员提出正确的船舶航向,或者向正在行驶的其他船舶提供路线和间隔信息。海岸运动引导和控制设施的以下部分如图 6.32 所示。

(1) GPS 或 GLONASS 卫星测量船只或海港车辆的准确位置。

(2) 地球静止轨道移动通信卫星与 GPS 定位数据网络相结合,兼顾通信和导航有效载荷。除了辅助 GPS 卫星之外,它还具有在船只/车辆与地面设施之间传输数据的功能,可以精确确定移动用户的位置。

(3) 控制塔是监控航道、接近区域、港口以及港口周围交通状况的中心。每个船只和地面车辆的位置显示在港口控制塔的指挥监视器上。管控人员根据这些数据对船只进行海上距离控制和引导,对车辆进行方向和距离引导。

(4) 灯光引导系统(LGS)由管控人员管理,通过在港口的领航员给出绿灯或红灯,指示船只是否前进。

(5) 雷达地面站(RGS)是以往船舶交通控制系统的一部分,船舶交通控制

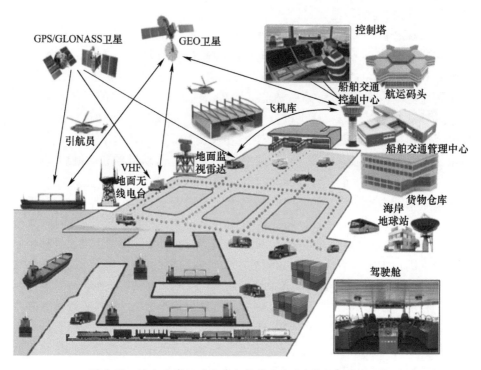

图 6.32　海上海岸运动引导和控制子系统(图片来源:Ilcev)

系统指挥船舶在航道、进近区、港口和港口周围移动。

(6) 甚高频(VHF)海岸电台是卫星返回频道和 VHF 或数字选择性呼叫(DSC)VHF 无线电通信系统的一部分。

(7) 岸站(CES)是卫星通信系统的主要组成部分,它连接地球静止轨道卫星和海岸通信设施。

(8) 引航员是在小船或直升飞机上受过特殊训练的人员,他们必须安全地引导到达的船只驶进港口,将离开港口的船只引导驶出锚地,或管理通过河道和河流的船只。

(9) 每艘船上的驾驶舱仪器显示船舶在公海或海港内航行所有阶段的位置和航向。

6.7.3　陆地运动引导和控制

陆地运动引导和控制设施是一个特殊的安全和控制系统,使陆地交通控制中心的车辆管控人员能够监控和管理公路车辆或铁路货车,如图 6.33 所示。控制塔中管控人员借助指挥显示器向所有驾驶员发出指令,向所有车辆提供从

GPS 或 GLONASS 卫星测得的位置和速度信息,控制塔通过地球站(或雷达)、地球静止轨道卫星获得这些信息。

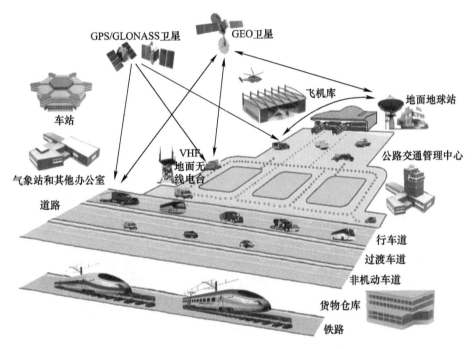

图 6.33 陆地移动运动引导和控制子系统(图片来源:Ilcev)

道路车辆管控人员位于靠近道路的公路交通管理塔内,负责管理、监控道路,如果司机超速或在道路上违规,则向其发出警告。另外,公路交通管理塔向驾车者提供道路拥堵情况等交通信息。

位于铁路交通管理塔中的管控人员向机车驾驶员提供类似的信息,例如铁路允许行驶的速度和其他条件,并且轨道交通管理塔还为机车驾驶员提供增强的信号。

美国 GPS 和俄罗斯 GLONASS 系统的可用性和准确性为在高速公路、街道和公交道路行驶的车辆提供了更高的效率和安全性。同样,铁路机车可以通过增强信号在铁路上得到更安全的管理。在 GPS 的帮助下,与商业车辆路线选择和调度相关的问题显著减少或没有了。公共交通系统、道路维护人员和应急车辆的管理也是如此。

所有安装了车载 GPS 或 GLONASS 接收机的公路和铁路车辆都可以实现自动车辆定位和导航,但如果不集成无线电或卫星收发机,则无法提供车辆跟踪。卫星跟踪系统是 GPS 或 GLONASS 接收机与小型卫星收发机集成的特殊单元,可以提供各种陆地车辆的区域或全球跟踪,小型卫星收发机可以在 Inmarsat、Iridium、Globalstar 或 Orbcomm 中的某个系统下工作。通过将 GPS 定位技术与能够显示地理信息的系统或能够自动将数据传输到显示屏或计算机的系统相结合,实现了地面运输的新维度。地理信息系统存储、分析和显示大部分由 GPS 提供的地理参考信息。如今,地理信息系统被用来监控车辆位置,使得保障车辆按计划运行、通知乘客准确到达时间这些有效管理策略成为可能。公共交通系统利用这种能力来跟踪铁路、公共汽车,以提高准时性。将 GPS 和 GLONASS 与陆地通信、导航和监视网络相结合是陆地移动引导和控制的最佳方式。

6.7.4　当前和新的航空通信导航监视子系统

当前和新的航空通信、导航和监视子系统集成在区域和全球通信、导航和监视系统中,为长途飞行、本地飞行和机场进近所有阶段增强的空中交通控制和空中交通管理提供重要的手段,完整的场景如图 6.34 所示。

6.7.4.1　航空通信子系统

如前所述,目前飞机和地面交通管制员之间的大多数通信是通过被称为航空无线电网络的 VHF(使用直接视距)和 HF(使用电离层折射)无线电模拟或数字语音数据视频进行的。飞机和空中交通管理中心/空中交通控制中心之间当前的通信子系统是传统的 VHF 和 HF 无线电语音传输系统,这种场景如图 6.34(左上)所示。

飞机与地面无线电台、空中交通管理中心/空中交通管制中心之间的 VHF 语音信道可能会受到高山地形的干扰。另一方面,在世界上一些繁忙的地区,航空无线电通信系统达到了极限,频带非常拥挤,干扰很大,没有额外的频率可用。在一些恶劣天气情况下,无线电通信传播效果靠运气。为了保障一些飞机的绝对安全,总传输量就要减少。此外,由于频率不可用(因为许多用户在同一频带工作)、传输介质造成接收波形不稳定以及大雨或雷暴影响,航空 HF 无线电链路可能无法建立。

为了改善飞机的通信和交通控制设施,有必要实施新的移动卫星通信系统,如图 6.34(右上)所示。航空移动卫星通信系统通过地球静止轨道卫星和地球站提供卫星语音和卫星数据链,包括卫星自动相关监视广播(SADS - B)和全球航空器跟踪(GAT)(由作者提出)。该系统与新的 VHF 数据链路集成,VHF 数据链通过地面无线电台将空中交通控制中心与飞机无线电台连接起来。

国际海事卫星系统可以通过综合业务数字网(ISDN)、宽带综合业务数字网(B - ISDN)、异步传输模式(ATM)、通用移动通信系统(UMTS)和卫星数据链(SDL)的通用分组无线业务(GPRS)连接飞机和航空移动通信系统客户。此外,

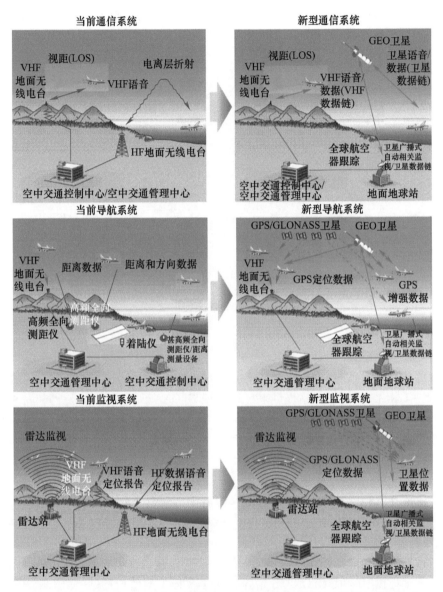

图 6.34　当前和新的航空通信导航监视/空中交通控制系统（图片来源：Ilcev）

航空移动通信系统还可以部署另一个地球静止轨道卫星系统，提供 IP 语音、数据和视频（VDVoIP）和卫星自动相关监视广播（SADS－B）的数字视频广播－卫星返回频道（DVB－RCS）业务，现代航空移动通信系统如图 6.35 所示。现代航空移动通信系统空间段由地球静止轨道和 GPS 或 GLONASS 卫星组成，而地面段由通过地球静止轨道卫星和地球站连接到空中交通控制中心/空中交通管理中心的机载站组成。

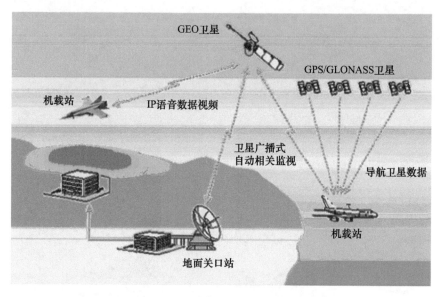

图 6.35　现代航空通信网络(图片来源:Ilcev)

因此,ASAS 或任何区域卫星增强系统正在将现代航空移动通信系统与GNSS-1 相结合,向机载站提供来自 GPS 或 GLONASS 卫星的信号。同时,来自飞机上 GPS 或 GLONASS 接收机的所有位置、速度、时间和其他数据可以由机载站终端获得,并通过合适的地球静止轨道卫星和地球站手动或自动发送到空中交通控制中心/空中交通管理中心。

6.7.4.2　航空导航子系统

集成在 ASAS 或区域卫星增强系统设施中的航空导航系统也可用于通过语音或数据信道仅发送导航信息,如图 6.36 所示。作为航空导航系统网络的一部分,飞机上的 GPS 或 GLONASS 接收机接收未增强的全球导航卫星系统信号,同时通过地球站和地球静止轨道卫星导航转发器接收增强的位置、速度和时间信号。为了提供 GPS 或 GLONASS 增强并连接各种类型的地球站,如监测 GPS 或GLONASS 信号的地面监测站、地面控制站、基准监测站和网络协调站,有必要将地球静止轨道卫星星座集成到该系统中。

L1/L2 频段被指定用于从 GPS 或 GLONASS 卫星向地面和空中传输 GNSS-1信号。这些信号可以被基准站、主站和地球站终端,包括飞机上的 GPS/GLO-NASS 接收机检测接收。通过 ASAS Ku 频段卫星,可以将 GPS 或 GLONASS 增强信号传送到空中交通控制中心。在反方向,ASAS 地球静止轨道卫星导航转发

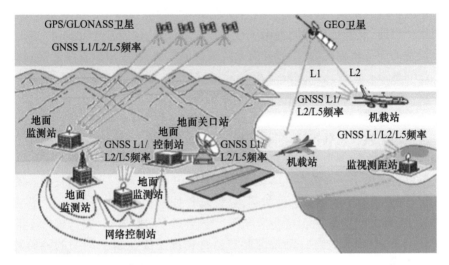

图 6.36　现代航空导航网络（图片来源：Ilcev）

器使用 L1 频率，与地球站一起向机载站全球导航卫星系统接收机广播 GPS 或
GLONASS 增强信号。包括航空导航系统网络在内的整个地面设施由航空移动
卫星通信网络控制。

　　当前导航子系统记录和处理飞机和空中交通控制中心之间的无线电指向信
息（RDI）和无线电指向距离信息（RDDI），该功能大都由地面着陆导航设备完
成，例如着陆仪（ILS）、VHF 全向测距（VOR）和距离测量设备（DME），这种场景
如图 6.34（左中）所示。

　　这种子系统采用间接测量方式，需要更多时间进行测距和安全着陆。通过
这种方式，该子系统使用飞机上的经典 VHF 无线电收发机，通过地面无线电台
和新的 VHF 转发器向空中交通控制中心和空中交通管理中心发送位置、速度、
时间、高度、方向和识别数据。

　　新的导航子系统采用作为 GNSS‑1 系统一部分的 GPS/GLONASS 网络，该
系统提供实时和空间直接的非增强定位数据。与 ASAS 或任何区域卫星增强系
统网络相结合的 GNSS‑1 系统都能够提供增强的导航数据，如图 6.34（右中）
所示。在这种情况下，当航空导航系统超出地面甚高频的覆盖范围时，可以使用
卫星自动相关监视广播（SADS‑B）和卫星数据链，通过地球静止轨道导航转发
器向机载站发送全球导航卫星系统增强数据。此外，如果飞机失踪或被劫持，飞
机上的全球航空器跟踪站可以通过卫星向专门的跟踪控制站发送位置、速度、时
间和其他数据。作为全球飞机跟踪最佳方案的全球航空器跟踪项目是由本书作
者开发的。

广域导航系统使用飞行安全卫星设备和空中导航设备来计算自身位置、规划航线。目前,航空公司共同利用飞行安全卫星设备,这经常导致线路中断。在卫星设备的业务覆盖区内,广域导航系统规划的航线,几乎可以直线连接到所要去的任何地点。设置广域导航系统创建了双航线,能够缓解主要航线的拥堵。该系统能够实现更安全、更经济的空中导航路线。

6.7.4.3　航空监视子系统

当前用于接收机载雷达信号、VHF 话音位置报告、飞机与交通控制中心间的 HF 无线电数据/VHF 话音位置报告的监视子系统是监视雷达和 VHF/HF 地面无线电台。这个子系统存在类似的 HF 无线电通信问题,或者当飞机在高山后面飞行时,它们不能被雷达检测到,这种场景如图 6.34(左下)所示。恶劣的天气条件、厚云层和暴雨在某些情况下可能会完全阻断雷达信号,屏幕上将是没有任何反射信号的空白画面,因此在这种情况下无法看到周围的障碍物和附近飞机的飞行情况,导航形势变得非常危急,可能导致碰撞。航空监视子系统的工作主要由 VHF 地面无线电台开展,该监视子系统能够使用雷达和 VHF 语音无线电设备显示附近正在飞行飞机的实时位置。由于其局限性,用于国内空域的 VHF 业务不能在海洋上提供应用。同时,在雷达和 VHF 覆盖范围之外的海洋航线,飞机位置只能通过 HF 语音或数据定期报告给 HF 地面无线电台。

新的卫星监视子系统将 GPS/GLONASS 与 Inmarsat 或其他地球静止轨道卫星网络相结合,这些网络不受高山的影响。通过这种方式,飞机可以从 GPS/GLONASS 卫星接收定位数据,并使用卫星广播式自动相关监视(SADS – B)、卫星数据链和全球航空器跟踪,通过地球静止轨道卫星和岸站,把收集到的位置、速度、时间和其他数据自动或手动发送到空中交通控制中心/空中交通管理中心,这种场景如图 6.34(右下)所示。此外,新的监视子系统还可以在雷达站的覆盖范围内部署,作为地面监视雷达系统的备份。

先进的通信导航监视/空中交通控制 ASAS 系统利用卫星自动相关监视广播(SADS – B)数据功能,该功能自动向空中交通控制中心报告所有当前飞机位置、速度和时间数据,这些数据由未增强和增强的 GPS/GLONASS 测量得到,如图 6.37 所示。通过这种方式,进近的飞机接收来自 GPS 卫星的未增强定位数据和通过地球静止轨道卫星导航有效载荷转发的增强数据,通过卫星数据链将其当前位置通过地球站发送到空中交通管制中心进行记录和处理,如图 6.36 所示。之后,空中交通控制中心将所有增强的数据转发给监视处理器和显示器,并在显示屏显示周围区域内所有飞机的位置。在相反的方向,可以建立附加服务,根据飞行员的要求,空中交通控制中心可以把所显示的特定区域内所有飞机位置数据,发送给飞机卫星数据链单元。

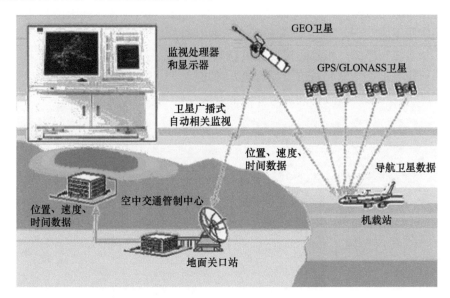

图 6.37　现代航空监视网络（图片来源:Ilcev）

更确切地说,显示器看起来就像一张伪雷达覆盖图,显示的是特定空域的交通状况。卫星自动相关监视广播系统将提高空中安全,减少航行飞机的间隔,改善功能,并选择更经济的航线。此外,该系统还将提高每架飞机的位置精度,减少管控人员和飞行员的工作量,提高安全性。即使在能见度为零的情况下,飞机也能以更有效的方式运行,由于山区地形导致的 VHF 无线电盲区不复存在,小型飞机和直升机将能够定期获得气象数据。这些功能都是强制性的,目的是扩大整个空域的通行能力,并在有限的空间和时间限制下进行最佳的航路选择。

6.7.5　ASAS 网络在飞行中的特殊作用

在可靠的通信导航监视、后勤、编队、跟踪、控制以及空中和地面交通管理方面,ASAS 网络的特殊作用是在低和高海拔地区增强安全性、降低最小飞行间隔、灵活的飞行剖面规划、海洋飞行以及地面运动引导控制。这些效果对于在任何飞行阶段改善飞机通信设施、更好地控制飞机、提供灵活和经济的最佳飞行线路、增强地面制导控制以及提高安全保障都是非常重要的。

6.7.5.1　在低海拔和高海拔地区增强安全性

未来 ASAS 网络的一个非常重要的作用是通过地面无线电台提供新的低海

拔安全增强,如图6.38(左)所示。飞机和地面无线电台之间短距离通信的老系统是由VHF无线电语音设备提供的,因此当飞机的飞行位置在高山或其他障碍物的阴影下时,飞行员使用驾驶舱语音无线电通信会有问题。

所有飞行中的飞机都能接收卫星导航和通信信号,即使在低空或由于山地地形而没有地面导航和通信覆盖的地方,如图6.38(右)所示。这项业务对于恶劣天气和能见度降低时的安全飞行非常重要。

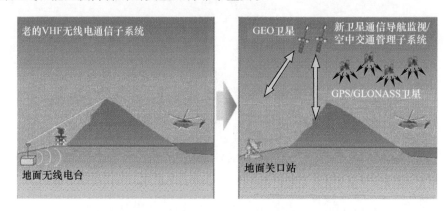

图6.38　航空低海拔安全增强子系(图片来源:Ilcev)

未来的ASAS网络也能够通过地球静止轨道卫星和地球站,使用短波衰减无线电或无噪声卫星系统,提供新的高海拔安全增强,如图6.39所示。恶劣的天气条件和厚云层,短波无线电有时不起作用。

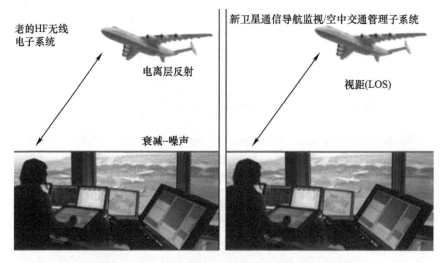

图6.39　航空高海拔安全增强子系统(图片来源:Ilcev)

6.7.5.2　降低最小飞行间隔

区域卫星增强系统导航的一个非常重要的效果是将航线上飞机之间的最小间隔减少了将近一半，如图 6.40 所示。由传统 HF 无线电和雷达系统控制的飞行间隔较长，航行飞机之间距离较大。新的通信导航监视/船舶交通控制子系统对相同航空走廊里更多的飞机进行控制和编队，这使得飞机的最小间隔大大减少，航行的飞机数量翻倍。

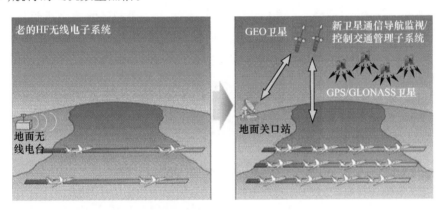

图 6.40　航空降低最小飞行间隔子系统（图片来源：Ilcev）

6.7.5.3　灵活的飞行剖面规划

ASAS 网络的另一个重要作用是灵活的飞行剖面规划，老的子系统仅由机载导航仪器控制，使用固定的航路和飞行高度。这些仪器是复合的，不能提供从出发到机场的最短路线。

灵活的飞行剖面规划允许选择两个机场之间的最短或最佳路线和飞行高度，如图 6.41 所示。换句话说，由于通信、导航和监视采用了新的广域增强卫星技术，灵活的飞行剖面规划将能够进行更经济有效的飞行航路设计。这意味着选择新通信导航监视/船舶交通控制子系统推荐的最短飞行路线，飞机的发动机将比选择固定路线和高度的老航线使用更少的燃料。

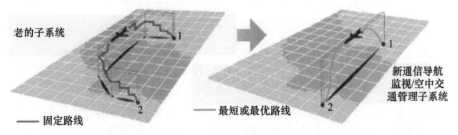

图 6.41　航空灵活飞行剖面规划子系统（图片来源：Ilcev）

6.7.5.4 海洋飞行制导和控制

海洋航空导航和控制网络的通信设施可以使用 Inmarsat 海事卫星移动通信系统、新卫星自动相关监视广播、卫星数据链、数字视频广播 – 卫星返回频道的 IP 语音数据视频或基于其他地球静止轨道卫星星座的海事卫星移动通信,将 GNSS – 1 数据(由机载站从 GPS/GLONASS 卫星接收)通过 L/C、Ku 或 Ka 频段传输到地球站,具体采用的频段取决于地球静止轨道卫星的类型。此外,地面监测站或基准站获取 GNSS – 1 信号,并将其转发给地面控制站或主站进行处理,然后再通过地球站、地球静止轨道卫星导航转发器,使用与 GPS/GLONASS 卫星相同的 L1 或 L5 频率,向机载站发送增强信号。地面控制站也可将收到的信号发送到空中交通控制中心进行处理、显示。然后,航空控制中心把附近飞机的位置发送到每个飞机,利于这些飞机进行感知和规避碰撞。海洋飞行制导和控制的场景如图 6.42 所示。它将为跨海航行提供更多的安全保障。

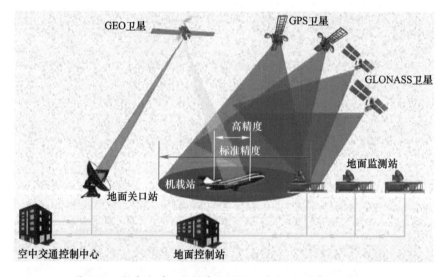

图 6.42　航空海洋飞行制导和控制子系统(图片来源:Ilcev)

6.7.5.5 地面运动引导和控制

如上所述,本地甚高频增强系统使用单一差分校正模式增强 ASAS 业务,该模式考虑了本地基准站和移动用户之间的所有常见预期误差。本地甚高频增强系统将使用新规划的 ASAS 或北半球已开发的任何区域卫星增强系统网络的卫星业务,在海港或机场的局部区域广播导航信息。

新的本地甚高频增强系统也可以作为集成在任何 ASAS 基础设施中的地面运动引导和控制系统。这是一个特殊的航空安全和控制系统,使机场地面控制塔的管控人员能够收集来自每架飞机的所有导航和测量数据,处理这些信号并显示在监视屏幕上。

在控制塔的监视屏幕上，可以看到附近飞行区域内所有飞机的位置和航线，包括在 VHF 无线电和雷达范围之外的，交通管制员在任何时间和空间内都可以对这些飞机进行控制、通知和管理，其配置如图 6.43 所示。通过这种方式，本地甚高频增强系统为交通管制员提供必要的手段，可以控制、管理、引导和监控机场附近某个飞机周围的所有飞机活动、机场内的飞机活动、机场内和机场周围的陆地车辆运动，即使飞机接近机场时在能见度非常差的条件下飞行。

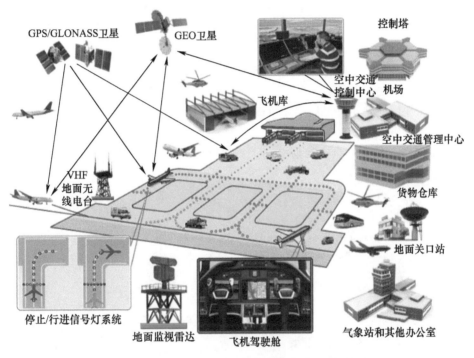

图 6.43　航空地面运动引导和控制子系统（图片来源：Ilcev）

在机场地面上运行的每架飞机和陆地车辆都可以安装特殊的机载卫星转发器，称为 GPS 接收机/卫星收发机单元，该单元使用地球静止轨道或非地球静止轨道卫星星座。因此，管控人员借助控制塔中的指挥监视显示器向飞机驾驶员或车辆驾驶员发出指令，该控制塔给出通过卫星和地面传感器检测到的附近所有飞机的位置信息。

控制塔中的指挥监视器还显示着陆或起飞飞机以及所有在机场内行驶的辅助车辆的位置。该位置由 GNSS-1 网络利用 GPS/GLONASS、ASAS 或任何区域卫星增强系统/地球静止轨道卫星测量得到。机场控制员能够在能见度低的情况下,通过打开或关闭滑行道中心线灯和停车灯,向飞行员显示正确的滑行道路。驾驶舱中的低头显示器和抬头显示器的开发正在进行中,这两种显示器可以提供航线信息及相邻飞机的间隔信息。地面运动引导和控制的以下部分如图6.43所示。

(1) GPS/GLONASS卫星测量在机场表面运动的飞机或车辆的精确位置。

(2) 区域卫星增强系统与GPS卫星定位数据网络相集成。除了增强GPS卫星,它还具有在飞机和地面设施之间传送数据的功能,精确确定飞机位置。

(3) 控制塔是监控机场着陆跑道周围交通状况的中心。飞机和车辆的位置显示在控制塔的指挥监视器上。管控人员基于该数据对飞机和车辆进行地面引导。

(4) 停车线灯系统由管控人员管理,他们通过打开和关闭中央引导灯和停车灯指导飞机是否应该进入跑道。

(5) 地面监视雷达是以前系统的一部分,用于飞机接近区域、机场和机场周围环境的空中交通管制。

(6) VHF地面无线电台是航空无线电通信的一部分,它通过VHF或UHF无线电通信系统进行通信。

(7) 地面地球站是全球卫星通信系统的重要组成部分,通过地球静止轨道卫星星座连接地面地球站和地面通信设施。

(8) 飞机驾驶舱在逆风保护玻璃(抬头显示器)和仪表板显示器(低头显示器)上显示飞机位置和航线。

6.7.6　ASAS网络的发展历程

ASAS项目的开发团队与德班理工大学研究通信、导航和监视的空间科学中心一道,对运行网络的性能要求进行了研究,引入了生成高度可靠增强信息的新算法,并设计了从地面传送增强信息的通信方法。

传输增强委员会的职能是协调通信、导航和监视技术在非洲的实施,协助确定ASAS网络的性能要求,并向评估承包商的其他团队提供技术数据。签订合同后,传输增强委员会需要协助将项目移交给主承包商,向他们提供有关ASAS安全和安保设计的技术建议,参与设计、进行原型建模,检测ASAS系统的可用性。

首先必须建立包括所有部分的非洲卫星试验台(ASTB),随后必须在非洲大陆和中东设立至少55个地面监测站,来构建ASAS地面网络。每个地面监测站需要安装3个非常精确的、配有加拿大生产商NovAtel天线的GPS基准接收机G-II。地面监测站都从GPS/GLONASS卫星获取全球导航卫星信号,并通过电信地面线路或数字视频广播－卫星返回频道(DVB－RCS)将其发送到地面控制站。

此外,有必要通过地面或空间通信网络建立至少5个地面控制站。每个地面控制站都需要配备带有足够多相关软件的处理器,以校正从地面监测站接收的全球导航卫星系统数据,得到增强 GPS/GLONASS 数据。

非洲和中东的 ASAS 地面段设施的最佳位置如图 6.44 所示,地面监控站(或基准站)、地面控制站(或主站)以及地球站(或网关站)已确定,设计变更可能会对设备性能或部署位置产生影响。传输增强委员会还将演示天基导航系统(卫星轨道传感器)并帮助确定低性能服务区域。

图 6.44　ASAS 地面段(图片来源:Ilcev)

此外,经校正的健康全球导航卫星系统数据从地面控制站发送到地面上行子系统或地球站。地球站通过 ASAS 空间段的相应卫星向移动站广播这些信号。地球站由两个 L5 地面上行子系统接收机(Rx)和 L1/L5 两个地面上行子系统信号发生器组成。设计的 5 个地面控制站和地球站位于塞内加尔、埃及、肯尼亚、沙特阿拉伯和南非。传输增强委员会建议分阶段完成 ASAS 网络建设,包括空间段和地面段,具体建议如下:

(1) 第一阶段(2017—2019 年)。从 ASAS 首次委托研制 55 个地面监测站、5 条地面控制站上行链路、5 个地球站、1 个操作控制中心开始,最初将租赁 3 颗地球静止轨道卫星。ASAS 将为船只和飞机提供可靠的宽航线导航,包括公路和铁路应用。

(2)第二阶段(2019—2024 年)。将完成非洲和中东地区的全部 ASAS 基础架构,并开始网络测试。最初由于 ASAS 受限而增加的冗余覆盖将被取消。本地甚高频增强系统将分别在非洲主要海港和机场部署船舶交通控制中心和空中交通控制中心。将建立配有多个 GPS/GLONASS 接收机和处理器的精确测量地面站,包括一个或多个伪卫星和 VHF 数据链,以支持对海港和机场的非精确和精确进近。最后,将增加道路和铁路交通控制中心和第二/第三射频,以提高 GNSS‒1 和 GNSS‒2 的鲁棒性、完好性、连续性、准确性和可用性。

(3)第三阶段(2024—2030 年)。缩减地基导航设备,并完成对 ASAS 网络的评估。GPS/GLONASS 星座以及新建 Compass 和 Galileo 星座,都需根据国际海事组织和国际民航组织的建议和规定进行修改。新建 Compass 和 Galileo 星座具有第 2、第 3 民用导航频率,可用于 ASAS 和本地甚高频增强系统。

这一领域的国际监管机构应参与进来,以确保在这些阶段的工作过程中遵守相应的标准。

ASAS 网络将覆盖以下 69 个国家和政府:

(1) 东南非共同市场国家(19 个):布隆迪、科摩罗、刚果民主共和国、吉布提、埃及、厄立特里亚、埃塞俄比亚、肯尼亚、利比亚、马达加斯加、马拉维、莫桑比克、卢旺达、塞舌尔、苏丹、斯威士兰、乌干达、赞比亚和津巴布韦。

(2) 其他非洲国家(35 个):阿尔及利亚、安哥拉、贝宁、博茨瓦纳、布隆迪、布基纳法索、冈比亚、喀麦隆、佛得角、中非共和国、乍得、加蓬、加纳、几内亚、几内亚比绍、科特迪瓦、利比里亚、马里、毛里塔尼亚、毛里求斯、摩洛哥、纳米比亚、尼日尔、尼日利亚、刚果共和国、留尼旺、圣多美和普林西比、撒哈拉、塞内加尔、塞舌尔、塞拉利昂、索马里、南非、突尼斯和西撒哈拉。

(3) 中东国家(15 个):巴林、伊朗、伊拉克、以色列、约旦、科威特、黎巴嫩、阿曼、卡塔尔、巴勒斯坦、沙特阿拉伯、叙利亚、阿联酋和也门。

ASAS 项目地面部分的总成本约为 2 亿美元,比欧洲的 EGNOS 项目低一半。

没有地面网络的所谓非洲 EGNOS 延伸,费用约为 7000 万欧元,对船舶交通控制和空中交通控制也没有提供通信导航监视以及安全和安保,对非洲来说不是一个好的解决方案。该地区每个国家的 ASAS 项目成本可以通过将 ASAS 项目的总成本除以 69 个国家来计算,即每个国家约 200 万美元。ASAS 项目的投资者可以向该地区的每个国家出售约 300 万美元的 ASAS 网络和服务。ASAS 网络可以租赁 Inmarsat 和 Artemis 卫星,包括后来可以建造自己的地球静止轨道多用途卫星。

6.7.7 ASAS 网络的系统配置

未来的 ASAS 网络,作为非洲和中东的区域卫星增强系统,将成为全球卫星增强系统的一部分,并与美国 WAAS、欧洲 EGNOS 和日本 MAAS 等现有网络整合。如前所述,全球卫星增强系统网络也将包括已开发的区域卫星增强系统,如俄罗斯 SDCM、中国 SNAS 和印度 GAGAN。ASAS 网络将覆盖整个非洲大陆和中东地区,并将为非洲大陆的 54 个国家和中东的 15 个国家提供新的通信导航监视业务。通过使用 GNSS – 1 链,新的 ASAS 网络估计将把 GPS/GLONASS 卫星信号精度从约 30m 提高到约 1~3m。相比之下,美国 WAAS 系统在美国全境提供 1~2m 的水平精度和 2~3m 的垂直精度。

随着卫星监视新工具的出现,它们已被作为全球卫星增强系统的一部分,并与地面雷达相结合,通过 ASAS TAS 公司提出的 ASAS 网络系统配置帮助地面管控人员管理更多的船只、陆地车辆和飞机。如图 6.45 所示。

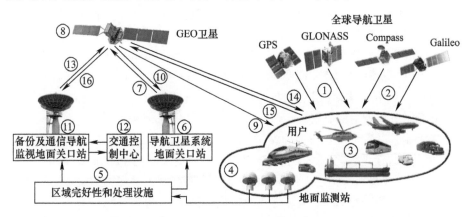

图 6.45 ASAS 网络的系统配置(图片来源:Ilcev)

ASAS 作为卫星通信、导航和监视的主要方式,将有助于控制机场进近和管理机场内的所有飞机和车辆运动,并将支持以下业务:

（1）实时传输每个 GPS/GLONASS 卫星的完好性和健康信息，以确保所有用户不使用有缺陷的卫星进行导航，称为全球导航卫星系统完好性信道（GIC）。

（2）除了导航卫星完好性道服务之外，还连续传输测距信号以补充 GPS，从而提高 GPS 信号的可用性。信号可用性的提高也转化为接收机自主完好性监测可用性的提高，被称为测距完好性信道（RGIC）。

（3）除了导航卫星完好性信道和测距完好性信道服务之外，GPS/GLONASS 广域差分校正的传输还提高了民用 GPS/GLONASS 信号的精度。也就是说，这一特征被称为广域差分全球导航卫星系统（WADGNSS）。

Inmarsat 民用导航卫星覆盖（CNSO）、Artemis 卫星与 GNSS - 1（美国 GPS 和俄罗斯 GLONASS）、GNSS - 2（中国北斗和欧盟伽利略）卫星的组合，被称为 ASAS 网络。

如图 6.45 所示，所有移动用户（③）都从由 GPS/GLONASS 卫星组成的 GNSS - 1 接收导航信号（①）。在不久的将来，计划使用由中国北斗和欧洲伽利略卫星组成的 GNSS - 2（②）接收信号。非洲和中东政府机构运营的 ASAS 完好性监测网络中的所有基准站或地面监测站（④）也接收这些全球导航卫星系统信号。监控数据被发送到主站或地面控制站的区域完好性和处理设施（⑤），在那里处理形成的完好性信息及广域差分全球导航系统校正信息被发送到全球导航卫星系统主网关站或地球站（⑥）。

在地球站，导航信号与基准时间精确同步，并对导航卫星完好性信道信息、广域差分全球导航系统校正数据进行调制。调制信号通过 C 频段上行链路（⑦）发送到 Inmarsat 和 Artemis 卫星（⑧）上的通信有效载荷。未来，ASAS 网络将有自己的多用途地球静止轨道卫星。地面控制站的增强信号经过频率转换，通过地球静止轨道导航转发器，以全球导航卫星系统 L1 和新的 L5 频率发送给移动用户，这些频率与 GPS/GLONASS 卫星使用的频率相同，这个信号还通过 C 频段（⑩）发送给地球站，用于维持导航信号定时环路。此外，信号的定时是以非常精确的方式进行的，以便卫星上产生 GPS/GLONASS 测距信号。

全球导航卫星系统备份地面站可以单独建设，也可以与通信、导航和监视地球站（⑪）一起建设，作为在全球导航卫星系统地球站发生故障时的热备系统。交通控制中心（⑫）实际上是船舶交通控制中心或空中交通管制中心，它们可以通过 C 频段上行链路（⑬）、地球静止轨道通信载荷、C 频段下行链路（⑭），以语音、数据和视频（VDV）形式向移动用户（③）发送对通信、导航和监视信息的请求。移动用户能够通过 L 频段上行链路（⑮）、地球静止轨道通信有效载荷和下行链路（⑯）发送增强的通信导航监视数据。交通控制中心处理从移动用户接收的通信、导航和监视数据，并在类似的雷达屏幕的显示器上准确、实时显示他们的当前位置,用于交通控制和管理。

这一阶段最重要和独特的方式是,在任何天气或能见度条件下,交通控制中心的管制人员可以用比防撞监视雷达更安全的方式使用位置数据管理特定的交通。此外,根据移动用户请求,交通控制中心运营商可以发送附近每个移动用户的位置数据,以减少碰撞概率(⑬和⑭)。每个移动用户,例如船舶和飞机,也能够为任何相邻的移动用户(船舶或飞机)提供位置数据,这些数据存储在交通控制中心,使用它可以减小碰撞概率。

6.8　ASAS 的设施设备

基准站是任何区域卫星增强系统的关键设备。每个区域卫星增强系统都需要一定数量的基准站、主控站和地球站。因此,区域卫星增强系统由一系列基准站(地面监测站)和主控站,一个地面上行子系统或包括接收机和信号发生器的地球站,以及地球静止轨道卫星组成。基准站处于战略位置,提供足够的覆盖范围,获取 GPS 卫星数据,并将其传送到主控站。主控站处理数据,确定每个被监控的 GPS 卫星的信号完好性、信号校正和残余误差。这一信息被发送到地面上行子系统,再传送给地球静止轨道卫星,然后以 GPS L1 频率重新把数据传送给移动用户。

6.8.1　NovAtel 基准接收机 G – Ⅱ

NovAtel 的特定产品是 WWAS RR G – Ⅱ,其为非常精确的 GPS 接收机,可作为每个基准站或地面监测站的一部分,该设备如图 6.46(a)所示。每个基准站必须在已知的地理位置上,并由位于合适位置的三个 NovAtel RR G – Ⅱ(RRG – Ⅱ)组成。RRG – Ⅱ终端旨在为基准站提供 GPS 或 GLONASS 监测功能,可以精确测定它的位置。

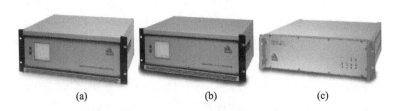

图 6.46　NovAtel 地面设备(图片来源:NovAtel)

事实上,其主要功能是提供不受多径效应影响的 GPS/GLONASS 输出,如果不进行处理,这种多径效应一定会影响 ASAS 地球静止轨道下行链路上的基准信号。RRG－Ⅱ终端还提供电离层网格数据,用于完好性计算。这种接收机设计了许多重要的定制功能,其中最突出的是多径抑制。这对于建筑物屋顶,例如船舶交通控制中心或空中交通控制中心,复杂环境下的安装尤其重要,其信号反射可能导致显著的多径效应。

WWAS RRG－Ⅱ结合多年的技术创新,围绕世界各地使用的区域卫星增强系统,开发利用 GPS L1 和 L2 频带。这项研究提高了对射频的卓越抗干扰能力,这种干扰通常出现在通信业务非常高的地区,如空中交通控制中心。这些创新包括对 L2 信号进行数字脉冲消隐,以减轻来自雷达和脉冲距离测量设备的带内干扰。RRG－Ⅱ在提供当今领先技术的同时,还具有面向未来的可扩展性。WWAS RRG－Ⅱ能够在三个独立的接收机中放置多达 12 个欧洲波形的板卡,准备用额外的接收机卡来跟踪 GPS L5 和 L2C、Galileo 和 GLONASS 等信号。因此,RRG－Ⅱ已经为世界广域基准网络的未来做好了准备。

该接收机在前面板上有一个液晶显示器,它报告所有接收机卡、时钟状态卡、风扇和对外部振荡器锁定的信息和状态,警告和错误也会在液晶显示器上报告,如果出现致命错误,液晶显示器的背光会闪烁。天线、数据、外部频率输入和 1PPS 接口位于接收机的后面板上。

NovAtel 公司计划通过改进软件配置研制两台 WAAS G－Ⅲ接收机,提供完整的地面上行功能,这将是 G－Ⅱ地面上行子系统的下一代。预计联邦航空管理局(FAA)将与 NovAtel 公司签订合同,于 2017 年上半年研制这种配置的原型机,2018 年上半年完成产品生产。这种 WAASG－Ⅲ接收机将有可能用于 DAL－D 地面上行子系统,并作为地面上行子系统的第三代产品。

6.8.2　主控站

每个基准站通过通信网络将其解算的 GPS/GLONASS 误差发送到某个主控站或地面控制站,主控站或地面控制站必须评估信号的有效性,计算校正,并创建 ASAS 校正信息。每个地面控制站都有处理器来处理数据,并确定每个被监测卫星和每个电离层网格点的差分校正和残差界限。残差界限被用来评估测距信号的完好性。来自地面控制站的校正和完好性信息随后被发送到三个地球站之一。

ASAS 设施还有一个辅助任务,将由主时钟确定的 UTC(GMT)世界时进行分配,主时钟代表 ASAS 网络的时间标准。时间分配通过向用户提供 ASAS 网络时间和 UTC 之间的时间偏差来完成。这个时间偏差由在非洲的时间分配系统在同一时刻观测确定。时间分配系统从其观测范围内的地球静止轨道卫星接收 ASAS 信息,并计算 ASAS 信息开始的历元时间与天文台主时钟每秒 1 个脉冲

(PPS)之间的时间差,主时钟是世界协调时的物理实现,也是 GPS/GLONASS 的时间基准。时间分配系统接收机从每个观测卫星收集的数据被传递到 UTC 数据采集系统。然后,数据通过 ASAS 和世界协调时之间的接口传输到 ASAS 主站。ASAS 主站统计 ASAS 网络时与世界协调时的偏差,并创建 Type 12 消息,然后发送到地球静止上行链路站或地球站,后者将其传输到地球静止轨道卫星。Type 12 消息的目的是向时间用户提供相对于世界协调时的准确时间。

6.8.3　地球站

地球站通常被称为地面上行子系统。每个地面上行子系统需要部署两个 GUS – Type1 型接收机,如图 6.46(b)所示。此外,每个上行链路地球站还需要两个地面上行信号发生器,如图 6.46(c),该发生器配有与之相应的地球站天线系统。带有天线、接收机/信号发生器、GPS 接收部分和所有电子单元的地球站如图 6.47 所示。

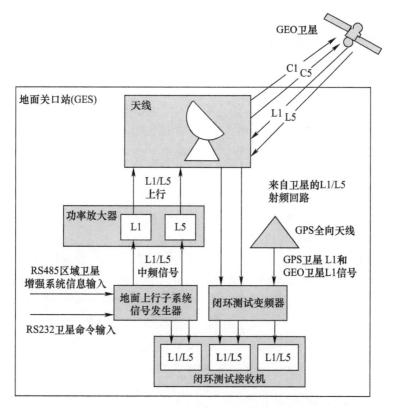

图 6.47　带天线和地面上行子系统接收机/信号发生器的地球站(图片来源:Ilcev)

图 6.48 是一个假设的区域卫星增强网络的所有组成部分,如以上所述的基准站或地面监测站、主站或地面控制站、带有天线系统的地球站、地球静止轨道卫星和操作控制中心。

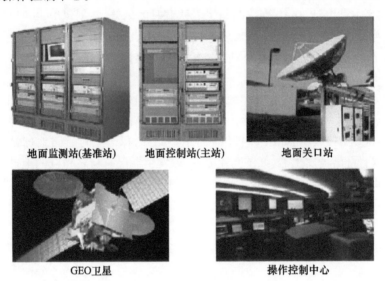

图 6.48 区域卫星增强系统地面段和空间段(图片来源:联邦航空管理局)

地面上行站的接收机对地球静止轨道卫星的 L1 和 L5 信号进行精确跟踪,同时对 GPS/GLONASSL1 和 L5 信号跟踪,提供精确的系统定时。它监控地球站内的信号,并提供用于地球站控制回路的输出。它有三个独立的部分——L1/L2 和 L5,每个部分都连接到地球站信号控制系统的不同部分。一个部分监控信号发生器的 L1/L5 输出,一个部分监控地球静止轨道卫星的下行信号,同时监控下变频的 C 频段上行信号。另一个部分连接到全向天线,从 GPS 星座接收标准导航信息,向其他接收机提供 GPS 时间。

地面上行子系统信号发生器是一种高性能的 L1 和 L5 独立信号发生器,用于任何 GPS 增强系统的地面上行链路,精确控制 L1 和 L5 代码和载波的频率与相位。使用二进制移相键控,信号发生器提供两路调制的 70MHz 中频信号。信号发生器产生 L1 和 L5 信号,并结合从地面控制站接收的关键完好性和校正信息。然后,合成的增强信号被放大、转换频率,通过地球站抛物面天线发射到地球静止轨道卫星上。它还产生并行射频信号,对其上行输出进行质量监控。

6.8.4 地面通信网络

地面通信网络将地面监测站的所有站点与地面控制站、地球站连接起来,可以使用现有的地面电信线路和光纤线路,或者使用新的卫星数字视频广播 – 卫星返回信道(DVB – RCS)、VSAT 或卫星交互式终端作为最便宜、最方便和最可靠的替代方案,详见第 3 章。

6.8.5　空间段

区域卫星增强系统的空间部分将集成 24 颗 GPS 和/或 24 颗 GLONASS 卫星,这些卫星将为基准站或地面监控站免费提供全球导航卫星系统非增强信号。区域卫星增强系统可以提供自己的多用途地球静止轨道卫星,或租赁 Inmarsat、Intelsat、俄罗斯航天局、印度卫星研究组织(ISRO)或任何现有的地球静止轨道卫星星座,这些卫星将用于接收从地面控制站上行的卫星导航增强信号。

6.9　区域卫星增强系统移动设备

如上所述,GNSS – 1 移动接收机的代表是 20 世纪开发的美国 GPS 和俄罗斯 GLONASS 接收机,主要是为了帮助军事人员自己找到他们的行动路线,但民用应用很快增长,给这两种系统带来了更大效益。此外,中国北斗和欧盟 Galileo 的 GNSS – 2 导航接收机是第二代接收机。北斗全球导航卫星系统于 2011 年 12 月 27 日宣布在中国及周边地区投入使用,在 2020 年前提供全球覆盖,但 Galileo 系统尚未完全投入使用,何时投入使用仍待确认。

6.9.1　区域卫星增强系统船载设备

远洋船只可以使用全球导航卫星系统在世界上所有的湖泊和海洋上导航。海上全球导航卫星系统单元包括在水上有用的功能,如"人员落水"功能,该功能能够立即标记人员落水的位置,从而简化救援工作。此外,全球导航卫星系统可以使用 NMEA 0183 接口连接到船舶自动操舵装置和海图绘制仪。作为 GNSS – 1 的一部分,GPS 和 GLONASS 还可以通过全球船舶跟踪系统、远程识别跟踪系统,提高航运交通的安全性。这里将介绍以下三种区域卫星增强系统船载设备。

（1）Raytheon 公司 Raymarine Raynav300 SDGPS。全新 Raymarine Raynav300 卫星差分 GPS 设备,如图 6.49（左）所示,内置广域增强系统的 12 通道 GPS 接收机,可兼容任何区域卫星增强系统校正,一般精度在 4.5m 或约 15ft 内。这是一个易于使用的海上导航设备,该设备与 Raymarine 的船载设备进行协同和接口,提供准确的定位。通过这款 GPS 内置接收机,可以获得更多的 GPS 广域增强系统差分信号,该接收机使用广域增强系统地基基准站,可在任何区域卫星增强系统的覆盖区域内精确定位所有船只,精度最高可达 2.5m。

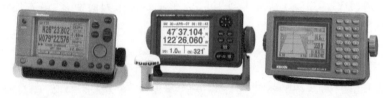

图 6.49 船载区域卫星增强系统设备(图片来源:Raytheon,Furuno 和 Koden)

卫星系统成为导航信息的首选传送方式。在对美国卫星导航(Sat – Nav)或俄罗斯蝉系统(记得下一颗卫星过顶需要等待几个小时)进行早期实验后,20 世纪创造了新的 GPS 和 GLONASS,它们成为几乎可以在世界任何时间和任何地点提供高精度经度和纬度的全球卫星定位系统。

该全球导航卫星系统船载设备具有以下特点:内置紧凑型卫星差分 GPS 导航器和广域增强系统接收机,提供非常精确的信号;使用 Loran 系统输入框进行灵活航路点和航路规划;雷达和海图之间的实时光标交换;最多 1000 个航点,最多 20 条路线,每条路线有 50 个航点;指向模式的选择(头向上、北向上和航向向上);直观的软键提示;用户可配置的 SeaTalk Databoxes 模式;SmartRoute 自动根据以前的路线构建航点和路线;配备有源天线和 10m(33')电缆的完整 SDGPS 导航仪。它还为可编程到达、交叉跟踪误差、锚漂移、位置固定、数据丢失报警、倒计时定时器和闹钟提供警报。

(2) Furuno 带视频绘图仪的船用 GPS/广域增强系统导航仪。该设备是 GP – 32 型,具有 GPS/广域增强系统和视频绘图功能,如图 6.49(中)所示。它被设计安装在远洋船舶、渔船和游艇上。强大的处理器完成定位的高速处理和广域增强系统校正。它配有一个易于使用的轨迹绘图仪,最多可存储 1000 个轨迹点。这种紧凑而经济的装置提供了极高的定位精度。它的精度达到 10m,广域增强系统模式激活后精度可达到 3m 以内。显示模式包括绘图仪、导航数据、驾驶模式、自动驾驶、速度计和两种可定制模式。驾驶模式为转向和横向轨迹误差提供了直观的指示。当您前往渔场或按照计划的路线沿着一系列航点行驶时,自动驾驶模式非常有用。友好的用户界面设计允许用最少的按键进行简单直接的操作。另外,该系统具有各种报警功能,到达或离开预定区域(到达/锚定观察)提示、横向轨迹误差超差告警、时钟告警等。

(3) KodenKGP – 913D MKII DGPS。这是一种船载全球 GPS/差分 GPS 导航仪,它通过区域卫星增强系统校正提供极为精确的定位精度,如图 6.49(右)所示。该设备与美国 WAAS、欧洲 EGNOS、日本 MSAS、俄罗斯 SDCM 以及其他运营和计划中的区域卫星增强系统一起运行。它采用并行18通道区域卫星增强系统接收机,可随时提供精确快速的定位,并且其内置有信标接收机。它可以作为大型商船、休闲舱式游艇、渔船、科考船及其他类型船只的高精度差分 GPS 导航手段。全字母数字键盘易于使用、航点输入简单。常见功能包括自动或手动磁偏差补偿、人员落水按钮、横向轨迹超差告警、航点接近和锚泊观察。Koden KGP–913D MKII 能够将纬度和经度显示转换为 Decca 航道定位模式,也可以输入红色、绿色或紫色校正。它还提供带背光的大型液晶显示器、经纬度位置数据、Decca 导航系统转换,总共有400个存储的航路点,可用于创建多达20条可调整航线。航线可按前进或后退顺序选择,GPS 选项也可用（KGP–913 MKII）。此外,由于内置信标接收机,该设备可用作高精度差分 GPS 导航仪,去追踪船只历史航迹（最多2000点）,同时显示通往目的地的航线。信标站安装在差分信标所在的国家。

6.9.2　区域卫星增强系统车载设备

这里将介绍三种区域卫星增强系统车载设备。

（1）Trimble EZ–Guide 250。它是经过验证的车载 GPS/区域卫星增强系统导航技术的引领者,专为车载安装而设计,如图6.50（左）所示。凭借通用接口和彩色屏幕,EZ–Guide 250 开箱即可轻松工作。此外,这种设备可以升级到 EZ–Steer 500 辅助驾驶系统,价格合理。彩色屏幕使操作员一眼就能看到他在哪里,他去过哪里,他一直在做什么。15种 LED 导航模式为用户提供快速的在线视觉反馈,以保持他在行驶路线上。可以通过点、线和区域特征制图记录障碍物和危险的位置。

（2）Magellan RoadMate 700。这款汽车设备以紧凑、轻便和便携的结构体现了 GPS 自动导航的巨大优势,如图6.50（中）所示。它使用真实三维视图提供动态依次导航、真正的移动性、全面的地图化,友好的语音及时清晰地提示何时进行下一次转弯。语音提示及时告诉用户何时转弯,用户可以一眼确认方向。当你自信地沿着你的路线行进时,没有必要看屏幕。该设备还提供了内置装置,在路上帮助用户,包括先进的兴趣点数据库、四种选择路线的方法、三个易于使用的界面、车辆行驶路线排除、快速拼写轻松输入地址、自动重新路线规划、地址簿、即时定位等。Magellan RoadMate 700 使用12通道广域增强系统,提供很高的 GPS 精度和可靠性。跟踪多达12颗 GPS 卫星,将用户的位置定位在3m 以内,确保他们知道自己在哪里以及他们要去哪里。

（3）Garmin StreetPilot 2620。图6.50（右）显示的是 Garmin StreetPilot 2620 GPS 即插即用便携式汽车导航仪,它具有预载的 MapSource,开箱即用的详细地

图 6.50 区域卫星增强系统车载设备(图片来源:Trimble,Magellan 和 Garmin)

图。这意味着不需要解锁或上传地图数据给用户单元。Garmin StreetPilot 2620 为小汽车、公共汽车、卡车和其他道路车辆提供了许多新的独家升级软件,其中集成了地图系统,便于在道路上导航和选择目的地。此外,这款 GPS 接收机配有高分辨率彩色触摸屏,以及用于快速路线计算和地图重绘的强大微处理器,带有语音及时提示的依次导航功能。它还提供了许多其他功能,如多个目的地、路段和区域规避、在路线上找到最近的目的地(如加油站或餐馆),用户可以调整道路等级偏好,选择主要、中等和次要道路。该系统包括一个单独的无线红外遥控器,可以远距离轻松操作。Garmin StreetPilot 2620 还提供广域增强系统支持,以确保最高的 GPS 精度。

6.9.3 区域卫星增强系统机载设备

航空导航系统通常有一个移动地图显示器,并经常与自动驾驶仪相连进行途中导航。安装在驾驶舱的全球导航卫星接收机和玻璃驾驶舱出现在各种通用航空飞机上,使用广域增强系统或局域增强系统等技术来提高精度。这些系统中的许多可以通过仪表飞行规则导航进行验证,一些也可以用于最终进近和着陆操作。滑翔机飞行员使用全球导航卫星系统飞行记录器记录飞行数据,核准他们在滑翔比赛中到达转弯点。安装在许多滑翔机上的计算机也使用全球导航卫星系统系统来计算高空风速,以及到达备用机场或山口等航点的滑行路径,以帮助越野飞行的途中决策。

随着区域卫星增强系统开始提供服务,区域卫星增强系统接收机以及相应的增强功能也变得可用。经认证的航空应用 GPS 增强接收机即将上市,可用于航空和其他移动用户。通过安装足够的硬件或应用软件,有可能将所有机载非增强型 GPS 接收机升级为增强型。航空电子设备制造商的狂热活动始于 2002 年末,生产了以下经过认证的区域卫星增强系统接收机。

(1)通用飞行管理系统。通用航空电子系统公司是先进导航系统的生产商。图 6.51(a)是新推出的作为飞行管理系统的新一代区域卫星增强系统 GPS 增强接收机,它同时也集成了 GPS 广域增强系统。有关该产品的更多信息,请点击下面的链接:http://www. uasc. com/special – missions/uns1fw. aspx.

（2）Garmin RSAS LPV 接收机 GNS 480。它是能够承担内部精密垂直制导的区域卫星增强系统航空 GPS 增强接收机，如图 6.51（b）所示。因为符合 Gamma – 3 要求的航空电子设备满足联邦航空管理局的垂直定位制导标准，所以该装置利用卫星导航辅助设备进行精确的横向和垂直进近制导，类似于着陆仪操作，不需要任何的地基导航辅助设备。该设备的主要部件是一个 15 通道的区域卫星增强系统接收机，它以每秒 5 次的速度更新飞机的位置。它提供海洋验证的仪表飞行规划 GPS/NAV/COM 功能和仪表着陆系统/VHF 全向测距能力，显示在 3.8 英寸（对角线）256 色移动地图显示器上。欲了解更多信息，请访问 Garmin 网站。

（3）FreeFlight Systems 1203 GNSSW。FreeFlight Systems 公司推出了新的 1203 GNSSW（全球导航卫星广域增强系统）传感器，如图 6.51（c）所示。在美国联邦航空局的 Capstone 项目的支持下，它是第一个通过 ARINC 429 I/O 和 TSOC145a 认证的区域增强导航设备，该公司迄今已售出 1200 多个广域增强系统传感器。该装置具有许多硬件改进，包括坚固的铝制外壳、额外的信号滤波和 37 针密封圆形连接器。为在北美广域增强系统覆盖区域之外提供更稳定的工作，软件也进行了升级，使该产品成为真正的世界导航系统。

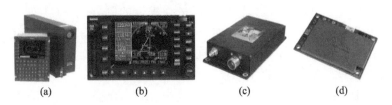

图 6.51　机载区域卫星增强系统接收机和传感器（图片来源：UASC，Garmin 和 Septentrio）

与传统的地面导航设备不同，卫星 GPS/区域卫星增强系统几乎覆盖了整个区域空域。另一方面，在区域卫星增强系统覆盖区域内，其提高了基本 GPS 位置信息的完好性、连续性、准确性和可用性，超过了以前的 TSO – C129a 系统。此外，TSO – C145a 传感器，包括 1203 和 TSO C146a 导航仪，被批准作为远程和海洋上空航行的唯一导航手段。GPS/区域卫星增强网络将使目前没有精确着陆能力的数千个机场和简易机场能够进行精确的横向和纵向制导。事实上，预计 1201 和新的 1203 全球导航卫星广域增强系统传感器在投入使用后将与运行中和计划中的区域卫星增强系统一起工作。下一个来自 FreeFlight Systems 公司的将是 TSO – C87 雷达高度计，它被设计用于驾驶舱电子飞行仪表系统。新的 RA 4000 是为大多数电子飞行仪表系统设计的，重量轻、易于安装，并配有电子调谐装置，安装时可将高度归零。与其他经认证的雷达高度计相比，RA 4000 的价格也极具竞争力。请访问 http://www.freeflight systems.com 了解更多关于 FreeFlight 的信息。

（4）SeptentrioAsteRx – mGPS/GLONASS/RSAS 接收机。AsteRx – m 接收机受益于新的射频设计和巧妙的电源管理,因此现在是全球功耗最低、性能最高的双频接收机之一,如图 6.51(d)所示。Septentrio 准备进一步进入其现有的机器控制、船舶/港口集装箱、Altus 勘测和伽利略专项计划,以及包括航空电子在内的其他利基市场。与 Free – Flight 公司的一项新合作将把 L1 + L5GPS/Galileo 机载接收机作为下一代 Free – Flight 航空电子设备的接收机引擎。Septentrio 认为这不仅是通用航空的第一步,也是未来民用运输航空的第一步。有关此产品交易的更多信息,请访问 www.septenrio.com。

一般来说,广域增强系统接收机有如下三个功能级别:

（1）Beta 级。该接收机生成广域增强系统位置和完好性信息,但没有自己的导航功能,与飞行管理系统结合使用。

（2）Gamma 级。这个接收机集成了 Beta 传感器、导航功能和数据库,提供一个完整、独立的广域增强系统导航能力。它是大多数通用航空飞机使用的典型面板安装接收机。

（3）Delta 级。该接收机只提供精确最终进近的制导偏差(类似于着陆仪(ILS)),由 Beta 级传感器和导航处理器组成。必备的数据库通常位于飞行管理系统中,由具有导航功能的 Delta 级接收机访问。

在每个功能级别中,有以下四类:

（1）类别1:接收机可用于海洋上空、途中、出发、航空终点站和非精密进近作业。

（2）类别2:接收机增加了进近飞行过程的航向导航/高效导航能力。

（3）类别3:接收机增加了精确垂直定位仪性能(LPV)/一类精密进近(CAT. I)接近过程的精确导航能力。

（4）类别4:接收机提供精密的最终进近导航,不支持其他导航功能。

最后,得出这样的结论:如果不创新发展卫星自动相关监视等机场设施,进行空中交通管控,所有现代机载设备和包括区域卫星增强系统增强接收机在内的更先进技术都是不够的。

第 7 章
平流层平台系统(SPSs)

新研发的平流层平台系统又称为高空平台或平流层通信平台,是应用于固定或移动通信的现代前沿空间技术,包括军事应用。平流层平台有无人机和飞艇两种。飞机可以有人驾驶也可无人驾驶,可以用太阳能作动力,也可以用燃料作动力;飞艇只能以太阳能作动力。两者的有效载荷都包含转发器、天线和测控设备。采用远程控制方式和太阳能能源的飞艇非常便宜,是一种较好的方案,一个平流层平台系统可覆盖多个地区或国家,包括城市、郊区、偏远地区、农场、森林和其他低人口密度环境。有四种向用户提供无线宽带服务的常用电信架构。两种架构分别通过地球静止轨道和非地球静止轨道的卫星系统,另外两种是地面毫米波蜂窝中继平台和平流层中继平台。

平流层平台网络优于所有的蜂窝系统,它的传输速度比光模式更快且漫游性更好,无显著的阴影效应和建筑物内的干扰,服务成本也更低。更为重要的是平流层平台可与当前的卫星和蜂窝系统相集成;系统的自主性、独立性更好,将会成为军事及所有移动应用的最优方案。例如,Angel 公司 Halo 宽带平流层平台毫米波网络所提供的数据密度比卫星的高近 1000 倍,如表 7.1 所示,同时往返时延更适用于交互式宽带业务应用。通过卫星网络节点,即使通过地球低轨卫星网络节点的时延,对于许多交互式应用而言也过长。其中低地球轨道、地球静止轨道的卫星网络节点时延分别是 Halo 网络的 25 倍或 1000 倍。Halo 参数类似于本地多点分发业务的都市环境频谱带宽,接近 28GHz。

随着现代可靠和经济高效的通信业务需求迅速增长,频谱的压力促使无线电频率向不太拥挤的更高频段转移。由于蜂窝系统使用毫米波,所以它是视距通信,与较低频段相比,障碍物对其视距范围内的传播影响,将是其面临的一个挑战。因为每个用户都需要对无线蜂窝基站可视,因此当地的那些障碍物将会对其传播造成影响。为解决这一问题,需部署大量的基站。

近几年,一种新的无线电通信概念已经引起了电信界极大的关注。它也需要视距进行通信,通过可重复利用的无人或有人平流层平台系统、高空气球或飞行器,携带天线和转发器,在地球上空 25km 高度的平流层中,以准静止的状态运行。目前,这一高度尚未在电信服务行业广泛使用,仅用于相关的科研实验。这些系统像低空飞行器一样既有方位角又有仰角。与蜂窝系统基站塔相比,这种仰角能更好地应对阴影和建筑物对传播的影响,提供较好的覆盖和穿透。

表 7.1　数据密度和信号延迟的比较

节点类型	节点数据密度		往返时延	
	最小值/ (Mb/s/km²)	最大值/ (Mb/s/km²)	最小值/ms	最大值/ms
本地多点分发业务	3	30	0.003	0.060
Halo	2	20	0.10	0.35
地球低轨 卫星(宽带)	0.002	0.02	2.50	7.50
地球静止轨道卫星	0.0005	0.02	200	240

7.1　平流层平台系统概述

根据1997年世界无线电通信会议(WRC)《无线电条例》(RR)No. S1.66A中的定义,平流层平台系统或高空平台系统是一个运行在地球表面上空20～50km高度某个位置上的物体,相对于地球是一个很小的固定点(WRC-122,97)。在本章中为使表述与空间通信领域更为贴切,高空平台系统都统一用平流层平台系统代替。上述定义在表述中并未界定这个物体是无人还是有人驾驶的,甚至也没有界定它是如何被驱动的。图7.1展示了地球静止轨道卫星、中地球轨道卫星、低地球轨道卫星、太阳能电池驱动的无人驾驶平流层平台、燃料发动机推进驱动的三种无人驾驶飞行器。这里也可将日常使用燃料驱动的有人机纳入其中,它与无人驾驶飞行器之间的协同也可用于军事。

一些国家为开发平流层中的悬停和飞行载体,正提出可选择的技术。他们将平流层平台系统部署在商用飞机上空足够高的地方,期望以最少的地面网络基础设施,提供大面积或点覆盖的通信、导航、监视以及广播和环境观测服务。

通常这种系统将由一个或多个平流层平台系统组成。这些平流层平台通过平台间链路与地球静止轨道、中地球轨道、低地球轨道卫星系统连接在一起,如图7.2所示。在另一方面,也可不使用平台间链路连接,平台间可通过位于重叠区域内的地球站进行通信。在这种方式下,平流层平台网络必须通过转发器实

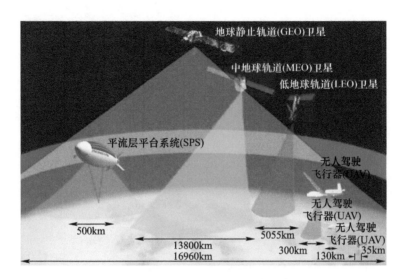

图 7.1 卫星和平流层平台系统网络（图片来源：Ilcev）

现用户段和地球站之间的回程，地球站连接光纤或地面通信链路。可见，平流层平台设施可通过平台间链路连接，平台间链路可通过地球站连接，对偏远地区也可以通过卫星及卫星回程线路，扩展网络覆盖区域。

平流层平台系统在几个月或几年内提供连续固定或移动服务，这些服务包括基于 IP 的语音数据视频、计算机网络，以相对较低的成本接入公共网络和互联网，提供比当前蜂窝系统在建筑物内更好的传输和穿透能力。新的平流层平台具有高仰角、宽覆盖、低延迟传播、低成本运行、容易大量部署、紧急情况下可移动等能力，能够提供高速多媒体无线通信业务。

常用的平流层平台系统覆盖半径据悉已超过 150km。随着半径增大，覆盖区域增加，但仰角变小，遮挡损耗将会变大，传播将会变弱，服务质量将会有所降低。目前，宽带无线接入实际最小仰角为 5°，为避免过多杂波，目前普遍采用 15° 仰角。这意味着位于 20km 高度的空间平台覆盖区域直径接近 400 ~ 500km。将平流层平台系统网络与其他地面网络连接起来的地面站，可以部署在建筑物的顶部或车载移动设备上。对于没有大型地面电信网络的偏远地区，可以使用卫星进行回程。大多数平流层平台部署在海拔约 25 ~ 30km 的地方，它的覆盖区域将可达到约 600km，如图 7.2 所示。平流层平台位于地面系统和卫星系统之间，覆盖区域达 500km。

尽管早在 20 世纪 50 年代末，世界各地的很多大学和研究中心已经开始着手对无人驾驶飞行器进行研发，但这种基于平流层平台的系统却是过去几年来所提出可选择方案中的典型代表。因为它与地面和卫星系统相比有许多优点，

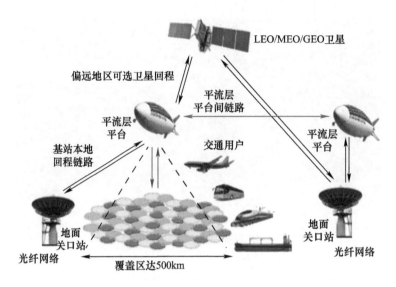

图 7.2 与卫星系统集成的平流层平台网络(图片来源:Ilcev)

避免了许多需要解决的问题(ITU – Q/2,98)。平流层平台系统计划提供各种应用和服务,根据所需带宽,可分为窄带或宽带业务。用户将其信息直接传输到平台,平台上的交换设备将把信息直接路由到同一平台覆盖区域内的其他用户或异构网络的其他用户。

平流层平台系统网络包含一个或多个准静止的平流层平台,为确保平流层平台与电信网络的互连,每个平流层平台与位于城市或郊区覆盖区域内的若干地面信关站相连。这些平流层平台网络可以与地面固定站、卫星、专用和公共通信网络,以及大量移动和固定用户集成。由于在大多数信息传输时间内,通过平流层平台的系统均处于视距状态,因此接收机收到的信号质量较高。另一方面,由于平流层平台系统和卫星系统收发信号均是高到达角,几乎不受阴影和多径失真的影响,因此与地面系统相比,平流层平台系统减少了阴影影响。与卫星系统相比,平流层平台系统传播时延较小。每个平流层平台可以配备一个多波束天线,这样在其几何覆盖区域内就可投射大量点波束。

这些平台是城市区域内最高信号塔。在一个基于平流层平台的系统中,为使无线电覆盖区域或直径范围高达 500km,这些平台部署需高于地面。根据 ITU – R 定义,覆盖区域有三种类型,即城市覆盖区(UAC)、郊区覆盖区(SAC)和农村覆盖区(RAC),这些覆盖区域是由接收机位置决定,具体取决于用户接收位置的最小仰角,以及用户到平台在地球投影点的距离。对应区域如图 7.3 所示,相关的一些重要参数见表 7.2,其中 h 表示平台距地面的高度。

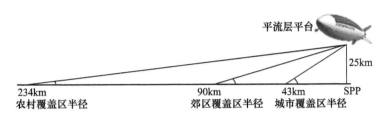

图 7.3 平流层平台网络中覆盖区域半径(图片来源:Zavala)

表 7.2 平流层平台覆盖区域半径特征

地区	仰角/(°)	覆盖半径/km	
		$h = 21\text{km}$	$h = 25\text{km}$
城市覆盖区	90 ~ 30	0 ~ 36	0 ~ 43
郊区覆盖区	30 ~ 15	36 ~ 76.5	43 ~ 90.5
农村覆盖区	15 ~ 5	76.5 ~ 203	90.5 ~ 234

如前所述,目前有两种成熟系统提供无线通信服务。第一种是地面系统,它广泛应用于蜂窝和个人通信系统。第二种是通过地球静止轨道、中地球轨道、低地球轨道卫星系统。目前,这些无线系统在世界范围内提供从低速到高速的通信服务。每个系统均有其优缺点,在地面系统中,需要大量的基站提供所需的覆盖。因此为增加容量,需减小小区的大小或采用天线分区。这两种系统都将频谱在给定地理区域内反复利用,这就是所谓的频率复用技术。

这种理论催生了高密度用户微小区的概念。基站可能部署在每个街角,如图 7.4 所示。事实上,该方案将 IMT - 2000 与平流层平台系统和蜂窝网络集成在一起,覆盖范围包括大城市室内微微蜂窝网络、城市微蜂窝网络、郊区宏蜂窝网络和全球卫星网络。除基本手持终端、PDA 终端和音频或视频终端之外,这种形式的集成可与现代的 WiFi 和 WiMAX 连接,为固定和移动用户提供服务。因此,平流层平台网络正在发挥巨大的效能,它将对本地和区域通信系统的发展产生重大的影响。平流层平台网络非常适合于企业和运输的通信、导航、监视系统,尤其适用于海港与机场区域交通控制与安全性能的提升。

7.1.1 平流层平台系统网络架构及应用

尽管蜂窝系统是通信行业发展最快的技术之一,但与地球静止轨道、中地球轨道、低地球轨道卫星系统相集成的平流层平台系统最近已成为了世界关注的焦点和未来发展趋势。大型单站平流层平台网络根据海拔高度的不同可提供最大 600km 的覆盖范围。

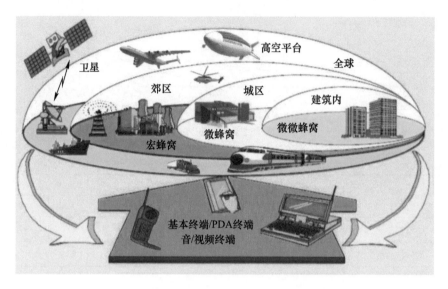

图 7.4 IMT – 2000/通用移动通信系统卫星与
平流层平台的系统集成方案(图片来源:Ilcev)

　　另一方面,为提供独立的通信导航监视及其他业务,平流层平台需要集成全球导航卫星系统,如美国 GPS 和俄罗斯 GLONASS,如图 7.5 所示。相较于地面蜂窝、固定电话电信技术,平流层平台网络所需的通信基础设施少,单个平台可服务的潜在区域大。因能够提供视距链路,这使得小区内的区域规划变得更为简单,系统最终会变得更经济高效。

　　基于上述特征,平流层平台网络适用于提供广播和多播业务,可被设计用于:

　　(1) 固定和移动通信系统,为城市、郊区和农村提供通信手段;

　　(2) 为所有移动应用提供通信、导航和监视;

　　(3) 海上、陆地和空中的交通管制;

　　(4) 跟踪和监控移动设备、人员、动物和资产;

　　(5) 地球遥感和天气观测;

　　(6) 灾害监测、应急响应和安全管理;

　　(7) 广播、新闻采集、宽带、多媒体和快速互联网;

　　(8) 服务提供商平台、企业和专用网络;

　　(9) 国防和警务信息管理。

　　这些任务可以在集成的基础上分别完成,以降低总成本。其中一些与科学研究或商业项目相关,另一些与安全和军事应用相关。当需要快速系统部署和

图 7.5　IMT 通用移动通信系统卫星与平流层平台的系统集成方案（图片来源：Ilcev）

因维护进行重新部署时，平流层平台将是一个有吸引力的方案。平流层平台系统最初可以最低成本、用最小配置，在后续逐步进行升级，相反卫星系统在其生命周期内则不能重新部署或升级。

平流层平台系统的主要任务是为地面信息通信业务提供主干网，例如提供现代宽带业务、超高速互联网、高清电视和超高清电视（4k）、本地多点分发业务、多通道多媒体分发业务和微波接入无线互操作。这些业务都需要宽带与高容量。通常认为这些业务通过使用技术完善的地面系统基站来实现，但这些技术仍然面临新的挑战，例如小区结构、切换控制以及动态信道分配。

无线宽带接入业务工作在较高的频段，如几吉赫（GHz）的毫米波频段，以提供所需射频带宽。在世界上大多数国家，分配给地面移动通信的频段在 30GHz 附近。国际电联已将 47~48GHz 的频段分配给平流层平台系统。在一些地区，将 28~31GHz 的频段分配给高空平台。

平流层平台系统集群是国际移动通信 IMT-20003/4G 网络最重要的通信基础设施之一。因为其网络可用较少的基础设施，提供新的 IMT-2000 业务，如图 7.4 所示。IMT-2000 标准包括关口站部署相关规定。在对平流层平台集群部署之前，需对小区规划和天线发展开展进一步研究。所采用的接入技术，如码分多址、基于 IMT-2000 的宽带码分多址、基于码分多址的平流层通信平台通用移动电信系统（用于 3G 通信），需要针对以下具体应用进行选择。

（1）数据交通网络：用于局域网和广域网的基础设施和互连系统；IP语音、IP语音数据视频传输；高速数据传输；WiFi，WiMAX以及WiFi热点回程。

（2）电信网：用于固定与移动融合；2G、3G和4G移动业务；电信基础设施的互操作性；视频会议；城市网络。

（3）广播网：用于电视和电视点播系统；IP电视；数字广播和音频；视频点播；交互式电视。

（4）通信、导航和监视网络：为所有移动应用提供重要的通信、导航和监视系统，包括智能运输系统。

（5）监控、情报和边境监视：与机器对机器系统集成的平流层平台网络，提供监视和网络保护（例如保护电力、石油、天然气、水、交通网络和通信系统），检测损坏和威胁（例如发电厂、电力线、石油或天然气管道、道路、铁路线、车辆和通信系统）。

（6）灾难管理：平流层平台网络对灾难救援是非常重要的。灾难随时随地都可能发生，因此与灾难管理相关的行动必须以适当的方式迅速开展。第一时间就必须通过平流层平台网络对该地区进行勘察，以获得尽可能多与灾害有关的数据和信息，如洪水探测、地震监测、遥感以及灾害管理。平流层平台还可以支持重要人员保护、侦察、紧急通信、天气预报、检测自然灾害和支持救援行动。

（7）国土安全系统：为边境口岸、现场安全、贸易走廊、机场、铁路、海港和海岸提供保护，包括武器或大规模杀伤性武器爆炸点周围的影响区域。

7.1.2　平流层平台系统技术与几何关系

从几何角度来看，平流层平台系统与地面通信网、微型蜂窝及多用途卫星通信网络相比，具有较大的优势和更好的特性，如图7.6所示。此外，该系统还有一些自身优势，在当前系统中还没有应用。

平流层平台系统最大的优势是仰角高、覆盖范围广、传播时延小、运行成本低、部署简便迅速，以及在紧急情况下可以移动。目前飞艇技术尚不成熟，平台上的稳定系统和天线技术仍具挑战，有待进一步研究。人们期望平流层平台系统能摆脱一些传统网络固有的缺陷（地面系统需要大量的基站，地球静止轨道卫星系统对地覆盖的每个小分区不能太小，地球中轨和低轨卫星系统面临切换问题），为未来蜂窝系统提供更经济高效的主干网。由于这些显著的优势，国际电联将部分频谱分配给了平流层平台系统，其中3G移动系统使用2GHz，全球范围使用48/47GHz，某些亚洲国家使用31/28GHz。

除此之外，平流层平台系统被称为"比空气轻的系统"，仅在太阳能供电的情况下，就能够在空间站点上长时间飞行，起着人造卫星的作用，同时拥有距离

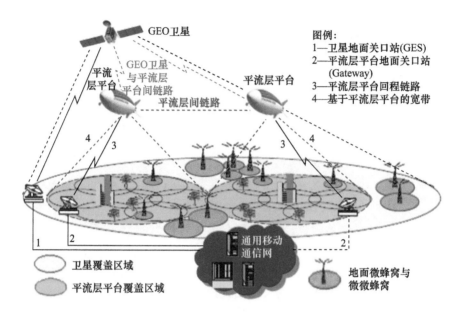

图例：
1—卫星地面关口站（GES）
2—平流层平台地面关口站
（Gateway）
3—平流层平台回程链路
4—基于平流层平台的宽带

图 7.6　蜂窝网络和空间网络的整合（图片来源：欧空局）

地球近、更灵活的优势。这种平台正吸引着人们各种应用兴趣。例如，向缺乏电信基础设施（有线和无线）的农村及偏远地区提供各种大范围的通信服务，向受灾地区提供基本应急通信，向居民区提供成本相对较低、部署迅速、数据传输速率可接受的宽带电信服务。平流层平台系统有望提供高质量的电视广播和视频业务。由于灵活性高，它能够应用于遥感和对地观测。

尽管平流层平台系统具有地面和卫星系统所不具备的诸多优点，但在实际部署应用前，仍有一些未公开报道但非常重要的问题需要予以证实，如平流层平台系统与地面移动用户之间通信链路的信道特性。本文利用平流层平台系统概念对移动用户的通信链路进行了建模和表征，并对通信链路传播能力进行了研究。平流层平台系统不仅可以应用在视距条件下，也可应用在阴影条件下。

通常情况下，在设计和评估平流层平台系统站点通信特性之前，估算系统几何特征是很重要的，如图 7.7 所示，通过地球曲率来描述平流层平台系统的几何特征。平流层平台系统位于地面上空高度为 h 的 C 点；平台垂直正下方为地球表面的 B 点。图中 A 点表示平流层平台所服务的用户所在位置，相对于平流层平台的仰角为 α。图中 O 点代表地球中心，R_e 是地球半径。根据三角形原理，可以表示为

$$OA/\sin = OC/\sin(90 + \alpha) - OC/\cos\alpha \tag{7.1}$$

$$\sin = \left[R_e/(R_e + h) \right]\cos\alpha \tag{7.2}$$

507

假设地球表面是一个理想的球体,圆弧 AB 表示地面上平流层平台系统覆盖的半径(d),则可通过以下等式表示:

$$AB = R_e \gamma \tag{7.3}$$

考虑到三角形 OAC 内角和为 180°,因此角度 γ 满足如下方程:

$$\gamma = 90° - \beta - \alpha \tag{7.4}$$

在替换(7.2)~(7.4)关系式后,平流层平台系统的覆盖半径可重新表示为

$$d = \text{Re}\left\{\cos^{-1}\left[R_e \times \cos\alpha/(R_e + h)\right]\alpha\right\} \tag{7.5}$$

根据上述几何分析,高度 20km 的平流层平台仰角为 0°时,能够覆盖的地面区域半径可达 504km。覆盖区域半径与仰角的函数关系如图 7.7 所示。在这一高度上,与地面无线电塔相比,平流层平台系统可视为一个高度很高的塔,因此较易提供高仰角的视距通信,链路受障碍物影响较小,传输所需的功率相对较小,天线及无线电设备也可以做得更小。此外,当平流层平台系统用于电话类业务时,语音延迟极小,因为平流层平台系统比卫星离地球表面要近的多,该系统的传播时延几乎不是问题。

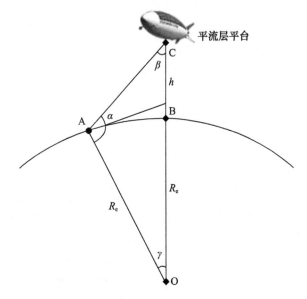

图 7.7　平流层平台系统的几何覆盖

7.1.3　空间段的最新发展

空间段平台的一些发展,最近已经得到验证,尤其在国际边界的监视系统

设计方面,在控制边界非法移民的问题上,是非常可靠、有效的。日本、美国和瑞士的公司已经对小型飞艇进行了多次试验。目前有几个项目正专注于空间平台,通过无线微波接入(WiMAX),提供固定无线宽带业务。1992 年成立的StratoComm 公司(http://www. stratocomm. net/about. php),在这期间设计了一个过渡性的电信系统,作为迅速提高电信业务不足地区能力的一种方式。一旦商用,该系统将提供从浮空器系统到平流层系统的无缝过渡,覆盖范围如图 7.8 所示。

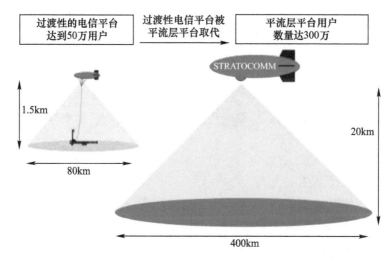

图 7.8 从过渡性电信系统到平流层平台系统设施(图片来源:Ilcev)

StratoComm 公司的过渡性电信系统空间平台是一个比空气轻的浮空器系统,该系统位于提供服务区域上空约 1500m 的高度。通过高强度钢和凯夫拉尔系绳(Kevlar tether)连接到地面,以确保其位置精度和用户服务能力,并通过嵌入系统中的光纤电缆和电线提供电力、运行控制和数据业务。这种过渡型浮空器长约 37m,最宽处达 12m。它符合美国联邦航空局的所有要求,包括紧急飞行终止系统和适当的照明。浮空器内部配有电信有效载荷,重约225kg,能够在直径 80km 覆盖区域内,为用户提供宽带互联网、语音、视频以及各种综合业务。

另一方面,平流层平台系统不会给飞机的飞行带来干扰,因为该系统位于地面上空 10km 以上,飞艇采用"比空气还轻"技术,它是利用高强度、轻质材料制造而成,配有保持适当定位能力的先进推进系统。它还配备有自主导航、无线电控制和通信有效载荷稳定系统。如图 7.8 所示,如果飞艇位于地球上方 20km 的位置,则区域覆盖半径可达 400km。为保持平流层飞艇的形状,系统升空前充入从空气中分离出的特定体积氦气。随着平流层平台系统上升，氦气膨胀，并在适当的高度排出飞艇中的空气。一旦进入平流层，平流层平台系统就被遥控至预定位置。在 5 年部署期内，由太阳能电池、普通电池和燃料电池构成的电池组为其提供动力。平流层平台系统还包含了测控系统，在对平流层平台进行远程测控的同时还作为数据传输的冗余系统。这种设计提高了飞艇可用性、可靠性和安全性。平流层平台能承载约 1000kg 重的通信载荷，能够向约 300 万用户提供固定和移动宽带、窄带及无线骨干业务。为便于按需重新分配容量，系统的配置可以在几毫秒内进行动态调整，如在上下班高峰时间将容量分配给高流量通勤路线，在周末分配给商业区，在有赛事时分配给体育场。

如上所述，平流层平台系统有飞机和飞艇两种主要的类型，具体可分为以下四类。

（1）燃油载人飞机，以小圆圈飞行，对目标地点进行观察成像作业，可运行 48h 左右或直到燃油即将耗尽；

（2）燃油无人飞机，可以飞行到燃油即将耗尽；

（3）太阳能无人驾驶飞机，至少可以飞行 6 个月并得到维护；

（4）太阳能无人飞艇，可以在某个位置悬停至少 6 个月，需着陆进行维护，在维护期间在其运行位置部署另一艘飞艇。

7.1.4　平流层平台系统地面段

高空长航时作业飞机将在直径约 5~8n mile 的圆圈内飞行，保持在 5.2~6 万英尺高度。每 8h 一班，三个连续班次可以提供每天 24h 和每周 7 天的不间断服务。这种系统可以经济高效地的向不同商业团体及公众提供宽带多媒体通信。

如果选择 20° 或更高的视角，在 20GHz 或更高的毫米波射频下，一个这样的平台将能形成良好的视距覆盖区域，能够覆盖约 2800 平方英里的区域，相当于典型的大都市，且能使系统在 1~6GHz 带宽下运行。除此之外，毫米波系统还可采用小口径天线实现非常窄的波束。高空长航时作业网络能够应用地面蜂窝模式，使每个小区使用四个频率子带中的一个，每个子带的带宽高达 60MHz。第五个子带可用于网关（连接到公共网络或专用用户）。每个子带单元将覆盖几平方英里面积。单个机载平台支持网络总容量超过 100Gb/s，与地面光纤网络相差无几，能够提供通常只能通过光纤网络才能提供的双向宽带多媒体业务。

图 7.9 是用户设备功能框图。它主要由三个硬件单元组成，包含毫米波天

线和毫米波收发机射频单元;网络接口单元;诸如个人计算机、电话、视频服务器、视频显示器等应用终端。射频单元由一个小型双馈天线和安装在天线上的毫米波发射机、接收机组成。天线跟踪单元使用高空长航时作业飞机发送的导频,将其天线指向飞机。毫米波发射机接收来自网络接口单元的 L 频段(950 ~ 1950MHz)中频信号,将其转换为射频毫米波,使用功率放大器,将信号放大至 100 ~ 500mW 并向天线馈电。毫米波接收机将从天线接收的信号耦合到低噪声放大器,将信号下变频到 L 频段的中频,在进行放大与处理后将信号输出到网络接口单元。由于毫米波收发机是宽频的,因此在常态下一次只能处理单个的 40MHz 信号。信道和频率选择由网络接口单元完成。网络接口单元通过同轴电缆与射频单元连接,同轴电缆在网络接口单元与射频单元之间传输 L 频段的发射、接收信号。网络接口单元包括一个 L 频段调谐器和下行变频器、最高速度达 60Mb/s 的解调器、高速调制器、多路复分接器以及数据/电话/视频接口设备。每个用户终端将通过平流层平台系统和关口站(或网关),以高达 51.84Mb/s 的速率提供数据访问。

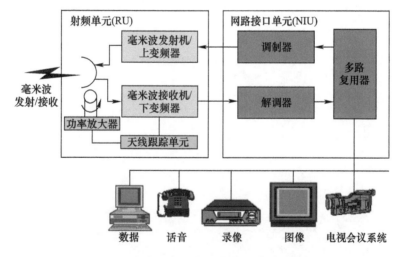

图 7.9　用户设备功能框图(图片来源:Ilcev)

　　微波宽带可用于扩频编码,提高抗干扰性能。但这种应用将会降低用户传输速率。由于网络接口单元设备等同于已开发的本地多点分发业务(LMDS)和其他宽带业务设备,所以它能降低用户服务成本。同样,它的射频单元在功能上与其他业务(如 LMDS)也非常接近,主要区别在于它的天线具备跟踪功能。如果使用相同的射频频段,两者射频信号的电子器件将是相同的。用户终端设备可较为容易地在现有宽带业务设备基础上改造而来。

7.2 平流层飞机平台

新的飞机项目采用续航时间预计为数个月的特殊太阳能驱动无人机,或以日为周期由燃料发动机驱动的有人机,系统经济高效。通过发展新的系统,如General Atomic、Halostar/Halo、Heliplat/HeliNet Hale、SkyTower Global,以及即将推出的其他网络,平流层飞机将会变得更加高效。

7.2.1 General Atomic 公司平流层平台网络

General Atomic 空中飞行器通信系统在无人机设计、制造和部署方面均处于全球领先地位。它正在发展下一代平流层平台系统,如图7.10所示。使用稳定的空中平台作为手机、车载、家庭办公无线用户之间的电子接口以及蜂窝通信基础设施,可以大大减少对蜂窝站点,以及其他昂贵蜂窝和个人通信网络单元的需求。新的平流层平台系统既降低了成本,又增加了地理覆盖范围,使许多低密度与农村地区服务更加经济高效,与建造个人通信系统相比,仅用很少时间就能完成系统部署。

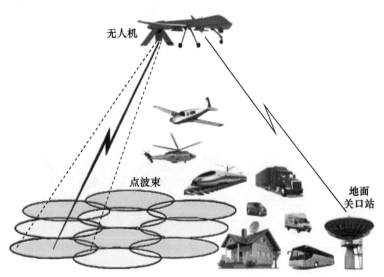

图 7.10 General Atomic 飞行器通信系统(AVCS,图片来源:Ilcev)

7.2.1.1 空中飞行器通信系统

如上所述,General Atomic 公司正在开展一个名为空中飞行器通信系统的特殊项目。如图7.10所示,该系统由空间段和地面段组成。空间段是配有通信有效载荷的无人机（UAV），有效载荷由转发器和天线系统组成。地面段主要由用户终端和空中飞行器通信系统地面站组成。空中飞行器通信系统用户终端是常用的固定、移动和手持设备，这些终端在飞行器的点波束天线覆盖范围内工作。用户的呼叫是通过空中飞行器通信系统转发器及其地面站发送给地面用户，反之亦然。地面站实际上是一个基站，它配备了合适的收发机，用于接收和发送来自飞行器的信号。同时配备了能控制飞行器位置与有效载荷状况的设备。

因此，覆盖范围内的每个用户都可以使用最新的码多分址空中接口进行通信，从用户上行到无人机，再下行到地面站，地面站将信号传送到类似于蜂窝或其他系统的信号处理平台。同时，基站设备控制飞机的飞行，以确保它与地面覆盖区域保持适当的关系，从而确保机载天线的正常工作。无人机携有复杂的制导控制设备，利用 GPS 来保持飞机飞行。来自公用交换电话网的业务使用反向路径进行连接。

7.2.1.2　Altus 高空飞机

General Atomic 公司研究团队联合美国国家航空航天局、美国海军以及能源部，为未来空中飞行器通信系统项目开发了一架 Altus 高空原型飞机，如图 7.11 所示，这种平流层飞机将是电信中继、蜂窝中继和商业应用的理想选择。

图 7.11　高空 Altus 燃油动力无人机样机（图片来源：互联网）

Altus 部署的目的是支持美国能源部的大气研究，未来计划利用其高空能力了解和预测飓风路径和潜在破坏，也应用于其他一些前沿科学研究。

基于先前"蚋蚊"（GNAT）和"捕食者"（Predator）两架飞机开发了 Altus 原型机。Altus Ⅰ 在 13.70km 左右高度上飞行，Altus Ⅱ 在 19.80km 高度上飞行。两架飞机都使用燃料作为动力，与太阳能飞机相比，这是一个缺点。该原型机翼展为 16.76m，长度约为 6.71m，可配备约 148.5kg 的大型有效载荷，以便于携带转发器和天线系统。

将天线阵列部署在平流层飞机上，这个高度可规避繁忙的商业飞行和几乎所有不利的天气条件的影响，显著增加无线系统的地面覆盖范围。空中飞行器通信系统消除了地面或卫星通信系统引起的一些技术问题。如果想了解空中飞行器通信系统项目两架飞机（可互为备份）究竟能覆盖多大的区域，哪些区域能够交叉覆盖，相互备份，可以以旧金山湾区在现代通信设施下的重叠覆盖作为参考。

7.2.2　SkyTower（Helios）平流层平台全球网络

2000 年 10 月，AeroVironment 公司为寻求商业通信机会，利用其自身拥有的太阳能无人飞机，正式成立 SkyTower 子公司。同时，借助 SkyTower 团队与主要电信系统提供商的合作，开始验证 SkyTower 平流层平台系统在多种应用上的技术经济可行性，并研发商业系统。

SkyTower 公司在 2001 年 2 月、2001 年 3 月分别在东京、台北成功举办了研讨会，他们向行业和政府代表介绍了 SkyTowe 的技术和商机，与多家电信服务提供商签订了协议，共同评估、寻求在各自领域内的商业机会。为此，SkyTower 公司在 2001 年 4 月召开了第一次顾问咨询委员会会议。顾问委员会成员包括来自电信和航空航天业内主要公司的现任及前任高管，如 Cisco、Global Crossing 和 Loral 等。

7.2.2.1　SkyTower（Helios）飞机发展历程

SkyTower 公司于 1995 年研制了美国国家航空航天局项目下的第一架高空太阳能电动无人机 SkyTower"探路者"（Pathfinder）。该无人机翼展约 29.87m，在 1995 年和 1997 年分别飞行到 15.39km 和 21.79km 高，如图 7.12（左）所示。

第二个改进的"探路者"称为加强版"探路者"（Pathfinder - Plus），翼展更宽，为 36.88m，在 24.44km 高空飞行，比其他所有螺旋桨驱动的飞机都飞得高。这次飞行纪录是"探路者"平台第 39 次连续成功飞行测试时创造的。在夏威夷考艾岛（Kauai）上方爬升在这个高度后，加强版"探路者"向地面传输了数小时 3G 移动语音、数据和视频业务，这些业务在标准的 NTT DoCoMo 3G 视频手机上能够接收，如图 7.12（右）所示。它的下一代飞机名为"百夫长"（Centurion），翼展 62.78m，于 1998 年在美国爱德华兹空军基地试飞。随后这款飞机翼展进一

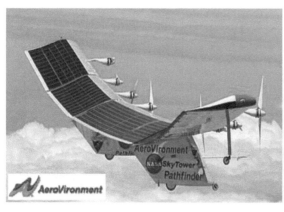

图 7.12　SkyTower 和 NTT DoCoMo（图片来源：互联网）

步扩展至 75.28m。飞机原型被重新命名为"太阳神"（Helios）原型机。

2002 年 6—7 月，SkyTower 公司与日本邮电部（CRL/TAO）以及 NASA 合作，在考艾岛成功完成了几次无线测试，这是世界上首次在 18km 以上平流层的商业应用传输。两项测试分别是高清电视（HDTV）和 3G 手机应用。通过上述测试，进一步验证了 SkyTowe 无人机开展广泛的电信应用的可行性。

Helios 原型机现正在 AeroVironment 公司进行测试，这是美国国家航空航天局环境调查飞机与传感器技术（ERAST）项目的一部分。该系统的精简版将会集成到 Helios 平流层飞机中，以实现连续多用途通信业务。2003 年，Helios 采用燃料电池能源集成系统，在平流层进行了世界上首次多天飞行测试。在这次飞行测试中，Helios 在平流层进行了宽带演示，用户速度超过 50Mb/s。由此，Aero-Vironment 公司在 2004 年推出了固定宽带商业服务。

图 7.13 显示了 SkyTower 空间段和地面段的相关配置，包括 Helios 太阳能无人机和通信有效载荷。它能在最低 18km 的平流层运行且不受所有航线和天气影响，飞行时间长达 6 个月，有固定、半固定和移动地面通信设备接入链路。

7.2.2.2　网络系统配置

数十年来，绕地运行的卫星一直被认为是电信的终极前沿。但与此同时，AeroVironmen 公司一直在探索一种依托高空飞机，为城市区域提供一系列电信服务的飞行通信平台。因为在这个项目的背后存在着一个事实，那就是固定翼飞机在建造、发射和运行方面比卫星成本低很多。

SkyTower 空间段是基于 AeroVironment 公司与美国国家航空航天局合作研发的太阳能电动无人机技术。SkyTower 的商业契机是建立和运营基于太阳能电动飞机的电信网络，最初仅面向固定宽带接入（"最后一英里"）服务提供商，随后会

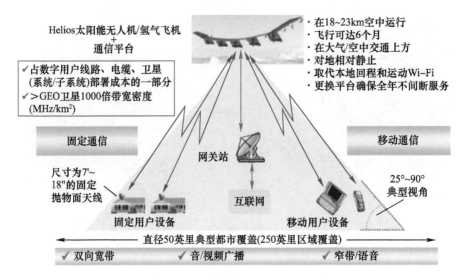

图 7.13　SkyTower 的空间段和地面段(图片来源:互联网)

有其他的一些商业电信应用,如 3G 移动语音和视频业务、直播和窄带语音。

地面段由 Helios 的通信有效载荷覆盖,覆盖的城市区域直径达 50 英里,区域漫游(包括农村)直径为 250 英里。固定和移动通信设备可以通过 Helios 飞机和网关站连接到互联网、公用交换电话网和 IMT – 2000 网络。采用适当的方式,该系统可以通过蜂窝电话传送语音/数据、视频图像,也可以传输网络电话、视频会议、互连网数据传输。

除此之外,因飞机独特的小转弯半径,使它从地面看起来是静止的,用户能够采用小型、低成本的固定天线。与地球静止轨道卫星相比,平台离地球表面更近,频率复用比卫星要高得多,因此本地访问能力提高了 1000 多倍。多个平流层平台可服务于同一个区域,进一步复用相同的频谱,这又成倍地增加了系统容量。

SkyTower 公司现在正与主要通信系统运营商和地区服务提供商合作,寻求全球市场机会,并计划推出首个电信服务。目前 SkyTower 公司已经与多家电信服务提供商签订了协议,共同评估、寻求各自领域市场的机会。到 2004 年,在选定的区域内这些公司开始全面服务,其部分系统性能如表 7.3 所示。

表 7.3　SkyTower 系统性能一览表

工作高度和纬度	18.28 ~ 21.34km、所有纬度
飞行持续时间和最大速度	长达 6 个月、两次着陆期间飞行速度 150m/h
有效载荷重量和功率	高达 227kg、5kW
飞行控制	无人自主系统、有人冗余备份

续表

工作高度和纬度	18.28~21.34km、所有纬度
最大覆盖范围	一般直径 50 英里的城市,可扩展到直径 250 英里的区域覆盖
辐射视角	100% 无污染、高达 90°
频谱	目前 ITU 分配的是 2GHz;27~32GHz 和 47GHz 宽带
宽带容量	单个平台 5Gb/s(多个平台可服务于同一区域)

2002 年 6 月,SkyTower 与日本通信研究实验室(CRL)、日本电信发展组织(TAO)、美国国家航空航天局(NASA)进行了合作,在大约 20km 的高度成功地组织了以下两次飞机测试:

(1)测试 1:数字广播高清视频(HDTV)。

(2)测试 2 和 3:IMT-2000/UMTS(3G)移动应用,现在使用的 DoCoMo 视频手机,速度 64kb/s;笔记本电脑上网,速度 384kb/s。

未来 SkyTower 的测试将演示固定无线宽带功能,如用户速度超过 50Mb/s 的超高速互联网接入。

7.3　平流层飞艇平台

新的飞艇项目采用特殊无人驾驶和非燃料太阳能电池驱动的气球,为平流层平台系统提供经济高效的空中平台,预估续航时间为数个月。与飞机相比,现在很难判断哪种方式更稳定、更适合于未来平流层平台系统。目前有几种飞艇网络,如 SkyStation 全球网、SkyLARK 网、StratCon(StratoSat)全球网和 TAO 网。

7.3.1　SkyStation 全球网

SkyStation 平流层飞艇系统是由 SkyStation 公司与一个国际财团共同研制的,该财团包括意大利的 Finmeccanica S. p. AAlenia Aerospace、法国 Alenia Aerospace、美国 Scaled Composites Inc、英国 Lindstrand Balloons Ltd 、加拿大 Spar Aerospace。他们开发的平流层电信业务新技术于 2004 年首次部署在 SkyStation 平台。后续该平台将根据各国主管机构所提出的用户需求进行部署。

SkyStation 公司通过提供比现有或宣布的可选方案价格更低的方式,提供个人 T1/E1 宽带业务,满足广阔的 3G 市场需求。随着上行链路数据速率突破 2Mb/s、下行链路突破 10Mb/s,用户将享受高速互联网浏览托管及其他宽带业务,如视频会议。图 7.14 显示了 SkyStation 空间段和地面段。空间段包括一艘飞艇,它的接入链路具有三个覆盖范围:城市范围(UAC)直径高达 75km,郊区范围(SAC)直径高达 150km,农村范围(RAC)直径高达 600km。地面段包括数个关口站、移动数字电话用户、可视电话、互联网接入和电子邮件业务。

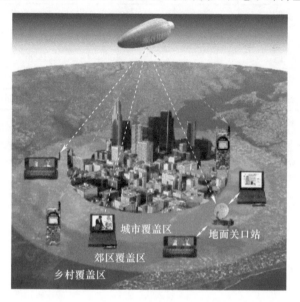

图 7.14　平流层 SkyStation 平台的配置(图片来源:互联网)

7.3.2　TAO(SkyLARK)平流层网络

自 1998 年 4 月,平流层飞艇的研发一直在开展。该项目最终目标是实现平流层飞艇系统在 20km 左右高度进行长时段定点飞行。该项成果使先进的无线固定和移动通信、数字直接广播、现代宽带传输以及全球远程的高分辨率环境监测成为了可能。这一先进的平流层平台系统项目由日本通信研究实验室(CRL)、日本国家宇宙开发厅(NASDA)、日本海洋科技中心(JAMSTEC)和日本电信发展组织(TAO)共同推动。

7.3.2.1　飞艇平台系统简介

无人飞艇是一种平流层平台,保持在大约 20km 的平流层高度,应用于多媒体通信和地球观测。它配备了通信有效载荷、观测传感器或其他设备。平流层平台的设计类似于卫星空间段,作为中继站,使用馈线链路从地面站接收信号,并使用业务链路将信号转发给用户。因此,像卫星一样,飞艇配备了相应转发器和天线系统有效载荷。发射平流层平台至指定位置的过程,比将卫星送入到任何轨道都简单得多。在吊架上对飞艇进行充分准备后,分为四个上升阶段。通过对流层到达平流层的交接点,最后转移到定点位置。回收阶段的方向相反,飞艇从定点位置向交接点缓慢移动,并从那里分四个阶段下降到地面。

飞艇结构呈椭圆形、半刚性船体,总长约为 200m,如图 7.15 所示。它由一个保持固定外形的气压船体和内部充满氦气的特殊浮力袋组成。

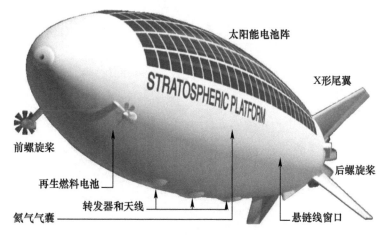

图 7.15　TAO 型平流层平台的主要部件(图片来源:Ilcev)

两个空气气囊安装在船体内部,以保持飞艇所需的姿态。为了对升力进行负载平衡,悬链线直接连接到外壳下部刚性龙骨上。推进螺旋桨安装在飞艇的尾部,尾翼安装在船体的后端。太阳能光伏发电子系统用于为飞艇推进提供昼夜循环的电力,该系统采用的是太阳能电池与再生燃料电池。

飞艇的长度通常约为 250m、直径为 60m。长约是巨型喷气式客机的 4 倍,重约为 32t。结构和膜材料的重量占比约为 50%。与电力系统相关的太阳能电池阵列和燃料电池也很重,为任务配备的装备重量在 1t 左右。

飞艇漂浮在一定高度的必要条件是作用在飞艇上的重力和浮力处于平衡状态。不像热气球,当飞艇的形状和体积一定时,其在 20km 高度的浮力大约是海平面的 1/15。若在 20km 高度浮力与重力达到平衡,飞艇在海平面的浮力就应该是重力的 15 倍。为了在平流层中悬浮一个平流层平台系统,浮力尽可能大,飞艇就要尽可能轻。飞艇内部放置数个内置氦气袋,以获得足够大的浮力。

7.3.2.2　网络覆盖与地面段

需要确定未来的平流层平台网络需要多少艘飞艇来覆盖一个特定的地域或一个国家,以及这个网络是否是全球性的。在飞艇高度 22km、最小仰角 10° 条件下,覆盖日本全部岛屿需要设置 16 个平流层平台,覆盖英国领土需要 6 个平流层平台,如图 7.16 所示。单个飞艇可以独立覆盖一定的地域,平流层平台的服务可以从人口较多的区域开始,飞艇数量逐渐增加。

图 7.17 显示了覆盖整个南非所采用的飞艇部署方案,该方案采用了 6 个

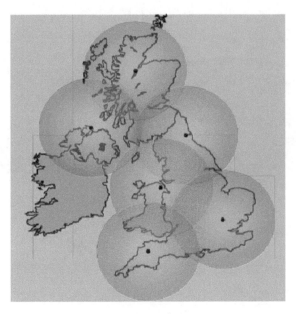

图 7.16　可能覆盖英国的 6 个平流层平台站(图片来源:Ilcev)

TAO 型平流层平台系统进行通信、导航和监视。根据表 7.2,在这种方案下,一个高度为 25km、最小仰角为 10°的 TAO 型飞艇能够覆盖大约 200km 的南非领土。在同样的条件下以同样的方式部署 18 个 TAO 型飞艇可以覆盖希腊,包括所有的岛屿。最小仰角越低,覆盖区域越大,但是在服务区域的边缘传播或阻挡损耗将会变高。通信、导航和监视系统的实际最小仰角为 5°,为避免过多的地面杂波问题,通常考虑采用 15°。业务灵活发展是平流层平台系统的优点之一。单个飞艇所能覆盖的服务区域一般取决于发射与接收天线的数量、调制和传输方法等等。飞艇上与任务相关的设备,用以提供以下固定和移动通信业务:

(1) 地球观测/遥感、灾害监测和气象观测。

(2) 与现有的卫星系统相比,由于传播距离短的多,使用小型和极低功率的终端,可以实现宽带通信和广播。因为与现有的地面系统相比,具有更好的视距条件、更少的波阻塞和多径效应,所以该系统需要更少的地面站。同时与卫星系统相比,传播距离缩短到约 1/1800。

(3) 通过建立平台间多媒体宽带链路、高速通信和广播网络,将有可能通过平流层平台网络实现与光纤系统相当的新型通信和广播系统。

(4) 由于平台系统运行较为灵活,采用优化系统配置,能使其扩展为全球通信系统,包括数字电视广播、用于语音数据视频传输的 DVB – RCS、智能运输、全球导航卫星系统一体化增强以及交通控制管理等业务。

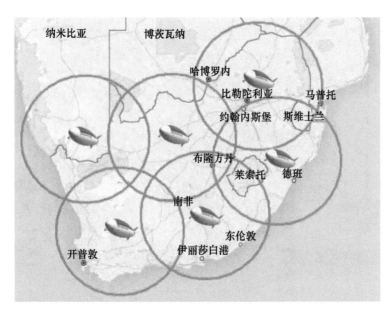

图 7.17　可能覆盖南非的 6 个 TAO 型平流层平台（图片来源：Ilcev）

固定和移动宽带多媒体业务的所有应用如图 7.18 所示。固定终端可以是带调制解调器的办公室独立电脑，也可以是高级局域网/广域网、笔记本电脑、农村办公室固定电话，还可以是通过关口站和移动互联网的移动电话或蜂窝电话。不在关口站视距范围内的平流层平台可以利用平台间链路将其连接到关口站。移动多媒体的接入将提供海事、陆上、航空和个人手持服务。移动终端可以是与收发机（配合适天线）相连的掌上电脑或笔记本电脑、配有自动跟踪天线的独立移动或便携式/车载收发机，以及内置天线的个人手持终端。平流层平台系统还可以提供 GPS/GLONAS 非增强和增强信号。

平流层平台系统与地球静止轨道卫星系统、全球导航卫星系统集成，为远洋船舶、捕鱼船队及其他船只提供双向商业、遇险和安全等海上移动通信服务。在此服务框架内，还可开展其他业务，如浮标和灯塔控制、海洋污染监视、海洋调查和搜救任务。

平流程平台系统可为火车、公共汽车、卡车和汽车等各种车辆提供陆上移动通信服务，还可为个人移动终端、蜂窝业务和自然灾害紧急通信提供服务，这些服务可以通过跟踪设备和全球导航卫星系统予以加强。平流程平台系统一定会替代或集成当前的蜂窝系统。

平流程平台系统将与地球静止轨道卫星系统、GPS 及其他全球导航卫星系统集成，为各种飞机提供商业和遇险的通信、导航和监视服务。

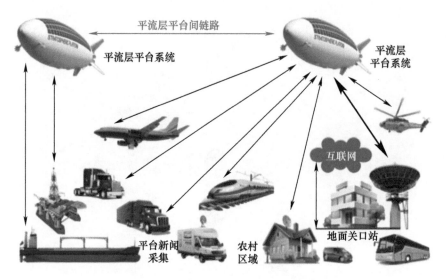

图 7.18　TAO 型固定和移动网络愿景(图片来源:Ilcev)

　　使用平流层飞艇集群的广播系统,将提供以下类型的业务:数字广播;对固定和移动站进行填补的地面数字广播;地面节目转播;转播高清晰度电视和广播节目;利用配有移动设备的电台进行移动点播广播;为受限的郊区、孤岛、农村和偏远地区广播;通过平流层平台系统进行实地采集;应急新闻和观测。

　　无人飞艇一直保持在平流层 20~22km 的高度。这个高度风小,其他气象条件也很好,平均温度为 -60℃~50℃,气压约为 50hPa。

7.4　基于平流层平台系统的网络

　　由于平流层平台系统或飞艇运行高度比卫星低得多,因此它可覆盖一个小区域,能更有效地提供通信、导航和监视服务。与卫星相比,飞艇高度更低,这意味着通信链路预算更少(功耗更低)、往返延迟更小。除此之外,在研发和发射流程方面,部署卫星需要大量的时间、资金投入,而飞艇相对便宜,可快速部署,易于控制。另一个主要不同在于所有类型的卫星一旦发射,就不能着陆进行维护,而所有类型的平流程平台系统都可以着陆维护。

7.4.1　基于平流层平台系统的固定通信网络

　　地面电信网络在其传播路径上有大量的障碍,因此电磁波不能覆盖很远的距离,而卫星链路尽管信号的遮挡较少,但其传输路径非常长,削弱了波的强度,因此需要额外的成本。但正在开发的新型平流层平台系统吸收了地面系统和卫星通信系统的优点。这个新系统将地面和卫星通信系统融合为一种新的全球固定和移动通信系统。

　　建立最佳平流层平台系统是一项世界竞赛。瑞士的 StratXX 公司创建了一个具有许多先进技术的高空平台 X 站,它提出的固定网络如图7.19所示。在 X 站上,他们已成功升级了温度调节技术,包括完成飞行及安全下降过程。StratXX 公司还在给定高度进行了电信节点试验,并测试了用于数据传输的无线微波接入互操作(WiMAX)模块与光传输技术。

图 7.19　通过平流层平台的 X 站固定网络(图片来源:StratXX)

　　基于网络的 X 站平台很好地弥补了现有信号传输技术的不足。部署在 X 站平台上的通信转发器提供了广泛的服务,包括区域通信网络内的话音和数据传输、区域 WiFi 和无线微波接入互操作、高清电视、数字广播、交互式电视、蜂窝业务 2G/3G/4G、视频会议、电子学习、监控和区域保护。图7.20展示了用卫星和 X 站互连城市蜂窝网络的方案,这实质上是一种将地面、平流层平台和卫星网络集成的架构。

　　根据部署情况,小区站点数据可以通过选择三种不同的方式进行回传:通过地面电信网络回程、平流层平台系统回程或卫星链路回程。该架构可以使用平流层平台间链路或星间链路回程不同地面电信网之间数据,并扩大了整体覆盖范围。表7.4给出了 X 站平台与卫星及地面无线电网络的对比列表。

图 7.20　通过平流层平台系统 X 站的蜂窝回程(图片来源:StratXX)

表 7.4　X 站平台与卫星及地面无线电网络比较表

与卫星网络相比	与地面无线电网络相比
更便宜、更好的链接预算	成本更低、环境影响更小
易于恢复和升级	覆盖范围更大
有效载荷能力更强	雨衰减少(仰角更高)
所需射频功率更低	视线更好
易于重新定位	易于恢复和升级
容量增加	站点位置可移动
快速部署	快速部署

　　X 站设计采用了高空气球、飞艇、无人机的技术测试和验证。它的热管理方案使飞艇可以使用非常轻便的材料($70g/m^2$,其他飞艇 $300g/m^2$)。这种平台解决了上升、下降和定点的问题,并且对地面基础设施要求不高。目前,关于 X 站概念及技术细节正在进行可行性研究。

7.4.2　基于平流层平台系统的固定广播网络

　　如前所述,数字视频广播(DVB)标准涵盖了语音、数据和视频信号在各种物理介质上进行传输的各个方面,包括基于不同类型的平流层平台系统,其场景如图 7.21 所示。这里建议采用数字视频广播 – 平台返回信道(DVB – RCP),因为 DVB – RCP 是利用平流层平台提供城乡广播的基本标准。用交互信道作为返回链路时,那些最初为广播业务开发的标准,也可用于平流层平台,向农村企业、中小企业及小型或家庭办公室提供宽带及多媒体通信。由于卫星与平流层平台之间的某些相似性,之前为 10GHz 以上单载波系统开发的 DVB – S、DVB – S2 和 DVB – RCS 系列标准,对平流层平台也特别有吸引力的。卫星数字视频广播标准在平流层平台系统上应用有一些吸引人的特征,在支持前向上行链路或下行链路的数据速率、自适应编码和调制、本地点对多点,以及高频段运行方面尤为明显。

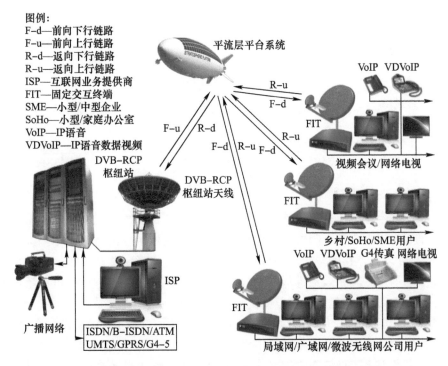

图 7.21　基于平流层平台系统的固定数字视频广播(图片来源:Ilcev)

在平流层平台系统采用卫星数字视频广播标准,是集成数字视频广播卫星和平流层平台在语音、数据和视频信号传输的最佳方案。如图 7.22 所示。集成的卫星数字视频广播和平流层平台系统网络存在的主要缺点是返回链路(上行链路)支持的传输数据速率相对较低。这种集成将提供非对称传输应用,在对移动管理没有明确支持情况下,需要视距信道。在数项研究中,已经对平流层平台系统组合应用 DVB – S2 和 DVB – RCS 标准进行了分析,尤其对自适应编码和调制的实施予以了高度关注。

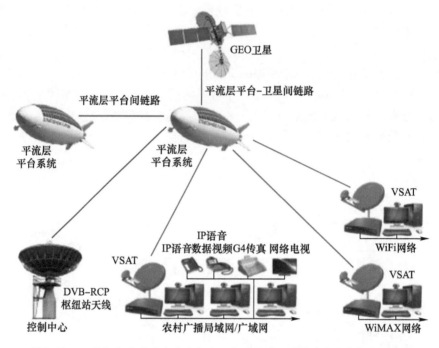

图 7.22　卫星与平流层平台系统数字视频广播系统的集成(图片来源:Ilcev)

在部署全球电信基础设施方面,探索平流层平台系统与卫星段的多层集成网络正成为当下非常有吸引力的课题。事实上,这种集成网络可给用户提供高效、经济且无处不在的多媒体信息接入服务。现有的多层基础设施旨在实现不同类型的用户之间有效地进行带宽分配。实施数字视频广播业务,可以考虑两种不同的方案,一种是仅具有卫星覆盖一层系统,另一种是集成平流层平台与卫星覆盖的两层系统。为评估两种方案的性能并进行比较,进行了模拟和试验。该模拟试验旨在帮助理解将平流层平台系统集成到地面 – 卫星混合无线系统。该集成系统引入了地面数字视频广播(DVB – T)、数字视频广播 – 卫星返回频道(DVB – RCS)、数字视频广播 – 平台返回信道(DVB – RCP),这些开放标准均为数字视频传输作出了实质性的贡献。

更深入的研究必须分析平流层平台系统对提高地面数字视频广播信道覆盖范围的影响。平流层宽带电信基础设施类似于放置在平流层的卫星,这种信道可提供平流层平台系统与用户之间的视距通信,为此可以用莱斯分布的衰落信道进行模拟。

　　平流层平台系统一项非常重要的用途是将有线 WiMAX 和 WiFi 连接点扩展到农村和远程环境,其场景如图 7.23 所示。通过平流层平台系统的回程,可以将农村移动车载设备、电子商务系统、中小企业、小型或家庭办公室(SoHo)连接到 WiMAX 或 WiFi 站点上。

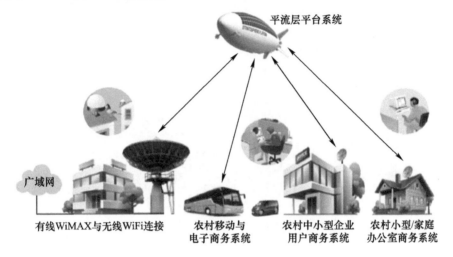

图 7.23　基于平流层平台系统的无线 WiMAX/WiFi 解决方案(图片来源:Ilcev)

7.4.3　基于平流层平台系统的移动通信网络

　　现代平流层平台系统将在未来 3G(含)以上的蜂窝与卫星移动系统基础设施中扮演补充角色,如图 7.24 所示。

　　利用平流层平台系统的移动通信方案将地面和卫星移动系统与平流层平台系统一起进行部署,提供了另一种维度的灵活系统。这种灵活的系统较容易调整,去适应网络运营商以及移动用户的业务需求,其场景如图 7.25 所示。类似于固定数字视频广播系统,这里所提出的 DVB - RCP 标准适用于所有移动应用。因此,安装在移动设备上的固定交互终端被称为移动交互终端,便携式应用中的终端被称为便携终端。

　　基于平流层平台系统的移动 DVB - RCP 架构是由本书作者根据地球静止轨道卫星 DVB - RCS 提出的。DVB - RCP 移动网络包括一个用作关口站的网络节点(HUB),它通过相应平流层平台与地面通信网络节点连接,例如飞艇连接到移动交互终端、远程 DVB - S 单元或 VSAT,以提供海事、海上设施、地面(公路和铁路)和航空服务。飞艇上的移动通信系统数字视频广播设备是构建网络系统的最佳基础设施,能够将某个国家或地区所有的海港、机场连接起来。

图 7.24　基于平流层平台系统 X 站的移动回程(图片来源:Ilcev)

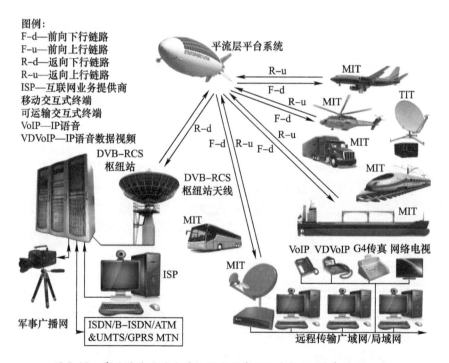

图 7.25　基于平流层平台系统固定数字视频广播(图片来源:Ilcev)

7.5 基于平流层平台系统的移动通信导航监视

在未来发展过程中,出现的问题通常是难以预测的,而这些问题对一些机构和国家而言却是不可接受的,因为他们还没有做好准备。就我们讨论的内容,如果要加大对平流层平台系统固定和移动网络研究建设的资金投入力度,就必须实现商业化。事实上,许多国家对平流层平台系统研发尚处于课题研究阶段。到目前为止,还没有运行的平流层平台系统网络,甚至还没有选定相对完善的平台。

尽管平流层平台系统可用性已经得到证实,理论和实验已经表明平流层平台系统的部署具有明显的优势,但技术法规与实施的问题仍未得到解决。在市场中,平流层平台系统尽管在民用方面必不可少,但可以肯定这并非其最重要的应用。如前文所述,这些均表明一些机构和国家尚未做好准备或者他们认为平流层平台系统无法超越现有的无线电、蜂窝甚至卫星系统。目前,民用航空平流层平台系统相关活动正在全球范围内开展。平流层平台系统发展及其在公共、民用方面的应用势必会大幅增加。尽管个别国际海事组织和国际民用航空组织成员国正在制定平流层平台系统标准,以帮助指导和规范其发展,但该系统设计和运行的政策法规尚不成熟。

根据新的发展趋势,平流层平台网络将非常适用于未来中短距离移动通信,应用于海上、陆上和航空领域,其网络如图 7.26 所示。这种方案可以替代当前的甚高频移动无线电网络,或者作为通信系统的长期备份,用于海港和机场附近区域。当前,平流层平台系统在海上、陆上、航空方面的民事应用是可行的,并将在全世界范围内推广。无人操作民用移动业务的应用十分引人注目,此外,在利用通信、导航和监视的民用交通控制服务领域,已经出现了一种未来 10 年内可预见的基于平流层平台技术。

基于平流层平台系统的全球导航卫星系统增强网络被作为海上船舶导航的主要方式。它将应用于海上穿行、近海航行、沿岸航行、航道、接近锚地和海港内部。它还将服务于陆上(公路和铁路)、河流、内陆水域以及空中航线,控制所有进出机场的航班并管理机场内所有飞机和车辆移动。

美国 GPS 或俄罗斯 GLONASS 增强系统旨在提供:

(1)实时传输每个 GPS/GLONASS 卫星完好性和健康状况信息,以确保所有用户不使用失效的卫星,这被称为全球导航卫星系统完好性信道(GIC)。

(2)除了完好性信道业务之外,还持续传输测距信号,以提高 GPS/GLONASS 信号的可用性。

图 7.26　设想的基于平流层平台系统区域移动通信系统（图片来源：Ilcev）

（3）GPS/GLONASS 广域差分校正，提高民用 GPS/GLONASS 信号精度。这项功能被称为广域差分全球卫星导航系统（WADGNSS）。

如图 7.27 所示，所有移动用户（③）接收来自 GPS 或 GLONASS 卫星的 GNSS-1 导航信号（①）。在不久的将来，可使用来自欧盟伽利略和中国北斗卫星的 GNSS-2 信号（②）。这些全球导航卫星系统信号也由政府机构运营的完整性监控网络（④）基准站或地面监测站接收。监测数据发送至区域完好性主站或地面控制站（⑤），地面控制站对数据进行处理后形成完好性和广域差分全球导航卫星系统校正信息，这些信息再被发送至全球导航卫星系统主地球站（⑥）。

地面地球站、海岸地球站导航信号与基准时间精确同步，并与完好性信息、广域差分全球导航卫星系统校正数据一起调制。信号通过 C 频段上行链路（⑦）发送至平流层平台系统的通信有效载荷（⑧），增强的信号被转换为 GNSS L1 和新的 L5 频段，使用与 GPS（⑨）相同的频率，发送至移动用户，同时用 C 频段（⑩）将信号发送回地球站，用于维护导航信号定时环路。增强信号定时以非常精确的方式完成，使 GPS 或 GLONASS 测距信号看起来像是在平流层平台上生成的一样。

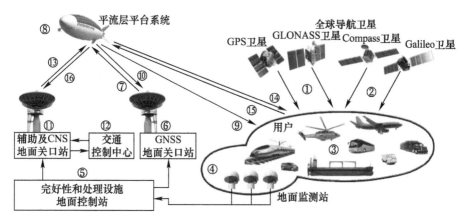

图 7.27　基于平流层平台数字视频广播的移动通信、导航和监视系统（图片来源：Ilcev）

全球导航卫星系统辅助地球站可单独安装，也可安装在通信导航监视地球站（⑪）中，作为全球导航卫星系统主地球站的热备系统。交通控制中心（⑫）可以以语音、数据、视频形式，通过 C 频段上行链路（⑬）、平流层平台系统转发器、L 频段下行链路（⑭）向移动用户（③）发送通信、导航和监视申请。移动用户能够通过 L 频段上行链路（⑮）、平流层平台系统有效载荷、C 频段下行链路（⑯）发送通信、导航和监视增强数据。

交通控制中心处理从移动用户接收到的通信、导航和监视数据，并在类似雷达的屏幕上非常准确地实时显示他们的当前位置，以便进行交通控制管理。在此阶段，最重要的是在任何天气或能见度条件下，交通管理员可以用比防碰撞监视雷达更安全的方式，使用位置数据管理交通。除此之外，在移动用户请求时，交通控制中心管理员可以发送它附近每个移动用户的增强防碰撞位置数据（⑬和⑭）。每个移动用户，如船只或飞机，也能够轮询任何相邻移动设备（船只或飞机）的位置数据，这些数据存储在交通控制中心，以减小海上或空中的碰撞概率。

7.5.1　平流层平台系统的海上通信导航监视应用

基于平流层平台系统的海上通信、导航和监视是一个非常经济高效的区域系统应用，任何国家均可实施。这种应用类似于第 6 章中介绍的海上航行制导和控制。该现代化系统提供了许多通信手段，如语音数据视频（VDV）、新平台自动辅助监视广播（ADS–B）、平台数据链（PDL）、基于数字视频广播–平台返回信道（DVB–RCP）的 IP 语音视频数据等。

这一区域系统将船只接收的 GNSS–1 数据（这些数据来自于 GPS 或 GLO-NASS 卫星）通过专用平台传送到关口站，其场景如图 7.28 所示。同时，地面监测站接收全球导航卫星系统信号并转发给地面控制站进行处理,然后通过平流层平台系统和海岸地球站,以与 GNSS – 1 相同的 L1 或 L5 频段向船载站发送增强信号。地面控制站信号也可以发送到船舶交通控制中心进行处理,并在类似于雷达的显示器上显示。船舶交通控制中心可以向特定海域的所有船只发送其附近船只的位置,增强其感知与防碰撞能力。该系统将为穿越海洋和沿岸水域的航行提供更多的安全保障。

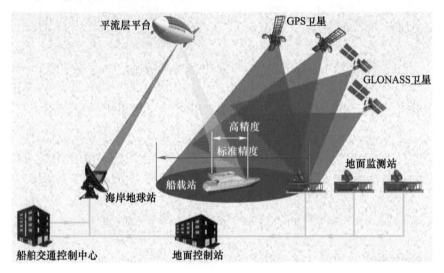

图 7.28　基于平流层平台系统的区域移动通信、导航和监视(图片来源:Ilcev)

7.5.1.1　平流层平台系统海上通信应用

新的海事通信系统可以通过平流层平台系统在船只和交通管制员之间建立更加经济、高效和可靠的连接,其场景如图 7.29 所示。海事通信系统将船载地球站从 GNSS – 1 GPS、GLONASS 卫星接收到的位置、速度和时间数据发送到岸上船舶交通控制中心和船舶交通管理中心。该通信系统采用数字视频广播 VD-VoIP 或 ADS – B 平台(PADS – B)体制传输数据。

区域海事通信系统网络不仅能为船只和交通管制员之间提供经济、高效、冗余和最快的通信链路,而且还可提供地面监测站与主控站间的通信链路,在一个GNSS GPS 或 GLONASS 区域增强系统内把所有的海港设施连接起来,并整合全球导航卫星系统数据,增强导航和监视业务。以此为基础,海事通信系统与互联网技术相集成,为基于混合平台系统向船载站传输多媒体业务提供了许多机会。随着宽带能力需求的增长,平流层平台系统的数量和复杂性均显著增加。因此,在地球的某些重点区域需要在平流层放置多个平台。通常至少需要 5 ~ 6 个平台,方可提供足够的通信覆盖。

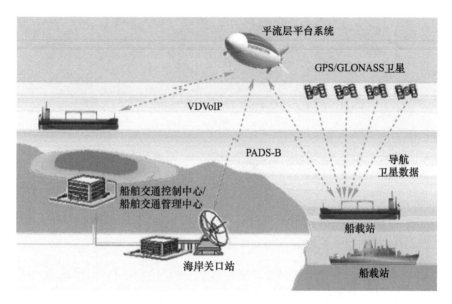

图 7.29　基于平流层平台的区域海事通信系统（图片来源：Ilcev）

基于平流层平台系统的商用和军用海事通信网络非常重要，原因如下：

（1）提供船只和地面设施之间的通信链路，以及船只之间的通信链路，特别是仅有平流层平台系统集群进行通信的条件下。

（2）通过平流层平台系统的通信转发器将船只的增强和非增强导航位置、速度、时间数据传输到交通控制中心。

（3）通过平流层平台上的全球导航卫星系统转发器将交通控制中心的增强监视位置、速度、时间数据，传输到所有船只，用于增强导航和避免碰撞。

（4）比单独的海上无线通信系统处理更多的信息、花费更少的时间。

7.5.1.2　基于平流层平台系统海上导航应用

基于平流层平台系统的新型海上导航系统可与 GPS 或 GLONASS 设施进行集成，在船只和交通管制员之间提供更经济、高效、可靠的导航服务，其场景如图 7.30所示。船上的 GPS、GLONASS 接收机在接收非增强全球导航卫星系统信号的同时，经过岸站也同步接收来自网络控制站的增强位置、速度和时间信号。该系统能够保证在各种气象和天气条件下船只安全航行，即使在能见度非常低的情况下。该网络可通过岸站、平流层平台，使用与全球导航卫星系统相同的频率向沿岸水域的船只发送增强的全球导航卫星系统数据，以满足更高的导航精度与可用性要求。

如前所述，新的导航子系统采用 GPS 和 GLONASS 网络作为 GNSS - 1 的一

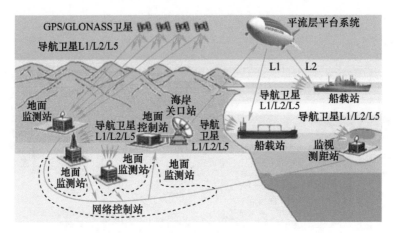

图 7.30　基于平流层平台系统的区域海事导航系统(图片来源:Ilcev)

部分,提供实时空间上直接的非增强定位服务。而 GNSS-1 与平流层平台系统集成的增强网络,能够提供增强导航数据,这能确保各种气象和天气条件下,即便能见度非常低也能进行安全导航。

目前,导航子系统通过船上经典 VHF 无线电收发机向船舶交通控制中心和船舶交通管理中心发送位置、速度、时间、距离、方向和识别数据,船只也可以通过新的 VHF 无线电自动识别系统转发器提供类似的服务。使用 VHF 频段的自动识别系统覆盖范围是有限的,为扩大服务范围,提出了一种基于平流层平台系统或平台自动识别系统,这是一种新的导航方案。在这种情况下,当海上导航子系统超出地面电信系统的范围时,可以用与卫星自动识别系统集成的平台自动识别系统。平台自动识别系统可以通过越来越多的平流层平台将区域内配有平台自动识别系统收发机的船只连接起来,从而提高平台自动识别系统的覆盖范围。平台自动识别系统旨在帮助船只值班员和海事当局跟踪、监测船只的运动,通过自动或手动方式发送位置、速度、时间数据和来自平台自动辅助监视广播(PADS-B)、平台数据链(PDL)的其他数据,提高防碰撞能力。

7.5.1.3　平流层平台系统的海上监视应用

与全球导航卫星系统集成的区域海事监视子系统工作方式如下:在该区域航行的所有船只都可以从非增强或增强的 GPS、GLONASS 接收机获取数据,并通过平流层平台通信转发器和岸站向地面船舶交通控制中心和船舶交通管理中心发送位置、速度、时间和其他带有船只标识的数据,进行监视处理与显示,如图 7.31 所示。反过来,船舶交通控制中心/船舶交通管理中心可以通过岸站向特定区域内的船舶发送相邻船只的位置,以帮助船只规避碰撞。在极端恶劣的天气条件下,如云层较厚、雷暴导致能见度降低,无线电传播非常差,雷达无法正常工作,上述工作方式对正在小海域穿行、穿越海峡、或在沿岸水域里航行的船只就显得非常重要。

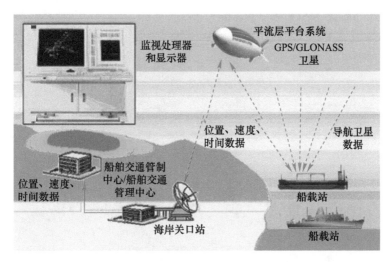

图 7.31 基于平流层平台系统的区域海事监视系统(图片来源:Ilcev)

通过这种方式,船舶交通控制中心/船舶交通管理中心接收的位置、速度、时间数据,这些信息被传送至主计算机进行处理,并在类似雷达的屏幕上向管理人员显示。反之亦然,根据船长的要求,监视处理和显示中心的管理人员可以发送特定区域内所有船只位置、速度、时间数据以及识别信息,以规避碰撞,尤其是在非常恶劣的天气条件下。数据报告可以通过定期、随机或响应岸基操控中心轮询指令的方式从船上发送出去。该系统使用特殊的数据报告和轮询通信协议获取位置、速度、时间数据和其他信息。

7.5.1.4 海岸运动引导和控制

除了第 6 章中所阐述的地球静止轨道卫星海岸运动引导和控制系统外,也可以使用平流层平台作为本地通信系统,为任何现有区域增强网络提供服务。所有船只和车辆须配备特殊的收发机,以接收交通管制员发出的所有指令,并通过关口站、平流层平台系统向交通管制员发送位置、速度、时间和识别信息。海岸运动引导和控制网络由若干个地面监测站、主站以及足够多的关口站组成,它服务于覆盖区域内的特定海上及海港用户。

基于平流层平台系统的海岸运动引导和控制移动网络是一个特别安全可靠的引导和控制系统,它使船舶交通管控中心的海岸交通管制员能够引导和监控沿海、狭窄航道、靠近锚地和海港区域所有船只的航行状态,如图 7.32 所示。海岸运动引导和控制系统管理沿海区域港口及附近所有船只、陆上车辆(公路和铁路)的运动情况,尤其是在非常恶劣的天气和能见度极低的情况下。管理人员根据船舶交通管控中心的指挥监视显示器,向船长和海港领航员发出指令,该显示器通过平流层平台系统和传感器(如地面 VHF 雷达站和地面监视雷达)提供船只位置信息。在这种场景下,驾驶台的船长以及港口领航员,在应对港口内外船只机动时,会感觉更加舒适和安全。

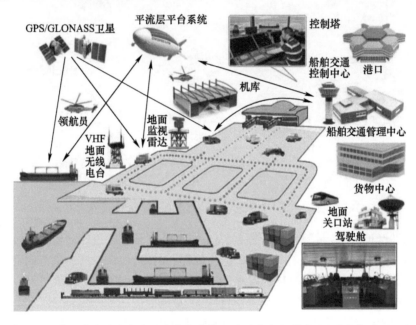

图 7.32　基于平流层平台系统的海上海岸运动引导和控制系统(图片来源:Ilcev)

　　控制塔中的指挥监视器还会显示进出船只与所有陆地辅助车辆(公路和铁路)进入港口的位置数据。该位置由全球导航卫星系统 GPS/GLONASS 和平流层平台系统测量获取。在恶劣的天气和能见度极低的情况下,控制员也能够向船长和海港领航员发送正确的船只航向信息,以及避开其他正在航行船只的信息。控制塔是监控海岸附近、锚地和海港内部交通状况的中心。每个船只和地面车辆的位置均显示在其指挥监视器上。船只交通管理员根据这些数据完成船只和地面车辆的引导。地表移动引导和控制系统(SMGC)的主要组成见第 6.7.2.4 节。

7.5.2　平流层平台系统的地面通信导航监视应用

　　地面运动引导和控制(LMGC)设施是一个特殊的安全和控制系统,它能使在公路/铁路交通控制中心和管理中心的控制人员监控和管理公路车辆或铁路机车,其场景如图 7.33 所示。处在平流层平台系统覆盖范围内行驶的所有公路和铁路车辆均需配备一个特殊的收发机,用于接收 GPS 或 GLONASS 卫星信号,并通过关口站和平流层平台系统再把带有识别信息的位置、速度和时间信息发送到公路/铁路交通控制中心和管理中心。管理人员参考控制塔指挥显示信息向所有驾驶员发送指令,指挥显示信息给出了由平流层平台传来的所有车辆的位置和速度。道路管理员可通过平流层平台和关口站,向那些超速或在道路上违规的驾驶员发出警告,也可向他们提供不太拥挤的道路信息,方便他们驾驶。铁路管理人员提供同样的信息,同时也为火车驾驶员提供行驶信号。气象站和其他办公室的地面工作人员通过平流层平台系统、公路/铁路车辆上的特殊通信设备,广播天气预报和其他有关运输安全和安保的信息。

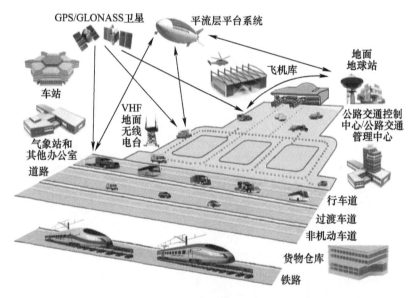

图 7.33　基于平流层平台系统的地面运动引导和控制系统（图片来源:Ilcev）

7.5.3　平流层平台系统的航空通信导航监视应用

基于平流层平台系统的航空通信、导航和监视应用,是一个高效的区域系统应用,任何国家均可实施。这类似于第六章中已经介绍的海洋飞行制导和控制系统。该系统包括平流层平台系统、GPS/GLONASS 卫星以及机载站。

这一现代化的系统依赖于平流层平台系统作为通信设施,提供如语音数据视频、自动辅助监视广播平台、数据链平台、基于数字视频广播－平台返回信道的 IP 语音数据视频及其他业务。平流层平台系统作为子系统提供 GPS/GLO-NASS 本地或广域差分全球导航卫星系统配置。需要说明的是,一艘或几艘平流层飞艇可以部署在广阔的区域内,作为机场或机场间通信及导航增强设施。该系统能够使用来自基准站的数据,这些数据在主站进行处理,并通过平流层平台系统发送至附近的机载站,为进近和着陆的飞机提供标准的和高精度的定位信息。

这一区域性系统使飞机能够以专用平台频段向关口站发送 GNSS - 1 数据(这些数据是机载站获取的 GPS/GLONASS 卫星数据),其场景如图 7.34 所示。同时,地面监测站接收全球导航卫星系统信号,并将其转发给地面控制站进行处理,然后通过关口站和平流层平台系统以与 GNSS - 1 相同的 L1 或 L5 频率向机载站发送增强信号。地面控制站处理后的信息也可以发送到航空交通控制中心再进行处理,并在类似雷达的显示器上显示。航空交通控制中心可将附近所有飞行飞机的位置发送给其中任何一架飞机,使他们相互进行感知、增强防碰撞能力。该系统将为跨域飞行及出入机场导航提供更多的安全保障。

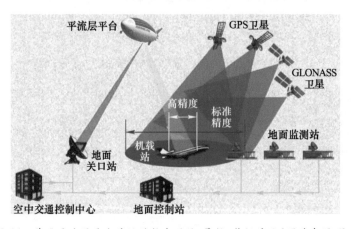

图 7.34 基于平流层平台系统的航空通信、导航、监视系统(图片来源:Ilcev)

7.5.3.1 平流层平台系统的航空通信应用

基于平流层平台系统发展起来的现代航空通信系统,在飞机与交通管控中心之间提供更经济、高效、可靠的连接。

如图 7.35 所示,航空通信子系统可以为飞机提供向空中交通控制中心和空中交通管理中心发送位置、速度、时间数据的手段。这些数据是机载站从 GPS/GLONASS 卫星获取,通过基于数字视频广播的 IP 语音数据视频或平台自动辅助监视广播(PADS - B)传送的。

7.5.3.2 平流程平台系统的航空导航应用

基于平流层平台系统的新型航空导航系统可以与 GPS/GLONASS 进行集成,在飞机和交通管控员之间提供更经济、高效、可靠的导航服务,其场景如图 7.36所示。飞机上的 GPS/GLONASS 接收机接收非增强的全球导航卫星系统

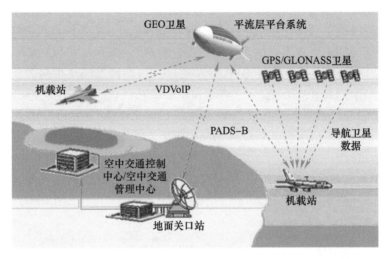

图 7.35　基于平流层平台的区域航空通信系统（图片来源：Ilcev）

信号,同时接收来自网络控制站和关口站的增强位置、速度、时间信息。

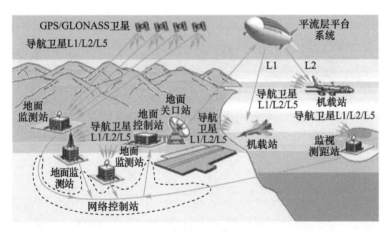

图 7.36　基于平流层平台系统的区域航空导航系统（图片来源：Ilcev）

　　这种系统能够在各种气象和天气条件下进行安全导航,即便在能见度非常低的情况下。通过关口站、平流层平台系统以与全球导航卫星系统相同的频率向接近机场的飞机发送增强的全球导航卫星系统数据,该网络将能够满足更高类别导航精度和可用性的要求。目前飞机上导航子系统采用传统的 VHF 无线电,向地面航空交通控制中心和航空交通管理中心发送位置、速度、时间、距离、高度、方向和识别信息数据,现在飞机也可通过平流层平台系统提供类似的业务。

7.5.3.3 平流层平台系统的航空监视应用

与全球导航卫星系统相集成的新型航空监视系统,其运行方式与船舶的海事监视系统相同。当在某区域飞行的飞机接近机场附近时,可以从非增强或增强的 GPS/GLONASS 接收机获得数据,并通过关口站和平流层平台通信转发器向地面航空交通控制中心/航空交通管理中心发送位置、速度、时间以及其他带有飞机识别信息的数据,其场景如图 7.37 所示。相反,航空交通控制中心/航空交通管理中心也可以通过关口站和平流层平台系统向需要数据的飞机发送该区域内相邻飞机的位置,以规避碰撞。在极端恶劣的天气条件下,当雷达不能正常工作、厚云和雷暴导致能见度降低的情况下,这对于进近机场或其他在机场附近区域飞行的飞机来说非常重要。

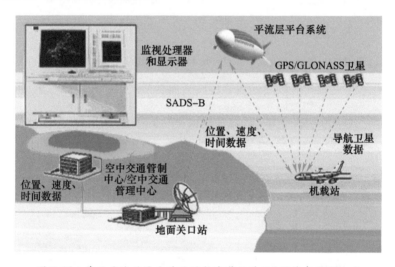

图 7.37 基于平流层平台系统的航空监视系统(图片来源:Ilcev)

通过这种方式,航空交通控制中心/航空交通管理中心接收的位置、数据、时间被传送至主计算机进行处理,并在类似雷达的屏幕上向管控人员显示。相反,根据机长的请求,航空交通控制中心/航空交通管理中心管控人员可以发送在特定区域飞行所有飞机的位置、速度、时间数据和识别信息,以避免碰撞,尤其在非常恶劣的天气条件下。

数据报告可以以定期、随机或响应操作中心轮询指令方式,从飞机上发送出去。该系统使用特殊的数据报告和轮询通信协议获取位置、速度、时间数据和其他信息。

7.5.3.4 地面移动引导和控制(SMGC)

地面移动引导和控制是一个特殊的安全和控制系统。它使空中交通控制中心即便在机场附近能见度很低的情况下,也能够引导和监控空中和地面的飞机。

空中交通管控人员根据控制塔上的指挥显示器,向所有飞行员发出指令。该显示器通过卫星和地面雷达,提供飞机的当前位置信息。指挥监视器还显示着陆或起飞飞机的位置信息,以及所有在机场表面行驶的辅助车辆信息。地面控制塔中的机场管控人员可以收集所有飞机的导航和测量数据,处理这些信号并在监视屏幕上显示。基于平流层平台,监视屏幕可以显示包括超出 VHF 无线电和雷达范围所有飞机的位置和航迹。因此,交通控制员可在任何时间和空间内对这些车辆、飞机等进行控制和管理。

以这种方式,空中交通控制中心对机场附近所有飞行的飞机、机场内运行的飞机,包括机场表面和机场周围的地面车辆,甚至进近机场或机场附近能见度非常差条件下飞行的飞机,提供基本的控制、交通管理、引导和监视。在机场地面上穿行的每架飞机和车辆都安装有 GPS 收发机。这种 GPS 收发机与平流层平台集群配合使用。交通控制中心根据控制塔监视显示器显示的附近区域所有飞机位置信息,向飞机或车辆驾驶员发出指令。这些飞机位置信息是通过平流层平台系统和地面雷达获取的,其场景如图 7.38 所示。

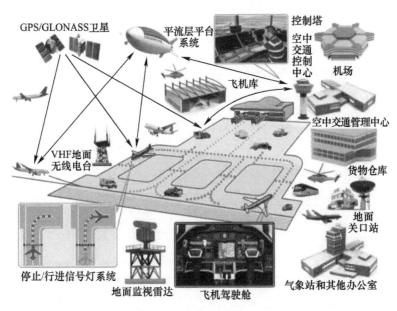

图 7.38　基于平流层平台系统的地面移动引导系统(图片来源:Ilcev)

指挥监视器还显示着陆或起飞的飞机,以及所有在机场表面辅助车辆的位置数据。该位置由全球导航卫星系统利用 GPS/GLONASS 和平流层平台进行测量。机场管控人员能够在能见度低的情况下,通过打开或关闭滑行道中心线灯和停车灯,向飞行员显示正确的滑行道。正在开发的驾驶舱平视显示器和抬头显示器可以显示航路及与其他飞机的间距。地面移动引导和控制(SMGC)系统的主要组成部分见第6.7.4.4节。

7.5.4 平流层平台系统的移动广播应用

（1）基于平流层平台系统的海上数字视频广播标准。现代化海上交通控制通信将由通过卫星系统的传统船舶无线电通信向基于平流层平台系统数字视频广播–平台返回信道(DVB–RCP)转型,基于宽带IP语音数据视频开展通信、导航和监视应用。通过平流层平台系统区域宽带业务,可以克服有限的通信设施,在海上船舶与港口间提供最短的通信路径。使用DVB–S2/S2X及其未来扩展标准支持船舶移动用户,对海上交通管控通信和基于平流层平台系统的通信、导航和监视是一个非常有吸引力的方案。具体场景如图7.39所示。

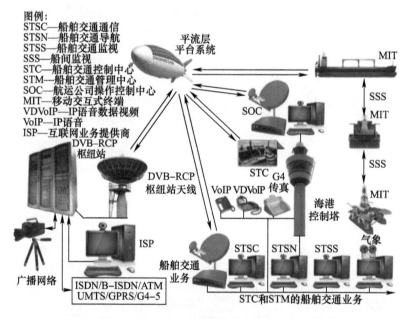

图7.39　海上交通控制对数字视频广播–平台返回
信道的通信、导航、监视要求(图片来源:Ilcev)

通过平流层平台系统的现代数字视频广播–平台返回信道(DVB–RCP)对改善船只驾驶舱和海港的通信、导航和监视将产生积极影响。这些通信连接可以是船只之间,也可以是船只内部安全系统之间,还包括航线运行控制中心、船舶交通控制中心/船舶交通管理中心和海港控制塔,这种通信联系有助于减少海上船舶之间的间隔。海上广播方案的重大改进是通过在海港部署船舶交通服务通信、导航、监视设施,为船舶交通控制中心/船舶交通管理中心增强数据收集能力。

驾驶舱通信需求是为船舶交通服务安装数字视频广播 – 平台返回信道（DVB – RCP），提供 IP 语音数据视频、IP 电话、监控和安全业务，还提供直接与航线管理控制中心、航线运行控制中心相连的机舱通信。乘客可以使用 IP 语音或简单电话、IP 语音数据视频、IP 电视、互联网和船载娱乐。此外，新型数字视频广播 – 平台返回信道通信还将支持国际海事组织《海上人命安全公约》和全球海难安全系统有关安全、安保、遇险警报的主要建议和要求。

驾驶舱导航需求是安装美国 GPS 或俄罗斯 GLONASS，用于接收非增强和增强的全球导航卫星系统信号。这些数据需由船长通过 DVB – RCP VDV 装置，发送到预定海港的船舶交通控制中心。

驾驶舱监视需求是安装船间监视雷达、船舶安全系统和 DVB – RCP VDV 设备，这将有助于船长接收航行情况、制导控制以及防撞监视数据。

（2）基于平流层平台系统的航空数字视频广播标准。平流层平台系统的航空数字视频广播网络为驾驶舱和机场控制塔提供了更可靠的通信，如提供超高速互联网、乘客娱乐、优化飞机运行的 IP 连接服务，包括增强飞机和机场的安全性，如图 7.40 所示。飞机和机场通过接入宽带 IP，可以更高效地运营、交通控制和安全运行，并通过地面 IP 网络扩展将飞机无缝连接到航空公司。通过平流层平台系统的连接，可满足航空公司与驾驶舱和机场更加广泛的通信需求，包括飞

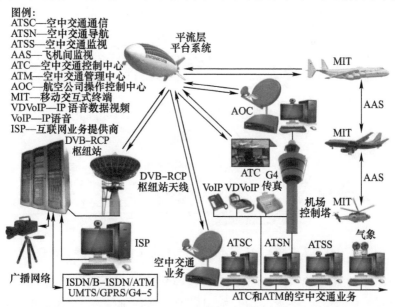

图 7.40　航空交通控制应用对数字视频广播 – 平台返回信道的
通信、导航、监视要求（图片来源：Ilcev）

机上的机组人员和乘客。可见,航空广播方案带来的重大改进在于通过部署航空通信、导航、监视系统,为机场航空交通控制中心/航空交通管理中心的空中交通服务提供增强的数据收集能力。

7.6　平流层平台系统的移动跟踪应用

(1) 区域移动跟踪(RMT)。所有移动跟踪的应用场景都是基于美国 GPS 和俄罗斯 GLONASS 的全球导航卫星系统,它能够向海上、陆上和空中的不同用户免费提供位置、速度、时间数据。位置、速度、时间数据通过船只、陆上车辆和飞机上的 GPS/GLONASS 接收机接收,一方面用于导航,另一方面与识别信息等一起通过平流层平台系统自动向外发送。要通过平流层平台系统发送位置、速度数据,需将 GPS/GLONASS 接收机与无线电收发机、天线集成在一起。

鉴于在过去发生的很多事故中,搜索失踪或被劫持的船只、飞机非常困难,同时也为了规避碰撞,本书的作者提出了通过平流层平台系统跟踪与确定移动用户的区域移动跟踪系统。移动用户的区域移动跟踪设备从 GPS/GLONASS 卫星(1)接收全球导航卫星系统定位信号并通过平流层平台系统(2)向地面地球站(3)发送带移动用户标识的位置、速度、时间信息。这些地面地球站与应用服务提供商、跟踪控制站相连接,其网络如图 7.41 所示。

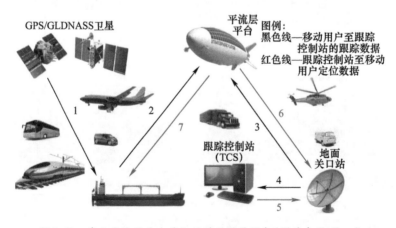

图 7.41　基于平流层平台系统的移动跟踪设备(图片来源:Ilcev)

相反方向,根据船只的请求,地面跟踪控制站从处理器中导出请求船只附近其他所有船只的位置、速度、时间、标识以及其他详细信息,并通过地面地球站(5)、平流层平台系统(6)传送至请求船只相应设备上(7)。通过这种方式,船长可以确定其附近所有船只的位置、速度、时间,提高航行的观察能力,规避船只碰撞,预先确定海盗船。另一方面,船上的跟踪设备可以由地面跟踪控制站配置为自动轮询状态。一次成功的轮询请求,意味着远程终端接收到轮询请求后开始响应,获得位置后,立即把当前位置发送出去。轮询确实会占用更多的服务时间,更经济、高效的系统是通过发送单个指令,在终端上设置计划表,实现自动获取和发送位置报告。

（2）平台 - 自动识别系统（P - AIS）。当前的 VHF 无线电 - 自动识别系统（R - AIS）,通过 VHF 频段提供有限的岸基覆盖来跟踪和监测船只。新提出的平台自动识别系统可提供扩展服务,能监测船只的位置和日常状态,协助导航,改善海上安全和安保工作,覆盖范围远超沿岸水域和港口。为了建立平台 - 自动识别系统网络,可使用平台间链路把多个平流层平台系统连接起来,覆盖区域内任何岸站,其场景如图 7.42 所示。

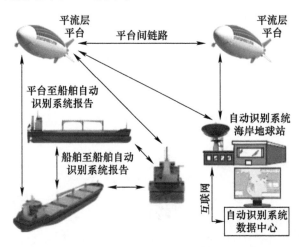

图 7.42　基于平流层平台系统的船载自动识别系统（图片来源:Ilcev）

此外,平台自动识别系统网络必须拥有足够多的任务操作地面基础设施、数据处理中心、操作中心和用户自动识别业务终端。船载平台自动识别系统设备可以发送两种类型的消息,第一种是船对船的自动识别系统报告。第二种是关口站、平流层平台系统与船只间的双向自动识别数据。自动识别系统数据中心对所有接收的信息进行处理,并通过互联网将平台识别系统信息立即转发给用户。

基于平流层平台的平台自动识别系统及其提供的服务,将为最大限度地提高全球海上安全和安保提供有价值的定位数据,使航运业能够知道几乎每艘船只的位置、目的地以及到达目的地的时间。如 Orbcomm 卫星自动识别系统（S - AIS）利用专业的和现有的全球地面基础设施,每天接收来自 120000 多艘船只提供的跟踪和测量信息。因此,通过与世界上最值得信赖的海事信息提供商合作,该系统可以提供全球船只活动的完整情况。

为使系统更加完善,国际海事组织支持成员国开发并提供新的平台自动识别系统和服务,以满足其国家安全要求。通过卫星自动识别系统(S - AIS)与平台自动识别系统(P - AIS)网络的集成,全世界的安全和情报部门可以获得所有船只的位置。这些有价值的数据可用于对海上异常情况做出快速反应,如海盗的可疑活动、走私活动、搜救、渔业和环境监测以及其他异常行为。

(3) 基于平流层平台系统对船只进行视频监控。通过平流层平台系统进行视频监控是一项非常方便的技术,它配备了高分辨率光学数码相机,专门拍摄受海盗活动影响的特定海域的照片。因此,基于平流层通信平台的视频监视与使用卫星合成孔径雷达是类似的,但它更简单、性价比更高,并且适用于本地检测和跟踪海盗船,其示意图如7.43所示。高分辨率光学相机可以根据需要进行调节,以充分观察特定区域内的船只。为了增加光学设备的灵活性,可使用红外摄像机。上述描绘的基于平流层通信平台的视频监控具有一些本质的缺点和优点。其中缺点如下:

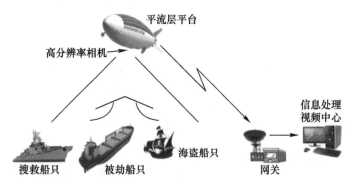

图 7.43   基于平流程平台系统的视频监控(图片来源:Ilcev)

① 在恶劣天气条件下,从平流层通信平台获得船只高分辨率图像可能受到云密度和降水量增加的影响;

② 通过平流层平台系统摄影设备,可以捕捉到船只的海域相对有限,这取决于相机的光学系统。

优点如下:平流层平台悬浮的高度低,降低了照相设备的费用;由于平流层通信飞艇可以随时着陆和起飞,因此平台上设备的维护非常及时。

7.7   基于平流层平台的卫星光学下行链路及高速数据链

光学链路能提供很高的带宽,但它易被云阻挡。因此,从卫星到地面站的下行链路取决于地面站上方云的情况,可用性有限。对通信或广播等非地球观测应用,卫星链路可用性要求接近 100%。这个问题可以通过使用平流层平台中继站来解决,中继站必须位于距地球表面大约 20km 高的云层上方。因不受云的遮挡,从卫星到平流层平台光链路将具有 100% 的可用性。到地面的"最后一英里"可以通过现今地面使用的标准微波点对点链路进行桥接。与卫星链路相比,因距离短,平流层平台微波链路带宽较宽。在无云条件下,与微波链路平行的光链路,可以将最后 20km 的带宽增加数倍。

如图 7.44 显示了两颗低轨卫星通过光学链路向地面传输的两种场景。一种是低轨卫星通过平流层平台中继(左)到地面;另一种是低轨卫星通过地球静止轨道卫星和平流层平台中继(右)到地面。从平流层平台系统到地面站的"最后一英里"下行链路可以通过高带宽的光学链路或微波链路进行桥接。在平流层平台系统中继场景中,数据通过平流层平台直接发送到地面(SPS - GND),而在地球静止轨道卫星的中继方案中,数据首先发送到地球静止轨道卫星,然后通过平流层平台发送到地面。平流层平台到地面的链路可以是光学链路也可以是微波链路。一个互连的平流层平台网络可以为光纤链路提供几乎全天候的服务。低轨卫星和平流层平台系统之间的链路连通时间与平流层平台地理纬度有关,每次最多为 12min,每天可以建立大约 3 ~ 15 次。为增加链路保持时间,可以引入地球静止轨道卫星。地球静止轨道卫星链路可用时间约为低轨卫星运行轨道周期的一半,每日约 12h。数据从地球静止轨道卫星通过一条连续的链路传输到平流层平台系统。增加链路连通时间是以延长链路距离为代价的,随之带来的是更加苛刻的链路预算和地球静止轨道卫星费用。

航空电子高速光链路与 ATENAA 项目相关,该项目由欧共体(EC)资助,旨在为商业航空建立宽带无线光通信。

在通信场景中,预计会有一个由数个机载航空通信站组成的移动自组网络,特别是在高业务量区域。每个机载航空通信站都可以看作是一个网络节点。有些机载航空通信站通过射频卫星链路连接到地面网络。当需要直接通过下行链路到地面节点时,因光学下行链路云阻塞概率大,此时最好用微波频段。光学信号虽然可以穿过对流层上部的薄云(有几个分贝衰减损失),但低层大气中的厚水云对光信号衰减极大。

航空电子自由空间光链路不太支持空中交通控制或空中交通管理,这是由于自由空间光学通信固有限制,特别是链路阻塞(例如高度低于 10km 的云层)和链路建立过程延迟(取决于链路拓扑结构,在几十毫秒到几秒之间)。

航空电子自由空间光链路的主要用途应该是通过平流层平台系统和卫星,与地面数据网络进行连接,以及云层上巡航飞机之间的空中通信互连。航空光

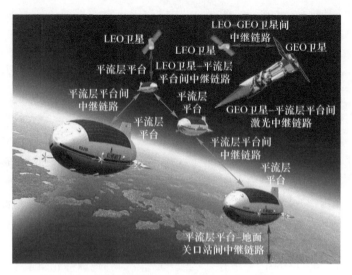

图 7.44　集成的空间中继光学链路(图片来源:Ilcev)

通信的应用领域和场景是建立机载航空通信站之间的链路,自由空间光学是机载航空通信站链路的首选,用于高业务量区域的专用网络。因光学链路的云阻塞概率较高,地面或起飞段机载通信站光学连接不太可靠。但高数据速率通信通常只在途中飞行阶段有需求,因此通过平流层平台或卫星建立空间高速骨干通信网络是可行的。

　　从图 7.45 可以看出,航空通信站和平流层平台系统间的最大距离在 400km

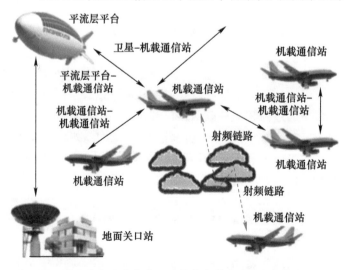

图 7.45　基于平流层平台系统的航空光学链路(图片来源:Ilcev)

范围内。对于长距离链路,确保连接的最低点不太靠近地面非常重要。一般来说,由于云造成的链接阻塞概率随着海拔高度的降低而增加。不考虑雷暴等不常出现的天气情况,厚云通常出现在 6km 以下。

7.8 空间系统的集成

（1）卫星和平流层平台系统的集成。平流层平台系统与地面以及高/中/低轨卫星网络一起部署,将提供另一维度的灵活性。它很容易调整去满足现代运输系统、网络运营商和用户需求变化。平流层平台在未来的移动系统基础设施中将发挥互补作用,例如,简化部署由无线局域网、WiMAX、WiFi、地面蜂窝和卫星组成的移动系统,推出 3G 和 3G 以上的通信业务。基于异构网络无缝集成高级多媒体业务是未来通信系统发展的主要目标之一。总而言之,卫星在一些利基市场发挥了重要作用,如导航、定位、广播以及地球观测和遥感等一些特殊应用。

图 7.46 描述了与卫星网络集成的平流层平台系统,它为所有固定、移动以及农村应用提供服务,如船只、地面车辆和飞机,特别适用于船舶和海港通信系统,以及飞机和机场通信系统。

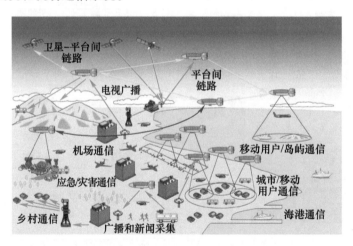

图 7.46 平流层平台系统网络与卫星星座的集成（图片来源:Ilcev）

尽管卫星通信在覆盖范围和带宽方面具有优势,但在当前电信基础设施中的应用水平仍然很低。卫星宽带通信性能有两个主要限制,一是卫星链路在 TCP/IP 模式下传输能力下降,另一个是在点对点模式下容量有限。

如前所述,尽管平流层平台系统相对于卫星和地面系统呈现了显著的优势,同时它也有一些问题。如最低仰角 15° 条件下,平流层平台系统覆盖区域仅在大约200km半径内。因此，如果进行适当的整合，将高/中/低轨卫星与平流层平台系统集成，所有这些缺点将会得以改善。这样集成的系统将能在全球范围内提供更可靠、更有效的服务。

（2）平流层平台系统与卫星返向信道数字视频广播（DVB-RCS）网络的集成。卫星通信网络，例如交互式数字广播系统（IDBS），可以与平流层飞艇相集成，以克服卫星通信应用的一些缺点。交互式数字广播模式用于通过卫星提供的互联网接入，它是基于非对称配置，在该配置中其前向信道通常是 DVB/MPEG-2。对于这两种配置，卫星从单用户终端接收汇聚业务。此时，平流层平台系统可被视为业务过滤器。在这种模式下，平流层平台系统只转发给卫星无差错链路层分组包，从而避免了通过卫星进行传输层重传。

当用户和网关站在同一个平流层平台系统覆盖范围内时，平流层飞艇也可以用来避免对卫星进行直接访问。这种场景用于提高卫星容量。图7.47显示了使用平流层飞艇作为移动和固定中继网络的场景。该网络由至少两艘通过平台间光链路相互连接的平流层飞艇平台组成。

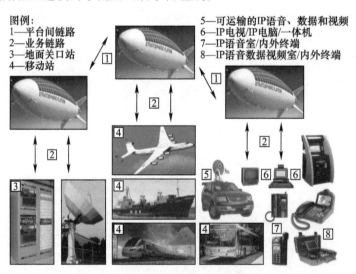

图7.47　基于平流层平台系统的DVB-RCS移动和固定网络（图片来源：Ilcev）

平流层平台系统与卫星返向信道数字视频广播（DVB-RCS）空间系统的集成，可以提供对称和非对称的混合返向信道数字视频广播（DVB-RCH）配置。

在对称DVB-RCH配置场景下，前向和返回通道都通过平流层平台系统。在该应用场景中，平流层飞艇是DVB-RCS地球站与地球静止轨道卫星之间的中继站，因此不被用于馈电链路，其特征通常是误码率低于卫星用户链路。另一面，如果另一艘平流层飞艇作为中继站位于地球站和地球静止轨道卫星之间，则馈电链路中包含平流层平台系统。因为前向和返向链路都经过了平流层平台系统，所以在用户端是对称的。这些业务由平流层平台系统和卫星系统分担，其中平流层平台系统用于向高移动性用户提供移动服务，主要是语音和宽带业务；卫星用于向固定用户提供的宽带业务。

在非对称 DVB – RCH 配置的场景下，前向信道是地球静止轨道卫星提供的 DVB/MPEG – 2，返回信道通过平流层飞艇。因此返向信道不会经受重度拥塞和低带宽，这被认为是它的一个优势。在该场景下，平流层平台系统主要用于向移动用户提供服务，卫星则是实现高数据量的传输。这种方式，卫星的作用是减小平流层平台系统到地面站链路容量要求，从而提高平流层平台系统到用户的链路容量。

7.9　平流层平台系统与智能运输系统的集成

这种集成包括远程信息处理和移动用户上所有类型的通信设备，即移动设备之间（移动到移动）和移动设备与固定设备之间（移动到固定设施）。智能运输系统并不局限于公路运输，它们还包括将信息与通信技术，如导航系统，用于铁路、水路和航空运输，如图 7.48 所示。

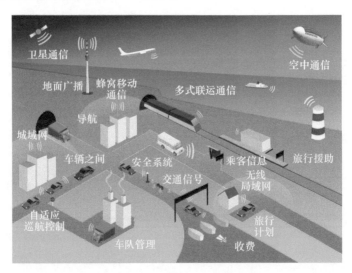

图 7.48　基于流层平台的智能运输系统（图片来源：Ilcev）

总地来说，各种类型的智能运输系统依靠无线电通信业务，也使用如高/中/低轨卫星和平流层平台转发器。因此，致力于智能运输系统、道路运输和交通远程信息处理的无线通信系统为车辆提供网络，并将它们相互连接在一起。铁路行业已经同意将全球移动通信系统(GSM)用于高速铁路上的信号传输,以及用于跨国界传统铁路上的互操作。海事应用支持常规海事运行,包括用于导航,以及海上和内陆水道的安全。航空应用从专业服务,如空中交通管制、飞行导航和安全系统,扩展到服务机组人员和乘客,如通过无线电、卫星和平流层平台传输机载语音、数据和视频。

参 考 文 献

1. 图书

1. Acerov A.M. & Others, "Morskaya radiosvyaz i radionavigaciya", Transport, Moskva, 1987.
2. Acharya R., "Understanding Satellite Navigation", Elsevier, Oxford, UK 2014.
3. Ackroyd N. & Lorimer R., "Global Navigation—A GPS User's Guide", LLP, London, 1994. [10–11].
4. Ahson S.A. & Others, "VoIP Handbook", CRC Press, Boca Raton, FL, 2009.
5. Aragon-Zavala A. & Other, "High-Altitude Platforms for Wireless Communications", Wiley, Chichester, 2008.
6. Barnhart R.K. & Others, "Introduction to Unmanned Aircraft Systems", CRC Press, Boca Raton, FL, 2012.
7. Beckmann P., "The Scattering of Electromagnetic Waves from Rough Surfaces", Pergamon Press, London, 1963.
8. Berlin P., "Geostationary Applications Satellite", Cambridge University Press, Cambridge, UK, 1988.
9. Bertoni H.L., "Radio Propagation for Modern Wireless Systems", Prentice Hall, Englewood Cliffs, 2000.
10. Biezad D.J., "Integrated Navigation and Guidance Systems", AIAA, New York, 1999.
11. Blonstein L., "Communications Satellites, The Technology of Space Communications", Heinemann, London, 1987.
12. Brisibe T., "Aeronautical Public Correspondence by Satellite", Eleven, Utrecht, 2006.
13. Calcutt D. & Tetley L., "Satellite Communications, Principles and Applications", Edward Arnolds, London, 1994.
14. Calcutt D. & Tetley L., "Satellite Communications, Principles and Applications", Elsevier, Oxford, 2004.
15. Calcutt D. & Tetley L., "Understanding GMDSS", Edward Arnold, London, 1994.
16. Campbell J., "Understanding GMDSS", Waterline, Shrewsbury, 1998.
17. Chen X., "Antennas for Global Navigation Satellite Systems", Wiley, Chichester, 2012.
18. Chetty P.R.K., "Satellite Technology and its Applications", TAB, Blu Ridge Summit, 1993.
19. Curtis H.D., "Orbital Mechanics for Engineering Students", Elsevier, London, 2005.
20. Dalgleish D.I., "An Introduction to Satellite Communications", IEE, Peter Peregrinus, London, 1989.
21. Dardari D. & Others, "Satellite and Terrestrial Radio Positioning Techniques", Elsevier, Waltham, MA, 2012.
22. Davidoff M.R., "The Satellite Experimenter's Handbook", ARRL, Newington, 1984.
23. Del Re E. & Ruggieri M., "Satellite Communications and Navigation Systems", Springer, New York, 2008.

24. Diggelen V.F., "A-GPS, Assisted GPS, GNSS and SBAS", Artech House, Boston-London, 2009.
25. Du Y., "A Satellite Ground Station Control System", Technical University of Denmark, Kongens Lyngby, 2005.
26. Elbert B.R., "Ground Segment and Earth Station Handbook", Artech House, Boston, London, 2001.
27. Elbert, B. R., "International Telecommunication Management", Artech House, London, 1990.
28. Elbert B.R., "Introduction to Satellite Communications", Artech House, London, 1987.
29. Elbert, B. R., "Networking Strategies for Information Technology", Artech House, London, 1992.
30. Elbert, B. R., "Private Telecommunication Networks", Artech House, Norwood, 1989.
31. Elbert B.R., "The Satellite Communication Applications Handbook", Artech House, London, 1997.
32. El-Rabani A., "Introduction to GPS", Artech House, Boston-London, 2002.
33. Evans B.G., "Satellite Communication Systems", IEE, Peter Peregrinus, London, 1991.
34. Everett J., "VSAT—Very Small Aperture Terminals", IEE, Peter Peregrinus, London, 1992.
35. Feher K., "Digital Communications, Satellite Earth Station Engineering", Prentice-Hall, Englewood Cliffs, 1983.
36. Flock, W. L., "Propagation Effects on Satellite Systems at Frequencies Below 10 GHz", NASA, Washington, 1987.
37. Forssell B., "Radionavigation Systems", Artech House, Boston, London, 2008.
38. Freeman R.L., "Fundamentals of Telecommunications", Wiley, Chichester, UK, 1999.
39. Freeman R.L., "Radio Systems Design for Telecommunications (1–100 GHz)", Wiley, Chichester, 1987.
40. Freeman, R.L., "Reference Manual for Telecommunications Engineering", Wiley, New York, 1985.
41. Fujimoto K., "Mobile Antenna Systems Handbook", Artech House, London, 2008.
42. Fujimoto K. & Other, "Mobile Antenna Systems Handbook", Artech House, London, 1994.
43. Gagliardi R.M., "Satellite Communications", Van Nostrand Reinhold, New York, 1984.
44. Galic R., "Telekomunikacije satelitima", Skolska knjiga, Zagreb, 1983.
45. Gallagher B., "Never Beyond Reach", Inmarsat, London, 1989.
46. Giambene G., "Resource Management in Networks—Optimization and Cross-Layer Design", Springer, 2007.
47. Gordon G.D. & Other, "Principles of Communications Satellites", Wiley, Chichester, 1993.
48. Grace D. & Mohorcic M., "Broadband Communications via High-Altitude Platforms", Wily, Chichester, UK, 2011.
49. Grant A.E. & Others, "Communication Technology Update", Focal Press, Boston, 2000.
50. Grewal M.S& Others, "Global Positioning Systems, Inertial Navigation and Integration", Wiley, Chichester, 2007.
51. Griffin M.D. & French J.R., "Space Vehicle Design", AIAA, Reston, 2004.
52. Group of Authors, "Current and Planned Global and Regional Navigation Satellite Systems and Satellite-based Augmentation Systems", UN, New York, 2010.
53. Group of Authors, "Earth Station Technology", Intelsat, Washington, DC, 1999.
54. Group of Authors, "Earth Station Verification and Assistance (ESVA)", Eutelsat, Paris, 2002.
55. Group of Authors, "Fifth International Conference on Satellite Systems for Mobile Communications and Navigation", IEE, London, 1996.
56. Group of authors, "Fourth International Conference on Satellite Systems for Mobile Communications and Navigation", IEE, London, 1988.
57. Group of Authors, "Global Maritime Distress and Safety System", IMO, London, 1987.
58. Group of Authors, "GMPCS Reference Book", ITU, Geneva, 2000.

59. Group of Authors, "Handbook—Mobile Satellite Service (MSS)", ITU, Geneva, 2002.
60. Group of Authors, "Handbook on Satellite Communications", ITU, Geneva, 2002.
61. Group of Authors, "Manual for Use by the Maritime Mobile and Maritime Mobile-satellite Services", ITU, Geneva, 1999.
62. Group of Authors, "Manual on Mobile Communications Development", ITU, Geneva, 1997.
63. Group of Authors, "Radiowave Propagation Information for Predictions for Earth-to-Space Path Communications", ITU, Geneva, 1996.
64. Group of Authors, "Utilisation des satellites pour les recherches et le sauvetage", Cepadues, Toulouse, 1984.
65. Groves P.D., "Principles of GNSS, Inertial and Multisensor Integrated Navigation Systems", Artech House, Boston, London, 2008.
66. Ha J.C., "Mission Design and Implementation of Satellite Constellations", ESAI ESOC, Darmstadt, Germany, 1998.
67. Ha T.T., "Digital Satellite Communications", Macmillan Publications, New York, 1986.
68. Hadden A.D., "Personal Communications Networks, Practical Implementation", Artech House, London, 1995.
69. Haan S., "Meteorological Applications of a Surface Network of GPS Receivers", Universiteit Utrecht, Utrecht, Netherlands, 2008.
70. Heath S., "Multimedia and Communications Technology", Focal Press, Oxford, 1999.
71. Higgins J., "Satellite Newsgathering", Focal Press, Oxford, 2002.
72. Hofmann-Wellenhof B. & Other, "GPS: Theory and Practice", Springer, Vienna, 1997.
73. Huurdeman A.A., "Guide to Telecommunications Transmission Systems", Artech House, Boston-London, 1997.
74. Ilcev D. S., "Global Aeronautical Communications, Navigation and Surveillance (CNS)", Volume 1 & 2, AIAA, Reston, 2013.
75. Ilcev D.S., "Global Mobile Satellite Communications for Maritime, Land and Aeronautical Applications", Springer, Boston, 2005.
76. Ilcev D.S., "Global Radio and Satellite CNS", Manual, DUT, Durban, 2014.
77. Ilcev D.S., "Mobile Antenna Handbook", Manual, CNS Systems, Durban, 2015.
78. Jagoda A. & Other, "Mobile Communications", John Wiley, Chichester, 1995.
79. Jamalipour A., "LEO Satellites for Personal Communication Networks", Artech House, London, 1998.
80. Jasik H., "Antenna Engineering Handbook", McGraw Hill, 1961
81. Johnson D.H., Dudgeon D.E., "Array Signal Processing: Concepts and Techniques", Prentice Hall, Englewood Cliffs, 1993.
82. Kadish J.E. & Others, "Satellite Communications Fundamentals", Artech House, Boston, London, 2000.
83. Kantor L.Y., "Sputnikovaya svyaz i veschanie", Radio i svyaz, Moskva, 1988.
84. Kantor L.Y. & Others, "Sputnikovaya svyaz i problema geostacionarnoy orbiti", Radio i svyaz, Moskva, 1988.
85. Kaplan D.E., "Understanding GPS Principles and Applications", Artech House, Boston, London, 1996.
86. Kaplan D.E., "Understanding GPS Principles and Applications", Artech House, Boston, London, 2006.
87. Kayton M. & Fried W.R., "Avionics Navigation Systems", John Wiley, Chichester, 1997.
88. Keattisak S., "Turbo Code Applications: A Journey from a Paper to Realization", Springer, Boston, 2005
89. Kelly M.C., "The Earth Ionosphere", Academic Press, San Diego, 1989.
90. Kolawole M.O., "Satellite Communication Engineering", Marcel Dekker, New York, 2002.
91. Kondoz, A. M., "Digital Speech—Coding for Low Bit Rate Communications Systems", Wiley, New York, 1994.
92. Kraus J.D. & Marhefka R., "Antennas", Mc Graw Hill, New York, 2001.

93. Law P.E., "Shipboard Antennas", Artech House, Washington, 1983.
94. Lee, J. S. & Others, "CDMA Systems Engineering Handbook", Artech House, Norwood, 1998.
95. Lee C.Y. W., "Mobile Communications Design Fundamentals", Wiley, New York, 1993.
96. Lee C.Y.W., "Mobile Communications Engineering", McGraw-Hill, London, 1982.
97. Lees G.D. & Others, "Handbook for Marine Radio Communications", LLP, London, 1999.
98. Lin S. & Others, "Error Control Coding: Fundamentals and Applications", Prentice-Hall, Englewood Cliffs, 2005.
99. Long M.E., "The Digital Satellite TV Handbook", Newnes, 1999.
100. Long M.E., "World Satellite Almanac", Howard W. Sams, Indianapolis, 1987.
101. Lawrence A., "Modern Inertial Technology: Navigation, Guidance and Control", Springer, New York, 1993.
102. Lukatela G. & Others, "Digitalne telekomunikacije", Gradjevinska knjiga, Belgrade, 1984.
103. Macario, R. C. V., "Personal and Mobile Radio Systems", Peter Peregrinus, London, 1991.
104. Maini A.K. & Agrawal V., "Satellite Technology—Principles and Applications", John Wiley, Chichester, 2007.
105. Malaguti, N., "Coordination of an Earth Station with Stations of Terrestrial Services as well as Earth Stations Operating in Opposite Direction," ITU-BR, Geneva, Switzerland, 2002.
106. Maral G. & Others, "Satellite Communications Systems", Wiley, Chichester, 1994.
107. Maral G. & Others, "Satellite Communications Systems", Wiley, Chichester, 2009.
108. Maral G., "VSAT Networks", John Wiley, Chichester, 2003.
109. Martin H.D. & Others, "Communication Satellite", AIAA, Reston, 2007.
110. Maslin N., "HF Communications", Pitman, London, 1987.
111. Miller M.J., & Others, "Satellite Communications; Mobile and Fixed Services" Kluwer A. P., Norwell, 1993.
112. Misra P. & Others, "GPS: Signals, Measurements, and Performance", Ganga-Jamuna Press, Lincoln, 2001.
113. Mladenov M.K. & Others, "Periferni ustroystva za personaliny kompyutri", Tehnika, Sofia, 1987.
114. Monroe J.W., "Marine Radionavigation and Communications", Cornell Maritime Press, Centreville, 1998.
115. Naugle, M., "Illustrated TCP/IP—A Graphic Guide to the Protocol Suite", Wiley, New York, 1999.
116. Nejat A., "Digital Satellite Communications Systems and Technologies—Military and Civil Applications" Kluwer Academic Publishers, 1992
117. Nenirovskiy A.S. & Others, "Radio-releinie i sputnikovie sistemi peredachi", Radio i svyaz, Moskva, 1986.
118. Noll E.M., "Landmobile and Marine Radio Technical Handbook", Howard W. Sams, Indianapolis, 1985.
119. Novik L.I. & Others, "Sputnikovaya svyaz na more", Sudostroenie, Leningrad, 1987.
120. Ohmori S. "Aeronautical and Maritime Antennas for Satellite Communications", CRC Press LLC, 2002.
121. Ohmori S. & Others, "Mobile Satellite Communications", Artech House, Boston–London, 1998.
122. Orehov A.A., "Radiopriemnie ustroystva morskogo sudna", Transport, Moskva, 1987.
123. Palter D. C., "Satellites and the Internet", SatNews Publishers, 2003.
124. Paluszek M. & Others, "Spacecraft Attitude and Orbit Control", Princeton Satellite Systems, Plainsboro, NJ, 2009.
125. Parkinson B.W. & Others, "Global Positioning System: Theory and Applications I/II", AIAA, Washington, 1996.
126. Pascall S.P. & Others, "Commercial Satellite Communications", Focal Press, Oxford, 1997.
127. Pattan B., "Satellite-based Global Cellular Communications", McGraw Hill, New York, 1998.

128. Patzold M., "Mobile Fading Channels", Wiley, New York, 2000.
129. Pelton J.N., "Wireless and Satellite Telecommunications" Prentice Hall, Englewood Cliffs, 1995.
130. Perishkin I.M. & Others, "Sistemi podvizhnoy radiosvyazi", Radio I svyaz, Moskva, 1986.
131. Pirumov V.S. & Others, "Radio-elektronika v voyne na more", Voenoe izdatelstvo, Moskva, 1987.
132. Prasad R. & Ruggieri M., "Applied Satellite Navigation Using GPS, GALILEO, and Augmentation Systems", Artech House, Boston.
133. Pratt T. & Others, "Satellite Communications", TAB, Blue Ridge Summit, 1986.
134. Pratt T. & Others, "Satellite Communications", John Wiley, Hoboken, 2002.
135. Prentiss S., "Satellite Communications", TAB, Blue Ridge Summit, 1987.
136. Proakis J.G. & Others, "Communication System Engineering", Prentice Hall, London, 2002.
137. Proakis J.G., "Digital Communications", McGraw Hill, New York, 2000.
138. Radovanovic A., "PC modemske komunikacije", Tehnicka knjiga, Belgrade, 1991.
139. Rama B., "GPS/GNSS Antennas", Artech House, London, 2013.
140. Rappaport T.S., "Wireless Communications Principles and Practice", Prentice Hall, Englewood Cliffs, 1996.
141. Reed H.R. & Russell C.M., "Ultra High Frequency Propagation", Wiley, New York, 1953.
142. Reg A., "Unmanned Aircraft Systems", Wiley, Chichester, UK, 2010.
143. Remer D.D. & Others, "Global Navigation for Pilots", Aviation Supplies and Academics Inc., Washington, 1998.
144. Ricci F.J. & Others, "U.S. Military Communications", Computer Science Press, Rockville, 1986.
145. Richharia M., "Mobile Satellite Communications—Principles and Trends", Addison-Wesley, Harlow, 2001.
146. Richharia M., "Satellite Communications System—Design principles", Macmillan, Basingstoke, 1995.
147. Richharia M. & Westbrook L.D., "Satellite Systems for Personal Applications", John Wiley, Chichester, 2010.
148. Roddy D., "Satellite Communications", McGraw Hill, New York, 2006.
149. Rudge A.W. & Others, "The Handbook of Antenna Design", Volume 1 & 2, IEE, London, 1986.
150. Samama N., "Global Positioning—Technologies and Performance", John Wiley, Chichester, 2008.
151. Saunders S.R., "Antennas and Propagation for Wireless Communication Systems", Wiley, New York, 1999.
152. Sayegh C., "Mayor Earth Station Equipment", Intelsat, Washington, DC, 2014.
153. Schaphorst R., "Videoconferencing and Videotelephony", Artech House, London, 1997.
154. Schott J.R. "Remote Sensing", Oxford University Press, Oxford, 1997.
155. Schwartz, M., "Telecommunication Networks", MA: Addison-Wesley, Reading, 1987.
156. Sellers J. J., "Understanding Space—An Introduction to Astronautics", McGraw-Hill, New York, 2000.
157. Sheriff R.E. & Others, "Mobile Satellite Communication Networks", Wiley, Chichester, 2001.
158. Siouris G.M., "Aerospace Avionics Systems", Academic Press, London, 1993.
159. Sklar, B., "Digital Communications—Fundamentals and Applications", Prentice Hall, Upper Saddle River, 2001.
160. Smith P.C. & Others, GMDSS for Navigators", Butterworth Heinemann, Oxford, 1994.
161. Soleymani M.R. & Others, "Turbo Coding for Satellite and Wireless Communications", Kluwer, Boston, 2002.
162. Solovev V.I. & Others, "Svyaz na more", Sudostroenie, Leningrad, 1978.
163. Sonnenberg G.J., "Radar and Electronic Navigation", Butterworths, London, 1978.

164. Stacey D., "Aeronautical Radio Communication Systems and Networks", John Wiley, Chichester, 2008.
165. Stajic D. & Others, "Racunarske telekomunikacije i mreze", Tehnicka knjiga, Belgrade, 1991.
166. Stallings, W., "Business Data Communications", Prentice Hall, Upper Saddle River, 2001,
167. Stallings W., "Data and Computer Communications", Pearson, Upper Saddle River, NJ, 2007.
168. Sternfeld A., "Vestacki sateliti", Tehnicka knjiga, Belgrade, 1958.
169. Stremler F.G., "Introduction to Communication Systems", Addison-Wesley, Harlow, 1990.
170. Sun Z., "Satellite Networking—Principles and Protocols", John Wiley, Chichester, 2005.
171. Swan P.A. & Others, "Global Mobile Satellite Systems: A Systems Overview", Kluwer AP, Boston, 2003.
172. Tetley L. & Others, "Electronic aids to Navigation—Position Fixing", Edward Arnold, London, 1991.
173. Tetley L. & Others, "Understanding GMDSS", Edward Arnold, London, 1994.
174. Tomasi W., "Electronic Communications Systems", Prentice-Hall, New York, 2001.
175. Torrieri D.J., "Principles of Military Communication Systems", Artech House, Dedham, 1982.
176. Tsui J., "Fundamentals of Global Positioning System Receivers", Wiley, New York, 2005.
177. Van Trees H.L., "Detection, Estimation and Modulation Theory", Part 1, Wiley, New York, 1968.
178. Van Trees H.L., "Satellite Communications", IEEE, New York, 1979.
179. Venskauskas K.K. "Sistemi i sredstva radiosvyazi morskoy podvizhnoy sluzhbi", Sudostroenie, Leningrad, 1986.
180. Viola B., "L'operatore di radiocomunicazioni del servizio mobile marittimo", Trevisini, Milano, 1987.
181. Walke B. & Other, "UMTS—The Fundamentals", Wiley, New Jersey, 2003.
182. Walker J., "Advances in Mobile Information Systems", Artech House, Boston, London, 1990.
183. Wartz J.R., "Spacecraft Attitude Determination and Control", Kluwer AP, Dordrecht, 1984.
184. Waugh I., "The Maritime Radio and Satellite Communications Manual", Waterline, Shrewsburg, 1994.
185. Wellenhof-Hofmann B. & Other, "Global Navigation Satellite Systems (GNSS)", Springer, Wien, 2008.
186. Wertz J. R. & Other, "Space Mission Analysis and Design", Kluwer Academic Publishers, 1999.
187. Wilder, F., "A Guide to the TCP/IP Protocol Suite", Artech House, Norwood, 2002.
188. Yuen J.H. "Deep Space Telecommunications Systems Engineering", Plenum Press, New York, 1983.
189. Zovko-Cihlar B., "Sumovi u radiokomunikacijama", Skolska knjiga, Zagreb, 1987.
190. Zhilin V.A., "Mezhdunarodnaya sputnikova sistema morskoy svyazi—Inmarsat", Sudostroenie, Leningrad, 1988.

2. 论文

1. Agius A.A. & Others, "QHS—Characteristics of a Proposed Wire Antenna for an Satellite Personal Communication Networks (SPCN) Handheld Terminal", CCSR, Surrey, 1997.
2. Antonini M. & Other, "Stratospheric Relay: Potentialities of New Satellite-high Altitude Platforms Integrated Scenarios", IEEE Proceedings of the Aerospace Conference, IEEEAC, 2003.
3. Avagnina D., "Wireless Networks Based on High Platforms for the Provision of Integrated Navigation and Communication Services", IEEE Communications Magazine, 2002.

4. Bertran E. & Others, "Effects of Packet and SBAS Measurements Rate on the Emergency Control of an UAV", Data Systems in Aerospace Conference (DASIA.02), Dublin, 2002.

5. Blyenburgh Van P., "UAV Systems: Global Review", Avionics 2006 Conference, 1–52, Amsterdam, 2006.

6. Buracchini, "SDMA in Mobile Radio Systems", Internet, 2012.

7. Comparini M.C. & Others, "Microwave Equipment for Navigation Overlay Service", Alenia Spazio, Roma, 2002.

8. Copros E. & Others, "An Improved Space Segment for the End-State WAAS and EGNOS Final Operational Capability", Proceedings of the Institute of Navigation (ION), Alexandria, 1996.

9. Horwath, M. & Others, "Broadband Backhaul Communication for Stratospheric Platforms: the Stratospheric Optical Payload Experiment (STROPEX)", Proc. SPIE, Free-Space Laser Communications VI, San Diego, 2006.

10. Grewal M.S. & Others, "Test Results of Geostationary Satellite (GEO) Uplink Sub-System (GUS) Using GEO Navigation Payloads", Institute of Navigation (ION), Alexandria, 1999.

11. Grewal M.S., & Others, "Overview of the SBAS Integrity Design", ION Conference, Graz, 2003.

12. Grewal M.S., & Others, "Comparison of GEO and GPS Orbit Determination", ION/GPS 2002, Portland, 2002.

13. Horwath J. & Other, "Broadband Backhaul Communication for Stratospheric Platforms: the Stratospheric Optical Payload Experiment (STROPEX)", Free-Space Laser Communications VI, 6304, San Diego, 2006.

14. Ilcev D.S., "African Satellite Augmentation System (ASAS)", Collection of Papers, High Technologies, Researches and Industry Conference, St-Petersburg (Leningrad), 2010.

15. Ilcev D.S., "Airborne Satellite Antenna Mount and Tracking Systems", Microwave Journal, Norwood, 2009.

16. Ilcev D.S., "Antenna Systems for Mobile Satellite Applications", Journal of the Institute of Telecommunications Professionals (ITP), London, 2011.

17. Ilcev D.S., "Channel Coding used in Mobile Satellite Communications", Electronics World, London, 2011.

18. Ilcev D.S., "Channel Decoding and Error Corrections used in Mobile Satellite Communications", Electronics World, London, 2011.

19. Ilcev D.S., "Channel Processing used in Mobile Satellite Communications", Electronics World, London, 2011.

20. Ilcev D.S., "Characteristics and Development of Global Mobile Satellite Communications for Maritime, Land and Aeronautical Applications", Doctoral Dissertation, Belgrade, 2000.

21. Ilcev D.S., "Characteristics and Development of Maritime Satellite Communications Systems", Master Theses, Faculty of Electrical Engineering, Skopie, 1994.

22. Ilcev D.S., "Communication Stratospheric Platforms", Journal of the Institute of Telecommunications Professionals, Sunbury on Thames, 2010.

23. Ilcev D.S., "Development and Characteristics of African Satellite Augmentation System (ASAS) Network", Springer, Telecommunication Systems, Boston, USA, 2011.

24. Ilcev D.S., "Implementation of Local Satellite Augmentation System (LSAS) for Airport Infrastructures", Russian SIBCON, Siberian Federal University, Krasnoyarsk, Russia, 2011.

25. Ilcev D.S., "Implementation of System of Differential Correction and Monitoring (SDCM) for Russia and CIS Countries", IEEE 25th CriMiCo Conference, Sevastopol, Russia, 2015.

26. Ilcev D.S., "Integration in Communications and Navigation", Nautical Courier, Belgrade, Serbia, 1989.

27. Ilcev D.S., "Integration of Radio and Satellite Automatic Identification System for Maritime Applications", TransNav, Gdynia, Poland, 2015.

28. Ilcev D.S., "Introduction to Inmarsat GEO Space and Ground Segments", TransNav, Gdynia, Poland, 2015.

29. Ilcev D.S., "New Aspects in Function of Aeronautical Communication, Navigation and Surveillance (CNS)", 12th International Conference of Science and Technology AVIA-2015, Ukraine, Kiev 2015.
30. Ilcev D.S., "Satellite CNS for Maritime Transportation Augmentation System (MTAS)", IEEE 19th Conference on Microwave Engineering and Telecommunication Technologies in Ukraine, Sevastopol, 2009.
31. Ilcev D.S., "Satellite DVB-RCS Standards for Fixed and Mobile Commercial and Military Applications", Microwave Journal, Norwood, USA, 2009.
32. Ilcev D.S., "Spacecraft Payload for MSC Networks", Microwave Journal, Norwood, 2009.
33. Ilcev D.S., "Stratospheric Communication Platforms (SCP) as an Alternative for Space Program", Aircraft Engineering and Aerospace Technology (AEAT) Journal, Emerald, Bingley, 2011.
34. Ilchenko M. E, "Application of High-altitude Platform Systems in Regions of Disaster and Emergency", 14th International Crimean Conference on Microwave and Telecommunications Technology, Sevastopol, 2004.
35. Ivancic D.W. & Others, "Application of Mobile-IP to Space and Aeronautical Networks", NASA, Cleveland, 2002.
36. Karapantazis S. & Others, "The Role of High Altitude Platforms in Beyond 3G Networks", IEEE Wireless Communications, 2005.
37. Pinkney F., "UAV Communications Payload Development", Proceedings MILCOM, 1997.
38. Razumovsky D. & Others, "Inmarsat's New Navigation Payload", ION, Portland, 2003.
39. Tuomas A., "Mobile IPv6 Security", Microsoft Research Ltd, Cambridge, 2002.
40. Zaharov V. & Others, "Smart Antenna Application for Satellite Communications with SDMA", Journal of Radio Electronics, Moscow, 2001.

3. 手册

1. ACR, "Maritime EPIRB and PLB", Fort Lauderdale, FL, 2014.
2. ALRS, "GMDSS"—Volume 5, Admiralty List of Radio Signals, Taunton, UK, 1999.
3. ALRS, "Maritime Safety Information Broadcast", Taunton, UK, 2004.
4. ARINC, "ARINC System and Procedures", Set of Manuals, Annapolis, MD, 2012.
5. Beam, "IsatDock 2 Marine and Drive Handheld", Mulgrave, Australia, 2015.
6. Canadian Marconi, "CMA-2102 SATCOM High-Gain antenna", Ville St-Laurent, Canada, 1995.
7. Cobham, "Aircraft Antennas for LEO Satellite Systems", Lyngby, Denmark, 2009.
8. Cobham, "Alarm Panel FleetBroadband", Lyngby, Denmark, 2015.
9. Cobham, "EXPLORER 700 with BGAN LaunchPad", Lyngby, Denmark, 2014.
10. Cobham, "Inmarsat FleetBroadband, Fleet One and Global Xpress", Lyngby, Denmark, 2008.
11. Cobham, "Inmarsat LGA/IGA/HGA for AES", Lyngby, Denmark, 2009.
12. Cobham, "Inmarsat SwiftBroadband Diplexer and Low Noise Amplifier (DLNA)", Lyngby, Denmark, 2014.
13. Cobham, "Inmarsat Vehicular and Portable BGAN", Lyngby, Denmark, 2014.
14. Cobham, "Maritime VSAT for GEO Satellites", Lyngby, Denmark, 2014.
15. Cobham, "Radar Distance and Dual Antenna Solution for Sailor SES", Denmark, 2014.
16. Cobham, "SAILOR SC4000 Iridium", Lyngby, Denmark, 2009.
17. Cobham, "SwiftBroadband Hardware", Lyngby, Denmark, 2014.
18. Cobham, "SwiftBroadband Peripherals", Lyngby, Denmark, 2014.
19. Cobham, "Transportable Explorer 710 BGAN Configurations and Network", Denmark, 2014.
20. Cobham, "Vehicular BGAN Configurations", Lyngby, Denmark, 2014.
21. Cospas-Sarsat, "Cospas-Sarsat System Data", London, 2009.

22. Cospas-Sarsat, "Cospas-Sarsat LEOLUT, GEOLUT and MEOLUT Systems", London, 2009.
23. Cospas-Sarsat, "Description of the 406 MHz Payloads used in the GEOSAR System", London 2011.
24. Cospas-Sarsat, "Description of the 406 MHz Payloads used in the LEOSAR System", London 2011.
25. Cospas-Sarsat, "Description of the 406 MHz Payloads used in the MEOSAR System", London 2012.
26. Cospas-Sarsat, "Description of the Cospas-Sarsat Space and Ground Segment", London, 1996.
27. Cospas-Sarsat, "Instruction to the Cospas-Sarsat System", London, 2009.
28. CNS System, "Global Aeronautical Distress and Safety System (GADSS)", Durban, 2002.
29. EB Communications, "Saturn 3 Installation—Elevation and Azimuth Angle Maps", Bergen, Norway. 2000.
30. EB Communications, "Saturn 3 Operators and System Description Manuals", Nesbru, Norway, 1986.
31. EMS Aviation, "Inmarsat LGA/IGA/HGA for AES", Ottawa, Canada, 2007.
32. Furuno, "Ship SES ADE and BDE Components", Nishinomiya-shi, Japan, 2014.
33. General Dynamic, "Multiband Aircraft Antennas", Washington, DC, 2015.
34. Gilat, "Aircraft Antennas for UAS Applications", Petah Tikva, Israel, 2015.
35. Gilat, "Land Vehicles VSAT for GEO Satellites", Petah Tikva, Israel, 2015.
36. Globalstar, "Description of Duplex Globalstar System", San Jose, CA, 2009.
37. Globalstar, "Description of the Globalstar SATPHONE System", San Jose, CA, 2009.
38. Globalstar, "Globalstar Simplex Data System", San Jose, CA, 2009.
39. Globalstar, "Globalstar Spot Satellite Trackers", San Jose, CA, 2009.
40. Globalstar, "Globalstar System—Payphone and Fixed Satellite Terminal", San Jose, CA, 2009.
41. Globalstar, "Maritime Terminal", San Jose, CA, 2003.
42. Globalstar, "Mobile and Handheld Systems", San Jose, CA, 2003.
43. Harris, "Vehicular BGAN Configurations", New York, 2014.
44. Honeywell, "Global Xpress Jet ConneX AES", Morristown, NJ, 2010.
45. Honeywell, "Inmarsat HGA Block Diagram", Morristown, NJ, 2010.
46. ICG, "Globalstar AEROCOM Terminals", Newport News, VI, 2010.
47. IMO, "Global Maritime Distress and Safety System (GMDSS)", London, 1987.
48. Inmarsat, "An Introduction to the Use of SATCOM for Air Traffic Services and Flight Operations", London, 1998.
49. Inmarsat, "Inmarsat-4 Satellite Constellation", London, 2005.
50. Inmarsat, "Inmarsat-5 Satellite Constellation", London, 2014.
51. Inmarsat, "Inmarsat Aeronautical Services Information", London, 2003.
52. Inmarsat, "Inmarsat Coverage Maps", London, 2015.
53. Inmarsat, "Inmarsat Data Services User's Guide", London, 1996.
54. Inmarsat, "Inmarsat FleetBroadband", London, 2008.
55. Inmarsat, "Inmarsat Global Xpress", London, 2015.
56. Inmarsat, "Inmarsat IsatPhone Pro and other Handheld Standards", London, 2015.
57. Inmarsat, "Inmarsat Maritime Handbook" London, 2002.
58. Inmarsat, "Inmarsat Maritime Services Information", London, 1997.
59. Inmarsat, "Inmarsat Mobile Standards", London, 2012.
60. Inmarsat, "SafetyNET User's Handbook", London, 1995.
61. Inmarsat, "Inmarsat Satellite Communications Services Users Handbook", London, 1987.
62. Inmarsat, "Inmarsat Standard-B High Speed Data Service", London, 1997.
63. Inmarsat, "Inmarsat Standard-C Maritime and Land Mobile Users Handbook", London, 1995.
64. Inmarsat, "Inmarsat SwiftBroadband", London, 2009.

65. Inmarsat, "TVRO Systems", London, 2015.
66. Intellian, "Global Xpress XLink SES", Irvine, CA, 2014.
67. Intellian, "Inmarsat Multiband VSAT Systems", Irvine, CA, 2014.
68. Iridium, "Airborne Transceivers", McLean, VA, 2006.
69. Iridium, "Implementation Manual for Iridium Satellite Communications Service", McLean, VA, 2006.
70. Iridium, "Mobile and Handheld Systems", McLean, VA, 2015.
71. Iridium, "Pilot Iridium SES and Maritime Transceivers", McLean, VA, 2006.
72. Jotron, "Aeronautical ELT Manual", Tjodalyng, Norway, 1999.
73. Jotron, "Maritime EPIRB and PLB", Tjodalyng, Norway, 2014.
74. JRC, "Inmarsat-C MES Operation Manual", Tokyo, Japan, 2001.
75. Kannad, "Aeronautical ELT", Guidel, France, 2014.
76. Kymeta, "Inmarsat HGA Block Diagram", Redmond, WA, 2015.
77. KVH, "KVH Tracphone 50 mini-M Manual", Middletown, Rhode Island, 1997.
78. KVH, "Maritime and Vehicular VSAT", Middletown, Rhode Island, 2015.
79. NASA, "Application of Mobile-IP to Space and Aeronautical Networks", Washington, DC, 2007.
80. NATO, "Rocket People—Creating a Rocket Industry", Washington, DC, 2008.
81. Nera, "F33/F55/F77 SES", Billingstad, Norway, 2003.
82. Nera, "Inmarsat-M SES", Billingstad, Norway, 2004.
83. Nera, "M2M Satellite Solutions", Billingstad, Norway, 2004.
84. Nera, "Saturn Bm C2 operator's Manual", Nera, Billingstad, Norway, 1996.
85. Nera, "SatLink Two-way Satellite Broadband Solutions", Billingstad, Norway, 2004.
86. Nera, "Saturn Bm Marine Class 2 SES", Billingstad, Norway, 2004.
87. Nera, "Saturn C Marine Version Operator's Manual", Billingstad, Norway, 1995.
88. Nera, "WorldCommunicator", Billingstad, Norway, 1999.
89. Nera, "Worldphone mini-M User's Manual", Billingstad, Norway, 1992.
90. NovAtel, "WAAS GUS Type 1 Receiver", Calgary, Canada, 2005.
91. NovAtel, "WAAS GUS Type 1 Signal Generator", Calgary, Canada, 2005.
92. NovAtel, "WAAS Reference Receiver G-II", Calgary, Canada2005.
93. O3b Limited, "O3b Space and Ground Segment", St. John, Jersey, Channel Islands, 2015.
94. Ocean Signal, "Maritime EPIRB and PLB", Margate, UK, 2014.
95. Orbcomm, "Maritime and Land Mobile Systems", Dulles, VI, 2004.
96. Orbcomm, "Orbcomm System Overview", Dulles, VI, 2008.
97. Orbit, "Airborne DVB-RCS VSAT Outdoor Units", Netanya, Israel, 2015.
98. Orbit, "Orbit O3b Antenna System", Netanya, Israel, 2015.
99. Orbit, "Maritime VSAT for MEO Satellites", Netanya, Israel, 2015.
100. Orbit, "Maritime VSAT and TVRO Antennas for GEO Satellites", Netanya, Israel, 2015.
101. Orbit, "Rail VSAT GEO Systems", Netanya, Israel, 2015.
102. P&L International, "Aircraft TVRO Solutions", Weddington, NC, 2015.
103. Qualcomm, "Globalstar Data User Guide", San Diego, CA, 2010.
104. Qualcomm, "Globalstar Duplex Video and Data Units", San Diego, CA, 2010.
105. Qualcomm, "Globalstar HARDCASE Terminal AEROCOM Terminals", San Diego, CA. 2010.
106. QEST, "Dual Band DVB-RCS Transceiving and Receiving Antennas", Holzgerlingen, Germany, 2015.
107. Raytheon, "GMDSS system operation manual", Kiel, Germany, 1998.
108. Rockwell Collins, "Tailwind Multiregion In-flight TV System", Cedar Rapids, IA, 2015.
109. Sea Launch, "User's Guide", Long Beach, CA, 1996.
200. Sea Tel, "Maritime TVRO for GEO Satellites for GEO Satellites", Hull, UK, 2015.
201. Sensor Systems, "Aeronautical ELT Solutions", Chatsworth, CA, 2014.
202. SkyWave, "Inmarsat IsatData Pro", Ottawa, Canada, 2010.
203. Specmat Technologies, "Aeronautical ELT", Rockford, IL, 2014.

204. Tecom, "Aircraft TVRO Solutions", Thousand Oaks, CA, 2015.
205. Tecom, "T-4000 High Gain Antenna System", Thousand Oaks, CA, 1995.
206. Telit, "Globalstar Telit Sat 550 and 551 Manuals", Sgonico, Italy, 2000.
207. Thrane & Thrane, "Inmarsat-C and Inmarsat mini-M SES", Soeborg, Denmark, 2000.
208. Thrane & Thrane, "Inmarsat LGA/IGA AES Antennas", User/Installation Manuals, Soeborg, Denmark, 2000.
209. Thrane & Thrane, "Capsat mini-M mobile telephone users manual TT3060A", Soeborg, Denmark. 1998.

4. 宣传册

1. Advantech, "DVB-RCS Hubs and Mobile VSAT systems".
2. AeroVinronment, "SkyTower Space and Ground Segment", Monrovia, CA, 2006.
3. Artex, "Replacement Batteries for ELT and PLB", Prescott, 2011.
4. Beam, "Mobile Docking Satellite Terminals", Mulgrave, Australia, 2011.
5. Beam, "Mobile Satellite Terminals", Mulgrave, Australia, 2011.
6. Beam, "Mobile Tracking Satellite Terminals", Mulgrave, Australia, 2011.
7. Beam, "Transportable Satellite Terminals", Mulgrave, Australia, 2011.
8. Cobham, "Aeronautical SwiftBroadband", Fullerton, CA 2010.
9. Cobham, "Airborne HPA and HPA/DLNA Antenna", Fullerton, CA, 2011.
10. Cobham, "Aircraft Antennas for LEO and GPS Satellite Constellation", Fullerton, CA, 2011.
11. Cobham, "Block Diagram of Inmarsat Antenna HPA and HPA/DLNA Configuration", Fullerton, CA, 2011.
12. Cobham, "Broadband Transceiving Mobile Antennas", Fullerton, CA, 2011.
13. Cobham, "Inmarsat HGA Mobile Systems", Fullerton, CA, 2012.
14. Cobham, "Inmarsat LGA and IGA Mobile Systems", Fullerton, CA, 2012.
15. Cobham, "Maritime FleetBroadband", Fullerton, CA 2010.
16. Comtech, "Migration from DVB-S to DVB-S2 and Related Efficiencies", Tempe, AZ, 2006.
17. Cospas-Sarsat, "Cospas- Data Distribution Regions—Cospas-Sarsat MCC", London, 2011.
18. Cospas-Sarsat, "Cospas- Data Distribution Regions—Cospas-Sarsat OCC", London, 2011.
19. Cospas-Sarsat, "Cospas-Sarsat GEOLUT Performance", London, 2011.
20. Cospas-Sarsat, "Cospas-Sarsat LEOLUT Performance Specifications and Design Guidelines", London, 2011.
21. Cospas-Sarsat, "Cospas-Sarsat MEOSAR Implementation Plan—System Concept of Operations", London, 2011.
22. Cospas-Sarsat, "Cospas-Sarsat MEOSAR Implementation Plan—SAR/Galileo Payload Functions", London, 2011.
23. Cospas-Sarsat, "Cospas-Sarsat Mission Control Centre", London, 2011.
24. DGAC, "Integration of ETDMA within an ATN/IP Network", EC, Brussels, Belgium, 2011.
25. Ellipse TV, "Tracking Solutions for Aircraft Antenna Systems", Alpharetta, GA, 2011.
26. Emergency Beacon Corporation, "Replacement ELT/PLB Batteries", New York, 2011.
27. EMS, "Aircraft Antennas for LEO Satellite Systems", Ottawa, Canada, 2011.
28. EMS, "First Generation of LUT Station", Ottawa, Canada, 2011.
29. EMS, "Global Tracking Solutions", Ottawa, Canada, 2011.
30. EMS, "Inmarsat HGA for Helicopters and DVB Antenna", Ottawa, Canada, 2011.
31. EMS, "Integrated Satellite Transceivers and Peripherals", Ottawa, Canada, 2011.
32. EMS, "LEOLUT Functional Block Diagram", Ottawa, Canada, 2011.
33. EMS, "New Generation of GEOLUT Station", Ottawa, Canada, 2011.

34. EMS, "New Generation of LUT Station", Ottawa, Canada, 2011.
35. EMS, "Product Specifications of Aircraft Antenna", Ottawa, Canada, 2007.
36. ESA, "Satellite Technology—ISL of GEO Spacecraft Artemis", Darmstadt, Germany, 2009.
37. ETRI, "Mobile DVB-RCS Systems", Daejeon, South Korea, 2005.
38. ETSI, "DVB-S2 with ACM", Sophia-Antipolis Cedex, France, 2007.
39. ETSI, "DVB User Guidelines", Sophia-Antipolis Cedex, France, 2007.
40. ETSI, "Functional Block Diagram of the DVB-RCS System", Sophia-Antipolis Cedex, France, 2007.
41. ETSI, "Hierarchical Backward Compatible DVB-S2 System", Sophia-Antipolis Cedex, France, 2007.
42. FAA, "WAAS GEO Spacecraft and Ground Infrastructure", Washington, DC, 2004.
43. GT&T, "Satellite Teleport in the Hearth of Europe", Louvain-La-Neuve, France, 2000.
44. GT&T, "The Microsat Series", Louvain-La-Neuve, France, 1998.
45. GT&T, "VSAT Equipment", Louvain-La-Neuve, France, 2003.
46. Guardian Mobility, "Aircraft Tracking Satellite Terminals", Ottawa, Canada, 2011.
47. Honeywell, "SkyConnect Satellite Cockpit Terminal", Morristown, NJ, 2011.
48. Hughes, "Aeronautical Broadband Services Technology", MD, Germantown, 2008.
49. Hughes, "Broadband Mobility Solution", Germantown, MD, 2007.
50. Hughes, "Fixed and Mobile DVB-RCS Routers", Germantown, MD, 2006.
51. Hughes, "Hub Terminals", Germantown, MD, 2006.
52. ICAO, "Surface Wireless Communications", Montreal, Canada, 2011.
53. ICAO, "Technology Assessment for the Future Aero COM System", Montreal, Canada, 2011.
54. ICG, "Integrated Satellite Terminal", Newport News, VI, 2011.
55. ICS, "Globalstar ICS550 Satellite Telephone", Arundel, England, 1999.
56. ICS, "ICS550 Globalstar Satellite/GSM Telephone System", Arundel, 1999.
57. iDirect, "Fixed and Mobile DVB-RCS Routers", Herndon, Herndon, VA, 2006.
58. Inmarsat, "Inmarsat Coverage Map—The Position of four Inmarsat Satellite Ocean Regions", London, 2009.
59. Inmarsat, "Inmarsat I-4 Global Coverage Map for GMSC", London, 2010.
60. Inmarsat, "Inmarsat I-5 Global Spot-Beam Coverage Map for Digital Mobile Broadband", London, 2012.
61. Inmarsat, "Inmarsat Maritime Handbook—View of Inmarsat GEO Satellites", London, 2006.
62. Inmarsat, "Inmarsat Swift64 Aeronautical HSD Services—Facts", London 2001.
63. Inmarsat, "Introduction to FleetBroadband", London, 2008.
64. Inmarsat, "Introduction to SwiftBroadband", London, 2009.
65. Inmarsat, "IsatPhone", London, 2009.
66. Inmarsat, "Virtual Private Networking (VPN) over MPDS", London, 2009.
67. Intelsat, "Mobility Solutions", McLean, VI, 2006.
68. Iridium, "Handheld and Mobile Communication Products", McLean, VA, 2009.
69. Iridium, "Iridium Spacecraft", McLean, VA, 2009.
70. Iridium, "Personal Satellite Trackers", McLean, VA, 2009.
71. ITU, "Russian Radio Pioneer Popov Honoured by ITU", Geneva, Switzerland, 2009.
72. Jotron, "Tron 30S MkII and Tron 45S/SX", Tjodalyng, Norway, 1999.
73. Kannad, "Cospas-Sarsat ELT and PLB Terminals", Guidel, France, 2011.
74. Kannad, "Kannad 406 AS", Guidel, France, 2011.
75. Kannad, "Transmitting Antennas for ELT Distress Satellite Beacons (DSB)", Guidel, France, 2007.
76. McMurdo, "Cospas-Sarsat PLB", Portsmouth, England, 2011.
77. McMurdo, "TSi Fixed and Mobile LUT Stations", Portsmouth, England, 2011.
78. Merl, "Replacement Batteries for Avionics ELT and PLB", Bath, England, 2011.

79. MOT, "MTSAT Multipurpose Spacecraft", Tokyo, Japan, 2004.
80. Musson Marine, "Distress Satellite Beacon Testers", Sevastopol, Russia, 2011.
81. Newtec, "Implementation of DVB-S2 into DVB-RCS Systems", Noordwijk, Netherlands, 2007.
82. Newtec, "IP over Satellite and DVB-RCS", Noordwijk, Netherlands, 2007.
83. Orbcomm, "Orbcomm Satellite", Dulles, VI, 2008.
84. Orbit, "Solutions of Tracking Aircraft Antenna Systems", Netanya, Israel, 2011.
85. Orbit, "System Layout of Orbit Technology Group Antenna", Netanya, Israel, 2011.
86. P&L International "Aircraft TVRO Solutions", Weddington, NC, 2011.
87. Quake, "Iridium Miniature Satellite Trackers", San Diego, CA, 2010.
88. Qualcomm, "Globalstar-GSP 288/2900 Fixed Satellite Phone", San Diego, CA, 2000.
89. Racal, "ASB for Aircraft TVRO Solutions", Holzgerlingen, Germany, 2010.
90. Rockwell Collins, "RC HSD-900D HFDL HF Airborne Data Radio", Cedar Rapids, IA, 2010.
91. Rockwell Collins, "Sat-906 System", Cedar Rapids, IA, 999.
92. Rockwell Collins, "Satcom-5000 System", Cedar Rapids, IA, 2000.
93. Rockwell Collins, "Satcom-6000 System", Cedar Rapids, IA, 2000.
94. Roscosmos, "SDCM—Current Status", Moscow, Russia, 2004.
95. RTCA, "Analysis of L-DACS1 and L-DACS2", Washington, DC, 2010.
96. SBIR, "PLB Terminals", Wright-Patterson, OH, 2011.
97. Scotty, "System SCS—Block Diagram of Scotty Video Encoder", Eisenstadt, Austria, 2010.
98. Scotty, "System SCS Package of FleetBroadband and Scotty Video Encoder", Eisenstadt, Austria, 2010.
99. Scotty, "System SCS Package of SwiftBroadband and Scotty Video Encoder", Eisenstadt, Austria, 2010.
100. Sea Launch, "Sea Launch—At-A-Glance", Long Beach, CA, 2000.
101. Sensor Systems, "Aircraft Antennas for LEO/GPS Satellite Systems", Chatsworth, CA, 2007.
102. Sensor Systems, "Transmitting Antennas for ELT Beacons", Chatsworth, CA, 2007.
103. SITA, "Aircraft Communications Systems", Set of Pamphlets, Vienna, Austria, 2010.
104. Sky Station, "Sky Station Stratospheric Platforms Project", Washington, DC, 2005.
105. DoCoMo 3G-Handset", Tokyo, Japan, 2006.
106. SkyWave, "Aero-D+ Equipment", Ottawa, Canada, 2010.
107. Specmat Technologies, "ELT Antennas", Rockford, IL, 2009.
108. Spidertracks, "Portable Tracking Satellite Terminals", Palmerston North, New Zeakand, 2011.
109. Taipei CNS/ATM, "Automatic Dependent Surveillance-Broadcast", Taipei, Taiwan (China), 2011.
110. TAO, "TAO Stratospheric Platforms Project", Tokyo, Japan, 2006.
111. Techtest Limited, "Cospas-Sarsat ELT Terminals", Hereford, England, 2011.
112. Tecom, "T-4000 High Gain Antenna System", Thousand Oaks, CA, 1995.
113. Tecom, "Block Diagram of KuStream 2000 Antenna Systems for DBS", Thousand Oaks, CA, 2005.
114. Thales Alenia Space, "Iridium Next—Secondary Payload ICD", Paris, 2010.
115. Thales Alenia, "Iridium Next—Secondary Payload ICD", Neuilly-sur-Seine Cedex, France, 2009.
116. ViaSat, "ARINC DVB-RCS Unit for Yonder Aeronautical System", Carlsbad, CA, 2006.
117. ViaSat, "DVB-RCS VSAT Hub Configuration", Carlsbad, CA, 2006.
118. ViaSat, "Fixed and Mobile DVB-RCS Routers", Carlsbad, CA, 2006.
119. ViaSat, "VSAT Configurations and Applications", Carlsbad, CA, 2006.
120. ViaSat, "Yonder Mobile-Aeronautical DVB-RCS System", Carlsbad, CA, 2006.

5. 期刊

1. Horizon House Publications, "Microwave Journal", Norwood, 2000–2015.
2. IEEE, "Aerospace and Electronic Systems Magazine", Piscataway, 2005–2015.
3. IEEE, "Antenna and Propagation Magazine", Piscataway, 2005–2015.
4. IEEE, "Communication Magazine", Piscataway, 2005–2015
5. IEEE, "Intelligent Transport System Magazine", Piscataway, 2005–2015.
6. IEEE, "Transactions on Broadcasting", Piscataway, 2005–2015.
7. Phillips, "Via Satellite Magazine", Pittsfield, 1999–2015.
8. Springer, "Telecommunication Systems", Boston, 2006–2015.
9. Wiley, "International Journal of Communication Systems", Chichester, 2007–2015.
10. Wiley, "International Journal on Satellite Communications and Networking", Chichester, 2007–2015.

6. 网站

1. Advantech [www.advantechwireless.com].
2. ARINC [www.arincdirect.com].
3. ASAS [www.cnssystems.co.za].
4. Beam [www.beamcommunications.com].
5. China—GNSS Asia [www.gnss.asia/china].
6. Cobham [www.cobham.com].
7. Cospas-Sarsat [www.cospas-sarsat.int].
8. EGNOS [www.esa.int].
9. ESA [www.esa.int].
10. Eutelsat [www.eutelsat.com].
11. Flight Display [www.FlightDisplay.com].
12. Furuno [www.furuno.com].
13. GAGAN [www.gpsinindia.com].
14. Gilat [www.gilat.com].
15. Globalstar [www.globalstar.com].
16. GLONASS [www.glonass-iac.ru].
17. GPS [www.gps.gov].
18. Harris [www.harris.com].
19. Honeywel [www.honeywell.com].
20. Hughes [www.hughes.com].
21. ICAO [www.icao.int].
22. ITU [www.itu.int].
23. Inmarsat [www.inmarsat.com].
24. Intelsat [www.intelsat.com].
25. Intellian [www.intelliantech.com].
26. Iridium [www.iridium.com].
27. iDirect [www.idirect.net].
28. Jotron [www.jotron.com].
29. JRC [www.jrc.co.jp].
30. Kannad [www.kannad.com].
31. KVH [www.kvh.com].
32. McMurdo [www.mcmurdogroup.com].
33. MSAS [www.nec.com].
34. Newtec [www.newtec.eu].
35. NovArtel [www.novatel.com].

36. O3b MEO Networks [www.o3bnetworks.com
37. Orbcomm [www.orbcomm.com].
38. Orbit [www.orbit-tracking.com].
39. QEST [www.qest.de].
40. Quake [www.quakeglobal.com
41. Raytheon [www.raytheon.com].
42. Rockwell Collins [www.rockwellcollins.com].
43. Scotty SATCOM [www.scottygroup.com].
44. SDCM [www.sdcm.ru].
45. Sensor Antennas [www.sensorantennas.com].
46. SITA [www.sita.aero].
47. Telemeter Electronic [www.telemeter.info].
48. Thales Alenia [www.thalesgroup.com].
49. WAAS [www.gps.faa.gov].
50. ViaSat [www.viasat.com].

缩 略 语 表

16APSK	16 – Ary Amplitude and PSK	16 阶振幅相移键控
16PSK	16 – Phase Shift Keying	16 阶相移键控
16QAM	16 – State Quadrature Amplitude Modulation	16 阶正交振幅调制
32APSK	32 – Ary Amplitude and PSK	32 阶振幅相移键控
32PSK	32 – Phase Shift Keying	32 阶相移键控
8PSK	8 – Phase Shift Keying	8 阶相移键控
AAC	Airline Administrative Communications	航空管理通信
AAC	Airline Administrative Control	航空管理控制
AAI	Airport Authorities of India	印度机场管理局
AASS	Airborne Assurance Separation System	机载分离确认系统
ABS	Auto Beam Switching	波束自动切换
ABS	Automatic Beam Switching	波束自动切换
AC	Alternating Current	交流电
ACARS	Aircraft Communications Addressing and Reporting System	飞机通信寻址和报告系统
ACC	Aeronautical Control Centre	航空控制中心
ACC	Aircraft Control Centre	航空控制中心
ACC	AIS Control Centre	自动识别系统控制中心
ACD	Adaptive Coding and Modulation	自适应编码和调制
ACE	Antenna Control Equipment	天线控制设备
ACM	Adaptive Code Modulation	自适应编码调制
ACM	Adaptive Coding and Modulation	自适应编码调制
ACME	Antenna Control and Modem Equipment	天线控制和调制解调器设备
ACQ	Acquisition	采办
ACS	Aeronautical Communication Stations	航空通信站
ACS	Aeronautical Communication Subsystem	航空通信子系统

568

ACS	Aeronautical Communication System	航空通信系统
ACS	Attitude Control System	姿态控制系统
ACSE	Antenna Control and Signaling Equipment	天线控制和信令设备
ACU	Above Cockpit Unit	驾驶舱上方单元
ACU	Antenna Control Unit	天线控制单元
AD	Audio Devices	音频设备
ADE	Above Deck Equipment	甲板上设备
ADS	Automatic Dependent Surveillance	自动辅助监视
ADS – C	Automatic Dependent Surveillance – Contract	自动辅助监视 – 协议
ADSL	Asymmetric Digital Subscriber Line	非对称数字用户线路
ADSS	Automatic Dependent Surveillance System	自动辅助监视系统
AEEC	Airline Electronic Engineering Committee	航空电子工程委员会
AES	Aircraft Earth Station	机载站
AES	Advanced Encryption Standard	高级加密标准
AES	Aeronautical Earth Station	机载站
AFC	Automatic Frequency Control	自动频率控制
AFF	Army Field Forces	陆军野战部队
AFF	Automated Flight Following	自动飞行跟踪
AFTN	Aeronautical Fixed Telecommunication Network	航空固定电信网络
AGC	Automatic Gain Control	自动增益控制
AHD	Above Haul Device	牵引装置上方
AHNIS	Aeronautical Highlights and Navigation Information Services	航空要闻和导航信息业务
AIDC	ATS Interfacility Data Communications	空中交通服务设施间数据通信
AIRCOM	Air Communications	空中通信
AIS	Aeronautical Information Services	航空信息服务
AIS	Automatic Identification System	自动识别系统
AL	Accuracy Lateral	横向精度
ALAS	Aircraft Local Augmentation System	飞机局域增强系统
ALC	Automatic Level Control	自动电平控制
AMBE	Advanced Multiband Excitation	先进多带激励
AMCP	Aeronautical Mobile Communications Panel	航空移动通信面板
AMPS/IS – 95	Advanced Mobile Phone System/IS – 95	高级移动电话系统/IS – 95

AMSC	Aeronautical Mobile Satellite Communications	航空移动卫星通信
AMSS	Aeronautical Mobile Satellite Service	航空移动卫星业务
ANP	Actual Navigation Performance	实际导航性能
ANRS	Aeronautical Navigation Report Services	航空导航报告业务
ANS	Aeronautical Navigation Subsystem	航空导航子系统
ANS	Aeronautical Navigation System	航空导航系统
ANS	Avionics Navigation System	航空电子导航系统
ANSS	Aeronautical Navigation Satellite System	航空导航卫星系统
AOC	Aeronautical Operational Control	航空操作控制
AOC	Advanced Operational Capability	高级作战能力
AOC	Airline Operational Communications	航空运营通信
AOR	Atlantic Ocean Region	大西洋地区
APS	Air Passenger Services	航空客运业务
APV	Approach with Vertical	垂直进近
ARC	Aeronautical Radio Communications	航空无线电通信
ARFM	Automatic Rain Fade Mitigation	自动雨衰补偿
ARINC	Aeronautical Radio Incorporated	航空无线电公司
ARM	Advanced RISC Machines	高级精简指令集处理器
ARS	Aircraft Radio Station	航天器无线电台
ASAS	African Satellite Augmentation System	非洲卫星增强系统
ASCM	Adaptive Spreading Code and Modulation	自适应扩频编码与调制
ASI	Aeronautical Safety Information	航空安全信息
A – SMGC	Advanced – SMGC	先进地面运动引导和控制
ASQF	Application Specific Qualification Facility	应用资格认证设施
ASS	Aeronautical Satellite Service	航空卫星业务
ASS	Aeronautical Surveillance Subsystem	航空监视子系统
ASS	Aeronautical Surveillance System	航空监视系统
ASS	Airport Surface Surveillance	机场地面监视
ASTB	African Satellite Test Bed	非洲卫星试验台
ATC	Air Traffic Control	空中交通控制
ATIS	Automatic Terminal Information Service	自动信息服务终端
ATM	Air Traffic Management	空中交通管理
ATM	Asynchronous Transfer Mode	异步传输模式

ATN	Aeronautical Telecommunication Network	航空电信网络
ATP	Authorization to Proceed	授权进行
ATS	Air Traffic Service	空中交通业务
ATSC	ATS Communication	空中交通通信业务
ATSN	ATS Navigation	空中交通导航业务
ATSS	ATS Surveillance	空中交通监视业务
AV	Accuracy Vertical	垂直精度
AVCS	Aerial Vehicle Communications System	航空器通信系统
BACS	Broadband Aeronautical Communications Service	宽带航空通信业务
BAS	Broadband Access Server	宽带接入服务器
BB frames	Baseband frames	基带帧
BB	Baseband	基带
BC	Backwards Compatible	反向兼容的
BCH	Bose Chaudhuri – Hocquenghem	BCH 码
BCU	Below Cockpit Unit	舱内单元
BDE	Below Deck Equipment	舱内设备
BD	BeiDou	北斗卫星导航系统
BER	Bit – Error – Rate	误码率
BEST	Bandwidth Effcient Satellite Transport	带宽高效卫星传输
BGAN	Broadband Global Area Network	全球宽带区域网
BHD	Below Haul Device	牵引装置下方
B – ISDN	Broadband ISDN	宽带综合业务数字网
BLE	Bluetooth Low Energy	低能耗蓝牙
BMCS	Broadband Maritime Communication Service	宽带海事通信业务
BOC	Back – up Operations Centre	备份操作中心
BPE	Business Premise Equipment	办公室设备
BPSK	Binary Phase Shift Keying	二进制移相键控
BS	Base Station	基站
BS	Broadcast Services	广播业务
BSAN	Broadband Satellite Access Network	宽带卫星接入网
BSH	Bundesamt für Seeschifffahrt und Hydrographie	德联邦航海和水文局
BSS	Broadcast Satellite System	广播卫星系统
BWA	Broadband Wireless Access	无线宽带接入

CA	Conditional Access	条件访问
CAN	Controller Area Network	局域网控制器
CAPEX	Capital Expenditures	资本支出
CAT I	Category I	第一类精密进近
CBR	Adaptive Constant Bit Rate	自适应恒定比特率
CBR	Constant Bit Rate	恒定比特率
CCF	Central Control Facility	中央控制设施
CCM	Constant Coding and Modulation	恒定编码和调制
CDGP	Conventional DGPS	传统差分 GPS
CDMA	Code Division Multiple Access	码分多址
CDR	Critical Design Review	关键设计审查
CDTI	Cockpit Display of Traffic Information	交通信息驾驶舱显示
CES	Coast Earth Station	岸站
CFMC	Centre of Fishery Monitoring and Communications	渔业监测和通信中心
CGM	Centre of Global Monitoring	全球监测中心
CICA	Convention on International Civil Aviation	国际民用航空公约
CIR	Committed Information Rate	承诺信息率
CMGC	Coastal Movement Guidance and Control	海岸运动引导和控制
CNES	Centre National d'Etudes Spatiales	法国空间研究中心
CNR	Carrier – to – Noise Ratio	载波信噪比
CNS	Communication、Navigation and Surveillance	通信、导航和监视
CNSO	Inmarsat Civil Navigation Satellite Overlay	国际海事卫星民用导航卫星覆盖
CONUS	Continental United States	美国大陆
COTM	Communications – On – The – Move	移动通信
CPDLC	Controller Pilot Data Link Communications	塔台与飞行员数据链通信
CPE	Consumer Premise Equipment	用户前端设备
CPF	Central Process Facility	中央处理设施
CRL	Communications Research Laboratory of Japan	日本通信研究实验室
CRS	Coast Radio Station	海岸电台
CSC	Coastal Surveillance Centre	海岸监测中心
CSC	Common Signaling Channel	公共信令信道

CSD	Circuit Switched Data	电路交换数据
CTM	Customer Terminal Management	客户前端管理
D&E	Demonstration and Evaluation	演示和评估
DAB	Digital Audio Broadcast	数字音频广播
DAP	Data Acquisition Platform	数据采集平台
DASS	Distress Alerting Satellite System	遇险报警卫星系统
D – ATIS	Digital Automatic Terminal Information Service	数字终端自动信息服务
DBS	Direct Broadcast Satellite	直播卫星
DBS – TV	Direct Broadcast Service – TV	电视直播业务
DC	Direct Current	直流电
DCAAS	Dynamic Channel Activity Assignment System	动态信道分配系统
DCPR	Data Collection Platform Repeaters	数据收集平台转发器
DCS	Data Collection System	数据收集系统
DDB	Dedicated Distress Button	专用遇险按钮
DDP	Data Distribution Plan	数据分发计划
DECT	Digital Enhanced Cordless Telecommunications	数字增强型无线通信
DECT	Digital European Cordless Communication	欧洲数字无线通信
DGA – B	DGNSS Augmentation Broadcast	差分全球导航卫星系统增强广播
DGPS	Differential GPS	差分 GPS
DIM	Defense Information Management	国防信息管理
DLA	DirecTV Latin America	拉丁美洲直播电视
DLA	Dynamic Link Adaptation	动态链路自适应
DLNA	Diplexer/Low Noise Amplifier	双工器/低噪声放大器
DME	Distance Measuring Equipment	距离测量设备
DMG	Distress Message Generator	遇险信号发生器
DND	Department of National Defense(DND)of Canada	加拿大国防部
DNID	Data Network ID	数据网络标识
DOE	Department of Energy	能源部
DoIP	Data over IP	互联网协议承载的数据
DoIP	Data transmission over Internet Protocols	IP 协议数据传输
DSBT	Distress Satellite Beacon Tester	遇险卫星信标测试仪
DSC	Digital Selective Call	数字选择性呼叫

DSN	Defense Switched Network	国防交换网络
DSNG	Digital Satellite News Gathering	数字卫星新闻采集
DSSI	Digital Space Systems Inc	数字空间系统公司
DTH	Direct – to – Home	直接入户的
DTHTV	Direct – to – Home TV	直接入户电视
DTMF	Dual Tone Multiple Frequency	双音多频
DTV	Direct TV	直播电视
DTVC/DSNG	Digital TV Contribution and Satellite News Gathering	数字电视馈送与卫星新闻采集
DUT	Durban University of Technology	德班理工大学
DVB	Digital Video Broadcasting	数字视频广播
DVB – C	DVB – Cable	有线数字视频广播
DVB – RCP	Digital Video Broadcasting – Return Channel via Platforms	数字视频广播 – 平台返回信道
DVB – T	Digital Video Broadcasting – Terrestrial	地面数字视频广播
DVB – RCS	DVB – Return Channel via Satellite	数字视频广播 – 卫星返回信道
DVB – S	DVB – Satellite	卫星数字视频广播
DVB – S	Digital Video Broadcasting via Satellite	卫星数字视频广播
DVB – S	DVB over Satellite	卫星数字视频广播
DVB – S3 (NS3)	DVB – S3 and DVB – S2 are Extensions of DVB – S	DVB – S3 是 DVB – S 的延伸，一种数字卫星广播标准
DVB – T	DVB – Terrestrial	地面数字视频广播
DVR	Digital Video Recorder	数字视频记录器
EASA	European Aviation Safety Agency	欧洲航空安全局
EC	European Commission	欧洲委员会
ECAC	European Civil Aviation Conference	欧洲民航会议
ECDIS	Electronic Chart Display Information System	电子海图显示信息系统
EDAS	EGNOS Data Access System	EGNOS 数据访问系统
EFB	Electronic Flight Bag	电子飞行包
EFIS	Electronic Flight Instrument System	电子飞行仪表系统
EGC	Enhanced Group Call	增强型群组呼叫
EGNOS	European Geostationary Navigation Overlay System	欧洲地球静止轨道卫星导航系统

EIRP	Equivalent Isotropically Radiated Power	等效各向同性辐射功率
EIRP	Effective Isotropic Radiated Power	有效各向同性辐射功率
ELG	Electronics Launching Group	电子发射组
ELT	Emergency Locator Transmitter	紧急定位发射机
EMC	Electromagnetic Compatibility	电磁兼容
EMCA	European Maritime Core Area	欧洲海洋核心区
EMEA	Europe, Middle East, Africa	欧洲、中东、非洲
ENID	Enhanced Data ID	增强型数据标识
ENT	EGNOS Network Time	EGNOS 网络时间
EO	Earth Observation	地球观测
EPIRB	Emergency Position Indicating Radio Beacon	紧急位置指示无线电信标
ERAST	Environmental Research Aircraft and Sensor Technology	环境调查飞机和传感器技术
ES	Elementary Stream	基本流
ESA	European Space Agency	欧洲航天局
ESA/PAA	Electronically Steered Array/Phased Array Antenna	电子控制阵列/相控阵列天线
ESNP	European Satellite Navigation Program	欧洲卫星导航计划
ESTB	EGNOS System Test Bed	欧洲地球静止轨道卫星导航系统实验台
ETA	Estimated Time of Arrival	预计到达时间
ETG	European Tripartite Group	欧洲三方小组
ETM	Engine Trend Monitoring	发动机趋势监控
ETSI	European Telecommunications Institute	欧洲电信研究所
EUMETSAT	European Meteorological Satellite Organization	欧洲气象卫星组织
EVGC	Enhanced Voice Group Call	增强型语音群组呼叫
EVR	Electronic Vehicle Registration	电子车辆登记
EWAN	EGNOS Wide Area Network	EGNOS 广域网
FAA	Federal Aviation Administration	联邦航空管理局
FAC	Future Aeronautical Communications	未来航空通信
FANS	Future Air Navigation System	未来空中导航系统
Fax	Facsimile	传真
FB	FleetBroadband	舰队宽带

FDM	Flight Data Monitoring	飞行数据监控
FDMA	Frequency Division Multiple Access	频分多址接入
FDOA	Frequency Difference of Arrival	到达频率差
FEC	Forward Error Correction	前向纠错
FFPP	Flexible Flight Profile Planning	灵活的飞行剖面规划
FIFO	First – In – First – Out	先进先出
FIR	Flight Information Regions	航班信息区域
FIS – B	Flight Information Service – Broadcast	航班信息广播
FIT	Fixed Interactive Terminals	固定交互式终端
FL	Forward Link	前向链路
FLS	Forward Link Subsystem	前向链路子系统
FMS	Flight Management System	飞行管理系统
FMU	Fuselage Mount Unit	机身安装单元
FOQA	Flight Operations Quality Assurance	飞行操作质量保证
FOQA/MOQA	Flight and Maintenance Operational Quality Assurance	飞行和维护操作质量保证
FPM	Flight Plan Management	飞行计划管理
FQR	Factory Qualification Review	工厂资格审查
FSL	Free – space Loss	自由空间损耗
FSO	Avionic Free – space Optics	航空电子自由空间光学
FSPP	Flexible Sailing Profile Planning	灵活的航行剖面规划
FSS	Fixed Satellite Service	固定卫星业务
FSS	Flight Standards Service	飞行标准业务
FSSE	Flight Safety Satellite Equipment	飞行安全卫星设备
FTP	File Transfer Protocol	文件传输协议
G/T	Figure – of – Merit	品质因数
GABS	Globalstar Accounting and Billing System	全球星财务系统
GACCS	Global Aeronautical Corporate and Commercial System	全球航空公司和商贸系统
GADSS	Global Aeronautical Distress and Safety System	全球航空遇险安全系统
GAGAN	Indian GPS/GLONASS and GEOS Augmented Navigation	印度 GPS/GLONASS 和 GEOS 增强导航系统

GAN	Global Area Network	全球网
GASDL	GNSS Augmentation Satellite Data Link	全球导航卫星系统增强卫星数据链
GASSC	Global Aeronautical Safety Satellite Communications	全球航空安全卫星通信
GAT	Global Aircraft Tracking	全球航空器跟踪
GAVDL	GNSS Augmentation VDL	全球导航卫星系统增强甚高频数据链
GAVDL – B	GNSS Augmentation VDL – Broadcast	全球导航卫星系统增强甚高频数据链 – 广播
GBAS	Ground – based Augmentation System	地基增强系统
GBO	Globalstar Business Office	全球星商务办公室
GCC	Gateway Control Centre	网关控制中心
GCN	Ground Communication Network	地面通信网络
GCS	Ground Control Station	地面控制站
GCT	Global Container Tracking	全球集装箱跟踪
GCU	Gateway Channel Units	网关信道单元
GDN	Globalstar Data Network	全球星数据网络
GDP	Ground – station Data Processing	地面站数据处理
GDSS	Global Determination Satellite System	全球定位卫星系统
GEM	Gimbal Electronics Module	万向节电子模块
GEM	Globalstar Electronic Module	全球星电子模块
GEO	Geostationary Earth Orbit	地球静止轨道
GEOLUT	GEO Local User Terminals	地球静止轨道卫星本地用户站
GEOSAR	GEO Search and Rescue	地球静止轨道卫星搜索救援
GES	Base Station	基站
GES	Gateway Communication Section	网关通信区
GES	Gateway Earth Stations	地面关口站
GES	Ground Earth Station	地面地球站
GIC	GNSS Integrity Channel	全球导航卫星系统完整性信道
GIC	Ground Integrity Channel	地面完整性信道
GIS	Geographic Information System	地理信息系统
GIS	Geo – location Information System	地理位置信息系统

GLCC	Global LRIT Control Centre	全球远程识别跟踪系统（LRIT）控制中心
GMBSS	Global Mobile Broadcasting Satellite System	全球移动广播卫星系统
GMDSS	Global Maritime Distress and Safety System	全球海事遇险安全系统
GMM	Ground – station Maintenance Monitor	地面站维护监视
GMPSC	Global Mobile Personal Satellite Communications	全球移动个人卫星通信
GMS	Galileo Ground Mission Segment	伽利略（Galileo）地面任务段
GMS	Geostationary Meteorological Satellite	地球静止轨道气象卫星
GMS	Ground Monitoring Stations	地面监测站
GMS	Reference Stations	基准站
GMSC	Global Mobile Satellite Communications	全球移动卫星通信
GMSDS	Global Mobile Satellite Distress System	全球移动卫星遇险系统
GMSSC	Global Maritime Safety Satellite Communications	全球海事安全卫星通信
GNSS	Global Navigation Satellite System	全球导航卫星系统
GNSSW	Global Navigation Satellite WAAS	全球导航卫星广域增强系统
GOES	Geostationary Operational Environmental Satellite	地球静止轨道环境卫星
GPRS	General Packet Radio Service	通用分组无线业务
GPS	Global Positioning System	全球定位系统
GRS	Ground Radar Station	地面雷达站
GRS	Ground Radio Station	地面无线电台
GRS	VHF Ground Radio Stations	甚高频地面无线电台
GS	Generic Stream	通用流
GSAS	Global Satellite Augmentation System	全球卫星增强系统
GSM	Global System for Mobile Communications	全球移动通信系统
GSR	Ground Surveillance Radar	地面监视雷达
GSSAO	Global Satellite Supports Airline Operations	全球卫星支持航空运营
GST	Global Ship Tracking	全球船舶跟踪
GTD	Global Tacking Device	全球跟踪设备
GUS	Ground Uplink Subsystem	地面上行子系统
GVDL	GNSS Data Link via VDL	全球导航卫星系统甚高频数据链

GVT	Global Vehicle Tracking	全球车辆追踪
GWT	Global Wagon Tracking	全球货车追踪
GX	Global Xpress	全球快递(Global Xpress)
HAL	Horizontal Alert Limit	水平告警门限
HALO	High – altitude Long Operation	高空长距离作业
HAP	High – altitude Platforms	高空平台
HD	High Definition	高清(高分辨率)
HDL	Hardware Description Language	硬件描述语言
HDR	High Data Rate	高数据速率
HDTV	High – definition TV	高清电视
HDTV	High – definition Video	高清视频
HDTV	High – definition Television	高清电视
HEO	High Elliptical Orbit	大椭圆轨道
HF	High Frequency	高频
HGA	High Gain Antenna	高增益天线
HP	High Priority	高优先级
HPA	High Power Amplifier	高功率放大器
HPL	Horizontal Protection Limit	水平保护门限
HPT	High – power Transceiver	大功率收发机
HSD	High – speed Data	高速数据
HSDPA	High – speed Downlink Packet Access	高速下行分组接入
HSO	Hybrid Satellite Orbits	混合卫星轨道
HSS	Homeland Security System	国土安全系统
HSU	High – speed Unit	高速单元
HTS	High Throughput Satellite	高通量卫星
I/O	Input/Output	输入输出
IA	Initial Approach	初始方法
IACO	International Aviation Consulting	国际航空咨询
IAMSAR	International Aeronautical and Maritime Search and Rescue	国际航空和海事搜索救援
IATA	International Air Transport Association	国际航空运输协会
IAWVG	Instrumental Approach with Vertical Guidance	垂直制导的仪器进近
IBO	Intelligent Backhaul Optimizer	智能回程优化器

ICAA	Integrity, Continuity, Accuracy and Availability	完好性、连续性、准确性和可用性
ICAO	International Civil Aviation Organization	国际民用航空组织
ICG	International Communications Group	国际通信集团
ICT	Information and Communication Technologies	信息和通信技术
IDBS	Interactive Digital Broadcast System	交互式数字广播系统
IDP	IsatData Pro	IsatData Pro(海事卫星的一种业务类型)
IDU	Indoor Unit	室内单元
IEC	International Electrotechnical Commission	国际电工委员会
IERCC	International Emergency Response Coordination Centre	国际应急响应协调中心
IF	Intermediate Frequency	中频
IFE	In – flight Entertainment	机上娱乐
IGN	Inmarsat Ground Network	国际海事卫星地面网络
IGP	Ionospheric Grid Point	电离层网格点
IGPS	Interferometric GPS	干涉式 GPS
IIS	Intercom/Interphone System	对讲机系统
ILS	Instrument Landing System	着陆仪
IMAP	Internet Message Access Protocol	互联网消息访问协议
IML	Intermobile Links	交互移动链接
IMO	International Maritime Organization	国际海事组织
IMSO	International Mobile Satellite Organization	国际移动卫星组织
IMT	International Mobile Telecommunications	国际移动通信
IMU	IF Multiplexer Unit	中频多路复用单元
IMU	Multiplexer Unit	多路复用器
INLUS	Indian Navigation Land Uplink Station	印度导航陆地上行站
Inmarsat CNSO	Inmarsat Civil Navigation Satellite Overlay	海事民用导航卫星覆盖图
INMARSAT	INternational MARitime SATellite	国际海事卫星
INMCC	India Mission Control Centre	印度任务控制中心
INRE	Indian Reference Equipment	印度基准设备
INRES	Indian Reference Station	印度基准站
INSAT	Indian National Satellite System	印度国家卫星系统

IOR	Indian Ocean Region	印度洋地区
IoT	Internet of Things	物联网
IP	Internet Protocol	互联网协议
IPL	Interplatform Links	平台间链接
IPoATM	IP over ATM	基于 ATM 的 IP 协议
IPoDVB	IP over DVB	基于 DVB 的 IP 协议
IPoS	IP over Satellite	基于卫星的 IP 协议
IPSEC	IP Security Subsystem	IP 安全子系统
IPTV	IP Television	IP 电视
IPV	Internal Precision Vertical	内部垂直精度
IRD	Integrated Receiver Decoders	集成接收机解码器
IRDT	Gonets Inter Regional Data Transmission	Gonets 卫星域内数据传输
IRNSS	India's Regional Navigational Satellite System	印度区域导航卫星系统
IS	Interactive Services	交互式业务
ISAS	Inmarsat Satellite Augmentation System	国际海事卫星增强系统
ISDN	Integrated Services Digital Network	综合业务数字网
ISL	Intersatellite Links	卫星间链路
ISP	Internet Service Provider	互联网服务提供商
ISR	Intelligence, Surveillance and Reconnaissance	情报、监视和侦察
ISRO	Indian Satellite Research Organization	印度卫星研究组织
ITDU	Intelligent Timing Distribution Unit	智能时统分配单元
ITS	Intelligent Transport System	智能交通系统
ITS	Intelligent Transportation Systems	智能交通系统
ITS	Iridium Tracking System	铱星跟踪系统
ITU	International Telecommunications Union	国际电信联盟
Itv	Interactive TV	交互式电视
IWG	Interoperability Working Group	互操作性工作组
JAMSTEC	Japan Marine Science and Technology Centre	日本海洋科技中心
JCAB	Japan Civil Aviation Bureau	日本民航局
JMA	Japan Meteorological Agency	日本气象厅
L/M/HSD	Low–/medium–and high–speed data	低/中/高速数据
LAA	Local Augmentation Area	局域增强
LADGPS	Local Area DGPS	局域差分 GPS

LBD	Long Burst Data	长突发数据
LDPC	Low – density Parity Check	低密度奇偶校验
LEO	Low Earth Orbit	低地球轨道
LEOLUT	LEO Local User Terminals	低地球轨道卫星本地用户站
LEOSAR	LEO Search and Rescue	低地球轨道卫星搜救和救援
LES	Land Earth Station	陆上地球站
LHCP	Left – hand Circular Polarization	左旋圆极化
LMDS	Local Multipoint Distribution Service	本地多点分发业务
LMDSS	Land Mobile Distress and Safety System	陆地移动遇险安全系统
LMFS	Lockheed Martin Flight Service	洛克希德·马丁飞行业务
LMGC	Land Movement Guidance and Control	陆地运动引导和控制
LMS	LeoTRAK Management System	LeoTRAK 管理系统
LMSC	Land Mobile Satellite Communications	陆地移动卫星通信
LMSS	Land Mobile Satellite Service	陆地移动卫星业务
LNA	Low Noise Amplifier	低噪声放大器
LNB	Low Noise Block	低噪声模块
LNSS	Land Navigation Satellite System	陆地导航卫星系统
LOP	Lanes of Position	航道位置
LOS	Line – of – Sight	视距
LPS	Low Priority Stream	低优先级流
LPT	Low – power Transceiver	低功率收发机
LPV	Localizer Performance with Vertical	垂直定位器性能
LRIT	Long – range Identification and Tracking	远程识别和跟踪
LRIT	Low Rate Information Transmission	低速信息传输
LRU	Line Replaceable Unit	线路可更换单元
LTA	Lighter – Than – Air	比空气轻
LTC	Land Traffic Control	陆地交通控制
LTE	Long – term Evolution	长期进化
LUT	Local User Terminal	本地用户站
LVAS	Local VHF Augmentation System	本地甚高频增强系统
M2M	Machine – to – Machine	机器对机器
MAC	Media Access Control	媒体存取控制
MAT	Mobile Asset Tracking	移动资产跟踪

MAV	Manned Aerial Vehicle	载人飞行器
MAYDAY	International Radiotelephone Distress Signal	国际无线电话遇险信号
MBSS	Maritime Broadcasting Satellite System	海事广播卫星系统
MCC	Master(Mission) Control Centre	主(任务)控制中心
MCC	Master Control Centre	主控中心
MCC	Mission Control Centre	任务控制中心
MCDU	Multifunction Control and Display Unit	多功能控制和显示单元
MCDU	Multipurpose Control Display Unit	多用途控制显示单元
MCS	Maritime Communication Subsystem	海事通信子系统
MCS	Maritime Communication System	海事通信系统
MCS	Master Control Station	主控站
MCS	Mobile Control Station	移动控制站
MDSS	Medium Data Rate Satellite System	中等数据速率卫星系统
MELCO	Mitsubishi Electric Company	三菱电器公司
MEO	Medium Earth Orbit	中地球轨道
MEOLUT	MEO Local User Terminals	中地球轨道本地用户站
MES	Mobile Earth Station	移动站
METAR	Meteorological Aviation Reports	航空气象报告
METAREA	Meteorological Area	气象区
MF	Medium Frequency	中频
MF – TDMA	Multifrequency Time Division Multiple Access	多频时分多址
MIRP	Manipulated Information Rate Processor	信息速率可控处理器
MIS	Management Information Systems	管理信息系统
MIT	Mobile Interactive Terminal	移动交互式终端
MKD	Minimum Keyboard and Display	最小键盘和显示
MLAT	Multilateration	多点定位技术
MLIT	Japanese Ministry of Land, Infrastructure and Transport	日本国土资源、基础设施和交通运输部
MMDSv	Multichannel Multimedia Distribution Service	多通道多媒体分发业务
MMR	Multimode Receiver	多模式接收机
MMSC	Maritime Mobile Satellite Communications	海事移动卫星通信
MMSI	Maritime Mobile Service Identity	海上移动业务识别码
MMSS	Maritime Mobile Satellite Service	海事移动卫星业务

MMU	Mission Management Unit	任务管理单元
MMW	Millimeter Wave	毫米波
MMW	Millimeter Wavelength	毫米波长
MNS	Maritime Navigation Subsystem	海上导航子系统
MNS	Maritime Navigation System	海上导航系统
MNSS	Maritime Navigation Satellite System	海上卫星导航系统
MOB	Man Overboard	人员落水
MoBISAT	Mobile Broadband Interactive Satellite Access Technology	移动宽带交互式卫星接入技术
MODCOD	Modulation and Coding	调制编码
MOPS	Minimum Operational Performance Standards	最低操作性能标准
MOQA	Maintenance Operations Quality Assurance	维护操作质量保证
MORFLOT	Ministry of the Merchant Marine	商业海事部
MOT	Japanese Ministry of Transport	日本交通运输部
MP	Monitoring Points	监控点
MPA	Maritime Patrol Aircraft	海事巡逻机
MPDS	Mobile Packet Data Service	移动分组数据业务
MPE	Multiprotocol Encapsulation	多协议封装
MPEG – 2	Moving Pictures Experts Group – 2	运动图像专家组 – 2
MPEG – TS	MPEG – 2 Transport Stream	运动图像专家组 – 2 传输流
MPLS	Multiprotocol Label Switching	多协议标签交换
MRC	Maritime Radio Communications	海上无线电通信
MRC	Mobile Radio Communications	移动无线电通信
MRS	Monitoring and Ranging Station	监视测距站
MS or GCS	Master Station or Ground Control Station	主站或地面控制站
MS	Master Station	主站
MSAS	Japanese MTSAT Satellite – based Augmentation System	日本多功能传输卫星增强系统
MSAS	MTSAT Satellite – based Augmentation System	多功能传输卫星增强系统
MSB	Most Significant Bit	最高有效位
MSC	Maritime Safety Committee	海事安全委员会
MSC	Mobile Satellite Communication	移动卫星通信
MSDS	Maritime Safety Data Service	海事安全数据业务

MSG	Meteosat Second Generation	第二代气象卫星
MSI	Maritime Safety Information	海事安全信息
MSM	Multiswitch Module	多路开关模块
MSS	Maritime Surveillance Subsystem	海事监视子系统
MSS	Mobile Satellite Service	移动卫星业务
MST	Mobile Satellite Terminals	移动卫星终端
MTSAT	Multifunctional Transport Satellite	多功能传输卫星
MTU	Maximum Transmission Unit	最大传输单元
MUX	Multiplexer	多路复接器
MW	Meteorological Warnings	气象预警
NAS	National Airspace System	国家空管系统
NASA	US National Aeronautics and Space Administration	美国国家航空航天局
NASDA	National Space Development Agency of Japan	日本太空发展厅
NAT	Network Address Translation	网络地址转换
NAT/PAT	Network Address Translation/Port Address Translation	网络地址转换/端口地址转换
NAVAID	Navigation Aids	导航辅助设备
Navarea	Navigation and Weather Warnings	导航和天气预警
NAVTEX	Navigational Telex	导航电传
NBDP	Narrow Band Direct Printing	窄带直接打印
NBFM	Narrow Band Frequency Modulation	窄带频率调制
NCC	Network Control Centre	网络控制中心
NCR	Network Clock Reference	网络时钟基准
NCS	Network Coordination Stations	网络协调站
NCS	Network Control Station	网络控制站
NCSR	Navigation, Communications and Search and Rescue	导航、通信、搜索和救援
NDGPS	Networked DGPS	网络化差分 GPS
NEM	National Emergency Management	国家应急管理
NEXTGEN	Next Generation Transportation System	下一代交通运输系统
NIU	Network Interface Unit	网路接口单元
NLCC	National LRIT Control Centre	全国远程识别跟踪系统控制中心

NLES	Navigation Land Earth Station	导航陆上地球站
NMEA	National Marine Electronics Association	美国国家海洋电子协会
NMS	National Meteorological Service	国家气象局
NMS	Network Management System	网络管理系统
NOAA	National Oceanic and Atmospheric Administration	国家海洋和大气管理局
NOC	Network Operations Centre	网络操作中心
NOTAM	Notice to Airmen	航行通知
NPA	Non – precision Approach	非精密进近
NRA	Non – Radar Airspace	无雷达空域
NSR	Northern Sky Research	北方天空研究组织
NSV	Navigation Space Vehicle	导航卫星
NW	Navigational Warnings	航行警告
NX	Navigation	导航
NX	Navigational Warnings	航行警告
OBP	On Board Processing	星上处理
OCC	Operation Control Consoles	操控台
OCC	Operational Control Centre	操作控制中心
OCC	Operations Control Centre	操作控制中心
OCD	Oceanic Clearance Delivery	海运清关交货
ODU	Outdoor Unit	室外单元
OEM	Original Equipment Manufacturer	原始设备制造商
OFGC	Oceanic Flight Guidance and Control	海洋飞行制导和控制
OM	Online Monitoring	在线监测
OMT	Orthogonal Mode Transducer	正交模式转换器
OMUX	Output Multiplexer	输出多路复接器
OOOI	Out/Of/On/In	门外/地下/地上/门内
OOOI	Out – of – the – gate/Off – the – ground/ On – the – ground/In – the – gate	门外/地下/地上/门内
OPEX	Operating Expense	营运成本
ORR	Operational Readiness Review	运行验收评审
OSE	Operations Support Equipment	运行支持设备
OSGC	Oceanic Sailing Guidance and Control	海洋航行制导和控制

OSN	Operational Support Network	运行支持网络
OTP	Online Tracking Platform	在线跟踪平台
P2P	Point – to – Point	点对点
PA	Power Amplifier	功率放大器
PA	Precision Approach	精密进近
PABX	Private Automatic Branch Exchange	专用自动交换分机
PACF	Performance Assessment and Checkout Facility	性能评估和检测设施
PADS – B	Platform ADS – B	广播式自动辅助监视平台
P – AIS	Platform AIS	平台自动识别系统
P – AIS	Platform – Automatic Identification Systems	平台自动识别系统
PAU	Power Amplifier Unit	功放单元
PBN	Performance – based Navigation	基于性能的导航
PBX	Private Branch Exchange	专用分组交换机
PC	Personal Computer	个人计算机
PCB	Printed Circuit Boards	印刷电路板
PCMA	Paired Carrier Multiple Access	成对载波多址
PCN	Private Corporate Networks	私人企业网络
PCS	Personal Communications Systems	个人通信系统
PDL	Platform Data Link	平台数据链路
PDR	Preliminary Design Review	初步设计评审
PDS	Processed Data Stream	处理数据流
PEO	Polar Earth Orbit	极地轨道
PEP	Performance Enhancement Proxy	性能增强代理
PER	Packet Error Ratio	误包率
PES	Packetized Elementary Stream	基本包流
PES	Personal Earth Station	个人地球站
PID	Pager Identity	寻呼机识别
PL	Physical Layer	物理层
PLB	Personal Locator Beacons	个人定位信标
PNA	Public Network Access	公共网络访问
PNG	Platform News Gathering	平台新闻采集
POP	Points of Presence	现有节点
POP	Port – of – Presence	现有端口

POR	Pacific Ocean Region	太平洋地区
PPP	Point – to – point Protocol	点对点协议
PPTP	Point – to – point Tunneling Protocol	点对点遂道协议
PRBS	Pseudo Random Binary Sequence	伪随机二进制序列
PS	Professional Services	专业服务
PSD	Packet Switched Data	分组交换数据
PSTN	Public Switched Telephone Network	公共电话交换网
PSU	Power Supply Unit	供电单元
PTT	Push – to – Talk	一键通话
PVT	Position, Velocity and Time	位置、速度和时间
QEF	Quasi Error Free	准无误码
QoS	Quality of Service	服务质量
QPSK	Quadrature Phase Shift Keying	正交相移键控
R&D	Research and Development	研发
RA	Radar Airspace	雷达空域
RAC	Rural Area Coverage	农村地区覆盖
RADS – B	Radio Automatic Dependent Surveillance – Broadcast	无线电自动辅助监视 – 广播
RAIM	Receiver Autonomous Integrity Monitoring	完好性自主监测接收机
R – AIS	Radio – AIS	无线电自动识别系统
R – AIS	Radio Automatic Identification System	无线电自动识别系统
R – AIS	VHF Radio AIS	甚高频无线电自动识别系统
RAM	Remote Access Management	远程访问管理
RC	Requesting Channel	请求通道
RCC	Rescue Coordination Centre	救援协调中心
RCST	Return Channel Satellite Terminal	反向通道卫星终端
RDDI	Radio Direction Distance Information	无线电指向距离信息
RDI	Radio Direction Information	无线电指向信息
RDS	Radio Data System	无线电数据系统
RDSS	Radio Distress and Safety Systems	无线电遇险安全系统
RDU	Receiver Decoder Unit	接收解码单元
RES	Remote Earth Station	远程地球站
RFC	Regenerative Fuel Cells	再生燃料电池

RFID	Radio Frequency Identification	无线射频识别
RFID	Tag Readers and Tags	标签阅读器和标签
RGIC	Ranging GIC	全球导航卫星系统完整性信道测距
RHCP	Right – hand Circular Polarization	右旋圆极化
RIMS	Ranging and Integrity Monitoring Stations	测距和完整性监视站
RISC	Reduced Instruction Set Computing	精简指令集计算机
RL	Return Link	返回链路
RLSP	Return Link Service Provider	返回链路业务提供商
RMT	Regional Mobile Tracking	区域移动跟踪
RNCC	Regional Network Control Centre	区域网络控制中心
RNP	Required Navigation Performance	所需导航性能
RO	Roll – Of	卷
ROI	Return on Investment	投资回报
RR	Radio Regulations	无线电规则
RR	Reduction of Separation Distance	分隔距离缩减
RR	Reference Receiver	基准接收机
RS or GMS	Reference Stations or Ground Mornitor Station	基准站或地面检测站
RS	Reed – Solomon	里德 – 所罗门(码)
RS	Reference Station	基准站
RSAS	Regional Satellite Augmentation System	区域卫星增强系统
RSD	Reduction of Separation Distance	缩短间隔距离
RSM	Reduction of Separate Minima	缩短最小间隔距离
RSM – A	Regenerative Satellite Mesh – A	再生式卫星网 – A
RSMS	Radio Surface Movement Surveillance	无线电地面移动监测
RTC	Road or Rail Traffic Control	公路或铁路交通控制
RTCA	Radio Telecommunication Association	无线电通信协会
RTM	Rail Traffic Management	铁路交通管理
RTM	Road or Rail Traffic Management	公路或铁路交通管理
RTM	Road Traffic Management	公路交通管理
RTM	Russian System of Differential Correction and Monitoring	俄罗斯差分校正和监测系统
RU	RF Unit	射频单元

589

Rx	Receiver	接收机
Rx	Receiving	接收
SAC	Shipline Administrative Control	航线管理控制
SAC	Special Access Code	特殊接入码
SAC	Suburban Area Coverage	郊区覆盖区域
SAD	Satellite Augmentation Data	卫星增强数据
SADS	Satellite Automatic Dependent Surveillance	卫星自动辅助监视
SADS – B	Satellite Automatic Dependent Surveillance – Broadcasting	卫星广播式自动辅助监视
S – AIS	Satellite AIS	卫星自动识别系统
S – AIS	Satellite Automatic Identification System	卫星自动识别系统
SAR	Search and Rescue	搜救
SARA	SAR Aircraft	搜救机
SARP	Standard and Recommended Practices	标准和建议
SARP	Search and Rescue Processor	搜救处理器
SARR	Search and Rescue Repeater	搜救转发器
SART	Search and Rescue Transponder	搜救雷达应答器
SAT	Satellite Asset Tracking	卫星资源追踪
SATC	Satellite Air Traffic Control	卫星空中交通控制
SATFM	SAT and Fleet Management	卫星资源追踪和船队管理
SBAS	Satellite – based Augmentation System	天基增强系统
SBD	Short Burst Data	短脉冲数据
SBIR	Small Business Innovative Research	小企业创新研究项目
SBM	Short Burst Messages	短脉冲信息
SCADA	Supervisory Control and Data Acquisition	数据采集与监控系统
SCC	Satellite Control Centre	卫星控制中心
SCC	Ships Control Centre	船舶控制中心
SCC	System Control Centre	系统控制中心
SCP	Stratospheric Communication Platforms	平流层通信平台
SCPS	Space Communications Protocol Standard	空间通信协议标准
SCU	Subscriber Communication Units	用户通信单元
SDA	Satellite Data Unit	卫星数据单元
SDCM	System of Differential Correction and Monitoring	俄罗斯差分校正和监测系统

SDGPS	Satellite Differential GPS	卫星差分 GPS
SDL	Satellite Data Link	卫星数据链
SDN	Software – defined Networking	软件定义网络
SDR	Software – defined Radio	软件定义无线电
SDSS	Satellite Distress and Safety Systems	卫星遇险安全系统
SDTV	Satellite Digital TV	卫星数字电视
SEHA	Safety Enhancement at High Altitudes	高海拔安全增强
SELA	Safety Enhancement at Low Altitudes	低海拔安全增强
SELCAL	Selective Calling	选择性呼叫
SELR	Safety Enhancement at Long Rangers	长距离安全增强
SEND	Satellite Emergency Notfication Device	卫星紧急通知设备
SES	Ship Earth Ship	船舶 – 地球 – 船舶
SES	Ship Earth Station	船载站
SESAR	Single European Sky Air Traffic Management Research	欧洲单一天空空中交通管理研究项目
SESR	Safety Enhancement at Short Ranges	短距离安全增强
SF	SwiftBroadband	Swift 宽带系统
SID	Standard Interface Description	标准接口规定
SIM	Subscriber Identity Module	用户识别模块
SIS	Signal – In – Space	空间信号
SIT	Satellite Interactive Terminal	卫星交互式终端
SITA	Société Internatioonal de Telecommunications Aeronautiques(French)	国际航空电信协会
SLA	SARR L – band Tx Antenna	搜救转发器 L 波段发射天线
SMART	SpeedCast Monitoring And Reporting Tool	SpeedCast 监测和报告工具
SMATV	Satellite Master Antenna Television	共用天线卫星电视
SMGC	Surface Movement Guidance and Control	地表运动引导和控制
SMS	Short Message Service	短信业务
SMS	Safety Management System	安全管理系统
SMTP	Simple Mail Transfer Protocol	简单邮件传输协议
SN	Subnetwork	子网
SNAS	Chinese Sino(Satellite) Navigation Augmentation System	中国鑫诺(卫星)导航增强系统

SNAS	Satellite(Sino) Navigation Augmentation System	(鑫诺)卫星导航增强系统
SNG	Satellite News Gathering	卫星新闻采集
SNGoIP	Satellite News Gathering over Satellite	基于卫星的新闻采集
SNOC	Satellite Network Operations Centre	卫星网络操作中心
SOC	Shipline Operational Control	航线运行控制
SOIT	Satellite Operational Implementation Team	卫星操作实施团队
SOLAS	Convention for the Safety of Life at Sea	海上生命安全公约
SOLAS	Safety of Life at Sea	海上生命安全
SOLID	Safety of Lives in Distress	遇险生命安全
SOTM	Satcom On – The – Move	动中通
SPOC	SAR Point of Contact	搜救联络点
SPP	Service Provider Platform	服务提供商平台
SPP	Subplatform Point	子平台
SPS	Stratospheric Platform Systems	平流层平台系统
SRA	SARR UHF Rx Antenna	搜救转发器 UHF 接收天线
SRR	Search Region of Responsibility	责任搜救区域
SRS	Ship Radio Station	船用无线电台
SSA	Ship Security Alert	船舶安全警报
SSA	Ship Security Assessment	船舶安全评估
SSAS	Ship Security Alert System	船舶安全警报系统
SSB	Single Sideband Modulation	单边带调制
SSC	Space Science Centre	空间科学中心
SSI	Sky Station International Inc.	高空通信国际公司
SSL	Secured Socket Layer	安全接口层
SSP	Satellite Service Provider	卫星服务提供商
SSP	System Signal Processor	系统信号处理器
SSPA	Solid State Power Amplifier	固态功放
SSR	Secondary Surveillance Radar	辅助监视雷达
SSS	Ship to Ship Surveillance	船 – 船之间的监视
STC	Ship Traffic Control	船舶交通控制
STC	Supplemental Type Certificate	补充型验证
STE	Secure Telephone Equipment	加固电话设备

STM	Ship Traffic Management	船舶交通管理
STS	Ship Traffic Services	船舶交通业务
STSC	STS Communication	船舶交通通信
STSN	STS Navigation	船舶交通导航
STSS	STS Surveillance	船舶交通监测
SUV	Suburban Utility Vehicles	郊区多用途车辆
SWM	Single Wire Multiswitch	单线复用开关
SYNC	Synchronization	同步
TA	Terminal Adapter	终端适配器
TAB	Transport Augmentation Board	传输增强卡
TAF	Terminal Area Forecasts	终端区域预测
TAO	Telecommunications Advancement Organization	电信发展组织
TBUE	Test Bed User Equipment	试验台用户设备
TC	Telecommands	遥控指令
TCC	Traffic Control Centre	交通控制中心
TCP	Transmission Control Protocol	传输控制协议
TCS	Tracking Control Station	跟踪控制站
TDOA	Time Difference of Arrival	到达时差
TES	Transportable Earth Station	可运输地球站
TIA	The Telecommunications Industry Association	电信行业协会
TIN	Terrestrial Internet Network	地面互连网
TIS – B	Traffic Information Service – Broadcast	交通信息广播服务
TIT	Transportable Interactive Terminals	可运输交互式终端
Tlx	Telex	电传
TMU	Tail Mounted Unit	尾部安装单元
TMU – Antenna	Tail Mount Unit – Antenna	尾部安装单元 – 天线
TNC	Threaded Neill Concelman	TNC（连接器名称）
TRF	Traffic	交通
TRF	Transmit Reject Filter	发射抑制滤波器
TSB	Telenor Satellite Broadcasting	挪威电信公司卫星广播
TSoIP	Transport Stream over IP	基于 IP 的传输流
TT&C	Tracking Telemetry and Command	跟踪、遥测、遥控
TTN	Terrestrial Telecommunication Network	地面通信网络

TTS	Transitional Telecommunication System	过渡通信系统
Tx	Transmitter	发射机
Tx	Transmitting	发射
UAC	Urban Area Coverage	城市覆盖区
UAV	Unmanned aerial vehicle	无人机
UBR	Undefined Bit Rate	未定义码速率
UDA	UHF Data collection system Antenna	UHF 数据采集系统天线
UDI	Unrestricted Digital Information	无限制数字信息
UDP	User Datagram Protocol	用户数据报协议
UERE	User Equivalent Range Error	用户等效距离误差
UHDTV	Ultra HDTV	超高清电视
ULS	Up Link Stations	上行站
UMTS	Universal Mobile Telecommunications System	通用移动通信系统
UN	United Nations	联合国
USB	Unfied S – band	S 波段统一系统
UST	User Service Terminals	用户业务终端
UT	Subscriber Unit	用户单元
UT	User Terminal	用户终端
VAR	Value – added Reseller	增值经销商
VAS	Value – added Service	增值服务
VCM	Variable Coding and Modulation	可变编码及调制方式
VCoIP	Videoconference over IP	基于 IP 的视频会议
VCoIP	Videoconferencing over IP	基于 IP 的视频会议
VDI	Virtual Desktop Infrastructure	虚拟桌面架构
VDL	VHF Data Link	甚高频数据链路
VDL	VHF Digital Link	甚高频数据链路
VDL4	VHF Data Link 4	甚高频数据链路 4
VDU	Vehicle Display Unit	车载显示单元
VDV	Voice, Data and Video	语音、数据和视频
VDVoIP	Voice Data and Video over IP	IP 语音、数据和视频
VES	Vehicle Earth Station	车载站

VFR	Visual Flight Rules	目视飞行规则
VHSD	Very High – speed Data	特高速数据
VLAN	Virtual Local Area Network	虚拟局域网
VMS	Vessel Monitoring System	渔船监视系统
VNO	Virtual Network Operator	虚拟运营商
VoIP	Voice over IP	IP 语音
VOR	VHF Omnidirectional Ranging	甚高频全向测距
VPN	Virtual Private Network	虚拟专网
VPN	Virtual Private Networking	虚拟专网
VPR	VHF Voice Position Reports	甚高频话音定位报告
VRS	Virtual Reference Station	虚拟基准站
VSAT	Very Small Aperture Terminal	甚小口径天线地球站
VTS	Vessel Traffic Service	船舶交通服务中心
WAA	Wide Augmentation Area	广域增强
WAAS	US Wide Area Augmentation System	美国广域增强系统
WAAS	Wide Area Augmentation System	广域增强系统
WAD	Wide Area Differential	广域差分
WADGNSS	Wide Area Differential GNSS	广域差分全球导航卫星系统
WADGNSS	Wideband – CDMA(W – CDMA)	宽带 CDMA
WADGPS	Wide Area DGPS	广域差分 GPS
WANAV	RNAV—an original version	RNAV 原始版本
WANAV	Wide Area Navigation	广域导航
WAP	Wireless Access Point	无线接入点
WCDMA	Wideband Code Division Multiple Access	宽带码分多址
WGS	Wideband Global Satcom	宽带全球卫星通信系统
WiMAX	Wireless Interoperability for Microwave Access	无线微波接入互操作性
WMS	Wide – area Master Stations	广域主站
WRC	World Radio Communications Conference	世界无线电通信会议
WWRNS	World Wide Radionavigation System	全球无线电导航系统
WX OBS	Weather Observation	天气观测
WX	Meteorological Warnings	气象告警

WX	Weather	天气
X. 400	Messaging(notably E – mail) Standard	消息传送(尤其是电子邮件)标准
XIPS	Xenon Ion Propulsion System	氙离子推进系统
XTE	Cross Track Error	横向轨迹误差
КОСПАС	In Russian：Космическая система поиска судов и самолетов аварийных	(俄语)航空航天紧急情况搜索系统船和飞机